黄河流域
水沙变化机理与趋势预测

胡春宏 等 著

科学出版社

北京

内 容 简 介

本书根据国家重点研发计划项目"黄河流域水沙变化机理与趋势预测"的研究成果系统总结而成。全书以黄河流域坡面–沟道–流域–区域等多尺度与林草–梯田–淤地坝–水库等多措施耦合为研究对象，基于数据与平台—过程与机理—模型与预测—评价与对策等全链条设计，围绕强人类活动影响下的黄河流域水沙变化机理与未来发展趋势中的基本理论和关键技术开展研究，揭示近百年黄河水沙演变规律，辨识流域水沙变化多因素耦合驱动机制及贡献率，研发多因子耦合驱动的流域分布式水循环模型与流域泥沙动力学过程模型，构建流域水沙变化趋势集合评估技术，预测未来 30~50 年黄河水沙量，提出维持黄河健康的水沙调控阈值体系与新水沙情势下黄河保护和治理的策略与措施。

本书可供从事水土保持、泥沙运动力学、水文学及水资源、生态地理学、防洪减灾、水沙资源配置与利用、黄河治理等方面研究、规划、设计和管理的科技人员及高等院校有关专业的师生参考。

审图号：GS 京（2022）1339 号

图书在版编目(CIP)数据

黄河流域水沙变化机理与趋势预测／胡春宏等著. —北京：科学出版社，2023.4

ISBN 978-7-03-070327-9

Ⅰ. ①黄…　Ⅱ. ①胡…　Ⅲ. ①黄河流域–含沙水流–研究　Ⅳ. ①TV152

中国版本图书馆 CIP 数据核字（2021）第 216331 号

责任编辑：杨逢渤　王勤勤／责任校对：邹慧卿
责任印制：吴兆东／封面设计：无极书装

科 学 出 版 社 出版
北京东黄城根北街 16 号
邮政编码：100717
http://www.sciencep.com
北京建宏印刷有限公司 印刷
科学出版社发行　各地新华书店经销

*

2023 年 4 月第 一 版　开本：787×1092　1/16
2023 年 4 月第一次印刷　印张：43 3/4
字数：1 040 000

定价：498.00 元
（如有印装质量问题，我社负责调换）

前　言

黄河是中华民族的母亲河，流经青海、四川、甘肃、宁夏、内蒙古、陕西、山西、河南、山东9个省（自治区），以占全国2%的河川径流量，承载了全国12%的人口和17%的耕地，生产着全国13%的粮食，是我国重要的生态屏障和经济发展区。然而，黄土高原生态环境禀赋条件差，土壤侵蚀强度大，大量泥沙下泄入黄，使黄河"善淤、善决、善徙"，历史上给中华民族带来过深重灾难。黄河流域的保护与发展历来是安民兴邦的大事，中华人民共和国成立七十多年来，经过几代人持之以恒的不懈治理，黄土高原主色调已由"黄"变"绿"，黄河变"清"了，入黄水、沙量（潼关站）由 1919~1959 年的 426 亿 m³/a 和 16 亿 t/a 减少至 2000~2020 年的 256 亿 m³/a 和 2.42 亿 t/a，分别减少40%和85%。黄河水沙变化如此之大、如此之快，其原因是什么？未来变化趋势又将如何？加之黄河流域持续的梯级水库开发、黄土高原水土流失的综合治理、不确定性的气候变化以及相互间复杂耦合作用，黄河水沙变化趋势认知及未来预测成为科学难题，深远影响着黄河水沙调控工程布局及调度方式、流域内外水资源配置和跨流域调水工程建设等黄河保护与治理开发重大问题的决策。鉴于此，2016 年科学技术部立项"十三五"国家重点研发计划项目"黄河流域水沙变化机理与趋势预测"，以期围绕强人类活动影响下的黄河流域水沙变化机理与未来发展趋势，从数据与平台—过程与机理—模型与预测—评价与对策开展全链条研究。本项目立项也正响应了 2019 年 9 月 18 日习近平总书记提出的"黄河流域生态保护和高质量发展"重大国家战略，在项目后续研究中紧密围绕黄河水沙关系这一"牛鼻子"和黄河流域生态保护等关键科学问题，深入拓展基础研究和应用支撑，保障了项目成果适时服务于国家战略实施需求。

本书揭示了百年尺度黄河流域水沙变化分异规律，包括：变化环境下流域产汇流机制和降雨–产流、产流–产沙与产沙–输沙三大规律变化；系统辨析了林草、梯田与全生命周期淤地坝对水沙过程的调控机制，实现了影响流域水沙变化多因素贡献率分解与耦合效应评价，定量识别了黄河流域潼关以上水沙变化影响因素贡献率；研发了多因子驱动的黄河流域分布式水循环模型和流域水沙动力学模型，提出了基于输入–结构–输出的模型适用性判别准则和评价技术，构建了流域水沙变化多模型集合评价–多结果加权融合–BMA 集合预测的集合评估技术体系；基于 9 种模型预测结果，集合评估预测了黄河流域潼关未来 50 年沙量为 3 亿 t/a 左右，在极端暴雨情景下可能沙量为 5 亿 t/a 左右；首次从全流域视角构建了维持黄河健康的流域–河道–河口水沙调控阈值体系，识别了维持未来水沙关系相对稳定的入黄沙量阈值与河道和河口平衡输沙阈值；系统分析权衡水土流失治理需求、潜力、阈值及干流河道水沙平衡，提出了流域适宜治理度的概念，确定了新水沙条件下黄土高原九大地貌类型区水土流失治理格局调整方向、加快建设完善黄河水沙调控体系，塑造与维持黄河基本的输水输沙通道、降低通关高程、改造下游沙道、相对稳定河口的黄河保护和治理策略与措施。

　　本书是在"黄河流域水沙变化机理与趋势预测"项目研究成果的基础上，通过系统总结撰写而成。全书共分 12 章，各章撰写人员如下：第 1 章，胡春宏和赵阳等；第 2 章，张晓明和夏润亮等；第 3 章，赵广举等；第 4 章，左仲国等；第 5 章，刘晓燕和李鹏等；第 6 章，周祖昊和傅旭东等；第 7 章，傅旭东和周祖昊等；第 8 章，张晓明等；第 9 章，张晓明和赵阳等；第 10 章，胡春宏和张治昊等；第 11 章，胡春宏和高健翎等；第 12 章，胡春宏等。全书由胡春宏和张晓明统稿，胡春宏审定。

　　特别需要说明的是，本项目是在 18 家科研单位、高等院校及产业单位共同努力下完成的，胡春宏为项目负责人，参加项目的单位和主要完成人有：中国水利水电科学研究院的胡春宏、张晓明、周祖昊、赵阳、史红玲、严子奇、张治昊、陈绪坚、刘佳嘉、胡海华、解刚、殷小琳、张铁钢、董占地、王友胜、辛艳、张永娥、刘冰、成晨等；黄河水利科学研究院的刘晓燕、左仲国、夏润亮、吕锡芝、姚文艺、张晓华、李小平、王玲玲、孙一、党素珍、董国涛、田勇、焦鹏、刘启兴、李涛、张敏、张秋芬等；清华大学的傅旭东、徐梦珍、雷慧闽、王晨沣、王紫荆等；中国科学院水利部水土保持研究所的赵广举、穆兴民、温仲明、孙文义、方怒放、王占礼等；西安理工大学的李鹏、李占斌、于坤霞、任宗萍、高海东、徐国策、鲁克新等；黄河水文水资源科学研究院的高亚军、金双彦、李晓宇、张学成、张萍等；黄河流域水土保持生态环境监测中心的高健翎、高云飞、马红斌、朱莉莉、党恬敏等；黄河勘测规划设计研究院有限公司的安催花、刘红珍、李超群等；浙江大学的冉启华、江衍铭、林颖典等；西北农林科技大学的张凤宝等；新疆大学的杨胜天等；郑州大学的胡彩虹和姚志宏等；华北水利水电大学的王富强等；国家气候中心的韩振宇等；中国科学院地理科学与资源研究所的张世彦等；中国科学院西北生态环境资源研究院的贾晓鹏等；水利部交通运输部国家能源局南京水利科学研究院的刘艳丽等。

　　在研究过程中，项目组全体成员密切配合，相互支持，圆满地完成了项目的研究任务，在此对他们的辛勤劳动表示诚挚的感谢。同时，在项目立项、年度学术讨论、野外调研及阶段成果总结考核等执行过程中，得到胡四一、宁远、刘昌明、王浩、王光谦、倪晋仁、高安泽、陈效国、黄自强、李文学、梅锦山、高俊才、郭熙灵、李义天、贾绍凤、曲兆松等专家全过程咨询指导，在此深表感谢。

　　限于作者水平，书中难免存在不足之处，敬请读者批评指正。

2021 年 12 月

目　　录

第1章 绪 论

近年来随着人类活动日益加剧和全球气候变化,全球主要江河入海沙量减少已成趋势性,多沙河流水沙调控面临来水来沙边界条件改变、流域环境改变等诸多不确定性因素影响,多沙河流治理思路与方略有待适应性调整。黄河作为世界典型多沙河流,面临水沙趋势锐减、梯级水库开发、黄土高原多措施综合治理等新情况,高强度人类活动、不确定性的气候变化以及相互间复杂耦合作用,让黄河水沙变化认知及未来预测成为世界难题。黄河水沙变化情势研究是实施黄河流域生态保护和高质量发展战略的基础条件,是黄河重大水沙调控工程布局及运用方式、河道工程布置、流域内水资源配置和跨流域调水工程决策等的基础。鉴于黄河水沙变化情势研究的重要性,2016 年,国家重点研发计划"水资源高效开发利用"重点专项适时启动"黄河流域水沙变化机理与趋势预测"项目,旨在以产汇流机制变化、水沙非线性关系、水沙–地貌–生态多过程耦合效应等关键机理问题为突破口,探讨黄河水沙变化原因、预测未来常态水沙情势,提出黄河水沙变化调控阈值与应对策略,为国家和相关部门决策提供科技支撑。

1.1 黄河流域水沙变化研究现状与问题

变化环境下流域水沙过程与趋势预测研究是国际地球系统科学研究的前沿和热点。为系统梳理已有相关学术研究进展,了解和掌握研究存在的问题,以下将从变化环境下的流域水沙演变规律、流域水沙变化归因分析、流域水土流失过程与水沙效应、流域水沙变化趋势预测、流域水沙调控理论与技术等方面对国内外研究现状及发展动态进行深入分析和总结述评。

1.1.1 变化环境下水沙演变规律

变化环境下的流域水沙演变规律是水文学、水力学及河流动力学研究的核心科学问题(张建云和王国庆,2007;Georgescu and Lobell,2010)。尤其是近年来,受气候变化与人类活动的影响,世界上许多河流径流与输沙量发生了显著变化(Berendse et al.,2015;Brevik et al.,2015;Buendia et al.,2016),引起了国内外学者与政府部门的高度关注(Burt et al.,2016;Chen et al.,2017)。Walling 和 Fang(2003)分析了全球除非洲和南美洲以外的 142 条主要河流,发现其中 49% 的河流输沙量呈正常波动,仅 3% 的河流输沙量增加,其余 48% 的河流输沙量显著减少;Borrelli 等(2015)统计发现,全球主要江河 20世纪 90 年代以来入海沙量减少了 30%,其中 47% 的河流输沙量减少、22% 的河流径流量减少、19%的河流两者都减少。黄河2000~2018年平均径流量和输沙量较1919~1959年分别减少约45%和85%，水沙量的大幅锐减，使水沙关系发生重大变化，直接导致黄河河槽萎缩、河道排洪输沙能力降低等一系列新问题产生。

图1-1为基于1981~2017年水沙变化领域研究论文的年度变化趋势，由图可见，国际水沙变化研究自2007年以来为快速发展阶段，其中中国在水沙变化领域研究论文数量位居发文量首位，如图1-2所示，反映了中国在水沙变化领域研究较为活跃，并具有较强的研究实力。通过对1980年以来每个阶段水沙变化领域研究论文主题词进行统计发现，流域水沙变化模拟预测研究一直是科学界的热点（Capra et al., 2015; Burt et al., 2016），2001年以后，水沙变化影响因素分析与驱动机理成为另一研究热点，如表1-1所示。

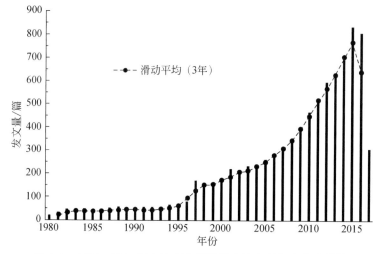

图1-1   1981~2017年水沙变化领域研究论文的年度变化趋势

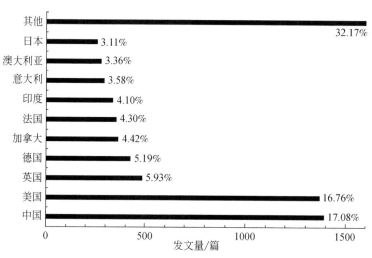

图1-2   水沙变化领域研究主要国家发文量对比

表 1-1　1980～2017 年水沙变化领域研究的最受关注主题词和新出现主题词

时段	最受关注主题词	新出现主题词
1980～1990 年	土壤侵蚀、降雨-径流模型、泥沙演算、建模	—
1991～2000 年	土壤侵蚀、径流、水文、建模	洪水、GIS、遥感、分布式模型、气候变化
2001～2010 年	土壤侵蚀、径流、水文、建模、气候变化	降雨、水量平衡、冲淤量、SWAT、土地利用、不确定性
2011～2017 年	径流、洪水、水文建模、气候变化	水文响应、水文过程、HEC-HMS、RUSLE、敏感性分析、人类活动

我国关于黄河水沙变化的研究与世界潮流一致，水沙变化趋势研究也一直是热点问题（刘昌明和张学成，2004；胡春宏等，2010；赵广举等，2012；姚文艺等，2013）。在过去的 50 年中，黄河流域的实测径流量和输沙量均有显著的减少趋势（Liu et al.，2008；Yang et al.，2013；Wang et al.，2015）。黄河中游在 20 世纪的年均输沙量峰值为 16 亿 t，而 2001～2009 年的年均输沙量只有 3.6 亿 t（三门峡站）（赵广举等，2012）；此外，在 21 世纪以来的 10 年里，黄河入海的径流量和泥沙量只有 20 世纪 50 年代的 30% 和 10%（Yu et al.，2013）。对于径流变化的研究表明，黄土高原年均径流量以 0.9mm/a 的速率显著降低（Feng et al.，2016）。针对近期黄河水沙变化，许炯心（2010）对黄河多沙粗沙区的水沙变化成因进行了分析，认为 1997～2007 年多沙粗沙区产沙量变化与降水量变化的关系不大，水利水保等人类活动已经完全改变了产沙量与降水量的关系，成为支配产沙过程的主导因素。

近年来，尽管国内外学者围绕变化环境下流域水沙要素演变规律开展了大量工作，然而仍面临以下四个方面的挑战：①目前研究主要假定下垫面条件不变，或作为水沙模型输入因子考虑，未能将社会经济变化、自然环境变化、人类活动影响耦合构建广义水沙模型，阻碍了水沙模型作为基础模型研究变化环境下水沙过程的进步（王浩等，2015）。②水沙要素变化检测大多依赖空间有限的实测站点数据，对空间尺度上的演变特征考虑较少，使检测结果往往局限于点的时间序列分析或侧重于面的空间分布描述。③由于土壤湿度和实际蒸散发缺乏观测数据，加之其他众多"混淆因子"的影响，径流变化检测归因分析比其他要素要困难，其中一些多因素影响机理及相互作用问题仍不清楚（Dey and Mishra，2017）。④我国以降水为主要补给的大江大河，受东亚季风年际年代际变化、大规模水资源开发利用等人类活动引起的环境变化及气候变暖等多驱动因子影响。既要弄清是否自然变异导致，也要了解观测到的变化是否已受到温度升高影响，还要区分人类活动影响和环境变化等众多"混淆因子"影响以及相应的影响程度（宋晓猛等，2013）。因此，急需深入开展变化环境下的流域水沙演变规律分析。

1.1.2　水沙变化归因分析

黄河流域显著的特点之一是水少沙多，实测资料表明，黄河的多年平均输沙量为 16 亿 t

（陕县站，1919～1960 年），为全世界江河的输沙量之最（赵广举等，2012），是中国第一大河流长江的 3 倍多；多年平均径流量为 559 亿 m³（花园口站，1919～1975 年），只有长江的约 1/17（刘晓燕等，2016a）。第二大特点是水沙异源，流域内约有 62% 的径流量来自上游（李二辉，2016a），而超过 90% 的输沙量来自中游的黄土高原（Wang et al.，2017）。其中，中游河口镇—龙门区间（简称河龙区间）也称为多沙粗沙区，地表组成物主要为沙黄土或砒砂岩，抗蚀性很弱，是主要的产沙区，该地区的粗泥沙来量占全河道粗泥沙来量的 73%（叶清超，1994）。多沙粗沙区的年降水量为 350～450mm，降水多为侵蚀性较强的暴雨形式（许炯心，2010）。黄河流域形成这种特点的主要原因是上游的流域面积大，占全流域面积的 53.8%，径流能够得到的支流补给量较大；而中游经过土壤侵蚀率较高的黄土高原，容易得到充足的泥沙补给量。

黄河水沙变化成因及影响因素非常复杂，不同时期的主导因子是不同的（Liu et al.，2011；Cevasco et al.，2014；Zhao et al，2017）。近 2300 年以来，黄河年均入海泥沙量是黄土高原大规模农业开展前的全新世早期和中期的 10 倍左右，这似乎表明了人类活动对黄河泥沙的巨大影响（Milliman et al.，1987）。而实际上，有人类活动以来，黄河流域水沙系列的丰枯变化是气候等自然因素和人类活动因素共同作用的结果，不过每一时期的主导因子是不同的（姚文艺等，2015）。20 世纪 50～60 年代是降水丰沛期，1933～1959 年成为近百年以来的黄河丰水期。自 60 年代黄河上游刘家峡、龙羊峡等大型水库先后建成运用和多项水利水保措施实施，加之 70 年代黄河流域又进入显著干旱期，这一时期水沙变化受到人类活动和降水减少的双重作用。2000 年以来，尽管黄河流域降水量较前期明显偏丰，但由于退耕还林还草等封禁治理成效显现，径流泥沙较前一时段仍进一步减少，人类活动对减沙起主导作用。

在人类活动方面，黄河流域内的人口数量由 1953 年的 4180 万人增长到 2000 年的 1.1 亿人（Kong et al.，2016），人口的增长意味着对水资源的需求增加。人类活动对黄河流域的影响主要体现在：过去的 50 年中，干流上修建了十几座大坝，灌溉面积也由 1949 年前的 0.8 万 km² 增长到 1997 年的 7.51 万 km²（Fu et al.，2004），水利工程措施导致的引水减沙量明显增加（胡春宏等，2008a）。许炯心（2010）统计了 1997～2005 年全流域的梯田、造林、种草和自然封禁面积，合计为 10.83 万 km²，占全流域水土流失面积（43.4 万 km²）的 24.95%。大规模实施的水土保持措施强烈地影响流域的水文循环和侵蚀产沙过程（Mu et al.，2007）。Wang 等（2015）用驱动力–压力–状态–影响–响应（DPSIR）框架将黄河流域的水土保持措施分为三个阶段，并进行了更为精细的比较研究。

在气候变化方面，气候变化对径流的影响主要体现在对降水量和蒸散发的影响（王随继等，2012），温度的变化则会引起蒸散发的变化。Yang 等（2004）的研究表明，黄河流域降水量的减少速率约为 45.3mm/50a，气温的升高速率约为 1.28 ℃/50a。张建云等（2009）分析认为，气温每升高 1 ℃，中游干流的年径流量将会减少 3.7%～6.6%；降水量增加 10%，年径流量将会增加 17%～22%。穆兴民等（2007）研究认为，近 60 年来黄土高原地表环境发生了显著变化，植被覆盖度与坝库数量显著增加，导致黄河水沙急剧锐减。Wang 等（2015）发现黄土高原植被恢复、梯田与坝库工程对输沙量减少所占比例约为 65%，剩余的 35% 归结为其他因素。姚文艺等（2011）发现与 1969 年以前相比，1997~2006 年黄河河龙区间年均减沙量 7.77 亿 t，其中水利水保措施减沙量占总减沙量的 45%，降水减少减沙量占 55%。由此可见，对气候变化与各项人类活动对水沙变化的影响评估存在较大差异。关于水库对河流水沙的影响多采用实际调查测量或模型模拟的方法（Yang and Lu，2014）。相比水库而言，淤地坝由于数量多、分布广，大部分研究常通过典型区调查并外推至较大区域估算。高云飞等（2014）采用典型流域推算法，发现潼关以上黄土高原地区 2007~2013 年淤地坝年均拦沙 1.228 亿 t，较 20 世纪 70~90 年代明显下降。然而，典型流域外推需要保证淤地坝蓄水拦沙指标的科学性，明确其数量、质量及分布，在实际应用中难以有效检验。综上所述，目前对黄河流域水沙变化成因仍缺乏系统评估，学者们对影响因素的贡献率开展了大量研究，但对不同时期水沙变化影响因素的贡献率评估结果有所区别，黄河水沙作为一个动态变化系统，大规模生态环境建设为黄河水沙变化增加了不确定性，使得诸多科学问题亟待进一步研究解决。

1.1.3　水土流失过程与水沙效应

（1）下垫面变化对产汇流和产输沙的影响机制

国际上，美国农业部（United States Department of Agriculture）、瑞典于默奥大学（Umeå University）、英国水文与生态研究中心（UK Centre for Ecology and Hydrology）、英国兰卡斯特大学（Lancaster University）、巴西戈亚斯联邦大学（Universidade Federal de Goiás）等多个科研院所在美洲、北欧等地区开展了大规模生态工程研究，发现流域及区域尺度的生态工程通过改变当地植被结构特征、土地利用方式、景观分配格局、河流恢复措施等方式影响下垫面结构和组成，进而影响该区域产汇流模式、土壤流失量、区域水循环模式（Chandler et al.，2018；Christer et al.，2018；Williams and King，2020）。

我国对流域产流理论也进行了大量探索，得出湿润地区以蓄满产流为主而干旱地区则以超渗产流为主的重要论点。20 世纪 60 年代，赵人俊和庄一鸰在分析制作中国南方湿润地区的降雨径流相关图时发现，影响这些地区径流量的最主要因素是降雨量、初始流域蓄水量和雨期流域蒸发量，而与降雨强度无关，提出了湿润地区以蓄满产流为主的理论（赵人俊和庄一鸰，1963）。近年来的研究表明，单以气候来划分蓄满产流区或超渗产流区是不够的，产流机制的变化还与降雨特性有关。在同一降雨时间同一特定区域，既不可能完全是超渗产流，也不可能完全是蓄满产流。芮孝芳（2004）分析了不同径流成分的形成机制，认为任何一种径流成分都是在两种透水性不同的介质界面上产生的，而且上层介质的透水性必须大于下层介质的透水性，不同径流成分的产流机制可以用界面产流规律来统一。姚文艺等（2007）在揭示流域坡面-沟道系统耦合侵蚀产沙关系及其草被调控水沙作用机理的基础上，对分布式土壤流失评价预测机理模型进行了研究，建立了小流域分布式土壤流失模型，包括分布式小流域产汇流模型和分布式小流域产沙模型，实现了产汇流模型与产输沙模型紧密耦合。刘纪根等（2005）研究了不同空间尺度下流域径流过程、侵蚀产沙过程、水沙关系随尺度的变化规律，分析表明全坡面将流域径流过程、侵蚀产沙过程、水沙关系有机地区分为坡面和沟道两种类型的变化过程，而全坡面又对毛沟的径流和泥沙起主导作用。屈丽琴等（2008）通过室内概化流域模型开展室内流域降雨产流产沙过程模拟试验，试验测量的流量过程呈现出起流、稳定和退水三个明显的阶段，而且主沟的产流过程明显滞后于支沟的产流过程，印证了野外观测的产流过程。

虽然关于黄土高原水土流失规律、产输沙机制方面已取得了很多成果，但由于该区域自然环境与社会环境非常复杂，产沙地层多样（黄土、砒砂岩、风成沙）、泥沙来源空间分异性大（多沙粗沙区、粗泥沙集中来源区等）、侵蚀类型多（风蚀、水蚀、重力侵蚀等）且相互耦合是黄土高原特有的侵蚀环境，其水土流失规律极具独特性。加之气候变化及不断增强的多种人类活动形成的多元干扰环境，在黄土高原水土流失规律认识中，仍有很多关键问题没有突破，特别是对流域水沙输移特性及发生机制的研究，难以从流域产水产沙变化特征角度揭示水沙变化规律。随着退耕还林（草）及其他生态修复工程的实施，黄土高原植被覆盖主色调由黄变绿，下垫面发生显著变化。然而目前下垫面持续改善是否对流域产流产沙的作用机制造成改变尚不明确，有待开展黄土高原生态修复驱动下的流域产汇流机制与产输沙模式演化以明确。

（2）水土保持措施的水沙效应

水土保持措施影响坡面和沟道产流产沙过程及其耦合机制是当前国际水文学和水土保持学研究的难点（Li et al.，2019）。20世纪以来，我国实施了一系列生态保护工程，黄土高原林草、梯田和淤地坝等措施减沙成效显著，溃损淤地坝淤积泥沙出库比<15%（Zhou et al.，2016；胡春宏和张晓明，2020）。尽管我国已有学者对这些工程措施减水减沙效应与贡献进行了深入研究（姚文艺等，2011；余新晓，2012；Li et al.，2019），但研究结果存在较大差异，且不同水保措施对产水产沙的群体效应和耦合机制尚不清楚，无法系统揭示坡面和沟道水土保持措施及空间配置对坡沟系统产水产沙过程的影响机制（Han et al.，2019）。同时，目前针对坡面到沟道产水产沙作用的耦合效应分析仍严重不足，忽视了上下游和干支沟之间水土保持措施的相互配合、联合运用，难以充分发挥坡沟措施蓄洪、拦沙、淤地、生产等综合效益，无法实现对区域内侵蚀泥沙分层、分片、分段拦截，从而发挥不同措施集合调控作用（Wang et al.，2015；孔维营等，2016）。

流域作为生态-地貌-水文耦合系统，其出口的水沙量变化，与流域内气候气象、植被生态、坡面-沟道微地貌等条件变化密切相关，呈现出群体性、时滞性、非线性甚至极值关系。现有研究清晰揭示了气候变化（蒸散发潜力）、降水变化、下垫面条件改变对黄河流域径流变化的贡献机制，但远未厘清泥沙变化与其影响因素变化的复杂非线性关系。流域泥沙运动的坡面-沟坡-沟道多过程层递耦合机制和林草植被、梯田、淤地坝的多措施群体效应，在较为宽泛的时空尺度上协同演化，令各措施因子独立作用假设失效、单因子相关分析法失去可信的理论基础。水沙变化的多因素耦合驱动机制和群体贡献，是当前的研究热点、难点和重点。对于备受关注的气候变化、植被变化和坡面水保工程（梯田）、沟道水利工程（淤地坝）等人工措施，各种主导因素的单独贡献与群体贡献的理论关系是什么？因素独立假设下的贡献率线性叠加关系是否成立，或在什么尺度下近似成立？能否寻找到某种有效的影响因素剥离方法，让人工措施的效果评估简单易行？这些相互关联的问题，无论是基础认知层面还是实践应用层面，都依赖于对多因子耦合驱动机理的深入认识。

（3）极端降雨下的流域水沙效应

全球气候变暖以及由其导致的暴雨干旱等极端气象水文事件频发，对社会、经济与生态环境系统造成巨大影响，引发各国政府和国际机构的高度重视（Gao et al.，2011）。*Nature* 和《美国国家科学院院刊》最新研究表明，全球极端降雨事件发生频率和强度可能陡增，并成为全球模态（Boers et al.，2019；Morales et al.，2020）。黄河泥沙多因暴雨洪水而产生，极端降雨多发使得未来水沙情势存在不确定性。黄河中游是黄河流域暴雨集中区，也是洪水多发段，分析极端降雨条件下流域水沙关系演变及影响因素，对研判黄河未来水沙情势具有重要参考意义（姚文艺和焦鹏，2016）。未来极端降雨下的黄河最大可能来沙量成为相关科研和生产单位共同关注的焦点问题。

黄土高原作为世界上水土流失最严重的地区，是黄河中游泥沙的主要来源区，生态环境极为脆弱，降水集中且多为暴雨，是影响该区水土流失的重要因素。已有研究表明，黄土高原河流的泥沙通常是由汛期的几场短历时高强度暴雨形成的，往往一次洪水含沙量占全年的 70%～80%。由此可见，暴雨等极端气候事件对黄土高原地区的水土流失及入黄泥沙具有重要影响。近年来，黄河流域极端降雨研究取得多项成果（靳莉君等，2016）。结合已有研究发现，决定黄河下游泥沙淤积形势的往往是发生概率不大的"大沙年"，在未来极端降雨事件多发和黄土高原侵蚀产沙环境逐步改善背景下，黄河是否会有"大沙年"出现？大水是否等于大沙？最大可能来沙量有多少等一系列问题亟待系统研究。因此，在全球气候变化和极端降雨增加的背景下，必须加大极端降雨事件下流域水土过程机理研究，明确极端降雨条件下流域水土保持效应的水沙调控效能阈值，为未来黄河水沙情势预测提供边界。

1.1.4 水沙变化趋势预测

2013 年国际水文科学协会（International Association of Hydrological Sciences，IAHS）和联合国教育、科学及文化组织（United Nations Educational，Scientific and Cultural Organization，UNESCO）发布的国际水文发展十年计划（International Hydrologic Decade，IHP）第八阶段战略计划（IHP-Ⅷ）和"未来地球"科学计划、2018 年美国国家科学院（National Academy of Sciences，NAS）发布《美国未来水资源科学优先研究方向》，都把未来水资源变化、预测及应对问题作为重点方向。联合国教育、科学及文化组织国际水文发展十年计划第七阶段（2008～2013 年）将解决泥沙问题列入其主要工作之一。水资源紧缺及水沙关系不协调等问题使得多沙流域生态保护与社会经济可持续发展面临巨大挑战。黄河作为世界上水流含沙量最高的河流，其水沙变化所产生的影响是事关黄河治理开发与管理的基础性战略性问题，开展黄河水沙变化研究是我国水科学领域的重大科学问题之一。

自 20 世纪 80 年代以来，我国通过多类相关科技计划对黄河水沙变化特性、成因、规律及发展趋势开展了系统的大量研究工作，取得了多项成果和基础数据，为不同时期的黄河治理开发实践提供了重要的科学依据。"八五"国家科技攻关计划项目"黄河治理与水资源开发利用"重点分析了 20 世纪 80 年代水沙变化成因，预测了相应的水沙变化趋势。"九五"国家科技攻关计划项目"黄河中下游水资源开发利用及河道减淤清淤关键技术研究"在分析 20 世纪 90 年代黄河水沙变化特点的基础上，研究了黄河水沙变化趋势，预测了小浪底水库运用初期 15 年可能出现的水沙条件。"十一五"国家科技支撑计划重点课题"黄河流域水沙变化情势评价研究"，研究了黄河流域 1997～2006 年的水沙变化成因，预测了未来 30～50 年的水沙变化趋势。"十二五"国家科技支撑计划项目"黄河水沙调控技术研究及应用"研究了黄河中游河川径流泥沙减少的驱动机制，系统评价了梯田、林草措施等的减沙作用及对水沙变化的贡献率。同时期，由中国水利水电科学研究院与黄河水利委员会（简称黄委会）联合开展的"黄河水沙变化研究"对 2000～2012 年的水沙变化成因及趋势进行了系统分析评价，综合分析了气候、水利工程、生态建设工程和经济社会发展等驱动因子对 2000～2012 年水沙变化的贡献率，预测了未来 30～50 年黄河水沙量。

在上述的研究过程中，众多学者对未来黄河水沙变化趋势进行了定量预测。张胜利等（1998）在"八五"期间预测了 2000～2020 年黄河流域在丰水、平水、枯水水平年条件下的天然径流量、泥沙量，认为到 2020 年 3 个水平年的输沙量分别为 20.52 亿 t、10.31 亿 t、5.44 亿 t；唐克丽等（1993）在 20 世纪 90 年代初预测，到 2000 年每年减少入黄泥沙 4 亿 t 是有把握的，到 2030 年每年减少 5 亿 t 左右的可能性是存在的；姚文艺等（2013）在"十一五"期间采用水文-水土保持-径流序列重建多方法集成，基于未来气候排放情景特别报告（special report on emissions scenarios，SRES），预测 2030 年和 2050 年的年来水量、年输沙量可能分别为 236 亿～244 亿 m^3、8.61 亿～9.56 亿 t 和 234 亿～241 亿 m^3、7.94 亿～8.66 亿 t；张胜利等（1998）预测，如果黄土高原淤地坝、林草等水土保持措施规划指标得以全部实现，那么到 2040 年淤地坝、林草植被最大减水量为 38.9 亿 m^3，再加上其他水土保持措施用水，合计水土保持措施最大减水量为 40 亿～45 亿 m^3。2014 年，中国水利水电科学研究院与黄河水利委员会开展的"黄河水沙变化研究"预测未来 30～50 年黄河沙量为 3 亿～5 亿 t。刘晓燕等（2016b）在"十二五"期间预测，在黄河古贤水库和泾河东庄水库拦沙期结束的 2060 年以后，潼关年均来沙量将恢复并维持在 4.5 亿～5 亿 t、年最大来沙量为 11 亿～14 亿 t。

综上所述，黄河流域现有水沙变化预测方法，由于其内在机理与数据输入存在较大差异，众多学者的水沙定量预测结果存在较大差异。鉴于黄河水沙变化成因及影响因素非常复杂，未来变化的不确定性极大的现实，单一的研究方法无法给出可靠的预测结果，需将各类研究方法和预测模型与新型理论相结合，开展集合评估与集合预报，这是未来水文研究发展的方向和新的生长点。

1.1.5 水沙调控理论与技术

泥沙问题是全球性的难题，世界许多国家在江河治理、防洪减灾、生态环境保护等方面都面临着泥沙问题的严峻挑战（Wang et al.，2008）。据统计，全球每年地表侵蚀量高达

600 亿 t，每年淤损水库库容近 1%（Liu et al.，2011）。河流泥沙作为河道冲淤、河口地貌塑造、岸滩演变的主要影响因子，近年来，在"自然–社会"耦合驱动下，全球主要江河入海沙量减少 30% 以上（Walling and Fang，2003），河流泥沙变化及其影响已成为全球共同关注的问题（Bobrovitskaya et al.，2003）。

黄河水少沙多、水沙异源、水沙关系不协调的矛盾十分突出，也是黄河成为世界上最为复杂难治河流的症结所在。1946 年治黄以来，黄河治理工作逐步由下游防洪走向全河治理，并提出了一系列新的治河方略：①宽河固堤。1947～1949 年黄河大汛期间，黄河下游堤防险象丛生，特别是 1949 年汛期出现了 12 300m³/s 的较大洪水后，下游两岸出现 400多个漏洞、200 多次险情。1950 年，通过分析黄河决口频繁的原因，黄河水利委员会决定采取"宽河固堤"的方略治理黄河下游。在这一方略的指导下，确定并实施了加培大堤、整修险工、废除民埝、开辟滞洪区等防洪工程建设，初步改变了下游的防洪形势，为战胜 1954年和 1958 年的洪水奠定了基础。②蓄水拦沙。通过对中国古代治河方略的总结，结合深入调查研究，初步认识了黄河"上冲下淤"的客观规律，1953 年，黄河水利委员会提出了"蓄水拦沙"的治河方略，把重点放到中上游。在这一方略的指导下，首先在三门峡修筑高坝大库。为了拦截进入三门峡水库的泥沙，在无定河、延河、泾河、洛河、渭河等支流修筑 10 座水库，同时进行大规模的水土保持、造林种草工作。③上拦下排，两岸分滞。三门峡水库于 1960 年 9 月下闸蓄水，采用"蓄水拦沙"运用方式，之后水库便发生了严重淤积。1963 年 3 月，黄河水利委员会从三门峡水库的失误中总结经验教训，提出了"上拦下排"的治河方略。"上拦下排"就是"在上中游拦泥蓄水，在下游防洪排沙"。从"蓄水拦沙"到"上拦下排"，是治黄方略的一次重要进展。1975 年 8 月淮河流域发生特大暴雨，造成严重灾害。于是，黄河水利委员会又提出处理特大洪水的方略，即"上拦下排，两岸分滞"。在此方略指导下，拟在花园口以上兴建小浪底水库，削减洪水来源，改建北金堤滞洪区，对东平湖围堤进行加固，加大位山以下河道泄量，使洪水畅排入海。④拦、排、放、调、挖。1986 年，黄河水利委员会总结 40 年的治黄经验，概括提出了"拦""用""调""排"四字治河方略。所谓"拦"，就是在中上游拦水拦沙，即通过水土保持和干支流水库的死库容拦截泥沙。所谓"用"，就是用洪用沙，即在上、中、下游采取引洪漫地、引洪放淤、淤背固堤等措施。所谓"调"，就是调水调沙，即通过修建黄河干支流水库，调节水量和泥沙，变水沙不平衡为水沙相适应，更有利于排洪排沙，同时达到为下游河道减淤的效果。所谓"排"，就是充分利用黄河中上游水库拦沙，下游河道冲刷，比降变陡、排洪排沙能力加大的特点，排洪排沙入海。2002 年，水利部将"上拦下排，两岸分滞"作为控制黄河洪水的方略，将"拦、排、放、调、挖"作为处理和利用黄河泥沙的方略。所谓"放"，就是在下游两岸处理利用一部分泥沙。所谓"挖"，就是挖河淤背，加固黄河干堤，逐步形成"相对地下河"。经过半个多世纪的探索和实践，此时治理黄河已将黄河流域作为一个整体进行统筹考虑、综合治理，在治理中采取水沙兼治，更加注重将泥沙处理的思想纳入治河方略。

21 世纪初期修编的《黄河流域综合规划（2012—2030 年）》进一步强化了人水和谐，维持黄河健康生命的理念，针对黄河水少沙多、水沙关系不协调的突出问题，提出"增水、减沙，调控水沙"是解决黄河根本问题的有效途径，通过水沙调控体系、防洪减淤体系、水土流失综合防治体系、水资源合理配置和高效利用体系、水资源和水生态保护体系、流域综合管理体系六大体系建设，贯彻全流域统筹兼顾、治水治沙并重的治河思想。在"上拦下排，两岸分滞"防洪工程体系基本形成的前提下，提出了黄河下游河道治理方略："稳定主槽、调水调沙、宽河固堤、政策补偿"。在"拦、排、放、调、挖"处理和利用泥沙措施中，强调了粗泥沙来源区的治理和泥沙资源的利用。新修编的规划仍坚持治黄以来实践总结出的洪水泥沙综合治理思想，更加突出了水沙调控的作用，核心是要协调水沙关系。需要指出的是，在规划依据的来水来沙条件确定中，虽已考虑了黄河水沙变化因素，但仍与近几十年的实际情况存在较大的差距，特别是来沙量大幅减少的影响考虑不够。

当前，黄河面临水沙锐减、上游宁蒙河段河道淤积萎缩、中游潼关高程居高不下、下游"二级悬河"形势依然严峻、黄河口总体蚀退等诸多问题，将黄河来水来沙量锐减–库区河道边界约束改变–黄河健康维持需求变化等视作一个动态变化系统，黄河现有水沙调控思想、理论与技术亟待采用系统思维必须做适应性调整与完善。

综上所述，流域水沙变化与其影响因素变化的复杂非线性关系远未厘清，水土保持措施与水沙过程耦合机制尚不明晰，严重限制了对坡沟系统综合措施耦合效应的科学认知，制约了新形势下流域水土保持格局和适宜治理度确定；不同研究方法下各因素对黄河水沙变化影响程度和发展趋势研究结果置信度尚缺乏科学可行的评估方法，黄河水沙变化成因尚未达成共识，气候变化和强人类活动影响下多沙河流水沙调控理论与技术缺乏全流域统筹，限制了黄土高原流域治理与河道水沙调控在区域上的平衡，黄河流域水沙关系失衡态势尚难从根本上破解，诸多科学问题亟待进一步研究解决。

为此，本书围绕黄河治理中存在的重大科技问题，着力从多尺度流域泥沙动力学过程模拟、多因子耦合驱动的流域水循环分布式模拟、黄河水沙变化研究成果置信度集合评估以及维持黄河流域健康的水沙调控阈值判定等方面取得突破，系统阐明入黄水沙变化主要影响因素的耦合机理及贡献率，揭示黄河水沙变化原因、预测未来常态水沙情势，提出黄河水沙变化调控阈值与应对策略。研究成果旨在从科技服务治黄战略决策、推动治黄多学科融合发展等方面支撑黄河流域生态保护与高质量发展重大实践需求。

1.2　研究区概况

1.2.1　黄河流域

研究区为黄河流域潼关水文站以上区域，总面积约 72.4 万 km²，占黄河流域面积的91%。河源至内蒙古托克托县河口镇（控制站头道拐）为上游，干流河道长 3472km，流域面积 42.8 万 km²，是黄河径流的主要来源区（主要来自兰州以上地区），来自兰州以上的径流量（1956~2016 年天然径流量）占全河的 66%；河口镇至郑州桃花峪（控制站花园口）为中游，干流河道长 1206km，流域面积 34.4 万 km²，该区域地处黄土高原地区，暴雨集中，水土流失严重，是黄河洪水和泥沙的主要来源区，其中河口镇—潼关区间（简称河潼区间）来沙量（1956～2016 年实测输沙量）占全河的 89%。桃花峪以下为下游，流域面积 2.3 万 km²，该河段河床高出背河地面 4～6m，成为淮河和海河流域的分水岭，是举世闻名的"地上悬河"。潼关站为黄河干流代表性水文站，控制流域面积 91%、径流量 90%、沙量近 100%，因此，通常采用潼关断面沙量代表黄河沙量，如图 1-3 所示。

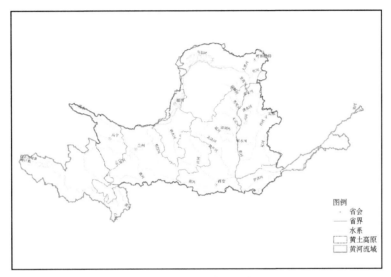

图 1-3　黄河流域地理位置

1.2.2　黄土高原

黄土高原地跨青海、甘肃、宁夏、内蒙古、陕西、山西和河南等省（自治区），涉及黄河流域大部、海河流域和淮河流域局部，是我国乃至世界上水土流失最严重的地区，面积 64 万 km²。黄土高原地貌复杂多样，包括黄土丘陵沟壑区（简称黄丘区）、黄土高塬沟壑区（简称黄土塬区）、黄土阶地区、黄土丘陵林区和风沙区等 9 个类型区。因地形、地貌和海拔等差异，黄丘区又细分为 5 个副区（即丘一区～丘五区），如图 1-4 所示。在 9 个类型区中，黄丘区水土流失最严重，黄土塬区次之，是黄河主要产沙重点涉及的研究地区。黄丘区和黄土塬区的地表物质均为黄土，两者在地貌上的最大差别在于地形，前者主要由墚峁坡、沟谷坡和沟（河）床组成，如图 1-5 所示，后者主要由平整的塬面和边壁几近垂直的深沟组成，如图 1-6 所示。

丘一区～丘三区面积最大，其中丘一区主要分布在黄河河龙区间中北部，丘二区主要分布在河龙区间南部、泾河流域北部、北洛河上中游和汾河上中游地区，丘三区分布在渭河上游和泾河流域西部。丘一区和丘二区的墚峁坡度较大、沟谷面积较大，大于 25° 的陡坡面积一般可占 30%～50%，如图 1-7 所示；丘三区墚峁坡度较缓、沟谷面积较小，大于 25° 的陡坡面积占 15%～20%，如图 1-8 所示。

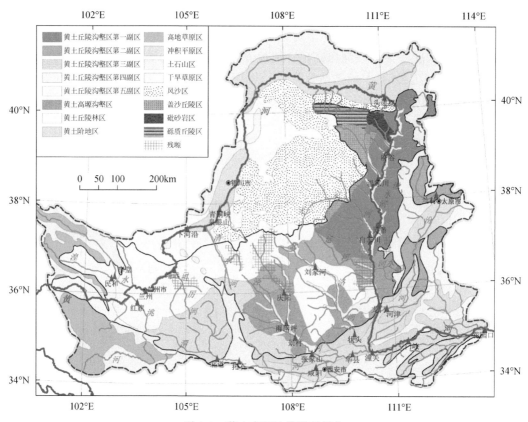

图 1-4　黄土高原地貌类型划分

(a) 绥德　　　　　　　　　　　(b) 子洲团山沟

图 1-5　黄土丘陵区地形

图 1-6　黄土塬区地形（董志塬）

图 1-7　黄土丘二区地形（志丹）　　　　　　图 1-8　黄土丘三区地形（静宁）

丘四区分布在黄土高原与青藏高原接壤的湟水流域和刘家峡水库以上的沿黄地区。该区地形与丘三区差别不大，如图 1-9 所示，但海拔多在 2500m 以上，且很少发生日降雨大于 50mm 的暴雨，如在湟水流域 58 座雨量站 1951 年以来的逐日降水量数据中，仅 8.5% 的站年观测到暴雨，但该比例在丘一区和丘二区高达 40% ~ 50%。

图 1-9　黄土丘四区地形

丘五区主要分布在泾河的马莲河上游、祖厉河、清水河和洮河下游。在毛乌素沙漠和库布齐沙漠边缘，主要包括十大孔兑上游和河龙区间西北部等，一直被视为黄丘区。但实地考察看到，这些地区的地表鲜见黄土，而是粒径 0.05 ~ 0.3mm 的细小砾石或风沙，如图 1-10 所示。

图 1-10　黄土丘五区地形

黄土高原沟壑区面积为 3.35 万 km² (含残塬区), 主要分布在泾河流域、北洛河中游、河龙区间南部、汾河流域下游和祖厉河下游。位于泾河流域的董志塬是面积最大的完整台塬, 总面积为 2765.5km², 其中塬面面积为 960km², 输沙模数约为 4000t/(km²·a)。另外, 在黄土丘二、丘三和丘五区还散布着一些面积不大的黄土塬, 俗称残塬。本书采用空间分辨率为 2m 的高分一号卫星遥感影像, 以 "影像上可识别" 为原则, 调查了潼关以上黄土高原 (不含汾河流域和涑水河流域) 黄土塬空间分布, 结果如表 1-2 和图 1-11 所示。

表 1-2 黄土塬塬面面积提取结果 (单位: km²)

泾河流域	北洛河流域	河龙区间	祖厉河	清水河
5331	2403	930	401	272

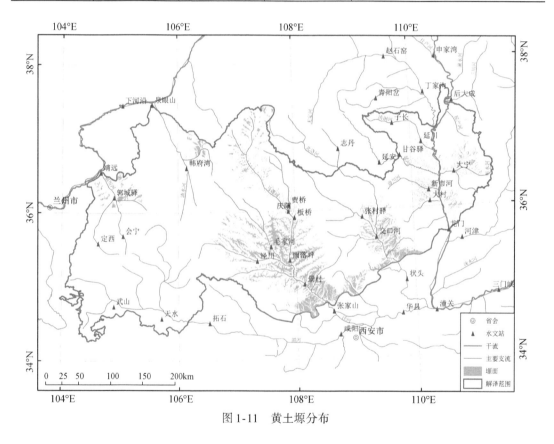

图 1-11 黄土塬分布

1.2.3 主要产沙区

黄河流域主要产沙区包括: 黄河循化—兰州区间黄丘区 (不含庄浪河)、祖厉河流域、清水河流域、十大孔兑上中游、河龙区间 (不含土石山区和风沙区)、汾河兰村以上 (不含土石山区, 简称汾河上游)、北洛河刘家河以上 (简称北洛河上游)、泾河景村以上

(不含土石山区，简称泾河上中游)、渭河元龙以上 (不含土石山区，简称渭河上游)，面积21.5万km²，如图1-12中黄色区域所示，据1950～1969年实测数据推算，该区域流域产沙量17.4亿t，占潼关以上黄土高原产沙量的95%。

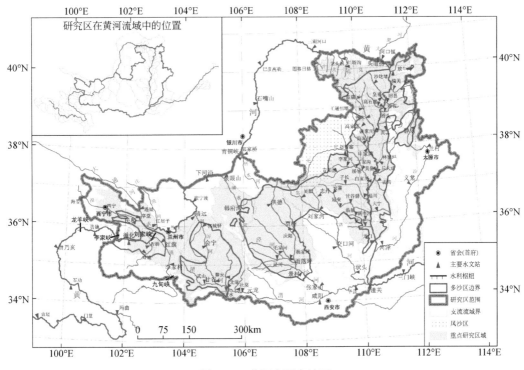

图1-12　黄河主要产沙区

黄河流域多沙区为黄土高原黄河中游区域，黄河泥沙有90%以上来源于此，其特征为输沙模数大于5000t/(km²·a)、侵蚀强度多在强度侵蚀以上。黄河中游多沙粗沙区面积7.86万km²，主要涉及黄丘区、黄土塬区，分布于河龙区间的23条支流及泾河上游和北洛河上游部分地区，该区产沙量占黄河中游总产沙量的60%以上，是输沙模数大于5000t/(km²·a)、粒径大于0.05mm的粗泥沙输沙模数大于1300t/(km²·a) 的区域。黄河中游粗泥沙集中来源区面积1.88万km²，对应为粒径大于0.10mm的粗泥沙输沙模数大于1400t/(km²·a)的区域；面积仅占多沙粗沙区面积的23.9%，输沙量却占多沙粗沙区的34.5%，其中粒径大于0.10mm的粗泥沙输沙量占68.5%，是黄河下游河道淤沙的集中产区，主要涉及黄丘区，分布于黄河中游右岸的皇甫川、孤山川、窟野河等9条主要支流。

1.2.4　典型流域

基于区位代表性、数据可获得性等多方面考虑，在潼关水文站以上，筛选了不同地貌类型区10个典型流域开展水沙变化机理与趋势预测模型开发研究，如表1-3和图1-13所示。

表 1-3　10 个典型流域支流与水文站

序号	河流	水文站	流域面积/km²
1	皇甫川	皇甫	3 246
2	孤山川	高石崖	1 276
3	窟野河	温家川	8 706
4	秃尾河	高家川	3 294
5	佳芦河	申家湾	1 121
6	无定河	白家川	29 662
7	延河	甘谷驿	5 891
8	汾河	武山	8 080
9	祖厉河	靖远	10 700
10	清水河	泉眼山	14 500

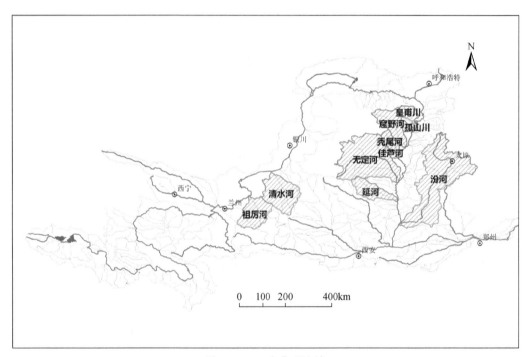

图 1-13　10 个典型流域

主要典型流域简况如下。

（1）皇甫川流域

皇甫川位于黄河中游北段、晋陕峡谷以北，是黄河一级支流，流域面积为 3246km²。同时皇甫川流域位于黄土高原东北部，东经 110.3°~111.2°，北纬 39.2°~39.9°。皇甫川上游段干流称为纳林川，其源头位于内蒙古准格尔旗以北部的点畔沟附近，与十里长川汇合后称为皇甫川，沿途流经准格尔旗的纳林乡、沙圪堵镇以及皇甫镇，最后在皇甫镇下川口汇入黄河干流。皇甫川（含纳林川）全长 137km。流域气候为温带半干旱大陆性气候。流域多年平均降水量在 350 ~ 400mm，年内降雨主要集中在夏秋雨季（6 ~ 9 月），且强降雨发生概率大。就地质组成而言，皇甫川流域内母岩大多为强度较低的砒砂岩或黄土易受风力、水力以及重力侵蚀，形成地表沟壑。由于极端天气（干旱、暴雨）发生频率高、地质特征以及坡地耕种和不加节制地放牧等人类活动的影响，皇甫川流域曾经遭受剧烈的水土流失和生态破坏，流域植被覆盖退化严重。

（2）窟野河流域

窟野河，黄河一级支流，发源于内蒙古南部鄂尔多斯市沙漠地区，称乌兰木伦河，最大支流悖牛川河源于鄂尔多斯市东胜区内，两河在陕西神木市县城以北的房子塔相汇合，以下称为窟野河。河流从西北流向东南，于神木市沙峁头村注入黄河。全河长 242km，流域面积 8706km²，河道比降 3.44‰；陕西境内河长 159.0km，流域面积 4865.7km²，河道比降 4.28‰。窟野河流域水土流失严重，洪枯流量的变幅也很大，洪灾较为频发。

（3）无定河流域

无定河位于黄土高原与毛乌素沙漠的过渡地带（37°14′ ~ 39°35′N，108°18′ ~ 111°45′E），是黄河中游的重要支流，流域面积 3.026 万 km²，干流全长 491km。该流域属温带大陆性干旱半干旱气候类型，年平均降水量为 491.1mm。该流域为河龙区间的主要产沙区，地形地貌主要分为沙地、河源涧地、黄土丘陵 3 个不同的类型区，土壤侵蚀十分严重。流域土地利用和覆被类型以农业用地、草地和荒漠为主，是全国水土流失重点治理区。

1.3 研究资料与方法

1.3.1 资料收集

1.3.1.1 降雨数据

考虑雨量站空间分布均衡因素，加之部分雨量站存在时测时停的问题，选用研究区内有连续观测数据的 728 个雨量站，其中 1966 年之前设站的雨量站共 413 个。对所有雨量站的资料进行了整理和校核等工作，保证了数据的可靠性。此外，收集了黄河上中游范围内 87 个国家基本气象站 20 世纪 50 年代以来逐日的降水、气温、风速、相对湿度等气象要素资料，数据来源为中国气象数据网（http：//data. cma. cn/）提供的"中国地面气候资料日值数据集"。黄河流域上中游国家基本气象站分布情况如图 1-14 所示。

1.3.1.2 径流泥沙数据

针对潼关以上 100 余座干支流水文站，系统采集设站以来的逐年逐月实测径流量、输沙量、含沙量数据以及黄河主要产沙区无定河、窟野河、孤山川和佳芦河等典型支流建站以来全部的场次降雨摘录资料和场次洪水水文要素资料，划分不同区间单元，实测水沙数

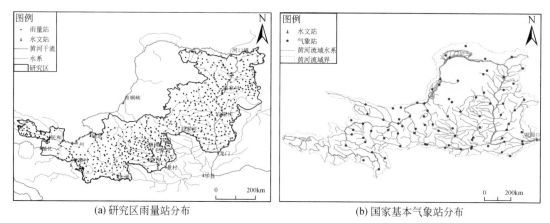

(a) 研究区雨量站分布　　　　　　　　　(b) 国家基本气象站分布

图 1-14　研究区雨量站/气象站分布

据有四个数据源：①水利部黄河水利委员会黄河上中游管理局刊印的《黄河中游水土保持径流泥沙测验资料》（绥德水土保持科学试验站）；②黄河流域水土保持生态环境监测中心刊印的《全国水土流失动态监测与公告项目黄河流域成果汇编》；③《中华人民共和国水文年鉴》（黄河流域卷）；④水利电力部黄河水利委员会革命委员会刊印的《黄河流域子洲径流实验站水文实测资料》。

1.3.1.3　土地利用数据

依托黄河水沙变化基础数据仓库构建，收集黄河流域主要产沙区及主要研究流域遥感影像数据，并通过无人机影像数据对土地利用解译成果进行验证，共获取 131 个采样点、553 条航带、9170 幅影像。根据研究需要制作完成 1978 年、1998 年、2010 年及 2016 年四期黄河主要产沙区、典型流域土地利用数据成果。研究区的土地利用分析依据《土地利用现状分类》（GB/T 21010—2007）进行，该标准将土地利用分为六大类、24 亚类。

1.3.1.4　社会经济类数据

全国第二次土壤普查资料、1980～2018 年黄河流域各市县水利统计年鉴和《黄河流域综合规划（2012—2030 年）》《黄河下游滩区综合治理规划》《黄河下游二级悬河治理工程可行性研究报告》《黄河下游东明闫潭—谢寨和范县邢庙—于庄二级悬河近期治理工程可行性研究报告》《黄河下游河道综合治理工程可行性研究》《全国水土保持区划（2015—2030 年）》《黄河灌区资料简编》《黄河流域地图集》等。

1.3.2　实验开展

1.3.2.1　黄河源区冻融过程对水文和水循环的影响机理实验与监测

实验区位于黄河源区甘南藏族自治州玛曲县（102.07986°E，33.99632°N），海拔

3480m。实验区如图1-15所示，在土壤冻结前，进行工作剖面开挖，在最大冻结深度以上的深度区域埋设时域反射仪（TDR）传感器和温度传感器，之后进行原状土回填，与自动测量装置连接沟，实现自动测量，实验情况如图1-16所示。首先开挖工作剖面，用于土壤水、热传感器安装，根据分布式水文模型水热耦合要求，在0～2.0m深度位置，逐层安装土壤液态含水率、温度及土壤基质势传感器。在整个实验期间，土壤水热过程进行全自动化监测。

图 1-15　黄河流域不同地貌区水沙实验点分布

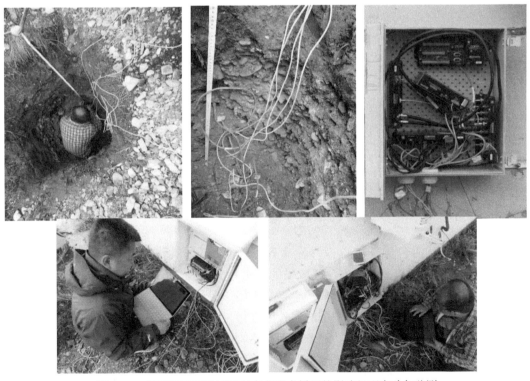

图 1-16　黄河源区冻融过程对水文和水循环的影响机理实验与监测

1.3.2.2 黄河上游高产沙区水沙过程及参数率定实验

根据流域分布式水文和产沙模型构建需求，分别在清水河流域上游、中游和下游选择汇流区，开展现场实验，为清水河下垫面条件下的模块机理验证和参数分析提供实验数据支撑。清水河实验情况如图 1-17 所示。测定内容包括：①沟道和下垫面参数，包括坡面沟道、干流沟道参数（边坡、坡长、底坡宽度、坡降等）。②采用无人机进行坡面沟道参数（坡面沟道密度）测定。③降雨过程中，采用多普勒流速仪在设置断面观测流速并取样测定泥沙含量。④沟道塌陷体（包括体积、塌陷角度、塌陷体高度）。⑤实验同期对气象参数和下垫面土壤水动力参数测定。

图 1-17 清水河流域水文与水沙过程现场监测与实验

1.3.2.3 黄河盖沙区水沙过程及参数率定实验

盖沙区位于黄河包头下游以南、库布齐沙漠、鄂尔多斯东胜区，地表为厚度超过50cm 的盖沙，下为土壤。由于盖沙区较强的渗透性，以及表层沙性覆盖层以下土壤的渗透系数显著地超过土层，实际上形成了半不透水层。现场实验于 2017~2019 年 7~8 月在黄河乌拉特前旗下游—包头区段南部的盖沙区进行，所选择的典型小流域位于杭锦淖尔乡内，多年平均降水量为 175mm。选择典型汇流区对下垫面土壤水文过程以及降雨条件下的径流和产沙过程进行监测。采用无人机对降雨前后下垫面进行照相，根据照相分析径流中泥沙的来源，同时在汇流区出口位置设置断面，对径流通量和泥沙含量进行连续监测。基于时空监测数据融合构建盖沙区基本水文单元降雨–径流–产沙关系。黄河流域盖沙区现场实验与监测如图 1-18 所示。测定内容主要包括沟道的参数以及典型下垫面的水文过程，为分布式模型在盖沙区水文单元内的水文过程和产沙过程模拟提供参数支撑及水文过程实验资料的验证。测定参数主要包括沟道的参数（沟道长度、坡降、边坡比降），下垫面参数包括土壤粒径、水力传导度等。

图 1-18　黄河流域盖沙区现场实验与监测

1.3.2.4　黄土高塬沟壑区水沙过程及参数率定实验

于 2017 年 4～10 月对典型小流域林地、草地、梯田和淤地坝 4 种不同下垫面条件下的水文过程进行了连续监测，完成了分布式水文模型基本水文单元尺度的水文过程监测，采用无人机测定了不同下垫面的植物生理过程参数，同时测定了不同降雨强度条件下的水沙入河通量过程，开展了数据解析方法研究，并创新了"空天地一体化的水沙参数测定技术"。实验情况如图 1-19 所示。

(a) 黄土高原沟壑区下垫面参数　　　　　　　(b) 小流域水文过程连续监测
及水文过程监测

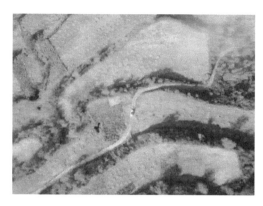

(c) 梯田塌陷区测定(重点测定梯田中的水土流失源及立面角度等参数)

图 1-19　黄土高原下垫面参数测定

1.3.2.5　黄河中游区典型流域侵蚀泥沙来源辨析实验

选取黄土丘陵沟壑区瓦树塌、胡家湾、沙堰沟、埝焉沟等典型小流域开展实验, 如图 1-20 和图 1-21 所示。野外采样工作分两部分, 沉积物源样品采集和坝地沉积区样品采集。沉积物源样品采集包括坡面样品采集和沟道样品采集。坡面样品按照不同土地利用均匀选取代表性样点进行采样。在流域坡面部位每隔一定距离利用网格法布点, 在每个样点使用不锈钢铲在 5m×5m 的样方内随机采集 5 个 5cm 厚土壤表层土样, 均匀混合成一个样品, 剔除表层结皮、植物枯落物等杂质, 装入自封袋。沟道样品则需要沿沟道线形均匀布点, 沿沟壁剖面从下而上采集, 分别采集上、中、下三个部位土样混匀, 装入自封袋。其中作为泥沙示踪研究选取的流域内每种源地样品不低于 7 个。坝地沉积区样品来自未受干扰淤地坝剖面样。根据选取坝控小流域实际情况, 分别采用挖掘机、冲击钻、手工钻等工具进行沉积样品采集。采样深度范围为 2.5～30m。其中挖掘机挖取的沉积剖面可以根据沉积旋回由下而上使用不锈钢铲逐层取出剖面土壤样品, 每层采集 1kg 左右。部分流域因地形条件不适合大型器械操作, 使用冲击钻和手工钻挖取剖面, 由下而上每 25cm 采集一次土样, 每个样品 1kg 左右, 如图 1-22 所示。

1.3.2.6　黄河中游区典型流域泥沙动力学过程实验

选取黄土高原典型小流域为研究对象, 其中包括甘肃省天水市罗玉沟流域桥子沟小流域, 陕西省延长县胡家湾（同上）淤地坝, 绥德县王茂沟、桥沟、韭园沟和裴家峁沟等, 土壤侵蚀特征演化及输沙调控机制如图 1-23～图 1-25 所示。

1.3.2.7　坡面尺度植被恢复对产流产沙的作用机制实验

采用野外人工模拟降雨试验方式开展植被恢复对产流产沙的作用机制研究。

（1）草地降雨试验

试验小区设置长 3m、宽 2m, 共 6m², 径流小区边界由铁皮密封并高出地面 20cm, 入

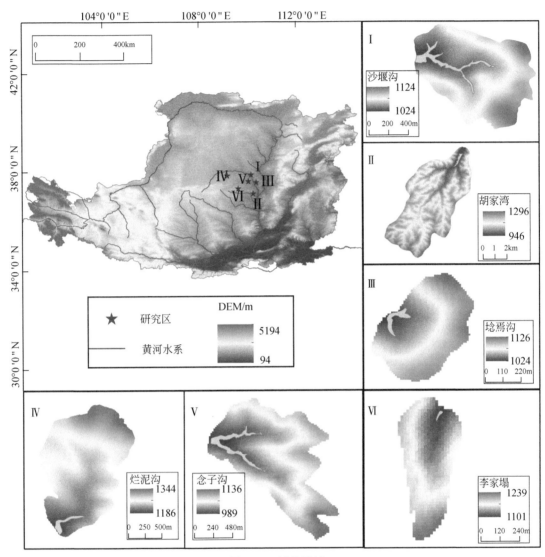

图 1-20 试验流域

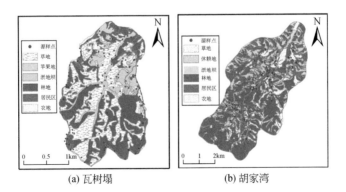

(a) 瓦树塌　　　　(b) 胡家湾

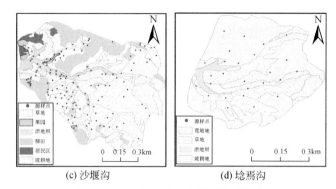

(c) 沙堰沟   (d) 埝焉沟

图 1-21　试验流域土地利用类型划分

图 1-22　沉积样品采集方式

（a）挖掘机；（b）冲击钻；（c）手工钻；（d）剖面样品收集；（e）容重采样；（f）沉积旋回

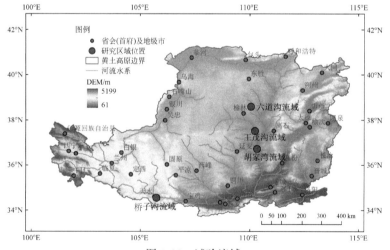

图 1-23　试验流域

图 1-24 桥沟 8 个大型自然径流场

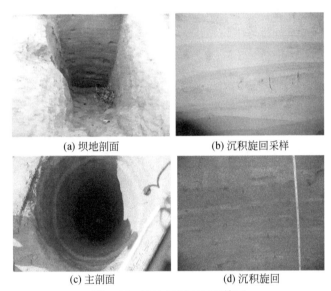

| (a) 坝地剖面 | (b) 沉积旋回采样 |
| (c) 主剖面 | (d) 沉积旋回 |

图 1-25 淤地坝剖面沉积旋回

土深度 10 cm。小区坡度 11°，种类为长毛草，径流小区处在退耕还草区域，已退耕约 25 年，长毛草高 20 cm。草地试验样地由于处在干旱与半干旱过渡区，地表生物结皮发育较好，几乎覆盖整个小区。草地人工模拟降雨试验于 2017 年 6 ~ 9 月进行。此外，降雨试验开始前于试验小区周围取土壤样品，获取 0 ~ 20 cm 土层的基础物理化学性质，如表 1-4 和表 1-5 所示。

表 1-4 草地 0 ~ 20 cm 土层物理化学特征

黏粒/%	粉粒/%	砂粒/%	容重/（g/cm³）	总孔隙度/%	有机碳/（mg/g）
7.47	45.46	47.05	1.46	46.78	6.05

表 1-5 草地 0 ~ 20 cm 土层团聚体含量百分比 （单位:%）

>5mm	2 ~ 5mm	1 ~ 2mm	0.5 ~ 1mm	0.25 ~ 0.5mm	<0.25mm
43.44	6.12	2.55	2.08	1.94	43.87

试验处理：试验一，草被覆盖度变化对产流及产沙过程的影响研究，随机除掉地面草被降低覆盖度，共设计 5 种植被覆盖度，分别为裸地、20%、40%、60% 和 90%。径流小区处理完成后，放水冲刷表层土壤，减弱人为影响，并放置 15 天左右再进行降雨试验（图 1-26）。试验二，景观斑块组合形成不同路径的产流及产沙特征分析，共设计 4 种斑块组合方式，横向路径、纵向路径、随机斑块、S 形路径，此外设置两个覆盖度 60% 和 40%，不仅研究相同覆盖度条件下不同斑块组合方式的产流及产沙特征，还关注相同斑块组合方式在覆盖度降低后的水沙变化规律。试验三，为研究草被不同结构层对产流及产沙过程的影响并解释景观斑块组合的产流产沙变化原因，将草地径流小区进行 3 种处理，即保持退耕后的原始状态；待降雨试验完成后，将地表的草茎沿地表去除，草茎底部已与地表黏结，在不破坏表层土壤的基础上很难除掉，因此我们保留一部分草茬，处理后剩余草茬、生物结皮与根；去掉草茬与生物结皮，只剩草基，如图 1-26 所示。

(a) 裸地　　　　　　　(b) 草地(90%覆盖度)　　　　　　(c) 横向路径

(d) 纵向路径　　　　　　(e) S形路径　　　　　　(f) 随机斑块

(g) 草茎　　　　　　(h) 裸地(含根)与草茬

图 1-26　草地降雨试验的径流小区概况

野外降雨试验采用可调控、下喷式的自动模拟降雨装置，喷头高度 4m，人工降雨模拟器喷头分为小、中、大三种，共 15 个，下喷范围达 20m²（4m×5m）。降雨装置能够模拟的雨强范围为 15～240mm/h，雨滴直径范围为 0.3～6mm，通过调节水压与喷头数量达到试验设计的雨强。基于文献资料及实地降雨数据分析，干旱半干旱区典型暴雨雨强为 80～90mm/h（唐克丽，2004；Zhang and Wang，2017），因此，将野外降雨试验雨强设定为 90mm/h。试验重复 2～3 次，每次试验覆盖两个径流小区。每次降雨试验开始前进行雨强率定，保证所有的试验雨强达到试验要求。记录开始产流时间，同时观察坡面形态变化过程。坡面开始产流后，每隔 1min 接取 1 次地表径流泥沙样品，每次接取 30s，10min 后，每隔 2min 接取 1 次地表径流泥沙样品，分别装在标有刻度的大桶内，并将所取泥沙样在室内进行称重、烘干、计算侵蚀。此外，自产流开始后，每 5min 利用高锰酸钾溶液测定流速一次。

（2）灌木降雨试验

将安塞区马家沟流域柠条灌木林作为试验样地，根据坡地形态和降雨试验装置，考虑到灌木植被的特殊性，为使景观廊道充分暴露，将试验小区设置为长 5m，宽 3m，共 15m²。此外，修整两个径流小区（3m×2m）用来研究灌木不同结构层对产流及产沙过程的影响。该径流小区处在退耕还林区域，已退耕约 20 年，柠条的高度约 170cm，径流小区坡度约 14°。试验样地属于温带大陆性半干旱季风气候，由于退耕年限较长，灌木层下的草类植被发育较好，几乎覆盖整个小区，地表枯枝落叶较厚。灌木人工模拟降雨试验于 2018 年 6～8 月进行。此外，降雨试验开始前于试验小区周围取土壤样品，获取 0～20 cm 土层的理化性质，如表 1-6 和表 1-7 所示。

表 1-6 灌木 0～20 cm 土层物理化学特征

黏粒/%	粉粒/%	砂粒/%	容重/（g/cm³）	总孔隙度/%	有机碳/（mg/g）
1.20	62.34	36.45	1.41	52.34	11.30

表 1-7 灌木 0～20 cm 土层团聚体含量百分比 （单位：%）

>5mm	2～5mm	1～2mm	0.5～1mm	0.25～0.5mm	<0.25mm
12.70	12.09	6.93	5.64	5.52	42.88

试验处理：试验一，灌木覆盖度变化对产流及产沙过程的影响研究，随机去除地面灌木降低覆盖度，共设计 5 种植被覆盖度，分别为裸地、20%、40%、60% 和 90%。径流小区处理完成后，放水冲刷表层土壤，减弱人为影响。试验二，灌木景观斑块组合方式的产流产沙特征分析，共设计 4 种斑块组合方式，横向路径、纵向路径、随机斑块、S 形路径，此外设置两个覆盖度 60% 和 40%，不仅研究相同覆盖度条件不同斑块组合方式的产流及产沙特征，还关注相同斑块组合方式在覆盖度降低后的水沙变化规律。试验三，为研究灌木不同结构层对产流及产沙过程的影响并解释景观斑块组合的产流产沙变化原因，将灌木试验样地进行 4 种处理，保留所有地上地下部分即保持退耕后的原始状态；移除灌木地上

部分的茎，保留灌下草地，枯枝落叶层和地下的根部；移除地上草被，留下枯枝落叶层和地下的根部；移除地上枯枝落叶层，仅留下地下部分，如图 1-27 所示。

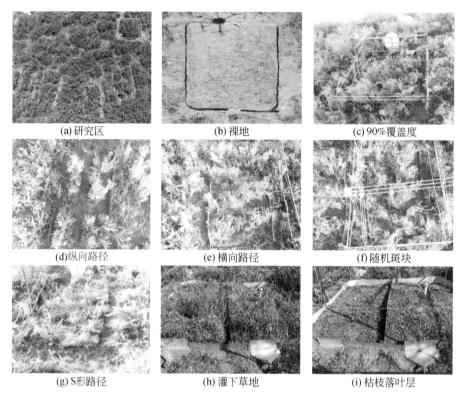

(a)研究区   (b)裸地   (c)90%覆盖度

(d)纵向路径   (e)横向路径   (f)随机斑块

(g)S形路径   (h)灌下草地   (i)枯枝落叶层

图 1-27　灌木降雨试验的径流小区概况

1.3.3　研究方法

1.3.3.1　水沙演变与归因分析

双累积曲线法、滑动平均法、佩蒂特（Pettitt）法突变点、曼－肯德尔（Mann-Kendall，MK）趋势检验法（Mann，1945；Kendall，1975）、线性回归趋势检验法、斯皮尔曼（Spearman）秩次相关检验法、累积距平法（Mu et al.，2012）等方法用于水文泥沙数据序列演变规律与趋势检验；弹性系数法（Schaake，1990）、GAMLSS 模型、机器学习法等方法用于典型流域水沙变化归因分析。

1.3.3.2　水沙趋势预测

（1）多因子驱动的黄河流域分布式水循环模型

针对黄河流域高程变化大、气候条件多样、源区冻融过程、黄土高原沟壑影响、人类取用水等复杂的特征，在 WEP-L 二元水循环模型基础上进行改进，构建多因子驱动影响的黄河流域分布式水循环模型（MFD-WESP）。通过耦合黄河源区基于"积雪–土壤–砂砾石层"连续体水热耦合模拟模块、黄土高原基于三级汇流结构的水沙耦合模拟模块、考虑水库调度规则的水库调蓄模拟模块，提高了模型对黄河流域不同分区水循环过程模拟精度。此外，为了提高模型计算速度和效率，基于 OpenMP 架构对模型进行产汇流并行计算改进以及基于 RAGA 的参数分类的参数优化改进。

（2）流域水沙动力学过程模型

流域水沙动力学过程模型采用河网水系和基本流域单元相组合的分布式模型原理。为实现不同尺度的降水–产流–产沙过程模拟，在清华大学研发的数字流域模型（王光谦等，2005；刘家宏等，2006）基础之上予以改进完善，研发了一套河道重建技术，建立了黄土高原耦合植被和土地利用的坡面侵蚀产沙的参数化模型及适用于不同泥沙粒径的陡坡–高含沙水流挟沙力公式，概化了淤地坝的卧管和溢洪道泄流与整体运行机制并构建了淤地坝物理模型，开发了集群计算和双层并行率定，极大提高了数字流域模型的计算效率。

（3）水沙趋势集合评估

黄河流域水沙变化趋势预测研究存在基础数据来源、参考指标选择、特征值计算等非制度化、非标准化等问题，导致黄河水沙锐减的主要影响因子辨析及贡献率确定等一直存在较大差异，也使黄河水沙变化成因尚未达成共识。黄河流域水沙变化趋势预测借鉴政府间气候变化专门委员会（Intergovernmental Panel on Climate Change，IPCC）集合预报思想，通过分析黄河与其他河流水沙变化特征及演变机制异同性，揭示气候和人类活动对黄河水沙变化作用模式的特殊性；对比分析黄河水沙预测现有方法在内在机理、输入数据、特征指标、分析模型与预测成果间的差异性、优劣性和认可度，构建基于输入数据、原理方法和输出结果多层次集合评估的技术；采用多种数理方法搭建多目标可量化评价体系与标准化、通用化的评价流程和评价平台，实现对不同原理结构和参数模块的预测方法标准化评估；开展未来 30 ~ 50 年黄河水沙变化趋势集合评估，提出不同预测方法预测结果的误差范围及置信度区间，为黄河水沙调控策略制定提供支撑。

（4）其他水沙预测方法

为满足黄河流域水沙变化趋势集合评估样本需要，本书在多因子驱动的黄河流域分布式水循环模型、流域水沙动力学过程模型基础之上，还采用了改进的 SWAT 模型、HydroTrend 模型、机器学习模型、产沙指数模型、GAMLASS 模型、基于大数据的机器学习和人工智能等方法对黄河潼关站水沙趋势预测。

1.3.3.3 水土流失过程物理模型

通过开展桥沟小流域概化模型室内控制模拟试验，筛选影响坡面–沟道系统水沙过程的主要因素，分析不同空间尺度地貌单元的产流产沙过程、水沙搭配关系与水动力学参数的响应关系，揭示坡面–沟道系统水沙产输的动力机制。模型的地形数据取自野外三维激光扫描仪测量生成的精度为 1m 的 DEM。小流域概化模型按照水平、垂直比尺 1:40，建立小流域概化正态模型，模型尺寸如图 1-28 和图 1-29 所示。试验用土为邙山黄土，土壤级配如表 1-8 所示。

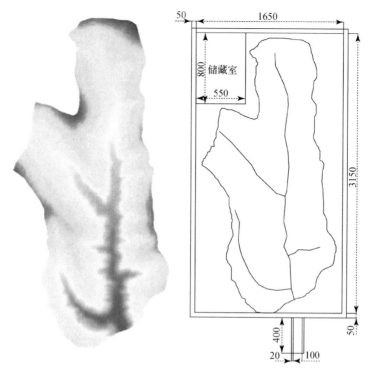

图 1-28　桥沟 DEM 与模型尺寸示意
单位：cm

图 1-29　桥沟小流域概化模型

表 1-8　供试土样颗粒组成　　　　　　　　　　　（单位：%）

粒径/mm			
>0.25	0.075~0.25	0.005~0.075	<0.005
0	10.4	83.7	5.9

1.3.4　技术路线

本书紧密围绕黄河水沙情势剧变成因与黄河治理中的重大问题，按照"过程与机理–模型与预测–评价与对策"的总体技术思路组织编写。主要内容包括：①分析黄河流域水沙多时空演变特征及分异规律，辨析下垫面变化对产汇流机制及产输沙机制的作用，研究场次降雨的产洪产沙关系及其降雨阈值变化，揭示多因素变化下流域水沙产输变化规律。②研究植被减蚀减沙效应及其临界阈值，剖析梯田拦沙减蚀机制及时效作用，分析淤地坝系的洪水调峰消能作用及沟道产输沙阻控机制，确定植被、梯田、坝库工程等措施对流域径流和产沙的耦合效应，确定降雨和坡面、沟道等措施对入黄水沙贡献率。③研发多因子耦合驱动的流域分布式水循环模型、流域泥沙动力学过程模型，分析流域多措施、多过程群体效应，预测黄河流域未来30~50年降雨、径流和泥沙过程。④对比黄河水沙变化不同分析方法及其结果，研发预测结果的集合评估技术，研究极端事件对流域产流产沙的影响，评估未来30~50年黄河水沙变化趋势，确定其置信度。⑤研究维持黄河流域健康的水沙调控阈值，提出黄土高原生态治理与黄河防洪减淤和水沙调控策略，提出黄河下游宽河段治理方向。技术路线如图1-30所示。

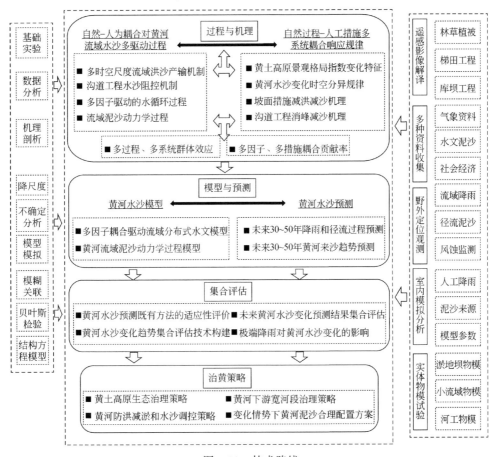

图1-30　技术路线

第2章 黄河流域降水与下垫面演变过程

2.1 降水变化特征

2.1.1 黄河流域降水变化特征

黄河流域 1956~2016 年多年平均降水总量为 3598 亿 m³，折合降水深度为 452.2mm。受气候、地形等因素综合影响，面降水量变化较复杂，降水量最多的是三门峡—花园口区间，多年平均降水量为 651.8mm，其次是花园口以下和龙门—三门峡区间，多年平均降水量为 642.0mm 和 541.6mm；降水量最少的是兰州—河口镇区间，多年平均降水量仅为 261.0mm。与多年平均降水量（1956~2016 年平均）相比，黄河流域 1956~1969 年偏丰 3.5%，1970~1979 年和 1980~1989 年平水，1990~2000 年偏枯 5.6%，2001~2016 年偏丰 2.1%。黄河流域及主要支流不同时段、不同年代降水量如表 2-1 和表 2-2 所示。

表 2-1 黄河流域不同时段降水量统计

区间	计算面积/万 km²	平均降水量/mm			
		1956~2000 年	2001~2016 年	1956~2016 年	1980~2016 年
龙羊峡以上	13.20	485.4	505.8	490.7	499.1
龙羊峡—兰州	9.10	501.0	509.8	503.3	501.1
兰州—河口镇	16.43	261.9	258.2	261.0	254.4
河口镇—龙门	11.13	432.8	482.2	445.8	439.8
龙门—三门峡	19.08	539.6	547.5	541.6	532.9
三门峡—花园口	4.17	652.8	649.1	651.8	640.7
花园口以下	2.24	641.7	642.9	642.0	624.2
内流区	4.23	277.5	286.4	279.9	272.2
黄河流域	79.58	448.8	461.6	452.2	447.5

表 2-2 黄河流域及主要支流不同年代降水量统计

河流	计算面积/万 km²	平均降水量/mm			
		1956~1979 年	1980~2000 年	2001~2016 年	1956~2016 年
黄河（不含内流区）	75.35	468.7	446.7	471.4	461.8
湟水	3.29	514.0	517.0	529.2	519.0
大通河	1.51	517.9	531.7	542.9	529.2
大夏河	0.70	531.3	513.3	535.1	526.1
洮河	2.56	581.6	551.6	565.8	567.1
窟野河	0.87	429.1	371.1	430.4	409.5
无定河	3.03	393.1	341.1	442.0	388.0
汾河	3.98	528.2	477.5	521.9	509.1
渭河	13.49	559.1	529.6	550.4	546.7
泾河	4.55	515.7	490.1	523.4	508.9
北洛河	2.70	536.1	491.9	519.7	516.6
伊洛河	1.89	703.8	682.8	684.7	691.6
沁河	1.36	632.8	574.4	611.2	607.0
大汶河	0.91	734.7	672.8	717.7	708.9

2.1.2 黄土高原降水变化特征

2.1.2.1 年降水总量变化

1980~2016 年黄土高原年降水量平均减少 2.5%，约 10% 土地面积（6.2 万 km²）减少 15%~36%；约 20% 土地面积（12.7 万 km²）增加 6%~18%。从统计学看，在 90% 置信区间，22 个站点（总站点数量 294 个）减少 9%~36%；1 个站点增加 2%~6%。而这种减少主要由汛期降雨减少造成。简言之，黄土高原年降水量整体呈减少趋势，主要集中在龙门以下区域，局部微弱增加，如图 2-1 所示。

2.1.2.2 400mm 等降水量线变化

400mm 等降水量线一直在波动，局部变化大。黄河上游地区变化小，但中游的窟野河、无定河流域周边，自 2010 年以来降水量增加明显，400mm 等降水量线在该区向北移动大约 90km，降水的增加对该区域的植被恢复带来了正向影响，如图 2-2 所示。

2.1.2.3 降水年内集中程度变化

降水年内集中程度大小，可说明大雨强事件集中程度，如图 2-3 所示，1980~2016 年黄土高原降水年内集中程度总体呈增加的趋势，平均增加 0.24%。增加区域遍布中游大部

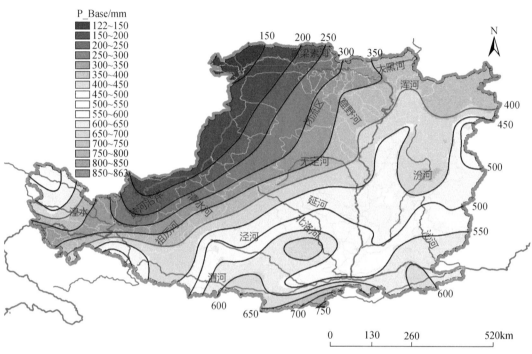

(a)降水量等值线空间分布

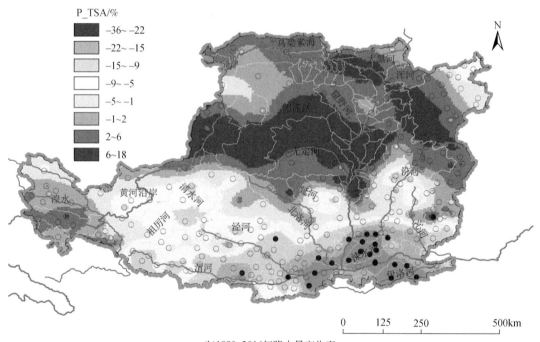

(b)1980~2016年降水量变化率

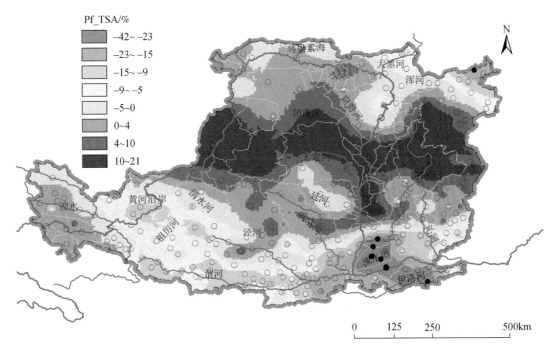

(c)年汛期降水量变化率

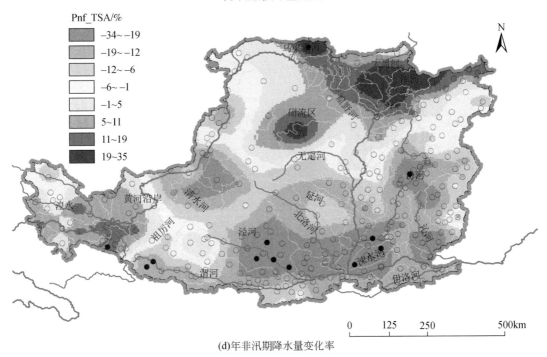

(d)年非汛期降水量变化率

图 2-1 1980～2016 年黄土高原降水量时空分布变化

P_Base 指年降水均值，P_TSA 指年降水变化率，Pf_TSA 指年汛期降水变化率，Pnf_TSA 指年非汛期降水变化率

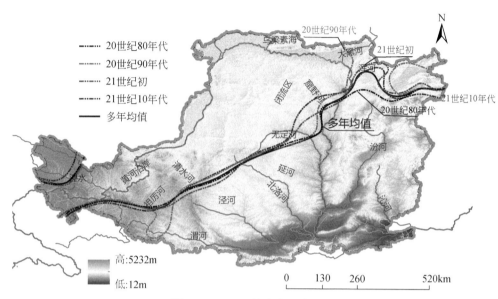

图 2-2 400mm 等降水量线变化

分区域，泾河、北洛河、延河、汾河、清水河以及宁夏和内蒙古鄂尔多斯段黄河附近区域，其变化与汛期雨强增加密不可分。值得关注的是，黄河上游的高海拔地带非汛期雨强显著增加。从统计学看，在 90% 置信区间，12 个站点（总站点数量 294 个）集中度呈显著增加趋势，12 个站点呈显著减少趋势。

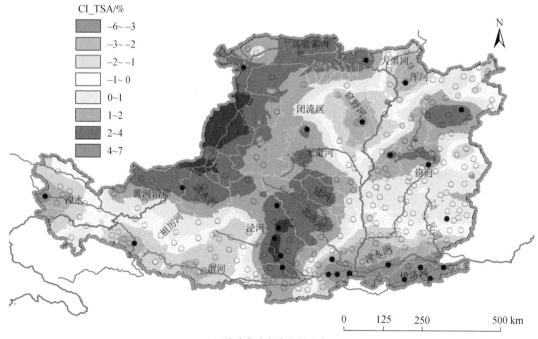

(a)降水集中程度空间分布

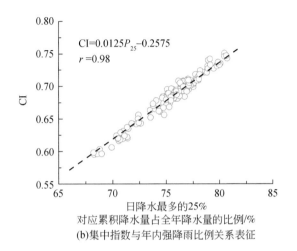

(b)集中指数与年内强降雨比例关系表征

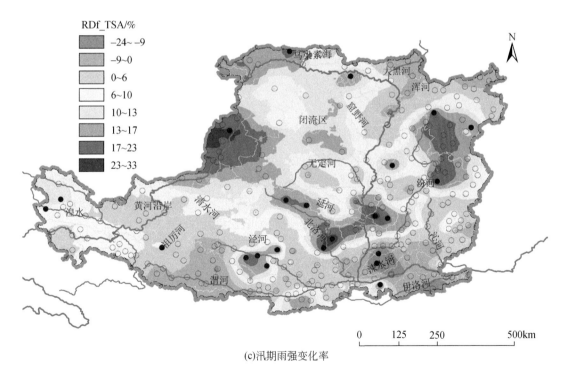

(c)汛期雨强变化率

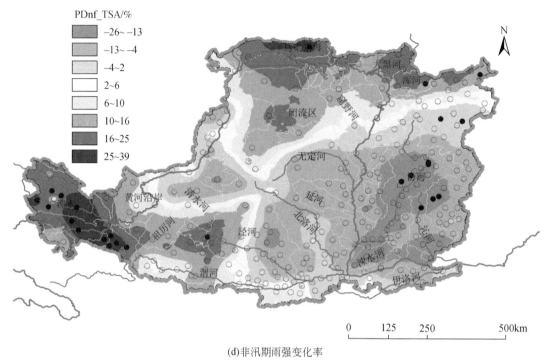

(d)非汛期雨强变化率

图2-3　黄土高原1980～2016年降水集中分布程度与雨强变化

CI_TSA指降水集中指数变化率，CI指降水集中指数，RDf_TSA指汛期雨强变化率，RDnf_TSA指非汛期雨强变化率

2.1.2.4　降水时间重心变化

不同年份重心变化，可反映年内大雨强事件发生时间的前后迁移特征。由图2-4可知，黄土高原年内降水的重点时段在每年的第194～第212天（7月10～28日），均值为第204天（7月20日）。而近年来降水重心呈明显推迟趋势，平均推迟了7.6天。从统计学看，在90%置信区间，55个站点（总站点数量294个）显著推迟，平均推迟16天。降水重心推迟会对下垫面地表覆被产生影响，从而影响土壤侵蚀。

2.1.3　主要产沙区降水变化特征

2.1.3.1　年际变化

（1）面均降水量变化

1966～2019年研究区面均降水量为472.9mm。2010年以来，研究区降水量整体较多年平均偏丰，2010～2019年研究区多年平均降水量为525.3mm。1966～2019年研究区降水量序列中，降水量最大的5年中，有3年是发生在2010年之后，分别为2013年、2017年和2018年。图2-5为1966～2019年研究区年降水量变化过程。

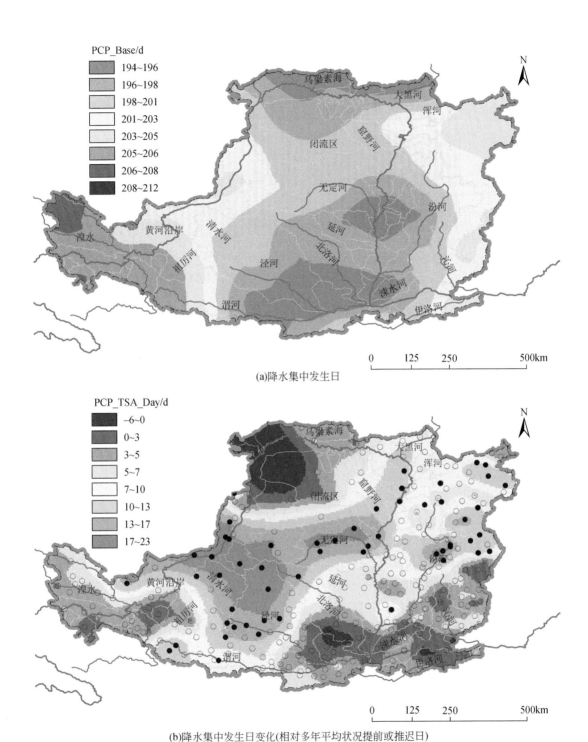

(a)降水集中发生日

(b)降水集中发生日变化(相对多年平均状况提前或推迟日)

图 2-4　黄土高原降水年内重心日分布和 1980～2016 年降水年内重心日分布的变化

PCP_Base 指年降水重心日，PCP_TSA 指年降水重心日变化率，PCP_TSA_Day 指年降水重心日变化

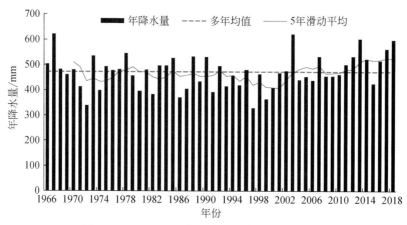

图 2-5 1966～2019 年研究区年降水量变化过程

基于 1966～2019 年研究区年降水量变化序列，统计不同时段研究区平均年降水量，如表 2-3 所示，1970～1979 年、1980～1989 年和 1990～1999 年的平均降水量均少于多年平均降水量，特别是 1990～1999 年，为近 53 年来平均年降水量最少的一个时段，仅有 436.0mm，其次为 1980～1989 年，也是研究区平均年降水量较少的时段；而 1966～1969 年和 2010～2019 年的平均年降水量高于多年平均降水量，其中 2010～2019 年研究区平均年降水量最大，达到 525.3mm，超出多年平均降水量的 11.2%，2000～2009 年研究区平均年降水量与多年平均降水量相比略偏丰，仅较多年平均降水量偏丰 0.9%。采用曼-肯德尔检验对研究区 1966～2019 年面均降水量进行变化趋势的检验，曼-肯德尔检验统计值 Z 为 1.028，且其绝对值小于 1.96，说明年降水量未通过显著水平 $\alpha = 0.05$ 的置信度检验，表现为不显著增加趋势。

（2）量级降水量变化

1966～2019 年研究区不同量级降水量 P_{10}（日降水量大于 10mm 的年降水总量，下同）、P_{25}、P_{50} 和 P_{100} 的多年均值分别为 274.4mm、116.8mm、32.4mm 和 3.7mm，如表 2-4 所示。1966～2019 年研究区不同量级降水量 P_{10}、P_{25}、P_{50} 和 P_{100} 变化过程如图 2-6 所示，近 53 年中，研究区 P_{10} 和 P_{25} 最大值均出现在 2013 年，其次出现在 2018 年；P_{50} 最大值出现在 2018 年，其次出现在 1966 年、2013 年和 2016 年；P_{100} 最大值出现在 1977 年，其次出现在 2016 年。

表 2-3 1966～2019 年研究区不同时段平均年降水量统计   （单位：mm）

时段	降水量
1966～1969 年	517.4
1970～1979 年	462.3
1980～1989 年	452.0
1990～1999 年	436.0

续表

时段	降水量
2000~2009 年	476.5
2010~2019 年	525.3
多年平均	472.3

表 2-4 典型年研究区降水量较多年平均偏丰情况统计

时期	指标	年降水量	P_{10}	P_{25}	P_{50}	P_{100}
多年平均（1966~2019 年）	降水量/mm	472.3	274.4	116.8	32.4	3.7
1966 年	降水量/mm	504.0	325.8	173.6	72.8	11.3
	偏丰程度/%	6.7	18.7	48.6	124.7	205.4
1977 年	降水量/mm	481.6	288.3	132.0	54.3	17.7
	偏丰程度/%	2.0	5.1	13.0	67.6	378.4
2013 年	降水量/mm	601.7	417.9	217.4	70.8	8.3
	偏丰程度/%	27.4	52.3	86.1	118.5	124.3
2016 年	降水量/mm	522.8	324.6	150.9	67.6	19.6
	偏丰程度/%	9.4	16.0	26.7	103.2	352.3
2018 年	降水量/mm	599.4	399.6	206.3	83.4	7.2
	偏丰程度/%	26.9	45.6	76.6	157.4	94.6

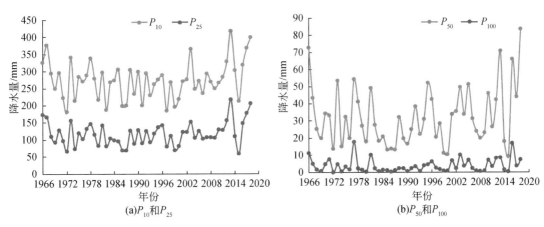

图 2-6 1966~2018 年研究区不同量级降水量变化过程

选取近 53 年中量级降水量较大的年份作为典型年，对比不同典型年量级降水量与研究区多年平均降水量，由表 2-4 可见，1966 年暴雨偏丰程度较大，而 1977 年大暴雨偏丰程度最大；2013 年 P_{25} 的偏丰程度达到 86.1%，2018 年 P_{50} 的偏丰程度达到 157.4%，2013 年和 2018 年类似，不仅年降水量偏丰程度较大，而且中雨以上偏丰程度较大；2016 年与 1977 年类似，相比于年降水量和 P_{10}，均为暴雨和大暴雨偏丰程度较大。

（3）不同分区年降水量变化

1966～2019 年河龙区间、泾河景村以上、渭河拓石以上、北洛河刘家河以上、清水河、祖厉河、湟水（不含大通河）、洮河李家村以下、汾河兰村以上等区域年降水量变化过程如图 2-7 所示。不同分区在 20 世纪 80 年代末至 2002 年均经历了一个连续十多年的降水偏枯期；2010～2019 年，河龙区间、泾河景村以上、北洛河刘家河以上、清水河、湟水（不含大通河）和汾河兰村以上经历一个连续丰水期。

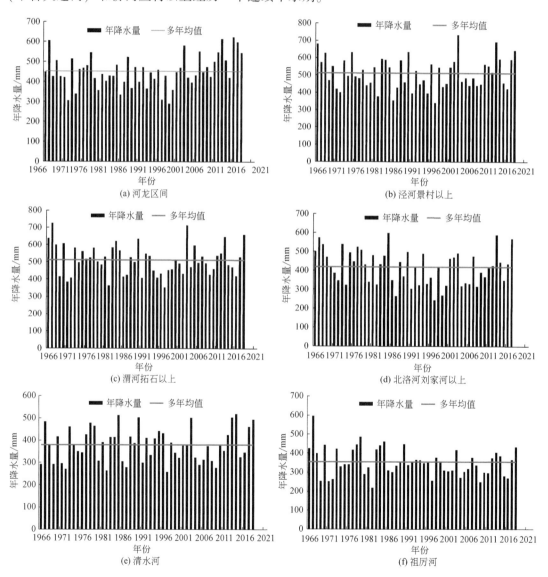

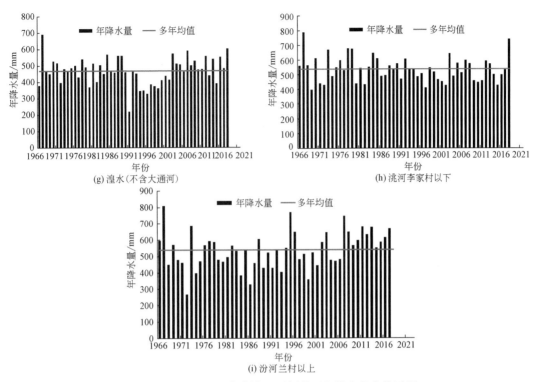

图 2-7　1966~2018 年研究区不同分区年降水量变化过程

2.1.3.2　空间分布情况

研究区年降水量表现为由西北向东南逐渐增大，湟水（不含大通河）流域表现为由下游往上游逐渐增加趋势。P_{10} 和年降水量在空间分布上基本一致，但河龙区间西北部和十大孔兑区域 P_{25} 和 P_{50} 明显偏高，洮河李家村以下和湟水（不含大通河）流域 P_{25} 和 P_{50} 偏低，尤其是湟水（不含大通河）流域，P_{50} 占年降水量的比例仅为 1.7%。此外，P_{25} 和 P_{50} 高发区主要集中在河龙区间西北部，以及河龙区间西南部、泾河景村以上、汾河水库以上和渭河拓石以上东部等年降水量为 450~600mm 的地区。1966~2019 年研究区及各个分区多年平均年降水量，P_{10}、P_{25} 和 P_{50} 以及量级降水量占年降水量的比例如表 2-5 所示。1966~2019 年研究区多年平均年降水量为 472.3mm，P_{10}、P_{25} 和 P_{50} 分别为 274.4mm、116.8mm 和 32.4mm。十大孔兑多年平均年降水量和 P_{10} 最小，祖厉河和湟水（不含大通河）多年平均 P_{25} 和 P_{50} 在各区域中最小，如图 2-8 所示。

表 2-5　1966~2019 年研究区量级降水量特征统计

区域	多年平均降水量/mm				量级降水量占年降水量的比例/%		
	年降水量	P_{10}	P_{25}	P_{50}	P_{10}	P_{25}	P_{50}
河龙区间	452.4	259.8	132.7	41.3	57.4	29.3	9.1
泾河景村以上	512.5	327.1	141.6	40.8	63.8	27.6	8.0

续表

区域	多年平均降水量/mm				量级降水量占年降水量的比例/%		
	年降水量	P_{10}	P_{25}	P_{50}	P_{10}	P_{25}	P_{50}
北洛河刘家河以上	418.1	243.8	112.1	31.5	58.3	26.8	7.5
汾河兰村以上	538.5	358.9	169.3	44.7	66.6	31.4	8.3
渭河拓石以上	512.7	291.4	106.0	26.0	56.8	20.7	5.1
清水河	379.2	216.7	78.9	16.8	57.1	20.8	4.4
祖厉河	353.5	180.9	53.4	9.9	51.2	15.1	2.8
洮河李家村以下	537.4	298.3	87.9	14.3	55.5	16.4	2.7
湟水（不含大通河）	468.8	227.3	53.1	8.1	48.5	11.3	1.7
十大孔兑	286.3	164.5	76.9	22.4	57.5	26.9	7.8
研究区	472.3	274.4	116.8	32.4	58.1	24.7	6.9

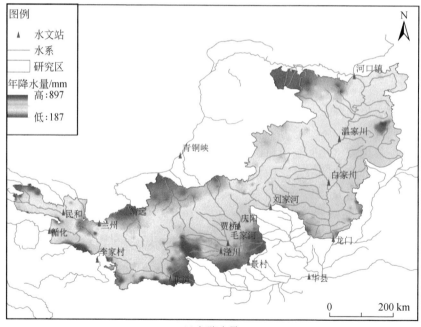

(a) 年降水量

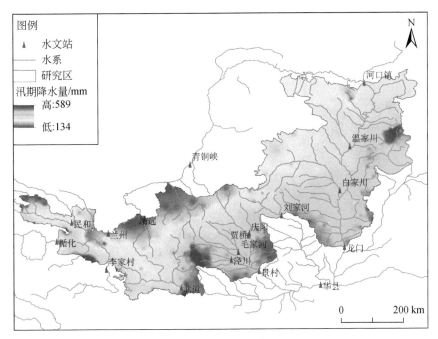

(b)汛期降水量

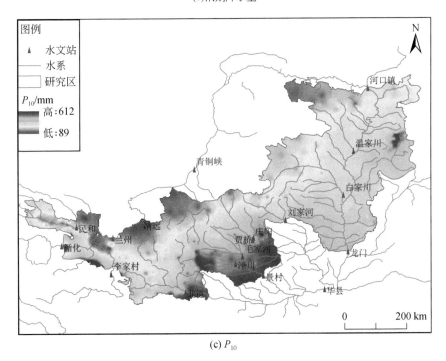

(c) P_{10}

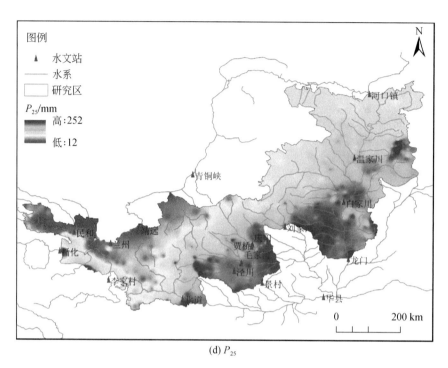

(d) P_{25}

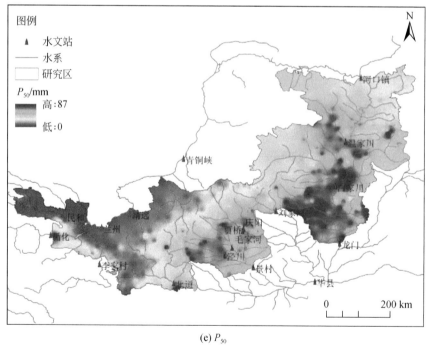

(e) P_{50}

图 2-8 1966～2019 年多年平均降水指标空间分布

2.1.3.3　2000 年以来降水丰枯变化情况

为进一步了解 2000 年以来黄河主要产沙区降水丰枯情况，以 1966～2019 年各雨量站多年平均降水量为基准，分析了 2000～2009 年和 2010～2019 年降水丰枯变化情况，如图 2-9～图 2-12所示。由图可知，①2000～2009 年，黄河中游主要产沙区河龙区间整体降水

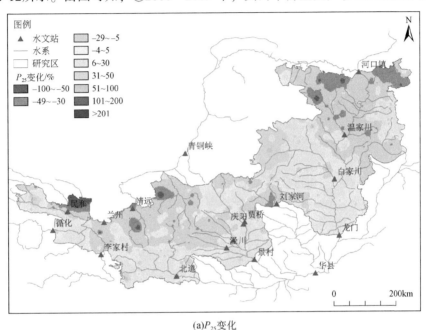

(a)P_{25}变化

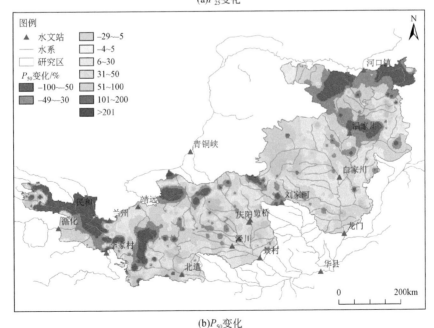

(b)P_{50}变化

图 2-9　2000～2009 年黄河主要产沙区降水丰枯情况

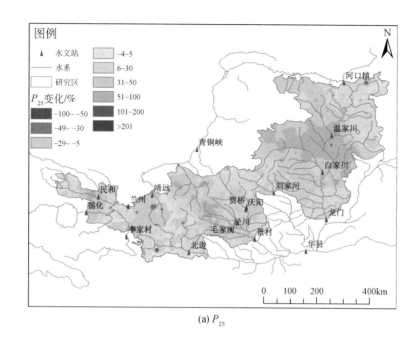

(a) P_{25}

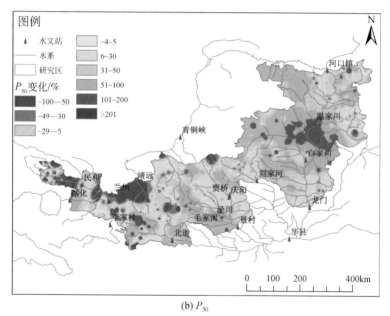

(b) P_{50}

图 2-10　2010~2019 年黄河主要产沙区降水丰枯情况

量变化较小，年降水量偏丰 1.4%，P_{10}、P_{25} 和 P_{50} 分别较多年平均偏枯 3.0%、2.2% 和 4.0%。空间上表现为中部和南部为略偏丰，主要集中在无定河上游区域；西部和北部地区略偏枯；汾河兰村以上降水略偏丰，年降水量偏丰 3.6%，P_{50} 偏丰程度最大，较多年平均偏丰 11.6%；泾河景村以上降水变化不大，年降水量和 P_{25} 分别偏枯 1.1% 和 0.2%；渭

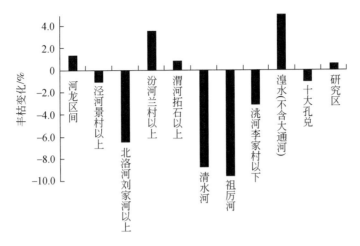

图 2-11 不同分区 2000~2009 年降雨丰枯变化

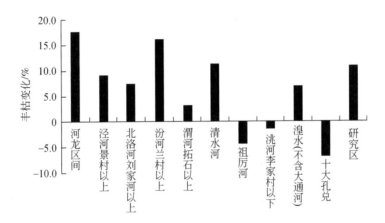

图 2-12 不同分区 2010~2019 年降水丰枯变化

河拓石以上降水总体略偏丰，年降水量和 P_{25} 分别偏丰 0.8% 和 2.4%；北洛河刘家河以上降水偏枯程度较大，特别是量级降水，其中 P_{25} 和 P_{50} 分别较多年平均偏枯 14.8% 和 31.7%。②2010~2019 年，河龙区间年降水量和量级降水均偏丰，特别是河龙区间中部，河龙区间年降水量、P_{25} 和 P_{50} 分别较多年平均偏丰 17.7%、40.0% 和 62.5%；泾河景村以上降水偏丰，其中 P_{25} 较多年平均偏丰 27.4%；渭河拓石以上低雨强降水量基本正常，P_{50} 偏丰 17.1%；汾河兰村以上降水总体偏丰，但 P_{50} 较多年平均偏枯 9.1%；清水河降水偏丰，其中 P_{25} 和 P_{50} 分别较多年平均偏丰 34% 和 38.7%。2010~2019 年研究区量级降水偏枯主要位于祖厉河和洮河李家村以下，尤其是大雨以上高强度降雨严重偏少，P_{50} 偏枯程度分别高达 32.5% 和 6.4%。十大孔兑降水总体偏枯，年降水量和 P_{25} 分别偏枯 6.7% 和 20.3%，但 P_{50} 偏丰 8.6%。

2.2 下垫面演变特征

2.2.1 植被覆盖时空变化

2.2.1.1 黄河流域

基于 1982～2015 年 GIMMS（global Inventory Modeling and Mapping Studies，全球检测与模型组）归一化植被指数（normalized difference vegetation index，NDVI）数据（时间分辨率 15 天，空间分辨率 8km）和 2000～2018 年 MODIS NDVI 数据（时间分辨率 16 天，空间分辨率 250m），分析植被变化过程及趋势。

（1）时间尺度变化

黄河流域 1982～2015 年 GIMMS NDVI 呈现波动增长趋势。NDVI 变化大致分为两个阶段，1982～2006 年 NDVI 增幅较小，2006 年以后 NDVI 增幅较大。以 2006 年为分界点对 NDVI 进行分段斜率计算，结果显示 1982～2006 年黄河流域 NDVI 增长斜率为 0.0005，2006～2015 年 NDVI 增加趋势更为显著，增长斜率为 0.0032，如图 2-13 所示。

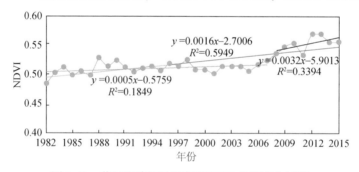

图 2-13 黄河流域长时间序列 NDVI 均值变化过程

采用 5～9 月作为黄河流域植被生长季，对植被生长年变化进行分析，如图 2-14 所示，由图可见生长季 NDVI 整体较好，NDVI 在 0.4～0.5 变化，生长季 NDVI 变化特征与全年 NDVI 变化特征一致，即 1982～2006 年生长季 NDVI 呈现波动变化，整体变幅较小；2006～2015 年生长季 NDVI 整体呈现明显上升趋势，其中 2012～2015 年有微弱降幅。

图 2-15 为黄河流域长时间序列月尺度 NDVI 变化。由图 2-15 可知，黄河流域 NDVI 月尺度变化周期稳定，每年的 NDVI 变化周期清晰，且周期内最大、最小值分布明显，每年最大值均出现在 8 月，最小值均出现在 2 月。不同年份 NDVI 变化波长大小不一，如 1999～2006 年 NDVI 变化周期波长较小，2007～2015 年 NDVI 变化周期波长较大，其中 2012 年达到最大。

（2）空间变化

图 2-16 为 1982～2015 年黄河流域 NDVI 多年均值空间分布，由图可知，黄河流域不同

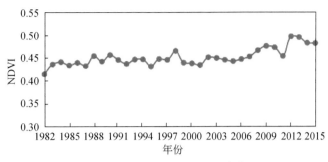

图 2-14 黄河流域生长季 NDVI 变化过程

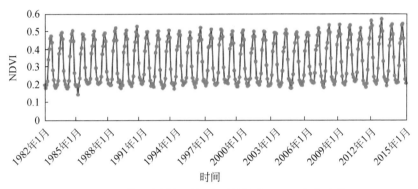

图 2-15 黄河流域长时间序列月尺度 NDVI 变化过程

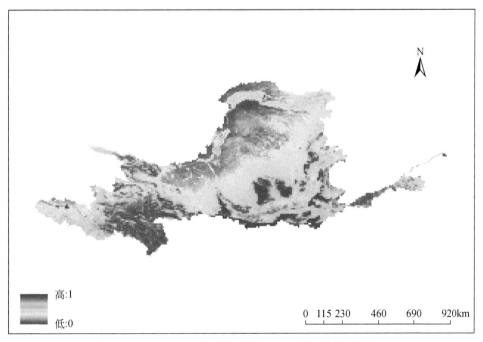

图 2-16 1982~2015 年黄河流域 NDVI 多年均值空间分布

地区植被覆盖差异明显，呈现由东南向西北逐渐减小的空间变化趋势。黄河流域 NDVI 较高的区域主要分布在黄河源区、大通河、秦岭—六盘山—子午岭、吕梁山区以及关中平原、汾河平原、伊洛河流域等。

图 2-17 为 1982～2015 年黄河流域 NDVI 变化斜率空间分布，由图可见，黄河流域不同地区植被变化的趋势差异显著。黄河源区作为 NDVI 常年较高的区域，NDVI 变化斜率大多呈现负值，即黄河源区 NDVI 呈下降趋势。NDVI 呈下降趋势的地区还有河套平原前套地区、渭河中下游以及泾河上游等地。渭河中下游地区植被变化斜率数值最低，NDVI 减小趋势更明显。中游河龙区间 NDVI 呈增加趋势，其中窟野河、秃尾河、北洛河流域 NDVI 变化斜率较大，无定河流域 NDVI 变化斜率最大，说明 1982～2015 年河龙区间植被改善最为显著。

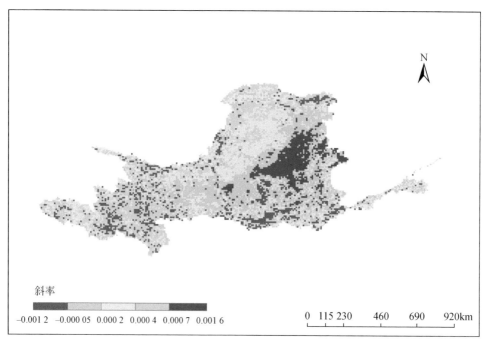

图 2-17　1982～2015 年黄河流域 NDVI 变化斜率空间分布

2.2.1.2　黄土高原

（1）时间尺度变化

黄土高原 1981～2015 年 NDVI 呈极显著上升趋势（$Z=5.37$），年变化率为 0.0021，植被覆盖向好发展，如图 2-18 所示。黄土高原 1981～2015 年 NDVI 多年均值为 0.50，最大值为 0.56（2013 年），最小值为 0.46（1982 年），序列变差系数为 0.05。各年代 NDVI 呈上升态势，1981～1990 年均值为 0.48；1991～2000 年均值为 0.49，较 1981～1990 年增加了 2%；2001～2010 年均值为 0.51，较 1991～2000 年增加了 4%；2011～2015 年均值为 0.55，较 2001～2010 年增加了 8%，各年代 NDVI 序列变差系数介于 0.03～0.04。

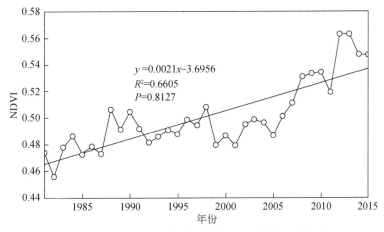

图 2-18　1981 ~ 2015 年黄土高原 NDVI 均值变化趋势

（2）空间变化

黄土高原各子流域 1981 ~ 2015 年 NDVI 均值序列均呈上升趋势，且位于黄土高原中部、黄河中游河龙区间大部分子流域 NDVI 上升趋势极为显著，显著性水平达到 99%（Z>1.96）；其余子流域区间除渭河（华县）、伊洛河（黑石关）、渭河（咸阳）和北洛河（交口河）4 个上升趋势不显著，MK 检验统计量 Z 值介于 0.19 ~ 1.62 外，剩余子流域区间 MK 检验显著性水平达到 95%（Z>2.58）。其中位于无定河流域的白家川、横山、丁家沟、韩家峁、李家河、殿市和青阳岔子流域，窟野河流域的王道恒塔、新庙和温家川子流域、秃尾河流域、孤山川流域、皇甫川流域以及兰州—头道拐区间等 MK 检验统计量 Z>5.05，以上子流域在 1981 ~ 2015 年植被恢复较快，植被向好态势极为明显；位于渭河流域的洑头、北洛河流域的刘家河、延河流域的延安、清涧河流域的延川子流域，以及汾河、沁河、头道拐—府谷、府谷—吴堡和吴堡—龙门子流域区间等 MK 检验统计量 Z>4.09，说明以上子流域区间植被恢复较好，植被向好态势较为明显。相比之下泾河杨家坪、雨落坪和张家山子流域、延河甘谷驿子流域和洮河流域等植被恢复虽进程较慢，但是植被恢复呈向好态势，如图 2-19 所示。

黄土高原 1981 年、1991 年、2001 年和 2015 年 NDVI 空间分布如图 2-20 所示，由图可见，20 世纪 80 年代以来，黄土高原植被覆盖面积逐年增加，覆盖度较大的区域增加，覆盖度较小的区域逐渐减小。不同时期 NDVI 空间分布特征均表现为由西北向东南方向逐渐增加的趋势，黄土高原中部往西北方向区域植被覆盖度较低，1981 年、1991 年、2001 年和 2015 年 NDVI 最小值分别为 0.0693、0.0739、0.0796 和 0.0850，而中部往东南方向区域植被覆盖度相较于西北方向较高，1981 年、1991 年、2001 年和 2015 年 NDVI 最大值分别为 0.9795、0.9889、0.9820 和 0.9907，各年均值逐渐增大，分别为 0.47、0.49、0.48 和 0.55，即黄河中游渭河、泾河、北洛河和无定河，以及延河等植被恢复较好，植被覆盖度逐年增加。

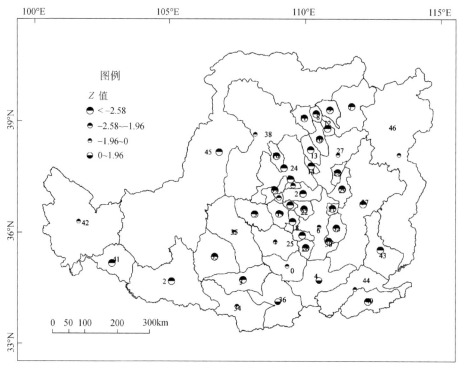

图 2-19　黄土高原 1981~2015 年各子流域 NDVI 均值序列 MK 检验结果

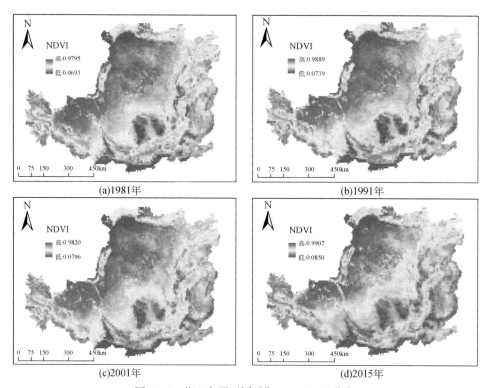

图 2-20　黄土高原不同时期 NDVI 空间分布

图 2-21 为 1981～2015 年黄土高原各子流域不同年代 NDVI 均值的空间分布，由图 2-21可见，兰州—头道拐、窟野河上游（新庙）、无定河丁家沟以上（韩家峁和丁家沟），以及皇甫川和秃尾河流域，NDVI 均值从 1981～1990 年的 0.24～0.30 增加至 1991～2000 年的 0.30～0.40，1991～2015 年 NDVI 仍处于 0.3～0.4，除无定河丁家沟流域和秃尾河流域上升至 0.4～0.5。黄河中游和左岸的子流域（头道拐—府谷、府谷—吴堡、吴堡—龙门、汾河、沁河和伊洛河等）以及黄河右岸中游下段的部分子流域（北洛河、泾河、渭河、延河和清涧河等）NDVI 在 1981 年和 1991 年均大于 0.50，2001 年后均大于 0.60，最高至 0.85。而西川河流域（大村）为黄土高原 NDVI 最大的子流域，1981 年、1991 年、2001 年和 2015 年分别为 0.85、0.84、0.84 和 0.87，即西川河流域是黄土高原植被覆盖度最大，植被恢复最好的子流域。综上所述，黄土高原植被覆盖度空间分布特征与年降水量 P、年大雨量（P_{25}）、年暴雨量（P_{50}）和年降雨强度（SDII）空间分布特征基本一致，表现为由西北向东南逐渐增加的趋势，即植被覆盖度较大、植被恢复较好的子流域都集中分布在黄土高原的东南部，NDVI 大于 0.60（介于 0.60～0.85），而西北部植被覆盖度相对较小，NDVI 小于 0.50（介于 0.20～0.50）。

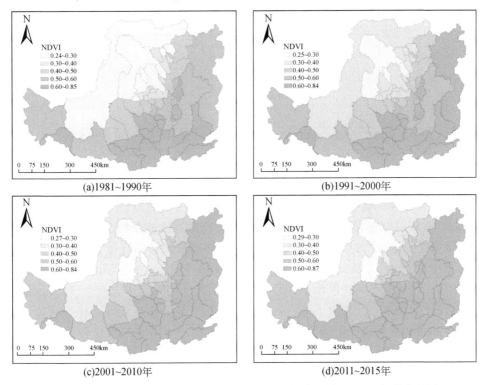

图 2-21 1981～2015 年黄土高原各子流域不同年代不同 NDVI 空间分布差异

2.2.1.3 主要产沙区

(1) 时间尺度变化

1982～2018 年主要产沙区 NDVI 变化如图 2-22 所示，由图可见河龙区间、北洛河上游、渭河上游、泾河上游和汾河上游 NDVI 增长变化趋势明显，尤其是 2006～2013 年，NDVI 增长更为显著，其中河龙区间西北片的 NDVI 增长速度最快；2013 年后 NDVI 处于一个相对稳定的状态。清水河和祖厉河 1982～2011 年 NDVI 变幅较小，2012 年以来 NDVI 显著增长。十大孔兑黄丘区 NDVI 整体较低，NDVI 处于 0.2～0.4，1982～2012 年 NDVI 总体上呈现微弱的上升趋势，2012 年以来 NDVI 呈较明显的增长趋势。清水河和祖厉河及十大孔兑黄丘区 NDVI 显著增长的时间较黄河中游地区晚 5～6 年。

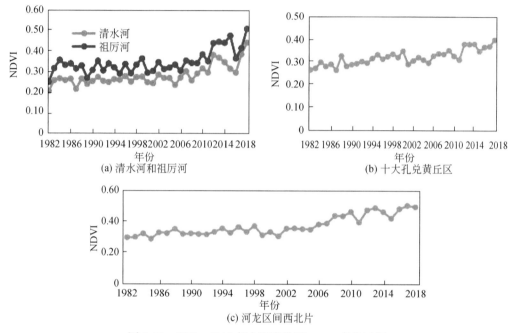

图 2-22　1982～2018 年主要产沙区 NDVI 变化过程

为精确刻画黄河流域主要产沙区的林草植被覆盖度变化特征，采用 1978 年、1998 年、2010 年和 2016 年的 30m 分辨率遥感影像反演主要产沙区的林草植被覆盖度，主要产沙区林草植被覆盖度变化如图 2-23 所示。主要产沙区林草植被覆盖度以河龙区间西北片、河龙区间东北片和十大孔兑黄丘区变化最为明显，2016 年相比 1978 年河龙区间西北片增加幅度达 228%，十大孔兑黄丘区增幅高达 232%，河龙区间东北片增幅达 172%，清涧河和延河增幅也超过 100%。主要产沙区 1978～1998 年林草植被覆盖度变化不明显，1998～2010 年林草植被覆盖度是 3 个阶段变化最显著的时期，2010～2016 年林草植被覆盖度上升趋势明显放缓，增长幅度普遍在 10%～20%。说明林草植被覆盖度显著改善时期为 1998～2010 年，2010 年以后林草植被覆盖度轻微上升，趋于稳定。

（2）空间变化

从空间分布看，主要产沙区 20 世纪 70 年代末林草梯田有效覆盖率为 17.6%，2018 年林草梯田有效覆盖率为 60.1%，其中河龙区间黄土丘陵区由 21.7% 增加至 63.5%，如图 2-24 所示。

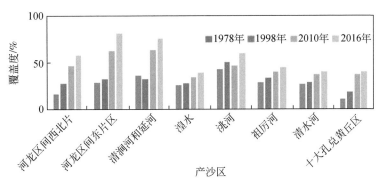

图 2-23 主要产沙区不同时期的林草植被覆盖度

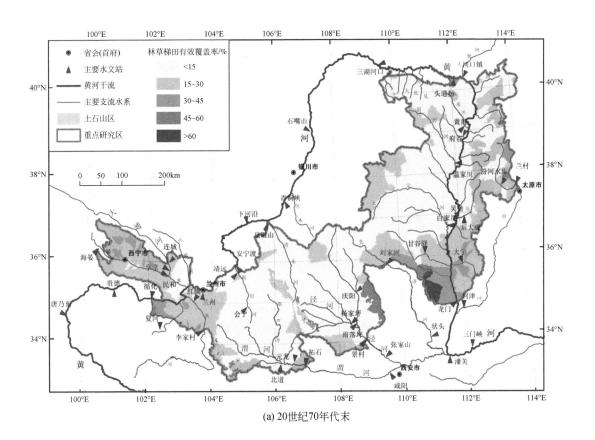

(a) 20世纪70年代末

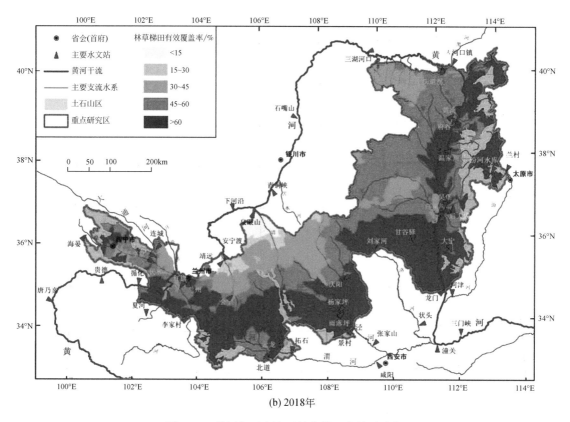

(b) 2018年

图 2-24 黄河主要产沙区林草梯田有效覆盖率

2.2.2 梯田时空变化

分析了 2017 年梯田规模、空间分布格局情况，如表 2-6 和图 2-25 所示，由表和图可见，黄河流域梯田主要分布在渭河、泾河流域，共17 985 km²，占黄河流域总面积的近50%，渭河流域梯田分布最多，面积达 10 073.88 km²，占黄河流域总面积的 27.52%；河龙区间皇甫川、窟野河等支流梯田分布较少，仅占黄河流域总面积的 10%。总体看，河龙区间梯田在 1988~2000 年增幅较大，2000 年以后增幅逐渐放缓，2017 年面积达到489 000 hm²，泾洛渭汾在 1998~2013 年梯田面积增长迅速，近年来面积变化未发生较大变化，至 2017 年梯田面积达到 1 773 000 hm²；结合国家和地方关于梯田建设的规划需求，预测 2020 年和未来远景梯田面积发展趋势，未来梯田建设主要分布在泾河和河龙区间，分别占 34.22%、22.79%，规划建设梯田面积 6101.55 km²。

表 2-6　黄河流域主要支流梯田规模统计　　　　（单位：km²）

序号	主要支流	支流面积	梯田面积
1	湟水	32 949.91	2 187.17
2	洮河	25 624.46	1 954.71
3	祖厉河	10 702.71	1 916.44
4	清水河	14 496.81	855.49
5	苦水河	4 968.23	48.84
6	皇甫川	3 239.84	23.41
7	窟野河	8 750.72	51.22
8	清水川	883.55	27.60
9	孤山川	1 276.93	37.40
10	秃尾河	3 279.24	36.94
11	佳芦河	1 132.42	74.03
12	无定河	30 133.00	771.89
13	延河	7 687.22	382.57
14	清涧河	4 084.11	125.22
15	汾川河	1 785.46	130.33
16	仕望川	2 356.48	130.51
17	偏关河	2 065.19	205.78
18	县川河	1 580.95	208.73
19	杨家川	1 058.25	213.56
20	朱家川	2 917.66	289.47
21	岚漪河	2 189.10	136.47
22	蔚汾河	1 480.35	76.66
23	湫水河	1 990.00	261.63
24	三川河	4 163.94	332.00
25	昕水河	4 343.55	231.56
26	屈产河	1 221.95	91.97
27	泾河	45 647.95	7 911.12
28	北洛河	26 932.62	812.16
29	渭河	58 688.92	10 073.88
30	汾河	39 603.22	1 178.80
31	伊洛河	18 760.42	427.91
合计		365 995.16	31 205.47

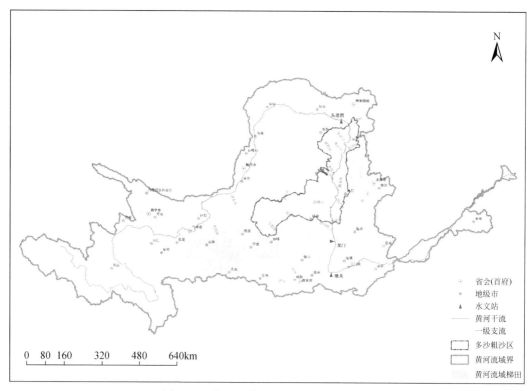

图 2-25　黄河流域 2017 年梯田空间分布

图 2-26 为黄河主要产沙区 1979 年以来的梯田面积变化，由图可见，1996 年以来，随着机修梯田技术的普及，梯田建设速度明显加快。至 2017 年，黄河主要产沙区共有梯田 3.25 万 km² （主要支流约 3.12 万 km²）、梯田有效覆盖率 18.9%，其中 65% 集中在泾河上中游、渭河上游、洮河下游和祖厉河流域。实地调查了解到，2009 年以来，黄土高原甘肃境内（涉及泾河和渭河流域）梯田建设步伐加快，每年新增梯田面积 66 667 ～ 100 000hm²。不过，2010 年以来其他省（自治区）新建梯田很少。2012 年后，除渭河上游外，黄河主要产沙区梯田面积趋于稳定。

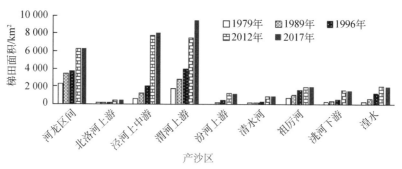

图 2-26　黄河主要产沙区典型支流梯田面积变化

2.2.3 淤地坝时空变化

2.2.3.1 黄土高原淤地坝建坝历程

黄土高原淤地坝建设始于 20 世纪 50 年代，1968～1976 年和 2004～2008 年是淤地坝建设高峰期。统计表明，截至 2018 年，黄土高原共有淤地坝 59 154 座，其中骨干坝 5877 座、中型坝 12 131 座、小型坝 41 146 座。中型以上淤地坝累积控制面积 4.8 万 km²，拦蓄泥沙近 56.5 亿 t。骨干坝的建坝高峰期在 2000～2010 年，近 50% 的骨干坝在此期间建设；中型坝和小型坝的建坝高峰期在 20 世纪 70 年代，47% 的中型坝和 48% 的小型坝在此期间建设，如图 2-27 所示。

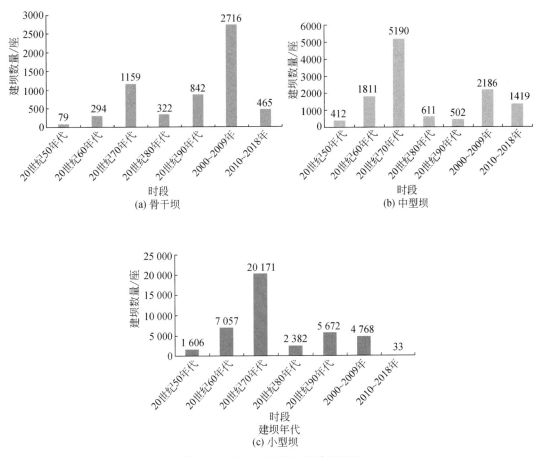

图 2-27 黄土高原淤地坝建坝历程

2.2.3.2　黄土高原淤地坝空间分布

图 2-28～图 2-30 分别为黄土高原骨干坝、中型坝和小型坝空间分布，由图可见，河龙区间和北洛河上游是黄土高原淤地坝的主要集聚区，目前该聚集区内的大型坝、中型坝和小型坝数量分别占黄土高原各类型淤地坝总量的 70%、88%、91%。同时，该区域也是黄土高原老旧淤地坝的集聚区；1990 年以前黄土高原的大型坝、中型坝几乎全部分布在陕北的河龙区间和北洛河上游；山西、陕西两省约 3.5 万座小型淤地坝也主要分布于此，且大多建成于 20 世纪 60～70 年代。

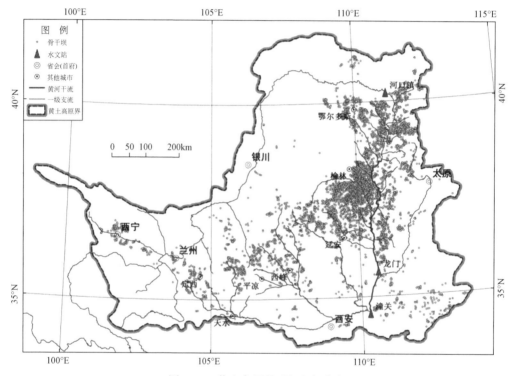

图 2-28　黄土高原骨干坝空间分布

2.2.3.3　黄土高原淤地坝淤积情况

黄土高原地区现状淤地坝总库容 110.33 亿 m³、设计淤积库容 77.50 亿 m³。目前已淤积库容 55.04 亿 m³，剩余淤积库容 22.46 亿 m³，淤积率为 49.89%。其中，1986 年以前、1986～2003 年、2003 年以后修建的淤地坝淤积率分别为 72.57%、43.47%、18.74%，见表 2-7。黄土高原地区淤地坝已淤满 41 008 座，占总数 58 776 座的 69.77%。1986 年以前、1986～2003 年、2003 年以后修建的淤地坝淤满数量分别为 28 198 座、8624 座、4186 座，各占总数的 87.97%、62.15%、32.59%，如表 2-8 所示。

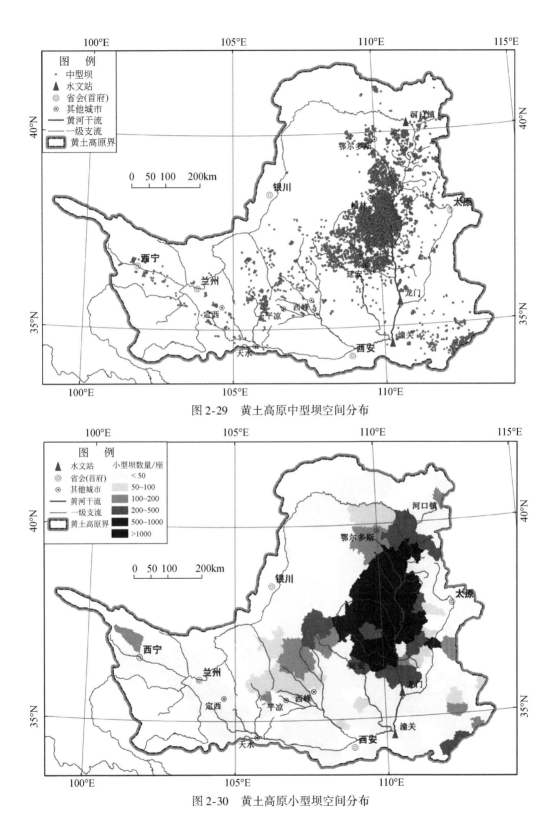

图 2-29　黄土高原中型坝空间分布

图 2-30　黄土高原小型坝空间分布

表 2-7 黄土高原地区淤地坝淤积情况统计

项目	1986 年以前	1986~2003 年	2003 年以后	合计
总库容/亿 m³	52.90	23.81	33.62	110.33
设计淤积库容/亿 m³	41.31	15.35	20.84	77.50
已淤积库容/亿 m³	38.39	10.35	6.30	55.04
剩余淤积库容/亿 m³	2.92	5	14.54	22.46
淤积率/%	72.57	43.47	18.74	49.89

表 2-8 黄土高原地区淤地坝不同时段淤满坝数统计

时段	淤满/座	未淤满/座	总数/座	淤满坝占比/%
1986 年以前	28 198	3 857	32 055	87.97
1986~2003 年	8 624	5 252	13 876	62.15
2003 年以后	4 486	9 280	13 766	32.59
合计	41 308	18 389	59 697	69.2

(1) 大型坝

黄土高原地区大型坝总库容 57.94 亿 m³、设计淤积库容 38.02 亿 m³。目前已淤积库容 22.36 亿 m³，剩余淤积库容 15.66 亿 m³，淤积率为 38.59%。其中，1986 年以前、1986~2003 年、2003 年以后修建的大型坝淤积率分别为 68.67%、39.45%、15.66%，见表 2-9。黄土高原地区共有大型坝 5905 座，其中淤满 1390 座、未淤满 4515 座，淤满坝占 23.54%。1986 年以前、1986~2003 年、2003 年以后修建的大型坝淤满数量分别为 1042 座、252 座、96 座，各占大型坝总数的 64.76%、15.96%、3.53%，见表 2-10。

表 2-9 黄土高原地区大型坝淤积情况统计

项目	1986 年以前	1986~2003 年	2003 年以后	合计
总库容/亿 m³	18.26	15.16	24.52	57.94
设计淤积库容/亿 m³	13.71	9.33	14.98	38.02
已淤积库容/亿 m³	12.54	5.98	3.84	22.36
剩余淤积库容/亿 m³	1.17	3.35	11.14	15.66
淤积率/%	68.67	39.45	15.66	38.59

表 2-10 黄土高原地区大型坝不同时段淤满坝数统计

时段	淤满/座	未淤满/座	总数/座	淤满坝占比/%
1986 年以前	1042	567	1609	64.76
1986~2003 年	252	1327	1579	15.96
2003 年以后	96	2621	2717	3.53
合计	1390	4515	5905	23.54

（2）中型坝

黄土高原地区中型坝总库容 27.31 亿 m³、设计淤积库容 21.32 亿 m³。目前已淤积库容 16.58 亿 m³，剩余淤积库容 4.74 亿 m³，淤积率为 60.71%。其中，1986 年以前、1986~2003 年、2003 年以后修建的中型坝淤积率分别为 74.69%、49.30%、20.25%，见表 2-11。黄土高原地区共有中型坝 12 169 座，其中淤满 5915 座、未淤满 6254 座，淤满坝占 48.61%。1986 年以前、1986~2003 年、2003 年以后修建的中型坝淤满数量分别为 5484 座、314 座、117 座，各占中型坝总数的 77.35%、19.60%、3.36%，见表 2-12。

表 2-11 黄土高原地区中型坝淤积情况统计

项目	1986 年以前	1986~2003 年	2003 年以后	合计
总库容/亿 m³	18.77	2.86	5.68	27.31
设计淤积库容/亿 m³	15.52	2.13	3.67	21.32
已淤积库容/亿 m³	14.02	1.41	1.15	16.58
剩余淤积库容/亿 m³	1.5	0.72	2.52	4.74
淤积率/%	74.69	49.30	20.25	60.71

表 2-12 黄土高原地区中型坝不同时段淤满坝数统计

时段	淤满/座	未淤满/座	总数/座	淤满坝占比/%
1986 年以前	5 484	1 606	7 090	77.35
1986~2003 年	314	1 288	1 602	19.60
2003 年以后	117	3 360	3 477	3.36
合计	5 915	6 254	12 169	48.61

（3）小型坝

黄土高原地区小型坝总库容 25.08 亿 m³、设计淤积库容 18.16 亿 m³。目前已淤积库容 16.10 亿 m³，剩余淤积库容 2.06 亿 m³，淤积率为 64.19%。其中，1986 年以前、1986~2003 年、2003 年以后修建的小型坝淤积率分别为 74.54%、51.12%、38.30%，见表 2-13。黄土高原地区小型坝淤满 33 703 座、未淤满 6999 座，淤满坝占 82.8%。其中，1986 年以前、1986~2003 年、2003 年以后修建的小型坝淤满数量分别为 21 672 座、8058 座、3973 座，各占小型坝总数的 92.79%、75.34%、59.74%，见表 2-14。

表 2-13 黄土高原地区小型坝淤积情况统计

项目	1986 年以前	1986~2003 年	2003 年以后	合计
总库容/亿 m³	15.87	5.79	3.42	25.08
设计淤积库容/亿 m³	12.08	3.89	2.19	18.16
已淤积库容/亿 m³	11.83	2.96	1.31	16.10

项目	1986 年以前	1986~2003 年	2003 年以后	合计
剩余库容/亿 m³	0.25	0.93	0.88	2.06
淤积率/%	74.54	51.12	38.30	64.19

表 2-14 黄土高原地区小型坝不同时段淤满坝数统计

时段	淤满/座	未淤满/座	总数/座	淤满坝占比/%
1986 年以前	21 672	1 684	23 356	92.79
1986~2003 年	8 058	2 637	10 695	75.34
2003 年以后	3 973	2 678	6 651	59.74
合计	33 703	6 999	40 702	82.8

2.2.4 水库分布特征

根据工程规模、保护范围和重要程度，按照国家《防洪标准》（GB 50201—2014），水库工程可分为 5 个等级：大（Ⅰ）型水库、大（Ⅱ）型水库、中型水库、小（Ⅰ）型水库、小（Ⅱ）型水库，其库容分别为大于 10 亿 m³、1 亿~10 亿 m³、0.1 亿~1 亿 m³、0.01 亿~0.1 亿 m³、0.001 亿~0.01 亿 m³。截至 2011 年，头道拐—潼关区间（简称河潼区间）黄土高原区总计共有 988 座水库（表 2-15 和图 2-31）。其中渭河流域分布水库最多，总计 625 座，其中大型水库 5 座，中型水库 45 座，小型水库 575 座（表 2-15）。渭河流域水库占河潼区间黄土高原区水库总数量的 50% 以上（表 2-16）。此外，河龙区间水库共 225 座，其中大型水库 5 座，中型水库 46 座，小型水库 174 座，主要分布在无定河、窟野河、延河、红河和三川河等几大支流（表 2-17）。汾河流域共建成水库 138 座，其中，大型水库 3 座，中型水库 13 座，小型水库 122 座（表 2-18）。

表 2-15 黄土高原多沙粗沙区水库分布统计 （单位：座）

水库类型	河龙区间	汾河	渭河	总计
大型	5	3	5	13
中型	46	13	45	104
小型	174	122	575	871
总计	225	138	625	988

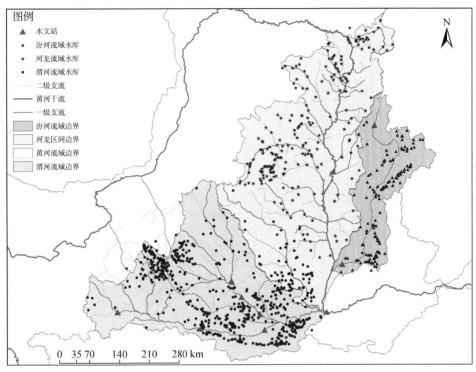

图 2-31　河潼区间水库分布

表 2-16　渭河干流及一级支流水库分布情况统计

序号	河流水系	数量/座	总库容/万 m³	序号	河流水系	数量/座	总库容/万 m³
1	泾河	145	112 572.56	20	汤峪河	3	160.8
2	葫芦河	111	51 765.75	21	白龙河	3	169.82
3	北洛河	71	26 312.14	22	小水河	2	349.3
4	石川河	48	23 176.14	23	石堤河	2	180.65
5	韦水河	45	33 100.4	24	散渡河	2	1 323.5
6	千河	29	56 211.43	25	涝河	2	43
7	渭河干流及支沟	26	6 971.04	26	甘河	2	424.5
8	灞河	27	4 354.34	27	榜沙河	2	32.5
9	沣河	24	4 637.06	28	新河	1	14
10	零河	15	5 637.03	29	西沙河	1	70
11	沋河	8	3 213.48	30	石头河	1	14 700
12	清水河	8	357.95	31	麦李河	1	14
13	金陵河	7	205.9	32	罗纹河	1	37.2
14	清水川	6	426	33	莲峰河	1	525
15	溪河	5	180.09	34	耤河	1	273
16	黑河	5	20 713.8	35	方山峪	1	67.2
17	牛头河	4	631.69	36	伐鱼河	1	272
18	赤水河	4	1 667.95	37	磻溪河	1	260
19	遇仙河	3	840.2				

表 2-17　河龙区间水库概况统计

水库类型	数量/座	库容/亿 m^3	兴利库容/亿 m^3	死库容/亿 m^3
大型	5	17.8743	8.3090	5.3938
中型	46	20.2013	5.0768	4.2567
小型	174	4.6313	1.6357	0.8887
合计	225	42.7069	15.0215	10.5392

表 2-18　汾河流域水库概况统计

水库类型	数量/座	库容/亿 m^3	兴利库容/亿 m^3	死库容/亿 m^3
大型	3	9.8300	3.5278	0.4399
中型	13	5.4570	1.8991	1.1508
小型	122	1.9958	0.8223	0.3594
合计	138	17.2828	6.2492	1.9501

第3章 黄河流域水沙时空演变及其分异规律

3.1 流域水沙时空演变

3.1.1 上游水沙变化

3.1.1.1 黄河干流唐乃亥以上径流变化特性

(1) 黄河源头区径流量变化

黄河上干流水文站——黄河沿站位于青海省玛多县黄河沿镇,黄河沿站于 1955 年 6 月建站,1968 年 8 月撤站,1975 年 12 月恢复。黄河沿站 1956~2018 年多年平均径流量为 7.00 亿 m³,20 世纪 70 年代、80 年代高于该均值,其余时段均低于该均值。80 年代最多,为 10.78 亿 m³,距平为 53.9%;70 年代次之,为 8.54 亿 m³,距平为 22.0%;90 年代最少,为 4.59 亿 m³,距平为 –34.5%;排在第三和第四位的是 2001~2018 年的 6.63 亿 m³ 和 1956~1969 年的 5.59 亿 m³,距平分别为 –5.4% 和 –20.2% (图 3-1)。

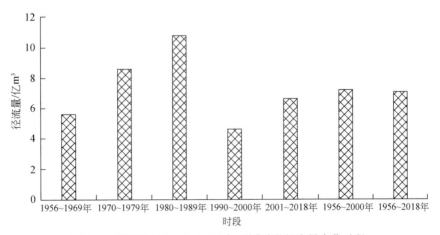

图 3-1 黄河沿站 1956~2018 年不同时段径流量变化过程

径流量年际变化一般用变差系数 C_v 或年极值比 (多年最大年径流量与最小年径流量的比值) 来表示。根据黄河沿站 1956~2018 年系列资料,计算出年径流变差系数为 0.85。最大年径流量为 1975 年的 25.3 亿 m³,最小年径流量为 2000 年的 0.196 亿 m³ (图 3-2),

年极值比约为 129。年径流变差系数和年极值比这两项特征值均处于我国西北地区河流径流变化特征值的高值区，说明黄河源头区径流量的年际变化显著。

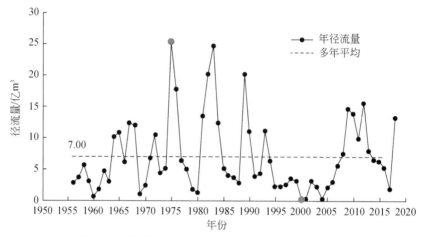

图 3-2　黄河沿站 1956～2018 年年径流量变化过程

玛曲站 1956～2018 年多年平均径流量为 141.49 亿 m^3。1956～1969 年、1970～1979 年略高于该均值；20 世纪 80 年代最多，为 168.40 亿 m^3，距平为 19.0%；70 年代和 1956～1969 年接近，分别为 145.18 亿 m^3 和 142.48 亿 m^3；1990 年之后的两个时段接近，分别为 127.12 亿 m^3 和 132.51 亿 m^3（图 3-3）。

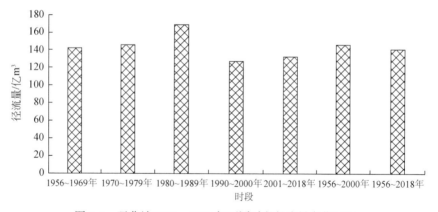

图 3-3　玛曲站 1956～2018 年不同时段径流量变化过程

玛曲站 1956～2018 年系列的年径流变差系数为 0.25。最大年径流量为 1989 年的 223.0 亿 m^3，最小年径流量为 2002 年的 71.9 亿 m^3（图 3-4），年极值比约为 3.1。年径流变差系数和年极值比这两项特征值均处于我国西北地区河流径流变化特征值的低值区，说明玛曲站以上径流量的年际变化不大。

（2）唐乃亥以上径流量变化

唐乃亥站 1956～2018 年多年平均径流量为 198.93 亿 m^3。20 世纪 80 年代径流量最多，

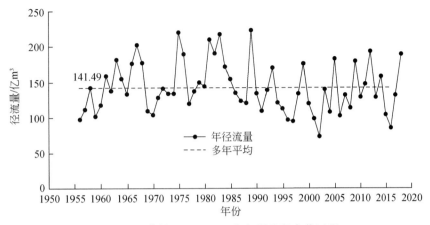

图 3-4 玛曲站 1956~2018 年年径流量变化过程

为 242.29 亿 m³, 距平为 21.8%; 70 年代和 1956~1969 年与多年均值非常接近, 距平分别为 1.6% 和 3.1%; 1990 年之后的两个时段接近, 分别为 175.35 亿 m³ 和 183.37 亿 m³ (图 3-5)。

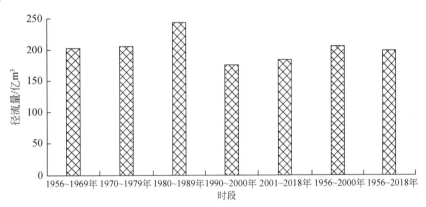

图 3-5 唐乃亥站 1956~2018 年不同时段径流量变化过程

唐乃亥站 1956~2018 年的年径流变差系数为 0.26。最大年径流量为 1989 年的 329.25 亿 m³, 最小年径流量为 2002 年的 106.91 亿 m³ (图 3-6), 年极值比约为 3.1。年径流变差系数和年极值比这两项特征值均处于我国西北地区河流径流变化特征值的低值区, 说明唐乃亥站以上径流量的年际变化不大。

3.1.1.2 唐乃亥—兰州区间径流变化

对黄河干流唐乃亥—兰州区间的典型水文断面, 选择年径流量、月平均径流量、年极端径流量、径流量过程变异程度、各年最小日径流量、各级洪峰日径流量等指标, 分析强人类活动, 如刘家峡水库和龙羊峡水库的建成运行, 典型断面不同时期 (1956~1968 年刘家峡水库建成之前、1969~1986 年刘家峡水库单库运行、1987~2005 年龙刘水库联合调节、2006~2018 年全河水量统一调度期间) 的水文情势变化情况。

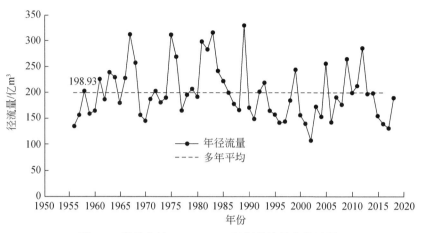

图 3-6　唐乃亥站 1956～2018 年年径流量变化过程

分析共包含黄河干流上游 5 个典型水文断面：唐乃亥、贵德、循化、小川和兰州断面。唐乃亥—兰州区间的 5 个典型断面 1956～2018 年系列历年径流量变化过程及 1956～1968 年、1969～1986 年、1987～2005 年、2006～2018 年不同时期的均值如图 3-7～图 3-11 所示。由图可见：①龙羊峡水库入库唐乃亥断面 1987～2005 年系列年均径流量为 179.6 亿 m³，与 1956～1968 年、1969～1986 年、2006～2018 年的三个时段相比均偏低 10% 左右，说明这个时期唐乃亥断面来水偏少（图 3-7）。②龙羊峡出库贵德断面与入库唐乃亥断面相比，水库运用前两个断面汛期径流量（6～10 月）有非常好的一致性，水库运用后 1987～2005 年和 2006～2018 年的年均径流量没有明显变化，但汛期径流量明显趋于平坦（图 3-8、图 3-9）。③1969～1986 年刘家峡水库单库运行期间，刘家峡水库出库小川断面与入库循化断面的年均径流量和汛期径流量变化较小（图 3-10～图 3-12）。④兰州断面径流量年际变化主要是受龙羊峡水库、刘家峡水库蓄水影响。1956～ 1968 年为 345.03 亿 m³，刘家峡水库单库运行后的 1969～1986 年减少为 325.90 亿 m³，龙刘水库联合运用后的 1987～2005 年减少为 259.62 亿 m³（图 3-13）。

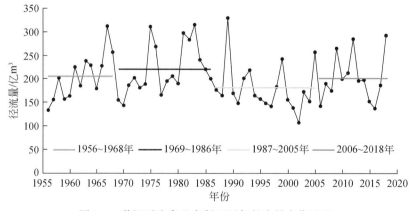

图 3-7　黄河干流唐乃亥断面历年径流量变化过程

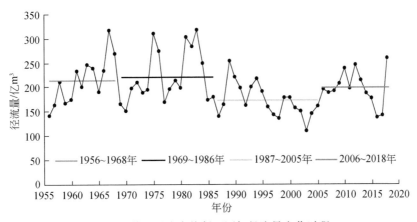

图 3-8　黄河干流贵德断面历年径流量变化过程

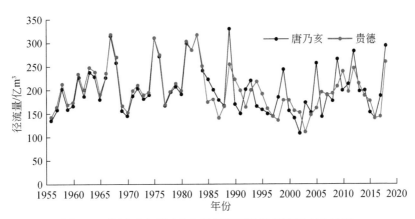

图 3-9　黄河干流唐乃亥和贵德断面汛期径流量变化过程

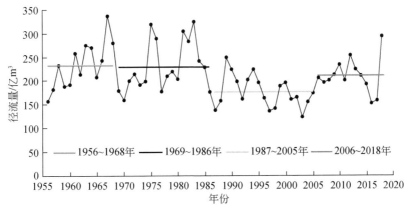

图 3-10　黄河干流循化断面历年径流量变化过程

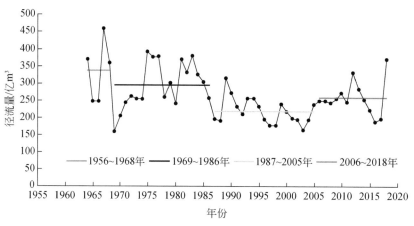

图 3-11 黄河干流小川断面历年径流量变化过程

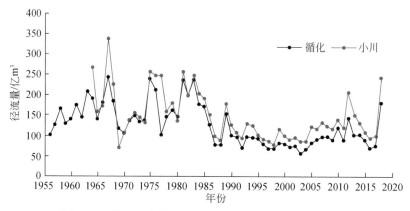

图 3-12 黄河干流循化和小川断面汛期径流量变化过程

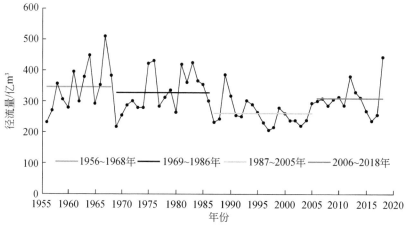

图 3-13 黄河干流兰州断面历年径流量变化过程

3.1.1.3 径流变化影响因素分析

（1）龙刘水库蓄水运用与调蓄影响

刘家峡水库于 1968 年 10 月 15 日开始蓄水，属于不完全年调节水库，以发电为主，兼有灌溉、防洪、防凌、航运及养殖等综合效益，总库容 57 亿 m³，其中有效库容 41.5 亿 m³，正常蓄水位 1735m，死水位 1694m，汛期（7～10 月）限制水位 1726m。刘家峡水库单库运行时期，汛期蓄水发电运用为主，非汛期防凌、灌溉、发电运用相结合，泄水为主。

龙羊峡水库是具有多年调节能力的大型水库，在刘家峡水库坝址上游 332km 处，以发电为主，兼有灌溉、防洪、防凌、航运及养殖等综合效益，总库容 247 亿 m³，其中有效库容 193.6 亿 m³，正常蓄水位 2600m，死水位 2530m，汛期（7～10 月）限制水位 2594m。龙羊峡水库 1986 年 10 月 15 日投入运行后，黄河上游的防洪任务主要由龙羊峡水库承担，刘家峡水库则调整了原来的运用方式，配合龙羊峡水库对调节后的来水过程进行补偿调节。以龙羊峡水库运行时间为界分刘家峡水库单库运行和龙刘水库联合运行两个时期。

刘家峡水库于 1968 年 10 月开始蓄水，截至 2018 年共运行 50 年，多年平均 6～10 月蓄水量 12.10 亿 m³，11 月至次年 5 月补水量 11.43 亿 m³，年均蓄水量 0.52 亿 m³，至 2018 年末共蓄水 25.89 亿 m³。

1969～1986 年为刘家峡水库单库运行时期，年内运行分两个阶段：每年 11 月至次年 5 月为泄水期，以满足下游灌溉和盐锅峡、青铜峡电厂用水以及宁蒙河道防凌需要，年均泄水量 28.04 亿 m³；每年 6～10 月为蓄水期，年均蓄水量 28.65 亿 m³（图 3-14）。

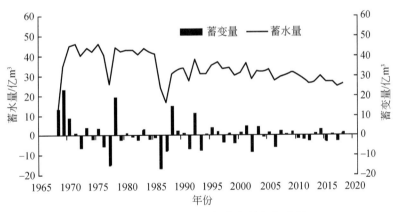

图 3-14 刘家峡水库历年蓄水量变化过程

1987 年龙刘水库联合运用后，刘家峡水库的蓄泄过程发生变化：12 月至次年 3 月、7～9 月为蓄水过程，其他月份为泄水过程；从蓄变量绝对值看，5 月泄水量最大（6.92 亿 m³），其他月份的变化值较小（图 3-15）。

龙羊峡水库于 1986 年 10 月开始蓄水，截至 2018 年已运用 32 年，多年平均 6～10 月蓄水量 45.1 亿 m³（图 3-16），11 月至次年 5 月补水量 37.9 亿 m³，年均蓄水量 7.69 亿 m³，至 2018 年末共蓄水 246.14 亿 m³。

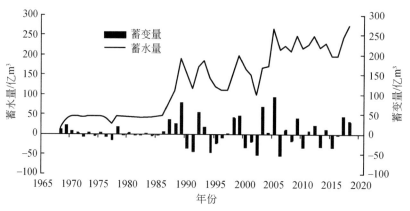

图 3-15　龙刘水库历年蓄水量变化过程

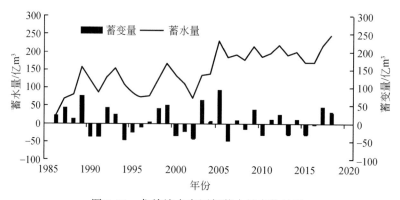

图 3-16　龙羊峡水库历年蓄水量变化过程

1969～1986 年刘家峡水库单独运行时，水库蓄水量除 1977 年末为 25.14 亿 m³ 外，其他各年末蓄水量均在 40 亿～45 亿 m³，多年平均年末蓄水量为 40.37 亿 m³；1986 年以后，除 1987 年末为 16.26 亿 m³ 外，其余年份年末蓄水量维持在 30 亿 m³ 左右，多年平均年末蓄水量为 30.78 亿 m³（图 3-17）。

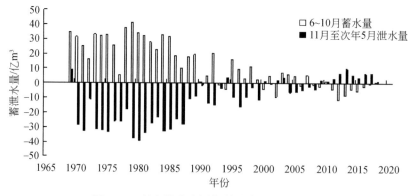

图 3-17　刘家峡水库历年蓄泄水量变化过程

龙刘水库联合运用以来，两库的年均蓄水量为 6.75 亿 m³，20 世纪 90 年代以后由于黄河用水紧张，龙刘水库三次向下游加大泄水量，形成三次蓄水低谷，分别为 1991 年末的 112.22 亿 m³、1996 年末的 109.43 亿 m³ 和 2002 年末的 96.86 亿 m³（图 3-18）。

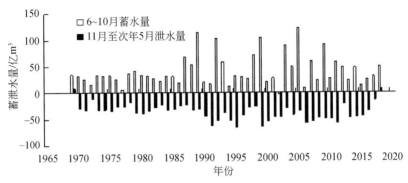

图 3-18 龙刘水库历年蓄泄水量变化过程

龙刘水库联合运用至全河水量统一调度期间的 1987～2005 年，四次蓄水高峰分别是 1989 年末的 189.94 亿 m³、1993 年末的 184.82 亿 m³、1999 年末的 198.18 亿 m³ 和 2005 年末的 264.26 亿 m³（图 3-18），其中龙羊峡水库四次蓄水高峰分别为 156.89 亿 m³、154.00 亿 m³、168.04 亿 m³、231.02 亿 m³（图 3-19）。

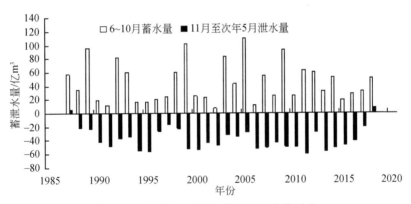

图 3-19 龙羊峡水库历年蓄泄水量变化过程

2006～2018 年，龙刘水库蓄水量维持在 220 亿 m³ 左右，2018 年蓄水量达 272.03 亿 m³，多年平均年末蓄水量为 224.59 亿 m³。其中，龙羊峡蓄水量维持在 190 亿 m³ 左右，多年平均年末蓄水量为 196.48 亿 m³。刘家峡水库、龙羊峡水库和龙刘水库历年蓄泄水量过程如图 3-17～图 3-19 所示。

龙刘水库运用汛期削减洪峰，非汛期加大泄量，年内流量过程发生较大变化，汛期（7～10 月）与非汛期进出库的水量比例发生改变，出库汛期水量占年水量的比例减少（表 3-1、表 3-2）。

表3-1 刘家峡水库进出库水文站不同时段水量变化统计

站名	时段	水量/亿 m³			汛期占年水量的比例/%
		非汛期	汛期	全年	
循化	1956~1968 年	91.6	140.9	232.5	60.6
	1969~1986 年	139.0	89.1	228.1	39.1
	1987~2018 年	116.8	72.8	189.6	38.4
小川	1956~1968 年	116.2	187.0	303.2	61.7
	1969~1986 年	141.4	145.7	287.1	50.7
	1987~2018 年	141.8	92.5	234.3	39.5

表3-2 龙羊峡水库进出库水文站不同时段水量变化统计

站名	时段	水量/亿 m³			汛期占年水量的比例/%
		非汛期	汛期	全年	
唐乃亥	1956~1968 年	78.3	131.1	209.4	62.6
	1969~1986 年	85.2	133.8	219.0	61.1
	1987~2018 年	77.6	106.9	184.5	57.9
贵德	1956~1968 年	82.3	136.3	218.6	62.4
	1969~1986 年	88.9	135.5	224.4	60.4
	1987~2018 年	113.8	67.9	181.7	37.4

刘家峡水库投入运用前，出库站小川汛期水量平均占年水量的61.7%，刘家峡水库单库运行时期，出库汛期水量占年水量的比例降到50.7%，龙羊峡水库投入运用后汛期出库水量进一步减少，占年水量的比例仅39.5%左右。

（2）工农业耗水影响

为了解兰州断面径流量在汛期和非汛期时段水库与工农业耗水对其影响情况，分别计算1969~1986年刘家峡水库单库运行时期和1987~2013年刘龙水库联合调节时期汛期与非汛期水库蓄变量及工农业耗水所占比例。

1969~1986年刘家峡水库单库运行期间，汛期水库和工农业耗水所占兰州断面径流量比例分别为79.7%和20.3%，非汛期水库和工农业耗水所占比例分别为73.3%和26.7%；1987~2013年刘龙水库联合调节时期，汛期水库和工农业耗水所占比例分别为86.3%和13.7%，非汛期水库和工农业耗水所占比例分别为76.8%和23.2%（表3-3、图3-20和图3-21）。

表3-3 兰州断面汛期和非汛期水库与工农业耗水影响程度

分类	1969~1986 年		1987~2013 年	
	汛期	非汛期	汛期	非汛期
水库蓄变量/亿 m³	28.53	32.82	50.78	53.51
工农业耗水/亿 m³	7.28	11.96	8.08	16.19

分类	1969~1986 年		1987~2013 年	
	汛期	非汛期	汛期	非汛期
水库占比/%	79.7	73.3	86.3	76.8
耗水占比/%	20.3	26.7	13.7	23.2

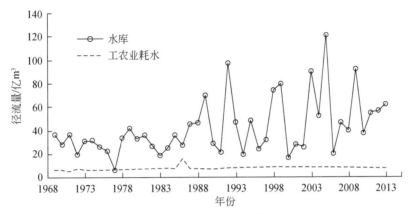

图 3-20 汛期水库和工农业耗水对兰州断面径流量的影响

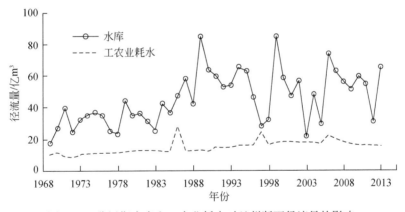

图 3-21 非汛期水库和工农业耗水对兰州断面径流量的影响

对于兰州断面，水库对其径流量的影响要远大于工农业耗水对其的影响，特别是刘龙水库联合调节后汛期水库影响占比高达 86.3%，水库对兰州断面的影响程度相比刘家峡水库单库运行时期显著提高；水库对兰州断面径流量的影响是汛期大于非汛期，工农业耗水对兰州断面径流量的影响则是非汛期大于汛期。

3.1.2 中游水沙变化

黄河中游是流域内洪水泥沙的主要来源区，区间内大部分干支流经过水土流失严重的黄土高原，复杂自然地理条件造成的剧烈土壤侵蚀为流域提供了丰富的泥沙尤其是粗泥沙。以黄河中游河龙区间为研究对象（图 3-22），该区间段干流全长 1235km，流域面积约 36.3 万 km^2，其间汇入的较大支流约 30 余条，河段总落差约 890m，平均比降达 0.74‰，具有丰富的水力资源。该区域大部位于黄土丘陵沟壑区，地形支离破碎、沟壑纵生，土质疏松且植被覆盖较差，同时降水稀少集中且年际变化大，多以暴雨形式出现，蒸发剧烈，土壤侵蚀活动强烈，水土流失严重，区间增加流量约占全流域的 44.3%，来沙量约占黄河输沙量的 92%，其中河龙区间的产流量不足全流域的 14%，其产输沙所占比例却高达 60%，因而该区间具有水少沙多、水沙异源的显著特点，为全流域主要泥沙源区。

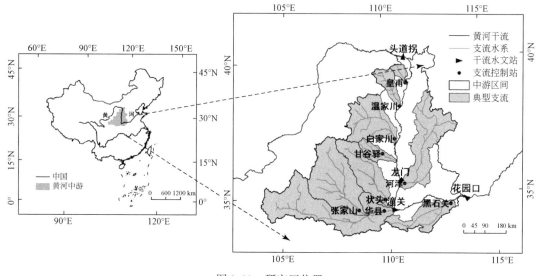

图 3-22 研究区位置

基于黄河中游水文站分布情况，结合区域自然地理特点，以黄河中游区间头道拐—花园口区间（简称河花区间）为研究对象，收集 1957～2018 年头道拐、龙门、潼关、花园口四个干流水文站，以及包括皇甫川、窟野河、无定河、延河、汾河、北洛河、渭河（含泾河）、伊洛河在内的八条一级支流把口水文站 60 余年的实测年径流、输沙序列数据资料。同时基于雨量站分布状况，选取黄河中游区间内近 60 个国家气象站，收集各站 1957～2018 年降水数据序列资料，根据泰森多边形法结合各站实测年降水量，最终得到 1957～2018 年中游干支流各区间流域面雨量值。其中，中游各站水文数据来自《黄河流域水文资料》（1957～2009 年）与《黄河泥沙公报》（2010～2018 年），中游区间降水数据来自《黄河流域水文资料》与中国气象数据网（http：//data.cma.cn/）的全国气象基站资料，数据资料的可靠性、代表性和一致性在使用前均已得到校验与核实。

3.1.2.1 干流水沙年际变化趋势特征

（1）水沙变化线性趋势特征

如图 3-23 所示，对黄河中游干流沿程四个水文站 1957～2018 年的水沙数据序列进行线性趋势分析，可知区间内四个站点的年径流量与年输沙量均呈明显下降趋势。为进一步确定水沙变化趋势，采用 MK 与 Spearman 检验法进行对比分析（表3-4），可知各水文站年径流量与年输沙量在两种方法检验下均呈现出极显著减小趋势（$P<0.01$），两者结果较为一致。其中，就年径流量而言，潼关站年际变化最为显著，其年径流量由 1970 年前的 445.02 亿 m³ 降至 2000 年后的 235.68 亿 m³，降幅达到 47.01%，其次为花园口站和龙门站，头道拐站年径流量较其余各站变化幅度最小。而年输沙量方面，潼关站的年际变化仍最为显著，其年输沙量由 1970 年前的 16.12 亿 t 降至 2000 年后的 2.48 亿 t，降幅达到 84.62%，其余各站年输沙量减少幅度排序同年径流量结果一致，头道拐站年输沙量较其余各站变化幅度最小。

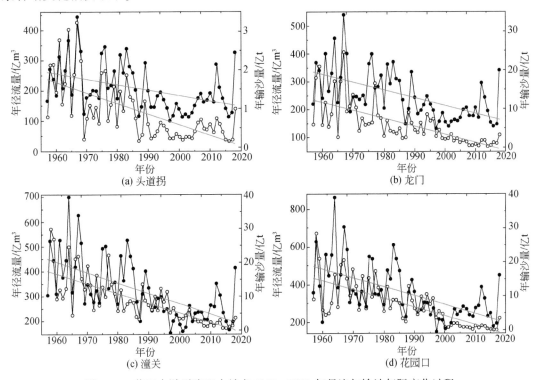

图 3-23　黄河中游干流四个站点 1957～2018 年径流与输沙年际变化过程

表 3-4　黄河中游干流四个站点 1957～2018 年径流与输沙变化统计

站点	径流			输沙		
	MK（Z 值）	Spearman（r_s）	年均变化率/亿 m³	MK（Z 值）	Spearman（r_s）	年均变化率/亿 t
头道拐	−3.80**	−0.47**	−1.8239	−5.57**	−0.68**	−0.0273
龙门	−5.09**	−0.63**	−3.8292	−7.19**	−0.81**	−0.2097
潼关	−5.47**	−0.67**	−4.1833	−7.32**	−0.82**	−0.2847
花园口	−5.17**	−0.62**	−4.6983	−6.92**	−0.78**	−0.2605

＊＊表示达到 0.01 的置信水平；＊表示达到 0.05 的置信水平。

（2）水沙趋势突变分析

采用有序聚类法对黄河中游干流沿程水文站径流与输沙数据序列的突变年份进行分析检验，其结果如图3-24所示。分析 Sn（τ）曲线可知，四个站点年径流量突变检验较为一致，总离差平方和都在1985年达到最小值，经检验均达到0.05置信水平，表明1985年可看作中游各站点年径流量发生突变的时间；而四个站点年输沙量序列突变检验结果则有所差异，其中头道拐站年输沙量在1985年发生突变，龙门和潼关站在1979年发生突变，而花园口站则在1996年发生突变。

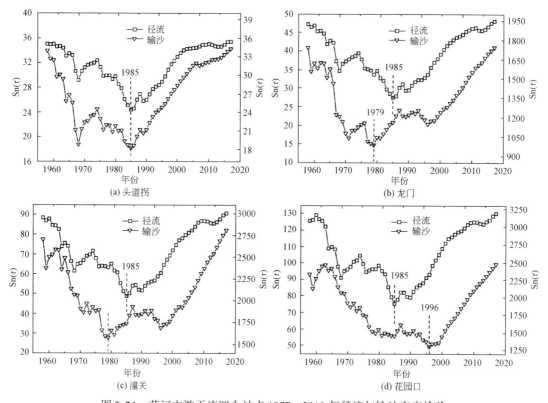

图3-24 黄河中游干流四个站点1957~2018年径流与输沙突变检验

基于检验结果，定义突变点前的时段为基准期，突变点后的时段为变化期，可将各站点年径流量和年输沙量序列数据进行时段划分，同时统计分析不同时期年径流量和年输沙量的特征参数值，如表3-5所示。各站年径流量和年输沙量均在变化期显著下降，其中头道拐站变化期年径流量和年输沙量较基准期分别减少33.47%和69.18%，龙门站变化期年径流量和年输沙量较基准期分别减少35.83%与69.36%，潼关站变化期年径流量和年输沙量较基准期减少39.52%和64.73%，而花园口站变化期年径流量较基准期减少41.07%，年输沙量减幅则达到86.00%，高于其余各站，这主要是因为三门峡水库与小浪底水库运行后在其区间内淤积泥沙的作用结果。而各站点年径流量在突变年前后的年极值比与变差系数变化较小，但年输沙量变化明显，其中头道拐站年输沙极值比由14.24下降至 7.35，其余三站点年极值比显著上升，且四个站点年输沙变差系数均在变化期明显增大，花园口站更是达到 1.03，说明中游干流区间内的年输沙量变异程度显著上升，年际变化波动剧烈，这是中游区间内大规模水利水保工程措施与退耕还林工程措施实施落实的结果，其中花园口站显然受三门峡水库与小浪底水库蓄水调沙作用影响。

表 3-5 黄河中游干流四个站点径流与输沙阶段性变化特征统计

站点	径流				输沙			
	时段	平均值	年极值比	变差系数	时段	平均值	年极值比	变差系数
头道拐	1957~1985 年	251.42	3.60	0.29	1957~1985 年	1.46	14.24	0.52
	1986~2018 年	167.27	3.23	0.31	1986~2018 年	0.45	7.35	0.55
	1957~2018 年	206.63	4.42	0.37	1957~2018 年	0.92	19.79	0.81
龙门	1957~1985 年	309.80	2.81	0.26	1957~1979 年	10.64	8.79	0.55
	1986~2018 年	198.80	2.57	0.27	1980~2018 年	3.26	24.07	0.72
	1957~2018 年	254.30	4.07	0.35	1957~2018 年	6.00	65.08	0.89
潼关	1957~1985 年	408.89	2.60	0.27	1957~1979 年	14.83	6.60	0.46
	1986~2018 年	247.30	2.80	0.26	1980~2018 年	5.23	24.73	0.67
	1957~2018 年	322.88	4.73	0.37	1957~2018 年	8.79	54.47	0.77
花园口	1957~1985 年	450.65	4.29	0.32	1957~1996 年	10.64	11.49	0.53
	1986~2018 年	265.59	3.14	0.27	1997~2018 年	1.49	94.66	1.03
	1957~2018 年	352.15	6.04	0.41	1957~2018 年	7.39	491.38	0.86

（3）水沙代际变化特征

对中游干流各站点 1957~2018 年水沙代际特征进行统计分析，如图 3-25 所示。由图可见，四个站点径流量和输沙量在代际间统计值随时间均呈明显波动下降趋势，最大与最小值显著减少，且各代际间多年径流输沙值的范围明显减小。其中，潼关站与花园口站在各代际间径流量和输沙量下降幅度最大，潼关站多年径流量和输沙量由 20 世纪 60 年代的 445.02 亿 m³ 和 16.12 亿 t 下降至 2010 年后的 265.29 亿 m³ 和 1.78 亿 t，其减幅分别达到 40.39% 和 88.96%，花园口站多年径流量和输沙量则由 60 年代的 495.19 亿 m³ 和 13.08 亿 t 下降至 2010 年后的 286.42 亿 m³ 与 0.93 亿 t，其减幅达到 42.16% 和 92.89%，各站点输沙量下降幅度远大于径流量。同时可以看出，中游干流各站点径流量和输沙量减少幅度由上至下沿程不断增大，下游各站点多年水沙变化较上游更为显著，由此说明 1957 年以来气候变化与水土保持措施体系建设与退耕还林还草工程实施等人类活动对黄河中游区间水沙变化的耦合影响。

3.1.2.2 水沙时空演变特征

（1）水土流失区水沙时空变化特征

基于径流深与输沙模数，选取黄河中游区间内 8 条典型支流，对水土流失区水沙时空变化特征与分异规律进行探究分析。径流深与输沙模数的时空变化特征可在一定程度上反

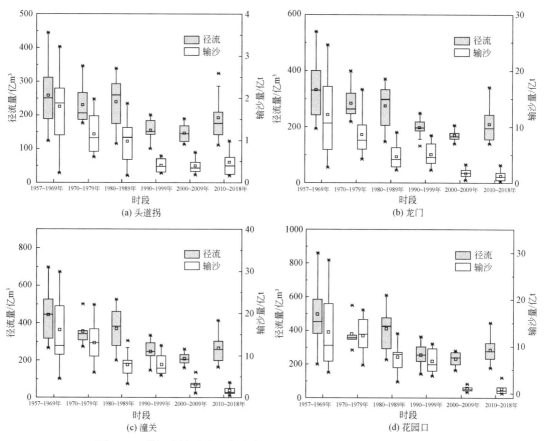

图 3-25　黄河中游干流四个站点 1957~2018 年径流与输沙代际变化

映人类活动对河流地表径流与侵蚀产沙强度的响应。

图 3-26 为黄河中游区间不同时段内的径流深时空变化分布特征。区间内各流域径流深在空间分布上呈现出从南到北逐渐减少的显著特征，反映了黄河中游区间降水分配的空间分布特征，其中东南部的伊洛河流域在大部分时段内均大于 100mm/a，表明该地区为区间内最湿润的区域。南部的渭河流域径流深在 20 世纪 60 年代和 80 年代也大于 100mm/a，因而在这两个时间段内该流域较为湿润，但在 20 世纪 80 年代之后径流深呈现出减少趋势，其主要介于 40~80mm/a。汾河与北洛河流域较其他区域径流深明显偏少，属于中游区间内较为干旱的地带，其中汾河流域径流深在 2000~2009 年甚至低于 10mm/s。自 20 世纪 70 年代以后，黄河中游区间内各支流径流深均呈现出显著减少的趋势，除伊洛河与渭河流域外，其余流域径流深均介于 0~40mm/a。中游区间内径流深的减少与 70 年代后黄土高原实施的大规模水土保持措施和水利工程建设密切相关。

图 3-27 为黄河中游区间各支流不同时段输沙模数时空变化分布，由图可见，区间内各流域输沙模数在空间分布上呈现出从南到北显著增加的特征，反映了黄河中游区间土壤侵蚀强度特征的分布规律，北部各支流输沙模数显著高于其余各流域，呈现出剧烈土壤侵

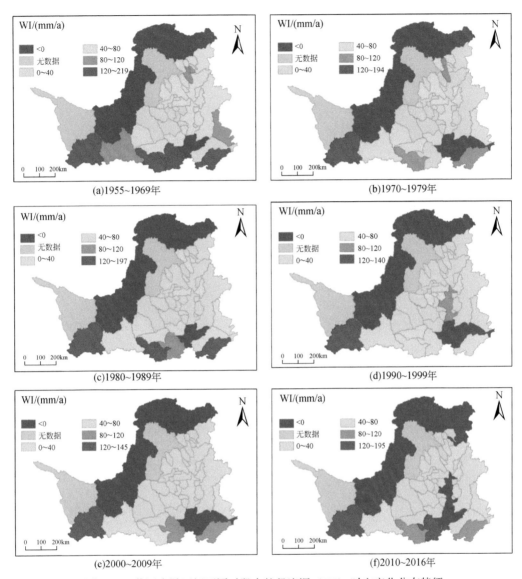

(a)1955~1969年 (b)1970~1979年

(c)1980~1989年 (d)1990~1999年

(e)2000~2009年 (f)2010~2016年

图 3-26 黄河中游区间不同时段内的径流深（WI）时空变化分布特征

蚀产沙特征。同时，1955~2016 年中游区间各流域输沙模数整体均呈现出显著减少趋势，其中河龙区间变化最为明显，区间内皇甫川、窟野河流域输沙模数在 20 世纪 60~70 年代甚至高于 15 000t/（km²·a），其后不断减少至 2000~2009 年的不足 3000t/（km²·a）。各流域近 60 年间输沙模数的显著减少表明，黄河中游区间内土壤侵蚀强度明显减小，与黄土高原水土保持措施与水利工程建设响应。此外，皇甫川与窟野河的高输沙模数时间段与高径流指数时段均出现在 20 世纪 80 年代前，表明输沙量较大的时期与降雨径流深大的时间相对应，强降雨是流域内发生剧烈侵蚀及产沙的重要原因。

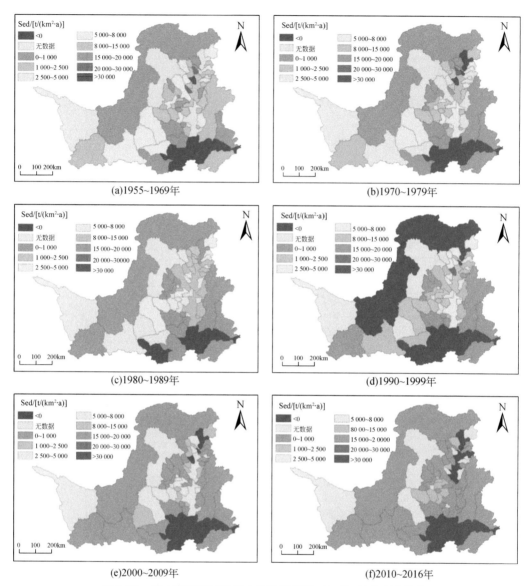

图 3-27　黄土高原不同时段内的输沙模数（Sed）时空变化分布

（2）区间支流水沙收支贡献分析

图 3-28 和图 3-29 为黄河中游沿程各区间支流多年径流与输沙收支贡献变化特征，由图可知，2000 年前后沿程各区间对整个河花区间的径流与输沙贡献发生显著变化。其中，河龙区间对中游区间径流贡献率由 1957～2000 年的 31% 锐减至 2000 年后的 23.3%，而龙门—潼关（简称龙潼区间）以及潼关—花园口区间（简称潼花区间）对中游径流贡献率分别由 2000 年前的 49.9% 与 19.1% 上升至 2000 年后的 51.5% 与 25.2%。此外，潼关水文站作为黄河干流在黄土高原末端的控制点，其断面以上输沙占整个流域的 90% 以上，同时由于潼花区间内三门峡水库与小浪底水库等水利枢纽工程建设以及区间河道平坦宽浅、

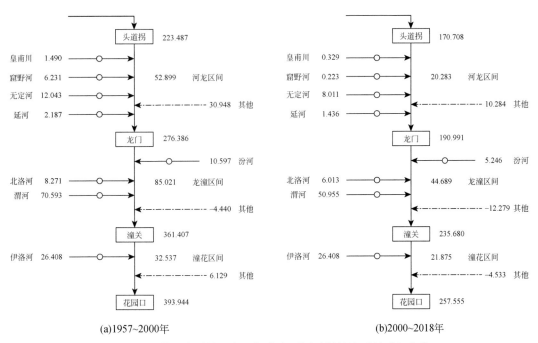

(a)1957~2000年　　　　　　　　　　　　(b)2000~2018年

图 3-28　黄河中游沿程各区间支流不同时段径流贡献时空变化

图中数字为河花区间沿程各支流多年平均径流量（亿 m³）

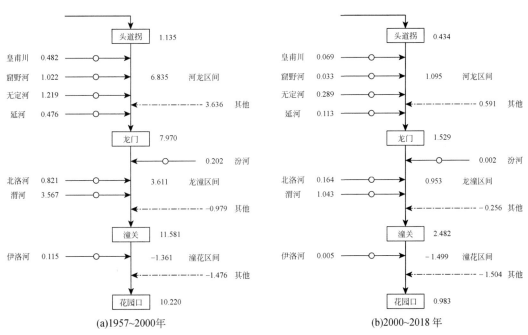

(a)1957~2000年　　　　　　　　　　　　(b)2000~2018 年

图 3-29　黄河中游沿程各区间支流不同时段输沙贡献时空变化

图中数字为河花区间沿程各支流多年平均输沙量（亿 t）

比降小的特点，该区间汇入泥沙多被淤积拦截，因而潼花区间多年平均输沙量为负值。分析河潼区间输沙贡献可知，河龙区间对潼关断面以上输沙贡献率由 2000 年前的 65.4% 锐减至 2000 年后的 53.5%，而龙潼区间输沙贡献率由 34.6% 上升至 46.5%。综上所述，黄土高原实施的大规模水土保持措施在河龙区间成效显著，使该区间段对整个中游区间径流泥沙贡献显著降低，中游区间主要泥沙来源逐渐转移至龙潼区间。

基于中游区间尺度，系统定量分析不同支流多年径流输沙对沿程区间干流贡献平衡。具体而言，头道拐—龙门区间内，就径流而言，无定河流域对区间径流贡献率由 2000 年前的 22.8% 上升至 2000 年后的 39.5%，其他因素（包括其他支流、水利工程及工农业取用水等）从 2000 年前的 58.5% 锐减至 2000 年后的 49.3%，皇甫川、窟野河、延河流域 2000 年后贡献率较之前略有下降；就输沙而言，窟野河流域对河龙区间输沙贡献率由 2000 年前的 15.0% 锐减至 2000 年后的 3%，无定河流域对区间输沙贡献率由 2000 年前的 17.8% 上升至 2000 年后的 26.4%，其余支流贡献率变化不大。以上分析表明，无定河流域是中游河龙区间内径流泥沙的主要来源，而窟野河流域在治理前后对区间径流输沙贡献明显降低，水土保持综合治理效益最为显著。龙潼区间内，就径流而言，2000 年前汾河、渭河、北洛河对该区间内的水沙贡献比分别为 12.5%、83%、9.7% 与 5.6%、98.8%、22.7%，2000 年后三条支流对该区间内的水沙贡献分别为 11.3%、114%、13% 与 0.21%、109.4%、17.2%，其中渭河流域对该区间内的水沙贡献显著上升，北洛河与汾河流域变化不大，这是由于渭河流域受三门峡水库、小浪底水库等水利水保建设工程影响显著，河段内泥沙淤积、河床水位抬高。此外，潼花区间内由于河道平坦宽浅、比降小的特点以及水利工程建设影响，泥沙也多被淤积拦截，伊洛河及其他因素等对该区间径流贡献率变化很小，区间输沙多为负值。

3.1.2.3 水沙变化驱动因素

（1）中游区间水沙变化归因定量分析

黄河中游干支流水沙情势在近 60 年间发生显著改变，为此，结合流域内水利水保工程建设历史及各干流站点突变分析结果，采用双累积曲线法量化分析降水与人类活动对中游不同区间水沙演变贡献。由图 3-30 双累积曲线可见，河龙区间多年径流输沙在 1978 年前后以及 1999 年出现两次突变，这与区间内 20 世纪 70 年代末所实施的大规模水土保持措施以及 90 年代末推行的退耕还林还草工程密切相关，淤地坝、梯田及造林种草等措施显著改善了区间内的水土流失状况，流域内坡面、沟道的水土保持措施使径流泥沙得到拦截淤积，有效减少了黄土高原土壤侵蚀量。而龙潼区间径流输沙分别在 1990 年与 1999 年发生突变，与流域内水土保持工程措施以及 1999 年小浪底水库工程的建设运行密切联系，其蓄水拦沙作用使该区间径流泥沙显著降低。

为量化分析黄河中游水沙变化驱动因素，对各区间双累积曲线进行模拟回归分析（表 3-6），基于突变年份前的降水–径流–泥沙关系，利用相应曲线方程计算突变后的累积径流量与输沙量，进而推算出突变前后的水沙变化量。河龙区间 1957～2018 年实测累积径流量与输沙量分别较计算值减少 31.02% 和 43.41%，龙潼区间实测累积径流量与输沙

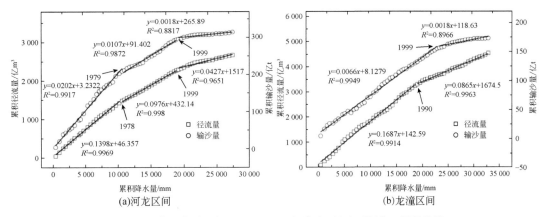

图 3-30　黄河中游区间 1957～2018 年降水–径流–输沙双累积曲线

表 3-6　黄河中游各区间 1957～2018 年降水–径流–输沙双累积曲线分析

研究区间	指标	回归方程	R^2	计算累积值 /亿 m³	实测累积值 /亿 m³	累积减少量 /亿 m³	减少比 /%
河龙	径流	$\sum R = 0.1398 \sum P + 46.357$	0.9969	3873.04	2671.59	1201.45	31.02
	输沙	$\sum S = 0.0202 \sum P + 3.2322$	0.9917	556.16	314.72	241.44	43.41
龙潼	径流	$\sum R = 0.1687 \sum P + 142.59$	0.9941	5679.05	4535.68	1143.37	20.13
	输沙	$\sum S = 0.0066 \sum P + 8.1279$	0.9949	224.73	173.39	51.34	22.85

量则分别较计算值减少 20.13% 和 22.85%，其中各区间实测累积输沙量的减少幅度均大于累积径流量，表明淤地坝、水库等水利水保工程措施的拦泥淤沙作用更为显著。

为进一步量化降水与人类活动因素对黄河中游水沙锐减贡献率（表 3-7），基于突变年份前降水–径流–泥沙关系，对突变后不同时段中游各区间降水与人类活动对径流输沙的贡献进行计算分析，其中人类活动贡献即曲线拟合方程得出的计算值与实测值之差。具体而言，河龙区间内，人类活动对径流与输沙变化的贡献在 1979～1999 年分别为 58.57% 与 76.17%，在 1999 年后上升至 90.18% 与 95.39%，表明人类活动对该区间水沙变化的影响在 1999 年后迅速增加。龙潼区间内，1990 年后人类活动影响对径流变化的贡献为 75.55%，而对 1999 年后输沙突变的影响高达 88.72%，降水影响对径流输沙变化的贡献较小。由此可见，人类活动影响是中游各区间 1957～2018 年不同时段水沙锐减的主要贡献来源。

（2）流域水沙情势演变驱动力分析

黄河中游水沙情势在过去近 60 年间发生显著改变，不同区间干支流系统径流量和输沙量均呈现出不同程度的锐减态势，其与流域内气候变化（主要是降水）及人类活动影响密切相关。其中，气候变化主要基于降水驱动水沙变化，流域内降水减少直接作用于产流产沙过程，进而使径流挟沙能力下降，导致径流量和输沙量显著减少；而人类活动因素更集中于水利水保工程建设及土地利用变化等影响，梯田、淤地坝及造林种草等措施均

表 3-7 黄河中游各区间不同时段降水与人类活动对水沙减少贡献统计

研究区间	指标	时段	实测值	计算值	实测水沙变化		降水影响		人类活动影响	
					变化量	百分比/%	变化量	百分比/%	变化量	百分比/%
河龙	径流	1957~1978 年	64.90	62.26						
		1979~1999 年	40.33	54.72	24.57	37.86	10.18	41.43	14.39	58.57
		2000~2018 年	20.89	60.58	44.01	67.81	4.32	9.82	39.69	90.18
	输沙	1957~1978 年	9.12	8.97						
		1979~1999 年	4.21	7.95	4.91	53.84	1.17	23.83	3.74	76.17
		2000~2018 年	1.09	8.75	8.03	88.05	0.37	4.61	7.66	95.39
龙潼	径流	1957~1990 年	95.23	89.92						
		1991~2018 年	46.35	83.28	48.88	51.32	11.95	24.45	36.93	75.55
	输沙	1957~1999 年	3.61	3.43						
		2000~2018 年	0.95	3.31	2.66	73.68	0.30	11.28	2.36	88.72

能够有效改善流域土壤侵蚀状况，调节和拦蓄坡面沟道径流泥沙。人类活动是黄河中游各区间水沙锐减的主要贡献来源，与多数已有研究基本一致（表 3-8），但在贡献比例方面，不同研究存在一定差异，主要是源于研究区间以及径流输沙数据时间序列不一致，同时水利水保工程与降水时空分布差异也会对计算结果产生影响。

表 3-8 人类活动与降雨对黄河水沙变化贡献率部分研究成果统计   （单位:%）

参考文献	研究区间	时段	贡献比例			
			降雨影响		人类活动影响	
			减水	减沙	减水	减沙
姚文艺等（2013）	黄河中游	1997~2006 年	23.50	20.04	76.50	79.96
	河口镇—龙门		31.40	50	68.60	50
	泾洛渭汾河		20	40	80	60
冉大川等（2015）	头道拐断面以上	1969~2010 年	20	16	80	84
	河口镇—龙门	1990~1999 年	40.40	25.60	59.60	74.40
许炯心（2010）	河口镇—龙门	1998~2006 年		34.96		65.04
张胜利等（1998）	黄河多沙粗沙区	1970~1979 年	31		69	
		1980~1989 年	58	58.2	42	41.8
Mu 等（2012）	河口镇—龙门	1952~2000 年	29	30	71	70
Wang 等（2007）	花园口断面以上	1950~2005 年		30		70
高鹏等（2013）	头道拐—花园口	1986~1989 年	38.40	5.30	61.60	94.70
		1990~1999 年	26.80	25.80	73.20	74.20
		2000~2008 年	18.90	8.60	81.10	91.40

参考文献	研究区间	时段	贡献比例			
			降雨影响		人类活动影响	
			减水	减沙	减水	减沙
赵广举等（2012）	头道拐—花园口	1950~2010 年	25.70		74.30	
刘晓燕等（2014）	河口镇—龙门	2010~2013 年		11.4		88.6
赵阳等（2018）	兰州断面以上	1950~2016 年	66.57	12.50	33.43	87.50
	兰州—头道拐	1950~2016 年	11.10	8.48	88.90	91.52

近几十年间，黄河流域已建成各类水库 3000 余座，其中大中型水库约 170 多座，上游刘家峡水库、龙羊峡水库以及中游小浪底水库、三门峡水库的建设运行对径流泥沙的拦截淤积作用显著；同时工农业生产发展需要使各类引水引沙工程日益增加，黄河流域的年平均引用水量达到 50 亿 km³，其中约 74% 来自地表水，26% 来自地下水，各类水利工程建设应用显著改变了水沙情势。此外，中游区间内自 20 世纪 70 年代末开展实施的大规模水土保持措施极大地改善了黄土高原的水土流失状况，至 2006 年治理面积已超过 1000 万 hm²，其中梯田面积达到 285.40 万 hm²，较 20 世纪 80 年代前增加约 4 倍；据统计，截至 2015 年潼关以上地区共有淤地坝 56 422 座，且主要集中在河龙区间内，其中骨干坝多年平均拦沙量达到 1.71 亿 t，中小型淤地坝多年平均拦沙量约为 2.74 亿 t。90 年代末推行的退耕还林还草工程进一步推动了黄土高原的生态恢复进程，多沙粗沙区林草面积至 2010 年达到 11.57 万 km²，较 70 年代末增加 11%，造林种草措施极大地改善了区域下垫面植被条件，直接作用于产流产沙过程，控制削弱坡面沟道侵蚀作用，减少入黄径流泥沙。由此可见，随着社会经济的快速发展，人类活动作为改变黄河水沙情势的主要贡献来源，在未来将会产生更加深远的影响。

3.1.3　主要产沙区水沙变化

3.1.3.1　各区间单元径流变化

选取潼关站以上区域主要产沙区内近 100 个资料系列较长水文站的实测径流量数据进行分析，重点分析各个区域现状年相比于基准年的变化情况。

（1）整体变化特点

整体来看，2007~2016 年系列与基准年相比，年径流量呈减少趋势。年径流量减少最多的小区间集中在河龙区间、汾河义棠—河津区间、葫芦河北峡以上等；年径流量变化不大的小区间集中在上游以及中游汾川河、北洛河的部分区间；年径流量增多的小区间集中在上游洮河、庄浪河、大通河、清水河、苦水河的部分区间以及汾河兰村—义棠区间。

1）年径流量呈减少趋势区间单元。潼关站以上区域年径流量现状年与基准年相比，减少最多（减少率在 90% 以上）的区域主要在河龙区间，包括皇甫川沙圪堵—皇甫区间、偏关河偏关站以上、放牛沟—清水河。其中皇甫川沙圪堵—皇甫区间减少最多，基准年时期区间年均产流量为 1.1393 亿 m³，而到了现状年时期沙圪堵—皇甫区间不但没有产流量，皇甫站相比于上游沙圪堵站，径流量反而减少了 0.039 亿 m³，该区间年径流量减少幅度达到 100%（图 3-31）。

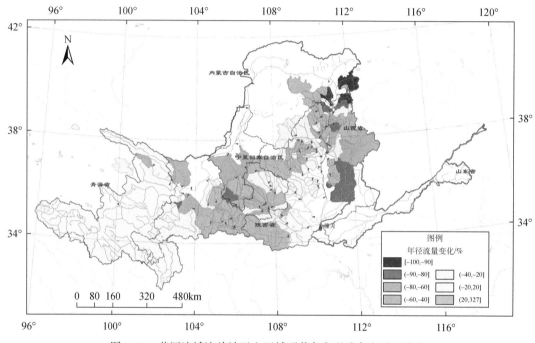

图 3-31　黄河流域潼关站以上区域现状年与基准年径流量变化

潼关站以上区域年径流量现状年与基准年相比，减少率在 80% ~ 90% 的区域主要有汾河义棠—河津区间，葫芦河北峡以上，河龙区间的县川河、孤山川和州川河，大夏河的双城—折桥区间、清水河韩府湾以上。其中汾河义棠—河津区间减少幅度达到 89.3%。

2）年径流量变化不大区间单元。年径流量变化不大（变化率在 -10% ~ 10%）的区域有唐乃亥—小川区间、大夏河双城以上、延安—甘谷驿区间、大通河连城以上、北洛河张村驿以上、唐乃亥以上、湟水石崖庄以上。

3）年径流量呈增多趋势区间单元。现状年与基准年相比，年径流量增多（变化率大于 15% 以上）的区域有洮河红旗—李家村区间、汾河兰村—义棠区间、庄浪河、大通河连城—享堂区间、清水河韩府湾—泉眼山区间及苦水河流域。其中苦水河年径流量由基准年的 0.2607 亿 m³ 增加到现状年的 1.112 亿 m³，增幅达 326.5%。

（2）分区域变化特点

1）黄河上游。黄河上游的 18 个小区间中，现状年与基准年相比，年径流量呈减少趋势的小区间有 8 个，其中减少最多的是大夏河折桥—双城区间，减少幅度为 82.3%；径流变化不大的小区间（变化率在 -15% ~ 15%）有 5 个，分别是小川以上、大夏河双城以上、大通河连城以上、唐乃亥以上及湟水石崖庄以上，其中唐乃亥以上变化率为 -0.5%，说明现状年与基准年相比，实测径流量基本没变；实测径流量增加的小区间有 5 个，分别是洮河红旗—李家村区间、庄浪河红崖子以上、大通河享堂—连城区间、清水河泉眼山—韩府湾区间以及苦水河郭家桥以上，其中年径流量增加最多的是苦水河郭家桥以上，增大幅度为 326.5%，基准年年径流量为 0.2607 亿 m³，现状年为 1.112 亿 m³。

2）河龙区间。河龙区间的 43 个小区间中，现状年与基准年相比，年径流量全部为减少的趋势，平均减少幅度为 51.7%。减少最多的为皇甫川流域的沙圪堵—皇甫区间，减少幅度达到 100%；减少最少的为延河的甘谷驿—延安区间，减少幅度为 9%。

3）泾洛渭河。泾洛渭河流域的 24 个小区间中，现状年与基准年相比，年径流量全部为减少的趋势，平均减少幅度为 47.1%。减少最多的为渭河支流葫芦河北峡以上，减少幅度为 86.6%，从基准年的 0.3635 亿 m³ 减少到现状年的 0.0486 亿 m³。减少最小的为华县—咸阳—张家山区间，减少幅度为 4.9%，可以认为基本没变。

4）汾河。汾河流域分为 3 个小区间，分别是兰村以上、兰村—义棠和义棠—河津区间。其中兰村以上和义棠—河津区间实测径流量为减少趋势，减幅分别达到 67.5% 和 89.3%。而兰村—义棠区间实测径流量为增多趋势，增多幅度为 51.2%。

(3) 对应区域地貌类型分析

从地貌类型上来看，年径流量减幅最多的区间单元基本上均为黄土丘陵区（表 3-9），如皇甫川、偏关河、孤山川、清水河放牛沟以上、县川河、州川河都属于河龙区间的丘一区，属于水土流失比较严重的地区。表 3-10 为年径流量变化不大或增多的区间单元地貌类型，由表 3-10 可见，土石山区和草原区占了绝大部分。

表 3-9　年径流量减少最多的区间单元地貌类型统计　　　　（单位:%）

区间	变化率	位置	地貌类型
沙圪堵—皇甫	−100.0	皇甫川	丘一区
偏关以上	−95.5	偏关河	丘一区
放牛沟—清水河	−94.6	清水河	丘一区
义棠—河津	−89.3	汾河	丘二区+黄土阶地+冲积平原
北峡以上	−86.6	渭河支流葫芦河	丘三区
旧县	−84.8	县川河	丘一区
吉县	−83.9	州川河	黄土高塬沟壑区
折桥—双城	−82.3	大夏河	丘四区+丘五区
高石崖	−82.1	孤山川	丘一区
韩府湾以上	−79.999	清水河	丘五区+丘二区
新庙	−78.7	窟野河	丘一区
甘谷驿	−78.5	散渡河	丘三区
神木—王道恒塔—新庙	−75.1	窟野河	丘一区
清水河以上	−73.9	清水河	丘一区
秦安—北峡	−71.6	葫芦河	丘三区

表 3-10   年径流量变化不大或增多的区间单元地貌类型统计   （单位：%）

区间	变化率	位置	地貌类型
唐乃亥以上	-0.5	黄河干流	土石山区
石崖庄/湟源	4.4	湟水	高地草原区+土石山区
红旗—李家村	47.4	洮河	丘五区+丘三区
兰村—义棠	51.2	汾河	冲积平原区+土石山区
红崖子以上	95.3	庄浪河	土石山区+丘五区
享堂—连城	142.5	大通河	丘四区
泉眼山—韩府湾	150.2	清水河	丘五区+干旱草原区
郭家桥以上	326.5	苦水河	干旱草原区

3.1.3.2 各区间单元输沙变化

选取潼关站以上区域主要产沙区 88 个资料系列较长水文站的实测输沙量数据，对这 88 个水文站形成的 88 个小区间单元进行分析，重点分析各个区域现状年相比于基准年的变化情况。

（1）整体变化特点

潼关以上区域年输沙量的减少幅度要远远大于年径流量的减少幅度。88 个小区间中，85 个小区间呈减少趋势，平均减少量为 83%，1 个小区间变化不大，2 个小区间为增多趋势。年输沙量减少最多的小区间集中在河龙区间、汾河义棠—河津区间、泾河景村—雨落坪—杨家坪区间等；年输沙量变化不大的小区间有 1 个，是庄浪河的红崖子以上；年输沙量增多的小区间有两个，分别是宁夏河段的鸣沙洲和北洛河的交口河—刘家河—张村驿区间。

1）年输沙量呈减少趋势区间单元。由图 3-32 可以看出，潼关站以上区域年输沙量现状年与基准年相比，减幅大于 90% 的小区间多达 44 个，这些小区间主要分布在河龙区间、汾河、渭河干流和部分支流以及洮河李家村以上等。其中年输沙量减少幅度接近 100% 的小区间有窟野河温家川—神木区间、汾河义棠—河津区间、泾河景村—雨落坪—杨家坪—张河区间和渭河干流咸阳—社棠—北道区间。

潼关站以上区域年输沙量现状年与基准年相比，减少率在 80%~90% 的区域主要有河龙区间的屈产河及大理河部分区间、北洛河刘家河以上、湟水石崖庄—民和区间、泾河毛家河以上、十大孔兑、渭河部分支流等。其中河龙区间的屈产河，从基准年的 978 万 t 减少到现状年的 98 万 t，减少幅度达到 90%。

2）年输沙量变化不大区间单元。年输沙量变化不大（变化率在-10%~10%）的小区间仅有 1 个，为庄浪河的红崖子以上区间，年输沙量基准年为 118.5 万 t，现状年为 119.3 万 t，变化不大。

3）年输沙量呈增多趋势区间单元。现状年与基准年相比，年输沙量增多的（变化率大于 10% 以上）的小区间有 2 个，分别是宁夏河段的鸣沙洲和北洛河的交口河—刘家河—

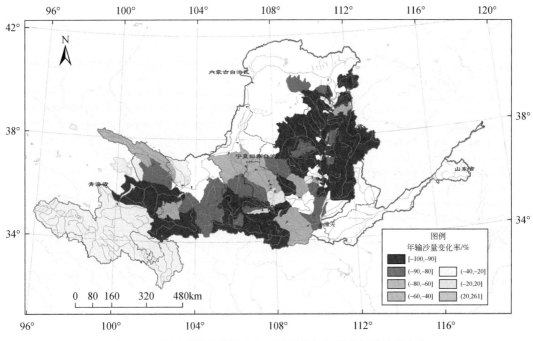

图 3-32　黄河流域潼关站以上区域现状年与基准年输沙量变化

张村驿区间。其中鸣沙洲年输沙量从基准年的 153.8 万 t 增加到现状年的 194.4 万 t，增幅为 26.4%。北洛河的张村驿—刘家河—交口河区间年输沙量从基准年的 170.5 万 t 增加到现状年的 274.8 万 t，增幅为 61.2%。

（2）分区域变化特点

1）黄河上游。黄河上游的 18 个小区间中，现状年与基准年相比，年输沙量呈减少趋势的小区间有 16 个，其中减少最多的是洮河李家村以上，减少幅度为 93.5%；输沙量变化不大的小区间有 1 个，为庄浪河的红崖子以上区间；输沙量增多的小区间有 1 个，为宁夏河段的鸣沙洲，增幅为 26.4%。

2）河龙区间。河龙区间的 43 个小区间中，现状年与基准年相比，年输沙量全部为减少的趋势，平均减少幅度为 90.1%。减少最多的为窟野河温家川—神木区间、皇甫川的沙圪堵—皇甫区间、州川河的吉县以上以及窟野河的王道恒塔以上，减少幅度为 100% 或接近 100%；减少最少的为汾川河的临镇以上，减少幅度为 17.3%。

3）泾洛渭河。泾洛渭河流域的 24 个小区间中，现状年与基准年相比，年输沙量呈减少趋势的小区间为 23 个，平均减少幅度为 75.5%。减少最多的为泾河景村—雨落坪—杨家坪—张河区间和渭河干流咸阳—社棠—北道区间、泾河杨家坪—泾川—红河—毛家河区间，减少幅度为 100% 或接近 100%。减少最少的为泾河支流黑河的张河以上区间，减少幅度为 12.8%。呈增多趋势的小区间有 1 个，为北洛河的交口河—刘家河—张村驿区间，增幅为 261%。

4）汾河。汾河流域分为 3 个小区间，分别是兰村以上、兰村—义棠和义棠—河津区

| 95 |

间。与基准年相比,现状年 3 个小区间的年输沙量皆为减少趋势,减少幅度为 100% 或接近 100%,说明整个汾河流域年输沙量呈锐减趋势。

(3) 对应区域地貌类型分析

如表 3-11 所示,从地貌类型上来看,变化最大的区域基本上均为黄土丘陵区,如皇甫川、偏关河、孤山川、清水河放牛沟以上、县川河、州川河都属于河龙区间的丘一区;葫芦河北峡以上属于丘三区;大夏河折桥—双城区间属于丘四区;清水河韩府湾以上属于丘二区和丘五区。这些区域除了秃尾河高家堡以上、无定河韩家峁以上为风沙区,洮河李家村以上为丘四区、土石山区和高地草原区的混合地貌、汾河兰村—义棠区间为冲积平原区和土石山区外,其余区域均为黄土区。

表 3-11　年输沙量减少最多的区间单元地貌类型 　　　　　　　（单位:%）

区间	变化率	位置	地貌类型
温家川—神木	−100.0	窟野河	丘一区
义棠—河津	−100.0	汾河	丘二区+黄土阶地+冲积平原
景村—雨落坪—杨家坪—张河	−100.0	泾河	丘一区
咸阳—社棠—北道	−100.0	咸阳至北道(干流)	土石山区
兰村以上	−100.0	汾河	丘二区
沙圪堵—皇甫	−99.9	皇甫川	丘一区
吉县以上	−99.9	州川河	黄土高塬沟壑区
王道恒塔以上	−99.8	窟野河	丘一区
放牛沟—清水河	−99.6	清水河	丘一区
横山	−99.1	无定河	丘一区
杨家坪	−99.1	泾河	丘一区
清水河	−99.0	清水河	丘一区
兴县	−98.7	蔚汾河	丘一区
张村驿	−98.6	北洛河	黄土丘陵林区
高石崖	−98.3	孤山川	丘一区
乡宁	−98.1	鄂河	黄土高塬沟壑区

3.1.3.3　各区间单元年最大含沙量变化

(1) 整体变化特点

整体来看,潼关站以上区域年最大含沙量变化较年输沙量变化更为缓和。88 个小区间中,有 78 个小区间呈减少趋势,平均减少量为 62.8%,减少最多的小区间集中在河龙区间的窟野河、仕望川及州川河、洮河李家村以上等;年最大含沙量变化不大(变幅在 −10% ~10%)的小区间有 8 个,大部分位于泾河、清水河及唐乃亥—小川区间;呈增多趋势的小区间有 2 个,位于庄浪河红崖子以上及北洛河支流葫芦河的张村驿以上,平均增幅为 23.2%。

1）年最大含沙量呈减少趋势区间单元。由图 3-33 可以看出，潼关站以上区域年最大含沙量现状年（2007~2019 年）与基准年（1956~1975 年）相比，减幅大于 80% 的小区间有 22 个，这些小区间主要分布在河龙区间、汾河、大通河以及洮河等。其中年最大含沙量减少幅度最多的为窟野河、仕望川及州川河、洮河李家村以上。窟野河王道恒塔以上区间的最大含沙量从基准年的 1058kg/m³ 减少到现状年的 9.5kg/m³，减幅高达 99.1%。洮河李家村以上区间的最大含沙量从基准年的 87.82kg/m³ 减少到现状年的 4.3kg/m³，减幅高达 95.1%。

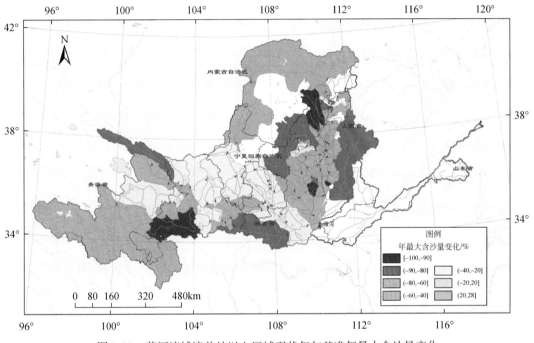

图 3-33　黄河流域潼关站以上区域现状年与基准年最大含沙量变化

2）年最大含沙量变化不大区间单元。年最大含沙量变化不大（变化率在 -10% ~ 10%）的小区间有 8 个，大部分位于泾河、清水河及唐乃亥—小川区间，其中尤其典型的是清水河，整个流域的最大含沙量都处于稳定状态，基准年和现状年变化不大。

3）年最大含沙量呈增多趋势区间单元。现状年与基准年相比，年最大含沙量增多的小区间有 2 个，分别是庄浪河红崖子以上及北洛河支流葫芦河的张村驿以上，增幅分别为 18.1% 和 28.3%。

（2）分区域变化特点

1）黄河上游。黄河上游的 18 个小区间中，现状年与基准年相比，年最大含沙量呈减少趋势的小区间有 13 个，其中减少最多的是窟野河王道恒塔以上，减少幅度为 99.1%，减少最小的为祖厉河靖远—郭城驿区间，减少幅度为 10%；年最大含沙量变化不大的小区间有 4 个，为黄河干流唐乃亥—小川区间、清水河及干流兰州—青铜峡区间；年最大含沙量增多的小区间有 1 个，为庄浪河红崖子以上，增幅为 18.1%。

2）河龙区间。河龙区间的 43 个小区间中，现状年与基准年相比，年最大含沙量全部为减少的趋势，平均减少幅度为 72%。减少最多的为窟野河流域、州川河的吉县以上以及仕望川，减少幅度均在 90% 以上；减少最少的为小理河的李家河以上，减少幅度为 23.6%。

3）泾洛渭河。泾洛渭河流域的 29 个小区间中，现状年与基准年相比，年最大含沙量呈减少趋势的区间有 25 个，平均减少幅度为 47.2%。减少最多的为北洛河志丹以上和渭河干流咸阳—社棠—北道区间，减少幅度都在 85% 以上。减少最少的为马莲河支流柔远川的贾桥以上，减少幅度为 13.8%。年最大含沙量变化不大的小区间有 4 个，均位于泾河支流的马莲河。呈增多趋势的小区间有 1 个，为北洛河支流葫芦河的张村驿以上，增幅为 28.3%。

4）汾河。汾河流域由于受资料限制，只有河津以上 3 个区间，年最大含沙量从基准年的 121.7kg/m³ 减少到现状年的 14.4kg/m³，减少幅度高达 88.2%。

（3）对应区域地貌类型分析

表 3-12 为年最大含沙量减少最多的区间单元所对应的地貌类型分布情况。由表 3-12 中可以看出，年最大含沙量减少最多（减幅为 90%～100%）的区域，如窟野河、州川河、秃尾河、仕望川、洮河李家村以上等，所对应的地貌类型中黄土丘陵沟壑区占了绝大部分，只有少数几个区间单元如秃尾河高家堡以上为风沙区，洮河李家村以上为丘四区、土石山区和高地草原区的混合地貌。

表 3-12　年最大含沙量减少最多的区间单元地貌类型统计　　　　（单位:%）

区间	变化率	位置	地貌类型
王道恒塔以上	−99.1	窟野河	丘一区
温家川	−96.0	窟野河	丘一区
吉县以上	−95.8	州川河	黄土高塬沟壑区
李家村以上	−95.1	洮河	丘四区+土石山区+高地草原区
新庙以上	−94.4	窟野河	丘一区
神木以上	−92.8	窟野河	丘一区
大村	−92.6	仕望川	丘二区
高家堡—高家川	−90.6	秃尾河	丘一区
高家堡以上	−90.6	秃尾河	风沙区
府谷	−89.6	黄河干流	丘一区
横山	−89.6	无定河	丘一区
河津	−88.2	汾河	丘二区+黄土阶地+冲积平原
高石崖	−87.8	孤山川	丘一区

表 3-13 为年最大含沙量变化不大或增多的区间单元所对应的地貌类型分布，由表可见，年最大含沙量变化不大（−10%～10%）的区间单元如马莲河洪德以上、洪德—庆阳区间、泾河庆阳—雨落坪区间等，均为黄土丘陵沟壑区和黄土高塬沟壑区。年最大含沙量

增加（>10%）的区间有庄浪河红崖子以上，其地貌类型为土石山区和丘五区混合地貌，北洛河张村驿以上，其地貌类型为黄土丘陵林区。

表 3-13　年最大含沙量变化不大或增多的区间单元地貌类型统计　（单位:%）

区间	变化率	位置	地貌类型
洪德—庆阳	-9.5	马莲河	丘二区
庆阳—雨落坪	-8.1	泾河	黄土高塬沟壑区
洪德以上	-7.5	马莲河	丘五区
唐乃亥—小川	-3.1	黄河干流	丘四区+少量丘五区
韩府湾—泉眼山	-2.7	清水河	丘五区+干旱草原区
韩府湾以上	1.5	清水河	丘五区+丘二区
红崖子以上	18.1	庄浪河	土石山区+丘五区
张村驿	28.3	北洛河	黄土丘陵林区

3.2　典型流域侵蚀产沙特征与水沙关系变化

3.2.1　典型流域侵蚀产沙反演

（1）延河流域

根据 2009 年陕西省淤地坝安全大检查专项数据库可知，截至 2008 年底，延河流域共建设淤地坝 709 座，其中骨干坝 133 座、中型坝 576 座，总库容 3.41 亿 m^3，已淤积库容 1.74 亿 m^3，剩余淤积库容 1.67 亿 m^3，平均剩余淤积库容比为 49.01%。从建坝时间上看，延河流域大中型淤地坝主要是 20 世纪六七十年代所建，占到整个流域淤地坝建设总数的 50.1%；八九十年代的淤地坝建设数量急剧减少；自 2003 年淤地坝被评为水利部"亮点工程"之后进入建设高潮，淤地坝数量出现了上升趋势（图 3-34）。不同年代淤地坝剩余淤积库容比在 40.7% ~ 64.8%，进入 21 世纪之后剩余淤积库容比达到各年代最高值，说明退耕还林还草政策实施以后，流域坡面侵蚀产沙减少，淤地坝可淤积泥沙也相应逐渐减少。

（2）皇甫川流域

根据 2009 年陕西省淤地坝安全大检查专项数据库资料，截至 2008 年底，皇甫川流域共建设淤地坝 539 座，其中大（一）型坝 6 座、大（二）型坝 9 座、骨干坝 181 座、中型坝 255 座、小型坝 88 座，总库容 4.35 亿 m^3，已淤积库容 1.42 亿 m^3，剩余淤积库容 2.93 亿 m^3，平均剩余淤积库容比为 44.37%。从建坝时间上看，皇甫川流域淤地坝建设数量逐步增加，21 世纪后增加了一倍以上，2003 年水利部"亮点工程"的实施将淤地坝建设推向高潮（图 3-35）。不同年代淤地坝剩余库容比在 15.0% ~ 91.8%，剩余库容比稳步增加，2000 ~ 2008 年剩余淤积库容比达到各年代最高值，说明退耕还林还草政策实施以后，

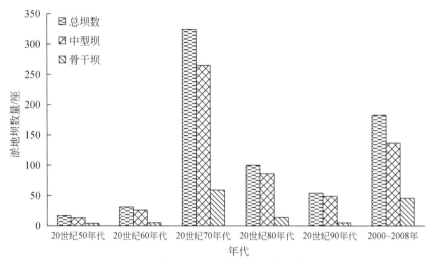

图 3-34 延河流域不同年代淤地坝建设过程

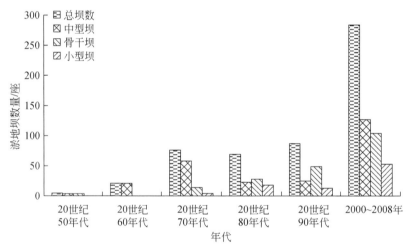

图 3-35 皇甫川流域不同年代淤地坝建设过程

流域坡面侵蚀产沙减少,淤地坝可淤积泥沙也相应逐渐减少。

3.2.1.1 典型淤地坝淤积量的测算

(1) 样品采集与测试

与延河流域杏子河流域的坊塌流域、皇甫川流域的满红沟、小石拉塔、黄家沟、特拉沟淤地坝控制流域进行野外采样工作。其中,坊塌流域和满红沟流域是坝系控制流域,在2 个小流域的淤地坝前泥沙沉积物上进钻机取样,共钻取了 11 个孔位,钻孔深度在10.37 ~ 17.28m。对土心和土壤剖面进行了详细层次划分及样品采集,主要采样间距为5cm,较薄淤积层次采样间距适当减小。

根据自然资源部陕西基础地理信息中心购买的水准点高程，应用瑞士徕卡（LEICA）系列全站仪引点测量了皇甫川流域所选取的淤地坝，获取流域各淤地坝淤积面的准确平均高程和淤积面面积，并结合早期的 1：10 000 地形图，重建皇甫川流域淤地坝的库容曲线图，以此来估算淤地坝的泥沙淤积量。

同时，为了动态监测每年特大暴雨事件和雨季后的泥沙落淤厚度，在不同淤地坝淤积范围的典型部位布设测量标尺，以补充和完善资料序列。通过钻机钻孔和人工探槽能够得到淤地坝建坝以来的泥沙淤积量，而测量标尺则能够获取淤地坝当前的淤积量与淤积速率。监测数据于每年 4 月中旬左右进行量取，可避开前一年坝地内积水的情况，在第二年雨季前开展，保证数据的准确性。野外采样、测量与动态监测照片如图 3-36 所示。

图 3-36　野外采样、测量与动态监测照片

（2）淤地坝淤积量计算

根据淤地坝控制流域的经纬度范围，确定了流域的地形图分幅和编号，分别在中国科学院水利部水土保持研究所图书馆（文献情报中心）和自然资源部陕西基础地理信息中心申请与购买了不同时期的 1：10 000 地形图，目前得到皇甫川流域 1981 年、1996 年和 2000 年的地形图数据（图 3-37）。

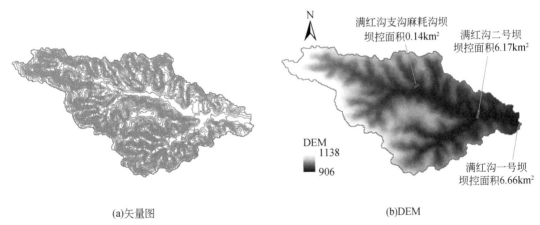

(a)矢量图　　　　　　　　　　　　　　　　　(b)DEM

图 3-37　皇甫川满红沟流域淤地坝地形图矢量化与 DEM

采用地形图矢量化与坝控流域 DEM 相结合的方法来建立流域淤地坝的库容曲线（图

3-38）。根据库容曲线、土壤容重及各沉积旋回层实测厚度，利用公式计算各沉积旋回层泥沙淤积量及淤地坝泥沙淤积总量。

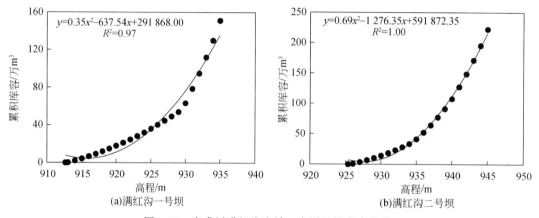

图 3-38　皇甫川满红沟流域 2 个淤地坝库容曲线

圆台体体积计算公式为

$$V = \frac{(S + S' + \sqrt{S \times S'}) \times h}{3} \tag{3-1}$$

式中，V 为圆台体体积；S 为圆台体上底面积；S' 为圆台体下底面积，上、下底面积为相邻两根等高线所围成的面积；h 为圆台体的高，是指两根等高线之间的高程差。

淤地坝建成后，在每次侵蚀性降雨过程中因受暴雨冲刷，地表径流挟带大量泥沙顺坡而下，被拦蓄汇集在坝内，而流出流域的泥沙量很少。因此，可以把淤地坝的沉积泥沙量近似地作为流域产沙量，并可以根据各泥沙沉积旋回层的厚度以及流域面积来推算各次洪水过程的输沙模数。

基于淤地坝库容曲线、土壤容重以及各沉积旋回层实测厚度，利用如下公式即可得到各沉积旋回层泥沙淤积量及淤地坝泥沙淤积总量：

$$W_i = V_i \times \rho_i \tag{3-2}$$

$$W = \sum_{i=1}^{n} W_i \tag{3-3}$$

式中，$i = 1$，2，$\cdots$，n；V_i 为第 i 沉积旋回层体积（m^3）；ρ_i 为第 i 沉积旋回层容重（g/cm^3 或 t/m^3）；W_i 为第 i 沉积旋回层泥沙淤积量（t）；W 为淤地坝泥沙淤积总量（t）。

为进一步验证库容曲线法所计算的淤地坝淤积总量的可靠性，通过矢量化早期 1∶10 000 地形图数据，生成建坝前坝控流域的高精度 DEM，依托 ArcGIS 软件计算淤地坝泥沙淤积总量。对比库容曲线法和 DEM 法所估算的皇甫川满红沟流域坝系泥沙淤积总量。结果表明，满红沟一号坝通过 DEM 法得到的泥沙淤积量小于库容曲线法，而其余淤地坝不同孔位处计算结果基本接近；由于满红沟一号坝的建坝时间均早于地形图调绘成图时间，原始沟道已经发生淤积，而这部分淤积量无法通过矢量化的地形图所生成的 DEM 计算出来，所以其结果小于库容曲线拟合值。因此，采用库容曲线法计算各淤地坝的泥沙淤积总量及旋回层淤积量。

根据表 3-14 给出的坊塌坝控流域两种计算方法结果的对比可见，除一号坝误差较大外，其余三个坝不同孔位计算结果基本接近。其中坊塌一号坝由于建坝时间（1975 年）早于地形图成图时间（1977 年），原始沟道已经发生淤积，而这部分淤积量无法通过矢量化的地形图所生成的 DEM 计算出来，所以其结果小于库容曲线拟合值。

表 3-14　延河坊塌坝控流域淤地坝淤积量计算结果统计

坝控	钻孔	库容曲线		DEM	
		累积库容/万 m³	累积淤积量/万 t	累积库容/万 m³	累积淤积量/万 t
坊塌一号坝	FTD8	44.2	62.5	30.9	43.7
	FTD9	44.2	62.5	30.9	43.7
	FTD3B	44.2	62.5	30.9	43.8
	FTD4	44.2	62.5	30.9	43.7
	FTD3	45.4	64.2	32.2	45.5
坊塌二号坝	FTD2	8.1	9.6	8.1	9.6
	FTD2B	8.4	10.0	8.4	10.0
坊塌三号坝	FTD6	5.7	6.8	4.9	5.9
	FTD7	6.3	7.4	5.5	6.5
坊塌四号坝	FTD5	8.3	10.1	8.0	9.8

由表 3-15 可见，满红沟坝控流域两种方法的计算结果也是满红沟一号坝误差较大，原因与坊塌一号坝一样，其余三个坝不同孔位处结果对应较好。

表 3-15　皇甫川满红沟坝控流域淤地坝淤积量计算结果统计

坝控	钻孔	库容曲线		DEM	
		累积库容/万 m³	累积淤积量/万 t	累积库容/万 m³	累积淤积量/万 t
满红沟一号坝	MH1D1	45.0	40.9	20.8	18.9
	MH1D2	64.1	66.4	34.8	36.1
	MH1D3	84.1	97.1	51.1	59.0
满红沟二号坝	MH2D1	106.3	96.2	95.1	86.1
	MH2D2	118.9	138.2	110.6	128.6
	MH2D3	138.8	127.2	135.4	124.0
	MH2D4	112.6	99.5	102.9	90.9
	MH2D5	132.3	161.7	127.2	155.5

续表

坝控	钻孔	库容曲线		DEM	
		累积库容/万 m³	累积淤积量/万 t	累积库容/万 m³	累积淤积量/万 t
满红沟 三号坝	MH3D1	23.6	28.5	21.2	25.6
	MH3D2	26.7	26.0	24.7	24.1
	MH3D3	32.9	33.8	32.3	33.1
麻耗沟坝	MHG	9.3	12.0	9.6	12.5

3.2.1.2 流域淤积层次与次降雨事件的对应分析

结合实地调查，通过钻探样品淤积层次划分、粒度分析结果及其与次降雨事件的对应分析，甄别出延河坊塌流域和皇甫川各个坝控流域淤地坝钻孔及剖面淤积层次的时间及淤积量，如图 3-39～图 3-44 所示。

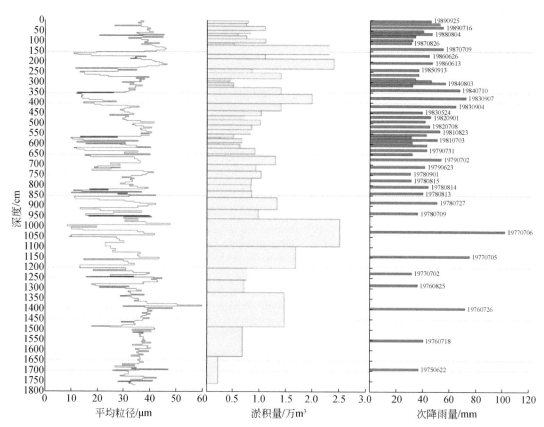

图 3-39　延河坊塌一号坝粒度、淤积层次及次降雨事件的对应关系

图中 19790623 指次降雨事件时间，即 1979 年 6 月 23 日，以此类推，下同

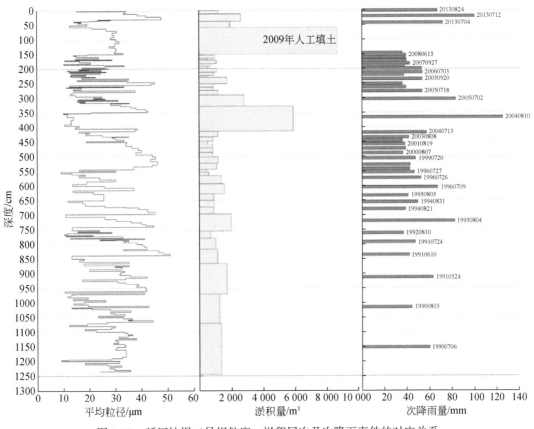

图 3-40　延河坊塌二号坝粒度、淤积层次及次降雨事件的对应关系

3.2.1.3　流域侵蚀产沙特征

（1）延河流域

在延河流域，坊塌一号坝淤积序列对应到 1975～1989 年，坊塌二号和三号坝淤积序列对应到 1990～2009 年，坊塌四号坝淤积序列对应到 1990～2013 年，马家沟小流域的 3 个单坝（洞儿沟、阎桥和芦渠）可对应到 2010～2014 年的淤积序列，从而得出 1975～2014 年侵蚀模数和淤积量变化曲线（图 3-45）。延河坊塌和马家沟流域近 40 年来的年均侵蚀模数和年均淤积量分别为 3090.74t/km² 和 1.86 万 t，1975～2014 年侵蚀模数和淤积量均呈显著减小趋势，在 20 世纪 90 年代侵蚀模数和淤积量曲线发生明显转折，1975～1990 年的年均侵蚀模数和年均淤积量分别为 4916.09t/km² 和 4.05 万 t，而 1991～2014 年分别为 1820.93t/km² 和 0.34 万 t，90 年代前的年均侵蚀模数和年均淤积量分别是 90 年代后的 2.7 倍和 11.9 倍。这与 1999 年以来国家实施的退耕还林还草政策和延河流域实施的水土保持措施密切相关，流域土壤侵蚀作用大大减弱。但在 2013 年的极端暴雨年份，年均侵蚀模数和年均淤积量分别达到了 9777.98t/km² 和 1.44 万 t。表明尽管流域植被恢复

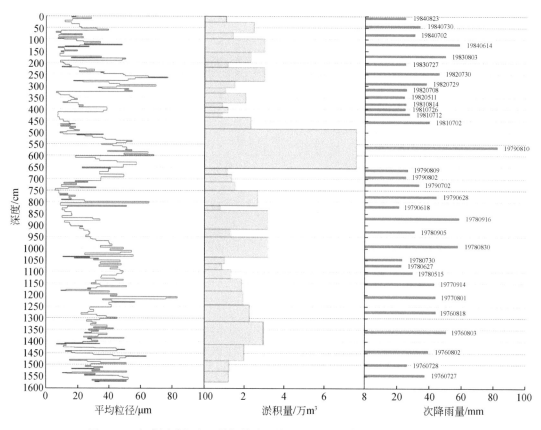

图 3-41　皇甫川满红沟一号坝粒度、淤积层次及次降雨事件的对应关系

能有效减少坡面侵蚀，但在百年一遇的极端降水条件下，淤地坝仍然是拦截泥沙的有效措施。

　　对于不同的淤地坝来说，延河坊塌一号坝1975～1989年淤积量和侵蚀模数分别在0.31万～8.33万t和366.93～9913.58t/km²，平均为3.69万t和4386.80t/km²，最大值出现在1978年，为9913.58t/km²；坊塌二号坝1990～2009年淤积量和侵蚀模数分别在0.05万～0.34万t和136.88～845.23t/km²，平均为0.13万t和315.29t/km²，最大、最小值出现在2005年和2002年；坊塌三号坝1990～2009年淤积量和侵蚀模数分别在0.10万～0.85万t和466.95～4065.87t/km²，平均为0.40万t和1923.39t/km²，最大、最小值分别出现在1996年和1992年；坊塌四号坝1990～2013年年淤积量和年侵蚀模数分别在0.09万～1.24万t和509.93～7232.80t/km²，平均为0.38万t和2228.58t/km²，最大值出现在2013年的极端暴雨年份，最小值出现在2008年。延河马家沟阎桥小流域2009～2014年淤积量和侵蚀模数分别在0.08万～1.01万t和559.76～6839.15t/km²；洞儿沟小流域2013～2014年淤积量和侵蚀模数分别在0.06万～1.63万t和512.95～14 428.83t/km²；芦渠小流域2013～2014年淤积量和侵蚀模数分别在0.27万～1.86万t和1518.95～10 611.14t/km²。

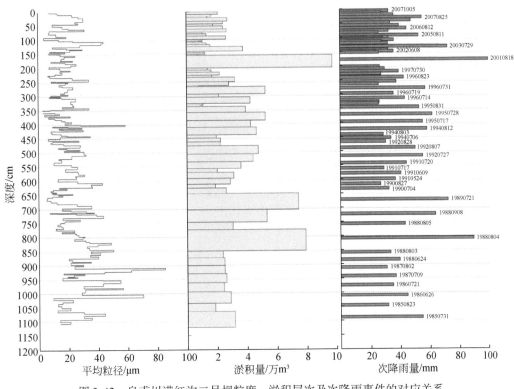

图 3-42　皇甫川满红沟二号坝粒度、淤积层次及次降雨事件的对应关系

（2）皇甫川流域

图 3-46 为皇甫川满红沟、特拉沟和小石拉塔流域 1958～2014 年侵蚀模数和淤积量变化过程，其中 1958～1973 年时间序列由小石拉塔沉积旋回对应而来，1976～1984 年时间序列对应满红沟一号坝，1985～2009 年是满红沟二号坝和麻耗沟坝的序列资料，而2012～2014 年的淤积序列由特拉沟的 2 个单坝（园子沟和大杨沟）资料延伸得来。缺少1974～1975 年淤积层的数据，1980 年、1993 年、1999 年、2010 年和 2011 年没有对应的沉积旋回层，根据流域沙圪堵站 1970～2014 年的降水资料，1980 年为整个时段降水量最少的年份，为 230.7mm，其次为 2011 年 253.7mm，1993 年为 262.7mm，属于干旱年份，而 1999年和 2010 年降水量分别为 317.7mm、394mm，该流域在以上年份基本没有发生侵蚀产沙。由图 3-46 可知，1958～2014 年侵蚀模数和淤积量大小不一，淤地坝运行期间的年均侵蚀模数和年均淤积量分别为 14 448.43t/km² 和 3.32 万 t。根据流域侵蚀模数和淤积量变化趋势，将整个时间序列（1958～2014 年）划分为三个阶段：1958～1972 年年均侵蚀模数和年均淤积量分别为 12 471.43t/km² 和 0.75 万 t；1973～1997 年分别为 18 180.87t/km² 和 5.74 万 t；1998～2014 年分别为 10 826.77t/(km²·a) 和 2.25 万 t。整体而言，前两个阶段侵蚀产沙较大，第三阶段退耕以后侵蚀产沙有减小的趋势，但在大暴雨年份依然很大。

（3）退耕前后流域侵蚀产沙变化

通过整理已测算淤地坝数据及搜集数据，计算延河流域和皇甫川流域退耕还林还草政策

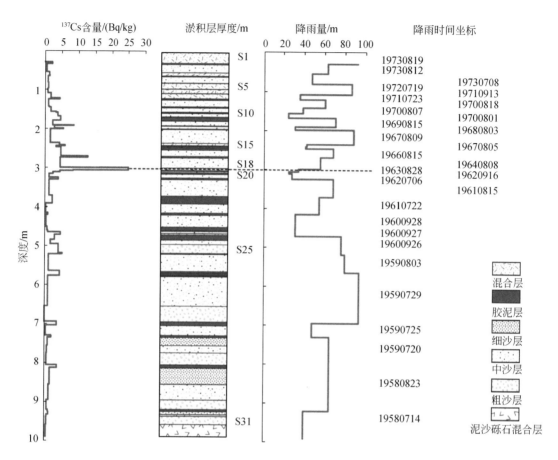

图 3-43　小石拉塔淤积旋回层、¹³⁷Cs 含量与降雨时间序列的对应关系

实施前后拦沙模数（图 3-47），分析退耕前后侵蚀产沙变化。延河流域和皇甫川流域在退耕还林还草政策实施前的年均拦沙模数均过万，属于极强烈侵蚀区；退耕后两个流域拦沙模数均有明显下降，分别减少了 13 884.1t/（km² · a）（82.9%）和 11 188.55t/（km² · a）（62.2%）；根据《土壤侵蚀分类分级标准》（SL 190—2007），退耕后延河流域和皇甫川流域总体上由极强烈侵蚀分别转变为中度侵蚀和强度侵蚀。退耕后延河流域淤地坝拦沙模数为 2868.3t/（km² · a），皇甫川流域淤地坝拦沙模数为 6786.1t/（km² · a），均超过了黄土高原地区的容许土壤流失量 1000t/（km² · a）。

在延河流域选择坊塌一号坝、坊塌三号坝、坊塌四号坝、马家沟芦渠和马家沟阎桥典型淤地坝构建 1975～2014 年完整淤积序列；皇甫川流域选择黄家沟、杨家沟、满红沟一号坝、满红沟二号坝、麻耗沟和园子沟的典型淤地坝构建 1976～2014 年完整淤积序列。为识别不同阶段侵蚀产沙变化，将淤积序列划分为 3 个时期，将 1999 年以前定为退耕前期，将 2000～2004 年定为退耕初期，2005 年之后定为退耕中后期。各时期坝控流域拦沙模数变化如图 3-48 所示。

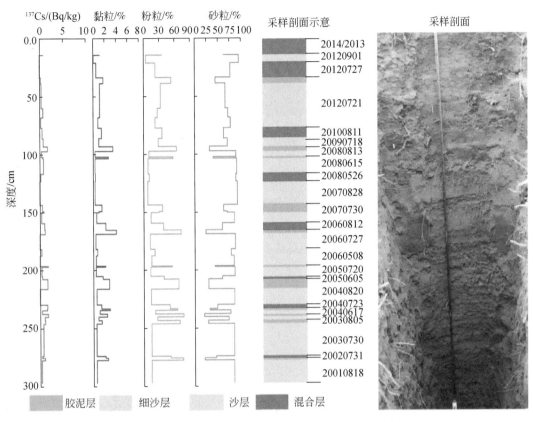

图 3-44 黄家沟沉积旋回层厚度与降雨序列的对应关系

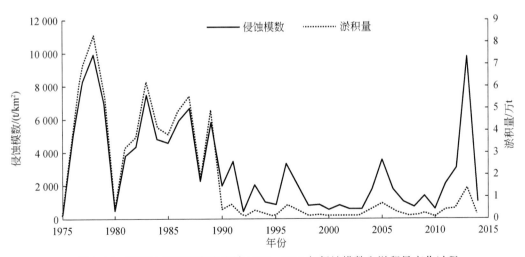

图 3-45 延河坊塌和马家沟流域 1975～2014 年侵蚀模数和淤积量变化过程

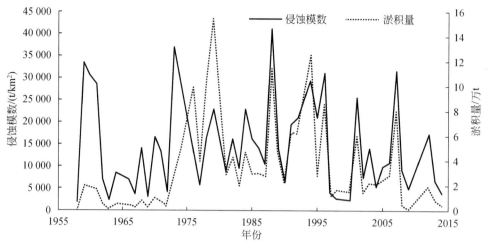

图 3-46　皇甫川流域 1958～2014 年侵蚀模数和淤积量变化过程

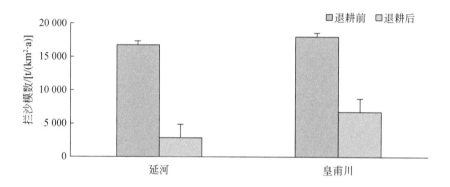

图 3-47　延河、皇甫川退耕前后拦沙模数变化对比

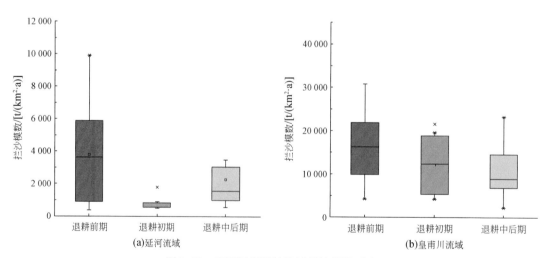

图 3-48　不同时期坝控流域拦沙模数对比

两个流域的拦沙模数均表现出下降趋势。延河流域在退耕初期变化异常可能是 2000～2004 年延河流域侵蚀性降雨事件较少所致，而退耕中后期的离群点是由 2013 年极端暴雨事件所引起。

（4）黄土高原坝控流域侵蚀产沙特征

通过中国知网数据库、百度学术搜索引擎等以黄土高原、淤地坝、泥沙来源、Loess Plateau、Check dams 等为关键词搜索国内近 20 年来发表的有关淤地坝拦沙的文献，对文献进行筛选并整理出如表 3-16 所示的相关信息。

表 3-16　黄土丘陵区和砒砂岩区坝控小流域年均侵蚀模数统计

区域	地区	流域	坝控面积 /（km²）	淤积总量 /t	运行时段	侵蚀模数/ [t/（km²·a）]	参考文献
黄土丘陵区	子洲县	后小滩聚湫	0.10	39 151.4	1569 年后	12 629.5	龙翼等（2009）
		石畔峁	2.00	16 970.0	1972～1980 年	940.7	魏霞等（2006）
		花梁坝	1.62	813 620.0	1973～1995 年	21 884.9	
	绥德县	关地沟	0.04	20 623.0	1959～1987 年	16 525.0	李勉等（2008）
				4 644.4	1959～1963 年	26 051.0	
				8 386.3	1964～1978 年	13 440.0	
				4 529.0	1979～1987 年	12 702.0	
		王茂沟	0.18	66 703.6	1957～1990 年	10 839.1	薛凯等（2011）
					1957～1964 年	16 578.5	杨明义和徐龙江（2010）
					1965～1983 年	6 062.9	
					1984～1990 年	19 127.5	
		郝家梁	2.69	11 298.0	2006～2013 年	600.0	
		背塔沟	0.20	16 577.6	1959～1961 年	28 050.0	刘立峰等（2015）
				15 484.2	1962～1976 年	5 240.0	
				54 305.0	1977～1998 年	12 530.0	
				1 792.7	1999～2012 年	650.0	
		韭园沟	70.50	946 110.0	1959～1969 年	1 220.0	高海东等（2015）
		王茂沟	5.97	2 777.2	1962～1963 年	232.6	
		想她沟	0.45	5 966.6	1958～1961 年	3 314.8	
	隆德县	张银水库	12.50	73 773.0	2007～2010 年	1 967.3	朱旭东等（2012）
		下老庄	3.80	47 576.0	2005～2010 年	2 504.0	
		张家台子	3.52	16 248.3	2006～2010 年	1 154.0	
	延安市	羊圈沟	2.00	202 604.0	1979～2004 年	4 052.1	汪亚峰等（2009）
		坊塌一号坝	8.4	628 410	1975～2014 年	4 987.4	焦菊英（2015）
		坊塌二号坝	4.0	97 779.4	1990～2014 年	1 164.0	
		云台山沟	21.65	3 066 900	1960～1970 年	12 700.0	张信宝等（2007）

区域	地区	流域	坝控面积 /km²	淤积总量 /t	运行时段	侵蚀模数/ [t/ (km²·a)]	参考文献
砒砂岩区	准格尔旗	魏家塔	4.02	458 165.6	20世纪70年代初至80年代中期	10 371.0	叶浩等 (2008)
		小西黑岱沟	3.20	387 450.0	1988~1992年	24 215.6	张艳杰等 (2011)
		脑木兔	4.50	256 365.0	1988~1993年	9 495.0	
		学校坡	4.00	313 200.0	1995~2003年	8 700.0	
		邬家坡	1.10	91 665.0	1994~2003年	8 333.2	
		哈拉沟口	0.80	71 280.0	1995~2004年	8 910.0	
		主沟2#	3.60	52 852.5	2005~2009年	2 936.3	
		白家门沟	0.48	6 508.3	2005~2009年	2 711.8	
		鲁家沟	0.72	9 018.0	2005~2009年	2 505.0	
		杨家沟	0.64	33 800	2007~2011年	10 610.0	赵广举 (2017)
		小石拉塔	0.68	165 000	1958~1972年	11 805.0	弥智娟等 (2015)
		满红沟一号坝	6.8	681 259.1	1975~1990年	11 164.5	焦菊英等 (2015)
		满红沟二号坝	0.3	120 293.5	1980~2014年	10 740.5	

3.2.2 典型流域水沙关系变化

3.2.2.1 流域尺度水沙关系

皇甫川与延河均属典型的内陆河流，径流和泥沙主要集中在汛期，汛期径流量与输沙量占全年的比例高达70%~90%。

对皇甫川和延河多年径流深与输沙模数的关系进行对比分析，如图3-49所示，由图可见，两流域的径流深与输沙模数均呈较好的线性关系，决定系数达到0.8以上（$P<0.05$），表明在大尺度的流域里，径流深和输沙模数存在着简单的线性比例关系。1954~2010年延河流域的径流深变化范围为18~85mm，而皇甫川则为1~160mm，两流域的多年平均径流深相差不大，皇甫川为42mm，延河为35mm，同时皇甫川多年平均径流深相对较高，这是由年内几场大暴雨洪水所致，其中有5年的年均径流深超过了85mm，最高达到160mm。两流域的多年平均输沙模数差异较大，皇甫川的多年平均输沙模数远高于延河，表明在相同产水量情况下，皇甫川流域的产沙量远高于延河流域。输沙模数差异的原因：一方面受流域的地质环境影响，皇甫川流域被大面积的砒砂岩覆盖，导致侵蚀产沙量较黄土丘陵沟壑区的延河高出许多；另一方面两流域下垫面的植被覆盖度的差异也是导致流域产沙差异显著的重要因素。皇甫川流域内分布着裸露沙地与砂岩，植被条件较差，而延河流域水分条件相对较好，植被覆盖度也相对较高。

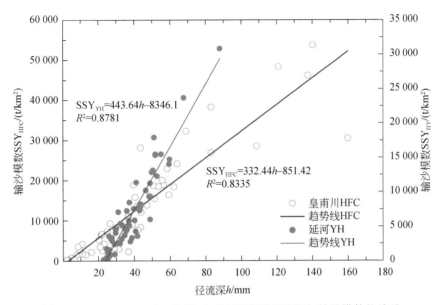

图 3-49 1954～2010 年延河和皇甫川两流域径流深与输沙模数的关系

由表 3-17 可见，皇甫川流域地面组成物质中，基岩占比最大，其次是黄土。田杏芳（2005）研究指出，基岩出露区的稳渗速率较低，有利于产流和集流，比较容易形成较大洪水且导致侵蚀产沙；同时砒砂岩中的泥岩在水中的崩解速度很快，导致皇甫川流域侵蚀产沙极易发生且侵蚀强度大。延河流域主要的地表组成物质为马兰黄土，其特点是孔隙率大且稳渗速率高，并且黄土的质地较砒砂岩疏松，在水中的崩解速度也极快，因此皇甫川流域和延河流域的水土流失情况都比较严重，但皇甫川流域的砒砂岩出露区的输沙模数会更高。

表 3-17 延河和皇甫川两流域地面物质组成统计

流域	流域面积/km²	不同地表物质面积/km²			不同地表物质面积占比/%		
		黄土	风沙土	基岩	黄土	风沙土	基岩
皇甫川	3246	918.6	545.3	1782.1	28.3	16.8	54.9
延河	7687	5595.4	0	2091.6	72.8	0	27.2

资料来源：黄河中游水文水资源局（2005 年）。

3.2.2.2 洪水事件过程中水沙变化关系

利用线性比例模型进一步检测两流域不同年代洪水事件中的水沙关系，包括三个时段（1971～1979 年、1980～1989 年和 2006～2010 年），共计 23 年的洪水事件，其中有皇甫川的 175 场和延河的 174 场洪水。

图 3-50 所示为皇甫川和延河的径流深–输沙模数（h-SSY）关系，两者都呈现出较好的线性关系，同时，两流域三个不同时期的决定系数（R^2）均高于 0.7。在前两个时期（1971～1979 年和 1980～1989 年），皇甫川水沙关系的决定系数相对较高，但延河 1980～

1989 年的决定系数略有降低。在流域面积大的区域，输沙受很多因素影响，如产沙量的空间变异性、河岸的冲刷、滑坡侵蚀和骨干坝的损坏等，都使泥沙的输移过程复杂化（Tian et al.，2013）。由图 3-50 和表 3-18 可以得出不同时期洪水事件中水沙的变化趋势，总体而言，两流域不同时期洪水过程的径流深和输沙模数都有明显的下降趋势，而两流域的径流深和输沙模数之间的关系并没有太大差异。这与姚文艺等（2013）针对典型流域不同时段次洪水量与次洪沙量关系的研究结果一致。

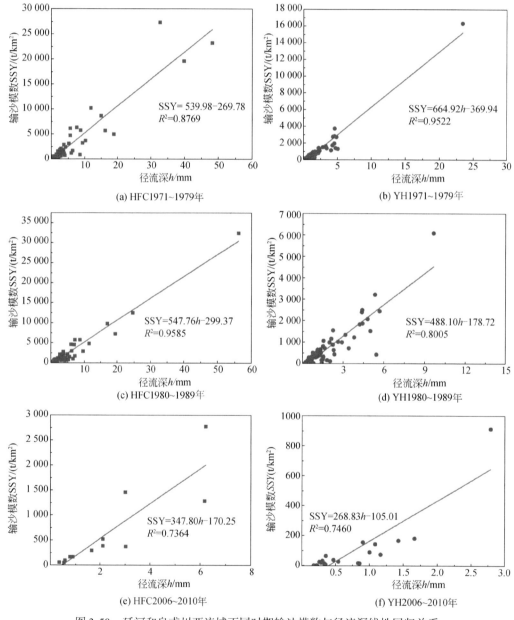

图 3-50　延河和皇甫川两流域不同时期输沙模数与径流深线性回归关系

表 3-18　延河和皇甫川两流域不同时期洪水事件的 *h*-SSY 关系

时段	河流			
	皇甫川		延河	
	径流深/mm	输沙模数/（t/km²）	径流深/mm	输沙模数/（t/km²）
1971～1979 年	4.5	2180.4	1.8	799
1980～1989 年	3.5	1616.7	1.8	689.6
2006～2010 年	2.3	630.7	0.8	100.4

3.2.2.3　流域洪水事件量级

两流域长时间序列（1971～1989 年和 2006～2010 年）所有洪水发生次数的统计结果见表 3-19，由表可见，洪水发生次数在总数量上无明显差异，延河总次数为 174 次，皇甫川为 175 次。根据输沙模数的大小，洪水事件可以被划分为 5 个级别：0～100t/km² 为特小洪水事件，100～1000t/km² 为小洪水事件，1000～5000t/km² 为中度洪水事件，5000～10 000t/km² 为大洪水事件，大于 10 000t/km² 为特大洪水事件。

表 3-19　延河和皇甫川洪水事件次数和量级统计

站点	次数					总次数
	0～100t/km²	100～1000t/km²	1000～5000t/km²	5000～10 000t/km²	>10 000t/km²	
延河	41	100	31	1	1	174
皇甫川	36	83	41	9	6	175
站点	次数占比/%					总占比/%
延河	23	57	18	1	1	100
皇甫川	21	48	23	5	3	100

在延河和皇甫川两流域里，中度洪水事件发生的次数比大洪水事件出现的次数多。大和特大洪水事件在延河流域分别只发生过一次，总计发生概率为 2%；而在皇甫川流域大洪水事件发生过 9 次，发生概率为 5%，特大洪水事件发生过 6 次，发生率为 3%。说明输沙模数大于 5000t/km² 的洪水在皇甫川流域比延河流域出现的次数更多，发生概率高达 8%。

当输沙模数小于 5000t/km² 时，小洪水事件发生最频繁，皇甫川流域 83 次，延河流域 100 次，且两流域该量级的洪水在延河发生率达到 57%，在皇甫川达到 48%。在皇甫川流域，发生中度洪水事件 41 次和特小洪水事件 36 次，发生概率分别为 23% 和 21%；而在延河流域，发生特小洪水事件 41 次和中度洪水事件 31 次，发生概率分别为 23% 和 18%。

根据输沙模数量级，我们选取特大洪水事件（输沙模数大于 10 000t/km²），对次洪水过程的流量和含沙量（*Q*-SSC）的关系进行进一步的分析。如图 3-51（a）和（c）所示，由图可见，洪水过程中流量和含沙量的关系变化复杂。对于两流域的单次洪水事件过程，洪水事件过程中的含沙量的增加或减少并不是随着流量的变化而改变的。选用水沙关系模型 $Cs=aQ^b$ 的对数变换形式 $\ln(Cs)=\ln(a)+b\ln(a)$ 建立流量及含沙量关系曲线，如图 3-51（b）和（d）所示。由图可见，皇甫川次洪水过程曲线模拟的决定系数 R^2 为 0.76，延河次洪水过程曲线模拟的决定系数 R^2 为 0.63。表明在单次洪水事件中，用对数变换模型模拟的结果好于用线性回归模型模拟的结果。

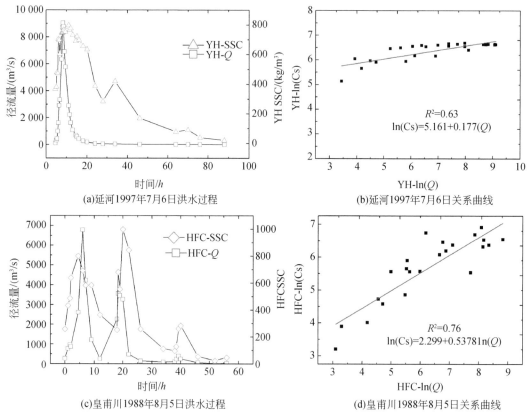

(a)延河1997年7月6日洪水过程   (b)延河1997年7月6日关系曲线

(c)皇甫川1988年8月5日洪水过程   (d)皇甫川1988年8月5日关系曲线

图 3-51　延河和皇甫川特大洪水事件的流量含沙量过程

所选两流域的两次特大洪水分别是皇甫川 1988 年 8 月 5 日的特大洪水，洪峰流量为 6790m³/s，平均径流深为 56.19mm，平均输沙模数为 325 000t/km²；延河 1977 年 7 月 6 日的特大洪水，洪峰流量为 9050m³/s，平均径流深为 23.44mm，输沙模数为 163 000t/km²。此次洪水也是近几十年延河洪水中最大的一次，其输沙模数占整个 1971～1979 年延河输沙模数的 25%，说明汛期的洪水为流域大量输沙。

3.2.2.4　洪水过程径流–泥沙滞回关系

已有研究证明，洪水过程中流量和含沙量的关系不仅仅反映泥沙在输移过程中的存储和搬运，而且与整个流域泥沙供给来源有关（Soler et al., 2008；Oeurng et al., 2010）。同时，对流量和含沙量的滞回关系进行分析可以为区域暴雨特征提供更多的信息（Fang et al., 2011)。

表 3-20 为两流域不同时期所有的洪水事件 4 种类型的滞回关系, 由表可见, 总体而言, 在皇甫川流域, 第Ⅱ种类型 (逆时针滞回) 出现次数最多, 其次是第Ⅲ种类型 (8 字形滞回)、第Ⅳ种类型 (复合式滞回) 和第Ⅰ种类型 (顺时针环滞回)。在延河流域, 不同时期内洪水事件的滞回类型出现次数无明显的规律, 相对而言, 第Ⅳ种类型 (复合式滞回) 发生的次数最多, 此种现象表明延河流域的下垫面情况相对复杂。

表 3-20 延河和皇甫川两流域洪水场次数量和滞回曲线类型统计

站点	时段	Ⅰ	Ⅱ	Ⅲ		Ⅳ	总计
				8 字形			
		顺时针	逆时针	顺时针	逆时针	复合式	
皇甫川	1971~1979 年	9	29	13	8	19	175
	1980~1989 年	4	32	17+ (1)	9	22	
	2006~2010 年	1	7	2	0	2	
	1971~2010 年	14	68	33	17	43	
延河	1971~1979 年	9	18	16	3	36	174
	1980~1989 年	2	25	15	9	21	
	2006~2010 年	3	6	0	4	7	
	1971~2010 年	14	49	31	16	64	

Asselman (1999) 提出可输移泥沙发生变化的结果称为滞回效应。Oeurng 等 (2010) 说明在洪水事件中, 流量和含沙量关系的变化不仅仅与泥沙的沉积和搬运有关, 也与泥沙的供给和损耗变化有关。图 3-52~图 3-56 举例说明了皇甫川流域和延河流域洪水事件过程中每一种类型的滞回曲线。

图 3-52 为顺时针滞回曲线, 其特征为: ①沙峰先于洪峰出现, 如图 3-52 (a) 所示, 表明含沙量先于流量下降, 如皇甫川 1978 年 8 月 30 日的洪水事件 [图 3-52 (a) 和 (b)], 洪峰在沙峰之后到达, 含沙量涨水时为 239.6kg/m³, 高于其退水时的 220.4kg/m³, 可明显看出退水时的可输移沙量下降, 这与 Oeurng 等 (2010) 的研究结果一致。②洪峰与沙峰同时到达峰值。此种情况下, 含沙量在退水时减幅显著, 如延河 2009 年 8 月 25 的洪水事件 [图 3-52 (c) 和 (d)], 涨水时流量为 20.1m³/s, 含沙量达到 50.6kg/m³; 而退水时流量为 20.2m³/s, 含沙量仅为 30.3kg/m³, 表明含沙量下降的速度比流量下降的速度快, 由此可以说明此种情况下可输移沙量有限或搬运泥沙很快耗尽或发生沉积 (Williams, 1989; Sayer et al., 2006; Soler et al., 2008; Fang et al., 2011)。Klein (1984) 阐述了顺时针滞回与沙源位置有关, 顺时针滞回出现时, 沙源在河道内或是接近把口站的位置。Oeurng 等 (2010) 研究发现, 洪水发生时, 之前被储存在干支流河道内的泥沙会被后来发生且有足够的搬运能力的洪水搬运, 从而形式顺时针滞回。

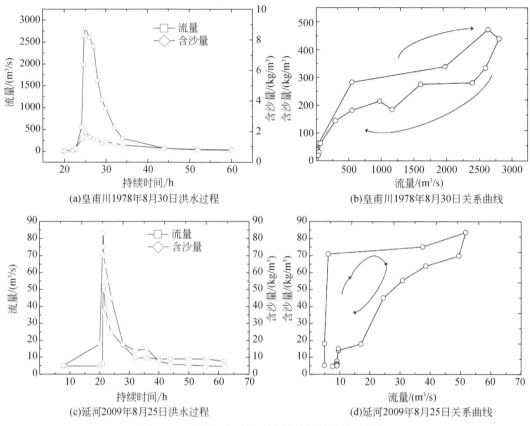

图 3-52　延河和皇甫川两流域的顺时针滞回曲线

研究发现，延河和皇甫川两流域顺时针滞回的情况相对较少，是因为在面积比较大的流域上水文监测站通常被设置在下游，在洪水过程中，可输移的泥沙大部分发生沉积或是在还未到达把口站之前沿程沉积。因此，顺时针滞回可以解释为把口站附近有充足的松散土壤物质可以被轻松搬运或是以前的洪水事件后河道内储存了大量的松散物质。

图 3-53 为逆时针滞回曲线，其特征为：①洪峰与沙峰同时到达峰值，在水文过程图上，含沙量在涨水段低于退水段。例如，皇甫川 1983 年 7 月 1 日的洪水事件，涨水时流量为 57.3m³/s，含沙量为 271.2kg/m³，然而退水时流量为 71.5m³/s，含沙量达到 532.3kg/m³，如图 3-53（a）和（b）所示，在此事件中，流量在洪水曲线中的涨、退段有差异，这与 Oeurng 等（2010）的研究结果有所差异，Oeurng 等（2010）发现在逆时针滞回的情况下，流量在洪水过程的涨、退段的值是相同的，而只有含沙量的值在退水段是高于其在涨水段的。②沙峰比洪峰滞后到达峰值。例如，延河 1988 年 5 月 6 日的洪水事件，涨水时流量为 76.5m³/s，含沙量仅为 475kg/m³，退水时流量为 52.4m³/s，含沙量为 533.1kg/m³，如图 3-53（c）和（d）所示。Fan 等（2013）研究指出，在洪水过程中退水时的含沙量高，表明洪水发生后期在把口站附近发生了堤岸冲刷或崩塌。

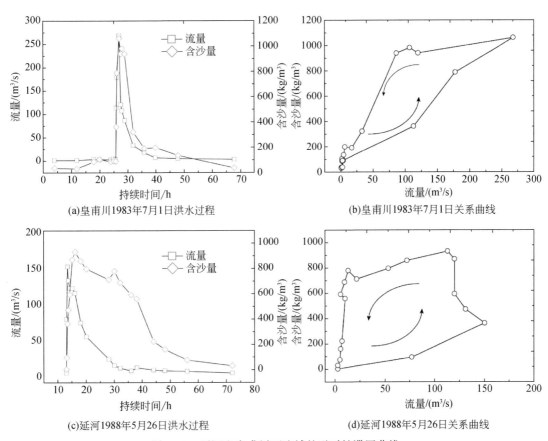

(a)皇甫川1983年7月1日洪水过程

(b)皇甫川1983年7月1日关系曲线

(c)延河1988年5月26日洪水过程

(d)延河1988年5月26日关系曲线

图 3-53 延河和皇甫川两流域的逆时针滞回曲线

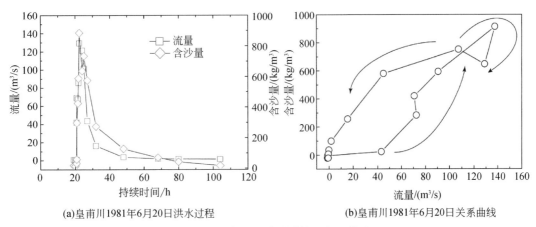

(a)皇甫川1981年6月20日洪水过程

(b)皇甫川1981年6月20日关系曲线

图 3-54 皇甫川流域顺时针-8 字形滞后

在皇甫川流域，逆时针滞回情况发生的次数最多，原因在于皇甫川流域面积较大，且整个流域处在典型的黄土丘陵沟壑区（砒砂岩地区），河床和丘陵沟壑地带大多数地表裸

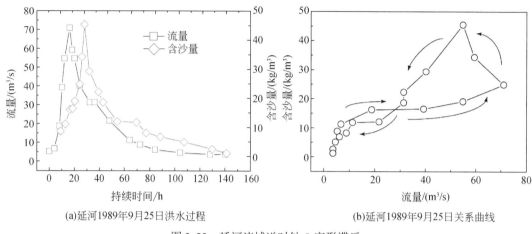

(a)延河1989年9月25日洪水过程　　　　　　(b)延河1989年9月25日关系曲线

图 3-55　延河流域逆时针-8 字形滞后

露物质为松散沙土且易被流水搬运（Tian et al.，2013）。对于黄土高原其他地区的研究表明，黄土高原的沉积物输移的主要渠道是河道，易侵蚀的物质都可以被洪水搬运（Fang et al.，2011）。皇甫川流域的诸多可输移沉积物都可能来自上游或支流距离较远的区域。一些研究表明，逆时针滞回的发生与沙源在距离测站很远的地方有关。Oeurng 等（2010）认为，当泥沙来源遍布整个流域并且可输移沉积物没有被耗尽时，沉积物从上游或是从遥远的支流被搬运到把口站需要很长一段时间。当有大洪水发生且具有足够的搬运能力时，沉积物能够从遥远的上游区域输移到下游的出口处，同时在洪水的整个发生过程中，河道物质被水分浸泡后河岸很有可能发生崩塌。Williams（1989）总结了逆时针滞回发生的原因，一是洪水流速和挟带了悬浮物的平均流速之间存在差异；二是洪水过程是一次高强度侵蚀与长期侵蚀过程的结合；三是流域内沉积物的产生是季节性分布的，延河流域的洪水过程存在少量上述逆时针滞回现象。

　　第三种类型的滞回是 8 字形滞回，此种情况已经被诸多学者提及过（Williams，1989；Fang et al.，2011）。Fang 等（2011）解释了 8 字形滞回可以看作是在洪水过程中一系列的顺时针和部分逆时针的组合，并且 8 字形滞回的洪水事件历时较长。本研究发现，8 字形滞回存在两种形式，一种是顺时针-8 字形滞回 ［图 3-54（b）］，另一种是逆时针-8 字形滞回 ［图 3-55（b）］。

　　在皇甫川和延河流域，洪水事件的 8 字形滞回的两种情况均有出现：①顺时针-8 字形滞回 ［图 3-54（b）］，皇甫川 1981 年 6 月 20 日的洪水事件，历时 85h。洪峰和沙峰同时到达，最大流量峰值为 129m³/s，最大含沙量峰值为 884kg/m³，事件总的输沙量为 1.8×10⁶t，同时，含沙量在涨水阶段的平均值为 285.0kg/m³，低于其在退水阶段的平均值 369.2kg/m³。②逆时针-8 字形滞回 ［图 3-55（b）］，延河 1989 年 9 月 25 日的洪水事件，历时 140h。沙峰滞后于洪峰到达，最大流量峰值为 71m³/s，最大含沙量峰值为 45.4kg/m³，事件总的输沙量为 2×10⁵t，同时，含沙量在涨水阶段的平均值为 22.0kg/m³，高于其在退水阶段的平均值 14.8kg/m³。两流域顺时针-8 字形滞回的洪水事件比逆时针-8 字形滞回的洪水事件出现次数多。

上述示例中的 8 字形洪水事件过程都呈现出相反的行为，对于顺时针-8 字形滞回过程，在低流量时为逆时针环而在高流量时为顺时针环；对于逆时针-8 字形滞回过程，过程线所呈现出的是在低流量时为顺时针环而在高流量时为逆时针环。该结果与 Fang 等（2011）的研究结果一致，但仅限于逆时针-8 字形滞回，并且笔者对逆时针-8 字形滞回产生的解释是，在洪水发生的初始阶段，把口站附近的河道产生洪水和泥沙，首先被把口站监测到，如上文解释出现的是顺时针滞回；随后，当土壤水分饱和之后，伴随着降雨强度的增加，产流的方式转变为超渗地表径流，在此阶段，逆时针滞回出现。降雨后期，降雨强度变小，超渗地面径流停止，并且靠近河道的饱和区成了主要的泥沙贡献区域，沙源也被局限在沟道附近或是在洪水过程中迅速被耗尽，产生的结果是泥沙减少的速度比径流产生的速度快，然后顺时针滞回再次出现（Nadal-Romero et al.，2008）。

在皇甫川流域，洪水的复合式滞回洪水出现的次数排第三位，但是在延河流域，复合式滞回洪水出现的次数最多。复合式滞回的特点是，通常存在各种形式的组合，有两种滞回形式的组合，有时甚至更多（三种或是四种滞回形式的组合）。例如，顺时针滞回（或是逆时针滞回）加 8 字形滞回、逆时针滞回加顺时针滞回以及两个逆时针滞回组合等。复合式滞回由于其复杂性很难总结其特点。

图 3-56（b）为皇甫川 1988 年 9 月 8 日发生的洪水事件，其属于复合式滞回，由两种滞回形式组合（一个逆时针滞回加一个逆时针-8 字形滞回），其特点是在洪水的整个过程中流量和含沙量均出现了两个峰值。此次洪水过程持续 71h，总的输沙量为 1.9×10^7t，平均输沙模数为 588.7t/km²。

图 3-56（d）为三种滞回形式组合的洪水事件，其发生在延河流域 1986 年 8 月 3 日，此次事件持续时间长达 111.5h，总的输沙量为 3.1×10^6t，平均输沙模数为 520.0t/km²，其水文过程图可以看作是一个逆时针滞回加两个逆时针-8 字形滞回。从图 3-56（d）中可以看出，流量有 2 个峰值而含沙量却有 4 个峰值，说明在此次洪水过程中，伴随着降雨强度的变化，发生了沟岸崩塌，或是给较远距离的支流贡献输沙量。

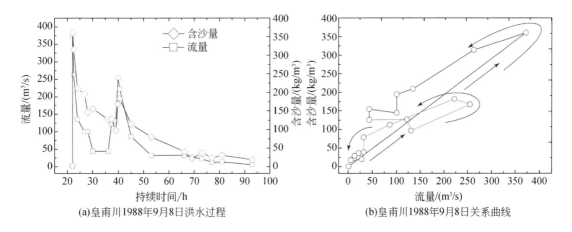

(a)皇甫川1988年9月8日洪水过程　　　　(b)皇甫川1988年9月8日关系曲线

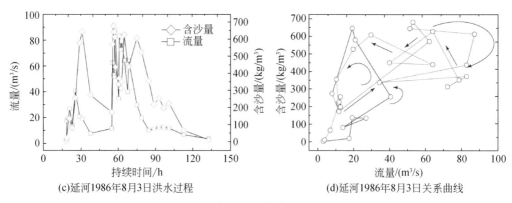

(c)延河1986年8月3日洪水过程   (d)延河1986年8月3日关系曲线

图3-56 延河和皇甫川两流域洪水过程的复合式滞后

第4章 黄河典型流域产汇流机制与产输沙规律

4.1 流域场次暴雨-洪水-输沙关系变化

通过识别皇甫川等6个黄河一级支流及无定河支流大理河流域水沙趋势变化转折点，将各支流划分为早、中、近期三个阶段（1970年和2000年左右分界点），借助场次洪水泥沙分析资料，分析场次暴雨-洪水、暴雨-输沙关系变化。

4.1.1 典型场次暴雨洪水事件筛选

4.1.1.1 洪水分析时段划分

按照皇甫川等典型支流水沙序列突变点结果，对不同流域水沙时间序列进行了阶段划分，其中早期对应流域天然时段，即人类活动影响较小阶段，结果见表4-1。

表4-1 典型支流水沙变化转折点统计

支流	控制站	早期	中期	近期
皇甫川	皇甫	1959~1989年	1990~2004年	2005~2016年
窟野河	温家川	1954~1989年	1990~2000年	2001~2016年
孤山川	高石崖	1954~1979年	1980~2003年	2004~2016年
秃尾河	高家川	1956~1974年	1975~1998年	1999~2016年
佳芦河	申家湾	1957~1972年	1973~1999年	2000~2016年
延河	甘谷驿	1954~1996年	1997~2005年	2006~2016年
大理河	绥德	1960~1971年	1972~2000年	2001~2016年

4.1.1.2 洪水选择标准

以不同支流入黄控制站建站以来年最大一场洪峰多年平均值为标准，各年大于均值的洪水全部入选，小于均值的洪水选择年内洪峰最大的一场，保证每年有一场洪水入选；经初步统计，选取的支流总计486场洪水，其中早期、中期和近期分别为232场、157场和97场（表4-2）。

表 4-2　典型支流洪水入选场次统计

支流	控制站	截止时间	早期	中期	近期	合计
皇甫川	皇甫	2016	36	16	10	62
窟野河	温家川	2016	46	12	16	74
孤山川	高石崖	2016	29	25	13	67
秃尾河	高家川	2016	27	27	17	71
佳芦河	申家湾	2016	22	28	17	67
延河	甘谷驿	2016	50	10	11	71
大理河	绥德	2016	22	39	13	74
合计			232	157	97	486

4.1.2　场次暴雨–洪水和暴雨–输沙过程变化

在不考虑雨强基础上，分别建立面雨量与次洪径流量、面雨量与次洪输沙量相关关系，通过分析不同研究时段暴雨–洪水、暴雨–输沙相关关系曲线斜率变化，识别近期、中期研究时段雨洪、雨沙关系较早期下垫面条件下雨洪、雨沙关系曲线变化特征。

4.1.2.1　皇甫川

由图 4-1、图 4-2 和表 4-3 可见，同早期下垫面相比，皇甫川流域相同的次洪面雨量产生的次洪径流量有所减少，中期和近期分别减少 24.1% 和 67.3%；相同的次洪面雨量产生的次洪输沙量有所减少，中期和近期分别减少 35.0% 和 84.9%。总体来看，与早期相比，皇甫川流域近期下垫面相同的暴雨产生的次洪径流量和次洪输沙量均有所减少，其中相同的暴雨产生的次洪输沙量减少幅度最大。

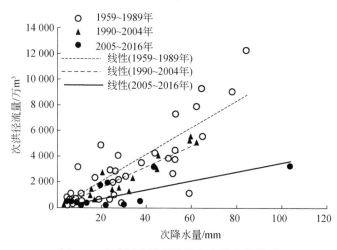

图 4-1　皇甫川次洪径流量和次降水量关系

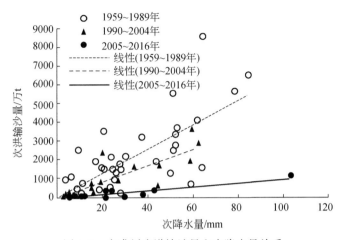

图 4-2 皇甫川次洪输沙量和次降水量关系

表 4-3 皇甫川流域不同阶段雨洪、雨沙关系变化统计

支流	时段	斜率		变化量/%	
		雨洪关系	雨沙关系	雨洪关系	雨沙关系
皇甫川	早期	103.8	63.4		
	中期	78.8	41.2	−24.1	−35.0
	近期	33.9	9.6	−67.3	−84.9

4.1.2.2 窟野河

由图 4-3、图 4-4 和表 4-4 可见，同早期下垫面相比，窟野河流域相同的次洪面雨量产生的次洪径流量有所减少，中期和近期分别减少 32.6% 和 84.3%；相同的次洪面雨量产生的次洪输沙量有所减少，中期和近期分别减少 39.3% 和 97.5%。总体来看，与早期相比，窟野河流域近期下垫面相同的暴雨产生的次洪径流量和次洪输沙量均有所减少，其

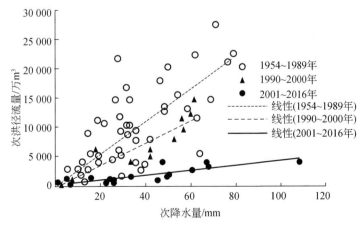

图 4-3 窟野河次洪径流量和次降水量关系

中相同的暴雨产生的次洪输沙量减少幅度最大。

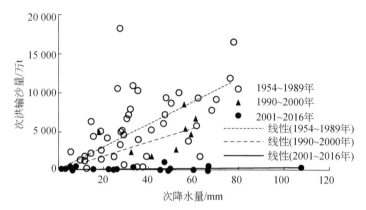

图 4-4　窟野河次洪输沙量和次降水量关系

表 4-4　窟野河流域不同阶段雨洪、雨沙关系变化统计

支流	时段	斜率		变化量/%	
		雨洪关系	雨沙关系	雨洪关系	雨沙关系
窟野河	早期	277.6	146.7		
	中期	187.0	89.1	−32.6	−39.3
	近期	43.5	3.7	−84.3	−97.5

4.1.2.3　孤山川

由图 4-5、图 4-6 和表 4-5 可见，同早期下垫面相比，孤山川流域相同的次洪面雨量产生的次洪径流量有所减少，中期和近期分别减少 31.2% 和 84.2%；相同的次洪面雨量产生的次洪输沙量有所减少，中期和近期分别减少 55.6% 和 97.2%。总体来看，与早期相比，孤山川流域近期下垫面相同的暴雨产生的次洪径流量和次洪输沙量均有所减少，其

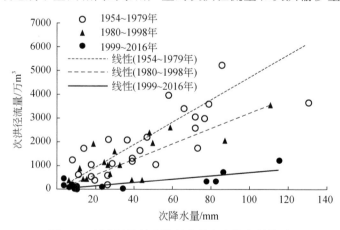

图 4-5　孤山川流域次洪径流量和次降水量关系

中相同的暴雨产生的次洪输沙量减少幅度最大。

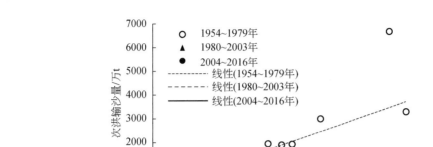

图 4-6　孤山川流域次洪输沙量和次降水量关系

表 4-5　孤山川流域不同阶段雨洪、雨沙关系变化统计

支流	时段	斜率		变化量/%	
		雨洪关系	雨沙关系	雨洪关系	雨沙关系
孤山川	早期	47.5	28.4		
	中期	32.7	12.6	−31.2	−55.6
	近期	7.5	0.8	−84.2	−97.2

4.1.2.4　秃尾河

由图 4-7、图 4-8 和表 4-6 可见，同早期下垫面相比，秃尾河流域相同的次洪面雨量产生的次洪径流量有所减少，中期和近期分别减少 41.6% 和 70.8%；相同的次洪面雨量产生的次洪输沙量有所减少，中期和近期分别减少 54.4% 和 92.9%。总体来看，与早期

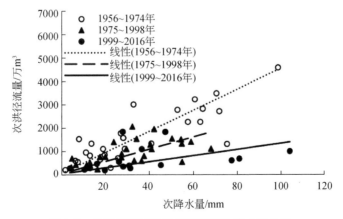

图 4-7　秃尾河流域次洪径流量和次降水量关系

相比，秃尾河流域近期下垫面相同的暴雨产生的次洪径流量和次洪输沙量均有所减少，其中相同的暴雨产生的次洪输沙量减少幅度最大。

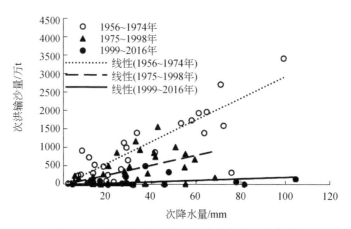

图 4-8　秃尾河流域次洪输沙量和次降水量关系

表 4-6　秃尾河流域不同阶段雨洪、雨沙关系变化统计

支流	时段	斜率		变化量/%	
		雨洪关系	雨沙关系	雨洪关系	雨沙关系
秃尾河	早期	44.9	29.4		
	中期	26.2	13.4	−41.6	−54.4
	近期	13.1	2.1	−70.8	−92.9

4.1.2.5　佳芦河

由图 4-9、图 4-10 和表 4-7 可见，同早期下垫面相比，佳芦河流域相同的次洪面雨量产生的次洪径流量有所减少，中期和近期分别减少 59.2% 和 52.2%；相同的次洪面雨量

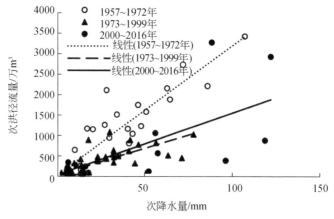

图 4-9　佳芦河流域次洪径流量和次降水量关系

产生的次洪输沙量有所减少，中期和近期分别减少68.9%和79.4%。总体来看，与早期相比，佳芦河流域近期下垫面相同的暴雨产生的次洪径流量和次洪输沙量均有所减少，表明相同的暴雨产生的次洪输沙量减少幅度最大。

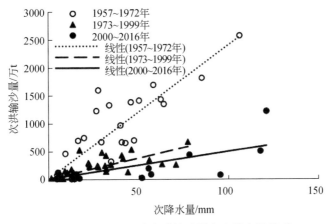

图 4-10 佳芦河流域次洪输沙量和次降水量关系

表 4-7 佳芦河流域不同阶段雨洪、雨沙关系变化统计

支流	时段	斜率		变化量/%	
		雨洪关系	雨沙关系	雨洪关系	雨沙关系
佳芦河	早期	31.6	23.8		
	中期	12.9	7.4	−59.2	−68.9
	近期	15.1	4.9	−52.2	−79.4

4.1.2.6 延河

由图4-11、图4-12和表4-8可见，同早期下垫面相比，延河流域相同的次洪面雨量产生的次洪径流量有所减少，中期和近期分别减少30.2%和65.0%；相同的次洪面雨量产

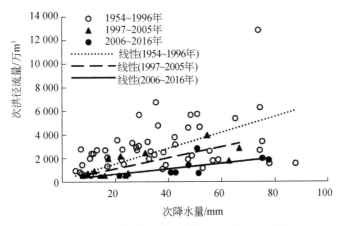

图 4-11 延河流域次洪径流量和次降水量关系

生的次洪输沙量有所减少，中期和近期分别减少38.2%和89.7%。总体来看，与早期相比，延河流域近期下垫面相同的暴雨产生的次洪径流量和次洪输沙量均有所减少，表明相同的暴雨产生的次洪输沙量减少幅度最大。

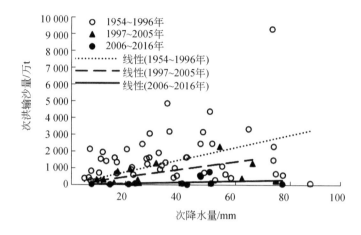

图4-12　延河流域次洪输沙量和次降水量关系

表4-8　延河流域不同阶段雨洪、雨沙关系变化统计

支流	时段	斜率		变化量/%	
		雨洪关系	雨沙关系	雨洪关系	雨沙关系
延河	早期	66.9	36.9		
	中期	46.7	22.8	−30.2	−38.2
	近期	23.4	3.8	−65.0	−89.7

4.1.2.7　大理河

由图4-13、图4-14和表4-9可见，同早期下垫面相比，大理河流域相同的次洪面雨量

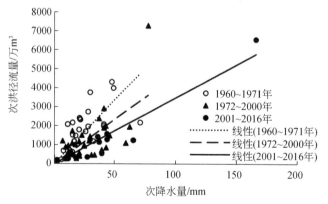

图4-13　大理河流域次洪径流量和次降水量关系

产生的次洪径流量有所减少,中期和近期分别减少30.4%和48.1%;相同的次洪面雨量产生的次洪输沙量有所减少,中期和近期分别减少42.9%和64.2%;总体来看,与早期相比,大理河流域近期下垫面相同的暴雨产生的次洪径流量和次洪输沙量均有所减少,表明相同的暴雨产生的次洪输沙量减少幅度最大。

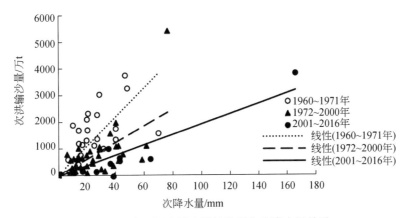

图 4-14 大理河流域次洪输沙量和次降水量关系

表 4-9 大理河流域不同阶段雨洪、雨沙关系变化统计

支流	时段	斜率		变化量/%	
		雨洪关系	雨沙关系	雨洪关系	雨沙关系
大理河	早期	67.5	54.8		
	中期	47.0	31.3	−30.4	−42.9
	近期	35.0	19.6	−48.1	−64.2

4.1.3 场次暴雨–洪水和暴雨–输沙关系变化

同早期下垫面相比,在研究的支流中,相同的次洪面雨量产生的次洪径流量有所减少,中期和近期分别减少32.1%和77.2%;相同的次洪面雨量产生的次洪输沙量有所减少,中期和近期分别减少40.5%和91.5%(表4-10)。由图4-15可见,同早期下垫面相比,中期相同降雨产生的次洪径流量变化减少量在24.1%～59.2%,减少最大的是佳芦河流域,最小的是皇甫川流域,近期相同降雨产生的次洪径流量变化减少量在48.2%～84.3%,减少最大的是窟野河流域,最小的是大理河流域。

由图4-16可见,同早期下垫面相比,中期相同降雨产生的次洪输沙量变化减少量在35.1%～69.0%,减少最大的是佳芦河流域,最小的是皇甫川流域,近期相同降雨产生的次洪输沙量变化减少量在64.2%～97.5%,减少最大的是窟野河流域,最小的仍是大理河流域。

综上所述,除了佳芦河流域外,同早期下垫面相比,在研究的支流中相同降雨下的次

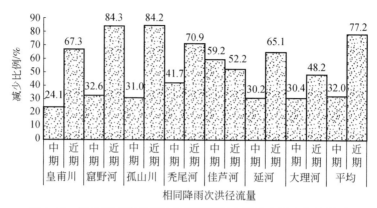

图 4-15 同早期下垫面相比的相同降雨次洪径流量变化量关系

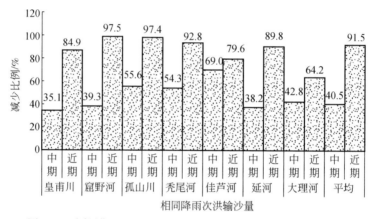

图 4-16 同早期下垫面相比的相同降雨次洪输沙量变化量关系

洪径流量减少量近期均大于中期，且中期秃尾河和佳芦河达到了 40% 以上，皇甫川流域小于 25%，其余支流在 30% 左右；近期窟野河和孤山川达到了 80% 以上，皇甫川、秃尾河和延河流域达到 65% 以上，佳芦河和大理河支流在 50% 左右；同早期下垫面相比，在研究的支流中相同降雨下的次洪沙量变化量近期均大于中期，且中期孤山川、秃尾河和佳芦河达到了 50% 以上，其余支流在 40% 左右；近期除大理河以外，其余支流基本均在 80%以上，大部分大于 90%。

表 4-10 研究区不同阶段雨洪、雨沙关系变化统计

支流	时段	斜率		变化量/%	
		雨洪关系	雨沙关系	雨洪关系	雨沙关系
黄河中游	早期	133.2	75.6		
	中期	90.5	45.0	−32.1	−40.5
	近期	30.4	6.4	−77.2	−91.5

4.2 流域降雨–产输沙关系变化

4.2.1 典型流域降雨–产沙关系变化

选用无定河流域中的团山沟、蛇家沟和刘家沟流域为研究对象，流域面积分别为 0.18km²、4.74km² 和 21km²。在该数据时段，约 55% 的土地为坡耕地，且林草地的植被覆盖度极低，因此，在水文年鉴记载的 227 次洪水测验成果表中，产沙强度大于 500t/km² 和 10 000t/km² 的分别占 52% 和 8%。分别构建了各流域的次雨量–产沙强度、最大雨强–产沙强度、降雨侵蚀力–产沙强度关系，如图 4-17 所示，由图可见，在植被很差的黄土丘陵区的小流域，一场次雨量 7mm、雨强 6mm/h、降雨侵蚀力 40mm²/h 的降雨，就可能发生产沙强度达 500t/km² 的产沙事件。

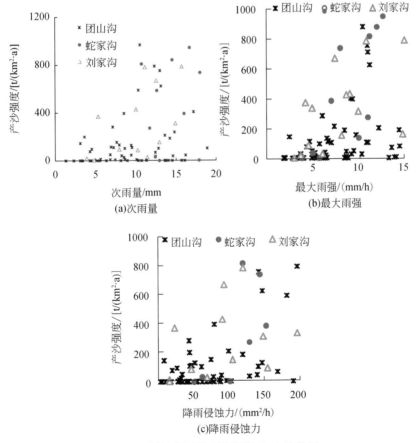

图 4-17 低林草覆盖流域的降雨–产沙关系

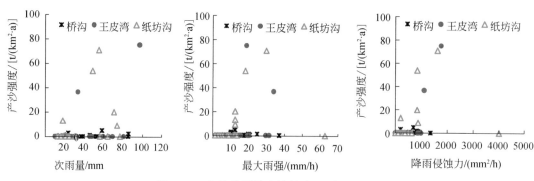

图4-18　高林草覆盖流域的降雨–产沙关系

以上现象与植被良好的黄土丘陵区形成鲜明对照。图4-18是桥沟流域（2007~2018年）、王皮湾流域（2016~2018年）和纸坊沟流域（2016~2017年）的降雨–产沙关系，其林草有效覆盖率分别为62%、77%和80%，是植被优良的样本流域。由图4-18可见，在次雨量小于100mm、雨强小于63mm/h、降雨侵蚀力小于4000mm²/h范围内，仅在2017年7月26日的无定河大暴雨期间，桥沟流域的产沙强度达到2229t/km²，见图4-18中的最高点，相应的次雨量和最大雨强分别为113.2mm和44.6mm/h；其他各场次降雨的产沙强度均不足100t/km²。据图4-18推算，该时期桥沟流域的次雨量、雨强和降雨侵蚀力阈值分别约为95mm、40mm/h、2000mm²/h；其他两流域降雨阈值可能更大，但受观测数据局限仍难给出定量结论。

从桥沟流域1986~2018年降雨–产沙关系变化过程可知，相同降雨侵蚀力，产沙强度明显降低，反映出林草植被变化对降雨阈值的影响。桥沟流域也是无定河流域的一条小流域，流域面积0.45km²，自1986年设站至今仍在运行。20世纪80年代末，桥沟流域的林草有效覆盖率为15%，至2016年达到74%。由桥沟流域不同时期的降雨–产沙关系图4-19可见，随着植被改善，桥沟流域的次雨量、雨强和降雨侵蚀力降阈值由1990年前后的11mm、10mm/h、120mm²/h，达到目前的95mm、40mm/h和2000mm²/h。

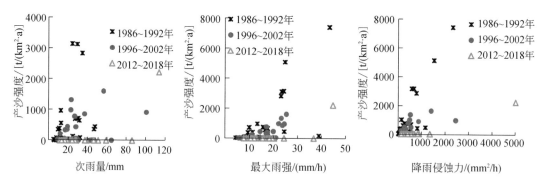

图4-19　1986~2018年桥沟流域降雨–产沙关系变化

4.2.2　典型流域径流–输沙关系变化

分析黄河中游大理河流域绥德、青阳岔和李家河 3 个水文站年降水量、年径流量和年输沙量的变化特征，探索 3 个水文站近年来降雨–径流、降雨–输沙关系演变规律。

4.2.2.1　降雨–径流关系演变

采用双累积曲线法对大理河流域内绥德、青阳岔、李家河 3 个水文测站的年降水量、年径流量序列进行分析。

由图 4-20 可见，绥德站数据点有明显变化，变点年份为 1972 年；青阳岔站无明显突变年份，与个站点单变量变点检验的结果相一致；李家河站在 1973 年有明显突变。图 4-21 为绥德、李家河站突变年份前后的年降水量与年径流量关系散点图，由图可见，随着流域内人类活动的增强，不同尺度的区域降雨–径流关系均呈现出不同程度平缓趋势，这可能与流域内各种治理措施的有效开展及植被恢复使其流域内洪水过程坦化、滞后有关。

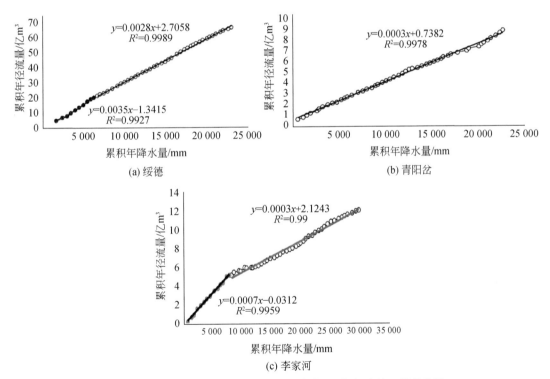

图 4-20　大理河流域不同水文测站年降水量–年径流量双累积曲线

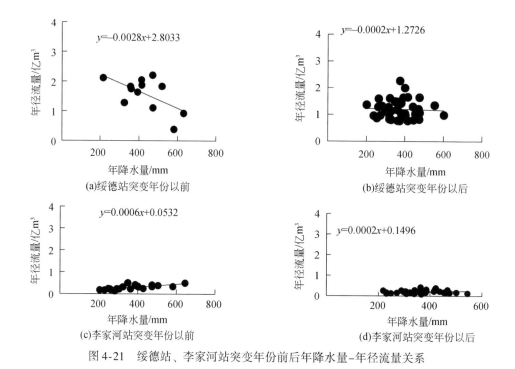

图 4-21　绥德站、李家河站突变年份前后年降水量-年径流量关系

4.2.2.2　径流-输沙关系演变

大理河流域地处黄河中游黄土高原区，是黄河泥沙的主要来源地，故采用双累积曲线法对其年径流量与年输沙量之间的关系进行诊断。由图 4-22 可见，大理河流域绥德、李家河、青阳岔三个测站的年径流量、年输沙量均突变明显。在年尺度上，绥德站 1960 ~ 2017 年年径流量-年输沙量关系的变点年份为 1976 年和 2001 年，青阳岔站 1960 ~ 2017 年年径流量-年输沙量关系的变点年份为 1970 年，李家河站 1960 ~ 2017 年年径流量-年输沙量关系的变点年份为 1971 年。对比分析各测站单变量变点检验的结果，得出三个测站单变量检验结果的突变年份基本落在采用双累积曲线法得出的变点年份之后。

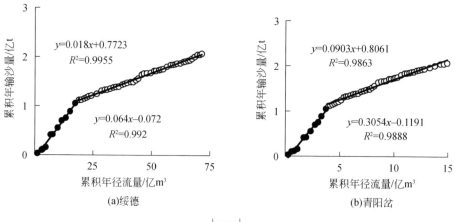

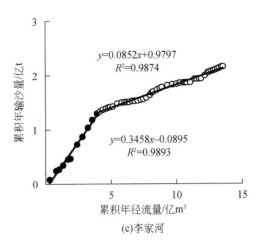

(c)李家河

图 4-22 大理河流域多年径流-输沙双累积曲线

为了进一步分析年径流量-年输沙量关系变化，分别点绘突变年份前后的年径流量-年输沙量关系散点图，如图 4-23 所示。由图可见，青阳岔站年输沙量急剧降低，极端径流条件下呈现负相关关系，绥德站年输沙量明显趋缓，李家河站年输沙量逐渐趋平，说明测站控制断面以上流域的水利水保措施等有效减少了泥沙的侵蚀与输移。

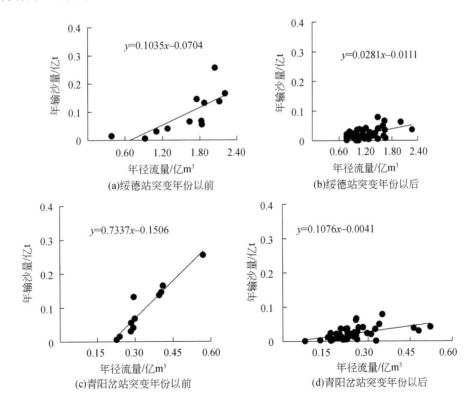

(a)绥德站突变年份以前

(b)绥德站突变年份以后

(c)青阳岔站突变年份以前

(d)青阳岔站突变年份以后

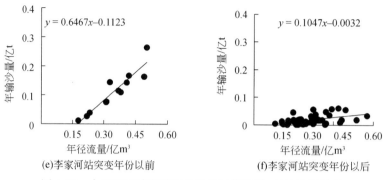

(e)李家河站突变年份以前   (f)李家河站突变年份以后

图 4-23　大理河流域突变年份前后年径流量–年输沙量关系

4.2.2.3　降雨–输沙关系演变

由图 4-24 可见，绥德、李家河站年降水量–年输沙量关系明显呈现三个时期。在年尺度上，绥德站 1960～2010 年年降水量–年输沙量关系的突变年份为 1976 年和 2007 年，青阳岔站 1960～2010 年年降水量–年输沙量关系的突变年份为 1969 年；李家河站 1960～2017 年年降水量–年输沙量关系的突变年份为 1974 年。

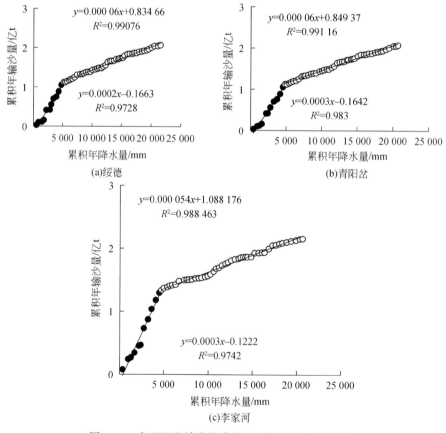

图 4-24　大理河流域多年降水量–输沙量双累积曲线

通过图4-25可见，突变年份之后三个站点年降水量–年输沙量关系变化趋势明显变缓，即突变年份后同等降水量条件下年输沙量明显减少，说明黄土高原地区重点水土流失区水土流失得到了有效控制和治理，水利水保措施的减水减沙效益明显。

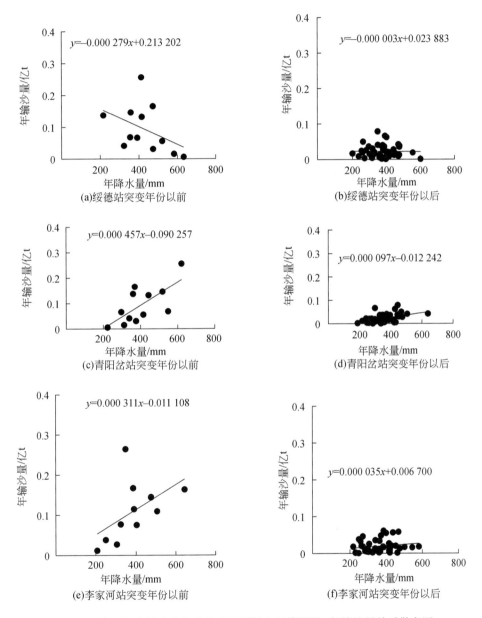

图 4-25 大理河流域突变年份前后不同站点年降雨量–年输沙量关系散点图

4.2.3 入黄支流径流-输沙关系变化

采用输沙率-流量关系曲线分析方法，以输沙率-流量关系的空间变化特征为视角，揭示了黄河中游输沙率-流量关系空间变化特征。

4.2.3.1 入黄支流输沙率-流量关系

（1）日尺度输沙率-流量关系

将 72 个水文站点 1958~1989 年的日均输沙率和流量数据进行幂函数拟合，并通过显著性及相关性检验发现，所有水文站点的日均输沙率和流量之间的幂函数关系极显著（P<0.0001），相关系数 R^2 最小值为 0.43，其中 64 个站点的相关系数 $R^2 \geqslant 0.55$，通过回归得出各站点日尺度输沙率和流量关系的 a 和 b。选取的 72 个水文站点 1958~1989 年的日尺度系数 a 的变化范围为 0.000 85~107.22，呈现出约 5 个数量级的差异，说明在黄河中游不同区域的产沙特性差别较大，易于被输移的表面风化物空间差异显著。由图 4-26 和图 4-27 可见，总体上，南部土石山区/林区 a 明显小于其他两个分区，说明土石山区/林区输沙易受沙源限制，而在砒砂岩和风沙区及黄土区，可侵蚀沙源量较为丰富。b 的变化范围为 1.47~3.25，远远小于 a 的变化范围，但由于它是幂函数的指数，若在 a 相差不大的情况下，同流量下不同子流域的输沙率亦可呈现出几个数量级的差异。b 在黄土区明显大于其他两个区，这是由于黄土区抗侵蚀能力弱，泥沙颗粒容易被水流搬运，泥沙补给充分，输沙量受河流搬运能力限制；砒砂岩和风沙区及土石山区/林区 b 值偏小，两区均值约为 2.1，在土石山区/林区，沙源受到限制，流量增大时输沙率增加受限，b 偏小。

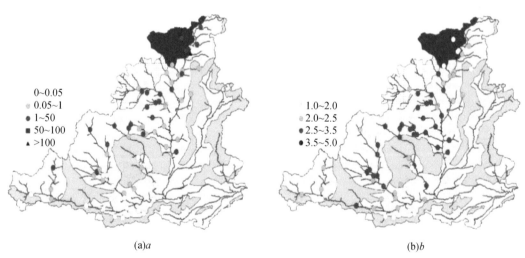

0~0.05
0.05~1
1~50
50~100
>100

1.0~2.0
2.0~2.5
2.5~3.5
3.5~5.0

(a)a

(b)b

图 4-26 黄河中游流域日尺度系数 a 和指数 b 的空间分布

（2）年尺度输沙率-流量关系

72 个水文站点中有 58 个站点年均输沙率与流量之间幂函数关系显著（P<0.01），相

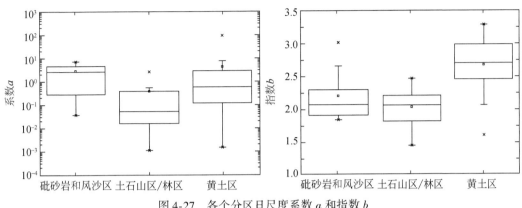

图 4-27 各个分区日尺度系数 a 和指数 b

关系数 R^2 最小值是 0.37，其中 48 个站点的相关系数 $R^2 \geq 0.55$，通过回归得出各站点年尺度输沙率–流量的系数 a 和指数 b。58 个水文站点年尺度系数 a 的变化范围为 0.0022～1549.47，空间上呈现出 6 个数量级的差异，指数 b 的变化范围为 1.02～4.10。由图 4-28 可见，与日尺度相比，系数 a 及指数 b 的空间分布规律总体上没有太大变化。将日、年尺度同时满足幂函数形式输沙率–流量的所有水文站点的系数 a 和指数 b 进行统计，如图 4-29 所示，由图可见，整体而言，砒砂岩和风沙区及黄土区日、年尺度的系数 a 较大，黄土区指数 b 较大，土石山区系数 a 和指数 b 均较小。与日尺度相比，不同区域年尺度输沙率–流量关系中，系数 a 变化范围总体较大，而指数 b 变化范围总体较小。这是由于黄河中游径流量和输沙量年际差异较大，年内分配不均，经过年平均将流量过程坦化之后，水流的输沙能力降低，指数 b 降低，而从年尺度上看，流域表面易侵蚀的泥沙存储大于日尺度，所以各站点年尺度系数 a 偏大。

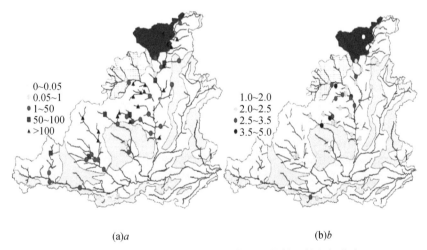

(a)a (b)b

图 4-28 黄河中游流域年尺度系数 a 和指数 b 的空间分布

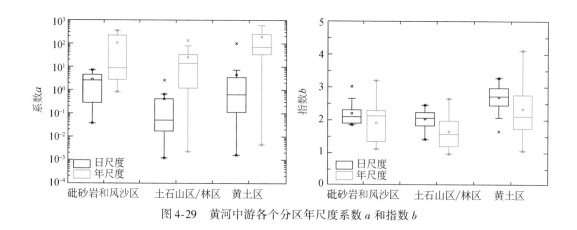

图4-29 黄河中游各个分区年尺度系数 a 和指数 b

4.2.3.2 潼关站年尺度输沙率–流量关系

由潼关水文站三个时期的年尺度输沙率–流量的关系,可以发现三个时期的水沙关系均会发生改变。基于 Chow 检验表明,尽管水沙幂函数关系会发生改变,但变化并不显著($F = 2.28 < F_{临界} = 4.09$)。与限制期和基准期相比,恢复期输沙率–流量关系有显著区别,b指数发生明显较小,表明人类活动会降低输沙能力。由图4-30中还可以看出,输沙率–流量关系的决定系数明显减小,说明人类活动的贡献可能进一步增加,在恢复期的水沙关系要充分考虑人为活动的影响。

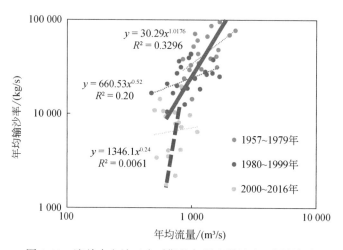

图4-30 潼关水文站三个时期的年尺度输沙率–流量关系

4.2.3.3 输沙率–流量关系时间变化及影响因子

(1) 输沙输移模式表示方法

为进一步分析黄河中游水沙关系,我们根据环境地貌条件将所有水文站点分为三个组别，即粗沙区（砒砂岩和风沙区）、黄土区、土石山区/林区，并分别绘制各组水文站点水沙关系特征参数 ln（a）–b 的相关关系图。黄河中游各水文站点的水沙关系特征参数 ln（a）–b的相关关系如图 4-31 和图 4-32 所示。

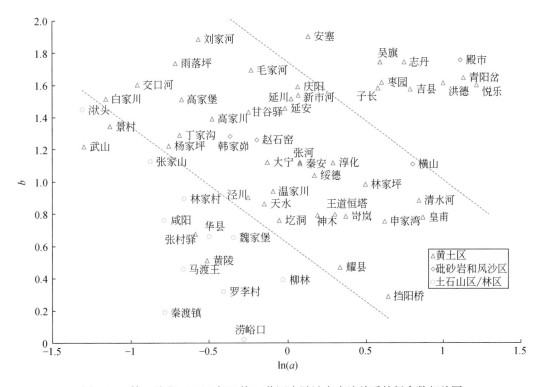

图 4-31　第一阶段（1986 年以前）黄河中游站点水沙关系特征参数相关图

由图 4-31 可见，在 1986 年以前阶段，图中各站点的水沙关系特征参数具有较明显的分区特征，粗沙区和黄土的站点主要位于 ln（a）–b 坐标平面的右上方，而土石山区/林区的站点主要位于 ln（a）–b 坐标平面的左下方，显示出土石山区/林区的水沙关系和其他两组站点存在较大的区别。土石山区/林区主要分布在黄河中游南部，属半湿润气候，地表风化程度较弱，植被覆盖度高，流域的产输沙能力要低于黄河中游中北部的粗沙区与黄土区。粗沙区与黄土区的地貌条件较为相似，地表较为松散，植被覆盖条件较差，汛期易发生严重侵蚀，其水沙关系在 ln（a）–b 相关图上不易区分。此外，位于 ln（a）–b 相关图右上角区域的站点一般具有较小的集水面积，这说明集水面积对于水文站点的水沙关系具有非常重要的影响。小集水面积的站点在各自流域一般位于河流的上游源头部分，水流在此区域具有更大的侵蚀能力，也就能够挟带更多的泥沙。此外我们还能看到部分站点与所处的地理区域的水沙关系存在一定的区别，如张村驿、黄陵、杨家坪站点为黄土区，抗侵蚀能力强，植被覆盖度高，其水沙关系更趋近于土石山区/林区；另外有武山、景村、白家川三个站点，其中武山、白家川控制区域内来水和来沙分别来自不同支流，而景村站处于生态过渡带，三个站点的水沙关系更加复杂，表

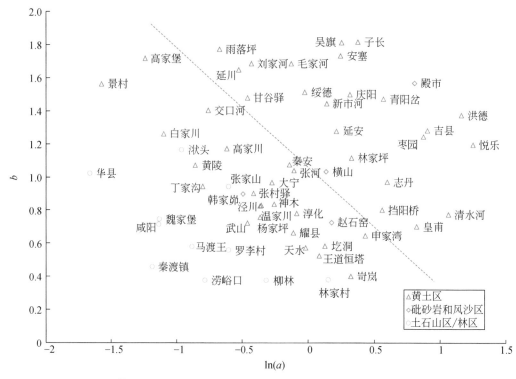

图 4-32　第二阶段（1986 年以后）黄河中游站点水沙关系特征参数相关图

明站点控制区域的水沙来源对其水沙关系会产生一定的影响。

由图 4-32 可见，1986 年以后阶段的 ln（a）-b 相关图中，各个组别的站点相对 1986 年以前更加集中。各站点的水沙关系特征参数的分布大致可以分为两个区域，两个区域内的水沙关系点分布也更加均匀，说明气候条件的改变和人类活动的增强对流域内原有地貌条件下的水沙关系产生很大的影响。一般而言，影响水沙关系主要有气候因素和下垫面因素（汪岗，2002；胡春宏，2015），而造成下垫面因素改变的因素有流域地貌、土壤结构、植被类型、植被覆盖度及人类活动等，流域地貌及土壤结构通常在短时期内相对稳定，而植被类型、植被覆盖密度及人类活动则可能在短时期内造成较大的影响（李二辉，2016；慕星和张晓明，2013）。从前人研究可知，降雨变化并非黄河中游水沙关系改变的主要原因，其重点仍在于人类活动造成的下垫面的变化（胡春宏等，2005；张治昊和胡春宏，2007；姚文艺等，2013）。尤其是 20 世纪 80 年代以后，大面积的植树造林和退耕还林等水土保持措施的实施使得黄河中游主要产沙区的林草地覆盖面积显著增加，降低了流域的产输沙能力，使得水沙关系特征参数在 ln（a）-b 坐标平面上向左下方整体移动（刘晓燕等，2016a）。此外，由图 4-32 中还可见，粗沙区和黄土区的产输沙能力仍然明显高于土石山区/林区，其水沙关系仍未恢复到具有天然植被覆盖下的平均水平，这说明黄河中游的水土保持工作仍存在进一步改善的潜力。

（2）入黄支流日尺度和年尺度下水沙关系模式

为了分析不同地貌条件下水沙关系在人类活动影响下的随时间的变化，将不同区域日尺度水沙关系的参数分别绘制在图 4-33，其中基准期为 20 世纪 70 年代以前，限制期为 70～90 年代，恢复期为 2000 年之后。较基准期，三个区域的子流域输沙量与流量在限制期未发生显著变化，而在恢复期砒砂岩和风沙区、土石山区/林区输沙量与流量关系发生了显著变化。砒砂岩和风沙区本是土壤侵蚀最为剧烈的区域，并且是入黄泥沙的粗沙产沙区，该子流域的水土保持措施范围增大，利用生物措施如植物柔性坝治理水土流失，但植物仅能在沟底种植，治理效果不十分明显，加上治理工程措施如沟头防护工程、坡面工程、沟道工程等，使得原本易产沙的区域在恢复期侵蚀量减少，同时该子流域年径流量呈下降趋势，原本该子流域的主要泥沙输移动力为暴雨径流，年径流量减少后再加上工程措施，使得泥沙在"沟顶坡面—沟谷面—沟谷坡脚—沟床"这一长距离输移过程相对减少，进而导致河道输沙量相应减小。从拟合曲线的变化趋势可以看出，砒砂岩和风沙区随着生物措施及工程措施的作用，抗风化能力，保水能力都得到加强，产沙减少不多，但产沙量和产流量减少较多，因此河道泥沙输移量减少。黄土区水沙关系前后变化不大，在黄土区淤地坝空间分布较广且密，但是这可能是由于淤地坝并不改变侵蚀产沙的来源，也就是水土流失并不表现在出口断面，但是不一定增加入河泥沙总量，并且淤地坝本身使用时间有限，同时该子流域退耕还林以及梯田建设，大量削减了洪峰流量，改变了流域产汇流的规

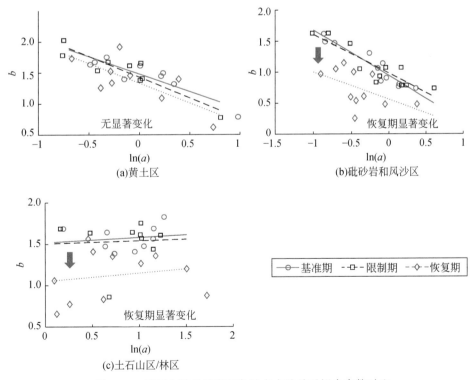

图 4-33　黄河中游日尺度下各站点水沙关系拟合参数对比

律，在有埂的水平梯田里由于重力作用，发生水力侵蚀的产沙并不一定会进入沟道，在入黄径流量明显减少的同时大量减少入黄泥沙，而各支流的入黄沙量却几乎集中在洪水时期，这可能使得减沙量与减水量保持协调，进而水沙关系变化不大。由下垫面条件可知，土石山区/林区本身的保水保沙能力较强，淤地坝等沟道措施及生物措施对该区域作用相对较小，但是该子流域的水沙关系仍发生了很大的变化，从 MK 趋势分析可知，该子流域输沙量相较上一个研究时段大量减少，这可能是由于为了充分发挥水库的供水功能以及延长水库的使用寿命，在该子流域的干支流修建了大量的大中小型水库，拦蓄了部分来流以及淤积了大量泥沙，极大地改变了河道原有的水沙关系，由图 4-34 可见，水库由于调度，年径流量变化得到控制，而水库内泥沙大量淤积，即输沙量大量减少。从年尺度来看，在限制期三个区域的输沙率–流量关系均未发生显著变化；而在恢复期三个区域的输沙率–流量关系发生了显著变化（图 4-34）。与日尺度不同，说明不同时间尺度输沙率–流量关系变化较为复杂。其可能原因为年尺度坦化次洪过程，而不同洪水频率下会使水沙输移模式发生改变，有待进一步研究。

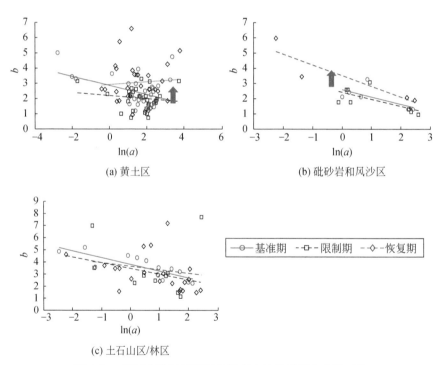

(a) 黄土区

(b) 砒砂岩和风沙区

(c) 土石山区/林区

图 4-34　黄河中游年尺度下各站点水沙关系拟合参数对比

4.3 主要产沙区产汇流机制辨析

4.3.1 流域产汇流机制辨析方法

4.3.1.1 基于流域产汇流特征指标及过程线的综合分析法

流域的产汇流过程更为复杂，即便是属于同一类型的地区，也因其在构造尺度和量级上的差异而出现径流生成过程和量级分配上的不同。流域的产汇流机制就是流域中各个单元产汇流模式关系。对于一个具体流域，各种模式所占比例是互不相同的。因此，流域的产汇流模式从定量、定性及其他条件综合分析得出（表4-11）。

表 4-11　流域产汇流机制综合判别指标表

分析内容	蓄满产流	超渗产流
多年平均降水量/mm	>1000	<400
平均径流系数	>0.4	<0.2
流量过程线的对称性	小	大
降雨强度对产流的影响	小	大
影响产流的因素	初始土湿、降水量	初始土湿、降雨强度
缺水量	疏松、不易超渗	密实、易超渗
地下径流	比例大	比例小
降雨与产流特征的关系	与雨量关系密切	与降雨强度关系密切

4.3.1.2 流域主导产汇流机制空间分布辨析方法

流域产汇流机制主要受下垫面、气候、土壤和地形地貌等要素影响（汪丽娜等，2005；王随继等，2013）。流域主导产汇流机制的定义为流域暴雨事件中对产流贡献最大的径流形成的水文过程。选择基于 GIS 自动识别的方式，构建了基于土壤、地形、植被及土地利用的主导产汇流机制判别方法。构建过程如图4-35所示，第一步是根据原始决策方案计算坡度并对其进行分类，以确定使用 DEM 的主要径流过程。第二步，将流域的下垫面分为可渗透和不可渗透。第三步，将渗透层与坡度和土地利用相交，以生成主要径流过程图。表4-12给出了耕地、草地和森林相对于坡度和渗透率的主导产汇流机制间联系，并作为识别主导产汇流机制的基础。由于紧密的土壤表层形成不透水面，假定城镇建设和未利用土地的产汇流与渗透率及坡度无关。此外，河岸带倾向于在河流网络的两侧产生深层渗漏，根据以上对流域主导产汇流机制进行确定。

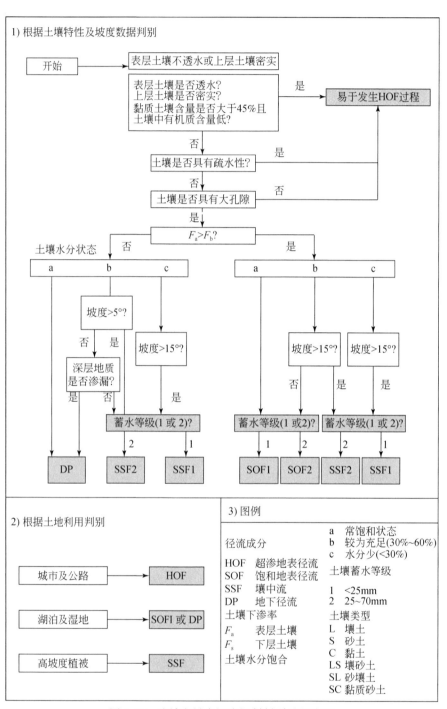

图 4-35　流域主导产汇流机制判别过程流程

表 4-12　不同坡度与土地利用的主导产汇流机制特征

坡度/%	不可渗透的基质草地与耕地	不可渗透的基质森林	渗透性基质草地、耕地与森林
0 ~ 3	D_{SOF3}	D_{SOF3}	D_{DP}
3 ~ 5	D_{SOF2}	D_{SSF3}	D_{DP}
5 ~ 20	D_{SSF2}	D_{SSF2}	D_{DP}
20 ~ 40	D_{SSF1}	D_{SSF2}	D_{DP}
>40	D_{SSF1}	D_{SSF1}	D_{DP}

注：D_{SOF}表示饱和地表径流；D_{SSF}表示壤中流；D_{DP}表示地下径流；数字 1 ~ 3 表示产流效应的滞后程度，数字越大，滞后效应越明显。

4.3.1.3　场次洪水产汇流机制判别方法

场次降雨–径流形成过程复杂，但是基于降雨–径流特征可以推测出流域产汇流机制。出口断面洪水过程线受到场次降雨特征、蒸发、下渗、季节、下垫面等综合影响。流域不同位置会出现不同径流成分，其中超渗产流与蓄满产流表现出明显不同的径流过程，主要是由于超渗地表径流、饱和地表径流、壤中流及地下径流到达出口断面的时间与量存在显著差异，这是场次洪水划分的理论根据（图 4-36）。因此，通过对流域内气候、地形和下垫面特点结合洪水过程线特点进行研究，构建了超渗产流、蓄满产流和混合产流综合判别方法。

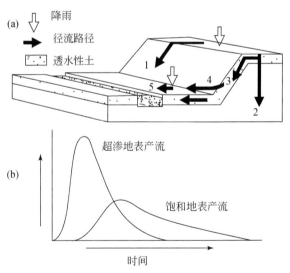

图 4-36　流域降雨–径流过程与洪水过程线响应

首先对于每一场降雨的流量过程线，采用斜线法分割出壤中流和地下径流，在综合分析降水量、降雨强度、径流系数、前期影响雨量、降雨–径流相关关系等因素特点的基础上，判断出相应的场次洪水产流模式（图 4-36）。以佳芦河流域 1977 年 8 月 4 日场次洪水为例，进一步阐述场次洪水产流机制的判定过程（图 4-37）。该场次洪水发生前 20 天内无降雨，前期影响雨量很小，峰形为多峰，洪水前期以超渗流为主，主要径流成分为地表径流，退水速率快，流量过程线呈陡涨陡落状；随着连续降雨过程，土壤含水量不断增加，进而 B 点之后出现壤中流、地下径流等径流成分，因汇水速度不同，后期洪水过程线呈现陡涨缓落状，产流机制由超渗产流为主转化为超渗产流+壤中流+地下径流为主，综合判断该场次洪水为混合产流模式。

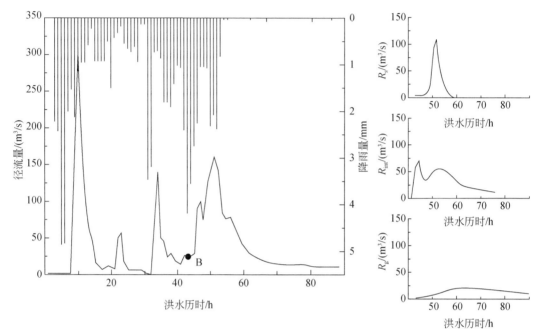

图 4-37　佳芦河流域 1977 年 8 月 4 日场次洪水过程线

R_s 为超渗产流量；R_{int} 为壤中流量；R_g 为地下径流量

4.3.2　典型流域产汇流机制演化辨析

4.3.2.1　流域主导产汇流机制空间分布

以佳芦河及汾河上游为研究对象，分别以近年来土地利用、植被及土壤数据构建主导产汇流机制空间分布，数据均采用 2010 年数据。根据流域主导产汇流机制判别方法（图 4-38），构建了两个流域空间主导产汇流机制分布图，如图 4-39 所示。

由图 4-38 可见，佳芦河南部和汾河上游中部大部分区域的主导产汇流过程为 HOF2（超渗产流），所占区域面积分别为 38% 和 41%，该区域内表层土壤类型为粉粒壤土，土地利用类型为草地和耕地交替，土壤蓄水容量小。发生降雨时雨滴的打击作用极易造成表层土壤结皮，减少土壤孔隙，增强土壤疏水性，导致土壤透水能力减弱进而可能发生 HOF2；两个流域河道周围表层土壤类型以壤土为主，坡度低于 5%，前期土壤湿度大，当发生降雨时表层土壤可以迅速达到饱和，发生 SOF1（蓄满产流）；此外，两个流域内部分农田区域（表层土壤为壤土或褐土）覆盖在砂岩山脊，坡度非常小，砂岩通常具有较低的

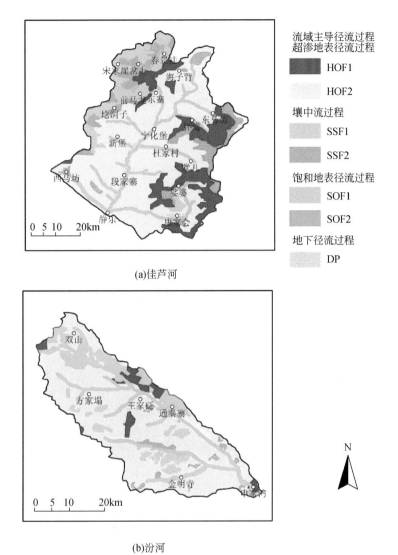

(a)佳芦河

(b)汾河

图 4-38　佳芦河及汾河上游主导产汇流机制空间分布

渗透率，并且没有受到构造应力影响，裂缝少，因此可以将下层地质视为低渗透性，该区域主要为饱和地表径流过程。

图 4-39 显示佳芦河和静乐流域地表径流成分占比分别为 80.2% 和 76.8%，对应的产流过程 HOF 和 SOF 的面积占比之和分别为 84% 和 72%，其中地表径流占比与 HOF 和 SOF 径流过程的面积占比基本一致。该研究结果不仅很好地证实了基于流域土壤类型、土地利用和地形条件的产汇流机制判别规则的合理性与有效性，而且通过选取不同流域验证也说明了该主导径流过程的判别规则是普遍适用的。根据 Scherrer 等（2007）通过 45mm/h 的降雨实验来观察半干旱区域内不同土地利用类型下的产汇流特征，裸地及草地（易发生 HOF2）、农田（易发生 SOF1 和 SOF2）和坡面灌木林（易发生 SSF）的产流，很显然 HOF2 过程产流速度最快，尽管在产流量上明显低于 HOF2，但从产流时间上看，SOF1 与

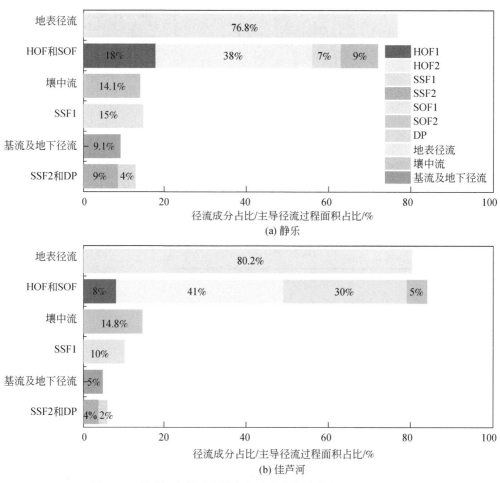

图 4-39　佳芦河和静乐流域内径流成分与对应产流过程的关系

HOF1 相差无几。由于表层土壤的蓄水容量不同，SOF1 区域饱和速度发生足够快，当降水量达到 20mm 左右时开始产流，进而导致流域的峰值流量。而 SOF2 区域达到饱和速度较慢，当降水量达到 40mm 时开始产流（相当于 SOF1 的两倍），产流量仅为 SOF1 的 1/3，对于流域产流贡献较少。但是随着在 SOF2 区域进行重复试验，区域内表层土壤含水量不断增加，使得区域产流过程线接近 HOF2 过程。因此，相同降雨条件下不同径流过程的产流能力大小为 HOF2 >SOF1 >SSF1 >SOF2，由此可见，黄河典型子流域仍以超渗为主。

4.3.2.2　场次洪水产流机制判别

根据流域产汇流机制综合判别方法和场次洪水产汇流机制判别方法，以 5 个黄河典型流域为研究对象，分别对汾河上游、祖厉河、孤山川、佳芦河和岔巴沟近 50 年来 340 场洪水进行综合分析，以此推测黄河典型子流域不同时期产汇流机制演变规律，以下分别对 5 个流域产汇流机制变化进行分析。

（1）汾河上游静乐站控制流域场次洪水产汇流机制辨析

1988 年开始，汾河上游开始进行连续两期为期 10 年的综合治理，导致该区土地利用产生变化，且 1998 年黄土高原全面实行退耕还林政策。因此以 1988 年及 1998 年作为时间节点，按照下垫面特性变化将研究时间序列（1971～2014 年序列）分为三个阶段进行产汇流机理辨析，第一阶段为 1971～1987 年，第二阶段为 1988～1998 年，第三阶段为 1999～2014 年。对 1971～2014 年静乐站控制流域 98 场洪水分阶段进行分析，以便更明确辨识不同阶段场次洪水产汇流机制及模式。首先对其径流成分进行分析，如表 4-13 所示，结果表明，三个阶段以 R_s 为主要径流成分的洪水分别为 16 场、7 场、2 场，分别占各个阶段总洪水场次的 31.37%、23.33%、11.76%。以 R_s+R_{int} 为主要径流成分的洪水分别为 25 场、13 场、7 场，分别占各个阶段总洪水场次的 49.02%、43.33%、41.18%。三个阶段径流成分均以 R_s+R_{int} 为主，就其变化而言，径流成分为 R_s 及 R_s+R_{int} 的洪水占各阶段总洪水场次的比例逐渐减小，而径流成分为 $R_s+R_{int}+R_{sat}$ 及 $R_s+R_{int}+R_g+R_{sat}$ 的洪水所占比例逐渐增大，即超渗地表径流产生的概率减小，地下径流及饱和地表径流产生的概率增大，但总体而言各个阶段径流成分仍以超渗地表径流为主。

根据产汇流机制综合判别方法，各个阶段场次洪水的产汇流方式划分为蓄满产流、超渗产流及混合产流三种并进行统计，具体情况见表 4-14。可见，静乐站控制流域产流方式以超渗产流为主，占总洪水场次的 71.43%，混合产流模式占总场次数的 25.51%，而蓄满产流仅 3 场。三个阶段以超渗产流为主要产流方式的洪水分别占各个阶段总洪水场次的 80.39%、66.67%、52.94%，所占比例逐渐减小。三个阶段以混合产流为主要产流方式的洪水所占比例分别为 19.61%、26.67%、41.18%，其比例逐渐增加且第三阶段最高。三个阶段以蓄满产流为主要产流方式的洪水所占比例分别为 0%、6.66%、5.88%，其比例逐渐增加。总体而言，各阶段仍以超渗产流为主，但发生超渗产流的比例减小，混合产流及蓄满产流的比例增加。

表 4-13　静乐站控制流域不同阶段场次洪水径流成分统计

时段	R_s	R_s+R_{int}	R_s+R_g	$R_{int}+R_g$	$R_s+R_{int}+R_g$	合计
第一阶段 1971～1987 年	16 (31.37)	25 (49.02)	7 (13.73)	0 (0)	3 (5.88)	51 (100)
第二阶段 1988～1998 年	7 (23.33)	13 (43.34)	1 (3.33)	2 (6.67)	7 (23.33)	30 (100)
第三阶段 1999～2014 年	2 (11.76)	7 (41.18)	0 (0)	1 (5.88)	7 (41.18)	17 (100)
合计	25 (25.51)	45 (45.92)	8 (8.16)	3 (3.06)	17 (17.35)	98 (100)

注：括号外数据指发生场次，括号内数据为占各个阶段总洪水场次的比例。

表4-14　汾河上游静乐站控制流域不同阶段场次洪水产流模式统计

时段	超渗	蓄满	混合	合计
第一阶段 1971～1987 年	41（80.39）	0（0）	10（19.61）	51（100）
第二阶段 1988～1998 年	20（66.67）	2（6.66）	8（26.67）	30（100）
第三阶段 1999～2014 年	9（52.94）	1（5.88）	7（41.18）	17（100）
合计	70（71.43）	3（3.06）	25（25.51）	98（100）

注：括号外数据指发生场次，括号内数据为占各个阶段总洪水场次的比例。

（2）祖厉河流域场次洪水产汇流机制辨析

对祖厉河流域2006～2014年15场洪水的流量过程线进行基流的划分、径流成分辨析及特性统计，并判断产流模式，具体洪水特性统计见表4-15，并基于产汇流机制综合分析结果，对产汇流机制进行辨析。

表4-15　祖厉河流域洪水特性统计

洪水场次	峰形	形状	径流成分	产流方式
2006 年 5 月 3 日	单峰	陡涨陡落	$R_s + R_{int}$	超渗产流
2006 年 7 月 31 日	单峰	陡涨缓落	$R_s + R_{int} + R_g$	混合产流
2006 年 8 月 14 日	单峰	陡涨陡落	$R_s + R_{int}$	超渗产流
2007 年 6 月 15 日	单峰	陡涨缓落	$R_s + R_{int} + R_g$	混合产流
2007 年 7 月 29 日	双峰	陡涨陡落	$R_s + R_{int}$	超渗产流
2007 年 8 月 8 日	单峰	陡涨陡落	$R_s + R_{int}$	超渗产流
2009 年 8 月 15 日	单峰	陡涨陡落	$R_s + R_{int}$	超渗产流
2010 年 5 月 25 日	单峰	陡涨陡落	$R_s + R_{int}$	超渗产流
2010 年 8 月 7 日	单峰	陡涨陡落	$R_s + R_{int}$	超渗产流
2011 年 7 月 25 日	单峰	陡涨陡落	$R_s + R_{int}$	超渗产流
2011 年 7 月 28 日	双峰	陡涨陡落	$R_s + R_{int}$	超渗产流
2011 年 9 月 8 日	单峰	陡涨陡落	$R_s + R_{int}$	超渗产流
2013 年 7 月 30 日	多峰	陡涨陡落	$R_s + R_{int}$	超渗产流
2013 年 8 月 23 日	单峰	陡涨陡落	$R_s + R_{int}$	超渗产流
2014 年 6 月 18 日	单峰	陡涨陡落	$R_s + R_{int}$	超渗产流

祖厉河流域单峰洪水占总洪水场次的80%，流量过程线大多呈陡涨陡落，占总洪水场次的86.67%。流量过程线中上部多呈陡涨陡落，对称性较好，洪水整体退水较快，仅有个别退水较慢。15场洪水的径流成分主要有两种，其中以 $R_s + R_{int}$ 为主，共计13场，占总洪水场次的86.67%；其次以 $R_s + R_{int} + R_g$ 为主，共计2场，占总洪水场次的13.33%。流域以超渗产流为主，占总洪水场次的86.67%，存在较少的局部混合产流情况，由于祖厉河流域整体面积较大，且降雨分布空间不均匀，场次洪水的降雨比较集中，导致整个流域产

流情况较为少见，多为局部产流。研究发现，祖厉河流域产汇流特征并无显著变化，流域仍以超渗产流为主。

（3）孤山川流域场次洪水产流机制辨析

挑选了孤山川流域 1965~2006 年共 125 场洪水。根据孤山川流域下垫面的变化情况，将其分为三个阶段进行研究，第一阶段为 1965~1979 年，代表天然状况下的降雨-径流关系；第二阶段为 1980~1998 年，代表人类活动对流域下垫面影响的过渡期；第三阶段为 1999~2006 年，代表现阶段的降雨-径流关系。按照洪水挑选原则，第一阶段（1965~1979 年）挑选出 60 场雨洪资料，第二阶段（1980~1998 年）挑选出 50 场雨洪资料，第三阶段（1999~2006 年）挑选出 15 场雨洪资料，共 125 场雨洪数据。

受降雨和下垫面影响，各阶段降雨-径流关系存在差异，三个阶段降雨-径流相关系数分别为 0.59、0.53 和 0.70。比较而言，第三阶段径流量对降雨量依赖性最强 ［图 4-40 (a)］；降雨强度-径流相关性良好，相关系数分别为 0.59、0.62 和 0.51，对于同一量级降雨强度降雨场次，三个阶段中，第一阶段径流量最大，第三阶段径流量最小。孤山川流域降雨历时呈现先增加后减少趋势，大部分降雨历时在 20~40 h。降雨量逐阶段明显下降，各阶段均值分别为 69.6mm、55.4mm 和 24.8mm。参考气象分级，按降雨量 10mm 以下、10~25mm、25~50mm 和大于 50mm 将场次洪水的产生分为小雨、中雨、大雨和暴雨四个等级，则 125 场洪水中有小雨 19 场、中雨 42 场、大雨 36 场、暴雨 28 场，因此孤山川流域以中雨和大雨产生的洪水居多。洪水历时同样呈现先增加后减少趋势，洪峰流量随年份推移呈现显著减小趋势（表 4-16）。

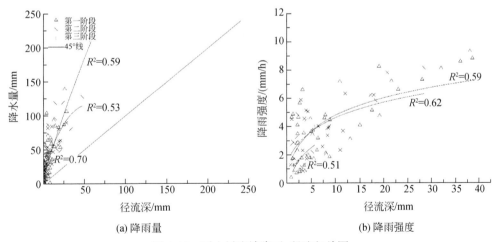

(a) 降雨量　　　　　　　　　　　　　(b) 降雨强度

图 4-40　孤山川流域降雨-径流相关图

表 4-16　孤山川流域不同阶段降雨洪水特征统计

类别	1965~1979 年	1980~1998 年	1999~2006 年
降雨历时均值/h	40.8	48.9	35.5
总降雨量均值/mm	69.6	55.4	24.8

类别	1965~1979 年	1980~1998 年	1999~2006 年
洪水历时均值/h	122.4	143.1	103.4
洪峰流量均值/（m³/s）	1978.6	1030.5	214.9

1965~2006 年，孤山川流域以超渗产流为主，占洪水场次的 62.40%，混合产流占洪水场次的 35.20%，蓄满产流仅 3 场。三个阶段以超渗产流为主要产流方式的洪水分别占各个阶段总洪水场次的 71.67%、58.00% 和 40.00%，超渗产流所占比例有明显减小趋势。三个阶段以混合产流为主要产流方式的洪水所占比例分别为 28.33%、40.00% 和 46.67%，其比例逐阶段明显增加。总体而言，各阶段仍是以超渗产流方式为主，但其发生比例呈减小趋势，蓄满产流呈增加趋势，混合产流的比例增加明显，如图 4-17 所示。

表 4-17　孤山川流域不同阶段场次洪水产流模式统计

时段	超渗产流	蓄满产流	混合产流	合计
第一阶段 1965~1979 年	43 (71.67)	0 (0)	17 (28.33)	60 (100)
第二阶段 1980~1998 年	29 (58.00)	1 (2.00)	20 (40.00)	50 (100)
第三阶段 1999~2006 年	6 (40.00)	2 (13.33)	7 (46.67)	15 (100)
合计	78 (62.40)	3 (2.40)	44 (35.20)	125 (100)

注：括号外数据指发生场次，括号内数据为占各个阶段总洪水场次的比例。

（4）佳芦河流域场次洪水产流机制辨析

对佳芦河 1956~2006 年场次洪水数据进行分析，场次洪水径流深平均值为 8.29mm，主要集中在 0~10mm，共计 49 场，最小径流深为 1.25mm，由趋势线可以看出，径流深近年来不断减少。径流系数分布整体上呈减小趋势，其平均值为 0.26，最大值为 0.57，最小值为 0.02，径流系数主要集中在 0.02~0.2。根据下垫面变化节点将研究分为三个阶段进行分析，第一阶段为 1966~1975 年，第二阶段为 1976~1996 年，第三阶段为 1997~2006 年。第三阶段（1997~2006 年）降雨-径流相关关系最为密切，表明第三阶段径流深对降雨量依赖性最大，且当发生同一量级降雨时，相比第一阶段，第二、第三阶段的产流量骤减 [图 4-41（a）]。降雨强度与径流深呈显著正相关关系，第一阶段（1966~1975 年）降雨强度与径流深的相关关系最好，表明第一阶段径流量对降雨强度的依赖性最大，第三阶段降雨强度与径流深相关性最弱，表明随着下垫面条件变化的影响，降雨强度对径流深的影响有所减弱 [图 4-41（b）]。

针对场次流量过程线对洪水径流成分进行划分，发现佳芦河流域场次洪水径流组成成分仅为 4 种（表 4-18）。易知大多数场次洪水的径流成分以 R_s 及 R_s+R_{int} 为主，各占总洪水场次的 33.3%；径流成分为 $R_s+R_{int}+R_g$ 及 R_s+R_g 的场次洪水所占比例逐阶段不断增加。总体而言，佳芦河流域每个阶段径流成分均以超渗地表径流为主，而地下径流产生概率不断增大。

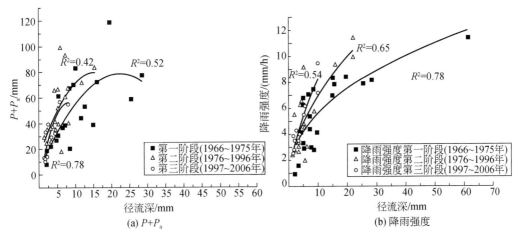

图 4-41 佳芦河流域降雨–径流关系

P 为降雨量，P_a 为前期影响雨量

表 4-18 佳芦河流域不同阶段场次洪水径流成分统计

时段	R_s	R_s+R_{int}	$R_s+R_{int}+R_g$	R_s+R_g	合计
第一阶段 1966～1975 年	9 (41)	7 (31.8)	5 (22.7)	1 (4.5)	22 (100)
第二阶段 1976～1996 年	6 (26)	9 (39)	6 (26)	2 (9)	23 (100)
第三阶段 1997～2006 年	5 (33.3)	4 (26.7)	4 (26.7)	2 (13.3)	15 (100)
总计	20 (33.3)	20 (33.3)	15 (25)	5 (8.4)	60 (100)

注：括号外数据指发生场次，括号内数据为占各个阶段总洪水场次的比例。

　　总体来看，佳芦河流域仍以超渗产流为主，占总场次比例的 66.6%；三个阶段超渗产流为主的洪水场次所占比例逐阶段降低，分别为 72.7%、65.2%、60.0%；以混合产流为主的洪水场次以及蓄满产流为主的洪水场次比例分别以 18.2%、21.7%、26.7% 和 9.1%、13.1%、13.3% 逐阶段增加。1966～2006 年，佳芦河流域随着下垫面条件的变化，流域调蓄能力的增强，使得场次洪水产流机制发生变化，超渗产流的比例逐渐减少，蓄满产流以及混合产流的产流模式比例逐渐增大，见表 4-19。

表 4-19 佳芦河流域不同阶段场次洪水产流模式统计

时段	超渗产流	混合产流	蓄满产流	合计
第一阶段 1966～1975 年	16 (72.7)	4 (18.2)	2 (9.1)	22 (100)
第二阶段 1976～1996 年	15 (65.2)	5 (21.7)	3 (13.1)	23 (100)
第三阶段 1997～2006 年	9 (60.0)	4 (26.7)	2 (13.3)	15 (100)
合计	40 (66.6)	13 (21.7)	7 (11.7)	60 (100)

注：括号外数据指发生场次，括号内数据为占各个阶段总洪水场次的比例。

（5）岔巴沟流域场次洪水产汇流机制辨析

岔巴沟流域 1960～2006 年洪峰流量大于 $100\text{m}^3/\text{s}$ 的洪水共 51 场，51 场洪水平均径流深为 9.4mm，最大场次洪水径流深为 36.6mm。次洪平均径流系数为 0.23，最大场次洪水径流系数为 0.65。该流域的暴雨具有明显的特点：一是降水量分布较为均匀；二是暴雨过程多为复式峰，即每场暴雨至少有 2 个或 2 个以上的雨峰。根据流域下垫面变化不同程度将其划分为四个阶段并对场次洪水进行综合分析，分析结果见表 4-20。由表 4-20 可以看出，岔巴沟流域为典型的超渗产流区，但近些年以来岔巴沟流域下垫面条件的变化（梯田、林草植被工程措施等增加），使得流域产流机制发生了变化，混合产流为主的场次洪水和蓄满场次为主的场次洪水比例逐阶段不断增加，超渗产流为主的场次洪水比例逐阶段降低，岔巴沟流域的调蓄作用在不断增强。

表 4-20　岔巴沟流域不同阶段场次洪水产流模式统计

时段	超渗产流	混合产流	蓄满产流	合计
第一阶段 1960～1969 年	18（78.3）	4（17.4）	1（4.3）	23（100）
第二阶段 1970～1979 年	8（72.7）	2（18.2）	1（9.1）	11（100）
第三阶段 1980～1999 年	6（54.5）	3（27.3）	2（18.2）	11（100）
第四阶段 2000～2006 年	4（66.6）	1（16.7）	1（16.7）	6（100）
合计	36（70.6）	10（19.6）	5（9.8）	51（100）

注：括号外数据指发生场次，括号内数据为占各个阶段总洪水场次的比例。

（6）试验流域场次洪水产汇流机制辨析

根据中国科学院地球环境研究所对在黄土高原西峰南小河沟植被自然恢复（董庄沟）和人工植树造林（杨家沟）场次洪水观测（2017～2018 年），对以上两个试验流域的产流及产流机制差异进行了研究。相比于自然恢复来说，人工植树造林极大地抑制了小流域的产水能力，1956～1980 年人工植树造林小流域径流量降低了 32%；而经过 60 多年持续的植被建设，现今人工植树造林小流域径流量降低了 90%。从产流机制来看，人工植树造林彻底改变了小流域的水文过程。在植被自然恢复小流域，最高降雨强度是影响小流域产流系数的第一控制因素，而在人工植树造林小流域没有发现任何线性关系。此外，在植被自然恢复小流域，产流系数与前期土壤含水量和前期总湿度存在非线性阈值关系，即当前期土壤含水量超过 18% 或前期总湿度超过 210mm，小流域径流系数急剧升高，但在人工植树造林小流域没有发现这一现象。在植被自然恢复小流域，坡面和沟谷没有出现土壤饱和（蓄满产流）现象，但在人工植树造林小流域，沟谷出现了较短时间的土壤饱和，即出现了蓄满产流特征。通过小流域试验观测证实了本书中关于流域产流机制的分析，在人工植被恢复地区具有发生蓄满产流的条件。

第5章 黄河流域水沙变化主要影响因素驱动机理及其贡献率

5.1 坡面措施对流域水沙变化的影响

5.1.1 林草植被对流域水沙过程的影响

5.1.1.1 林草植被变化与流域产沙的响应关系

为分析林草植被变化与流域产沙的关系，选择 48 个流域开展研究，采用日降雨大于 25mm 以上的年降水总量（P_{25}）、暴雨占比（P_{50}/P_{10}）、产沙指数（S_i）、产洪系数（FL_i）、林草有效覆盖率（V_e）共 5 个重要指标。其中研究流域中每座雨量站的控制面积达到 $200 \sim 350 \mathrm{km}^2$；研究区的中东部和北部的多年平均暴雨占比（$P_{50}/P_{10}$）一般在 $0.11 \sim 0.16$、偶见 $0.4 \sim 0.5$，六盘山以西的渭河上游、祖厉河、洮河下游和清水河流域一般在 $0.05 \sim 0.08$，最西部的湟水流域只有 $0.02 \sim 0.03$。

（1）黄土丘陵第一～第四副区

图 5-1 给出了丘一～丘三区的样本流域在三种暴雨占比情况下的林草有效覆盖率–产沙指数关系，所用数据均为 $1966 \sim 1999$ 年数据。

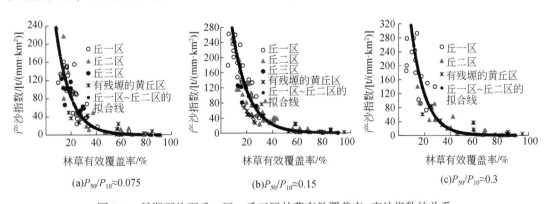

图 5-1　早期下垫面丘一区～丘三区林草有效覆盖率–产沙指数的关系

由图 5-1 可见，尽管三个副区的地形有所不同，但相同林草覆盖状况下的产沙指数并无显著差异。在泾河流域上中游和河龙区间南部的丘一区～丘三区，还分布一些面积不大的黄土残塬。由图 5-2 可见，无论雨强大小，近 10 年流域的林草梯田有效覆盖率与产沙指数之间的响应关系仍与图 5-1 相似。

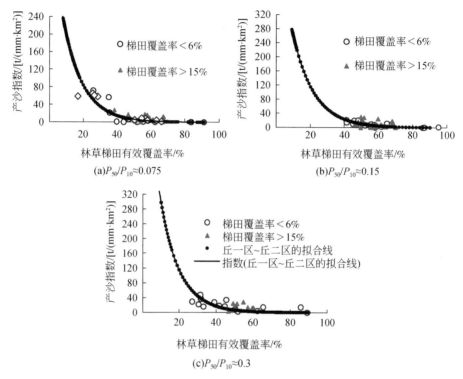

(a)$P_{50}/P_{10}\approx0.075$

(b)$P_{50}/P_{10}\approx0.15$

(c)$P_{50}/P_{10}\approx0.3$

图 5-2 现状下垫面丘一区～丘三区林草梯田有效覆盖率–产沙指数的关系

图 5-3 中的林草有效覆盖率 V_e 范围为 5.7%～95%，梯田覆盖率已等量计入"林草有效覆盖率"。由图 5-3 可见：①在流域尺度上，产沙指数 S_i 随林草有效覆盖率 V_e 的增大而减小，两者呈指数相关。②在 $V_e=5.7\%$ ～20% 范围内，在相同的林草覆盖状况下，S_i 的变幅较大，之后逐渐收敛，当植被较好时，雨型和地形的影响会被"掩盖"，若林草植被对地表的覆盖程度达不到 20% 以上，改善植被对遏制流域产沙的作用是不稳定的。③在 $V_e\leqslant40\%$ 范围内，S_i 随 V_e 增大而迅速降低；但当 $V_e>40\%$ 时，S_i 随植被改善而递减的速度变缓。当 $V_e>60\%$ 时，75% 样本点的 S_i 值已不足 7t/（$km^2\cdot a$）。

（2）黄土丘陵第五副区和黄土高塬沟壑区

图 5-4 给出了丘五区在不同暴雨占比下的林草–产沙关系，丘五区林草梯田有效覆盖率 V_{et} 与产沙指数之间也呈指数关系，当 V_{et} 小于 45% 时，S_i 随 V_{et} 增大而迅速减小；之后 S_i 趋于稳定。

值得注意的是，在林草梯田有效覆盖率相同情况下，丘五区的产沙指数总体偏大，尤其低雨强时更突出。该现象与丘五区独特的地形和产沙机制有关，该区沟壑密度虽然与丘三区～丘四区相似，但地形差别很大，大体是黄土丘陵和黄土台塬的结合产物，地表光滑的黄土丘陵群包围着一片黄土盆地或阶地是其地形特点；丘五区泥沙不仅产自周边丘陵，

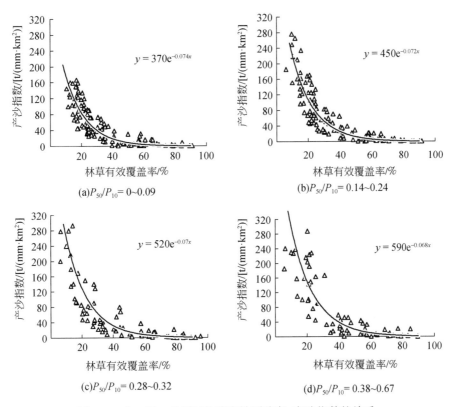

图 5-3　丘一区~丘四区林草有效覆盖率–产沙指数的关系

而且相当一部分泥沙源自黄土盆地的河（沟）岸崩塌或滑坡，后者产沙量占比高达30%~67%；从支毛沟到干沟和河道，随着汇入水量的增加，产沙强度逐级增大。实地考察看到，即使是流量不大的水流也能引起沟（河）道的扩张和下切。

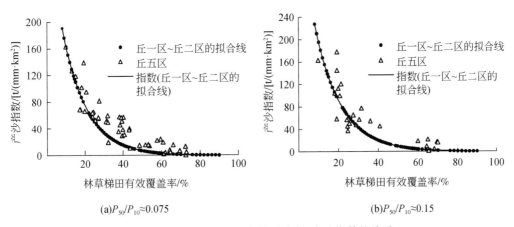

图 5-4　丘五区林草梯田有效覆盖率–产沙指数的关系

与丘五区相比，黄土高塬沟壑区的产沙更加集中在沟壑——南小河沟的沟壑产沙占比达 87%。黄土塬区的林草–产沙关系与丘五区相似，但相同覆盖情况下的产沙指数似乎更高，尤其在覆盖率大于 50% 后，如图 5-5 所示。

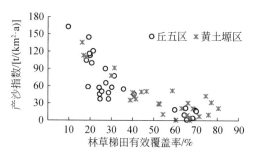

图 5-5　黄土塬区林草梯田有效覆盖率–产沙指数的关系

（3）盖沙或砾质丘陵区

图 5-6 和图 5-7 分别是黄土盖沙丘陵区和砾质丘陵区的植被与产沙的关系，图中的黑色实线是黄土丘陵第一～第四副区的关系线。由图可见，在相同林草有效覆盖率情况下，两种类型区的产沙指数均明显小于黄土丘陵区；当林草有效覆盖率大于 40% 时，两种类型区的产沙指数均趋于零。

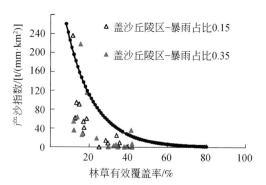

图 5-6　盖沙丘陵区林草有效覆盖率–产沙指数的关系

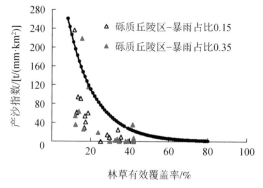

图 5-7　砾质丘陵区林草有效覆盖率–产沙指数的关系

黄土盖沙丘陵区和砾质丘陵区均为黄河粗泥沙来源区，所产泥沙在黄河冲积性河段更容易淤积。由图 5-6 和图 5-7 可见，通过改善植被覆盖状况，可以更迅速地减少流域产沙量。以上结论与近 20 年粗泥沙地区实测沙量变化完全相符。

图 5-8 和图 5-9 分别是十大孔兑（以西柳沟为例）和河龙区间粗泥沙集中来源区的NDVI、归一化输沙量变化情况，其中"粗泥沙集中来源区"包括皇甫川、孤山川、窟野河、秃尾河和佳芦河。由图 5-8 和图 5-9 可见，20 世纪 80 年代后期以来，随着植被改善，该区归一化输沙量持续下降；2007 年以来，除个别年份外，其他年份的归一化输沙量几乎接近零。事实上，即使是发生了高强度大暴雨的 2012 年（河龙区间粗泥沙集中来源区）和 2016 年（西柳沟），归一化输沙量也分别只有 $11t/(mm \cdot km^2)$ 和 $24t/(mm \cdot km^2)$，甚至比其 1985 年以前的多年均值偏少 90% 和 46%。

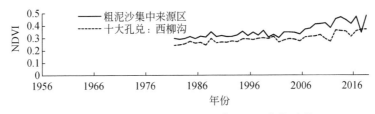

图 5-8 粗泥沙区 1981～2008 年 NDVI 变化过程

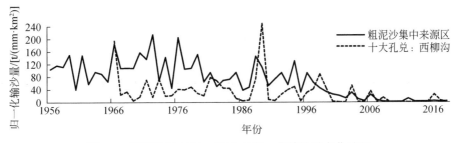

图 5-9 粗泥沙区 1956～2018 年归一化输沙量变化过程

5.1.1.2 植被对流域产沙的削减机制

(1) 植被对流域产洪的影响

根据各样本流域在 6～9 月的洪量数据，直接构建了林草植被变化与流域产洪系数的响应关系如图 5-10 所示，由图可见，随着林草有效覆盖率的增大，流域产洪系数也呈指数降低，产洪系数随植被改善而降低的幅度明显小于产沙指数的降幅。以 P_{50}/P_{10} 为 0.14～0.24 的情景为例，当林草有效覆盖率由 15% 增加到 50% 时，流域产沙指数降低 92%，但产洪系数仅降低 78%，意味着植被改善对洪水的影响小于对沙量的影响。另外，仅靠改善林草植被并不能消灭流域的洪水。

以水库、淤地坝和梯田数量极少为原则，选择相关支流，点绘年最大含沙量、汛期含沙量与同期林草植被覆盖率的关系，如图 5-11 所示，高含沙水流含沙量随植被覆盖率的

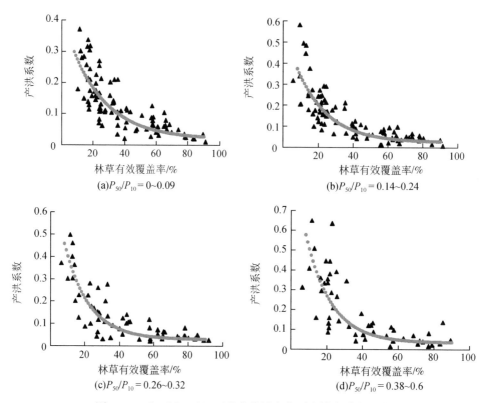

图 5-10　丘一区~丘四区林草植被变化对流域产洪的影响

增加而显著降低，呈负相关指数关系，提高林草地植被覆盖率可显著降低支流洪水的含沙量。即使林草植被覆盖率达到 60%~70%，黄土高原支流洪水年最大含沙量仍将达到 600~700kg/m³。以源自黄龙山次生林区的汾川河和仕望川为例，20 世纪后期两支流林草植被平均覆盖率一直高达 80%~90%，但同期年最大含沙量仍达 500~600kg/m³。2013 年，皇甫川、佳芦河、延河和清涧河等支流的林草植被覆盖率分别为 46%、56%、72% 和 66%，但在遭遇大暴雨的 2012 年和 2013 年，尽管年输沙量大幅减少，但洪水的年最大含沙量仍分别达 774kg/m³、784kg/m³、456kg/m³ 和 598kg/m³。事实上，林草是通过对洪水含沙量和洪量的双削减而实现最终减沙的。

　　植被类型对含沙量影响不明显。图 5-11 中林草植被覆盖率达到 50% 以上的数据点主要来自森林区支流，其他数据点的流域植被则以灌草为主。至 2013 年，尽管林草植被覆盖率已经达到 49.9% 和 54.4%，但清涧河和延河流域的植被类型仍以灌草为主，由图 5-11 可见，其数据点仍服从原点群的趋势。洪量和含沙量的共同减少，使得植被–产沙关系曲线的斜率更大。

　　（2）植被对坡面流的影响

　　考虑到地表径流是侵蚀产沙的主要动力，通过室内水槽试验和野外试验，进一步认识植被覆盖度变化对地表径流的影响，经分析得到如下认识。

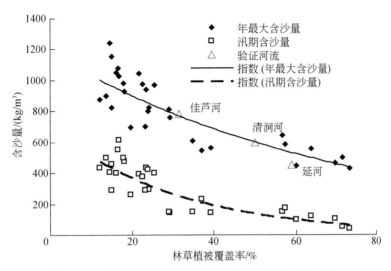

图 5-11 易侵蚀区水流含沙量与林草植被覆盖率的关系

1）植被覆盖度对流速的影响。通过实验，可以得出植被覆盖度对流速的影响。植被不仅秆茎会阻水，叶片也具有一定的阻水效果。当覆盖度小于22%时，各株叶片之间没有相互遮盖，水流被各株植被分割后在前后相邻两株间形成凸起，阻碍流线的平顺性（图5-12）。当覆盖度大于22%时，由于各株之间叶片相互遮蔽，水流穿行于株间叶片之间甚至从叶片上翻过，并在叶片振动的影响下产生气泡，从而进一步增大掺混作用。

图 5-12 坡面流的流态（覆盖度为30%）

图 5-13 为室内水槽试验得到的坡面流速随植被覆盖度变化的关系，由图可见，随着植被覆盖度的增加，3 种坡度下坡面水流的平均流速均呈现出非线性的降低趋势。当植被覆盖度小于15%时，流速对植被覆盖度的变化响应不明显，相反受流量影响更大；当植被覆盖度为15%~70%时，随着覆盖度增大，流速显著减小，且流速梯度逐渐减小，受流量的影响也逐渐减小；当植被覆盖度大于70%时，流速变化不大。

野外试验结果与水槽试验结果基本一致（图5-14），随着植被覆盖度的增加，流速均呈减小趋势，但减幅小于水槽试验。当植被覆盖度大于60%时，流速几乎不再随植被盖度

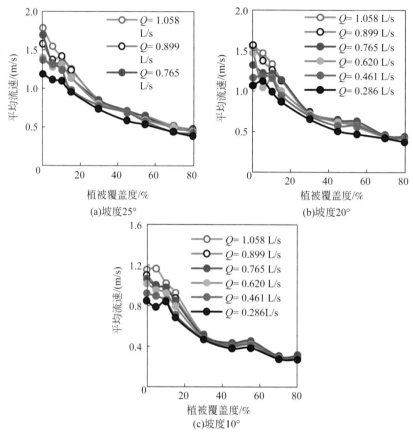

图 5-13　植被覆盖度对坡面流速的影响（室内水槽试验）

的增大而减小，盖度从 60% 增大到 100%，流速减幅仅为 6%。在一定流量和坡降情况下，坡面流流速与植被盖度呈指数函数关系，植被覆盖度越大、流速越小；当植被覆盖度小于60% 时，增加植被覆盖度可有效降低坡面流速；当植被覆盖度大于 70% 时，流速随植被覆盖度增大而减小的幅度极小，60%~70% 是植被覆盖度变化影响流速的阈值。

2）植被覆盖度对水流阻力的影响。植被覆盖度增加会加大水流与植被的接触面积（信忠保和许炯心，2007）。坡面水流直接撞击植被会引起局部壅水、水跃和掺气，这些都会消耗水流的能量，增大水流阻力（刘晓燕等，2015）。图 5-15 为坡面流阻力系数与植被覆盖度的响应关系，由图可见，阻力系数总体随着植被覆盖度的增大而增大；当植被覆盖度小于 15% 时，阻力系数增大的幅度很小，且受流量的影响也很小。当植被覆盖度大于55% 时，阻力系数大幅增加；当植被覆盖度达到 70% 时，阻力系数的增长幅度明显变缓，甚至不再增加。

3）植被覆盖度对含沙量的影响。由图 5-16 可见，不论是苜蓿还是小麦，随着植被覆盖度增大，含沙量呈减小趋势。当植被覆盖度达到 60% 时，含沙量几乎为 0，即坡面基本没有产沙，该结果与图 5-14 有所区别，原因是野外小区试验没有考虑降雨击溅和重力侵蚀。

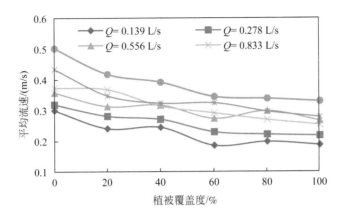

图 5-14　植被覆盖度对坡面流速的影响（野外小区试验）

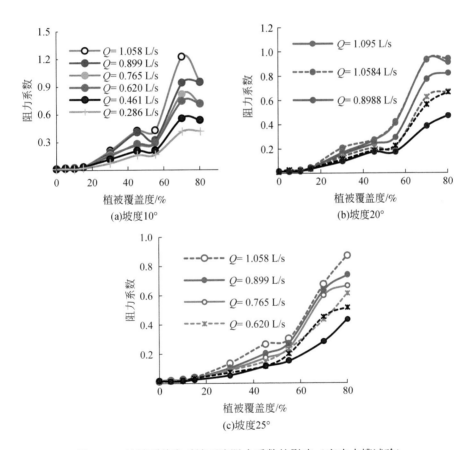

图 5-15　植被覆盖度对坡面流阻力系数的影响（室内水槽试验）

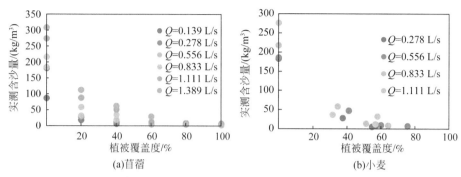

图 5-16　不同流量下实测含沙量随植被覆盖度变化

5.1.2　梯田对流域水沙过程的影响

采集研究区近 150 个雨量站 1975 ~ 2018 年的逐日降雨数据，整理了各水文控制区逐年的 5 ~ 10 月降雨量（称为汛期降雨量）和日降雨大于 25mm 的年降水总量。采用回归分析法和数字实验法开展研究。

采用研究区在不同时期的 82 组实测数据，分别点绘了渭河上游、祖厉河上游和洮河下游三个样本流域的梯田覆盖率与流域减沙幅度的关系，如图 5-17 所示，由图可见，流域的减沙幅度总体上随梯田覆盖率增大而增加。但当梯田比大于 20% 时，单位面积梯田的减沙作用逐渐变小；当梯田比大于 40% 时，减沙幅度基本稳定。分析样本流域的梯田比与同期林草梯田有效覆盖率的关系，如图 5-18 所示，当梯田比大于 33% 时，相应的林草梯田有效覆盖率均可达到 62% ~ 80%。当梯田覆盖率较小时，其减沙作用的辐射范围差异很大，这主要是由梯田空间布局差异造成的。

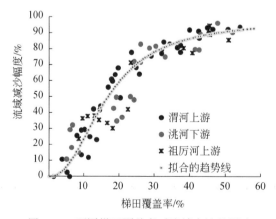

图 5-17　不同梯田覆盖率对流域产沙的影响

为认识梯田立体空间布置方式对减沙作用的影响，通过数字实验法，以孤山川流域为对象，研究了梯田修建顺序分别为"从墚峁上部向下部推进"（即上坡→下坡）和"从墚

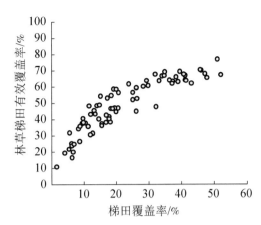

图 5-18　样本流域梯田覆盖率与其林草梯田有效覆盖率的关系

峁下部向上部推进"（即下坡→上坡）两种情景下的梯田减沙幅度。按此方法设计，当梯田比达到 52.8% 时，林草有效覆盖率仅减少 3%，即林草覆盖状况变化很小。然后，假定孤山川流域在 20 世纪 80 年代的 4 场暴雨重现，采用耦合 LCM 雨洪模型与 MUSLE 模型构建的分布式水沙联动模型 LCM-MUSLE，计算 4 场暴雨在两种梯田空间布局时序的不同梯田比情景下的平均减沙幅度，可知梯田覆盖率越小，梯田立体布局的影响越突出；如果能够保证梯田田埂不发生暴雨损毁（即水毁），则"从樑峁下部向上部推进"的梯田修建顺序更有利于减沙。

实地查勘可知，由于地形特点不同，黄土高原各地梯田的立体布局差别很大。在河龙区间和北洛河上游，坡度小于 25° 的地面主要集中在樑峁顶部，因此其梯田多位于樑峁上部；樑峁中下部坡度更缓，且更便于耕作，因此梯田主要分布在中下部。此外，在大中流域范围内，虽然梯田理论上能够拦截上方坡面来沙、减轻沟道产沙，但如果梯田被集中布置在流域的某个地域，则其异地减沙作用也不能得到充分发挥。

如果梯田过少，其减沙作用很不稳定，甚至不能起到"一块天对一块地"的作用。图 5-19 为在"假定梯田不发生暴雨损毁"条件下得到的。实际上，如果梯田过少且布置在丘陵的中下部，则很容易发生暴雨损毁。通过分析 82 组样本数据的"流域减沙幅度/梯田覆盖率"与梯田覆盖率的关系，可知当梯田覆盖率小于 6% 时，有些流域的减沙幅度甚至小于梯田覆盖率，说明梯田甚至不能实现所在田块的减沙，主要原因在于梯田发生暴雨损毁。由图 5-20 的点群下外包线判断，对于梯田分布在樑峁中下部的样本流域，只有当梯田覆盖率大于 12% 时，梯田才能稳定发挥其"群体"减沙作用。

由图 5-19 和图 5-20 可见，除梯田覆盖率小于 6% 的 3 组数据外，研究流域内其他 79 组数据的梯田覆盖率均大于梯田减沙幅度。当梯田覆盖率为 12%~30% 时，梯田减沙幅度可达梯田覆盖率的 1.7~3.5 倍，平均 2.5 倍，相当于梯田减沙作用范围平均达自身面积的 2.5 倍。而当梯田覆盖率大于 30% 时，由于梯田的作用空间被其他梯田分担，梯田减沙作用范围趋于稳定且逐渐减小，即单位面积梯田减沙作用逐渐变小。由此可见，从投资的减沙效益最大化角度来看，12%~30% 是最经济的梯田覆盖率。

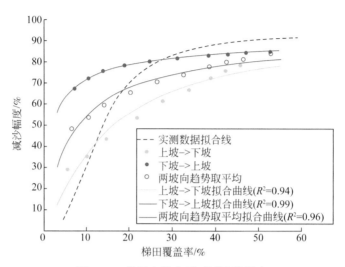

图 5-19　梯田立体布局对减沙的影响

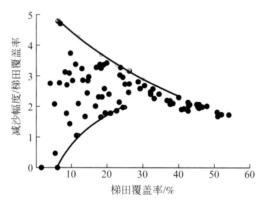

图 5-20　梯田减沙的作用范围

　　为深入认识梯田对流域水沙的影响范围，随机选择 9 条梯田比为 30% ~ 60% 的小流域，提取相关数据，如表 5-1 所示，调查梯田影响区面积和空间分布。其中"梯田影响区面积"是梯田面积、梯田控制的上方坡面面积、受梯田影响的下方坡沟面积的总和。

表 5-1　不同梯田比情况下梯田控制面积实测数据统计

类型区	所在地区	流域面积/km²	梯田面积/km²	梯田比/%	梯田控制的上方坡面面积/km²	受梯田影响的下方沟沟面积/km²	梯田影响区面积占水土流失面积的比例/%
丘3区	渭源	8.382	2.766	33.0	0.406	2.92	84.4
	陇西	10.06	3.49	34.7	0.29	1.90	69.92
	隆德	12.970	4.832	37.3	1.147	1.341	77.1
	静宁	8.27	3.66	44.3	0.48	1.26	82.48
	西吉	9.787	5.077	51.9	1.024	1.540	94.4
	庄浪	9.30	5.27	56.7	0.44	1.15	100.00

续表

类型区	所在地区	流域面积/km²	梯田面积/km²	梯田比/%	梯田控制的上方坡面面积/km²	受梯田影响的下方沟沟面积/km²	梯田影响区面积占水土流失面积的比例/%
丘5区	安定	10.12	3.39	33.5	0.32	4.22	78.35
	榆中	10.89	4.80	44.1	0.10	4.54	86.62
		8.63	5.13	59.4	0.20	2.25	87.84

对比分析表明，当小流域梯田比大于30%时，"梯田影响区面积占水土流失面积的比例"均能够达到70%以上。由此可见，若再考虑剩余"荒地"植被改善的减沙作用，则流域的减沙幅度达到80%～90%是合理的，也是完全可能的。

5.1.3 林草和梯田对流域水沙过程的耦合调控作用

5.1.3.1 林草梯田耦合作用下的流域产沙响应

为进一步认识梯田和林草耦合作用下的流域产水产沙机制，绘制了林草梯田有效覆盖率与径流系数的关系，如图5-21所示，由图可见，"林草主导区"的梯田比均小于3%，"梯田主导区"的林草覆盖率只有11%～15%，在相同林草梯田有效覆盖率情况下，"梯田主导区"的径流系数只有"林草主导区"的1/2。

值得注意的是，林草植被的减水主要是洪水，对基流影响很小或略有增加；而梯田不仅减少洪水，也大幅减少基流（郑子彦等，2020）。也就是说，从流域减沙角度看，梯田所减的部分水是无效的。因此，尽管相同覆盖率情况下林草主导区的产水量达梯田主导区的2倍左右，但两者的产沙量相差不大。当然，绝大多数多梯田地区的数据点都位于少梯田区关系线的下方，说明梯田的减沙作用仍然大于林草植被（图5-22）。

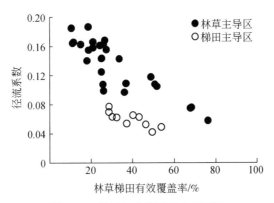

图5-21 梯田与林草减水作用对比

通过LCM-MUSLE模型，采用连续小时尺度时间序列对流域水沙过程进行模拟。耦合模型中流域汇流包括两个阶段：采用等流时线法计算坡面汇流，采用马斯京根法计算河道

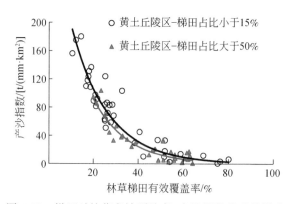

图 5-22 梯田对林草有效覆盖率–产沙指数关系的影响

汇流。

模型改进工作主要包括对 LCM 等流时坡面汇流过程改进。LCM 等流时坡面汇流过程改进侧重于模拟梯田、林草对水沙汇流过程的削减作用，故在已有等流时坡面汇流过程中增加梯田和林草模块。通过提取梯田单元和林草单元的集水区，计算梯田和植被对各自控制区域的拦水量，进而对各等流时面的出流量进行修订，实现梯田、林草在坡面汇流过程中的拦水模拟，以此构建"控制区域–等流时面–子流域"一体化坡面汇流系统。梯田、林草拦沙模拟亦采用类似方法。为便于分布式计算，对该结果进行拟合，得到林地和草地在不同径流泥沙水平下的拦水拦沙函数（表5-2 和表5-3），其中 x 为植被覆盖度（%），y 为拦水拦沙率（%）。

表 5-2 林地、草地在不同径流水平下的拦水函数

措施	平水期	丰水期
林地	$y=0.0003x^3-0.0301x^2+1.0154x+1.3177$	$y=0.0005x^3-0.0823x^2+4.0113x-49.902$
草地	$y=0.0003x^3-0.0371x^2+1.4569x-8.1626$	$y=0.0004x^3-0.0625x^2+3.0489x-37.997$

表 5-3 林地、草地在不同泥沙水平下的拦沙函数

措施	平水期	丰水期
林地	$y=0.0003x^3-0.037x^2+1.4466x-7.6817$	$y=0.0004x^3-0.0557x^2+2.7153x-33.965$
草地	$y=0.0003x^3-0.0384x^2+1.5225x-9.4105$	$y=0.0003x^3-0.0504x^2+2.4573x-30.733$

5.1.3.2 林草梯田耦合作用机制

为定量分析林草、梯田在汇流过程中的减水减沙作用，设计了"固定梯田覆盖率，增加林草有效覆盖率"（R_1）、"固定林草有效覆盖率，增加梯田覆盖率"（R_2）、"林草有效覆盖率和梯田覆盖率同时增加"（R_3）、"林草有效覆盖率和梯田覆盖率均不变"（R_4），

引入削减率（RR）和单位面积径流削减量（AR）两个指标。以径流为例，将各场次小时尺度径流模拟值加总，获取场次径流总量，然后统计各场降雨在 4 种情景下的模拟径流总量，分别计算 R_1、R_2 和 R_3 情景相对基准期（O_1）情景的径流削减率，以及 R_1 和 R_2 情景的单位面积径流削减量，计算方法如下（姚志宏等，2006）：

$$RR_i = \frac{y - y_i}{y} \times 100\% \quad (i = 1, 2, 3) \tag{5-1}$$

式中，RR_i 是流域次降雨在 i 措施下的径流削减率（%）；y 是 O_1 情景的模拟径流总量（m^3）；y_i 分别是 R_1、R_2 或 R_3 情景的模拟径流总量（m^3）。RR_i 值越大，表明该措施总的减水效率越高。

$$AR_i = \frac{y - y_i}{A_i} \quad (i = 1, 2) \tag{5-2}$$

式中，AR_i 是流域次降雨在单位面积 i 措施下的径流削减量（m^3/km^2）；y 是 O_1 情景的模拟径流总量（m^3）；y_i 分别是 R_1、R_2 情景的模拟径流总量（m^3）；A_i 是流域林草或梯田的面积（km^2）。AR_i 值越大，表明单位面积该措施减水效率越高。

同理，统计各场降雨在 4 种情景下的模拟输沙总量，分别计算 R_1、R_2 和 R_3 情景相对 O_1 情景的输沙削减率，以及 R_1 和 R_2 情景的单位面积输沙削减量。

（1）次降雨减水

统计各流域 1980~2010 年各场次降雨不同条件下径流量，计算林草、梯田措施各自径流削减率，以及林草和梯田措施耦合的径流削减率，结果如图 5-23 所示。由图 5-23 可见，6 个流域林草和梯田措施耦合的径流削减率最大，林草次之，梯田最小，且林草和梯田径流削减率之和均大于两者耦合径流削减率。各流域受植被恢复影响，21 世纪 10 年代林草植被的径流削减率相对 20 世纪 80 年代有较大增加，其中延河安塞以上增幅最大，为 53.60%，其余流域增幅均大于 30%。

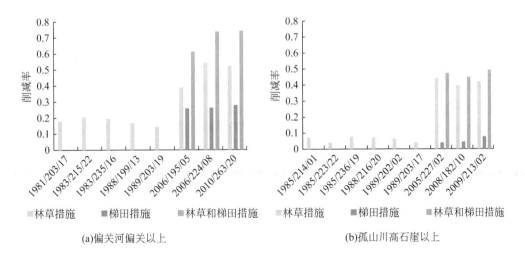

(a)偏关河偏关以上　　(b)孤山川高石崖以上

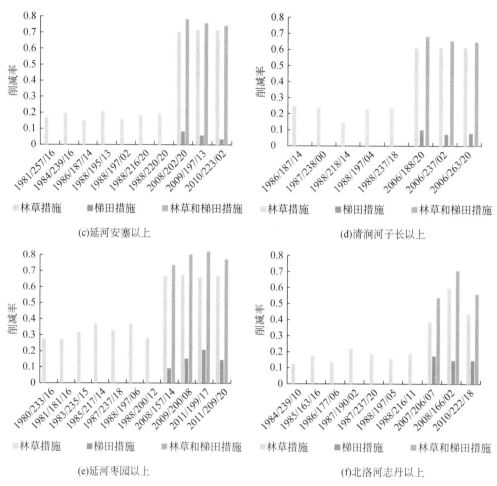

图 5-23　典型流域林草、梯田措施径流削减率变化过程

以 1981/257/16 为例，表示 1981 年共有 16 次降雨产流，总径流量为 257 万 m³，以此类推

　　图 5-24 为各流域 1980～2010 年单位面积林草和梯田径流削减量变化趋势，由图可见，单位面积林草和梯田径流削减量的影响因素较多。同一时期相同下垫面条件下，单位面积林草、梯田径流削减量受场次径流量（即降水量）影响；不同时期相同场次径流量条件下，单位面积林草径流削减量受植被质量影响；此外，同一时期相同场次径流量条件下，单位面积林草、梯田径流削减量水平也不完全一致，可能与降雨的空间分布等因素有关。总体来看，单位面积梯田径流削减量大于单位面积林草径流削减量，21 世纪 10 年代各流域单位面积梯田减水量为 7237～21 639m³/km²，单位面积林草减水量为 2180～9909m³/km²。

（2）次降雨减沙

　　统计各流域各场次降雨在不同条件下输沙量，计算林草、梯田措施各自输沙削减率，以及林草和梯田措施耦合的输沙削减率，如图 5-25 所示，由图可见，6 个流域林草和梯田

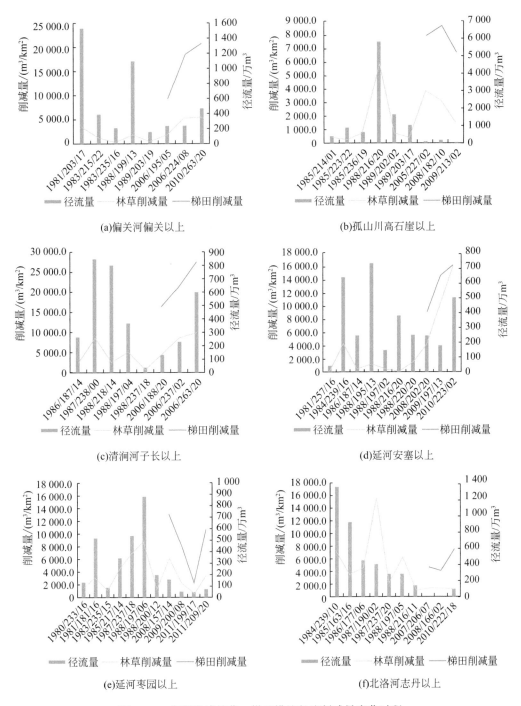

图 5-24　典型流域林草、梯田措施径流削减量变化过程

措施耦合的输沙削减率最大，林草次之，梯田最小，且林草和梯田输沙削减率之和均大于两者耦合输沙削减率。各流域受植被恢复影响，21 世纪 10 年代林草植被的输沙削减率相

对 20 世纪 80 年代有较大增加，其中延河安塞以上流域增幅最大，为 51.44%，其余流域增幅均大于 20%。

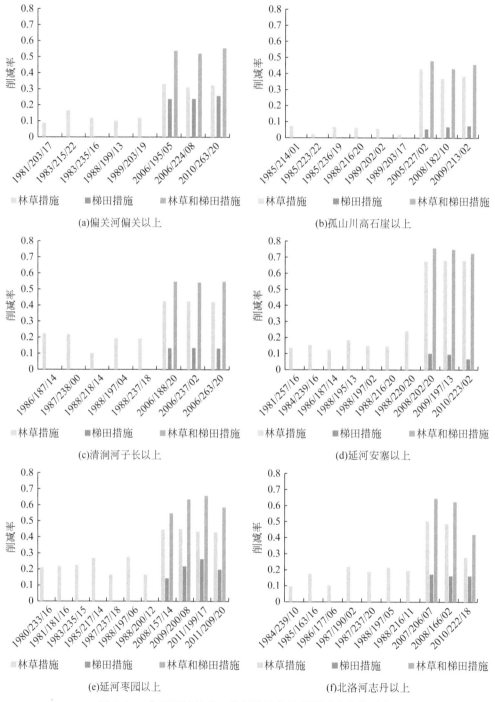

图 5-25　典型流域林草、梯田措施输沙量削减率变化过程

统计各流域 1980 ~ 2010 年单位面积林草、梯田输沙削减量，如图 5-26 所示，由图可见，单位面积林草、梯田输沙削减量的影响因素较多。同一时期相同下垫面条件下，单位面积林草、梯田输沙削减量受场次输沙量影响；不同时期相同场次输沙量条件下，单位面积林草输沙削减量受植被质量影响。总体来看，除清涧河子长以上和北洛河志丹以上外，其余流域均为单位面积梯田输沙削减量大于单位面积林草输沙削减量，21 世纪 10 年代各流域单位面积梯田减沙量为 1498 ~ 3385t/km²，单位面积林草减沙量为 329 ~ 1134t/km²。

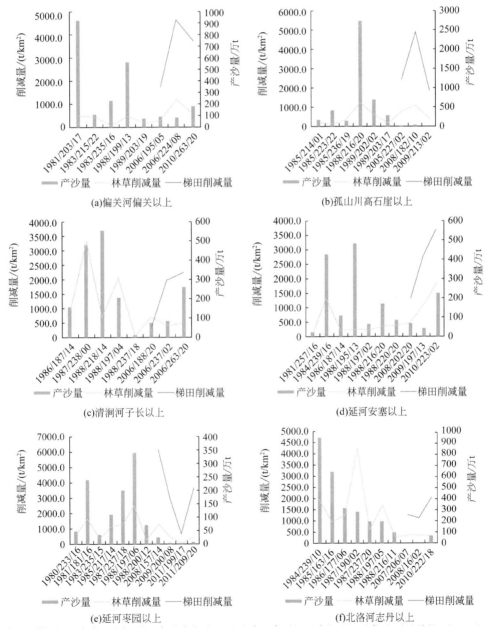

图 5-26　典型流域单位面积林草、梯田措施减沙量变化过程

5.2 淤地坝对流域水沙变化的影响

5.2.1 淤地坝系对沟道侵蚀动力过程调控

5.2.1.1 单坝对沟道侵蚀动力过程调控

淤地坝的修建会显著改变沟道的水流流速，但是由于不同坝型淤地坝修建位置的不同、控制面积大小的不同、放水建筑物的不同，不同结构的淤地坝对沟道水流流速的调控作用也不一样（王允升和王英顺，1995；许炯心和孙季，2006；高云飞等，2014）。通过模拟建坝前后沟道水流流速，探究单坝对沟道侵蚀动力过程的调控作用。所选的骨干坝为王茂沟 2 号坝，放水建筑物为竖井，没有溢洪道；中型坝所选的是关地沟 1 号坝，放水建筑物为竖井；小型坝为埝堰沟 2 号坝，无放水建筑物，为"闷葫芦坝"。其中断面 A 位于淤地坝前 10m，断面 B 位于淤地坝后 10m。

（1）建坝前后流速随时间的变化

图 5-27 ~ 图 5-29 为沟道修建骨干坝、中型坝、小型坝前后，坝前断面 A 和坝后断面 B 流速变化过程，由图可见：①骨干坝、中型坝、小型坝的修建均会使坝前流速迅速减小，其中骨干坝的减幅最大。坝前流速减小，使得水流挟沙力急剧减小，泥沙在坝前大量淤积。②三种坝型的修建均会使坝后流速减小，其中骨干坝坝后流速的减幅最小，小型坝的减幅最大。这是因为骨干坝和中型坝均有放水建筑物，而小型坝为"闷葫芦坝"，无放水建筑物。相比沟道未建坝，骨干坝修建后坝后流速随时间变化过程坦化，最大流速出现时间比建坝前滞后，这与骨干坝竖井的过流能力有关。中型坝坝后的流速是先增大后减小，最后再增大，这是因为刚开始坝前水位还未到达竖井进水口，随着坝前水位抬升至进水口，坝后流速再次增大。三种坝型坝后流速减小，减小了沟道水流对下游的冲刷。

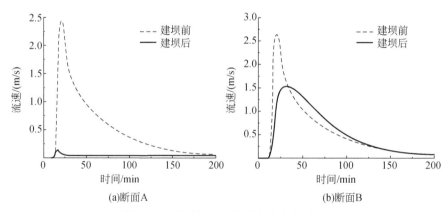

(a)断面A   (b)断面B

图 5-27 骨干坝建坝前后流速变化过程

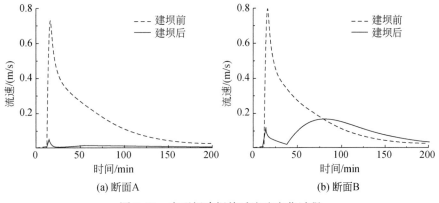

(a) 断面A　　　　　　　　(b) 断面B

图 5-28　中型坝建坝前后流速变化过程

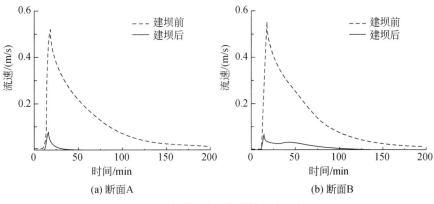

(a) 断面A　　　　　　　　(b) 断面B

图 5-29　小型坝建坝前后流速变化过程

（2）建坝前后径流剪切力随时间的变化

图 5-30 ~ 图 5-32 为沟道修建骨干坝、中型坝、小型坝前后，坝前断面 A 和坝后断面 B 径流剪切力变化过程，由图可见：①骨干坝、中型坝、小型坝的修建使坝前的径流剪切力均减小至接近于 0。由径流剪切力的计算公式可知，径流剪切力的大小取决于水力半径

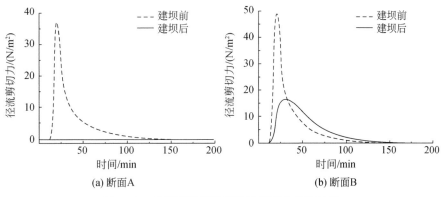

(a) 断面A　　　　　　　　(b) 断面B

图 5-30　骨干坝建坝前后径流剪切力变化过程

和能坡。这是因为建坝后，随着泥沙的淤积，坝前的沟道比降明显减小。②相比中型坝、小型坝，骨干坝坝前断面径流剪切力的减小幅度最大，说明骨干坝的修建可以更有效地减小水流对沟道的冲刷。③骨干坝、中型坝、小型坝修建后，坝后的径流剪切力也都急剧减小，其中骨干坝最大径流剪切力减小 66.20%，中型坝和小型坝均减小 90% 以上。这是因为骨干坝放水建筑物的过流能力较大，骨干坝坝后水流对于土壤还有一定的分离能力，会对沟道造成一定的冲刷。

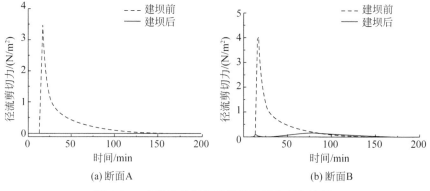

图 5-31　中型坝建坝前后径流剪切力变化过程

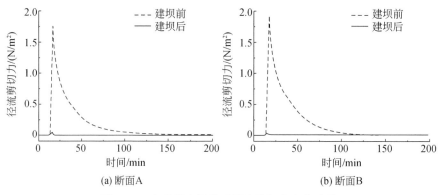

图 5-32　小型坝建坝前后径流剪切力变化过程

（3）建坝前后径流功率随时间的变化

图 5-33 ~ 图 5-35 为沟道修建骨干坝、中型坝、小型坝前后，坝前断面 A 和坝后断面 B 径流功率变化过程，由图可见：①淤地坝修建前后，径流功率随时间变化趋势与径流剪切力随时间变化趋势基本一致。②骨干坝、中型坝、小型坝的修建均会使坝前的径流功率减小到接近于 0。③骨干坝、中型坝、小型坝修建后，坝后断面的径流功率也都急剧减小，其中中型坝、小型坝的减小幅度最大，骨干坝的减小幅度相对较小。这是由于径流功率是径流剪切力和流速的乘积，骨干坝的放水建筑物过流能力较大，坝后断面还具有一定的剪切力和流速。淤地坝的修建明显减小了坝前、坝后的径流功率，减小了径流对沟道的侵蚀。

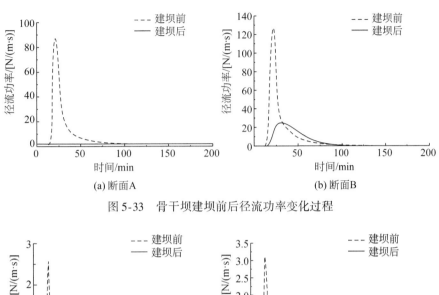

图 5-33　骨干坝建坝前后径流功率变化过程

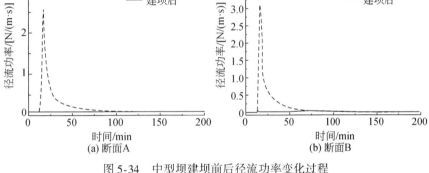

图 5-34　中型坝建坝前后径流功率变化过程

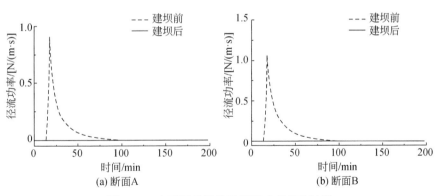

图 5-35　小型坝建坝前后径流功率变化过程

（4）建坝前后单位水流功率随时间的变化

图 5-36 ~ 图 5-38 为沟道修建骨干坝、中型坝、小型坝前后，坝前断面 A 和坝后断面 B 单位水流功率变化过程，由图可见：①骨干坝、中型坝、小型坝的修建均使坝前断面的单位水流功率显著减小，减小了径流的侵蚀能量。这是因为单位水流功率为流速和水力能坡的乘积，淤地坝的修建使得坝前的流速和水力能坡均显著减。②淤地坝的修建使坝后的最大单位水流功率均明显减小，其中骨干坝减幅最小，小型坝减幅最大，中型坝居中，减

幅分别为 28.40%、61.50%、86.20%。淤地坝的修建虽然使坝后最大单位水流功率明显减小，但是对不同坝型坝后总的单位水流功率影响不尽相同。骨干坝和中型坝的修建使坝后总的单位水流功率分别增加 15.10%、2.30%，小型坝的修建使坝后总的单位水流功率减小 84.50%。所以骨干坝和中型坝只是改变了单位水流功率的分布，但是对其总量影响不大；小型坝不但改变了坝后单位水流功率随时间的分布，而且明显减小了其总量，所以小型坝的修建对下游沟道的减蚀作用最大。

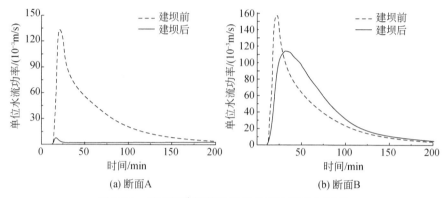

(a) 断面A   (b) 断面B

图 5-36　骨干坝建坝前后单位水流功率变化过程

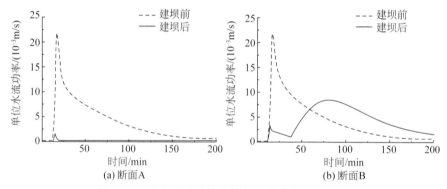

(a) 断面A   (b) 断面B

图 5-37　中型坝建坝前后单位水流功率变化过程

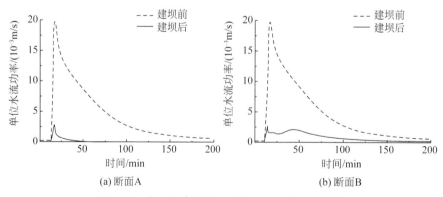

(a) 断面A   (b) 断面B

图 5-38　小型坝建坝前后单位水流功率变化过程

5.2.1.2 坝系布局对沟道侵蚀动力过程调控

目前黄土高原淤地坝建设大多已经形成坝系，而坝系对沟道水流侵蚀动力过程调控作用更强（王永吉，2017）。本书通过模拟 8 种不同坝系布局工况下沟道水动力过程，研究坝系布局对沟道侵蚀动力时空变化的影响，揭示坝系布局对沟道侵蚀动力过程的调控作用，具体设置见表 5-4。

表 5-4　不同坝型组合的工况设计

工况	编码	淤地坝
1	W	沟道未建坝
2	G	王茂沟 1 号坝、王茂沟 2 号坝
3	Z	关地沟 1 号坝、关地沟 4 号坝、死地嘴 1 号坝、马地嘴坝、埝堰沟 1 号坝、康和沟 2 号坝、黄柏沟 2 号坝
4	X	关地沟 2 号坝、王塔沟 1 号坝、王塔沟 2 号坝、死地嘴 2 号坝、埝堰沟 2 号坝、埝堰沟 3 号坝、埝堰沟 4 号坝、康和沟 1 号坝、康和沟 3 号坝、黄柏沟 1 号坝
5	GZ	王茂沟 1 号坝、王茂沟 2 号坝、关地沟 1 号坝、关地沟 4 号坝、死地嘴 1 号坝、马地嘴坝、埝堰沟 1 号坝、康和沟 2 号坝、黄柏沟 2 号坝
6	GX	王茂沟 1 号坝、王茂沟 2 号坝、关地沟 2 号坝、王塔沟 1 号坝、王塔沟 2 号坝、死地嘴 2 号坝、埝堰沟 2 号坝、埝堰沟 3 号坝、埝堰沟 4 号坝、康和沟 1 号坝、康和沟 3 号坝、黄柏沟 1 号坝
7	ZX	关地沟 1 号坝、关地沟 4 号坝、死地嘴 1 号坝、马地嘴坝、埝堰沟 1 号坝、康和沟 2 号坝、黄柏沟 2 号坝、关地沟 2 号坝、王塔沟 1 号坝、王塔沟 2 号坝、死地嘴 2 号坝、埝堰沟 2 号坝、埝堰沟 3 号坝、埝堰沟 4 号坝、康和沟 1 号坝、康和沟 3 号坝、黄柏沟 1 号坝
8	GZX	王茂沟 1 号坝、王茂沟 2 号坝、关地沟 1 号坝、关地沟 4 号坝、死地嘴 1 号坝、马地嘴坝、埝堰沟 1 号坝、康和沟 2 号坝、黄柏沟 2 号坝、关地沟 2 号坝、王塔沟 1 号坝、王塔沟 2 号坝、死地嘴 2 号坝、埝堰沟 2 号坝、埝堰沟 3 号坝、埝堰沟 4 号坝、康和沟 1 号坝、康和沟 3 号坝、黄柏沟 1 号坝

为了研究沟道侵蚀动力的空间变化过程，将流域主沟道划分为 12 个断面，其中 1~3 相邻断面之间的距离为 200m，其余断面之间相距 400m。在主沟道上总共建有 5 座淤地坝，其中骨干坝王茂沟 2 号坝位于断面 7 和断面 8 之间，中型坝关地沟 1 号坝位于断面 5 和断面 6 之间，中型坝关地沟 4 号坝位于断面 2 和断面 3 之间，小型坝关地沟 2 号坝位于断面 3 和断面 4 之间。

（1）流速的时空变化

图 5-39 为不同工况下沟道径流流速时空变化过程，由图 5-39（a）可见：①8 种工况流速均是先急剧增大再逐渐减小，而且流速增大过程有所重合。②最大流速最大的为工况 1（沟道未建坝）达到 1.99m/s，最大流速最小的为工况 8（沟道建设骨干坝、中型坝、小型坝）达到 1.55m/s，工况 1 约是工况 8 的 1.3 倍，其他工况的最大流速介于这两种工况之间。这说明当沟道不修建任何沟道措施时，流域出口断面的流速最大；当沟道修建骨

干坝、中型坝、小型坝，即坝系形成时，流域出口断面的流速最小，其他各种坝系组合下，流域出口断面的流速位于这两种工况之间。所以沟道坝系形成时，对沟道的流速调控作用最大，可以有效地减小径流对下游的冲刷能力和泥沙输移能力。③对比工况1~工况4可以发现，工况1（沟道未建坝）的流速最大，工况2（骨干坝）、工况3（中型坝）次之，工况4（小型坝）的流速最小，说明小型坝建设对沟道流速的调控作用最大，这与单坝对流速调控作用研究结果一致。

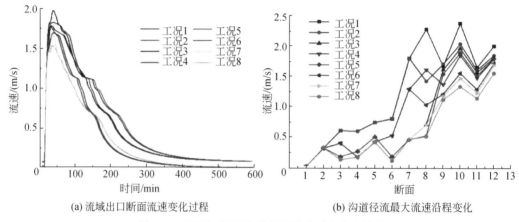

(a) 流域出口断面流速变化过程　　　(b) 沟道径流最大流速沿程变化

图 5-39　不同工况下沟道径流流速时空变化过程

由图 5-39（b）可见：①从主沟道上游到下游，8种工况断面最大流速呈现沿程增大的趋势。这是因为在水流沿沟道向下运动程中，势能逐渐转换为动能，而且不断有水流汇入主沟道。②对比8种工况，工况1（沟道未建坝）沿程各断面的流速最大，工况8（沟道建有骨干坝、中型坝、小型坝）沿程各断面的流速最小，其他工况沿程断面的流速介于这两种工况之间。这说明当坝系形成时对沟道流速的分布影响最大，明显减小了沿程流速，减少了径流对沟道冲刷，同时使更多泥沙在沟道沉积。③断面2到断面3，工况5和工况8的流速明显减小；断面3到断面4，工况3和工况4的流速明显减小；断面5到断面6，工况5和工况8的流速明显减小；断面7到断面8，工况2和工况6的流速明显减小。这几个断面之间流速的减小，均是由于在这几组断面之间建有不同类型淤地坝，说明淤地坝明显改变了沟道流速原有的分布规律。

（2）径流剪切力的时空变化

图 5-40 为不同工况下沟道径流剪切力时空变化过程，由图 5-40（a）可见：①8种工况流域出口断面的径流剪切力均是先急剧增大再减小，与流域出口断面流速的变化过程一致。②工况1（沟道未建坝）流域出口断面径流剪切力的峰值为 15.51N/m²，是8种工况中的最大值；工况8（沟道建有骨干坝、中型坝、小型坝）流域出口断面径流剪切力的峰值为 10.69N/m²，是8种工况中的最小值，其中最大值工况1约是最小值工况8的1.45倍。其他工况下流域出口断面的最大径流剪切力介于这两种工况之间。说明流域坝系建成时（沟道建有骨干坝、中型坝、小型坝），对径流剪切力削减最大。③对比工况1~工况4可以看出，工况1（沟道未建坝）时流域出口断面的最大径流剪切力最大，工况2（骨干

坝)、工况 3（中型坝）次之，工况 4（小型坝）时流域出口断面的最大径流剪切力最小。说明小型坝的建设对沟道径流剪切力的调控能力最强，这与上一节单坝的研究结果一致。

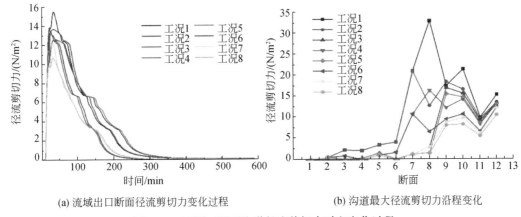

(a) 流域出口断面径流剪切力变化过程　　　　(b) 沟道最大径流剪切力沿程变化

图 5-40　不同工况下沟道径流剪切力时空变化过程

由图 5-40（b）可见：①8 种工况断面最大径流剪切力沿程呈现先增大后减小趋势。由径流剪切力的计算公式可知，径流剪切力的大小取决于水力半径和水力能坡的乘积，所以其是沿程水力半径和水力能坡变化共同作用的结果。②对比 8 种工况，工况 1（沟道未建坝）沿程各断面的径流剪切力最大，工况 8（沟道建有骨干坝、中型坝、小型坝）沿程各断面的径流剪切力最小，其他工况沿程断面的径流剪切力介于这两种工况之间。说明当坝系形成时对沟道径流剪切力的分布影响最大，明显减小了沿程的径流剪切力，减小了径流对沟道的侵蚀。③断面 7 到断面 8，工况 2（骨干坝）、工况 6（骨干坝、小型坝）的径流剪切力急剧减小，这是因为在断面 7 和断面 8 之间建有骨干坝王茂沟 2 号坝，说明骨干坝的建设可以明显减小沟道的径流剪切力，从而减小沟道侵蚀。

（3）径流功率的时空变化

图 5-41 为不同工况下沟道径流功率时空变化过程，由图 5-41（a）可见：①8 种工况流域出口断面的径流功率均是先急剧增大再减小，与流域出口断面流速和径流剪切力的变化过程一致。这是因为径流功率就是径流剪切力和流速的乘积。②工况 1（沟道未建坝）流域出口断面径流功率的峰值为 30.86N/（m·s），为 8 种工况中的最大值；工况 8（沟道建有骨干坝、中型坝、小型坝）流域出口断面径流功率的峰值为 16.54N/（m·s），为 8 种工况中的最小值，其中最大值工况 1 约是最小值工况 8 的 1.87 倍。其他工况下流域出口断面的最大径流剪切力介于这两种工况之间。说明流域坝系建成时（沟道建有骨干坝、中型坝、小型坝），对径流功率削减最大。③对比工况 1~工况 4 可以看出，工况 1（沟道未建坝）时流域出口断面的径流功率最大，工况 2（骨干坝）、工况 3（中型坝）次之，工况 4（小型坝）时流域出口断面的径流功率最小。说明小型坝的建设对沟道径流功率的调控能力最强，这与单坝对径流功率调控作用的研究结果一致。

由图 5-41（b）可见：①工况 1（沟道未建坝）断面最大径流功率沿程起伏很大，其余工况从沟头到沟口，呈现先增大后减小的趋势。②对比 8 种工况，工况 1（沟道未建

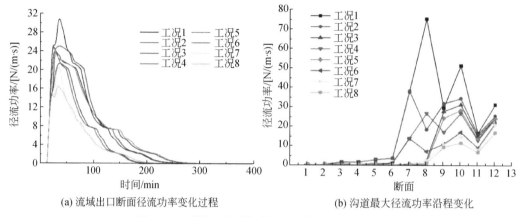

(a) 流域出口断面径流功率变化过程　　　(b) 沟道最大径流功率沿程变化

图 5-41　不同工况下沟道径流功率时空变化过程

坝）沿程各断面的径流功率最大，工况 8（沟道建有骨干坝、中型坝、小型坝）沿程各断面的径流功率最小，其他工况沿程断面的径流功率介于这两种工况之间。说明淤地坝的建设明显减小了沟道各断面的最大径流功率，而且当坝系建成时，这种削减作用最为明显。③断面 7 到断面 8，工况 2（骨干坝）、工况 6（骨干坝、小型坝）的断面最大径流功率急剧减小，这是因为在断面 7 和断面 8 之间建有骨干坝王茂沟 2 号坝，说明骨干坝的建设可以明显减小沟道的径流功率。④断面 8 到断面 9，工况 1（沟道未建坝）和工况 6（小型坝）的径流功率明显减小，其余工况（建有骨干坝或中型坝）的径流功率明显增大，说明骨干坝和中型坝的建设对沟道径流功率具有明显的调控作用。

（4）径流能量的时空变化

图 5-42 为不同工况下沟道径流能量时空变化过程，由图 5-42（a）可见：①8 种工况出口断面单位动能均是先增大后减小，与流速的变化趋势一致，这是由于动能是通过流速计算得出的。②工况 1（沟道未建坝）流域出口断面最大单位动能为 0.73m，为 8 种工况中的最大值；工况 8（沟道建有骨干坝、中型坝、小型坝）流域出口断面最大单位动能为 0.48m，为 8 种工况中的最小值，其中最大值工况 1 约是最小值工况 8 的 1.52 倍。其他工况下流域出口断面的最大单位动能介于这两种工况之间。说明流域坝系建成时（沟道建有骨干坝、中型坝、小型坝），沟道水流的能量消耗最多，这样就减小了冲刷沟道的能量，从而减小了沟道侵蚀。③对比工况 1~工况 4 可以看出，工况 1（沟道未建坝）时流域出口断面的单位动能最大，工况 2（骨干坝）、工况 3（中型坝）次之，工况 4（小型坝）时流域出口断面的单位动能最小。说明小型坝在消耗沟道水流能量中所占的比例最大。

由图 5-42（b）可见：沟头到沟口单位重量水体的势能逐渐减小。

由图 5-42（c）可见：①沟头到沟口，8 种工况断面最大单位动能呈逐渐增大的趋势，这与断面最大流速的变化趋势一致。②对比 8 种工况，工况 1（沟道未建坝）沿程各断面的单位动能最大，工况 8（沟道建有骨干坝、中型坝、小型坝）沿程各断面的单位动能最小，其他工况沿程断面的径流功率介于这两种工况之间。说明当坝系建成时（沟道建有骨干坝、中型坝、小型坝），坝系对沟道水流的能量消耗最多。③断面 7 到断面 8，工况 2

（骨干坝）、工况 6（骨干坝、小型坝）的断面最大单位动能急剧减小，这是因为在断面 7 和断面 8 之间建有骨干坝，说明骨干坝的建设可以明显减小坝后的动能。

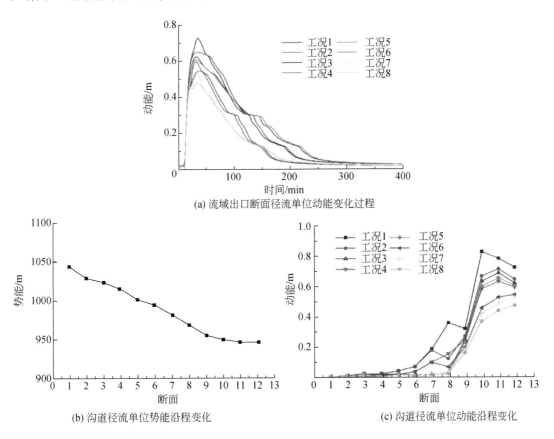

(a) 流域出口断面径流单位动能变化过程

(b) 沟道径流单位势能沿程变化　　　　　　(c) 沟道径流单位动能沿程变化

图 5-42　不同工况下沟道径流能量时空变化过程

（5）径流侵蚀功率的空间变化

径流侵蚀功率作为流域次暴雨侵蚀产沙的侵蚀动力指标，反映了不同断面所控制流域范围内的侵蚀动力情况，研究计算了不同断面的径流侵蚀功率。图 5-43 为不同工况下沟道侵蚀功率沿程变化，由图可见：①沿沟道向下，8 种工况的径流侵蚀功率表现为先增大后减小的趋势。②对比 8 种工况，工况 1（沟道未建坝）沿程各断面的径流侵蚀功率最大，工况 8（沟道建有骨干坝、中型坝、小型坝）沿程各断面的径流侵蚀功率最小，其他工况沿程断面的径流侵蚀功率介于这两种工况之间。说明当坝系建成时（沟道建有骨干坝、中型坝、小型坝），整个沟道的径流侵蚀功率减小幅度最大。③淤地坝的修建使坝后径流侵蚀能力急剧减小，改变了原有沟道径流侵蚀功率的分布。④8 种工况下，沟道上中游径流侵蚀功率起伏变化大，到了沟道下游（断面 9 以下），径流侵蚀功率基本保持不变，说明流域侵蚀基本稳定。

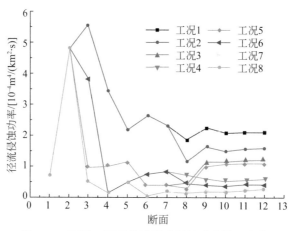

图 5-43 不同工况下沟道径流侵蚀功率沿程变化

5.2.1.3 坝系级联方式对沟道侵蚀动力过程调控

相关研究分析了沟道未建坝（W）、串联坝系（CL）、并联坝系（BL）、混联坝系（HL）四种工况下，淤地坝级联方式对洪水过程的调控作用。研究表明，三种坝系级联方式均会使流域洪水过程坦化，洪峰流量、洪水总量均明显减小，其中混联方式减小幅度最大，并联方式次之，串联方式对洪水过程的影响最小。洪水过程的改变必然导致沟道侵蚀动力的改变，所以本节通过设置四种工况，即沟道未建坝、串联坝系、并联坝系、混联坝系，计算侵蚀动力参数，探讨淤地坝级联方式对沟道侵蚀动力过程的调控作用。

（1）流速随时间变化

图 5-44 为不同级联方式下出口断面流速变化过程，由图可见：①沟道未建坝（W）和串联坝系（CL）2 种工况出口断面流速先增大后减小，并联坝系（BL）和混联坝系（HL）2 种工况出口断面的流速先急剧增大，再减小，随后又缓慢增加，最后再减小。并联坝系和混联坝系与沟道未建坝和串联坝系变化趋势不同主要是由并联坝系和混联坝系调

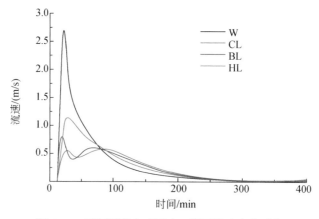

图 5-44 不同级联方式下出口断面流速变化过程

节洪水的特点决定的。并联坝系和混联坝系的调节使得不同支沟的洪水错峰遭遇。②对比 4 种工况可以发现沟道未建坝时流速随时间变化过程陡涨陡落，其他 3 种工况均有不同程度的坦化，其中混联坝系随时间变化过程最为平坦。③4 种工况的沟道出口断面最大流速分别为 2.68m/s（W）、1.13m/s（CL）、0.82m/s（BL）、0.58m/s（HL），串联坝系、并联坝系、混联坝系使流域出口流速分别减小 57.84%、69.40%、78.36%，其中混联坝系对流速的调控作用最大。

（2）径流剪切力随时间变化

图 5-45 为不同级联方式下出口断面径流剪切力变化过程，由图可见：①沟道未建坝（W）和串联坝系（CL）2 种工况出口断面的径流剪切力先增大后减小，并联坝系（BL）和混联坝系（HL）2 种工况出口断面的径流剪切力先急剧增大，再减小，随后又缓慢增加，最后再减小。这与出口断面流速的变化趋势相一致。②4 种工况下，沟道出口断面的最大径流剪切力分别为 48.52N/m² （W）、8.62N/m²（CL）、4.54N/m²（BL）、2.27N/m²（HL）。3 种坝系的修建均使沟道出口断面的最大径流剪切力急剧减小，分别减小 82.23%（CL）、90.64%（BL）、95.32%（HL），其中混联坝系的减小幅度最大。坝系建设不仅使出口断面的最大径流剪切力急剧减小，而且使径流剪切力随时间变化过程变得坦化，其中混联坝系的坦化作用最为明显。综上所述，坝系建设明显改变了沟道的径流剪切力随时间变化过程和峰值，说明坝系建设明显改变了沟道的侵蚀强度和侵蚀过程，而且混联坝系的作用最为明显。

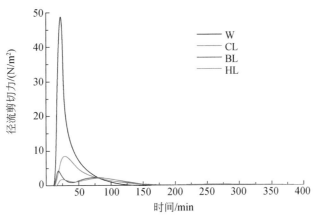

图 5-45　不同级联方式下出口断面径流剪切力变化过程

（3）径流功率随时间变化

图 5-46 为不同级联方式下出口断面径流功率变化过程，由图可见：①沟道未建坝（W）、串联坝系（CL）和并联坝系（BL）3 种工况出口断面径流功率先增大后减小，混联坝系（HL）工况下出口断面的径流功率已经减小至接近于 0，因此，看不出变化趋势。②4 种工况下，沟道出口断面的最大径流功率力分别为 130.23N/（m·s）（W）、9.76N/（m·s）（CL）、3.73N/（m·s）（BL）、1.32N/（m·s）（HL）。串联坝系、并联坝系、混联坝系的修建均使沟道出口断面的最大径流功率急剧减小，其中串联坝系减小了 92.51%、

并联坝系减小了97.14%、混联坝系减小了98.99%，减小幅度均在90%以上，混联坝系的减小幅度最大。说明三种级联方式的坝系均可以削减流域出口断面的径流功率，减小对下游沟道的冲刷，其中混联坝系削减幅度最大，减蚀效果最好。

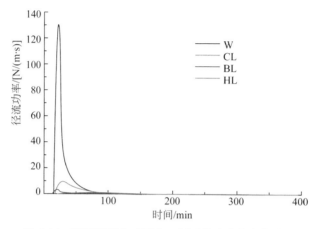

图 5-46 不同级联方式下出口断面径流功率变化过程

（4）坝系布局流域输沙量的调控

根据王茂沟小流域把口站1961~1964年实测次降雨径流泥沙资料，分析得到在上述研究时段内流域次降雨洪水的径流深、洪峰流量模数和输沙模数以及对应的径流侵蚀功率。图5-47为在双对数坐标系中点绘的王茂沟1961~1964年实测次暴雨洪水径流侵蚀功率与输沙模数关系，由图可见，在研究时段内，王茂沟流域的次暴雨输沙模数随着径流侵蚀功率的增大而增大，次暴雨径流侵蚀功率与输沙模数之间具有良好相关关系。根据图5-47中数据点的分布规律，经回归分析，建立用于描述王茂沟流域研究时段内的次暴雨洪水径流侵蚀功率与输沙模数之间相关关系的回归方程：

$$M_S = 701\ 157P^{0.889} \quad r^2 = 0.89,\ n = 23 \tag{5-3}$$

式中，M_S 为次暴雨输沙模数（t/km^2）；P 为次暴雨径流侵蚀功率 $[m^4/(km^2 \cdot s)]$；n 为次暴雨洪水场次。经分析计算，式（5-3）的 F 检验值为45.50。取 $\alpha=0.05$，由 F 分布表查得 $F_{0.95}(1, 21) = 4.32$，而45.50>4.32，因此式（5-3）通过 $\alpha=0.05$ 的检验，具有较高的置信度。

根据式（5-3）计算8种工况下流域的输沙模数，计算结果见表5-5。工况1（沟道未建坝）时流域的输沙模数最大，达到314.99t/km^2，工况8（坝系建成后）时流域的输沙模数最小，为50.66t/km^2，其他工况的输沙模数介于这两种工况之间，相比沟道未建坝时坝系建成后输沙模数减小了83.92%，说明坝系建设可以有效地减少小流域泥沙出沟，而且骨干坝、中型坝和小型坝合理配置时减沙效益最为明显。对比工况1~工况4可以看出，工况2（骨干坝）使流域输沙模数减少24.74%，工况3（中型坝）使流域输沙模数减少47.11%，工况4（小型坝）使流域输沙模数减少64.11%，其中小型坝的减沙效益最为明显，这与流域小型坝数量多以及小型坝没有放水建筑物有关。

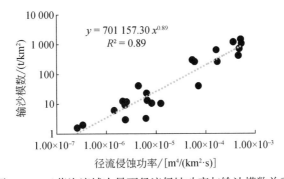

图 5-47 王茂沟流域次暴雨径流侵蚀功率与输沙模数关系

表 5-5 不同坝系布局输沙模数计算结果统计

工况	洪峰流量/ （m³/s）	洪水总量/ m³	径流侵蚀功率/ [m⁴/(km²·s)]	输沙模数/ （t/km²）	输沙模数 减少/%
1	1.26	4853.93	1.72×10^{-4}	314.99	
2	0.92	4828.87	1.25×10^{-4}	237.07	24.74
3	0.84	3556.61	8.38×10^{-5}	166.61	47.11
4	0.76	2541.04	5.42×10^{-5}	113.04	64.11
5	0.78	3532.24	7.73×10^{-5}	155.03	50.78
6	0.51	2518.06	3.60×10^{-5}	78.65	75.03
7	0.50	1802.36	2.53×10^{-5}	57.41	81.77
8	0.44	1779.58	2.20×10^{-5}	50.66	83.92

5.2.2 淤满淤地坝水沙阻控机制

将淤地坝的全寿命周期分为了达到设计库容以前和达到设计库容以后两个阶段，如图 5-48 所示，淤地坝在达到设计库容以后可能还会存在一个额外库容（extra storage capacity，ESC）。不同淤积状态下淤地坝水沙阻控作用主要探讨的是淤地坝在达到设计库容以前的拦水拦沙效率和机理，本研究主要探讨的是淤地坝从设计库容淤满向真正淤满（设计库容加额外库容）过渡的过程中坝地拦水拦沙能力的变化过程。根据淤地坝削峰滞洪效率的模拟结果得出，在达到设计库容前，坝地上的淤积过程逐渐由坝前淤积转变为库尾淤积，这一过程会使原本较为平坦的坝地的纵向坡度逐渐变大。坝地纵向坡度的增大可能会使径流的挟沙能力增强，侵蚀功率增大，削弱局部地区泥沙的沉积能力。当坝地的泥沙拦截效率（STE）降低至 0 时，淤地坝才算失效。

首先做出如下假设：存在一个由坝地控制的额外库容使得淤地坝在达到设计库容（即 100% 淤积状态）之后的一段时间内仍具有一定的水沙拦截能力，直至额外库容淤满，此后淤地坝失效。

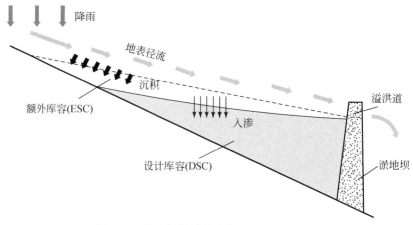

图 5-48　淤地坝的设计库容和额外库容示意

5.2.2.1　模拟工况设置

（1）模拟对象及参数设置

以蛇家沟 1 号坝为研究对象，通过一系列的场次降雨-洪水过程来探究淤地坝在达到设计库容以后的最大水沙阻控能力。图 5-49 展示了一个特定强度降雨序列下的模拟流程。

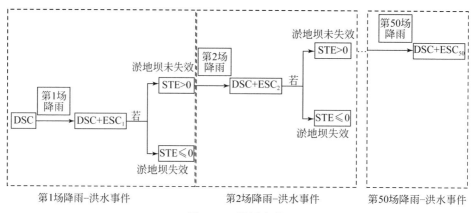

图 5-49　模拟流程

以 100% 淤积工况的三维网格为初始网格（图 5-50），采用与前文相同的模型参数、边界条件和初始条件，进行第 1 场降雨-洪水事件的模拟。以降雨-洪水事件结束后坝地的泥沙拦截效率（STE）是否大于零为判定标准：若 STE≤0，则此淤地坝在这场洪水事件后失效；若 STE>0，则此淤地坝在这场洪水事件后仍然有效。若 STE>0，则利用动网格算法将本场降雨-洪水事件造成的每个网格节点的淤积/侵蚀量以高程增加/减少的形式添加到本次模拟所用的网格中，形成新的网格（即下一次降雨-洪水事件模拟所用的三维网格）。如此往复，直到第 n 场降雨洪水事件后出现坝地的 STE≤0，即可获得此强度的降雨序列下淤地坝的最大水沙阻控能力。

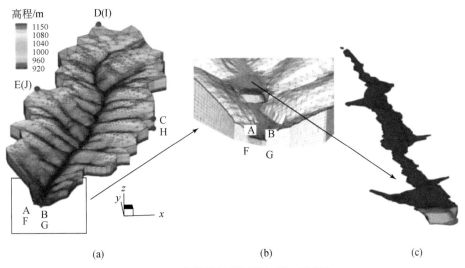

图 5-50　数值模拟所用的初始三维网格

（a）整个流域及其边界条件；（b）流域出口及出口处边界条件示意；（c）100% 淤积工况中

代表淤地坝及其坝地的地表网格示意；A～T 表示坝地出口断面的各个位置点

（2）降雨序列和动网格

考虑到研究区降雨强度的变化较大，本次模拟选择了 10 个不同强度的降雨序列来代表该区域低强度（30mm/h、40mm/h）、中等强度（50mm/h、60mm/h、70mm/h）、高强度（80mm/h、90mm/h）和极端强度（120mm/h、150mm/h、180mm/h）的降雨过程。在同一个降雨序列中，每一次的降雨即代表一个降雨-洪水事件。两场降雨-洪水事件之间的时间间隔足够长以保证每场降雨-洪水事件的初始条件相同且相互独立。

考虑到淤地坝的淤积量在超过设计库容而向额外库容增加的过程中，坝地的地形变化可能对坝地上的水沙运动过程有影响。为此，在模拟中加入了动网格计算模块，即同一场降雨-洪水事件中，上一个时刻发生的淤积/侵蚀会以节点高程增加/降低的方式赋值到下一个时刻的计算网格中；在同一个降雨序列中，上一个降雨-洪水事件产生的最终网格会作为下一个降雨-洪水事件初始时刻的计算网格。通过动网格计算，可以较为精确地考虑坝地地形变化对水沙运动的影响。

（3）判定准则

如前所述，仍用泥沙拦截效率（STE）来研究淤地坝的最大水沙阻控能力，若在一场降雨-洪水事件中淤地坝的 STE 首次小于或等于 0 且在之后的多场降雨-洪水事件中 STE 未能明显回升，则认为此淤地坝在这场降雨-洪水事件后失效，此前的累积淤沙量即淤地坝的最大水沙阻控能力；若在一场降雨-洪水事件中淤地坝的 STE 仍大于 0，则此淤地坝在这场降雨-洪水事件后仍然有效，即淤地坝尚未达到最大水沙阻控能力。

不同的是，本次模拟扩大了泥沙平衡公式的计算范围，以设计库容 100% 淤满条件下的回水线为边界，将淤地坝的尾水影响区加入到坝地泥沙平衡公式的计算中，如图 5-51 所示，由图可知，支沟 1～3 和支沟 8～10 与坝地直接相连，支沟 4～5 和支沟 7 未与坝地直接相连但位于回水影响区内，受到尾水影响。

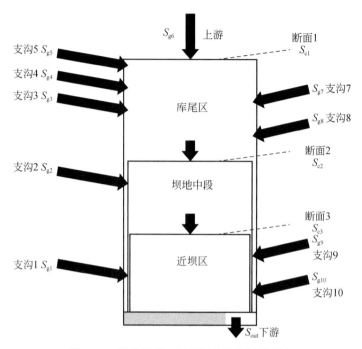

图 5-51 淤地坝影响区的泥沙平衡计算示意

泥沙拦截效率按式（5-4）计算（支再兴，2018）：

$$STE = \frac{\sum_{i=1}^{10} S_{gi} - S_{out}}{S_{out}} \times 100\% \quad (5-4)$$

式中，S_g 为从上游支沟/河道进入坝地的泥沙通量；S_{out} 为从溢洪道离开淤地坝的泥沙通量。相应地，径流拦截效率按式（5-5）计算（袁水龙，2017）：

$$RTE = \frac{\sum_{i=1}^{10} Q_{gi} - Q_{out}}{Q_{out}} \times 100\% \quad (5-5)$$

式中，Q_g 为从上游支沟/河道进入坝地的径流量；Q_{out} 为从溢洪道离开淤地坝的径流量。

此外，为了定量比较不同工况下坝地及其影响区内最终的泥沙淤积/侵蚀分布，在前文模拟结果的基础上将坝地及其影响区（即本次模拟中泥沙平衡的计算范围）分为三个区域，即近坝区、坝地中段、库尾区。三个区域面积分别约为 7.5 万 m²、4.5 万 m²、4.5 万 m²。其中，近坝区是淤地坝在 60% 设计库容下的影响区，是水流运动受坝体和溢洪道调控影响最大的区域；库尾区是淤地坝回水影响区边界和 90% 设计库容下的坝地边界所包括的区域，是水流运动受支沟-坝地坡度变化和尾水影响最大的区域。各个区域在一场降雨-洪水事件后的冲淤量按式（5-6）计算：

$$\Delta_{近坝区} = S_{g1} + S_{g9} + S_{g10} + S_{c3} - S_{out}$$
$$\Delta_{坝地中段} = S_{g2} + S_{c2} - S_{c3} \qquad (5\text{-}6)$$
$$\Delta_{库尾区} = S_{g3} + S_{g4} + S_{g5} + S_{c1} + S_{g7} + S_{g8} - S_{c2}$$

若 $\Delta>0$，则该区域淤积；若 $\Delta<0$，则该区域侵蚀（冲刷）。

5.2.2.2 各个降雨序列下的最大水沙阻控能力

各个降雨序列下坝地的泥沙拦截效率随着累积降雨量和降雨场次的变化趋势如图 5-52 和图 5-53 所示。

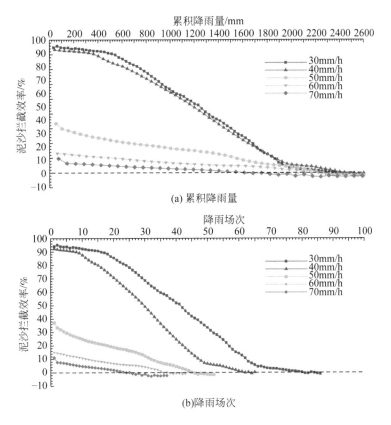

图 5-52 低强度和中等强度降雨序列下泥沙拦截效率变化过程

各个降雨序列下发生的总降雨量、总降雨场次、失效时的 STE、失效所需场次、失效所需累积降雨量以及淤地坝失效前的累积额外拦沙量见表 5-6。在不同强度的降雨序列下，坝地的泥沙拦截效率呈不同的速率下降，且在不同的场次节点达到失效临界值。随着雨强由 30mm/h 逐渐增加至 120mm/h，泥沙拦截效率减少至 0 所需要的降雨场次越来越少，暗示着在高强度降雨下淤地坝的额外库容要小于在低强度降雨下的额外库容。例如，在 30mm/h 的低强度降雨序列下，需要运行 81 场降雨–洪水事件才能使坝地的泥沙拦截效率首次小于 0；而在 80mm/h 的高强度降雨序列下，仅需要运行 15 场降雨–洪水事件就能使坝地失去泥沙拦截能力。在淤地坝失效前，30mm/h 低强度降雨序列和 80mm/h 高强度降雨序列下坝地的额外库容（即失效前累积拦沙量）分别为 14.82 万 t 和 3.33 万 t。

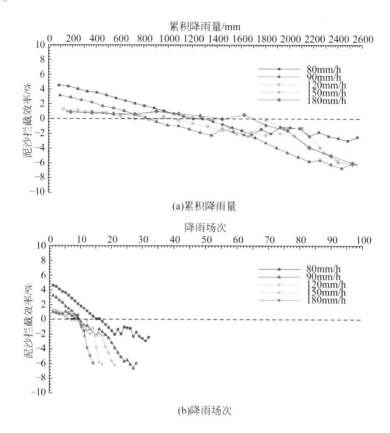

(a)累积降雨量

(b)降雨场次

图 5-53　高强度和极端强度降雨序列下泥沙拦截效率变化过程

表 5-6　淤地坝失效前累积拦沙量模拟结果汇总

雨强分级	降雨序列/（mm/h）	累积降雨量[a]/mm	累积降雨场次[b]	失效临界值[c]/%	失效所需场次[d]	失效累积降雨量[e]/mm	失效前累积拦沙量[f]/万 t
低	30	2580	86	-0.56	81	2430	14.82
	40	2600	65	-0.12	62	2480	15.99
中等	50	2600	52	-0.49	46	2300	15.21
	60	2580	43	-0.14	36	2160	13.07
	70	2590	37	-0.01	24	1680	7.25
高	80	2560	32	0.00	15	1200	3.33
	90	2520	28	-0.41	10	900	1.78

续表

雨强分级	降雨序列/（mm/h）	累积降雨量[a]/mm	累积降雨场次[b]	失效临界值[c]/%	失效所需场次[d]	失效累积降雨量[e]/mm	失效前累积拦沙量[f]/万 t
极端	120	2520	21	−0.02	6	720	0.86
	150	2550	17	−0.22	9	1350	1.49
	180	2520	14	−0.07	8	1440	1.85

注：a 每个降雨序列的累积降雨总量；b 每个降雨序列的总降雨场次；c 每个降雨序列下首个 STE 负值；d 首个 STE 负值出现的降雨场次；e 淤地坝失效时累积降雨量；f 淤地坝失效前累积拦沙量。

对于低强度降雨序列（30mm/h、40mm/h），在总共 2600mm 的累积降雨量下，坝地的泥沙拦截效率变化分为三个阶段：

在前 10～20 场降雨–洪水事件中，拦截效率缓慢下降，坝地仍保持较强的泥沙拦截能力。例如，40mm/h 的低强度降雨序列下，前 15 场降雨洪水事件后泥沙拦截效率由 95%下降至 80%，在累积降雨量达到 600mm 前仍具有较强的拦截能力，累积拦截约 7.5 万 t 泥沙［图 5-54（a）］。

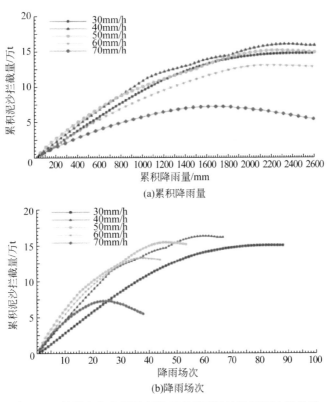

图 5-54　低强度和中等强度降雨序列下坝地累积泥沙拦截量

累积降雨量从 600mm 增加至 1900mm 时，泥沙拦截效率快速地线性下降至 10%，在此阶段内坝地拦沙能力快速削弱［图 5-54（a）］。

累积降雨量从 1900mm 增加至 2600mm 时，泥沙拦截效率由 10% 缓慢地减小至失效临界值，并在-1.00% 和+1.00% 之间来回摆动。

对于中等强度的降雨序列 (50mm/h、60mm/h、70mm/h)，其泥沙拦截效率的变化趋势较为简单：随着场次的增加，从第 1 场降雨-洪水事件的一个较低的初始 STE (50mm/h、60mm/h、70mm/h 分别为 37%、15% 和 11%) 逐渐减少至失效临界值 (50mm/h、60mm/h、70mm/h 分别为-0.49%、-0.14%、-0.01%)。不同的中等强度降雨序列下，坝地达到失效临界值所需的累积降雨量 (降雨场次) 分别为 2300mm (第 46 场)、2160mm (第 36 场)、1680mm (第 24 场)，少于低强度降雨序列下所需要的累积降雨量和降雨场次。在低强度和中等强度的降雨序列下，坝地的泥沙拦截效率在达到失效临界值后会在-1.00% 和+1.00% 之间来回摆动，暗示着坝地会在之后的一段时间内保持一个近似于冲淤平衡的状态。

对于高强度和极端强度的降雨序列，坝地的泥沙拦截效率变化趋势如下：初始拦截效率较低，很快失效且失效后坝地内冲刷严重。例如，在 120mm/h 降雨序列下，第 1 场降雨-洪水事件的泥沙拦截效率仅为 1.6%，且在第 6 场降雨-洪水事件中达到泥沙拦截效率的失效临界值，此时坝地的累积降雨量仅为 720mm，仅拦截泥沙 0.86 万 t，如图 5-55 所示。

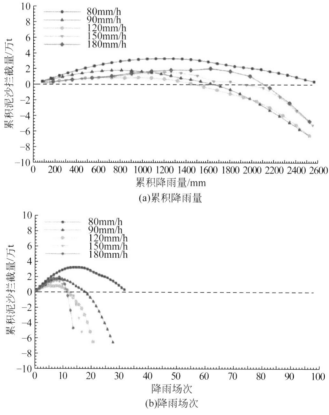

图 5-55　高强度和极端强度降雨序列下坝地累积泥沙拦截量

累积泥沙拦截量为正值时表示淤积，为负值时表示冲刷由表5-7、图5-56和图5-57可见，在达到设计库容以后，淤地坝在中低强度的降雨条件下仍具有一定的额外库容，能够在失效前拦截大量的泥沙；在达到失效临界值后能以冲淤平衡的状态运输上游来沙，使得坝地上已经淤积的泥沙很少在下一次降雨-洪水事件中被冲走。例如，在30mm/h、40mm/h、50mm/h降雨序列下，坝地在达到失效临界值前分别能够拦截泥沙14.82万t、15.99万t和15.21万t，而在模拟的终止时刻（即累积降雨量约为2600mm时），坝地上拦截的泥沙只分别略微减少至14.81万t、15.92万t和14.96万t。表明在这三种强度的降雨序列下，坝地的额外库容是较为稳定可靠的额外库容。

表5-7 不同降雨序列下的额外库容统计

雨强分级	降雨序列/（mm/h）	失效前累积泥沙拦截量/万t	失效前额外库容占比/%	模拟终止时累积泥沙拦截量/万t	模拟终止时额外库容占比/%
低	30	14.82	27.15	14.81	27.13
	40	15.99	29.29	15.92	29.16
中等	50	15.21	27.86	14.96	27.40
	60	13.07	23.94	12.85	23.54
	70	7.25	13.28	5.51	10.09
高	80	3.33	6.10	0.41	0.75
	90	1.78	3.26	−6.55	−11.99
极端	120	0.86	1.58	−6.49	−11.89
	150	1.49	2.73	−5.18	−9.48
	180	1.85	3.39	−4.66	−8.54

注：额外库容占比指额外库容占设计库容的百分比。

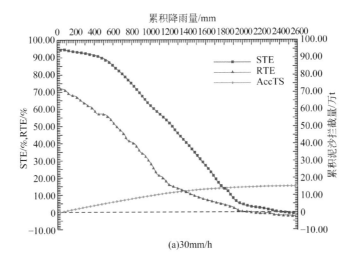

(a)30mm/h

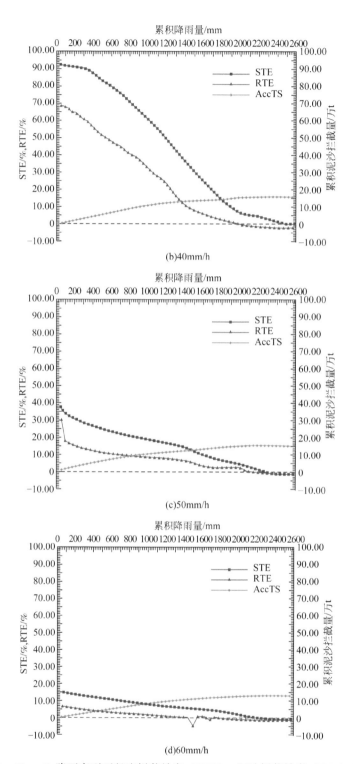

图 5-56　30~60mm/h 降雨序列下径流拦截效率（RTE）、泥沙拦截效率（STE）和坝地累积
泥沙拦截量（AccTS）随累积降雨量的变化过程

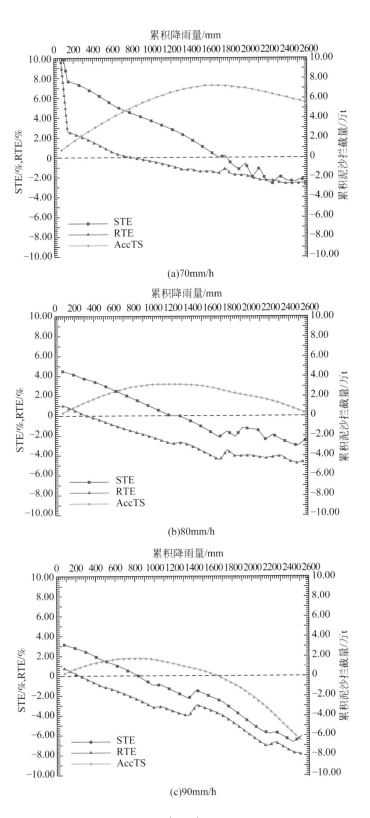

(a)70mm/h

(b)80mm/h

(c)90mm/h

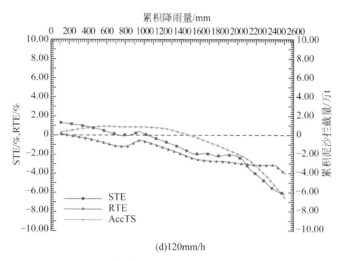

(d)120mm/h

图 5-57　70~90mm/h 和 120mm/h 降雨序列下径流拦截效率（RTE）、泥沙拦截效率（STE）和
坝地累积泥沙拦截量（AccTS）随累积降雨量的变化过程

　　蛇家沟 1 号坝的设计库容为 54.59 万 t（20.6 万 m³），通过计算可得，模拟终止时，在 30mm/h、40mm/h、50mm/h 降雨序列下，淤地坝的额外库容为设计库容的 27.13%、29.16% 和 27.40%，详见表 5-7。随着降雨强度的增加，坝地的额外库容减少至 12.85 万 t（60mm/h）和 5.51 万 t（70mm/h），分别约为设计库容的 23.54% 和 10.09%。

　　在高强度降雨甚至极端降雨条件下，坝地的额外库容很难发挥作用。例如，在 80mm/h 降雨序列下，在达到失效临界值前，坝地拦截了 3.33 万 t 泥沙，然而这 3.33 万 t 泥沙在随后的降雨-洪水事件中几乎被全部冲走，最终仅剩 0.41 万 t 泥沙，最终的额外库容仅占设计库容的 0.75%；在 150mm/h 降雨序列下，淤地坝失效前能拦截 1.49 万 t 泥沙，然而在模拟终止时坝地反而被冲走了约 5.18 万 t 泥沙。

　　图 5-56 和图 5-57 给出了每一个降雨序列下坝地的径流拦截效率、泥沙拦截效率和累积泥沙拦截量随累积降雨量的变化过程，由图可见，坝地的径流拦截效率随累积降雨量增加而下降的速率比泥沙拦截效率下降的速率快，说明坝地的泥沙拦截能力持续时间久于坝地的径流拦截能力。此外，淤地坝在不同降雨序列下对径流拦截效率的变化趋势与泥沙拦截效率的变化趋势一致：在低强度和中等强度降雨条件下，径流拦截效率先缓慢下降，然后快速线性下降，最后达到平衡状态；在高强度和极端降雨条件下，淤地坝对水流的拦截能力很快消失，且坝地上的产流能力加强，导致最终坝地控制区域的出流量大于入流量。

　　上述结果表明，给定一个流域内所有降雨-洪水事件的平均降雨强度，可以粗略地用流域内已发生的累积降雨量来判断一个所谓"淤满"的淤地坝实际处于何种状态，是否还能拦沙。图 5-58 给出了蛇家沟 1 号坝在蛇家沟流域内最大水沙阻控能力的判定关系，由图可见，在累积降雨量-降雨强度关系线的上侧，蛇家沟 1 号坝处于失效状态，坝地在低强度和中等强度的降雨-洪水事件中冲淤平衡，但在高强度和极端强度的降雨-洪水事件中处于冲刷状态；在累积降雨量-降雨强度关系线的下侧，蛇家沟 1 号坝处于有效状态，坝地在 30~80mm/h 强度的降雨-洪水事件中仍能够拦截一定量的泥沙，并且其拦截能力较为稳定；在 80mm/h 以上强度的降雨–洪水事件中，坝地仍有可能拦截少量泥沙，但是其拦截能力不稳定。

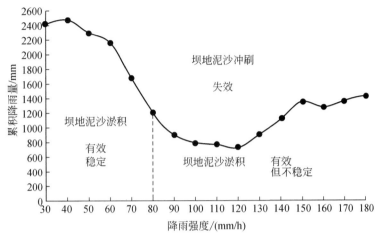

图 5-58 以流域累积降雨特征表征的达到设计库容后淤地坝的最大水沙阻控能力

以上判定关系将一个达到设计库容后的淤地坝在未来的降雨–洪水事件中是否拦沙与流域的气象条件相关联，使淤地坝管理者和水土保持工作者能够根据流域的气象数据来粗略判断一个淤地坝目前处于何种状态，对预报未来黄土高原小流域水沙变化趋势有一定的参考价值。

5.2.2.3 坝地淤积/侵蚀交替分布规律

(1) 坝地及其影响区内的淤积/侵蚀分布

图 5-59 ～ 图 5-62 对比了不同强度的降雨序列 （30mm/h、60mm/h、90mm/h 和 120mm/h） 下，在累积降雨量相同 （或相近，90mm/h 降雨序列） 时场次降雨–洪水事件后，坝地各个区域按式 （5-6） 所得的泥沙淤积/冲刷量。

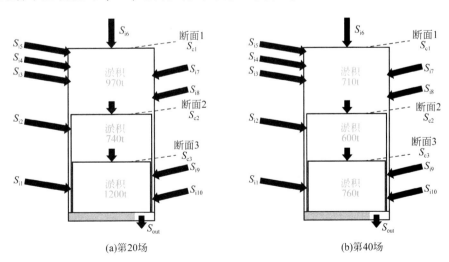

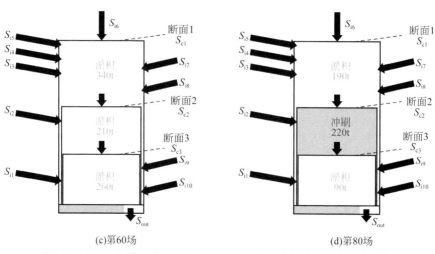

(c)第60场　　　　　　　　　(d)第80场

图5-59　30mm/h降雨序列下的单场降雨-洪水事件后的淤积/冲刷分布

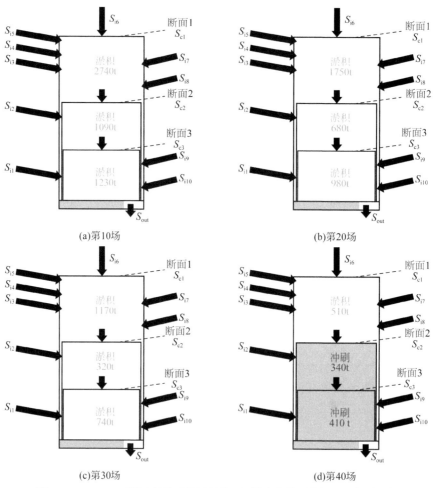

(a)第10场　　　　　　　　　(b)第20场

(c)第30场　　　　　　　　　(d)第40场

图5-60　60mm/h降雨序列下的单场降雨-洪水事件后的淤积/冲刷分布

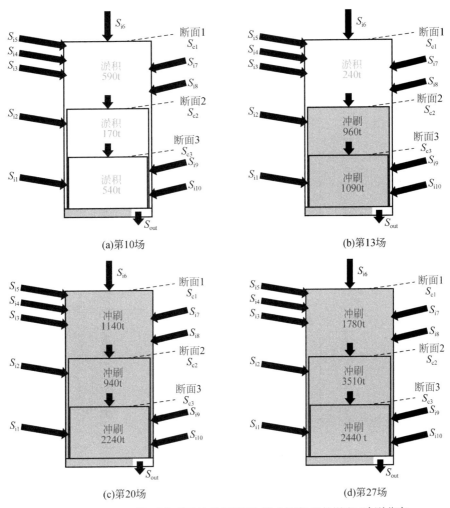

图 5-61　90mm/h 降雨序列下的单场降雨-洪水事件后的淤积/冲刷分布

在 30mm/h 降雨序列下，近坝区、坝地中段和库尾区三个区域在累积降雨量达 1800mm 以前处于淤沙状态；当累积降雨量达 2400mm 时，坝地中段首先发生侵蚀（冲刷了 220t 泥沙），但整体上坝地及其影响区处于冲淤平衡的状态。在 60mm/h 降雨序列下，三个区域的冲淤分布与 30mm/h 降雨序列相似，但最终在坝地中段和近坝区均发生侵蚀（分别冲刷了 340t 和 410t 泥沙），其最终冲淤平衡状态由库尾区较多的淤沙和另外两个区域同时冲沙构成。在 90mm/h 降雨序列下，侵蚀过程较早的（累积降雨量达 1170mm，第 13 场降雨）从坝地中段和近坝区开始发生，并最终逐渐蔓延至上游库尾区，最终形成全区域冲刷状态。在 120mm/h 降雨序列下，冲刷过程很早发生且蔓延至整个区域，在累积降雨量达 2400mm 的第 20 场降雨-洪水事件中又在库尾区发生淤积，但库尾区淤积量远小于下游冲刷量。在不同强度降雨序列下，从三个区域在不同累积降雨量的冲淤分布可以看出，额外库容下运行的淤地坝，其库尾区是最主要的淤沙区域，在多次的降雨-洪水事件后仍能在三个区域中保持最高的淤沙量。坝地中段率先冲刷的现象在蛇家沟流域，这是因为其正好处于河道束窄的位置，流速和水深的升高导致该区域的径流侵蚀功率增长最快。总体来说，额外库容下运行的淤地坝，其近坝区和坝地中段是最主要的冲刷区。

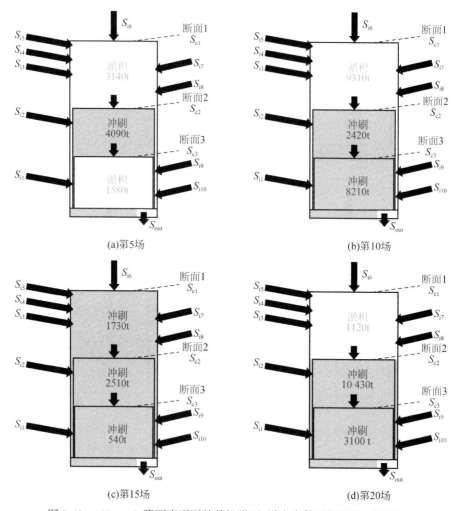

图 5-62　120mm/h 降雨序列下的单场降雨–洪水事件后的淤积/冲刷分布

（2）纵向淤积剖面对比

图 5-63 对比了不同降雨序列下坝地达到失效临界值（STE 首次<0）的场次洪水事件后主河道中轴线相对于初始状态的高程变化。

在低强度降雨序列（30mm/h 和 40mm/h）下，自上而下（从库尾区到近坝区）的淤积过程明显地将原本平缓的坝地重新堆积成一个近似梯形的淤积体，形成一个较大的、稳定的额外库容。在中等强度降雨序列（50mm/h、60mm/h 和 70mm/h）下，近坝区的单次淤积量随雨强增大而明显减少，坝地上的泥沙形成一个近似直角三角形（斜边为中轴线高程变化）的淤积体。在高强度和极端强度降雨序列下，由高程变化线的剧烈起伏可以看

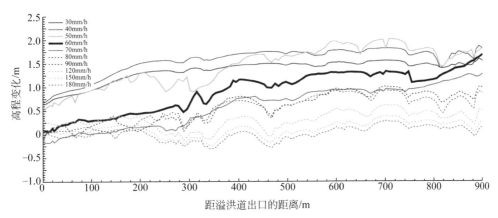

图 5-63　不同降雨序列下坝地泥沙拦截效率首次小于 0 时主河道中轴线相对于初始状态高程

出，坝地不同位置的冲淤变化随雨强的增加而变得越来越剧烈，未能形成明显的淤积层。

根据式（5-7）计算可以得到主河道中轴线的平均纵向坡度：

$$\bar{S} = \dfrac{\left(\dfrac{z_{j-1} - z_j}{x_j - x_{j-1}}\right) + \left(\dfrac{z_j - z_{j+1}}{x_{j+1} - x_j}\right)}{2n} \qquad (5\text{-}7)$$

式中，z 是中轴线上各点的高程；x 是各点距离溢洪道出口的距离；j 是节点编号；n 是节点总数。

不同降雨序列下坝地达到失效临界值时主河道坝地中轴线的平均纵向坡度如图 5-64 所示，由图可见在所有降雨序列中，60mm/h 降雨序列在失效临界时刻形成的平均纵向坡度最大。可能的原因是，在此强度降雨的连续驱动下，既能保证在前几场降雨-洪水事件中库尾区可以形成较高的新淤积层，又能保证在临近失效的几场降雨-洪水事件中坝地中段和近坝区较强烈的冲刷过程，因此，进一步削尖了前端淤积层，使"三角形淤积层"的坡度变大。

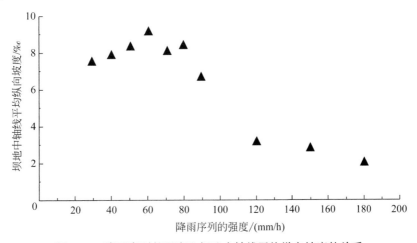

图 5-64　降雨序列的强度和坝地中轴线平均纵向坡度的关系

5.2.3 溃决淤地坝泥沙输移机制

5.2.3.1 极端降雨事件下淤地坝损毁特征

(1) "7.26" 无定河暴雨淤地坝损毁特征

1) 子洲县、绥德县淤地坝损毁特征。根据 2017 年 "7.26" 特大暴雨水土保持综合考察结果，淤地坝调查情况由表 5-8 所示，由表可见，子洲县受损的骨干坝中，55% 为由坝体和溢洪道构成的两大件，21% 为由坝体和放水建筑物构成的两大件，21% 为由坝体、溢洪道和放水建筑物构成的三大件，只有 3% 为坝体的 "闷葫芦" 坝。本次调查的受损骨干坝 77% 建设于 1980 年前。

表 5-8 子洲县、绥德县淤地坝受损数量调查结果统计

指标	子洲县			绥德县		
	骨干坝	中型坝	小型坝	骨干坝	中型坝	小型坝
水损数量/座	39	139	125	16	142	143
总数/座	215	864	960	134	589	2180
比例/%	18.14	16.09	13.02	11.94	24.11	6.56

子洲县受损的 8 座由坝体和放水建筑物组成的骨干坝中，2 座放水建筑物受损，坝体完好，其余 6 座坝体和放水建筑物均受损。8 座 "三大件" 结构的骨干坝中，1 座坝体受损，2 座坝体和放水建筑物受损，5 座放水建筑物受损。23 座坝体和溢洪道组成的骨干坝中，2 座坝体受损，12 座溢洪道受损，9 座溢洪道和坝体均受损。子洲县受损的 139 座中型坝，28% 由坝体一大件组成，32% 由坝体和溢洪道组成，38% 由坝体和放水建筑物组成，2% 由三大件组成。坝体受损占受损中型坝数量的 53.02%，放水建筑物受损占18.14%，溢洪道受损占 8.84%，坝体和放水建筑物同时受损占 14.88%，坝体和溢洪道同时受损占 5.12%。

绥德县受损骨干坝 16 座，其中坝体受损占受损骨干坝数量的 50%，放水建筑物受损占 6.25%，坝体和放水建筑物同时受损占 25%，坝体和溢洪道同时受损占 18.75%。绥德县受损中型坝 142 座，坝体受损占受损中型坝数量的 24.65%，放水建筑物受损占 21.83%，溢洪道受损占 19.01%，坝体和放水建筑物同时受损占 16.9%，坝体和溢洪道同时受损占 17.61%。

2) 典型流域淤地坝损毁特征。韭园沟淤地坝水毁情况：受损骨干坝 5 座，占总骨干坝数量的 18.52%，其中坝体受损占受损骨干坝数量的 40%，溢洪道受损占 40%，放水建筑物受损占 20%；受损中型坝 23 座，占总中型坝数量的 57.5%，其中坝体受损占受损中型坝数量的 69.56%，溢洪道受损占 4.35%，放水建筑物受损占 4.35%，坝体和放水建筑物同时受损占 17.39%，坝体和溢洪道同时受损占 4.35%（表 5-9）。

表5-9 韭园沟流域淤地坝受损情况统计　　　　　　　　　　（单位：座）

类型	结构受损情况				
	坝体	溢洪道	放水建筑物	坝体和放水建筑物同时受损	坝体和溢洪道同时受损
骨干坝	2	2	1	0	0
中型坝	16	1	1	4	1

　　对王茂沟流域受损的坝地面积进行了调查（表5-10），根据调查的5座坝，暴雨损失的坝地比例最高为12.65%，最低为3.47%，平均为8.42%。王茂沟流域2012年7月15日也遭受了大暴雨袭击，所调查的5座坝在2012年已被冲毁，未及时修补，"7.26"暴雨对坝地继续进行冲刷，但可以看出，坝地损失比例仍然低于10%。

表5-10 坝地损毁比例调查结果统计

坝名	受损坝地面积/m^2	坝地总面积/m^2	比例/%
关地沟1号坝	3 777	29 864	12.65
关地沟4号坝	1 044	13 740	7.60
王塔沟1号坝	527	6 992	7.54
贝塔沟坝	397	9 048	4.39
埝堰沟4号坝	505	14 545	3.47

（2）淤满坝地溃口分析

　　以王茂沟典型溃坝为测量对象，得到了精度误差为1mm的点云数据（图5-65），同时利用点云数据生成了精度为2mm的DEM数据（图5-66），通过ArcGIS测量典型溃坝，其形态参数见表5-11。王茂沟淤地坝发生溃坝之后溃口长度小于坝体长度、溃口深度接近坝体深度，即当淤地坝发生溃坝之后并不是坝体垮塌或者整个坝体损毁，而是坝体被洪水冲开一道小于坝体一半长度的溃口，洪水通过溃口溯源侵蚀坝地内以往淤积的泥沙。

图5-65 王茂沟典型溃坝三维点云数据

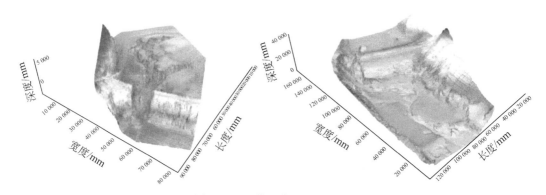

图 5-66　王茂沟典型溃坝 DEM

表 5-11　王茂沟典型溃坝形态参数统计　　　　　　　　（单位：m）

坝名	原坝名	坝体长度	坝体宽度	坝顶宽度	坝高	溃口长度	溃口深度
溃坝一	—	65.00	11.30	4.00	4.70	8.42	4.70
溃坝二	关地沟1号坝	99.75	36.63	6.74	21.17	19.61	19.40

基于扫描的王茂沟典型溃坝 DEM，通过高程平滑及空间插值等操作还原溃坝前坝体形态，以此求得溃坝一、溃坝二的溃口体积分别为 $1621m^3$、$12\,116m^3$（表 5-12）。通过遥感影像测得坝地中溃口占溃坝前坝地面积的比例（即坝地面积溃损比），溃坝一为 4.92%，溃坝二为 0.47%，两个溃坝坝地面积溃损比均不超过 5%，由此可知，外界所传"淤地坝零存整取"的说法是有待商榷的。

表 5-12　王茂沟典型溃坝体积统计

坝名	溃口体积/m³	坝地面积/m²	坝地溃损面积/m²	坝地面积溃损比/%
溃坝一	1 621	14 643	720	4.92
溃坝二	12 116	27 669	131	0.47

（3）溃坝原因

溃坝原因主要包括自然因素和人为因素两方面，自然因素包括超标准暴雨洪水、坝系内缺乏骨干工程、淤地坝滞洪能力不足、泄洪建筑物失效或泄流能力不足、坝坡治理差等，其中超标准暴雨洪水是水毁的最主要原因。人为因素包括工程质量差、管理管护不善等，也是垮坝的重要原因。

1）超标准暴雨洪水。20世纪70年代以前陕北修建的淤地坝多为中小型坝，泄洪设施不配套，设计洪水重现期为10~30年，还有一部分工程是群众自建的，无明确的防洪标准，防洪能力偏低。坝内洪水无法下泄，只能靠自然蒸发和下渗，如遇特大暴雨洪水，通常会导致坝系群毁。历史上几次极端暴雨事件导致淤地坝溃损情况见表 5-13。

表 5-13　历史上几次极端暴雨事件导致淤地坝溃损情况统计

时间	地点	暴雨频率	淤地坝溃损情况
1977 年 8 月	清涧县、子长县、绥德县	100 年一遇	分别冲毁大小淤地坝 2700 座、930 座、2640 座，毁坝数占坝总数的 70%～80%
1994 年 7～8 月	绥德县、定边县、吴起县	超过 100 年一遇	分别冲毁淤地坝 798 座、272 座、65 座，占当地淤地坝总数的 30% 以上
2000 年 7 月	吕梁市离石王家沟流域	50 年一遇	5 座淤地坝部分水毁，2 座淤地坝的涵洞部分水毁
2012 年 7 月	绥德县韭园沟流域	80 年一遇	24 座淤地坝及其放水建筑物发生不同程度的损毁
2016 年 8 月	鄂尔多斯地区	超过 300 年一遇	造成 19 座淤地坝溃损，占流域内总数的 11%
2017 年 7 月	绥德县、子洲县	超过 100 年一遇	损毁淤地坝 337 座

2）坝系内缺乏骨干工程。骨干坝通常经过规范的设计和施工管理，其筑坝和防洪标准较高，在坝系中通常起到上拦下保的治沟作用。对于建设时期较早或者当地群众自发修建的中小型淤地坝系，坝系整体抗洪能力较弱，往往一坝溃决，引起连锁溃坝。

3）淤地坝有效库容淤满，滞洪能力不足。黄河流域的淤地坝绝大多数是在 20 年前建成的，这些工程经过多年淤积，有的已淤满，有的仅留下很小的滞洪库容。根据调查统计，这些坝和剩余库容仅占总库容的 10% 左右，早已属于病险坝。大多数淤地坝泄洪设施不配套，泄洪设施无法及时泄洪，一遇较大暴雨，势必导致洪水浸坝或者排水设施损坏，引发水毁。据陕北地区统计，一大件"闷葫芦"坝共有 26 233 座，占淤地坝总数的 82%，其中小型"闷葫芦"坝 22 772 座，占小型淤地坝总数的 90%。在暴雨情况下，"闷葫芦"坝容易蓄满，只能靠蒸发、渗漏排放，若不采取补救措施，随时可能溃损。

4）施工质量差，运行管护制度不完善。淤地坝按施工工艺分为水坠坝和碾压坝。有的工程在坝体施工中夯实、碾压度不达标；有的工程在施工过程中对坝址、涵卧管处的不良地质情况，土坝与岸坡及土坝和涵洞的结合处未按要求施工，这些施工缺陷均将给坝体安全留下隐患。淤地坝的管护主体不明确、管护责任不落实、个别地方坝地使用权不固定，这些都可能导致农户生产上的掠夺性经营，只顾种地不管维修，养护责任制形同虚设，承包管护有名无实。部分淤地坝出现放水工程、溢洪道被山体滑塌掩埋或放水孔阻塞的情况却无人及时清理，导致洪水下泄不畅，引起坝体穿孔、穿洞及泄水设施塌陷；还有坝地分布的蚁穴、鼠洞无人治理等。

5.2.3.2　淤地坝溃决后侵蚀特征及泥沙输移控制机制

(1)　溃坝坝地侵蚀特征

淤地坝溃决后库区内泥沙侵蚀的控制性过程是黄土高原普遍存在的陡坎侵蚀，如图 5-67 所示。通过实地考察调研，发现黄土高原韭园沟流域淤地坝溃决后向上游发生溯源冲刷，形成高程不连续的陡坎，以陡坎的形式逐渐向上游发展，而下游淤积较少或几乎未淤积。可能原因是黄土高原泥沙细，沉降速度小，调整长度长，河床变形方程以对流特性为主，使得溃坝后上游发生明显的溯源侵蚀，而坝下游附近河段基本没有明显的淤积，向上游发展的陡坎得以维持。

(a) 王茂沟内水毁淤地坝的溃口陡坎 　　　　　(b) 漫顶冲决淤地坝顶陡坎

图 5-67　黄土高原陡坎侵蚀现象

通过运用数学模型设置不同泥沙粒径进行溃坝模拟，发现当粒径小于某一值后，溃坝后只发生向上游传播的侵蚀波，而坝体下游几乎不淤积，这也验证了我们的猜想。我们在溃决淤地坝的下游同样观察到周期性的陡坎地形。淤地坝破坏后从坝址溃口处发育陡坎，并以溯源侵蚀形式向上游迁移。总体上，泥沙侵蚀缓慢，库区内泥沙只有部分被释放，展示了陡坎的抑制输沙的作用。

(2)　溃坝泥沙输移控制机制

为了进一步研究陡坎发育的随机特征和影响因素，我们对韭园沟、王茂沟流域内陡坎进行考察，采用差分 GPS 测量了有陡坎存在的沟道地形，图 5-68 为桥沟主沟沟道纵剖面，约 600m 的沟道内存在着连续的 20 个陡坎。对韭园沟、王茂沟流域内陡坎的波长和波高进行统计，发现陡坎的波长与波高的比值（L/H）能较好地服从三参数对数正态分布，其概率分布如图 5-69 所示。

5.2.3.3　淤地坝溃坝模拟分析

2012 年 7 月 15 日王茂沟流域遭受罕见暴雨袭击，绥德水保站的实测资料显示，该次暴雨 3h 内的降水量为 98.4mm，最大 1h 降水量为 75.5mm。流域内王塔沟 1 号坝、王塔沟 2 号坝、埝堰沟 2 号坝、埝堰沟 3 号坝、康和沟 1 号坝、康和沟 2 号坝、康和沟 3 号坝、黄柏沟 1 号坝 8 座淤地坝发生溃坝，对发生损毁淤地坝的具体溃口位置及尺寸等参数进行了实地调查。

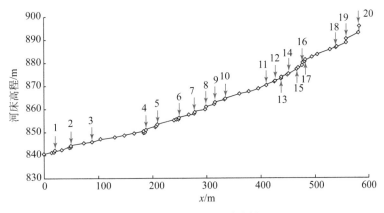

图 5-68　桥沟主沟沟道纵剖面

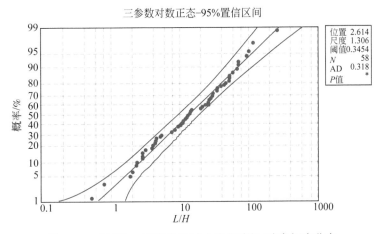

图 5-69　韭园沟、王茂沟流域内陡坎波长/波高概率分布

（1）溃坝过程反演模拟

根据溃坝后坝体的溃口形态对"7.15"洪水时的溃坝过程进行反演。首先，对流域 19 座坝利用基本体型参数进行建模，并根据现状溃口对溃坝类型进行初始判断，设定初始溃口类型和尺寸；然后根据结果对初始溃口及其他参数进行调整，再次计算，如此反复，直至所有损毁淤地坝溃口与现状一致。在计算过程中发现，流域内只有王塔沟 2 号坝和康和沟 1 号坝发生溃坝，计算的终溃口尺寸分别为深 1.58m、均宽 1.56m 和深 1.47m、均宽 1.38m 的梯形溃口。

表 5-14 为模拟结果与 2012 年 9 月的实测资料记录的 19 座坝的参数的对比。王茂沟流域的 19 座坝中有 8 座发生溃坝，其中有 2 座溃口与实际差别较大。由表 5-14 可见，2 座坝均为淤积情况较好的淤地坝，可能是由坝内淤积土体对坝体安全方面的影响较大，而模型设置并不能很好地反映两者之间的联系所致。

表 5-14　王茂沟流域溃坝模拟结果与实测资料的对比

坝名	实测溃口			模拟结果	
	溃口形状	溃口尺寸	溃口位置	溃口形状	溃口尺寸
王塔沟 2 号坝	梯形	宽 11.2m、深 4.6m	坝体中间	梯形	上底宽 20m，下底宽 8.44m，深 8.67m
王塔沟 1 号坝	圆形	直径 1m	靠左岸、山体接触处	圆形	直径 0.656m
死地嘴 2 号坝	—	—	—		
死地嘴 1 号坝	—	—	—		
马地嘴坝	—	—	—		
康和沟 3 号坝	梯形	宽 7m、深 4m	坝体中间、偏坝顶处	梯形	上底宽 7.06m，下底宽 2.82m，深 3.18m
康和沟 2 号坝	圆形	直径 0.5m	靠右岸、竖井旁	圆形	直径 0.48m
康和沟 1 号坝	圆形	直径 1m	靠右岸、山体接触处	梯形	上底宽 28.34m，下底宽 23.25m，深 12m
埝堰沟 4 号坝	—	—	—		
埝堰沟 3 号坝	梯形	宽 4m、深 4m	靠右岸、山体接触处	梯形	上底宽 7.84m，下底宽 1.82m，深 4.51m
埝堰沟 2 号坝	梯形		靠右岸、卧管处	梯形	上底宽 9.52m，下底宽 0.81m，深 6.53m
埝堰沟 1 号坝	—	—	—		
黄柏沟 2 号坝	—	—	—		
黄柏沟 1 号坝	圆形	直径 2m	坝体中间、竖井旁	圆形	直径 2.18m
关地沟 4 号坝	—	—	—		
关地沟 2 号坝	—	—	—		
关地沟 1 号坝	—	—	—		
王茂沟 2 号坝	—	—	—		
王茂沟 1 号坝	—	—	—		

　　二级支沟王塔沟内 2 座坝均发生溃坝，图 5-70 给出了王塔沟 1 号、2 号坝坝前水深的变化过程、支沟出口处和下游一级支沟的水深变化过程以及支沟上游由降雨形成的流量过程。随着输入区间的洪水增加，王塔沟 2 号坝最先发生溃坝，王塔沟 2 号坝溃坝洪水与降雨产生的洪水共同进入王塔沟 1 号坝的坝控区间，最终使王塔沟 1 号坝的坝前水位超过安全水位，从而导致溃坝。同时模拟显示洪水在流过马地嘴坝之后洪峰被明显坦化。

　　一级支沟康和沟内 3 座坝均发生溃坝，图 5-71 给出了康和沟 1 号、2 号、3 号坝坝前水深的变化过程、支沟出口处的水深变化过程以及支沟上游由降雨形成的流量过程。随着降雨持续坝前逐渐积水，位于下游的康和沟 1 号坝最先发生溃坝，之后上游的康和沟 3 号坝也发生溃坝，然后康和沟 2 号坝受到坝前区间的降雨汇水及康和沟 3 号坝溃坝洪水的双重

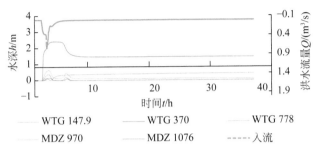

图 5-70 王塔沟坝前水深及上游入流过程

以 WTG 147.9、MDZ 970 为例,其分别表示王塔沟里程147.9m 处,马地嘴里程973m 处;
王塔沟 2 号坝址位于里程178m;王塔沟 1 号坝址位于里程382m;马地嘴坝位于里程973m

影响也迅速发生溃坝。同样模拟显示流域出口处的洪水过程线受到了明显的坦化作用。

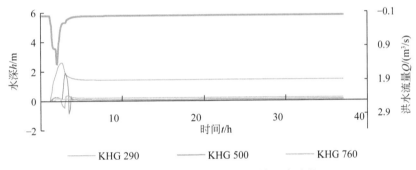

图 5-71 康和沟坝前水深及上游入流过程

以 KHG 290 为例,其表示康和沟里程290 处,康和沟 3 号坝址位于里程298m;康和沟 2 号坝址位
于里程504m;康和沟 1 号坝址位于里程768m

一级支沟埝堰沟内有 2 座坝发生溃坝,分别是埝堰沟 2 号坝与埝堰沟 3 号坝,图 5-72
给出了埝堰沟 1 号 ~ 4 号坝坝前水深的变化过程、支沟出口处的水深变化过程以及支沟上
游由降雨形成的流量过程。支沟内上游的埝堰沟 4 号坝已经淤满,并开挖溢洪道,可以看
到其坝前水深的变化与降雨径流的变化过程基本一致。埝堰沟 3 号坝首先达到起溃条件进
而发生溃坝,埝堰沟 2 号坝前水位在降雨径流和埝堰沟 3 号坝的溃坝洪水的作用下达到起
溃条件进而发生溃坝。埝堰沟 1 号坝并没有发生溃坝,可以看到处于埝堰沟 1 号坝坝控区
间的 1156.6m 里程断面的水深一直处于上升状态直至稳定,由于模型中没有考虑埝堰沟 1
号坝的放水建筑物,之后其坝前水位保持平稳。

一级支沟黄柏沟内有 1 座坝发生溃坝,图 5-73 给出了黄柏沟 1 号、2 号坝坝前水深的
变化过程、支沟出口处的水深变化过程以及支沟上游由降雨形成的流量过程。位于上游的
黄柏沟 2 号没有溃坝,在降雨径流的洪峰经过之后发生溃坝,支沟流域断面的水深过程主
要受黄柏沟 1 号坝溃坝过程的影响。

综上所述,王茂沟的 4 个坝系单元内均有溃坝现象发生,其中死地嘴、康和、黄柏
沟单元出口处的水位过程受到流域内溃坝的影响,把它定义为单元不安全。各单元出口处

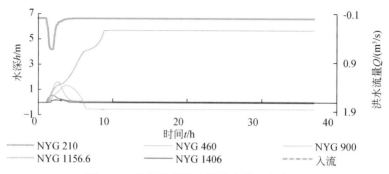

图 5-72 埝堰沟坝前水深及上游入流过程

以 NYG 210 为例，其表示埝堰沟里程 210m 处；埝堰沟 4 号坝址位于里程 220m；埝堰沟 3 号坝址位于里程 472m；
埝堰沟 2 号坝址位于里程 920m；埝堰沟 1 号坝址位于里程 1172m

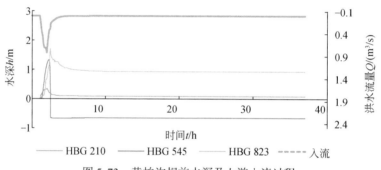

图 5-73 黄柏沟坝前水深及上游入流过程

以 HBG 210 为例，其表示黄柏沟里程 210m；黄柏沟 2 号坝址位于里程 217m；黄柏沟 1 号坝址位于里程 578m

的最大水深从上游到下游依次为死地嘴单元 0.16m、康和沟单元 0.25m、埝堰沟单元 0.287m、黄柏沟单元 1.72m。

结合单元内部的淤地坝布局情况，发现流域出口处的淤地坝对于单元安全非常重要，如果单元出口处的淤地坝不溃坝，单元内部溃坝与否对于下游的防洪安全并无影响，而单元出口处如果有预计情况较好的淤地坝，淤好的坝地有减缓沟道坡降，增大过流面积的效果，使得溃坝洪水的洪峰得到有效削减，对下游的防洪安全也有积极的作用。为了提高王茂沟流域的防洪安全，首先应当对黄柏沟 1 号坝进行加高。

（2）溃坝过程对洪峰流量的影响

由图 5-74 可见，王塔沟的沿程洪峰流量在沟道未建坝条件下呈上升趋势；在漫顶工况下由于王塔沟 2 号坝（WTG2）发生溃坝，在坝址处的洪峰流量骤然变大，之后呈逐渐减小的趋势，王塔沟 1 号坝（WTG1）未发生溃坝，其坝址处的洪峰流量降为 0，之后的变化趋势与沟道未建坝条件下一致；王塔沟 2 号坝在现状下溃口较大，坝址处的洪峰流量变化剧烈，此后洪峰逐渐降低，在王塔沟 1 号坝溃处又有一定的上升，之后下游的洪峰一直保持不变，结合上一节水位变化情况可知，出现这种情况的原因是在王塔沟 2 号坝溃坝洪水及降雨径流到来时王塔沟 1 号坝还未发生溃坝，较大的洪峰被消减在王塔沟 1 号坝坝前，王塔沟 1 号坝由于是管涌溃坝，溃坝历时较长，洪峰流量相对较小，其下游的洪峰主要受溃坝洪水的影响。

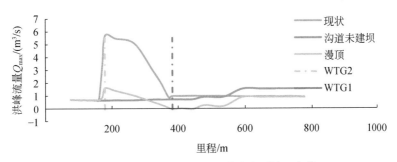

图 5-74　王塔沟不同工况下洪峰流量沿程变化

由图 5-75 可见，死地嘴沿程并没有溃坝现象发生，但是有支沟的王塔沟（WTG）在溃坝时有洪水汇入。沟道未建坝工况下，沿程洪峰流量不断增大，在支沟汇入点急剧增大；由于没有发生溃坝，且漫顶工况与现状下王塔沟出口处的洪峰流量相差不多，两种工况的变化趋势基本一致。在死地嘴 2 号坝（SDZ2）坝址处，洪峰流量降低，之后逐渐升高，到死地嘴 1 号坝（SDZ1）的控制范围内又逐渐降低，在死地嘴 1 号坝（SDZ2）坝址处降为 0，之后继续上升，支沟汇入处急剧增大，显然此时的变化量明显小于沟道未建坝工况，此后逐渐降低直至马地嘴坝（MDZ）。因此，即使王塔沟内发生溃坝，由于王塔沟 1 号坝起到了一定的调洪作用，对下游洪峰流量的影响还是小于沟道未建坝情况。

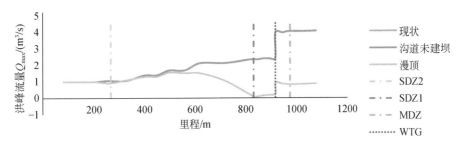

图 5-75　死地嘴不同工况下洪峰流量沿程变化

由图 5-76 可见，沟道未建坝工况下康和沟内的洪峰流量仍然保持上升趋势；漫顶工况下，洪峰从进入康和沟 3 号坝（KHG3）的把控范围内开始降低，直至康和沟 3 号坝坝址处为 0，之后与沟道未建坝工况趋势保持一致，康和沟 2 号坝（KHG2）由于有放水建筑物，对沿程的洪峰流量无影响，康和沟 1 号坝（KHG1）发生溃坝，洪峰流量急剧变大，而后迅速减小；现状下康和沟 3 号坝前洪峰流量与沟道未建坝工况相差不多，在康和沟 3 号坝处受其溃坝影响加速增大，之后洪峰流量变化不大，然后到康和沟 2 号坝区间内时开始降低，在康和沟 2 号坝突然上升，之后又保持稳定，经过一段小幅度降低，至康和沟 1 号坝前开始急剧增大，而后急剧减小。康和沟的三座坝中 1 号坝首先发生溃坝，坝址附近的洪峰主要受其溃坝影响，3 号坝第二个发生溃坝，坝址下游的洪峰受其影响，2 号坝发生溃坝的时间晚于3号坝，其坝控流域对于3号坝的溃坝洪水起到了削峰作用，下游的溃坝洪水受2号坝控制。

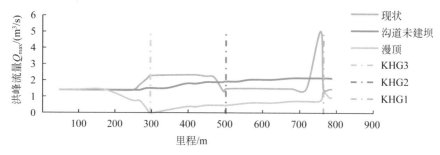

图 5-76　康和沟不同工况下洪峰流量沿程变化

由图 5-77 可见，沟道未建坝工况下埝堰沟内的洪峰流量保持上升；漫顶工况下除埝堰沟 4 号坝（NYG4）外，在其余坝的坝控流域内洪峰流量均降低，埝堰沟 4 号坝由于修建了溢洪道，对于降雨径流的洪峰没有阻滞；现状条件下，埝堰沟 3 号坝（NYG3）溃坝晚于降雨径流洪峰，与降雨径流的洪峰形成错峰，故在 3 号坝前后洪峰流量与沟道未建坝工况相差不多，埝堰沟 2 号坝（NYG2）的溃坝洪水对于周围的洪峰影响很大，在埝堰沟 1 号坝（NYG1）洪峰为 0。

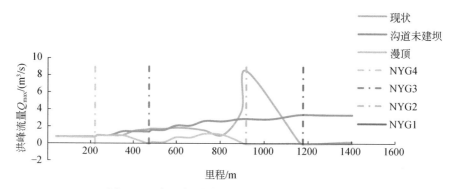

图 5-77　埝堰沟不同工况下洪峰流量沿程变化

黄柏沟不同工况下洪峰流量沿程变化如图 5-78 所示。黄柏沟内只有黄柏沟 1 号坝（HBG1）发生溃坝，溃坝过程相对简单，与前面提到的洪峰曲线的变化规律一致。

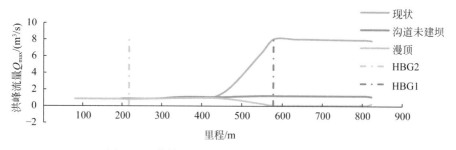

图 5-78　黄柏沟不同工况下洪峰流量沿程变化

王茂沟主沟内的洪峰流量沿程变化如图 5-79 所示，由图可见，曲线在三种工况下均呈上升的趋势。与漫顶工况相比，现状条件下康和沟、黄柏沟的溃坝洪水对下游的洪峰流量有较大影响，说明流域出口处的淤地坝对于下游洪峰的影响非常重要。而两种工况下，沿程洪峰流量均远小于沟道未建坝工况的值，说明只要能够控制骨干型的控制工程不发生溃坝，即使流域内有溃坝情况发生，淤地坝对区域的洪峰流量还是有很强的调控作用。

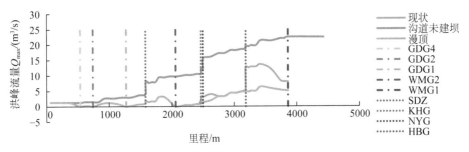

图 5-79　王茂沟不同工况下洪峰流量沿程变化

（3）溃坝过程对侵蚀能量的影响

图 5-80 给出了王塔沟等坝系单元径流侵蚀能量（径流侵蚀功率 E）沿程变化，可以得出以下认识：①相对于沟道未建坝工况，不发生溃坝的淤地坝，其对径流侵蚀能量有削减作用；②如果发生溃坝，径流侵蚀能量就会大大增加。

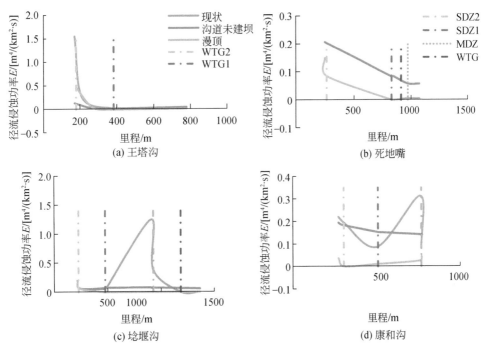

图 5-80　王茂沟流域各支沟不同工况下径流侵蚀能量沿程变化

图 5-81 给出了王茂沟主沟内的径流侵蚀能量沿程变化，由图可见，沟道未建坝工况下，主沟的沿程径流侵蚀能量基本呈减小趋势，在支流汇入点骤增；漫顶工况下径流侵蚀能量从沟头到关地沟 4 号坝迅速减小，之后沟道内的 E 值一直保持较低的水平，且变化相对平缓，在坝址处 E 值减小；现状工况下，沟道前半段的径流侵蚀能量与漫顶工况基本一致，在黄柏沟汇入时侵蚀能量骤然增大，之后侵蚀能量逐渐变小。沟道内的沿程径流侵蚀能量在漫顶工况和现状工况下均小于无坝工况，可见淤地坝对于减蚀具有明显的作用；现状工况下，在黄柏沟汇入后主沟道的侵蚀能量增大，可见支沟出口的控制坝发生溃坝会加剧下游主沟的侵蚀，为达到减沙的目的，应当提高沟口的淤地坝的工程标准；同时由前面的分析可知，康和沟沟口的控制性坝也发生了溃坝，但由图 5-80 可见，其溃坝并未对下游主沟道产生明显的影响，可能是由于位于控制位置的康和沟 1 号坝几近淤满，坝地削减了沟道的径流侵蚀能量。

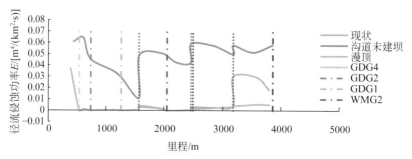

图 5-81　王茂沟不同工况下径流侵蚀能量沿程变化

5.2.3.4　淤地坝破坏前后对水沙的调控作用

分别对王茂沟流域与马槽里骨干坝流域溃损事件开展研究，以王茂沟流域研究结果说明淤地坝破坏前后对水沙的调控作用。

运用一维水流泥沙数学模型能较好地模拟淤地坝破坏前的蓄水拦沙过程和淤地坝破坏后的泥沙输移过程。淤地坝未破坏前，泥沙拦蓄在坝前，河床高程逐渐淤积抬升，最终达到平衡纵剖面，库区河床高程变化过程如图 5-82 所示。

淤地坝破坏后，从坝址处发生溯源侵蚀，在库区内拉出一道冲刷槽，冲槽在河底下切的同时伴随着河宽的调整。以坝前某几个断面为例，绘制其河底宽度变化过程，如图 5-83 所示，冲刷槽内河宽先经历一快速束窄阶段，后经历缓慢拓宽阶段。

绘制库区内的泥沙体积变化过程，如图 5-84 所示，模型的计算结果显示，淤地坝破坏后坝体内的泥沙只有不到 20% 被释放，不存在"零存整取"现象。同时，2017 年 9 月 16～23 日，利用三维激光雷达得到了桥沟和王茂沟流域的地形、2017 年清水沟在"7.26"洪水过后溃坝后的地形数据。用实测地形数据估算王茂沟流域四座溃决的淤地坝的出库泥沙体积，出库泥沙体积与原库区泥沙总体积之比均小于 12%，如图 5-85 所示。对清水沟和达拉特旗两座水毁淤地坝进行类似分析，得到洪水过后其出库泥沙体积不到总体积的 25%。这些数据也在一定程度上支持了淤地坝难以发生"零存整取"现象的结论。

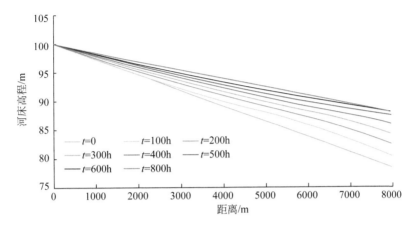

图 5-82　淤地坝蓄水拦沙阶段库区床面高程变化过程

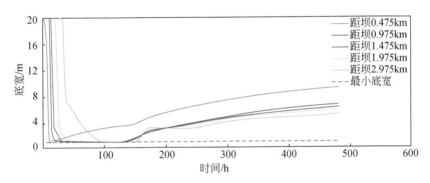

图 5-83　淤地坝破坏后库区冲刷槽河宽变化过程

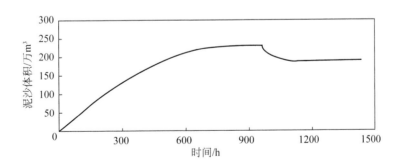

图 5-84　淤地坝破坏前后库区内泥沙体积变化过程

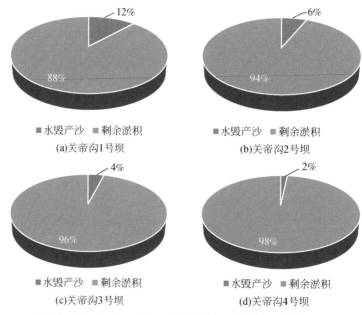

图 5-85　王茂沟小流域内 4 座溃决的淤地坝水毁后出库泥沙量

5.3　水库淤积与风沙入黄对流域水沙变化的影响

5.3.1　河潼区间水库淤积量

河潼区间干支流水库数量大，淤积量数据较能被完全获得，为此，通过 ArcGIS 和 Google Earth 软件排查水库具体干涸情况，对水库进行分类研究，运用水文比拟法和回归分析法进行淤积量的预估，技术路线如图 5-86 所示。

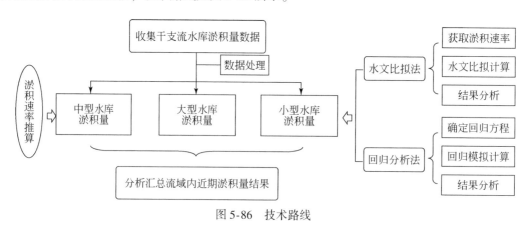

图 5-86　技术路线

5.3.1.1 渭河流域水库淤积量

汇总渭河流域内干支流水库泥沙淤积量测算结果，2011～2017年流域内干支流水库总淤积量约为1.92亿m³，其中大型水库淤积量约为0.41亿m³，中型水库淤积量约为0.52亿m³，小型水库淤积量约为0.98亿m³，如表5-15所示。

表5-15 渭河流域内干支流水库泥沙淤积量测算成果统计

水库类型	控制流域面积/km²	总库容/亿m³	2011～2017年淤积量/亿m³	建库以来累积淤积量/亿m³	库容淤损率/%
大型	8 595.6	14.340 0	0.414 6	4.878 9	34.02
中型	33 857.0	13.022 3	0.524 0	4.223 6	32.43
小型	60 982.1	9.826 9	0.977 8	6.099 2	62.07
合计	103 434.7	37.189 2	1.916 4	15.201 7	40.88

5.3.1.2 河龙区间水库淤积量

河龙区间水库淤积情况如表5-16所示。大型水库库容淤损率为48.37%，中型水库库容淤损率为46.10%，小型水库库容淤损率为51.44%，流域内干支流水库库容淤损率为47.56%。总体来讲，流域内干支流水库总的库容淤损率处于水库运行正常范围内；大、中型水库水沙调节能力强，水库运行过程中采用排沙减淤方法，因而库容淤损率较小；小型水库排沙能力弱，泥沙淤损率较大，接近水库正常运行范围上限，需要重点关注，同时说明小型水库在拦减泥沙方面起主要作用。

表5-16 河龙区间水库淤积量测算成果统计

水库类型	水库数量/座	控制流域面积/km²	总库容/亿m³	2011～2017年淤积量/亿m³	建库以来累积淤积量/亿m³	库容淤损率/%
大型	4	821 081	13.984	1.383	6.764	48.37
中型	44	424 745	19.236 3	0.887	8.867	46.10
小型	158	14 259.48	4.329 3	0.300	2.227	51.44
合计	206	1 260 085.48	37.549 6	2.570	17.858	47.56

5.3.1.3 汾河流域水库淤积量

针对水库资料获取情况，分别对大、中、小型水库进行分析计算。3座大型水库、13座中型水库和122座小型水库淤积量均依据实测成果计算得到。汾河流域水库2011～2017年淤积量为0.2256亿m³，其中大型水库淤积量为0.0973亿m³，中型水库淤积量为

0.0346 亿 m³，小型水库淤积量为 0.0937 亿 m³，建库以来累积淤积量为 6.3011 亿 m³，库容淤损率为 36.46%。汾河流域水库淤积情况如表 5-17 所示。

表 5-17　汾河流域水库淤积量测算成果统计

水库类型	水库数量/座	控制流域面积/km²	总库容/亿 m³	2011~2017 年淤积量/亿 m³	建库以来累积淤积量/亿 m³	库容淤损率/%
大型	3	9 492	9.830 0	0.097 3	4.141 1	42.13
中型	13	4 975.90	5.457 0	0.034 6	1.517 2	27.80
小型	122	4 167.05	1.995 8	0.093 7	0.642 8	32.21
合计	138	18 634.95	17.282 8	0.225 6	6.301 1	36.46

5.3.2　河潼区间水库的拦沙效应

5.3.2.1　水库总体淤积量

根据以上基础数据和估算方法分析，河潼区间水库不同时段的拦沙量，如表 5-18 所示，由表可见，2011~2017 年河潼区间干支流水库共拦沙 4.7120 亿 m³，年均拦沙 0.673 亿 m³。大型水库拦沙 1.8949 亿 m³，占比 40%；中型水库拦沙 1.4456 亿 m³，占比 31%；小型水库拦沙 1.372 亿 m³，占比 29%。其中大、中型水库淤积量占到总淤积量的 71%，这与水库的性质有关，小型水库大部分来自当地政府修建，主要任务是供水，故其多分布在水土流失轻微地区。

表 5-18　河潼区间水库淤积量汇总　　　　　　　　（单位：亿 m³）

时段	水库类型	渭河流域	河龙区间	汾河流域	合计
建库以来累积淤积量	大型	4.8789	6.764	4.1411	15.7840
	中型	4.2236	8.867	1.5172	14.6078
	小型	6.0992	2.227	0.6428	8.9690
	合计	15.2017	17.858	6.3011	39.3608
2011~2017 年淤积量	大型	0.4146	1.383	0.0973	1.8949
	中型	0.5240	0.887	0.0346	1.4456
	小型	0.9778	0.300	0.0937	1.3715
	合计	1.9164	2.570	0.2256	4.7120

在这几个大区域中，河龙区间水库淤积量最大，主要是因为其中有黄河干流水库万家寨和龙口水库的拦沙作用，这两个水库总拦沙量为 1.383 亿 m³，占河龙区间水库淤积量

的 54%。

5.3.2.2 水库库容淤损率

水库库容淤损率是指水库总淤积量与总库容之间的比值，其主要反映水库在某一个时段内水库库容损失程度的指标。水库淤损率主要与水库运用方式、入库水沙过程以及水库运行阶段等因素密切相关。表 5-19 为河潼区间水库库容淤损率，由表可见河龙区间水库总体库容淤损率最大，汾河流域水库总体库容淤损率最小。

表 5-19 河潼区间水库库容淤损率汇总

区间	水库类型	累积淤积量/亿 m³	总库容/亿 m³	库容淤损率/%
渭河流域	大型	4.8789	14.3400	34.02
	中型	4.2236	13.0223	32.43
	小型	6.0992	9.8269	62.07
	小计	15.2017	37.1892	40.88
河龙区间	大型	6.764	13.984	48.37
	中型	8.867	19.2363	46.10
	小型	2.227	4.3293	51.44
	合计	17.858	37.5496	47.56
汾河流域	大型	4.1411	9.83	42.13
	中型	1.5172	5.457	27.80
	小型	0.6428	1.9958	32.21
	合计	6.3011	17.2828	36.46
河潼区间	大型	15.784	38.154	41.37
	中型	14.6078	37.7156	38.73
	小型	8.9690	16.152	55.53
	合计	39.3608	92.016	42.77

5.3.2.3 水库未来拦沙效益

水库拦沙功能的实现主要依靠库容，当泥沙淤积达到可淤积最大库容之后，即失去拦沙能力。拦沙效益不考虑水库加高增加库容，水库安全问题无法正常运用或水库功能被替代等其他不可控因素。河潼区间水库未来拦沙库容，如表 5-20 所示。经分析，汾河流域水库总体未来拦沙库容最小，即汾河流域水库总体拦沙效益最低。渭河流域和河龙区间水库总体未来拦沙库容均较大。

表 5-20 河潼区间水库未来拦沙库容汇总 （单位：亿 m³）

区间	水库类型	兴利库容	死库容	累积淤积量	未来拦沙库容
渭河流域	大型	4.86	1.79	4.88	1.77
	中型	6.74	3.70	4.22	6.22
	小型	3.43	2.24	6.10	-0.43
	小计	15.03	7.73	15.20	7.56
河龙区间	大型	8.31	5.39	6.76	6.94
	中型	5.08	4.26	8.87	0.47
	小型	1.64	0.89	2.23	0.30
	小计	15.03	10.54	17.86	7.71
汾河流域	大型	3.53	0.44	4.14	-0.17
	中型	1.90	1.15	1.52	1.53
	小型	0.82	0.36	0.64	0.54
	小计	6.25	1.95	6.30	1.90
河潼区间	大型	16.70	7.62	15.78	8.54
	中型	13.72	9.11	14.61	8.22
	小型	5.89	3.49	8.97	0.41
	合计	36.31	20.22	39.36	17.17

注：为便于统计，累积淤积量小数点后保留两位小数，故与表 5-19 存在微小差别。

5.3.3 风沙入黄对黄河水沙变化的影响

5.3.3.1 宁蒙河段淤积河床质泥沙空间分布

泥沙粒度特征是反映河流系统泥沙产输淤过程比较直接的参数之一（王光谦和李铁键，2009）。通过野外采样（图 5-87），分析了黄河上游龙羊峡—头道拐区间河床质泥沙粒径，结果表明，黄河内蒙古河段受风沙入汇的影响河床质泥沙在空间上形成陡然增高或降低的趋势（图 5-88），表明内蒙古河段淤积的河床质受当地泥沙的影响较大。

由图 5-89 平均粒径的拟合分析表明，在龙羊峡—下河沿河段（砾石质河床），随着泥沙搬运距离的增加，平均粒径呈现指数递减的变化趋势，而在宁蒙河段（砂质河床），随着泥沙搬运距离的增加，平均粒径呈现线性递减的变化趋势。平均粒径的递减趋势主要受控于水库运行和当地泥沙的汇入。在宁蒙河段上游，由于主要输沙支流（大夏河-洮河-湟水）输入的泥沙粒径在 0.05~0.08mm，同时由于上游刘家峡水库的拦蓄作用，泥沙在干流方向的自然分选过程以及祖厉河大量细颗粒泥沙（<0.05mm）的入汇，这些综合作用使平均粒径呈现指数递减的变化趋势。而在黄河宁蒙河段，由于大量粗沙漠沙的汇入，该段河床质泥沙快速变粗。该研究结果表明，黄河宁蒙河段淤积的泥沙相对较粗且主要来源于当地，风沙入黄过程对河道淤积贡献较大。同时，由于输入的风沙粒径较粗，大部分

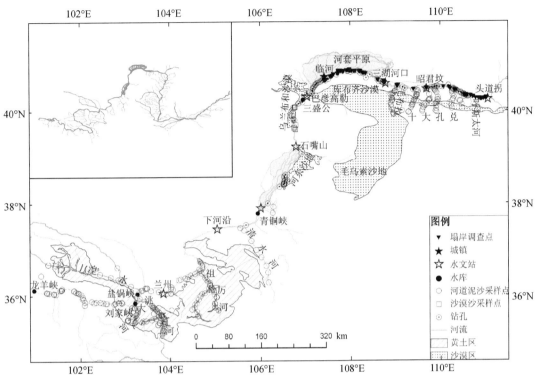

图 5-87 黄河上游河床质取样位置示意

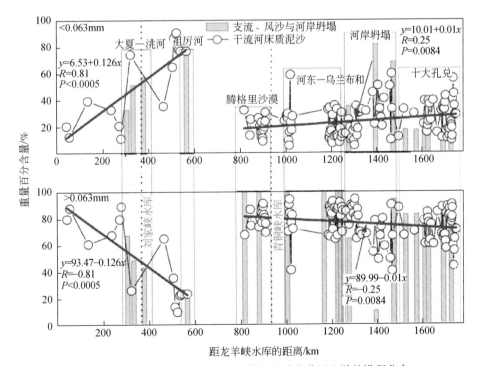

图 5-88 <0.063mm 与 >0.063mm 粒径泥沙在黄河上游的沿程分布

淤积在该河段，随水流向下搬运的较少。同时，由于风沙入汇的作用，打破了砂质河流河床质泥沙的递减趋势，致使宁蒙河段淤积河床质泥沙粒径的递减率为 3.4%/100km，该递减率低于世界上的其他大的砂质河流，如美国的密西西比河以及德国的莱茵河。

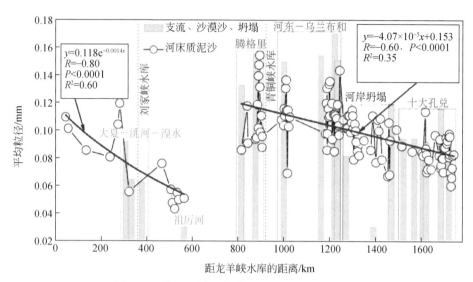

图 5-89　黄河上游河床质泥沙平均粒径空间分布

5.3.3.2　风沙对十大孔兑流域产沙的贡献

十大孔兑自南向北穿越库布齐沙漠垂直注入黄河。冬春时节，大风携带大量沙漠沙进入十大孔兑沟谷；夏秋时节，洪水挟带沟谷中的沙漠沙形成泥流涌入黄河，造成河道严重淤积。据不完全统计，十大孔兑 1961～1998 年先后发生 7 次泥流淤堵黄河事件。为此，选择毛不拉孔兑苏达拉尔沟典型小流域作为研究对象（图 5-90），并布置了高含沙洪水观测系统，包括水位计、梯形断面、180 个河道固定监测断面与降雨量观测等，系统获取了洪水水文要素，又对高含沙洪水悬移质样品以不同时间间隔进行取样。同时收集了沟道岸坡上 34 个沙丘表面样品和 200 个河道坡面表层沉积物样品。这些样品用 1/3φUdden-Wentworth 粒度分级进行筛分获得其粒径分布数据。这些粒径分布数据与悬移质泥沙粒度数据相对比，以提供风沙活动对入河沙量的贡献的粒度证据。

依据 2011～2012 年苏达拉尔沟 5 次高含沙洪水实测资料，采用输沙平衡法，统计计算风沙与洪水产沙比。结果表明：①风沙是沙漠高含沙洪水输送的主要组分（图 5-91）；② 5 次事件监测结果表明，苏达拉尔沟流域总产沙量约为 102.76 万 t，沙漠河段的沙丘贡献量约为 51.3 万 t，因沙漠侧向沙丘大量淘蚀，沙漠段河道横向扩宽，有 13.12 万 t 泥沙淤积在河道中（图 5-92）。因此，5 次事件监测结果表明，沙漠风沙对流域产沙总量贡献大约占一半。

典型小流域苏达拉尔沟风蚀-水蚀网格化过程观测发现，流域沙丘区与水蚀区呈现非对称分布，沙丘区虽然抑制了坡面水蚀过程，减少了流域产汇流能力，但是提高了沙暴的

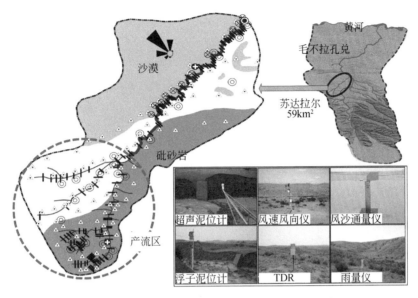

图 5-90　苏达拉尔沟沙漠高含沙洪水观测系统

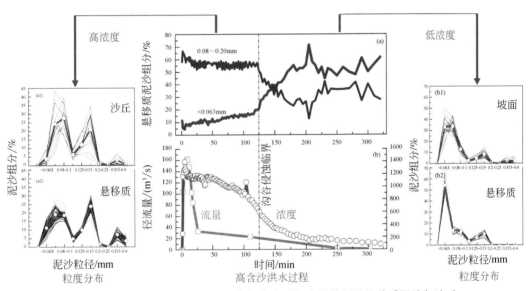

图 5-91　高含沙洪水过程水文要素与粒度时间变化特征及悬移质泥沙与沙丘、
坡面物质粒径分布对比

频次与强度，加大风沙入沟量，为沙漠沟谷泥流的发育创造了条件，成为粗沙入黄量加剧的重要原因。

图 5-92 基于输沙平衡计算风沙对十大孔兑流域产沙的贡献

5.4 水沙变化的多因素协同机制与群体贡献率

5.4.1 泥沙来源与贡献率识别

5.4.1.1 淤地坝运行期间小流域侵蚀泥沙来源分析

（1）胡家湾坝控小流域

通过多元判别分析找到 Ca、P、Mg 和 Fe 组成的最佳指纹因子组合，根据各沉积旋回中四个指纹因子的浓度，利用多元混合模型可以定量计算出淤地坝各沉积旋回农耕地、草地、林地和沟壁的泥沙贡献率，计算结果如图 5-93 所示。

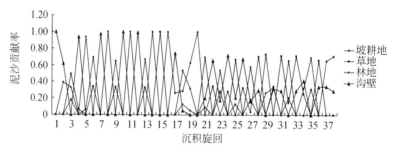

图 5-93 坡耕地、草地、林地和沟壁对坝地的泥沙贡献率

坡耕地、草地、林地和沟壁四个源地的平均贡献率分别为 27%、17%、25% 和 31%，且不同沉积旋回的泥沙贡献率差别较大，即在该淤地坝运行期间，来自坡耕地、草地、林地和沟壁的泥沙均处于不断变化中。但总体来说，淤地坝沉积泥沙主要来源于沟壁，其次

是坡耕地，最后是草地和林地。沟壁是该小流域侵蚀泥沙的主要来源地。尽管从泥沙来源地的表述上为沟壁，但沟壁物质的变化代表的是深层次的土壤物质的变化，因而沟壁泥沙贡献比代表流域沟道演化规律，包括沟道的下切、溯源、扩张、重力滑塌、崩塌等，甚至包括坡耕地沟蚀下切穿过犁底层后的沟蚀比。

淤地坝各沉积旋回泥沙来自坡耕地、草地、林地和沟壁的侵蚀产沙量动态变化如图 5-94 所示。淤地坝运行期间（1974~2003 年）共拦蓄泥沙总量为 $1.62 \times 10^6 \mathrm{t}$。其中，坡耕地、草地、林地和沟壁的泥沙量分别为 $4.6 \times 10^5 \mathrm{t}$、$2.7 \times 10^5 \mathrm{t}$、$4.3 \times 10^5 \mathrm{t}$ 和 $4.6 \times 10^5 \mathrm{t}$。

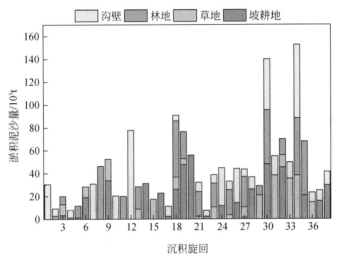

图 5-94　各沉积旋回泥沙来自坡耕地、草地、林地和沟壁的泥沙量

（2）埝堰沟坝控小流域

以坡耕地、沟坡、沟壁为泥沙来源地，将所测土壤因子通过无参数 Kruskal-Wallis 检验（即 H 检验）及多元判别分析筛选出有机质、总磷、镁、磁化率（χ_{fd}）作为最佳指纹因子组合。其对沟壁、沟坡、坡耕地正确判别率分别为 91%、92%、95%，总正确判别率达 94%。基于最佳指纹因子和混合模型，定量计算各泥沙旋回坡耕地、沟坡、沟壁泥沙贡献率。

结果表明，各旋回泥沙主要来自沟壁，其次是坡耕地，沟坡泥沙贡献率最小。坝地 75 个旋回对应 75 次降雨产沙事件，75 次降雨产沙事件中沟坡有 46 次降雨产沙事件泥沙贡献率为 0。75 次降雨产沙事件中沟壁泥沙贡献率变化范围为 31.9%~99.8%，平均值为 69.2%，变异系数为 0.18，属于中度变异。75 次降雨产沙事件中沟壁有 72 次降雨产沙事件泥沙贡献率在三个来源地中最高。沟坡泥沙贡献变化范围为 0~68.1%，平均值为 10.1%，变异系数为 1.6。坡耕地变化范围为 0~65.9%，平均值为 20.7%，变异系数为 0.80。统计有 19 次降雨产沙事件坡耕地泥沙贡献率为 0。

（3）老爷满坝控小流域

通过多元判别分析筛选出的最佳指纹因子组合为 Cr、Mg、Ba、Na、Y、土壤全氮。沟坡和退耕地的土壤样品正确判别率达到了 95%，其次为红泥沟壁 92.9%、黄土沟壁

92.3%、片沙覆盖区90.9%，总体判别的正确率达到了91.7%，满足要求。基于最佳指纹因子和多元混合模型，计算得出红泥沟壁对沉积旋回的沉积泥沙量的贡献率最大，达到了79.7%，其次是片沙覆盖区12.9%、黄土沟壁5.4%、退耕地2.1%，沟坡的贡献率几乎为0。各个沉积旋回中不同泥沙来源地贡献率变化如图5-95所示。

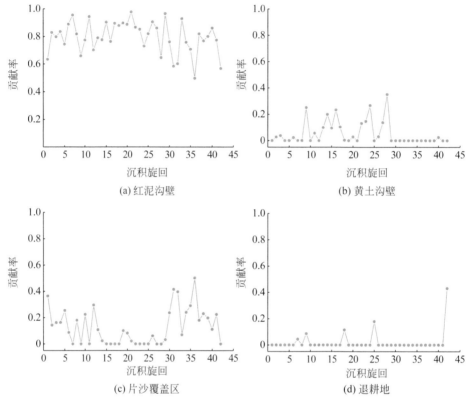

图5-95　各泥沙来源地对各沉积旋回沉积泥沙量的贡献率变化

红泥沟壁对坝地沉积旋回泥沙的贡献率在淤地坝运行期间处于主导地位，基本维持在80%左右，说明坝地沉积泥沙主要来源于红泥沟壁的重力侵蚀物质。黄土沟壁的泥沙贡献率在淤地坝运行初期比较稳定，随着枯水年、丰水年的变化，泥沙贡献率也相应变化，丰水年的泥沙贡献率基本为20%左右，枯水年的泥沙贡献率为5%，但是在淤地坝运行的后期，黄土沟壁的泥沙贡献率基本为0，可能与小流域内植被恢复有关。片沙覆盖区的泥沙贡献率在淤地坝运行期间可以分为三个阶段：第一阶段，淤地坝运行初期，片沙覆盖区对坝地沉积泥沙的平均贡献率为14%。第二阶段，淤地坝运行中期，片沙覆盖区对坝地沉积泥沙的平均贡献率为3.3%。第三阶段，淤地坝运行后期，片沙覆盖区对坝地沉积泥沙的平均贡献率为22.4%，后期的贡献率明显大于前期的贡献率，主要原因是淤地坝沉积泥沙的构成发生了变化。退耕地的泥沙贡献率在淤地坝运行期间基本可以忽略不计，在淤地坝运行初期，退耕地的泥沙贡献率为0，但是到了第7个沉积旋回，退耕地的泥沙贡献率为4.4%。

　　小流域75次侵蚀产沙事件中，沟坡有46次没有发生侵蚀，降雨条件与沟坡产沙并不显著相关，按侵蚀源地分析侵蚀产沙量与降雨关系时着重分析沟壁、坡耕地产沙量对降雨的响应。按侵蚀源地产沙量分析沟壁、坡耕地侵蚀产沙与降雨侵蚀力、最大30min雨强、降雨动能及降雨量的关系，如图5-96所示，表明坡耕地、沟壁产沙量均与降雨侵蚀力的关系最好，决定系数$R^2 \geqslant 0.60$。

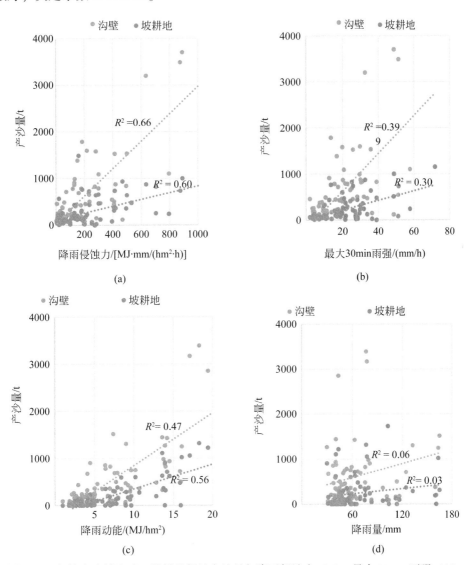

图5-96　坝控小流域沟壁、坡耕地侵蚀产沙量与降雨侵蚀力（a）、最大30min雨强（b）、
降雨动能（c）及降雨量（d）的关系

5.4.1.2　黄土高原小流域泥沙来源的区域差异

对黄土高原近几十年来研究小流域泥沙来源的工作进行梳理，收集正式发表文献所提

供的小流域内各泥沙来源地的贡献，所收集文献估算泥沙来源的方法包括小区法、调查法、水文法、简单示踪（颗粒、核素）及复合指纹示踪法。文献中小流域在黄土高原地区空间分布也较为广泛，研究泥沙来源的小流域北至内蒙古达拉特旗的西柳沟小流域，南至甘肃天水市的桥子沟小流域，西至甘肃甘谷县与天水市交界附近的渭河流域，东至山西离石区三川河流域。根据文献资料研究小流域的空间分布情况，将小流域从南到北分别归类到延河流域、无定河流域和皇甫川流域内，从总体上分析黄土高原不同区域小流域泥沙来源的异同。小流域内泥沙来源地的划分按照两种方法进行，一种是文献里实际采样地；另一种是根据黄土高原地貌划分的原则，将地貌单位划分为沟谷地和沟间地两类（对文献中的来源地进行了划分），分别计算不同地貌单元对小流域侵蚀产沙的贡献，计算过程中不考虑小流域的面积和利用的估算泥沙来源的方法。

在比较靠南的延河流域，部分小流域有林地存在，将小流域内泥沙来源地划分为沟道、草地、坡耕地和林地四类，部分小流域不存在林地，将沟道、草地和林地归为沟谷地，坡耕地归为沟间地。在延河流域内共收集到文献15篇，沟道泥沙贡献率在30%~94%，平均值为60.90%；草地泥沙贡献率在7.2%~14.4%，平均值为11.20%；坡耕地泥沙贡献率在6%~70%，平均值为30.77%；林地泥沙贡献率为9.2%~21.7%，平均值为14.64%，整体上以沟道侵蚀为主，坡耕地次之，草地和林地的贡献较小，如图5-97所示。将小流域内泥沙来源地按照典型的沟谷地和沟间地进行划分，则沟谷地泥沙贡献率在30%~90%，平均值为68.50%，沟间地泥沙贡献率在6%~70%，平均值为30.77%，沟道是小流域侵蚀产沙的主要部分。

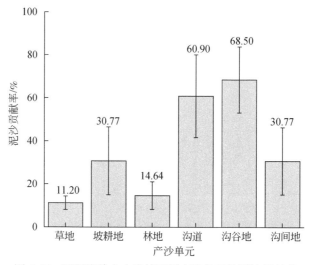

图5-97　延河流域内小流域不同产沙单元的泥沙贡献率

在中部的无定河流域，文献研究的小流域内没有涉及林地，基本是按照沟道、草地和坡耕地来划分泥沙来源地的，因此将沟道和草地归为沟谷地，坡耕地归为沟间地。在无定河流域共收集到文献14篇，沟道泥沙贡献率在21.59%~71.3%，平均值为50.7%；草地泥沙贡献率在2.1%~16.8%，平均值为9.61%；坡耕地泥沙贡献率在21%~78.41%，平均值为 46.4%，沟道依然是侵蚀泥沙的主要源地，但坡耕地的泥沙贡献率明显上升。分为沟谷地和沟间地两类地貌单元后，沟谷地泥沙贡献率在 21.59%~71.3%，平均值为54.4%，沟间地泥沙贡献率在 21%~78.41%，平均值为 46.1%，如图 5-98 所示。沟谷地泥沙贡献率与沟间地的比较接近。

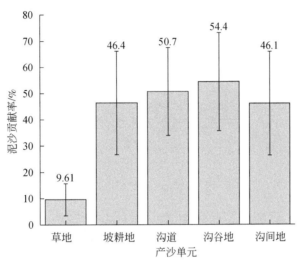

图 5-98　无定河流域内小流域不同产沙单元的泥沙贡献率

在比较靠北部的皇甫川流域内，文献研究的小流域内没有涉及林地，而是将小流域内侵蚀产沙单元划分为基岩、裸露黄土、草地和坡耕地，这些文献多研究砒砂岩区域，基岩基本为沟道，草地在沟坡，因此将基岩和草地归为沟谷地，裸露黄土和坡耕地在文献中交替出现，因此将两者归为沟间地。皇甫川流域共收集到文献 8 篇，基岩泥沙贡献率在 39.7%~90%，平均值为 70.47%，裸露黄土泥沙贡献率在 15.67%~32.4%，平均值为 24.50%，草地泥沙贡献率在 5.94%~24.7%，平均值为 12.32%，耕地泥沙贡献率在 15.3%~36.5%，平均值为 21.13%，整体上以基岩贡献为主。按照沟谷地和沟间地地貌单元的划分，沟谷地泥沙贡献率在 64.4%~90%，平均值为 77.19%，沟间地泥沙贡献率在 10%~36.5%，平均值为 21.63%，如图 5-99 所示。总体而言，沟谷地是皇甫川流域泥沙的主要源地。

从黄土高原整个区域来看，在多沙粗沙区域内，沟道侵蚀产沙为小流域泥沙的主要贡献者，是沟间地的 3 倍之多，沟间地相对较小，在靠南部的延河流域，也是以沟谷地侵蚀产沙为主，沟谷地泥沙贡献率是沟间地的 2 倍之多，但在中部的无定河流域，沟谷地泥沙贡献率稍大于沟间地，两者相差不到 10 个百分点。以上结论说明黄土高原同一区域内小流域侵蚀产沙来源地的贡献率存在一定差异，但不同区域内侵蚀产沙来源地明显不同，这可能是地貌与气候共同作用的结果，该结果可指导黄土高原地区小流域综合治理过程中水土保持措施的布设，达到因地制宜、因害设防、对位配置的效果。

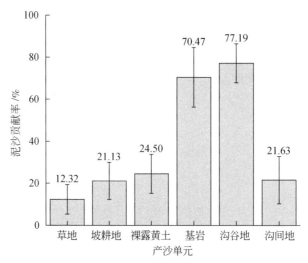

图 5-99　皇甫川流域内小流域不同产沙单元的泥沙贡献率

5.4.2　水沙变化驱动因子贡献率及群体效应

5.4.2.1　大理河水沙变化驱动因素分析

选择大理河支流，采用双累积曲线法、淤地坝减沙模型及基于 GAMLSS 模型减沙贡献率分析法定量分离 1960～2015 年气候变化与各项水保措施对输沙量的贡献率，定量分析区域气候变化和人类活动的减沙贡献率。

（1）气候变化与人类活动减沙贡献率

对 1971～2002 年和 2003～2015 年两个阶段的输沙量变化进行归因分析。建立图 5-100 所示的 1971～2015 年降水量与输沙量的累积双曲线关系，得到两者在基准期关系为 $\sum S = 0.0026 \sum P$，相关系数 R^2 大于 0.9；其中 S 为年输沙量（亿 t），P 为年降水量（mm）。由表 5-21 可见，1971～2002 年气候变化和人类活动减沙贡献率分别为 25% 和 75%；2003～2015 年气候变化和人类活动减沙贡献率分别为 -12%、112%。

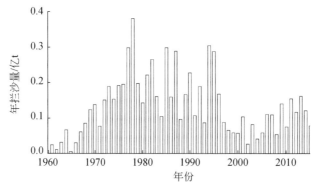

图 5-100　大理河支流淤地坝逐年拦沙量过程

表 5-21　大理河支流气候变化与人类活动的减沙贡献率

方法	分析时段	ΔS/亿 t	气候变化贡献率/%	人类活动贡献率/%				
				淤地坝	梯田	林地	草地	合计
双累积曲线法	1971～2002 年	-0.40	25	—	—	—	—	75
	2003～2015 年	-0.53	-12	—	—	—	—	112
淤地坝减沙模型	1971～2002 年	-0.40	—	44	—	—	—	—
	2003～2015 年	-0.53	—	25	—	—	—	—
基于 GAMLSS 模型减沙贡献率分析法	1971～2002 年	-0.40	26	43	11	9	11	74
	2003～2015 年	-0.53	-8	36	32	24	16	108

2003～2015 年的气候变化贡献率为负值，这是因为使用的方法中未考虑气候与林草措施耦合关系对输沙量的影响。降水量与输沙量之间关系复杂，一方面，年降水量增加能够提高降雨侵蚀力与暴雨径流侵蚀力，从而增强土壤侵蚀强度。另一方面，年降水量增加使得植被生物量增加，可提高地表抗蚀力，从而减小土壤侵蚀强度。因此，当降雨侵蚀力作用大于植被抗蚀作用时，年降水量与输沙量关系为正相关，反之为负相关。2003～2015 年的年均降水量为 283.36mm，大于基准期降水量 249.87mm，而年均输沙量却比基准期减少 0.53 亿 t，说明降雨侵蚀力作用小于植被抗蚀力作用。

（2）沟道措施与坡面措施减沙贡献率

分离气候变化和人类活动减沙贡献率后，进一步分离坡面和沟道措施减沙贡献率。经分析，1971～2002 年淤地坝拦沙量大，而 2003 年后拦沙量逐渐减小，与淤地坝建设时期的设计拦沙寿命相对应。其中，1971～2002 年淤地坝年均减沙量为 0.40 亿 t，减沙贡献率为 44%，沟道措施与坡面措施减沙量在水保措施减沙量中所占比例分别为 59% 与 41%；2003～2015 年淤地坝年均减沙量为 0.53 亿 t，减沙贡献率为 25%，沟道措施与坡面措施减沙量所占比例分别为 22% 与 78%。

（3）梯田与林草措施减沙贡献率

基于 GAMLSS 模型减沙贡献率分析法分离梯田和林地、草地措施减沙贡献率，并将其他影响因素减沙贡献率与之前的结果进行对比分析。大理河流域输沙量拟合方程的 $P_{0.9}$ 为 86%，50% 分位数均值与实测值的 R^2 为 0.61，说明输沙量拟合效果较好，GAMLSS 模型可以较为准确地模拟输沙量，进而计算各项因子的减沙贡献率。1971～2002 年气候变化、淤地坝、梯田、林地、草地措施减沙贡献率分别为 26%、43%、11%、9%、11%；2003～2015 年各影响因素减沙贡献率分别为 -8%、36%、32%、24%、16%。

对比淤地坝减沙模型和基于 GAMLSS 模型减沙贡献率分析法可知，沟道措施为流域主要减沙措施。淤地坝、梯田、林地、草地的减沙量在水土保持措施减沙量中占比分别为 58%、15%、12%、15%。而在 2003～2015 年，淤地坝减沙模型计算得到的淤地坝减沙量占水土保持措施减沙量的比例（22%）小于基于 GAMLSS 模型减沙贡献率法得到的计算结果（33%）。究其原因，淤地坝减沙模型通过计算淤地坝直接拦沙量得到淤地坝减沙量，但淤地坝仍可通过抬高侵蚀基准面减少沟坡重力侵蚀、消减洪水径流侵蚀能量，减小沟道冲刷来间接减蚀，且淤地坝减蚀量与淤地坝淤积程度有关，拦沙量增加，淤积范围扩大，减蚀作用增强，导致淤地坝减沙模型计算结果比实际减沙量偏小。此外，基于 GAMLSS 模型减沙贡献率分析法的结果表明，2003～2015 年沟道措施不再是主要的减沙措施，坡面措施转变为主要的减沙措施，减沙量在人类活动中所占比例为 67%，其中梯田与林草措施所占比例分别为 30%、37%。2003～2015 年植被恢复和梯田面积增加能够增强下垫面抗蚀力并截留来沙。淤地坝上游来沙量减小且淤地坝拦沙能力随淤积程度下降使淤地坝减沙贡献率减小，因而减沙的主要措施由沟道措施转变为坡面措施。

5.4.2.2 无定河流域水保措施群体效应

保持种草面积 Ag 共 6 个指标作为影响径流和输沙的主要因素，基于 GAMLSS 模型与主成分分析构建流域径流和输沙与气象因子及下垫面因子的响应函数。无定河流域年径流量和年输沙量统计特征与气象因子及下垫面因子的响应函数如表 5-22 所示，由表可见，无定河流域年径流量（R，mm）、年输沙量（S，亿 t）的均值和方差均随着年降水量的增加而增加，且随着年潜在蒸发量（E_0，mm）、年累积坝控面积（A_d，km^2）、年累积水平梯田面积（A_t，km^2）、年累积林地面积（A_f，km^2）及年累积种草面积（A_c，km^2）的增加而减少，与以往的研究成果一致。根据年径流量模型和年输沙量模型，计算得到无定河流域各年代年径流量和年输沙量模拟序列均值，并与实测序列结果对比，如图 5-101 所示。

表 5-22　无定河流域年径流量和年输沙量模型

指标	拟合方程
年径流量	$\ln R = 12.63 + 0.0016P - 2.45 \times 10^{-5} E_0 - 1.84 \times 10^{-4} A_d - 1.75 \times 10^{-4} A_t - 3.76 \times 10^{-4} A_f - 1.87 \times 10^{-4} A_c$
年输沙量	$\ln S = 12.11 + 0.0064P + 0.0019E_0 - 0.0004A_d - 0.0003A_t - 0.0009A_f - 0.0014A_c$

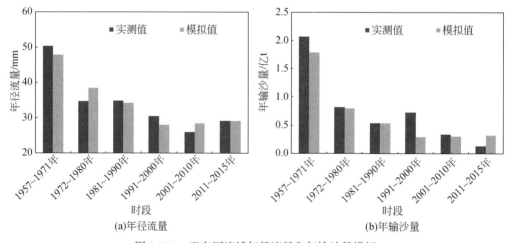

(a)年径流量　　　　　　　　　(b)年输沙量

图 5-101　无定河流域年径流量和年输沙量模拟

由图 5-101 可见，无定河流域年径流量和年输沙量模拟序列均值与实测序列均值在不同年代均比较接近，无定河流域年径流量的相对误差（relative error，RE）为 12%，年输沙量的相对误差为 51%。流域年径流量和年输沙量的分位数如图 5-102 所示，拟合优度评价指标如表 5-23 所示。

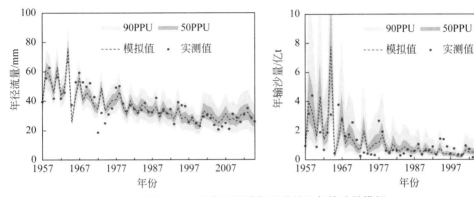

图 5-102 无定河流域年径流量和年输沙量模拟

以 90PPU 为例，其表示 90% 不确定区间

表 5-23 年径流量和年输沙量拟合方程的拟合优度指标汇总

指标	相关系数	$P_{0.9}$-factor	$R_{0.9}$-factor	$P_{0.5}$-factor	$R_{0.5}$-factor
年径流量	0.86	0.92	1.81	0.59	0.74
年输沙量	0.70	0.83	2.66	0.39	0.94

注：以 $P_{0.9}$-factor 和 $R_{0.9}$-factor 为例，其分别表示落入 90% 不确定区间的百分比，90% 不确定区间平均宽度与模拟因子方差之间的比值。

由表 5-23 可见，年径流量模拟值和实测值的相关系数均大于 0.85，85% 以上的实测值落入了 90% 不确定区间范围内，且 90% 不确定区间平均宽度均与径流实测序列标准差的比值小于 2。年输沙量的模拟精度略低于年径流量，无定河流域年输沙量模拟值和实测值的相关系数仅为 0.70，80% 以上的实测值落入了 90% 不确定区间范围内，且 90% 不确定区间平均宽度与输沙实测序列标准差的比值大于 3。

分析表明，所构建的径流与下垫面响应函数、输沙与下垫面响应函数能够准确地反映年径流和年输沙的年际变化，因此进一步对响应函数求解弹性系数，量化近年来气候变化、下垫面因子变化及其交互作用对年径流变化和年输沙变化的贡献率。

由图 5-103 可见，随着水土保持措施的开展，无定河流域均水土保持措施对径流和泥沙变化的贡献率逐渐增强。2000 年以后，无定河流域气候变化（降雨和蒸发）、淤地坝、梯田、林地、种草和交互作用对径流的贡献率分别为 –2.9%、28.2%、15.3%、19.4%、14.6%、25.4%；对输沙的贡献率分别为 –2%、20.2%、11%、13.9%、10.4%、46.5%。对于无定河流域来说，淤地坝是影响径流和输沙变化的主要措施，林地次之。不同措施之间的交互作用分析表明，在水土保持措施初期，径流和泥沙的交互作用均大于其他时期。总的来说，无定河流域交互作用对径流变化的贡献率为 15% 左右，交互作用对输沙变化的贡献率为 40% 左右。

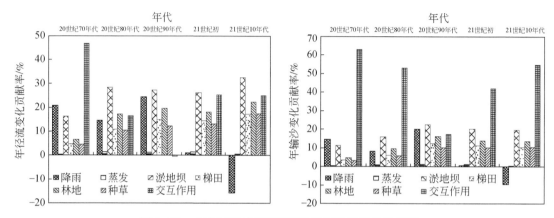

图 5-103　无定河流域年径流变化和年输沙变化贡献率

第6章 黄河流域水沙变化趋势预测模型构建

6.1 多因子驱动的黄河流域分布式水沙模型

本章主要介绍多因子驱动的黄河流域分布式水沙模型（multi-factors driven water-energy-sand processes model in Yellow River Basin，MFD-WESP 模型）原理以及黄河流域分布式水沙模型构建与率定验证等内容。该模型以流域二元水循环 WEP-L 模型为基础，对其进行针对性改进，满足了黄河流域水沙模拟需求。

WEP-L 模型采用子流域套等高带作为基本计算单元进行模拟计算，反映参数的空间变异性。子流域是根据流域河网水系划分提取获得的，确保每个子流域内有且只有一条河道。等高带划分主要用以描述高程对水循环的影响（主要是坡面产汇流过程），从而反映高原山地区域高程变化影响。WEP-L 模型的平面结构及社会水循环各子系统的概化示意如图 6-1 所示，WEP-L 模型各计算单元的垂直方向结构如图 6-2 所示。

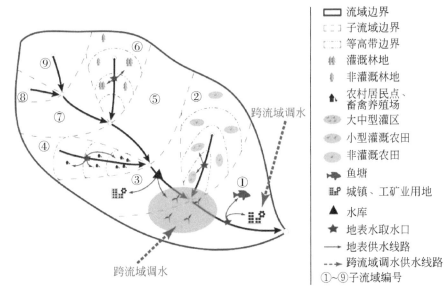

▭	流域边界
⸠⸡	子流域边界
⸠⸡	等高带边界
⟊	灌溉林地
⟊	非灌溉林地
♠	农村居民点、畜禽养殖场
⬭	大中型灌区
⬭	小型灌溉农田
⬭	非灌溉农田
⥽	鱼塘
▥	城镇、工矿业用地
▲	水库
★	地表水取水口
→	地表供水线路
⇢	跨流域调水供水线路
①~⑨	子流域编号

跨流域调水

图 6-1 WEP-L 模型的平面结构及社会水循环各子系统的概化示意

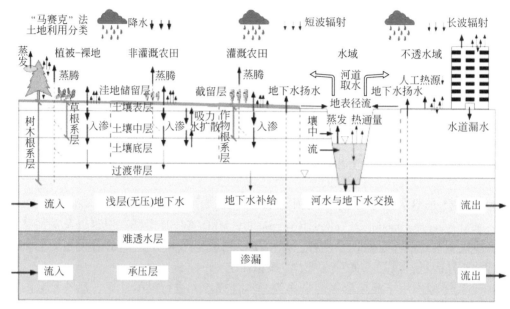

图 6-2   WEP-L 模型各计算单元的垂直方向结构

6.1.1   模型构建

6.1.1.1   黄河源区冻土水热耦合模块开发

黄河源区地处高原寒区，冬季降雪较多，冻土覆盖广泛。同时地质条件特殊，表层土壤很薄，下覆巨厚砂砾石层。因此，受积雪、土壤和砂砾石层三层结构影响的冻土水热迁移过程是此地区水文模拟需要关注的关键问题。为了考虑黄河源区积雪覆盖及冻土冻融过程对水循环过程的影响，结合在黄河源区开展的现场实验，通过所测定的积雪厚度、温度变化与土壤–砂砾石层水热耦合变化，获得积雪–土壤–砂砾石层三层结构的水热物理及动力学参数（如土壤热容量、热传导系数、不同冰含量下的土壤水力传导度等参数）及其传导过程，在 WEP-L 模型基础上，增加黄河源区冻土水热耦合模块。

通过增加大气–积雪–土壤–砂砾石层热传导模拟过程、土壤–砂砾石中的水分相变过程、受含冰率影响的土壤–砂砾石中水分传导过程，对模型进行了改进。土壤层和砂砾石层根据实际情况进行均等分层，将原先 3 层土壤结构改为 11 层土壤–砂砾石层结构（图 6-3）。其中积雪上边界为近地面气象条件，下边界为土壤表层，根据能量平衡方程，计算积雪的热传导和液态水含量变化，然后根据积雪水量平衡方程，确定积雪的出流量。土壤水和裂隙水分为冻结、未冻结和部分冻结三种状态，大气或积雪为土壤层的上边界，传入地表的热量采用强迫–恢复法计算；进行土壤层内部计算时，根据一维垂直热流运动方程确定土壤温度（T）和热传导量（G），根据水热联系方程确定水分的相变情况，根据水量平衡原理、一维垂直水分流方程确定不同土壤层的含水量、蒸散发（E）、重力排水（Q）和壤中流（R）等变量，最后对各层的水热变量进行迭代求解。砂砾石层与土壤层紧密连接，上边界为土壤底层，下边界为不透水层或者永久冻土层的下缘，砂砾石层的温度和裂隙水变化情况与土壤计算原理相同，只是参数不同。模型可对积雪温度、积雪融水当量、土壤层的温湿度、土壤层的蒸散发、砂砾石层的温度和水量变化等变量进行时间与空间尺度上的连续模拟。

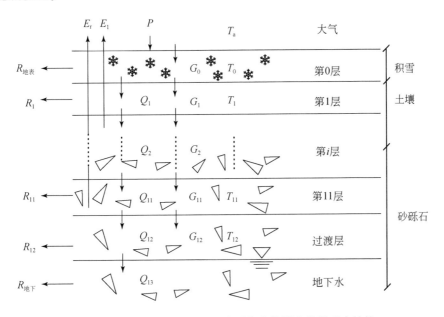

图 6-3 积雪–土壤–砂砾石连续系统水热耦合模拟垂直结构

P 代表降水，T_a 代表大气温度，$R_{地表}$ 代表地表产流，R_i 代表第 i 层土壤壤中流，E_1 代表土壤蒸发量，E_1 代表植被蒸腾量，Q_i 为第 i 层到第 $i+1$ 层的水流通量，T_i 代表第 i 层土壤的温度，G_i 代表第 i 层土壤向第 $i+1$ 层传递的热通量

模型假设土壤冻融时只有液态水发生运移，土壤水分的运移主要受重力势、基质势的影响，因此添加的土壤一维垂直水分流方程如式（6-1）所示。根据能量平衡原理，冻融系统中每一层土壤的能量变化都用于系统内的土壤温变和水分相变，温度势是水分相变的驱动力，而大气与表层土壤的温差则是热传导的原动力。假设土壤各向均质同性，并忽略土壤中的水汽迁移，添加的一维垂直水、热运动的基本方程为式（6-2）。

$$\frac{\partial \theta_1}{\partial t} = \frac{\partial}{\partial z}\left[D(\theta_1)\frac{\partial \theta_1}{\partial z} - K(\theta_1) \right] - \frac{\rho_i}{\rho_1}\frac{\partial \theta_i}{\partial t} \tag{6-1}$$

$$C_v \frac{\partial T}{\partial t} = \frac{\partial}{\partial z}\left[\lambda \frac{\partial T}{\partial z} \right] + L_f \rho_i \frac{\partial \theta_i}{\partial t} \tag{6-2}$$

式中，θ_1、θ_i 分别为土壤中液态水、冰的体积含量；T 为土壤温度；t、z 分别为时间、空间坐标（垂直向下为正）；$D(\theta_1)$、$K(\theta_1)$ 分别为非饱和土壤水分扩散率、导水率；C_v、λ 分别为土壤体积热容量、热导率；ρ_i、ρ_1 分别为冰、水密度；L_f 为融化潜热。

积雪、土壤和砂砾石层水热参数确定，积雪主要的水热参数包括导热系数、体积热容量和降雪密度，各参数计算公式如下：

$$\rho_{\text{new}} = \begin{cases} 67.9 + 51.3 \times e^{T_a/2.6} & T_a \leqslant 0 \\ 119.2 + 20 \times T_a & T_a > 0 \end{cases} \tag{6-3}$$

$$\lambda_s = \begin{cases} 0.138 - 1.01 \times \dfrac{\rho_s}{1000} + 3.233 \times \left(\dfrac{\rho_s}{1000}\right)^2 & 156 < \rho_s \leqslant 600 \\ 0.023 + \dfrac{0.234 \times \rho_s}{1000} & \rho_s \leqslant 156 \end{cases} \tag{6-4}$$

$$C_s = 2.09 \times 10^3 \times \rho_s \tag{6-5}$$

式中，ρ_{new} 为新雪密度（kg/m³）；T_a 为气温（℃）；λ_s 为积雪的导热系数 [W/（m·℃）]；ρ_s 为积雪密度（kg/m³）；C_s 为积雪的体积热容量 [J/（m³·℃）]。

土壤、砂砾石层主要的水热参数包括体积热容量、导热系数和土壤渗透系数等，其中土壤、砂砾石层的热传导和热通量基础参数由现场试验测得，土壤或砂砾石层的体积热容量（C_v）、导热系数（λ）计算公式如下：

$$C_V = (1 - \theta_s) \times C_s + \theta_l \times C_l + \theta_i \times C_i \tag{6-6}$$

$$\lambda = \lambda_{st} \times (56^{\theta_l} + 224^{\theta_i}) \tag{6-7}$$

$$\lambda_{st} = \omega_{\text{rock}} \times 1.5 + \omega_{\text{sand}} \times 0.3 + \omega_{\text{silt}} \times 0.265 + \omega_{\text{clat}} \times 0.25 \tag{6-8}$$

式中，θ_s、θ_l、θ_i 分别为土壤或砂砾石层的饱和体积含水率、液态水体积含水率、固态水体积含水率；C_s、C_l 和 C_i 分别为土壤（砂砾石层）、水、冰的体积热容量 [J/（m³·℃）]；λ_{st} 为土壤或砂砾石层干燥状态下的导热系数 [W/（m·℃）]；ω_{rock}、ω_{sand}、ω_{silt} 和 ω_{clat} 分别为岩石（砾石和卵石）、砂粒、粉粒和黏粒的体积比。

参考 Chen 等（2008）的 DWHC 模型，不同温度条件下土壤或砂砾石层 K_s 计算方法如下：

$$K_S = \begin{cases} K_0 & T > 0 \\ K_0(0.54 + 0.023T) & T_f \leqslant T \leqslant 0 \\ K_0 & T < T_f \end{cases} \tag{6-9}$$

式中，K_S 为常温下的饱和导水率（cm/s）；K_0 为冻结条件下最小的导水率（cm/s）；T 为土壤或砂砾石层的温度（℃）；T_f 为最小导水率对应的临界温度（℃）。考虑土壤和砂砾石层水动力学特性的区别，对于土壤，K_0 按照 Chen 等（2008）公式取值为 0；对于砂砾石层，由于孔隙较大，K_0 取值大于 0。

6.1.1.2　黄土高原水循环模拟模块开发

黄土高原沟壑密集，梯田、淤地坝的建设改变了流域下垫面条件，对水循环、产输沙过程影响巨大，在模型模拟的时候需要重点考虑。为适应黄土高原产流产沙过程模拟的需要，将汇流过程由"坡面-河道"系统改进为"坡面-沟壑-河道"系统（图6-4），反映沟道对汇流过程的影响。此外，将坝地从农田中独立出来成为单一的下垫面，用于模拟坝地对径流的拦截、储蓄和增加区域蒸散发量的作用（图6-5）；将梯田从农田中也独立出来作为单一的下垫面，增加梯田对坡面径流的拦截模拟（图 6-6）。根据上述改进，黄河流域分布式水沙模型下垫面处理类型由原来的 5 类扩充为 7 类，原来的 5 类下垫面的产流模式保持不变，需要构建梯田域和淤地坝域的产流模块。

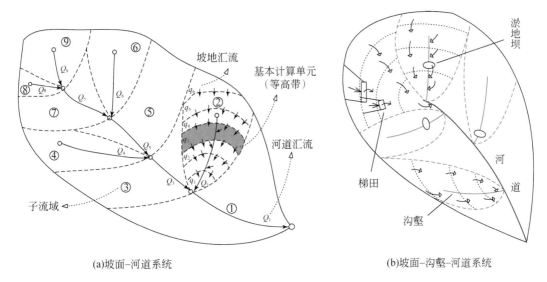

(a)坡面-河道系统   (b)坡面-沟壑-河道系统

图 6-4 水循环模型汇流系统改进

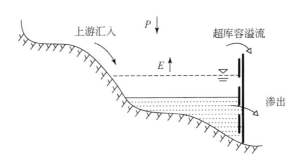

图 6-5 坝地域水量平衡过程模拟

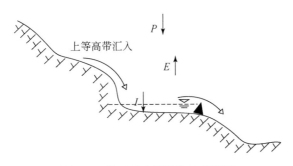

图 6-6 梯田域水量平衡过程模拟

各等高带梯田域的产流过程计算公式如下：

$$R_c = (2.2409 \times r_{st}^{-0.4075}) \times A_{st}/A_C \tag{6-10}$$

$$H_t = (Q_{in} \times dt/A_s \times R_c + P - E - Inf) \tag{6-11}$$

$$R_t = \begin{cases} H_t - H_{t,max} & H_t > H_{t,max} \\ 0 & H_t \leqslant H_{t,max} \end{cases} \tag{6-12}$$

式中，R_c 为当前等高带梯田对上一等高带坡面径流拦截比例（如果当前等高带是最上面的等高带，则 $R_c = 0$）；r_{st} 为当前子流域内梯田面积占整个子流域面积的百分比（%）；A_s 为当前等高带内梯田面积（m^2）；A_C 为到当前等高带的上游所有高带面积和（m^2）；H_t 为当前等高带梯田内堆积的水深（mm）；$H_{t,max}$ 为当前等高带梯田最大可接受的储留深（mm）；Q_{in} 为上一等高带流入当前等高带的流量（m^3/s）；dt 为模拟时间间隔（s）；P 为当前时段降水量（mm）；Inf 为当前时段梯田部分入渗量（mm）；E 为当前时段梯田蒸发量（mm）；R_t 为当前等高带梯田部分产流量（mm）。

模型假定淤地坝位于子流域的沟壑上，且一条沟壑上有且仅有一个概化淤地坝拦截上游沟壑汇流量，经淤地坝调蓄后，超出的部分作为对应沟壑的出流量进入河道参与河道汇流过程。淤地坝水量平衡计算公式如下：

$$V_y = Q_{g,in} \times dt + (P - E) \times A_s - (Q_{g,out1} + Q_{g,out2}) \times dt \tag{6-13}$$

式中，V_y 为淤地坝蓄水量（m^3）；$Q_{g,out1}$ 和 $Q_{g,out2}$ 为超淤地坝库容溢流量和透过坝体的渗漏量，两者之和则为经淤地坝调蓄后的沟壑汇流量（m^3/s）；$Q_{g,in}$ 为进入淤地坝之前的沟壑汇流量（m^3/s）。

6.1.1.3 黄土高原泥沙模拟模块开发

针对黄河流域主要产沙区黄土高原沟壑侵蚀严重的特点，基于 WEP-L 模型坡面-沟壑-河道产汇流系统，分坡面、沟壑、河道三大环节模拟侵蚀产沙过程（图6-7）。坡面产沙模拟中，根据降雨径流侵蚀的发生发展过程，依次模拟坡面沟间雨滴溅蚀和薄层水流侵蚀、坡面沟道产输沙以及梯田减沙过程。梯田减沙效益体现在两个方面，一方面是梯田下垫面相对于自然坡面，自身产沙量就有所减少；另一方面是梯田近乎平整的地形对上方来沙具有极大的拦截作用，有效增强了梯田的减沙效益。沟壑侵蚀是黄土高原特有的侵蚀特点，并且沟壑内重力侵蚀频发，是其主要产沙形式之一。因此对于沟壑侵蚀产沙模拟，基于力矩平衡原则，着重模拟崩塌型重力侵蚀；同时在不平衡输沙理论的基础上，考虑侧向来水来沙的影响，模拟沟壑输沙过程；另外，沟壑侵蚀环节还考虑了淤地坝巨大的拦沙作用。与梯田减沙效益类似，淤地坝减沙作用也分为拦沙作用和减蚀作用两部分。拦沙作用包括两个方面，一是坝体对泥沙的拦截作用直接导致泥沙沉积；二是蓄水对水流的削减流量、放缓流速作用降低了水流的挟沙能力，间接导致被挟带的泥沙在坝前发生沉积。同样地，减蚀作用也包括两个方面，一是泥沙沉积抬高侵蚀基准面，降低重力侵蚀发生的概率；二是水流挟沙能力的降低使水流对淤地坝下游的侵蚀量减少。河道产输沙模拟中，输沙过程也是考虑侧向来水来沙的影响，采用不平衡输沙方程进行模拟。同时结合水库调度过程，利用排沙比模拟水库拦沙作用。

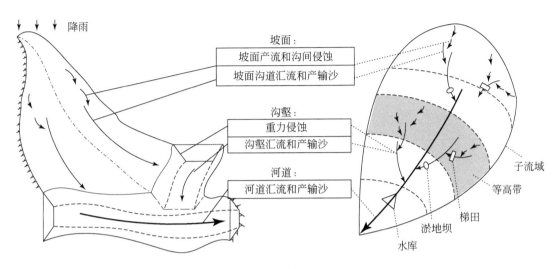

图 6-7　子流域产输沙过程

对于梯田和坝地，由于其坡度极其平缓，通常会发生泥沙沉积，该过程与其沉积速率可通过式（6-14）进行计算：

$$Q_{td} = Q_w \cdot C_v - Q_{w0} \cdot C_{v0} \tag{6-14}$$

式中，Q_{td} 为梯田和坝地下垫面的泥沙沉积速率（kg/s）；Q_w 和 Q_{w0} 分别为其出流量和入流量（m³/s）；C_v 和 C_{v0} 分别为其出口含沙量和入口含沙量（kg/m³）。

不平衡输沙理论能够反映河道不同位置的冲淤分布，以及各河段的冲淤变化过程。采用沿水深积分后的一维恒定水流泥沙扩散方程：

$$\frac{\mathrm{d}C_x}{\mathrm{d}x} = -\frac{\alpha \cdot \omega}{q}(C_x - T_x) \tag{6-15}$$

式中，x 为沿河方向到河口的距离（m）；C_x 为对应位置的水流含沙量（kg/m³）；T_x 为对应位置的水流挟沙力（kg/m³）；α 为恢复饱和系数，在一般水力因素条件下，平衡时恢复饱和系数在 0.02~1.78，平均接近 0.5；q 为单宽流量（m²/s）；ω 为浑水中的泥沙沉速（m/s）。

6.1.1.4　输入数据结构与处理

实测河网取自全国 1∶25 万地形数据库，如图 6-8 所示。气象数据主要来自407 个国家气象站 1956~2018 年多年逐日数据，此外，未来考虑降水分布的空间变化，又补充水文部门 1245 个雨量站点逐日降水信息，所采用的雨量、气象站站点分布如图 6-9 所示。径流资料采集并整理了黄河流域干支流 1956~2016 年系列 31 个典型水文断面把口站逐月流量信息。土地利用类型的分类采用国家土地遥感详查的两级分类系统，累计划分为 6 个一级类型和 31 个二级类型。通过地表抽样调查，遥感解译精度达 93.7%。土地利用分布如图 6-10 所示。

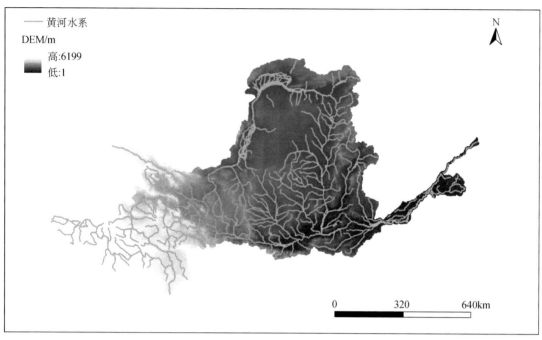

图 6-8　DEM 和实际河网分布

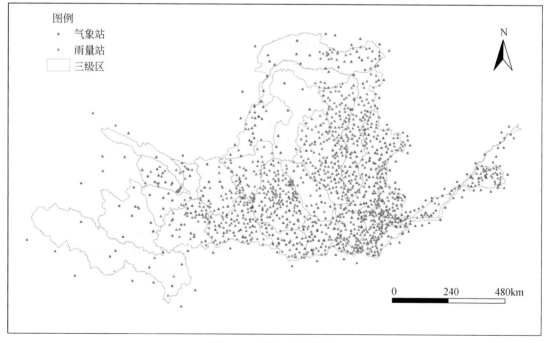

图 6-9　雨量气象站分布

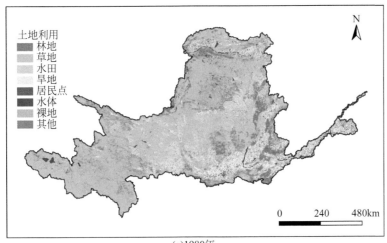

(a)1980年

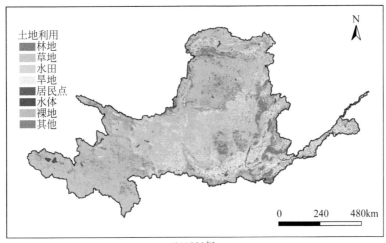

(b)1990年

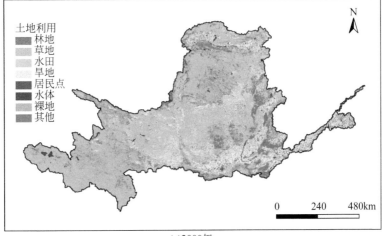

(c)2000年

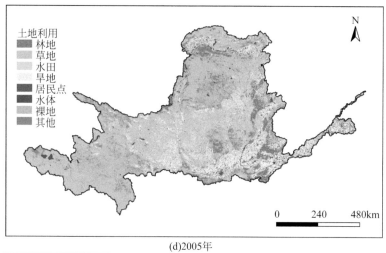

(d)2005年

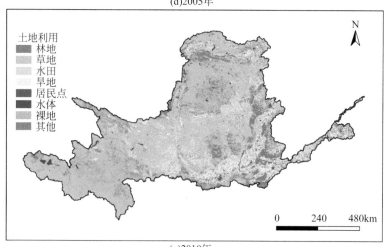

(e)2010年

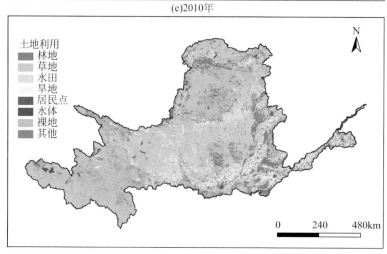

(f)2015年

图 6-10　土地利用分布

植被指数选择植被覆盖度和叶面积指数（leaf area index，LAI）两个指标，其中植被覆盖度根据 NDVI 计算得出。NDVI 有两种数据源，分别是 1982～2006 年 8km 精度的 GIMMS AVHRR 数据和 2000～2016 年 1km 精度的 MOD13A2 数据；叶面积指数也有两种数据源，分别是 1982～2005 年 8km 精度的 GlobMap LAI 数据和 2000～2015 年 1km 精度的 MOD15A2 数据。7 月平均植被覆盖度和叶面积指数如图 6-11 和图 6-12 所示。根据 1980～2000 年系列全流域各县水利统计年鉴公布的水土保持建设信息，统计项目包括坝地、梯田、人工林、人工草，其中坝地和梯田时空变化表征的源信息采用各县水利统计年鉴数据，通过"社会化像元"进行转换。水保林草地的动态变化通过土地利用图的叠加提取获得。

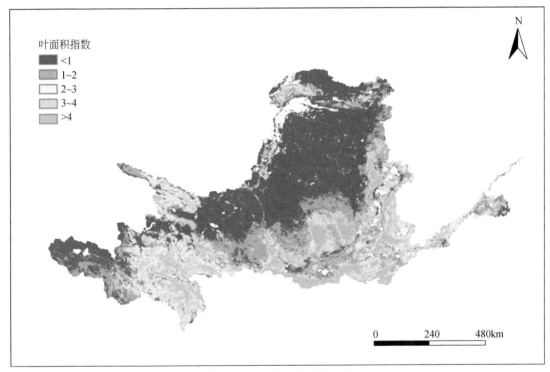

图 6-11　7 月平均叶面积指数

土壤及其特征信息采用全国第二次土壤普查资料，土层厚度和土壤质地均采用《中国土种志》上的"统计剖面"资料。为进行分布式水文模拟，根据土层厚度对机械组成进行加权平均，采用国际土壤分类标准进行重新分类，如图 6-13 所示。

为了研究农业灌溉用水情况，本研究中进行了灌区数字化工作，主要是确定灌区的空间分布范围，收集并整理灌区的各类属性数据。灌区数字化过程中，主要参考了国家基础地理信息中心开发的"全国 1∶25 万地形数据库"（包括其中的水系、渠道、水库、各级行政边界、居民点分布等）、中国科学院地理科学与资源研究所开发的 1∶10 万土地利用图以及水利部黄河水利委员会勘测规划设计院编写的《黄河灌区资料简编》和水利部黄河

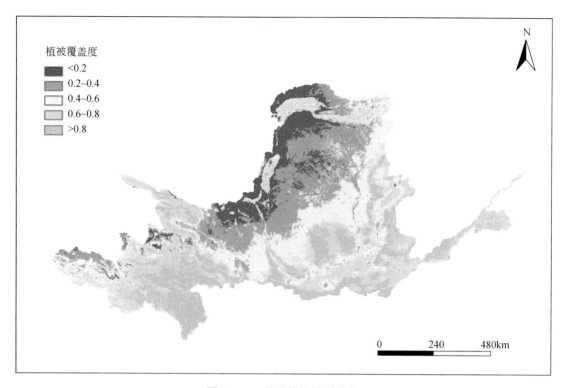

图 6-12　7 月平均植被覆盖度

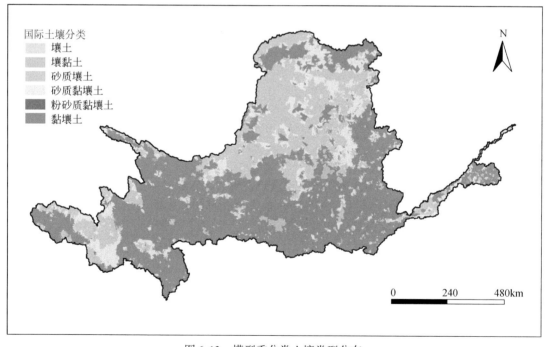

图 6-13　模型重分类土壤类型分布

水利委员会编制的《黄河流域地图集》等资料，其中，重点考虑了119处10万亩[①]以上的大型灌区，如图6-14所示。

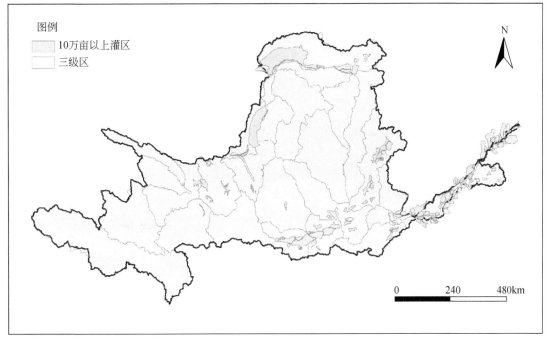

图6-14 灌区分布

供用耗水主要来源于全国水资源规划水资源开发利用调查评价部分的成果，以水资源三级区和地级行政区为统计单元，收集整理了1980年、1985年、1990年、1995年、2000年5个典型年份不同用水门类的地表、地下水供用耗水信息。2001～2018年数据来源于《黄河水资源公报》。

6.1.1.5 黄河流域计算单元划分

为了对黄河流域水循环过程进行分布式模拟，需要将流域进一步划分为尺度更小的子流域，然后以子流域为单元进行分布式信息整备和过程模拟，因此，流域划分和流域编码是构建分布式模型的必备基础。流域编码方法是：先结合实测河网的信息，从栅格型DEM提取出模拟河网，然后再进行流域划分与编码。流域编码工作包括两部分内容，一是对河网的编码，二是对流域进行子流域划分与编码。采用改进型的 Pfafstetter 规则进行黄河流域的编码，对整个黄河流域进行细致的划分和编码，最低到7级编码。图6-15为黄河流域子流域划分，根据上述规则，整个黄河流域被划分为8485个子流域，子流域平均面积约为93.6km²。

---

① 1亩≈666.67m²。

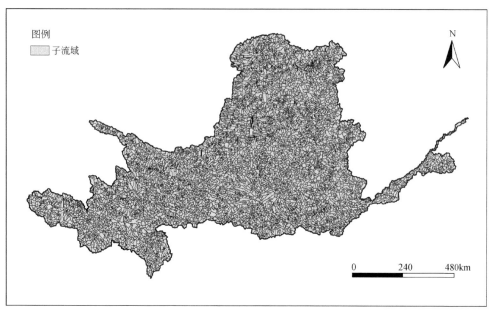

图 6-15   黄河流域子流域划分

由于黄河流域面积很大，即便是对黄河流域进行 7 级流域划分，子流域平均面积还是接近 100km^2，这样的单元对于精细的分布式水循环过程模拟仍然偏粗，尤其是在主要产汇流的山丘区，为此将子流域进行了进一步的再划分，即划分为不同的高程带，整个流域被划分为 38 720 个高程带（图 6-16）。

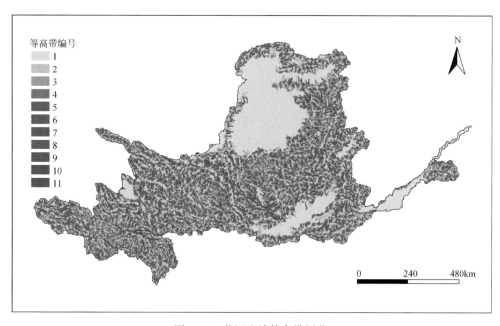

图 6-16   黄河流域等高带划分

6.1.2 模型率定与验证

6.1.2.1 径流率定验证

模型率定主要对高敏感参数进行，高敏感参数主要包括不同土地利用洼地最大储留深、土壤孔隙率、土壤层厚度、气孔阻抗、土壤以及河床材质水力传导系数等。按 31 个水文站控制范围将流域（花园口以上）划分为不重叠的 31 个参数分区，并采用各水文站实测月平均径流量对各高敏感参数进行率定和验证。其中，1956～1980 年为率定期，1981～2016 年为验证期，各站月径流过程效率系数见表 6-1。

表 6-1　各站月径流过程效率系数

站点	NSE			RE/%		
	1956～1980 年	1981～2016 年	1956～2016 年	1956～1980 年	1981～2016 年	1956～2016 年
玛曲	0.788	0.754	0.768	-7.1	-1.2	-3.7
唐乃亥	0.850	0.800	0.819	-7.5	-0.3	-3.1
贵德	0.853	0.602	0.749	-8.5	2.0	-2.2
循化	0.858	0.613	0.760	-7.4	5.0	-0.2
民和	0.699	0.613	0.659	2.2	-2.9	-0.7
享堂	0.803	0.737	0.763	-3.5	0.1	-1.4
折桥	0.834	0.697	0.796	-7.6	10.2	1.4
红旗	0.706	0.688	0.707	7.4	-2.5	2.1
小川	0.864	0.667	0.788	-2.4	5.2	2.0
兰州	0.878	0.701	0.809	-2.3	0.9	-0.4
下河沿	0.882	0.690	0.809	-0.6	3.4	1.7
青铜峡	0.000	0.327	0.327	0.0	17.1	17.1
石嘴山	0.000	0.599	0.599	0.0	-4.1	-4.1
头道拐	0.751	0.471	0.648	2.3	1.7	2.0
皇甫	0.126	-0.040	0.095	-56.4	75.6	-4.6
温家川	0.567	0.094	0.472	-11.8	20.7	2.0
高家川	0.275	-0.822	0.169	6.0	2.7	4.4
林家坪	0.237	0.204	0.273	-1.5	9.0	2.1
吴堡	0.758	0.444	0.664	1.7	5.6	3.7
后大成	0.422	0.142	0.390	13.6	-16.3	-0.6

续表

站点	NSE			RE/%		
	1956～1980 年	1981～2016 年	1956～2016 年	1956～1980 年	1981～2016 年	1956～2016 年
白家川	0.084	-0.276	0.095	-1.5	-2.0	-1.7
龙门	0.728	0.458	0.652	2.8	5.4	4.2
河津	0.583	0.411	0.587	-8.2	8.9	-2.0
北道	0.144	0.255	0.249	-2.3	5.8	1.3
林家村	0.566	0.595	0.616	-9.5	8.5	-1.9
咸阳	0.668	0.749	0.715	1.7	-0.6	0.6
张家山	0.590	0.575	0.598	-0.8	5.5	2.4
华县	0.766	0.780	0.777	4.1	-7.5	-1.9
潼关	0.768	0.621	0.734	4.9	1.5	2.6
三门峡	0.762	0.557	0.705	5.6	2.7	4.1
花园口	0.776	0.559	0.691	7.1	2.8	3.6

注：NSE 指 Nash-Sutcliffe（纳什）效率系数。

6.1.2.2 黄河源区冻土过程验证

采用改进的黄河源区冻土水热耦合模块对源区雪温、含水率以及冻土深等指标进行了验证。结果表明，改进的冻土模块能够比较准确地描述源区在冻土影响下的水文过程。其中，源区不同土层典型年土温模拟结果如图 6-17 所示。图 6-17 中只有模拟值，并无实测值，根据模拟结果，基本上能够反映源区不同土层土温变化过程。

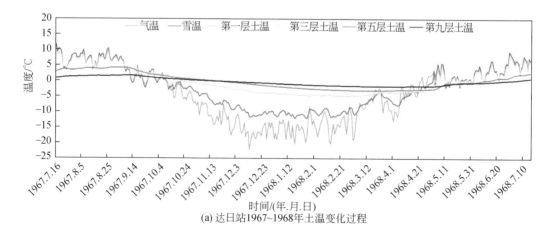

(a) 达日站1967~1968年土温变化过程

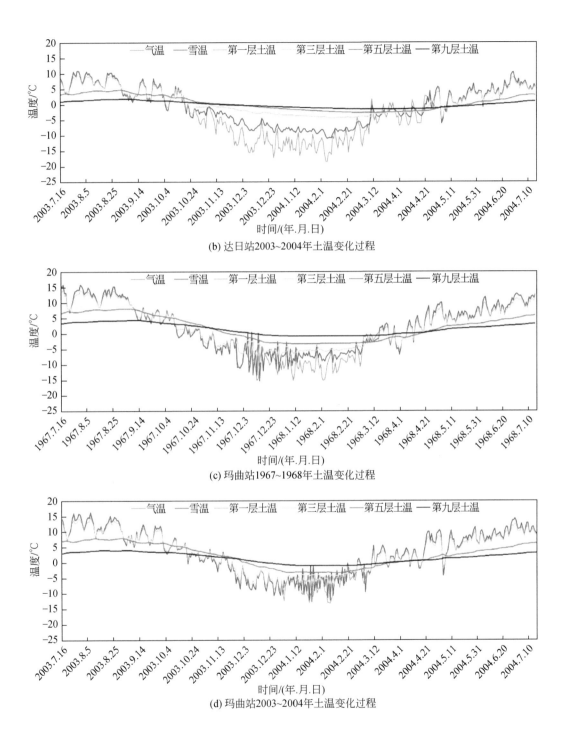

(b) 达日站2003~2004年土温变化过程

(c) 玛曲站1967~1968年土温变化过程

(d) 玛曲站2003~2004年土温变化过程

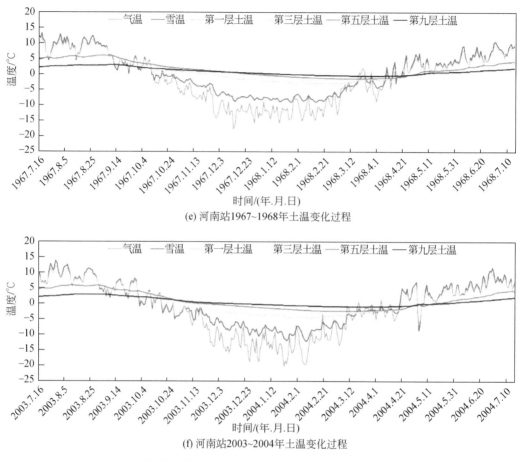

(e) 河南站1967~1968年土温变化过程

(f) 河南站2003~2004年土温变化过程

图6-17 典型年份气温、雪温与分层土壤–松散岩层温度变化过程

图6-18是黄河源区主要站点（达日、玛多、久治、若尔盖、红原、玛曲、河南、共和）典型年份1965~1966年（玛多站缺乏数据，以数据起始的1985年代替）和1995~1996年两个典型年的冻融过程进行模拟对比分析，发现各验证点模拟的冻结规律与实测结果基本一致，实测的开始冻结时间较模拟结果相对较早，模拟的结束冻结时间较实测结果偏早，模拟的最大冻结深度相对于实测结果偏大，模拟的冻结速度较实测偏慢，融化速度较实测偏快。8个站点各典型年1965年的实测深度监测时段的均方根误差（root mean square error，RMSE）平均值为12.9cm，纳什效率系数为0.95；典型年1995年的实测深度监测时段的均方根误差平均值为16.1cm，纳什效率系数为0.89，表明模型的冻土深度模拟结果与实测接近，模型模拟结果合理可靠。

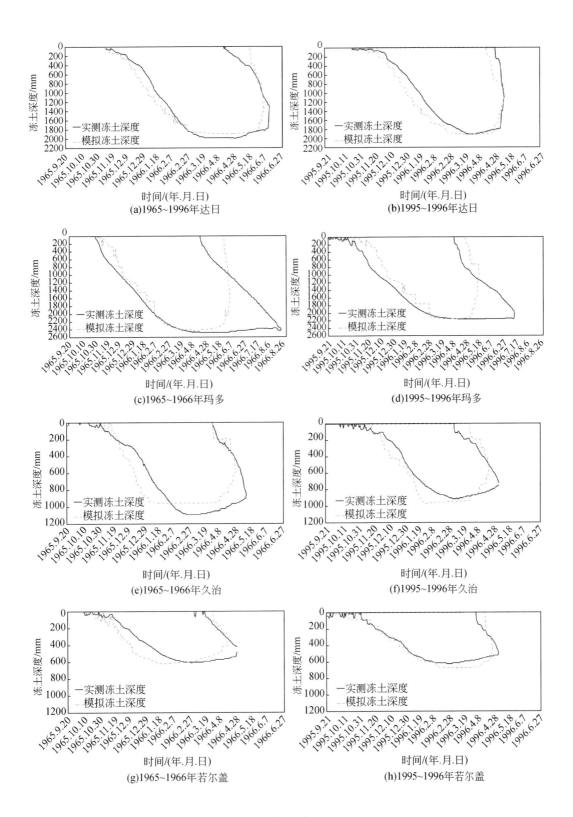

(a)1965~1996年达日

(b)1995~1996年达日

(c)1965~1966年玛多

(d)1995~1996年玛多

(e)1965~1966年久治

(f)1995~1996年久治

(g)1965~1966年若尔盖

(h)1995~1996年若尔盖

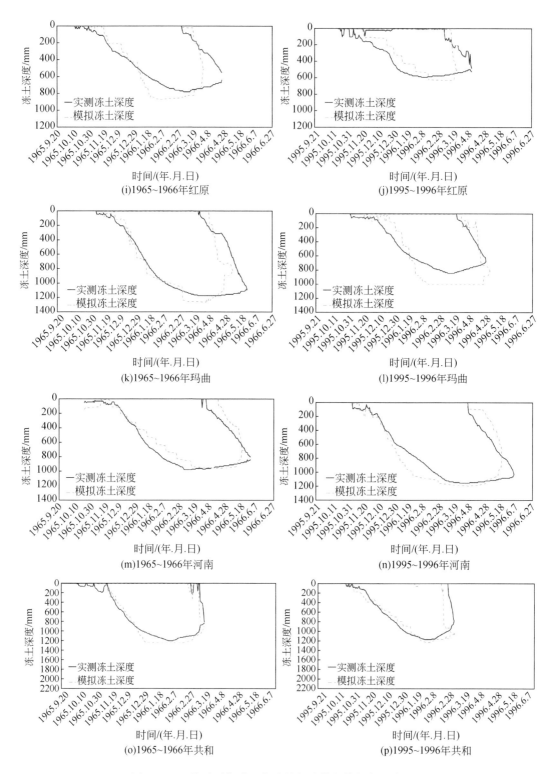

图 6-18 土壤冻融期典型年冻结深度模拟值与实测值对比

6.1.2.3 输沙量率定验证

对流域主要干流多年输沙量进行模拟分析。其中，头道拐、龙门、潼关三个主要干流站点 1956 ~ 2016 年多年平均输沙量模拟结果的相对误差分别为 –33% 、–20% 和 6.6% 。皇甫、温家川、白家川三个重点支流站点 1956 ~ 2016 年多年平均输沙量模拟结果的相对误差分别为 3.9% 、–0.12% 和 2.3% ，月均输沙量模拟结果如图 6-19 所示。

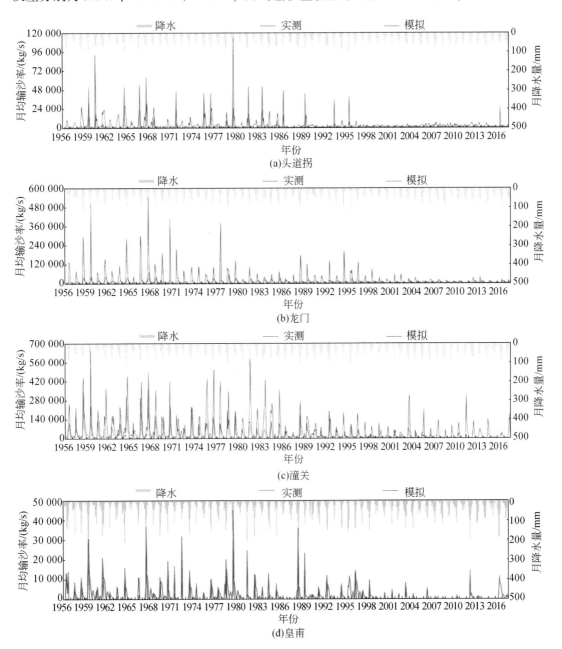

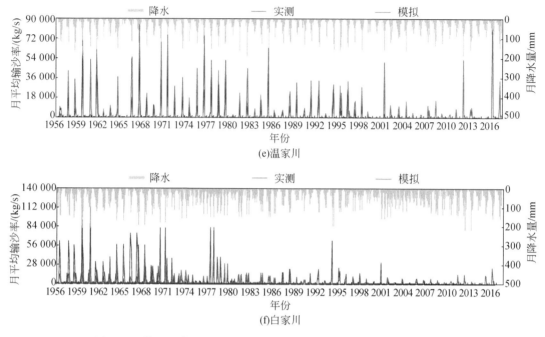

图 6-19　黄河流域重点干支流站点 1956～2016 年月均输沙率模拟结果

6.2　流域水沙动力学过程模型

流域水沙动力学过程模型采用河网水系和基本流域单元相组合的分布式模型原理。为实现不同尺度的降水–产流–产沙过程模拟,采用清华大学研发的数字流域模型(王光谦等,2005;刘家宏等,2006),通过子流域单元划分,考虑气候、地形地貌、土壤植被等的空间差异性;通过河网水沙演进与河道冲淤计算,重现流域内任何河道断面和流域出口的日尺度及以下的水沙过程。

6.2.1　模型框架

6.2.1.1　降雨产流模型

降雨产流模型是一个以描述超渗产流为主的机理型模型,在物理图景概化和产流机理符合黄土高原坡面产流自然过程的前提下,采用尽可能简单的形式模拟每个子过程(图 6-20)。模型主要计算植被截流、地表超渗产流、表层土快速壤中流等子过程,并兼容可能出现的下层土的壤中流和表层土短时超蓄产流。为实现多场次降雨的连续模拟,计算蒸散发过程和土壤内的水分迁移。

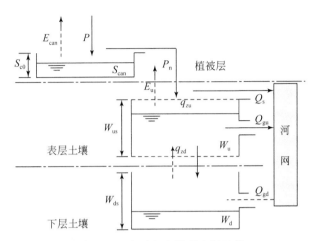

图 6-20　降雨产流模型流程示意

S_{c0} 为冠层蓄水能力（m），E_{can} 为冠层积水的蒸发强度（m/s），P 为降雨强度（m/s），S_{can} 为冠层蓄水量（m），P_n 为穿过植被层的净雨强（m/s），E_u 为表层土壤蒸发强度（m/s），q_{zu} 为地表下渗速率（m/s），Q_s 为地表径流量（m^3/s），Q_{gu} 为表层土壤出流量（m^3/s），W_{us} 为表层土蓄水能力（m^3），W_u 为表层土蓄水量（m^3），q_{zd} 为表层土与下层土间水分垂向运动速率（m/s），W_{ds} 为下层土蓄水能力（m^3），W_d 为下层土蓄水量（m^3），Q_{gd} 为下层土壤出流量（m^3/s）

6.2.1.2　坡面产沙模型

将溅蚀、薄层水流侵蚀、细沟和浅沟侵蚀等主要子过程统一为概化的坡面侵蚀过程。假设侵蚀量在等高线方向是均匀的，则简化为只考虑沿坡面方向的一维过程（图 6-21）。假定土壤侵蚀过程发生直接以地表径流作为动力条件，考虑土壤性质、坡面坡度、微地貌等参数，通过地表径流过程计算坡面侵蚀过程：

$$e_x = \frac{\pi}{6D^\beta} \alpha k \rho_s \left(\frac{\rho_m}{\rho_s - \rho_m}\right)^\beta n^{\frac{3}{5}(\beta-1)} J^{\frac{7}{10}\beta + \frac{3}{10}} q_e^{\frac{3}{5}\beta + \frac{2}{5}} x^{\frac{3}{5}\beta + \frac{2}{5}} \tag{6-16}$$

式中，e_x 为沿坡 x 位置单位时间单位面积上的新增侵蚀量 [kg/（$m^2 \cdot s$）]；D 为泥沙颗粒粒径（m）；ρ_s 为泥沙颗粒密度（kg/m^3）；n 为曼宁系数；J 为坡面比降；k 表示土壤抗蚀性；α 为泥沙运动滞后系数；β 表示水流的作用强度；ρ_m 为浑水密度（kg/m^3）；q_e 为单位面积上的产流量（m/s）。假定 k 和 β 不随 x 变化，并为简化积分过程暂假定作为输入条件的 ρ_m 和 α 不随 x 变化，则式（6-16）中沿坡面方向的变量仅有 x，将其沿坡面积分，并乘以坡面宽度，可得到整个坡面的侵蚀量为

$$E = B \cdot \int_0^L e_x \mathrm{d}x = B \cdot \frac{5\pi}{6(3\beta+7)D^\beta} \alpha k \rho_s \left(\frac{\rho_m}{\rho_s - \rho_m}\right)^\beta n^{\frac{3}{5}(\beta-1)} J^{\frac{7}{10}\beta + \frac{3}{10}} q_e^{\frac{3}{5}\beta + \frac{2}{5}} L^{\frac{3}{5}\beta + \frac{7}{5}}$$

$$= \frac{5\pi}{6(3\beta+7)D^\beta} \alpha k \rho_s \left(\frac{\rho_m}{\rho_s - \rho_m}\right)^\beta n^{\frac{3}{5}(\beta-1)} J^{\frac{7}{10}\beta + \frac{3}{10}} q_l^{\frac{3}{5}\beta + \frac{2}{5}} A \tag{6-17}$$

式中，E 为坡面的总侵蚀速率（kg/s）；B 为坡面宽度（m）；$q_l = q_e L$，表示坡脚处的单宽

地表流量（m²/s）；ρ_m 采用坡顶处的清水容重和坡脚水流挟沙力下的浑水容重的平均值计算，从而使公式显式应用；A 为坡面面积（m²）。

可以看出，在给定坡面几何形状和基本参数的基础上，坡面的侵蚀速率与其地表产流量具有指数关系，从而可以由产流过程的模拟结果计算侵蚀产沙过程。决定指数大小的参数为 β，而 k 和其他参数一起组成决定侵蚀量的系数。侵蚀量与坡度呈正指数关系，指数的大小决定于 β。

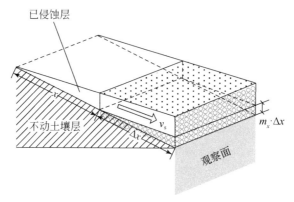

图 6-21　坡面侵蚀过程示意

v_s 为泥沙颗粒的运动速度（m/s），m_x 为沿单位坡长的新增土壤侵蚀层数（m^{-1}），Δx 为单元沿坡面方向的长度（m）

6.2.1.3　沟坡重力侵蚀模型

在数字流域模型中考虑了陡坡的重力侵蚀过程。将重力侵蚀发生的单位宽度沟坡概化，如图 6-22 所示。沟坡受力状况包括土体重力、裂缝水压力、裂隙面上的抗滑力、坡脚处的水流切割力。沟坡重力侵蚀是在上述各力的作用下，达到临界平衡条件导致的失稳破坏（图 6-23）。

6.2.1.4　沟道水沙演进与冲淤模型

沟道水流演进基于马斯京根–贡日法采用精确扩散波模式，适用于沟道几何尺寸难以精确获知的流域情形：

$$\frac{\partial Q}{\partial t} + C\frac{\partial Q}{\partial x} - D\frac{\partial^2 Q}{\partial x^2} = 0 \tag{6-18}$$

式中，t 为时间；x 为沿河坐标；$C=\frac{1}{B}\frac{\partial Q}{\partial h}+\frac{D}{B}\frac{\mathrm{d}B}{\mathrm{d}h}\frac{\partial h}{\partial x}$ 为波速系数，Q 为流量（m³/s），B 为水面宽度（m），h 为水深（m）；$D=\frac{Q}{2BS_f}$ 为扩散系数，S_f 为摩阻坡降。

令扩散波方程 $D=0$，则为更简单描述水流运动的运动波方程。贡日指出，运动波方程的空间偏心四点离散求解方法具有马斯京根法的形式，即

$$Q_{i+1}^{j+1} = C_1 Q_i^j + C_2 Q_i^{j+1} + C_3 Q_{i+1}^j \tag{6-19}$$

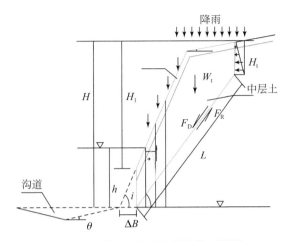

图 6-22　黄土沟坡重力侵蚀物理图形

H 为沟坡高度（m），H_1 为直立面转折点上的沟坡高度（m），h 为水深（m），θ 为沟道边壁角度（°），i 为沟坡自然坡角度（°），H_t 为裂隙深度（m），W_t 为可能失稳的土体重力（kN/m），F_D 为沟坡下滑力（kN/m），F_R 为滑动面上的抗滑力（kN/m），ΔB 为土体单位时间受水流侧向冲刷而后退的距离（m），L 为长度（m）

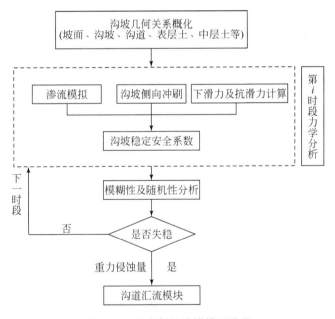

图 6-23　重力侵蚀计算模型流程

$$C_1 = \frac{K\varepsilon + \frac{1}{2}\Delta t}{K(1-\varepsilon) + \frac{1}{2}\Delta t}, \quad C_2 = \frac{\frac{1}{2}\Delta t - K\varepsilon}{K(1-\varepsilon) + \frac{1}{2}\Delta t},$$

$$C_3 = \frac{K(1-\varepsilon) - \frac{1}{2}\Delta t}{K(1-\varepsilon) + \frac{1}{2}\Delta t}$$

(6-20)

式中，ε 为权重因子；K 为系数。

通过数学推导证明，式（6-20）数值格式在一定条件下是二阶逼近式。这一条件为

$$K = \Delta x / C, \quad \varepsilon = \frac{1}{2}\left(1 - \frac{Q}{BS_f C \Delta x}\right)$$

(6-21)

以上即贡日提出的马斯京根形式的扩散波方法。其稳定条件为

$$\varepsilon \leq 0.5$$

(6-22)

在 Q，B，C，Δx，$S_f > 0$ 的正常情况下，算法的稳定性是无条件的。同时，对算法收敛性的研究表明，柯朗数 $r = C\Delta t / \Delta x$ 越接近 1，其收敛性越好。

沟道输沙模型采用不平衡输沙模式：

$$S = S_* + (S_0 - S_{0*}) e^{\frac{-\alpha q L}{\omega_s}} + (S_{0*} - S_*)\frac{q}{\alpha \omega_s L}(1 - e^{\frac{-\alpha q L}{\omega_s}})$$

(6-23)

式中，S_* 为出口断面的水流挟沙力（kg/m³）；S_0 为进口断面的平均含沙量（kg/m³）；S_{0*} 为进口断面的水流挟沙力（kg/m³）；α 为恢复饱和系数；q 为单宽流量（m²/s）；L 为沟道长度（m）；ω_s 为泥沙沉速（cm/s）。

关键问题为需要采用适于黄土高原沟道的水流挟沙力方程，从水槽实验与部分渠道实测数据的关系出发，得

$$S_{*v} = 0.0068\left(\frac{U}{\omega_{90}}\sqrt{\frac{f}{8}}\right)^{1.5}\left(\frac{D_{90}}{4R}\right)^{\frac{1}{6}}$$

(6-24)

式中，S_{*v} 为体积比挟沙力；U 为断面平均流速（m/s）；R 为水力半径（m），ω_{90} 为上限粒径在一定浓度下的沉速（cm/s）；D_{90} 为泥沙上限粒径（mm）；f 为达西系数；μ 为浑水黏度：

$$f = 0.11\left(\frac{k_s}{4R} + \frac{68}{Re}\right)^{0.25}, \quad Re = \frac{4RU\gamma_m}{g\mu}$$

(6-25)

式中，k_s 为床面粗糙度（mm）；γ_m 为悬液容重（kg/m³）；g 为重力加速度（m/s²）；Re 为雷诺数；ρ_m 为浑水密度（kg/m³）。

浑水中的沉速计算采用：

$$\omega = \frac{\sqrt{10.99D^3 + 36\left(\frac{\mu}{\rho_m}\right)^2} - 6\frac{\mu}{\rho_m}}{D}$$

(6-26)

6.2.2 模型通用技术

6.2.2.1 河道重建技术

(1) 纵剖面坡度平滑算法

提取河网使用的数字高程模型为 ASTER GDEM V2，由于水平分辨率较低，垂直误差较大，提取的河道纵剖面和坡度误差也较大。坡度在河道输沙过程中是重要的驱动力，急剧变化的坡度将造成泥沙在河道内大冲大淤，影响河道输沙模拟结果。因此，需对河道进行平滑重建。常用的平滑方式有三种，即直接平滑、曲线拟合和理论模型（Peckham，2015）。采用曲线拟合法，拟合的方程形式包括指数型、幂函数型和对数型，公式如下：

$$指数型：H = -H_1 \cdot e^{-\beta_1 L} - H_2 \cdot e^{-\beta_2 L} - \cdots - H_n \cdot e^{-\beta_n L}$$

$$幂函数型：H = H_1 + aL^p \tag{6-27}$$

$$对数型：H = H_1 + a\ln L$$

式中，H 为高程；H_1，H_2，$\cdots$，H_n 为河道出口高程；L 为河道长度。

对比验证发现，幂函数型相比指数型，不会出现指数爆炸，相比对数型，由于多一个参数，拟合效果相对较好。由图 6-24 可见，河道纵剖面拟合效果较好，同时坡度沿干流分布趋势更稳定。

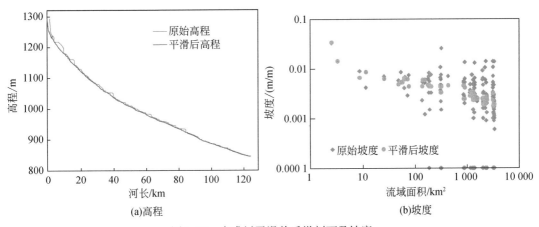

(a)高程   (b)坡度

图 6-24 皇甫川平滑前后纵剖面及坡度

(2) 基于多源遥感产品的河宽提取方法

基于国产 GF-1、GF-2、ZY-3 及 Landsat-8 卫星的影像，通过开发多种水体、纹理、光谱、地形等指数的机器学习法，结合 DEMRiver 所提河网，以黄河中游的皇甫川流域为例，提取了皇甫川流域上游 2 级及以上河流的平滩河宽。提取结果表明，方法识别精度达到 80% 以上，所提河宽最细可达 4m，较为精确。对不同宽度的河流提取结果而言，宽度为 0~10m 的极细河流，所提平均河宽 5.71m，样本平均河宽 7.01m，平均误差 18.5%；宽度为 10 ~ 30m 的细小河流，所提平均河宽 16.16m，样本平均河宽 18.38m，平均误差 12.1%；宽度为 30 ~ 60m 的较细河流，平均误差 8.5%；宽度为 60m 以上的河流，平均误差 4.2%。推广至黄河上游区域后可将平滩河宽丰度延伸至 2 级及以上，能为以河宽为原始数据估算河流径流量的水文模型提供更好的数据支持。

6.2.2.2　耦合植被和土地利用的坡面侵蚀产沙参数化模型

（1）侵蚀与输沙能力的耦合作用机制

原数字流域模型坡面产沙方程表明，单宽输沙量与坡长呈线性增加的趋势，忽视了输沙能力的影响。为进一步验证坡面产沙方程不合理性，选取子洲径流实验站 4 号小区（20m）的参数率定值计算同一场次降雨中 2 号（40m）和 3 号（60m）小区的产沙量，并与实测结果进行对比。考虑到各小区的下垫面条件都非常接近，2 号和 3 号小区可视为 4 号小区的外延，产沙量的预测值应与实测值接近。由图 6-25 可见，随着坡长的增加，原模型模拟产沙量超过实测值的程度也普遍增大，已远不能满足精度的要求。此外，原模型各径流小区在同一场次降雨中单独率定的参数值之间也存在很大的区别（图 6-26）。从这样的结果来看，坡面产沙子模型似乎无法用于预测不同坡长的产沙过程。因此，基于黄土坡面侵蚀产沙模拟中均匀沙假设的合理性这一基础（Guo and Yu，2016），本书对数字流域模型坡面模块所考虑的侵蚀产沙机制的完备性进行进一步的检验、改进。

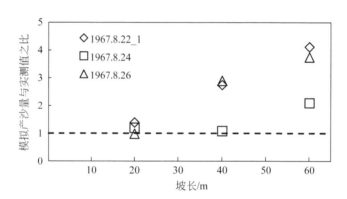

图 6-25　不同坡长处产沙量模拟与实测结果的对比

以 1967.8.22_1 为例，其表示 1967 年 8 月 22 日第一场雨

A. 输沙能力对坡面侵蚀的限制机制

Yu（2003）通过分析和比较 WEPP（water erosion prediction project）和 GUEST 模型，提出了水流侵蚀和沉积方程的统一框架：

$$\frac{\mathrm{d}(cq)}{\mathrm{d}x} = \Phi\left(1 - \frac{c}{c_{\mathrm{t}}}\right) \tag{6-28}$$

式中，q 为单宽流量（$\mathrm{m^2/s}$）；Φ 为径流分离速率［$\mathrm{kg/(m^2 \cdot s)}$］；$c$ 为泥沙浓度（$\mathrm{kg/m^3}$）；c_{t} 为水流的挟沙力（$\mathrm{kg/m^3}$）。c/c_{t} 代表泥沙输移能力对土壤侵蚀的控制。

在世界上广泛应用的基于物理过程的模型如 WEPP 中，侵蚀的泥沙主要通过细沟传

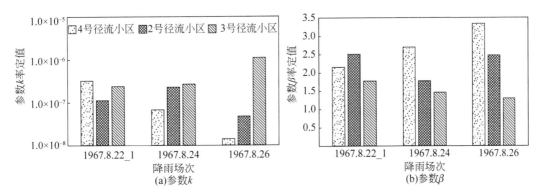

图 6-26　相同场次降雨下不同径流小区的参数率定结果对比

输，而细沟内的侵蚀产沙过程也存在类似于式（6-29）所示的相互制约关系：

$$\frac{D_f}{D_c} + \frac{G}{T_c} = 1 \tag{6-29}$$

式中，G 为单宽输沙率 [kg/（m·s）]；T_c 为水流含沙量达挟沙力时的单宽输沙率 [kg/（m·s）]；D_f 和 D_c 分别为细沟水流的侵蚀率与侵蚀能力 [kg/（m²·s）]。

　　Zhang 等（2005）通过细沟侵蚀实验验证了 D_f 与 G 的相互制约关系的真实存在性。若忽略细沟间过程的影响，WEPP 模型将具有与式（6-29）形式相同的控制方程（Nearing et al.，1989）：

$$\frac{\mathrm{d}G}{\mathrm{d}x} = D_c\left(1 - \frac{G}{T_c}\right) \tag{6-30}$$

　　由 Yu（2003）建立的水流侵蚀和沉积方程的统一框架可知，G/T_c 等价于 c/c_t。此外，H-R（Hairsine-Rose）模型、LISEM 和 EUROSEM 均考虑了侵蚀和输沙能力的耦合限制作用。因此，基于上述模型的理念，在数字流域模型中重新考虑坡面产沙物理机制。由于黄土坡面在很短的坡长范围内就能发生强烈的侵蚀，而实际的坡长都相对较大，可忽略侵蚀和输沙能力项含有的临界值。另外，结合曼宁公式的运动波模型常被用于描述坡面水流的运动（刘青泉等，2004），因此，水深、流速都可表达为坡度和单宽流量的函数。王光谦等（2005）假设水流流速满足曼宁公式，且坡面流水深 h（m）远小于坡面宽度 B（m），并结合单宽流量 q（m²/s）的定义式 $q = h v_f$ 得到：

$$v_s \approx v_f = n^{-0.6} q^{0.4} S^{0.3} \tag{6-31}$$

式中，n 为曼宁系数；S 为坡度（m/m）。

　　由于团山沟 4 号、2 号和 3 号径流小区的坡度为定值（22°），表 6-2 中各模型的侵蚀和输沙能力项均可进一步化为以单宽流量为单因素变量的函数，据此，可通过引入侵蚀能力参数 k_1、β_1 和输沙能力参数 k_2、β_2 来分别概化表示相应函数中的系数项和指数项，见表 6-3。

表 6-2 不同模型关键项的数学表达式

模型	侵蚀能力项	输沙能力项	输沙能力限制作用项
H-R 模型	$\dfrac{F}{J}(\Omega - \Omega_0)$	$c_t = \dfrac{F\rho_s(\Omega - \Omega_0)}{ghv(\rho_s - \rho)}$	$1 - \dfrac{c}{c_t}$
WEPP	$K_r(\tau_f - \tau_c)$	$T_c = K_t \tau_f^2$	$1 - \dfrac{G}{T_c}$
LISEM 和 EUROSEM	$\beta_d v c_t$	$c_t = \rho_s C_1 (100v_f S - 0.4)^{D_1}$	$1 - \dfrac{c}{c_t}$
数字流域模型的坡面产沙子模型	$k\Theta^\beta \rho_s v_f (1 - \theta_{\mu s})$	无	无

注：K_r 和 K_t 分别为侵蚀能力系数和挟沙力系数；τ_f 和 τ_c 分别为水流的实际剪切应力（Pa）和产生侵蚀所需达到的临界剪切应力（Pa）；F 为径流功率有效系数；J 为径流分离能量（J/kg）；Ω 为水流功率（W/m^2）；ρ_s 和 ρ 分别为颗粒和水的密度（kg/m^3）；v_f 为坡面径流的平均流速（m/s）；β_d 为与冲淤状态和坡面土壤黏聚力有关的系数，不超过 1；C_1 和 D_1 为与粒径有关的系数；$\theta_{\mu s}$ 为孔隙度；k 为土壤可蚀性参数。

表 6-3 侵蚀能力、输沙能力与单宽流量的函数关系

模型	侵蚀能力项	以单宽输沙率表示的输沙能力项
H-R 模型	$\dfrac{F}{J}\rho g S \times q$	$\dfrac{F\rho_s \rho}{(\rho_s - \rho)\omega} n^{-0.6} S^{1.3} \times q^{1.4}$
WEPP	$\dfrac{\chi}{2+\chi} K_r \rho g n^{0.6} S^{0.7} \times q^{0.6}$	$\dfrac{\chi^2}{(2+\chi)^2} K_t \rho^2 g^2 n^{1.2} S^{1.4} \times q^{1.2}$
LISEM 和 EUROSEM	$100^{D_1} C_1 \rho_s \beta_d \omega n^{-0.6D_1} S^{1.3D_1} \times q^{0.4D_1}$	$100^{D_1} C_1 \rho_s n^{-0.6D_1} S^{1.3D_1} \times q^{1+0.4D_1}$
改进的产沙模型	$k_1 \times q^{\beta_1}$	$k_2 \times q^{\beta_2}$

注：χ 为宽深比。

将概化的侵蚀和输沙能力表达式代入坡面侵蚀产沙方程的一般形式中，并假设单宽流量沿程线性分布，经整理得

$$\frac{\mathrm{d}G}{\mathrm{d}x} + k_r (q_e x)^{\Delta\beta} G = k_1 (q_e x)^{\beta_1} \tag{6-32}$$

$$q_x = q_e x \tag{6-33}$$

式中，$k_r = k_1/k_2$，$\Delta\beta = \beta_1 - \beta_2$。考虑到坡顶处的输沙率一般为 0，上述方程具有如下解析解：

$$G(L) = \int_0^L k_1 (q_e x)^{\beta_1} \exp\left[\frac{k_r}{\Delta\beta+1} q_e^{\Delta\beta} (x^{\Delta\beta+1} - L^{\Delta\beta+1})\right] \mathrm{d}x \tag{6-34}$$

至此，已推导出能概化考虑侵蚀和输沙能力耦合限制作用的改进的坡面产沙表达式。该表达式可通过数值积分进行计算。与原模型一样，通过引入分段稳定假设，可根据坡脚

处产流过程的时间离散数据直接简化计算产沙过程（径流率 q_e 通过坡脚处的单宽流量和坡长之比计算）。

B. 改进模型的率定与验证

基于子洲径流实验站历年的观测资料整理出符合要求的 16 场次的流量–输沙率过程数据。对于各场次降雨，均采用 20m 坡长的实测数据对式（6-34）中的参数进行率定，以输沙率过程模拟结果的纳什效率系数作为目标函数确定最优参数的取值。在完成率定后，根据 40m 和 60m 坡长的实测产流过程计算输沙率过程，并与实测过程进行对比来评估改进模型在不同坡长处的预测精度。表 6-4 汇总了改进前和改进后模型在不同场次参数率定值及不同坡长输沙率过程和总量的模拟效果，由表可见改进前模型仅在用于参数率定的 20m 坡长处具有良好的模拟精度，而在 60m 坡长处，产沙量的误差已达真实值的数倍，产沙过程的模拟基本都明显差于平均值水平。改进后模型在不同坡长处对产沙过程和总量的模拟均有良好的精度。

C. 参数取值的合理性

改进模型对侵蚀和输沙能力都进行了概化考虑，率定值是否合理还需进一步检验。本研究结合径流小区实际情况和已有研究成果，估算了表 6-5 中模型对应项的系数和指数值，给出参数合理取值范围，定性说明率定结果的可靠性。

D. 统一参数的合理性

采用所有场次降雨的流量–输沙率实测数据，首先在 20m 坡长处进行统一参数的率定，然后在 40m 和 60m 处使用该参数预测产沙过程，并对不同坡长处的产沙模拟精度进行评估，同时与各场次单独率定、验证的整体拟合效果进行对比。表 6-6 列出了各模拟结果的统计数据，由表可见，使用统一参数所造成的模拟精度的损失在总体上是可接受的，改进模型能够应用于不同场次降雨的产沙模拟。

（2）植被/土地利用与坡面侵蚀的耦合

上述分析结果表明，耦合输沙能力的坡面侵蚀模型在预测不同坡长产沙过程中具有很大优势，且参数稳定。然而，参数率定和验证的数据来源于较低植被覆盖度，且模型中没有体现出植被的因子。为提高坡面侵蚀模型对不同植被和土地利用的适用性，进一步将植被/土地利用耦合到坡面侵蚀模型中，以期为评估植被/土地利用对坡面产沙调控的贡献提供技术支撑。USLE/RUSLE 水蚀预报模型是基于野外径流小区大量观测数据的基础上开发出来的经验模型，综合考虑了降雨、地形、土壤、植被和水土保持措施等因子，目前已经被世界各地广泛使用。此外，分布式水文模型（如 SWAT）的坡面侵蚀模块也采用基于 USLE 理念改进 MUSLE 方程。因此，本书基于物理机制改进的数字流域坡面侵蚀模块，借鉴 USLE/RUSLE 考虑植被和水土保持措施因子的理念，进一步将式（6-35）改写成如下形式：

$$G(L) = \int_0^L k_1(q_e x)^{\beta_1} \exp\left[\frac{k_1}{k_2(\Delta\beta+1)} q_e^{\Delta\beta}(x^{\Delta\beta+1} - L^{\Delta\beta+1})\right] CP \mathrm{d}x \qquad (6\text{-}35)$$

式中，C 为不同土地利用下植被覆盖因子；P 为水土保持措施因子。

表6-4 坡面产沙子模型改进前后率定、验证结果的对比（原模型暂不考虑人为施加的含沙量上限值）

场次	原模型参数		改进模型参数				纳什效率系数 NSE						总沙量偏差 Bias					
							原模型			改进模型			原模型			改进模型		
	$k/\times10^{-7}$	β	k_1	β_1	k_2	β_2	4号	2号	3号	4号	2号	3号	4号	2号	3号	4号	2号	3号
1963.8.26	39.1	1.29	637	1.00	2397	1.17	0.956	−0.48	−15.5	0.951	0.892	0.927	0.972	2.15	3.47	0.961	0.928	1.03
1964.7.6	12.6	1.63	294	0.878	7668	1.37	0.978	−0.67	−2.05	0.978	0.907	0.790	1.02	1.99	2.35	1.03	0.75	0.565
1964.7.14	2.24	2.15	581	0.240	6008	1.40	0.991	−2.23	−16.2	0.976	0.914	0.899	0.979	2.16	3.75	1.1	0.773	0.689
1964.8.2	43.9	1.06	285	0.940	1027	1.16	0.965	0.592	−1.04	0.961	0.918	0.922	1.02	1.54	2.32	0.982	0.816	0.840
1964.8.23	19.6	1.48	321	0.845	4065	1.27	0.942	−4.17	−14.7	0.942	0.886	0.849	1.01	2.56	4.44	1.02	1.16	1.32
1964.9.11	7.12	1.63	396	0.958	4452	1.38	0.965	0.003	−6.79	0.965	0.975	0.986	1.01	1.98	3.53	1.01	0.969	1.18
1966.6.26	9.65	1.62	497	0.703	8155	1.38	0.959	−2.60	−10.2	0.959	0.965	0.990	1.01	2.20	3.4	1.01	0.974	0.987
1966.6.27	30.3	1.26	110	0.919	2194	1.20	0.999	−0.18	−3.75	0.973	0.978	0.982	1.01	1.85	2.79	1.14	0.945	0.952
1966.7.17_1	21.7	1.42	208	0.487	3559	1.25	0.999	0.255	−3.55	0.999	0.950	0.953	0.997	1.86	2.77	0.997	0.838	0.863
1966.7.17_2	4.84	1.74	757	0.128	5270	1.40	0.974	−1.91	−4.64	0.974	0.920	0.934	0.984	2.13	2.9	0.998	0.935	0.803
1966.8.8	19.5	1.14	100	1.00	1172	1.25	0.983	0.839	0.396	0.977	0.801	0.694	1.01	1.37	1.82	0.945	0.744	0.649
1966.8.15	46.2	1.16	485	0.780	1008	1.11	0.812	−0.42	−5.68	0.811	0.899	0.879	0.994	1.98	2.95	0.988	0.946	0.953
1966.8.28	22.1	1.05	148	0.999	1176	1.24	0.694	0.308	−0.70	0.679	0.720	0.918	1.02	1.65	2.14	0.973	0.965	0.931
1967.8.22_1	3.2	2.15	175	0.757	6603	1.28	0.987	−1.28	−6.24	0.995	0.914	0.938	0.935	2.18	3.29	1.02	1.17	1.19
1967.8.24	0.67	2.68	334	0.979	4811	1.39	0.745	0.920	−2.13	0.800	0.407	0.702	0.847	1.04	2.11	1.11	0.493	0.592
1967.8.26	0.14	3.32	399	0.963	5974	1.40	0.655	−2.82	−8.53	0.789	0.853	0.988	0.778	2.60	3.23	1.06	1.21	0.995

表 6-5 不同模型观点下侵蚀和输沙能力参数的取值

模型	侵蚀能力 $k_1 q^{\beta_1}$		输沙能力 $k_2 q^{\beta_2}$	
	k_1	β_1	k_2	β_2
H-R 模型	551	1	27 100	1.4
WEPP	23.3	0.6	107 000	1.2
LISEM 和 EUROSEM	4.83	0.283	1 560	1.28
改进后的产沙模型	100 ~ 757	0.128 ~ 1	1 008 ~ 8 155	1.11 ~ 1.4
改进前的产沙模型 *	$1.81×10^6 ~ 7.65×10^6$	1.05 ~ 3.32	—	—

* 含沙水流的密度按 20m 坡长处场次降雨产沙的平均含沙量估算。

表 6-6 单独率定和统一率定时不同径流小区产沙模拟精度的对比

径流小区编号	统计指标	单独率定	统一率定
4 号（20m）	NSE	0.977	0.915
	R^2	0.977	0.915
	RMSE	0.346	0.666
	BIAS	0.977	1.05
2 号（40m）	NSE	0.943	0.887
	R^2	0.944	0.888
	RMSE	0.465	0.654
	BIAS	0.942	1.03
3 号（60m）	NSE	0.946	0.901
	R^2	0.947	0.904
	RMSE	0.416	0.561
	BIAS	0.956	1.03

A. 不同土地利用下 C 因子计算

在黄土高原，一些研究者表明 C 因子与植被覆盖度是紧密相关的，且土壤流失与植被覆盖度是显著相关的。因此，通过集成黄土高原地区基于多年野外实测数据建立的植被覆盖度对土壤流失的作用关系，确定植被影响系数。

刘秉正等（1999）通过分析黄土高原西峰和淳化近 30 年 17 个不同农作物小区的实测数据发现，任何条件下植被影响系数 C_f 仅与作物覆盖度有关，而与其他因素无关，并建立了 C_f 因子与植被覆盖度的对数关系：

$$C_f = 0.221 - 0.595\log 0.01V \tag{6-36}$$

式中，V 为植被覆盖度（%）。

江忠善等（1996）分析安塞站草地径流小区实测数据发现，草地的植被影响系数大小主要取决于植被覆盖度，当 $V \leqslant 5\%$ 时，C_g 取值为 1；当 $V > 5\%$ 时，C_g 与 V 呈幂函数关系：

$$C_g = e^{-0.0418(V-5)} \tag{6-37}$$

林地植被 C_w 因子与植被的关系采用江忠善等（1996）建立的关系，当 $V \leqslant 5\%$ 时，C_w 因子取值为 1；当 $V > 5\%$ 时，C_w 与 V 呈幂函数关系：

$$C_w = e^{-0.0085\left[(V-5)^{1.5}\right]} \tag{6-38}$$

基于以上研究成果，将式（6-36）~式（6-38）转化成具有统一形式的函数关系，分别得到农地、草地和林地新的函数关系，具体如下：

$$C_f = e^{-0.016V}, \quad C_g = e^{-0.039V}, \quad C_w = e^{-0.066V} \tag{6-39}$$

B. 水土保持措施 P 因子

本研究主要考虑水土保持措施因子对梯田的影响，采用江忠善等（1996）确定 P 因子取值范围，见表6-7。

表6-7 水土保持措施因子取值范围

因子	水平梯田	坡式梯田	水平沟种植
P 取值范围	0.02 ~ 0.05	0.50 ~ 0.45	0.55

（3）耦合 C 和 P 因子的坡面侵蚀模型参数率定及封闭

不同坡长条件下，本研究在前文对坡面侵蚀模型（考虑输沙能力限制）统一参数的合理性进行了验证，并论证了参数具有较好的稳定性。鉴于此，该部分整理黄土高原典型流域的天水、西峰和绥德径流场产流产沙数据（黄河中游水土保持委员会，1965），以及延安径流场数据（陕西省水土保持局，2008），对不同土地利用下耦合植被因子的坡面侵蚀模型参数再次进行率定和验证，如表6-8所示，由表可见，模拟产沙结果的 R^2 和 NSE 均大于 0.5，且模拟精度最高能达到 0.99，说明改进后的模型在不同植被和土地利用下也具有较好的适用性。这一结果也进一步表明改进的模型能够模拟不同土地利用下植被的动态变化对坡面产沙的影响。然而需要指出的是，由于改进的模型是针对特定坡度、不同坡长的径流小区进行率定和验证的，即尚未考虑坡度变化对产沙过程的影响。在流域模拟中暂时对此进行简化处理，根据目前应用较为广泛的基于过程的物理模型如 H-R 模型和 WEPP 模型发现，各关键项中坡度 S 和单宽流量 q 的指数差异不大，又注意到这两者的乘积是水流功率的主要变量，由此假定侵蚀和输沙能力都是水流功率的幂函数。那么对于不同的坡度，相应的参数值就可按照式（6-40）进行调整：

$$k_1 = k_{01}\left(\frac{S}{S_0}\right)^{\beta_{01}}, \quad \beta_1 = \beta_{01}, \quad k_2 = k_{02}\left(\frac{S}{S_0}\right)^{\beta_{02}}, \quad \beta_2 = \beta_{02} \tag{6-40}$$

式中，有脚标 0 的变量为特定坡度条件下率定的值。

表6-8 黄土高原典型流域不同土地利用下改进后模型参数的率定和验证结果

研究区域	土地利用	参数率定								参数验证			
		小区编号	k_1	k_2	β_1	β_2	R^2	NSE	RE/%	小区编号	R^2	NSE	RE/%
无定河绥德站 辛店沟	农地	18	25	527	1.07	1.07	0.86	0.86	1.4	23	0.78	0.78	7.8
	草地	9	68	656	1.00	1.10	0.83	0.78	-36.2	7	0.94	0.90	25.8
延河延安站 大砭沟	农地	8~9	68	594	1.00	1.10	0.72	0.72	-0.1	8	0.60	0.59	-13.1
	草地	7	25	260	1.16	1.16	0.77	0.74	16.5	6	0.75	0.55	41.1
	林地	11~12	25	1 583	0.40	1.20	0.67	0.66	10.9	16	0.97	0.87	-6.5
泾河西峰站 南小河沟	农地	长5	1 037	1 267	1.00	1.14	0.94	0.94	-0.6	长4	0.85	0.81	-17.1
	草地	下7~8	1 170	15 000	0.96	1.36	0.83	0.79	14.6	下9~10	0.66	0.59	26.1
	林地	范6~8	68	15 000	0.94	1.10	0.71	0.64	-4.4	范9~10	0.88	0.79	14.3
渭河天水站 大柳树沟	农地	8和13	354	1 884	1.00	1.28	0.87	0.86	15.3	7和14	0.88	0.81	32.4
	草地	19	1 142	10 328	0.60	1.18	0.99	0.99	0.5	35	0.99	0.99	-3.5
	林地	37	1 170	6 961	0.89	1.13	0.90	0.90	0.3	28	0.99	0.99	-3.8

（4）植被影响的坡面侵蚀模块封闭

值得注意的是，以上结果是基于小区数据进行的率定和验证，若应用到数字流域模型还涉及尺度转化问题。根据式（6-39）绘制基于小区实测数据的不同土地利用下的植被覆盖度与 C 因子的关系图（图6-27）。从径流小区 C 因子与植被的变化趋势可以看出，减沙效益为林地（-0.066）>草地（-0.039）>农地（-0.016），该趋势与黄土高原其他研究的小区实测结果（侯喜禄和曹清玉，1990；王万忠和焦菊英，1996）和流域结果（Fu et al.，2005；田鹏等，2015）一致，即黄土高原林地的减沙效益最大。Liu 等（2014）在流域尺度上建立了产沙系数与林草覆盖率的关系（图6-28）：

$$S_{fi} = 545.48e^{-0.549V_e}; \quad S_{si} = 343.81e^{-0.0578V_e}; \quad S_{li} = 347.62e^{-0.058V_e} \tag{6-41}$$

式中，S_{fi}、S_{si} 和 S_{li} 分别表示砒砂岩区、盖沙丘陵区和黄土区的产沙系数；V_e 为林草覆盖率。由图6-29可见，不同类型区的指数在-0.057左右基本相同，说明在不同地表土壤类型上植被的减沙效果是基本一致的。

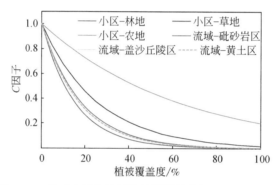

图6-27　基于小区和流域的植被覆盖度与 C 因子的关系

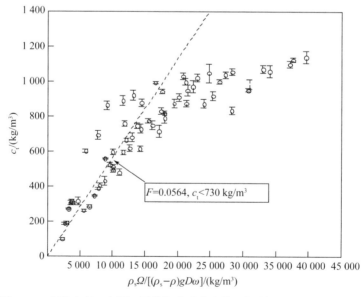

图6-28　水流功率、水深、平均沉降速率和搬运限制的泥沙浓度的关系

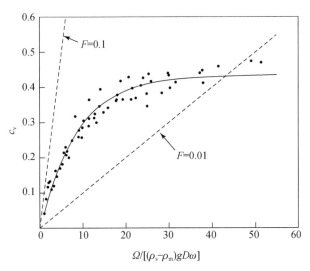

图6-29　水流功率和搬运限制的泥沙浓度的关系

对比小区和流域的结果可知，流域和小区的关系曲线趋势基本相同，植被覆盖度小于40%～50%时，减沙效果非常明显；无论地表物质组成（流域）或土地利用类型（小区）如何，只要植被覆盖度大于60%～70%，基本趋于稳定。流域关系曲线指数（-0.057）介于小区草地（-0.039）和林地（-0.066）之间，小区林草指数之和的均值（-0.053）接近流域林草的指数。综上所述，植被因子实现从小区到流域转化时可分以下两种情况：如模拟坡面侵蚀产沙时区分不同的土地利用，小区的关系曲线可直接用到流域尺度；如在流域上不区分林地和草地，采用林草覆盖度，可通过式（6-42）实现指数 b 的确定，进而确定林草覆盖因子 C_{wg}。

$$b = -0.039 - 0.027 \times A_w/A_t \qquad (6-42)$$

$$C_{wg} = e^{b \times V} \qquad (6-43)$$

式中，A_w 为区域内林地面积；A_t 为区域林地和草地总面积。

6.2.2.3　陡坡-高含沙水流挟沙力方程建立

水流挟沙力是沟道输沙的重要参数，并成为模型求解的重点。针对黄土高原高含沙水流和陡坡的特点，以往的挟沙力公式可能存在一定限制。因此，本书基于试验水槽数据资料，尝试建立适用于陡坡和高含沙水流的挟沙力公式，并利用已有的挟沙力公式进行评估，最终通过水文站点实测水沙资料对新建立的挟沙力公式进行参数率定和验证。

（1）挟沙力方程建立

搬移限制的泥沙浓度（c_t，kg/m^3）为

$$c_t = \frac{M_s}{V_s + V_w} \qquad (6-44)$$

式中，V_s 和 V_w 分别为泥沙和水的体积（m^3）；M_s 为泥沙的质量（kg）。

输沙率 G_1（kg/s）被定义为

$$G_1 = \frac{M_s}{V_w/Q} \tag{6-45}$$

式中，Q 为流量（m^3/s）。利用 c_t 和体积含沙量 c_v 参数，式（6-45）可重新写为

$$G_1 = \frac{c_t Q}{1 - c_v}, \quad c_v = \frac{c_t}{\rho_s} \tag{6-46}$$

式中，ρ_s 为泥沙密度（kg/m^3）。在特定颗粒尺度和密度条件下，Cheng（1997）的方法被用来计算沉降速度。定义无量纲颗粒参数 d^* 为

$$d^* = \left[\frac{(\rho_s - \rho)g}{\rho \nu^2} \right]^{1/3} d \tag{6-47}$$

式中，ρ 为水的密度（kg/m^3）；g 为重力加速度；ν 为运动黏滞系数（m^2/s）。Cheng（1997）认为沉速和颗粒参数的关系为

$$\frac{\omega d}{\nu} = (\sqrt{25 + 1.2 d^{*2}} - 5)^{1.5} \tag{6-48}$$

该方法已经在粒径为 $10^{-5} \sim 4.5$mm 时进行检测和验证（Cheng，1997）。

水流功率的计算公式为

$$\Omega = \rho g q S \tag{6-49}$$

式中，q 为单宽流量（m^2/s）；S 为坡度的正切值。基于 GUEST 模型，在稳态条件以及含沙量达到搬运限制下，径流再分离速率 $[r_{ri}, kg/(m^2 \cdot s)]$ 与沉积速率 $[d_i, kg/(m^2 \cdot s)]$ 达到平衡状态：

$$r_{ri} = d_i \tag{6-50}$$

因此，搬运限制的泥沙浓度表达式为

$$c_t = \frac{F\rho_s(\Omega - \Omega_0)}{(\rho_s - \rho)gD\omega_a} \tag{6-51}$$

式中，ω_a 为平均沉降速率（m/s）。在此，无量纲参数 Λ 被定义为

$$\Lambda = \frac{\Omega}{(\rho_s - \rho)gD\omega_a} \tag{6-52}$$

基于搬运限制的泥沙浓度的关系为

$$c_v = F(\Lambda - \Lambda_0) \tag{6-53}$$

式中，参数 F 为涉及沉积物回到移动状态的水流功率分数；Λ_0 为相当于临界水流功率的参数。然而，基于试验水槽数据（坡度到达 46.6% 和单宽流量达到 50cm^2/s），发现在陡坡和高含沙水流下没有固定的 F 值（图 6-29 和图 6-30）。当泥沙浓度小于 730kg/m^3 时，拟合线性关系得到 F 值为 0.056（$R^2=0.98$）。

在高水流功率下，泥沙浓度似乎是水平的，然而随着水流功率的减小，泥沙浓度急剧减小。因此，式（6-53）又可以表达为

$$c_v = c_{vm}[1 - \exp(-k\Lambda)] \quad R^2 = 0.95 \tag{6-54}$$

式（6-54）能非常好地描述水流功率与搬运限制的泥沙浓度关系。c_{vm} 表示最大可能

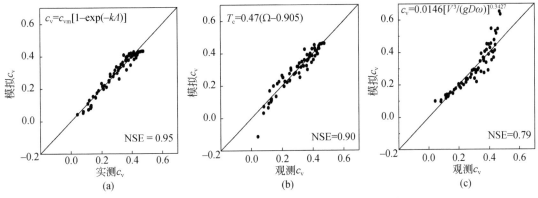

图6-30 搬运限制的泥沙浓度模拟值与观测值的比较

含沙量。估测 c_{vm} 为 0.434、k 为 0.115，这暗示当水流功率趋近于 0 时两者的乘积接近 0.05。

（2）方程评价

图6-31 给出了当 Λ_0 为 0 时两个常数 F 为 0.01 和 0.1，可以清晰发现 F 随水流功率的增加而减小。通过比较该研究建立的挟沙力方程［图6-32（a）］与现有预测方程［图6-32（b）］发现，本书建立的方程 NSE 为 0.95，模拟值与观测值高度一致，明显优于另外两个公式。

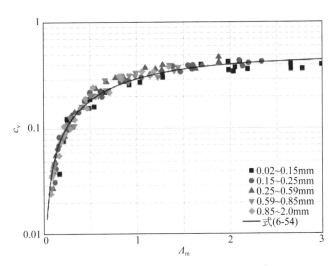

图6-31 改进的相对水流功率参数与搬运限制的泥沙浓度的关系

（3）混合沙挟沙力公式

基于陡坡条件下 5 个沙粒粒径范围，即 0.02～0.15mm、0.15～0.25mm、0.25～0.59mm、0.59～0.85mm 和 0.85～2.0mm 的水槽冲刷实验数据，进一步改进上述建立的挟沙力公式，使其可适用于不同粒径混合沙的条件。提出改进的混合沙挟沙力公式如下：

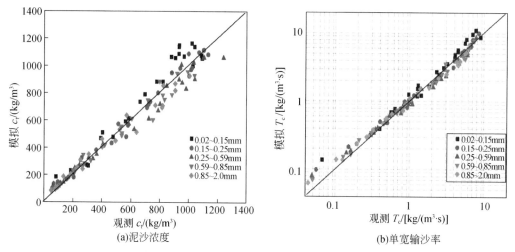

图 6-32　泥沙搬运能力模拟值和观测值的比较

$$c_v = c_{vm}\left[1 - \exp(-\Lambda_m)\right] \tag{6-55}$$

式中，Λ_m 为改进的相对水流功率参数，可用式（6-56）进行表达：

$$\Lambda_m = \frac{\rho_m S}{\rho_s - \rho_m}\left(\frac{V}{\omega_a}\right)^{0.251} \tag{6-56}$$

式中，ρ_m 为浑水的密度（kg/m）；S 为坡度的正切值；V 为平均流速（m/s）。

图 6-31 为改进的相对水流功率参数和搬运限制的泥沙浓度的关系，改进方程适用于混合沙的泥沙浓度的模拟，五种粒径紧紧围绕在拟合线周围，要区分这五种粒径的一致程度几乎是不可能的。在实际中，泥沙搬运能力通常被表达为单宽输沙率和泥沙浓度两种方式。为了阐明改进方程可以作为泥沙搬运能力的预测指标，绘制单宽输沙率和泥沙浓度估算值与实测值的关系，如图 6-32 所示。泥沙浓度和单宽输沙率的 NSE 分别为 0.96 和 0.94，相对误差分别为-0.06% 和-0.09%，表明利用改进方程估算的不同粒径下的泥沙浓度和单宽输沙率与实测值吻合性很好。

6.2.2.4　淤地坝物理模型概化

按照淤地坝设计流程，通过水文计算确定设计洪峰、洪量及输沙量，然后确定设计淤积库容、溢洪道高程、溢洪道宽度等坝体参数，进而概化卧管和溢洪道泄流机制及整体水沙调控机制。

（1）水文计算

1）设计洪峰流量计算。根据《淤地坝技术规范》（SL/T 804—2020），采用洪峰面积相关法计算设计洪峰流量：

$$Q_p = CF^n \tag{6-57}$$

式中，Q_p 为 p 频率下的设计洪峰流量（m³/s），一般取 $p = 5\%$；F 为坝控流域面积（km²）；C 和 n 为经验参数和指数，采用当地经验值。

2）设计洪水总量计算。推算设计洪水总量采用《淤地坝技术规范》的计算方法：

$$W_p = AF^m \tag{6-58}$$

式中，W_p 为设计洪水总量（m^3）；A 和 m 分别为洪水总量地理参数及指标，可从当地水文手册中查得。

3）输沙量计算。

$$W_s = \frac{(M_s \cdot F)}{\gamma} \tag{6-59}$$

式中，W_s 为多年平均输沙量（万 m^3）；M_s 为多年平均侵蚀模数（万 t/km^2）；γ 为泥沙容重，取 1.3~1.4t/m^3。

（2）坝体参数确定

1）设计淤积库容。根据《淤地坝技术规范》的公式计算：

$$V_L = W_s \cdot N \tag{6-60}$$

式中，V_L 为设计淤积库容（万 m^3）；N 为设计淤积年限，取 20 年。

2）滞洪库容。

$$V_Z = V - V_L \tag{6-61}$$

式中，V_Z 为滞洪库容；V 为总库容；V_L 为设计淤积库容（万 m^3）。

3）溢洪道高程。根据《淤地坝技术规范》，溢洪道高程 H_Y 一般等于设计淤积高程 H_L，设计淤积高程应根据设计淤积库容及库容特性曲线确定。库容计算一般采用回归公式：

$$V = kH_D^{2.5} \tag{6-62}$$

式中，H_D 为坝高，通过实测的库容、坝高数据，可以对每个淤地坝确定其系数 k。设计淤积高程 H_L 可根据上述库容水位关系式求得，进而确定溢洪道底高程 $H_Y = H_L$。

4）溢洪道宽度。溢洪道一般属于自由堰流，考虑溢洪道为矩形堰，则溢洪道宽度按式（6-63）确定：

$$B = \frac{Q}{M H_0^{1.5}} \tag{6-63}$$

式中，B 为溢流堰宽（m）；Q 为溢洪道设计流量（m^3/s）：$Q = Q_p (1 - W_p / V_Z)$；M 为经验参数，取 1.2~1.4；H_0 为计入行进流速的水头（m），计算公式如下：

$$H_0 = h_Z + \frac{V_0^2}{2g} \tag{6-64}$$

式中，h_Z 为最大溢流水深（m），等于坝高 H_D 减去溢洪道高程 H_Y；V_0 为堰前流速（m/s）；g 为重力加速度（m/s^2）。

近似堰上流速均匀分布，Q 计算公式如下：

$$Q = BV_0 h_Z \tag{6-65}$$

（3）卧管放水机制

淤地坝排水设施的作用是排泄淤地坝拦蓄的洪水，主要形式有卧管+放水涵洞、竖井+放水涵洞，其中卧管管理方便、操作安全，为大多数淤地坝所采用。卧管按一定高差布置在岸坡。根据《淤地坝技术规范》，一孔卧管放水的流量公式为

$$q_{\mathrm{P}} = \sqrt{H_{\mathrm{p}}} \times \left(\frac{d}{0.68}\right)^2 \tag{6-66}$$

式中，q_{p} 为排水流量（m^3/s）；H_{p} 为孔上水深；d 为放水孔直径。根据《淤地坝技术规范》，模型中假设卧管台阶高差为 0.5m，卧管直径为 0.5m。

（4）淤地坝水沙调控机制

淤地坝水量平衡方程为

$$\frac{\mathrm{d}V_{\mathrm{t}}}{\mathrm{d}t} = q_{\mathrm{in}} - q_{\mathrm{out}} \tag{6-67}$$

式中，q_{in} 为 t 时刻入库流量；q_{out} 为 t 时刻出库流量。其中库内蓄水、入库流量为已知条件，淤地坝泄流量由溢洪道泄流量和卧管排水流量确定。在溢洪道中，流量计算公式为

$$q_{\mathrm{Y}} = BMH_0^{1.5} \tag{6-68}$$

将上述方程联立，取 $M = 1.3$，联立解得

$$q_{\mathrm{Y}} = Bh\sqrt{0.7161gh\sqrt{g} - 2gh} \tag{6-69}$$

从而

$$q_{\mathrm{out}} = q_{\mathrm{P}} + q_{\mathrm{Y}} \tag{6-70}$$

当溢洪道流量达到设计下泄流量时，还需结合坝顶溢流方式，坝顶溢流流量等于入库流量与溢洪道设计泄流量之差。此外，高云飞等（2014）通过分析陕北黄河中游淤地坝拦沙功能发现，当骨干坝实际淤积比例（实际淤积库容与总库容的比值）达到 0.8 时，骨干坝失效。图 6-33 为骨干坝及卧管、溢洪道示意，根据坝内蓄水 V_{w} 与拦沙 V_{s} 情况，淤地坝泄流分为以下四种情况：① $V_{\mathrm{s}} > 0.8V$，淤地坝失效；② $V_{\mathrm{w}} + V_{\mathrm{s}} > V_{\mathrm{L}}$，淤地坝卧管泄流；③ $V_{\mathrm{D}} > V_{\mathrm{w}} + V_{\mathrm{s}} > V_{\mathrm{L}}$，淤地坝通过卧管和溢洪道泄流；④ $V_{\mathrm{w}} + V_{\mathrm{s}} > V_{\mathrm{D}}$，淤地坝通过卧管、溢洪道和坝顶泄流。

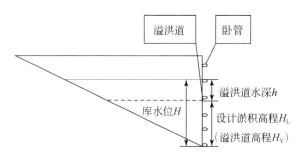

图 6-33 骨干坝及卧管、溢洪道示意

在满足物质守恒的情况下，为得到出口处含沙量，假定随水流入库泥沙在行洪过程中与坝内拦蓄洪水充分掺混，即库内各处洪水含沙量均匀，在 t 时段入库流量为 q_{in}、含沙量为 c_{in}，则在出口含沙量为

$$c_{\mathrm{out}} = \frac{q_{\mathrm{in}}c_{\mathrm{in}}t}{q_{\mathrm{in}}t + V_{\mathrm{w}}} \tag{6-71}$$

（5）模型验证

表 6-9 为皇甫川流域考虑淤地坝水沙调控物理机制的模拟效果，由表可见，考虑淤地

坝水沙调控物理机制的日径流和输沙模拟精度明显提高。

表6-9　皇甫川流域考虑淤地坝水沙调控物理机制的模拟效果

指标		2007年	2008年	2012年
实测流量/亿 m³		0.09	0.20	1.01
实测输沙/亿 t		0.0097	0.0125	0.217
逐日流量 NSE	不考虑淤地坝	0.166	0.09	0.774
	考虑淤地坝	0.627	0.466	0.821
逐日输沙 NSE	不考虑淤地坝	0.378	−5.057	0.604
	考虑淤地坝	0.856	0.558	0.799

6.2.3　模型率定与验证

6.2.3.1　砒砂岩区皇甫川流域

提取皇甫川流域共计3013个单元，选取自然状态下的1979年、近年来水沙较高的2012年，对流域出口水文泥沙过程进行模拟，时间步长为0.1h。因不具备1979年遥感资料，LAI采用近年资料给出近似的按月分布（表6-10和表6-11）。蒸发能力采用经修正的蒸发皿逐月实测值（以上参数不考虑空间分布）。土壤孔隙率采用黄河水利委员会（1971）实测土壤容重，根据土粒比重2.6kg/m³推算，植被叶面截流能力根据相关文献取值。

表6-10　皇甫川1979年月均LAI和实测蒸发能力值

月份	1	2	3	4	5	6	7	8	9	10	11	12
LAI	0.1	0.1	0.1	0.109	0.127	0.131	0.793	0.838	0.836	0.563	0.2	0.2
实测蒸发能力	31.6	42.3	62.5	108.2	147.3	150.9	122.8	114.4	96.8	76.9	39.2	21.5

表6-11　皇甫川主要不变实测参数值

参数名	表层土的田间持水量的孔隙率/（m/h）	表层土的自由含水量的孔隙率/（m/h）	中层土的田间持水量的孔隙率/（m/h）	中层土的自由含水量的孔隙率/（m/h）	表层土厚度/m	单位LAI的持水量/m
取值	0.205	0.296	0.22	0.325	0.3	0.0036

（1）参数率定

皇甫川 1979 年、2012 年汛期径流泥沙过程模拟结果如图 6-34 和图 6-35 所示，参数率定结果见表 6-12。皇甫水文站 1979 年汛期逐日流量、逐日输沙率的 NSE 分别达到 0.906 和 0.763，汛期实测径流量 4.01 亿 m³，模拟径流量 3.23 亿 m³，相对误差–19.5%，实测输沙量 1.47 亿 t，模拟输沙量 1.19 亿 t，相对误差–19.0%。2012 年汛期逐日流量、逐日输沙率的 NSE 分别达到 0.802 和 0.857，汛期实测径流量 1.013 亿 m³，模拟径流量 0.934 亿 m³，相对误差–7.8%，实测输沙量 0.217 亿 t，模拟输沙量 0.149 亿 t，相对误差–31.3%。

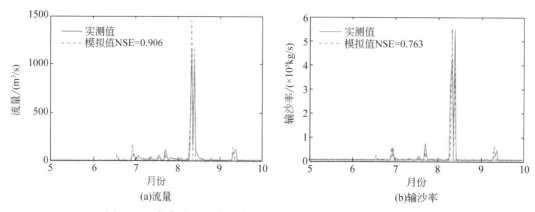

图 6-34 皇甫川 1979 年汛期日平均流量、输沙率过程率定结果

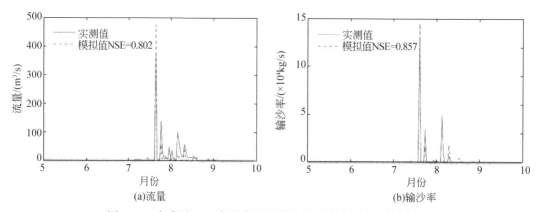

图 6-35 皇甫川 2012 年汛期日平均流量、输沙率过程率定结果

表 6-12 皇甫川各典型年参数率定结果统计

参数名	1979 年率定值	2012 年率定值
表层土壤垂向饱和导水率（PKV0）	0.0012	0.0023
表层土与下层土之间垂向饱和导水率（PKV1）	0.0012	0.0064

参数名	1979 年率定值	2012 年率定值
表层土的水平渗透速率（PKH1）	0.0057	0.0099
中层土的水平渗透速率（PKH2）	0.0046	0.0047
中层土初始含水量（MIDWATERCONTENT）	0.18	0.15
表层土初始含水量（UPWATERCONTENT）	0.01	0.10
冲刷时恢复饱和系数（FLUSHCOEF）	0.1	0.1
淤积时恢复饱和系数（DEPOSITIONCOEF）	0.02	0.02
极限体积含沙量（CM）	0.534	0.534
挟沙力方程参数（K）	0.115	0.115
水流功率临界值（LAMBDA0）	0	0

（2）模型验证

自然状态期（1976～1986 年）模型验证结果如图 6-36 所示，由图可见整体而言，逐日流量的 NSE 为 0.762，相对误差为 -20.5%；逐日输沙率的 NSE 为 0.585，相对误差为 -35.8%。受扰状态期（2007～2012 年）模型验证结果如图 6-37 所示，由图可见，逐日流量的 NSE 为 0.767，相对误差为 -5.6%；逐日输沙率的 NSE 为 0.782，相对误差为 -28.5%。在自然状态期和受扰状态期，模型的表现都令人满意。

6.2.3.2 黄土区延河流域

首先提取了延河流域的河网，共计 9505 个单元，然后分别选取了 LAI 较低、水量较低的 2010 年和 LAI 较高、水量较高的 2014 年汛期，对流域中部的甘谷驿站的径流泥沙过程进行了模拟，模拟的时间步长为 0.1 h。

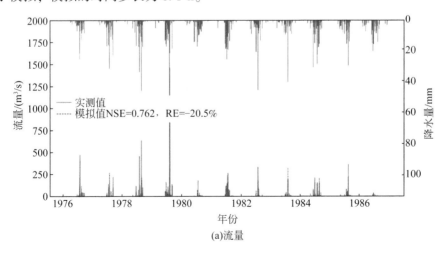

(a)流量

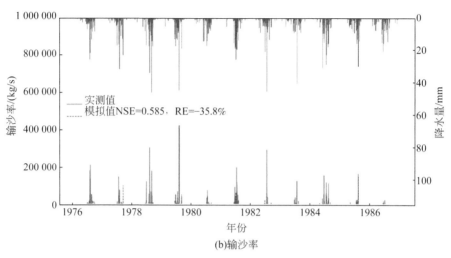

(b)输沙率

图 6-36 皇甫川 1976~1986 年日平均流量、输沙率过程模拟结果

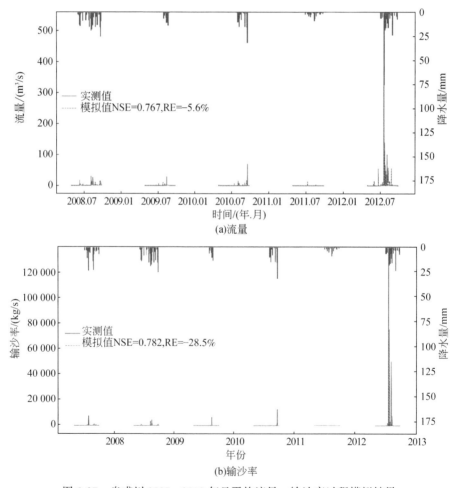

(a)流量

(b)输沙率

图 6-37 皇甫川 2007~2012 年日平均流量、输沙率过程模拟结果

（1）参数率定

延河 1984 年汛期径流泥沙过程模拟结果如图 6-38 所示，参数率定结果如表 6-13 所示。延河流域出口甘谷驿站 1984 年汛期逐日流量、输沙率的 NSE 分别达到 0.748 和 0.656，汛期实测径流量 1.232 亿 m³，模拟径流量 1.004 亿 m³，相对误差 −18.5%，实测输沙量 0.200 亿 t，模拟输沙量 0.189 亿 t，相对误差 −5.5%。

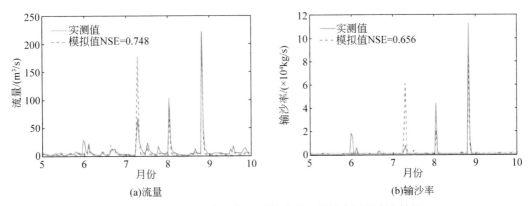

图 6-38　延河 1984 年汛期日平均流量、输沙率过程率定结果

表 6-13　延河各典型年参数率定结果

参数名	1984 年率定值	2014 年率定值
表层土壤垂向饱和导水率（PKV0）	0.0017	0.0031
表层土与下层土之间垂向饱和导水率（PKV1）	0.0206	0.0899
表层土的水平渗透速率（PKH1）	0.0045	0.0099
中层土的水平渗透速率（PKH2）	0.0027	0.0016
表层土的田间持水量的孔隙度（UTHETA1）	0.155	0.142
表层土的自由含水量的孔隙度（UTHETA2）	0.314	0.110
中层土的田间持水量的孔隙度（MTHETA1）	0.355	0.277
中层土的自由含水量的孔隙度（MTHETA2）	0.181	0.293
中层土初始含水量（MIDWATERCONTENT）	0.242	0.0241
表层土初始含水量（UPWATERCONTENT）	0.185	0.2542
单位 LAI 的持水量（I0）	0.0036	0.0036
冲刷时恢复饱和系数（FLUSHCOEF）	0.3	0.2
淤积时恢复饱和系数（DEPOSITIONCOEF）	0.15	0.3
极限体积含沙量（CM）	0.5	0.332
挟沙力方程参数（K）	0.115	0.115
水流功率临界值（LAMBDA0）	3.5	3.5

延河 2014 年汛期径流泥沙过程模拟结果如图 6-39 所示，参数率定结果如表 6-13 所示。延河流域出口甘谷驿水文站 2014 年汛期逐日流量、输沙率的 NSE 分别达到 0.727 和 0.587，汛期实测径流量 1.000 亿 m³，模拟径流量 0.893 亿 m³，相对误差 −10.7%，实测输沙量 0.0152 亿 t，模拟输沙量 0.0165 亿 t，相对误差 −0.86%。模型能够较好地再现延河流域出口的水沙过程，如图 6-39 所示。

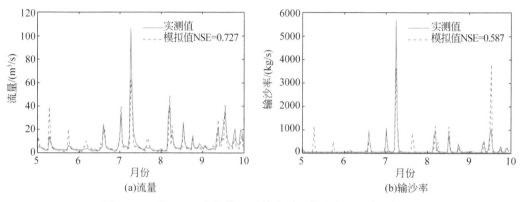

图 6-39　延河 2014 年汛期日平均流量、输沙率过程率定结果

（2）模型验证

对 1984 年率定参数，以 1982～1990 年为验证期进行验证，结果如图 6-40 所示，逐日流量和输沙率 NSE 分别为 0.520 和 0.316。对 2014 年率定的参数，以 2008～2015 年为验证期进行验证，结果如图 6-41 所示，逐日流量和输沙率 NSE 分别为 0.505 和 0.535。

6.2.3.3　风沙区-黄土区无定河流域

（1）参数率定和验证

无定河是多沙粗沙区内最大的支流，出口水文站为白家川，流域主要为黄土区，西北部为毛乌素沙漠东南边缘的风沙区，主要土壤类型为黄绵土、风沙土。其中黄绵土主要由

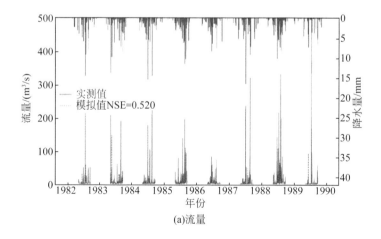

(a)流量

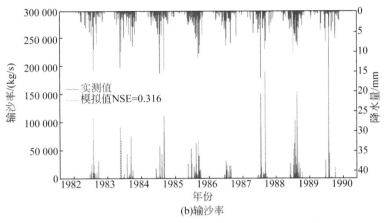

图 6-40　延河 1982～1989 年日平均流量、输沙率过程模拟结果

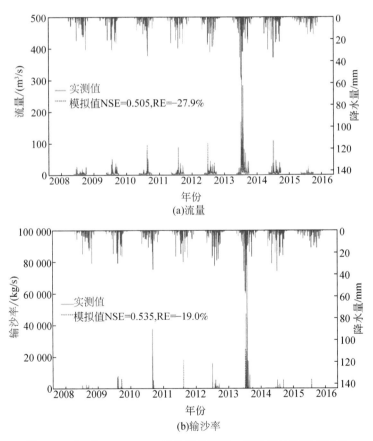

图 6-41　延河 2008～2015 年日平均流量、输沙率过程模拟结果

砂粒、粉粒组成，土质疏松绵软，受水流侵蚀剧烈；风沙土几乎由细砂颗粒组成，无结构性，受风力侵蚀剧烈。两种土壤性质差异较大，在模型中需要对不同的土壤类型设置不同的参数取值。本研究提取了无定河流域的河网，共计 22 107 个单元。其中黄土区面积为 13 213km²，包含 15 419 个单元；风沙区面积为 15 247km²，包含 6688 个单元。选取 2012 年和 2013 年汛期对流域的径流泥沙过程进行模拟，模拟的时间步长为 0.1 h。对于黄土区，采用延河率定的参数；对于风沙区，采用秃尾河率定的参数。

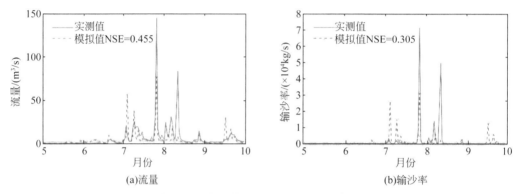

(a)流量   (b)输沙率

图 6-42 绥德站 2013 年汛期日平均流量、输沙率过程模拟结果

绥德站和白家川站 2013 年汛期径流泥沙过程模拟结果如图 6-42 和图 6-43 所示。其中白家川站 2013 年汛期逐日流量和输沙率的 NSE 分别达到 0.631 和 0.423，汛期实测径流量 4.99 亿 m³，模拟径流量 3.82 亿 m³，相对误差 -23.4%，实测输沙量 0.272 亿 t，模拟输沙量 0.254 亿 t，相对误差 -6.6%。绥德站和白家川站的主要洪水和高输沙过程都基本得到了再现，水沙统计量与实测值比较接近，应用的精度可以接受。进一步对白家川站 2008 ～ 2015 年的水沙过程进行模拟，如图 6-44 所示，逐日流量和输沙率的 NSE 分别为 0.525 和 0.404。

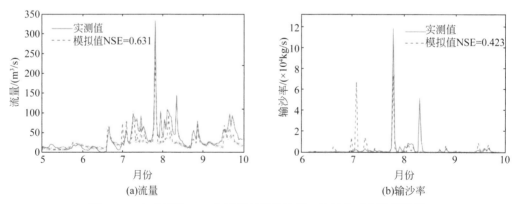

(a)流量   (b)输沙率

图 6-43 白家川站 2013 年汛期日平均流量、输沙率过程模拟结果

（2）"7.26"暴雨洪水反演

2017 年 7 月 25 ～ 26 日，黄河中游山西–陕西区间中北部大部地区普降大到暴雨，暴雨

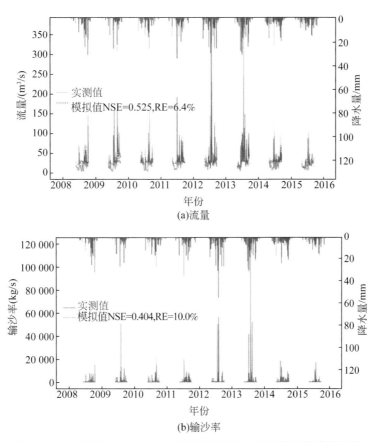

(a)流量

(b)输沙率

图 6-44　白家川站 2008~2015 年日平均流量、输沙率过程模拟结果

中心主要位于无定河支流大理河流域。受极端暴雨影响，无定河及其支流大理河流域均发生高含沙大洪水，其中大理河绥德站出现建站以来最大洪水，洪峰流量 3160m³/s，无定河白家川站洪峰流量 4500m³/s，最大含沙量达到 980kg/m³。"7.26"洪水至少造成 12 人死亡、1 人失踪，对陕西省榆林市绥德县、子洲县造成的经济损失约 80 亿元（党维勤等，2019）。小时级过程资料测量的时间间隔并不固定，在洪峰处测量较为密集，时间间隔为 1~6min；在基流期间测量较为稀疏，时间间隔较大，但是白家川站大部分不超过 6h，绥德站大部分不超过 12h，且该时期内流量一般较为稳定。数字流域模型计算的时间步长是固定的，因此需要将实测流量和输沙率数据进行重采样与插补延长，得到固定时间步长的序列，如图 6-45 所示。经过比较分析，采用 1h 时间步长。图 6-45 为绥德站和白家川站实测数据和处理后逐小时数据，洪峰峰值和出现时间对应良好，可认为处理后流量和输沙率数据能够较充分地反映真实水沙过程。地面雨量站降雨资料包括无定河流域及周边 47 个雨量站 7 月 25 日 9 时到 26 日 8 时实测降雨，精度为 1h。雨量站分布均匀合理，时间和空间精度都可达到模型要求。

　　采用前面率定的参数，输入无定河"7.26"期间 47 个雨量站的小时降雨数据，对 7 月 25 日 0 时~27 日 0 时的 48h 内的逐时水沙过程进行反演。图 6-46 为逐时模拟结果与处

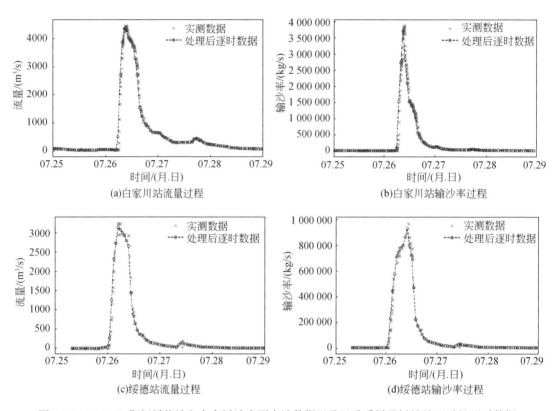

图 6-45　"7.26"期间绥德站和白家川站实测水沙数据以及经重采样及插补处理后的逐时数据

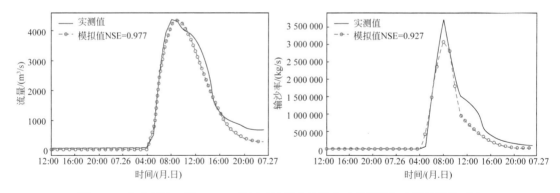

图 6-46　白家川站 7 月 25～26 日逐时流量和输沙率过程模拟与实测结果的对比

理后得到的逐时实测结果的对比。

从洪水模拟来看，48h 内逐时流量 NSE 为 0.977，洪峰误差几乎为 0，洪水起涨时间和洪峰到来时间也相当接近。但是模拟的最后阶段（从 7 月 26 日 16 时开始），模拟流量下降较快，主要原因是雨量站小时降雨数据仅持续到 7 月 26 日 8 时，而 26 日晚到 27 日白天仍有中到大雨。同时受该段影响，径流量误差达到-12.7%。从输沙模拟来看，逐时输沙率 NSE 为 0.927，输沙量误差为–23.0%。白家川站"7.26"的大洪水过程和高含沙过程都得到了较好再现，水沙统计量与实测结果比较接近，模拟的精度令人满意。

6.2.3.4 多沙粗沙区

（1）模拟准备

黄土高原多沙粗沙区分布在河龙区间及泾河、北洛河上游地区的黄土丘陵沟壑区，总面积 7.86 万 km²，是黄河泥沙及其粗泥沙的主要来源区。

首先提取了多沙粗沙区的河网。为更准确地模拟多沙粗沙区内黄河支流的水沙，补充无定河、窟野河等流域在多沙粗沙区边界外的部分，最终得到的流域边界及河网如图 6-47 和图 6-48 所示。研究的流域面积约为 8.708 万 km²，共计 92 537 个单元，平均每个单元 0.941km²。其中砒砂岩区面积为 13 476km²，包含 15 328 个单元，主要为皇甫川流域、窟野河流域等；风沙区面积为 18 214km²，包含 8249 个单元，主要位于无定河流域内；黄土区面积为 55 392km²，包含 68 960 个单元，其包含孤山川、皇甫川、窟野河、无定河、延河等流域收集的淤地坝资料，其中骨干坝共计 1445 座。模拟过程中，对砒砂岩区选取皇甫川流域率定的参数，对黄土区选取延河流域率定的参数。模拟结果将与甘谷驿、皇甫站、白家川等水文站的实测结果进行对比，各水文站的河网编码如表 6-14 所示。

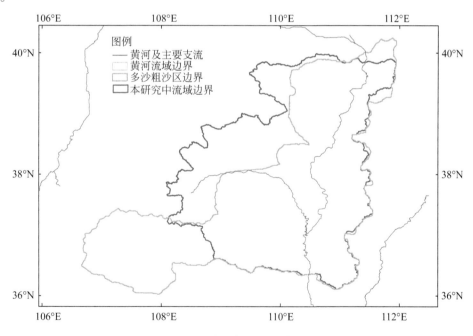

图 6-47　多沙粗沙区流域边界

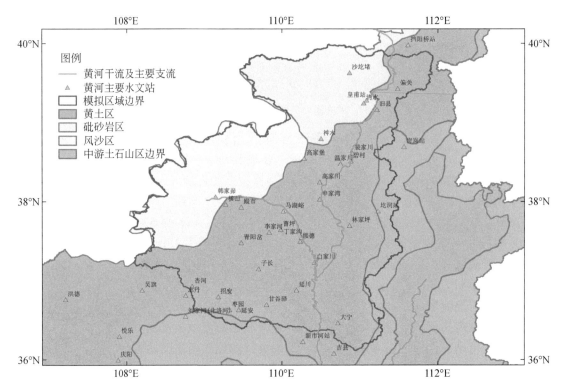

图 6-48 多沙粗沙区流域分区

表 6-14 多沙粗沙区主要水文测站及对应河网编码

站点名称	区域分量	长度分量	数值分量
甘谷驿	1023	177	0
皇甫	1003	848	0
神木	1010	729	0
温家川	1010	641	0
绥德	1019007	353	0
丁家沟	1019	359	0
白家川	1019	256	0
高家川	1011	568	0
申家湾	1012	510	0
延川	1020	170	0

（2）模拟结果

选取 2008～2015 年日径流量和输沙量进行模拟。流域中几个重要的控制水文站径流泥沙过程与实测对比结果如表 6-15 所示。模型模拟结果整体上能够满足模拟精度，除延

川日输沙量模拟精度较低外，其他站点的日径流量和输沙量 NSE 均大于 0.4，表明模型的
模拟结果可信，甚至有些流域能达到较好的效果。

表 6-15   多沙粗沙区各主要支流控制站 2008~2015 年日径流量和输沙量模拟结果

站名	支流名	径流量				输沙量			
		NSE	实测值/亿 t	模拟值/亿 t	RE/%	NSE	实测值/亿 t	模拟值/亿 t	RE/%
甘谷驿	延河	0.505	7.12	5.13	−27.9	0.535	0.395	0.320	−19.0
延川	清涧河	0.536	4.31	3.77	−12.5	0.211	0.200	0.140	−30.0
皇甫	皇甫川	0.767	1.32	1.23	−6.8	0.782	0.256	0.183	−28.5
申家湾	佳芦河	0.469	1.07	0.80	−25.2	0.626	0.175	0.073	−58.3
白家川	无定河	0.525	26.28	27.96	6.4	0.404	0.817	0.899	10.0
温家川	窟野河	0.548	4.21	2.95	−29.9	0.665	0.053	0.027	−49.1
高家川	秃尾河	0.609	4.13	4.94	19.6	0.628	0.033	0.044	33.3

6.3 SWAT 模型改进与验证

6.3.1 模型闭合参数和闭合关系

SWAT 模型描述了坡面上的降水产流、径流产沙和沟道水沙输移等物理过程。其中，
封闭这些物理过程模型的关键参数或物理量，依赖于试验或观测资料率定，或者参考前人
研究成果给出。

（1）降水产流关系

SWAT 模型中，CN 值是反映降水产流的综合性参数，其取值与土地利用/覆被类型、
土壤类型、坡度大小等有密切关系，通常 CN 值的确定通过径流小区的降水径流资料来推
算，或者通过查美国土壤保持局提供的 CN 查算表。本书通过模型的参数率定确定不同覆
盖度情况下该参数范围。

（2）降水产沙关系

与坡面产沙相关因子中，土壤可蚀性因子 K 与土壤本身性质相关，地形因子 LS 与地
形相关，砾石含量 CFRG 与土壤颗粒组成相关，这些参数理论上根据土壤条件确定，其值
应该保持不变。而作物覆盖因子 C 和耕作因子 P 与土地利用/覆被类型有关，应随流域土
地利用/覆被类型的改变而改变。前人已经给出了不同土地利用/覆被类型下的 C 和 P 值。
江忠善等（1996）根据径流小区观测资料，分别建立了草地和林地与植被覆盖因子之间的
关系。

草地 C 因子与植被覆盖度（veg）关系：

$$C = e^{-0.0418(veg-5)} \tag{6-72}$$

林地 C 因子与植被覆盖度关系：

$$C = e^{-0.0085(veg-5)^{1.5}} \qquad (6-73)$$

基于上述关系可计算得到不同植被覆盖度条件下的 C 取值。对于 P 的取值，采用李斌兵等（2009）关于黄土高原不同土地利用/覆被类型的 P 值成果。

（3）阻力关系

曼宁系数 n 是与河道径流演算相关的关键参数，根据王士强（1990）的公式，确定了不同河段曼宁系数初始取值。

$$n_t = \frac{n_b}{0.82 q_*^{-0.15} S^{-0.13}} = (1.22 q_*^{0.15} S^{0.13}) n_b \qquad (6-74)$$

$$q_* = \frac{q}{\sqrt{gD^3}} \qquad (6-75)$$

式中，n_b 为未考虑形状阻力的裸土曼宁系数；n_t 为考虑形状阻力的总的曼宁系数；S 为能坡；q 为单宽流量。

（4）输沙率–流量关系

SWAT 模型用于逐日的水沙过程计算，需要日尺度的输沙率–流量关系曲线（ $Q_s = aQ^b$ ）。为实现 Bagnold 方程中的系数和指数按不同河段分别赋值，需研究系数和指数随流域特性的关系。Zhang 等（2018）研究指出不同地貌类型区，输沙率–流量关系幂函数方程中的系数取值随流域面积的变化而变化，而指数与流域面积相关性不大。因此，本研究选择流域面积作为影响因子，建立系数和指数与面积的关系。

选择位于黄河中游砒砂岩区的 9 个水文站的实测逐日悬移质输沙率–流量资料，通过幂函数拟合确定了输沙率–流量关系的系数 a 和指数 b，拟合的幂函数方程决定系数 R^2 的变化范围为 0.53~0.86，说明拟合结果可以接受。在此基础上，建立了水文站控制面积和系数 a 之间的回归方程，如图6-49（a）所示，表明系数 a 的取值与空间尺度有关。据此，可以采用系数 a 与流域面积的回归方程，结合流域内不同河段出口的控制面积，计算不同河段出口处的系数 a。图6-49（b）为指数 b 与水文站控制面积之间的相关关系，由图可见，指数 b 与控制面积之间无显著相关性，因此，本书中指数 b 取平均值 2.22。以此作为皇甫川流域输沙率–流量关系幂函数系数和指数取值依据。

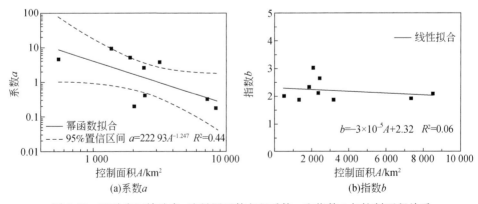

图6-49　砒砂岩区输沙率–流量幂函数方程系数 a 和指数 b 与控制面积关系

以上确定的系数 a 和指数 b 是基于输沙率–流量 $Q_s=aQ^b$ 关系得到的，而 SWAT 模型中需要的是含沙量与流速 $\mathrm{conc}_{\mathrm{sed,ch,mx}}=\alpha \cdot v_{\mathrm{ch,pk}}^{\beta}$ 的关系，因此，需要将输沙率–流量关系转换为含沙量–流速关系。利用断面河相关系式流速–流量关系 $v=kQ^m$，以及输沙率–流量关系 $Q_s=aQ^b$ 的系数和指数可得出含沙量–流速关系的系数和指数，即系数 $\alpha=a \cdot k^{-(b-1)/m}$，指数 $\beta=(b-1)/m$。对于流速–流量关系中的系数 k 和指数 m 的计算，采用数字高程模型计算的不同河段几何参数确定。通过以上过程，可确定不同河段的系数值。

6.3.2 模型率定与验证

采用 1976 ~ 1984 年的气象水文资料用于 SWAT 模型的率定和验证，其中 1976 ~ 1977 年为模型预热期，1978 ~ 1980 年为模型参数率定期，1981 ~ 1984 年为模型参数验证期。

封闭后的皇甫川流域 SWAT 模型经参数率定、验证后，表明模型对全流域的日径流输沙模拟效果较好，满足精度要求（图 6-50）。由实测值与模拟值对比可以看出，率定期和验证期实测值与模拟值趋势变化表现出了较好的一致性，基本反映了皇甫川流域径流量、输沙量的变化趋势。通过计算，率定期（1978 ~ 1980 年）日径流量的 NSE 为 0.87，R^2 为 0.88，PBIAS 为 17.9%；验证期（1981 ~ 1984 年）日径流量的 NSE 为 0.63，R^2 为 0.68，PBIAS 为 7.8%。率定期日输沙量的实测值与模拟值的 NSE、R^2 和 PBIAS 分别为 0.74、0.79 和 5.5%，验证期的 NSE、R^2 和 PBIAS 分别为 0.59、0.60 和 40.5%。表明模型在研

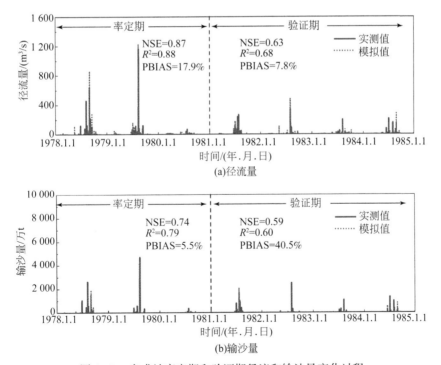

图 6-50 皇甫站率定期和验证期径流和输沙量变化过程

究区内对流域径流输沙过程的模拟结果满足精度要求。

　为比较流域内部河段模拟效果，选择皇甫川流域内部沙圪堵站 1978～1984 年径流量和输沙量的实测值与模拟值进行对比，如图 6-51 所示，由图可见，封闭后的模型径流量和输沙量模拟值和实测值的趋势变化较一致，率定期日径流量的 NSE 为 0.84，R^2 为 0.85，PBIAS 为 0.7%；验证期日径流量的 NSE 为 0.69，R^2 为 0.71，PBIAS 为 −17.6%。率定期日输沙量的 NSE、R^2 和 PBIAS 分别为 0.80、0.81 和 33.9%，验证期的 NSE、R^2 和 PBIAS 分别为 0.71、0.71 和 41.6%。表明封闭后的 SWAT 模型能够模拟流域内部输沙过程。

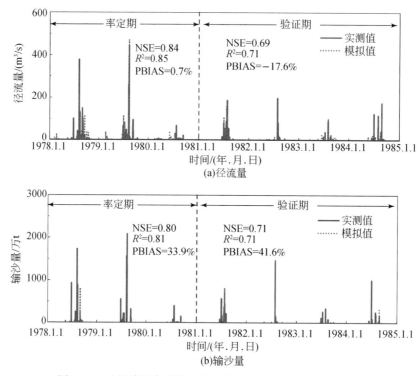

图 6-51　沙圪堵站率定期和验证期径流量和输沙量变化过程

　同时比较了采用未封闭 SWAT 模型对沙圪堵站输沙量的模拟结果，如图 6-52 所示，由图可见，未封闭的 SWAT 模型率定期日输沙量的 NSE 仅为 0.38，R^2 为 0.42，PBIAS 为 41.0%；验证期的 NSE 为 0.29，R^2 为 0.33，PBIAS 为 55.6%。与封闭后的模型日输沙量模拟效果对比可知，封闭后的模型日输沙量模拟精度较未封闭模型有所提高，表明封闭后的 SWAT 模型提高了模拟流域内部输沙过程的精度，使模型输沙模拟的适用性有所提升。本书的意义在于，当流域只有一个水文站时，只能通过该水文站水沙资料进行模型参数率定，其问题是虽然模型可以通过参数率定将该水文站的水沙过程进行还原，但关注该水文站以上流域内部水沙输移过程时，往往误差较大，本书可为解决这一问题提供方法参考。同时，在进行输沙量模拟时，需要选择与时间尺度匹配的输沙率-流量关系进行计算。

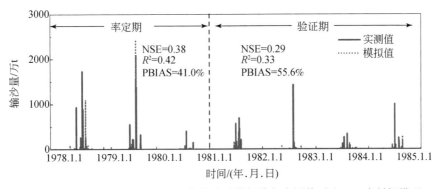

图 6-52　沙圪堵站率定期和验证期输沙量模拟值与实测值对比——未封闭模型

6.4　产沙指数模型

如第 5 章所述，不同地貌类型区的林草有效覆盖率–产沙指数关系均为指数关系，且关系式的参数因类型区不同而有所不同，该参数亦受雨强影响。本书基于遥感提取不同侵蚀类型区林草、梯田等空间分布信息，构建适用于各类型区产沙指数关系，即产沙指数模型（也称遥感水文模型），来推算黄河流域主要产沙区沙量。该模型的应用方法是：①要根据各支流的地貌特点，对诸如泾河和无定河这样的大支流分割成若干子流域或子区域。②提取各子流域或子区域 2010 ~ 2018 年的平均林草有效覆盖率、梯田面积和坝地面积，计算其 2010 ~ 2018 年的林草梯田有效覆盖率 V_{et}。③遥感水文模型计算各子流域或子区域的产沙指数 S_i。④设计降雨情景。根据过去 100 年黄土高原的降雨变化特点，分别将 1966 ~ 2018 年和 2010 ~ 2018 年的平均降水量 P_{25} 作为设计降水量——相当于 1919 ~ 2018 年和 1933 ~ 1967 年的平均水平。针对两种降雨系列，均考虑高暴雨占比和中暴雨占比两种雨强情景。⑤代入各子流域或子区域的易侵蚀区面积和不同降雨情景的平均降雨量 P_{25} 计算，即可得到现状下垫面在两种降雨情景下的可能产沙量。

值得注意的是，除黄土丘陵沟壑区（含砒砂岩区、盖沙丘陵区、砾质丘陵区）、黄土高塬沟壑区外，黄河主要产沙区内还分布有约 2 万 km² 的石质山区，天然时期多年平均产沙量约为 2920 万 t/a。由于易侵蚀区不含石质山区，以上计算过程中并不包括此类地区。

6.4.1　不同类型区产沙指数计算方法

6.4.1.1　黄土丘陵沟壑区

如第 5 章所述，在相同雨强情况下，丘一区 ~ 丘四区的林草有效覆盖率–产沙指数关系差别不明显，而此类地区雨强差别很大。统计分析表明，位于丘四区的湟水流域暴雨占比一般不超过 0.1，而黄河中游地区的暴雨占比一般在 0.1 ~ 0.4。

考虑到本书的目的在于为规划和治黄重大问题决策提供支撑，基于前面分析，分别采用"低暴雨占比"和"高暴雨占比"两种情景计算流域产沙，如图5-3（b）和（c）所示。在长系列分析时，河龙区间、汾河流域、北洛河流域和泾河流域的黄土丘陵区应采用高暴雨占比的公式，其他地区采用低暴雨占比的公式。

丘五区的地形特点是，周边为地表"光滑"的黄土墚或峁，中部是黄土盆地（或称掌地）或沿河阶地。典型的丘五区位于马莲河上游、清水河中游、祖厉河流域和无定河上游，利用这些区域的实测数据，构建林草梯田有效覆盖率–产沙指数的关系，如图6-54所示，由图可见，不同暴雨占比情况下的数据点无明显差别。产生该现象的原因可能与该类型区的地貌特点有关：该类型区地表径流来自周边的黄土丘陵，泥沙主要来自沟壑；周边丘陵非常光滑且植被稀疏，降雨很容易形成地表径流，因此，雨强的影响不太突出。鉴于此，对于丘五区，统一采用图6-53中的公式。

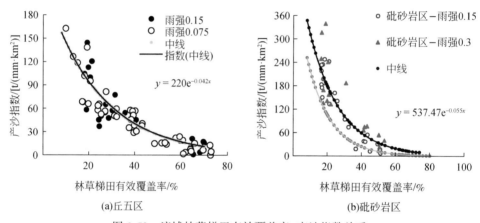

图6-53　流域林草梯田有效覆盖率–产沙指数关系

位于河龙区间北部的砒砂岩区为丘一区，该区梯田和坡耕地均极少，但从实测数据看，在相同的林草梯田有效覆盖率情况下，其产沙指数均大于丘一区，如图6-53（b）所示，产生该现象的原因不仅与地表土壤有关，还与砒砂岩区的植被过于集中在墚峁坡有关；由图6-53可见，雨强对产沙的影响不显著（因为雨强不大的降雨也可引起较大产沙）。鉴于此，统一采用图6-53（b）中的公式。

黄土盖沙丘陵区和砾质丘陵区主要分布在河龙区间西北片和十大孔兑，图6-54蓝色圈内范围。前述分析表明，在相同林草梯田有效覆盖率情况下，黄土盖沙丘陵区和砾质丘陵区的产沙指数明显小于与之相邻的丘1区。由图6-54对比黄河主要产沙区1966～2018年系列年降水量和年大暴雨雨量（P_{100}）空间格局可见，在降水量为436mm的无定河中下游黄土丘陵区，其多年平均暴雨占比（P_{50}/P_{10}）为0.156；但在年降水量不足400mm的窟野河、秃尾河和佳芦河流域，其多年平均暴雨占比达0.18～0.2。由此可见，该区暴雨尤其集中。

黄土盖沙丘陵区和砾质丘陵区的林草有效覆盖率–产沙指数关系图的点群分布相近。鉴于此，将两区域暴雨占比为0.2～0.4的样本点合并，以其拟合的公式作为该区流域产

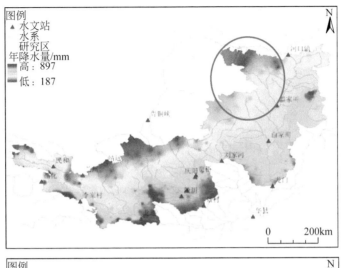

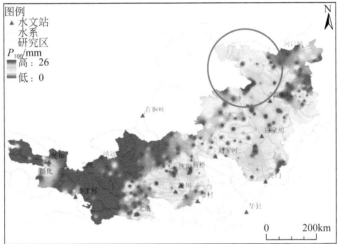

图 6-54 黄河主要产沙区年降水量和大暴雨雨量的空间格局

沙计算公式，如图 6-55 所示。与图 6-53 对比发现，盖沙丘陵区和砾质丘陵区的数据点收敛程度明显较差，这可能与采用的数据均为"一年数据"有关，图 6-53 采用的数据多为 2~3 年的平均值。

6.4.1.2 黄土高塬沟壑区

黄土高塬沟壑区主要分布在泾河流域、北洛河中游、晋西南和祖厉河下游，各地塬面的完整程度差别很大。引入破碎度指数 Meff 来反映各支流塬面的残缺程度，其计算公式为

$$\text{Meff} = \frac{1}{A_j} \sum_{i=1}^{n} A_{ij}^2 \tag{6-76}$$

式中，A_{ij} 为第 j 条支流中第 i 个塬面的面积；A_j 为第 j 条支流中塬面总面积；n 为第 j 条支流中塬面个数。当指数值较小时，此时相邻塬面间类型均不同，塬面破碎化程度较高；当

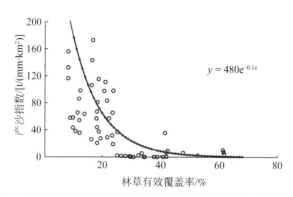

图 6-55　盖沙丘陵区和砾质丘陵区的林草有效覆盖率–产沙指数关系

指数较大时，塬面破碎化程度较低，最大值为各支流塬总面积，此时塬面具有唯一类型。

黄土塬区的产沙机制与黄丘区差别很大，产沙更加集中于沟壑，如南小河沟的沟壑产沙量甚至占流域产沙的 87%；与黄丘区相比，相同植被覆盖情况下黄土塬区的产沙指数更高。2013 ~ 2018 年，董志塬地区的林草梯田有效覆盖率已达 75%，但在雨强 0.14 情况下，产沙指数仍达 25t/（km²·mm）。由于黄土塬区可能下沟的地表径流主要来自塬面的硬化地面，该区产沙对雨强更不敏感（雨量不大的场次降雨即可引起产流）。因此，利用泾河中游实测数据，把暴雨占比为 0.13 ~ 0.32 的实测数据合并，分析流域林草有效覆盖率–产沙指数的关系，如图 6-56 所示，由图可见，当覆盖率大于 50% 时，数据点非常散乱，以至于相关系数 R^2 不足 0.4，因此，直接采用图 6-56 中公式计算流域产沙必然误差很大。

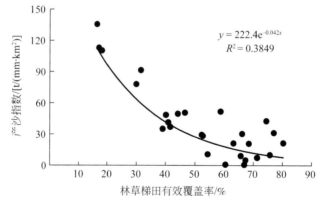

图 6-56　流域林草有效覆盖率–产沙指数关系（黄土高塬沟壑区）

显然，塬面比越小，庄院道路径流对流域产沙的影响程度越小。假定沟道面积占流域面积的比例不变、庄院道路面积占塬面面积的比例不变，利用南小河沟各类地块的实测径流系数，可推算出不同塬面比情况下的塬面产流量、坡面产流量及其占塬坡径流总量的比例，如图 6-57 所示，由图可见，当塬面比小于 43% 时，坡面产流逐渐占主导定位；当塬面比小于 10% 时，庄院道路的产流量只有流域的 9%、坡面产流占 86%，流域产沙的驱动

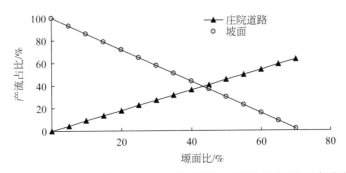

图 6-57　不同塬面比情况下典型地块产流量占流域产流量的比例变化

力逐渐趋同于黄土丘陵区。

　　首先选择不同塬面残缺度的样本流域，采用丘一区～丘四区公式计算不同时期的产沙指数，进而推算该支流在相应降雨条件的产沙量，记为"计算产沙量"。然后利用实测输沙量和同期实测的坝库拦沙量，得到"实测产沙量"。如果样本流域为没有塬面的典型黄丘区流域，则计算值与实测值应该基本相同，即实测产沙量/计算产沙量＝1；否则，两者必然不同。以此思路，计算泾河流域 7 个样本流域的实测输沙量、坝库拦沙量、林草梯田有效覆盖率、产沙指数和破碎度指数等，结果表明，利用黄丘区模型计算得到的产沙量均比实测产沙量大；进一步分析发现，塬面破碎度指数 Meff 与实测产沙量/计算产沙量的比例有较强的负相关性，其相关系数 R^2 达到 0.9649，如图 6-58 所示，即塬面破碎度指数 Meff 越大，实测产沙量比计算产沙量越大，误差越大；塬面破碎度指数 Meff 越小，计算产沙量越接近实测产沙量。

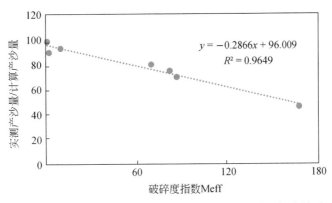

图 6-58　塬面破碎度指数与实测产沙量/计算产沙量拟合关系

　　由此可见，对于黄土高塬沟壑区，可以先利用黄土丘陵沟壑区模型进行计算；然后针对对象流域的破碎度指数，根据图 6-58 的关系式乘以相应的折减系数，该系数与塬面破碎度指数呈负相关，从而可得到黄土高塬沟壑区的流域产沙计算方法。

6.4.2 模型验证

基于遥感调查的林草植被、梯田和坝地数据，以及 2010~2018 年实测降雨数据，采用图 6-53~图 6-57 中的公式及其使用方法，计算典型支流（区域）2010~2018 年下垫面和降雨情况下的产沙量，并与实际产沙量进行对比，如表 6-16 所示，由表可见，理论计算结果与实际结果相差不足 10%，模型可靠。

表 6-16   2010~2018 年流域产沙计算结果

区域	模型计算结果	实测结果			
		实测输沙量	淤地坝拦沙量	水库拦沙量	实际产沙量
河龙区间	26 547	9 484	9 713	4 796	23 993
北洛河上游	1 252	980	253	11	1 244
汾河上游	399	1	170	221	392
泾河景村以上	9 772	6 420	1 050	1 095	8 565
渭河拓石以上	1 600	1 397	374	440	2 211
十大孔兑	363	390	161	0	420
清水河	3 515	1 113	96	1 227	2 436
祖厉河	1 191	898	166	67	1 131
洮河李家村—红旗	474	498	25	10	533
湟水黄丘区	549	390	38	152	580
合计	45 662	21 571	12 046	8 019	41 505

注：十大孔兑的实测输沙量是根据西柳沟、毛不拉和罕台川的实测值推算的。该区泥沙粒径特别粗，故淤地坝拦沙量的 80% 为无效拦沙。湟水黄丘区指民和以上及享堂—连城区间的黄土丘陵区。清水河水库众多，且缺乏逐年淤积量的观测数据，表中水库拦沙数据为估算值。

6.5 HydroTrend 模型

6.5.1 模型修正

采用陈蕴真（2013）修正的针对黄河流域水沙过程模拟的 HydroTrend4Yellow 模型。从 HydroTrend 到 HydroTrend4Yellow 主要有三个方面的修改：

1）放宽岩性因子（lithology factor）和人类影响因子（anthropogenic factor）的范围。HydroTrend 的代码规定了岩性因子不超过 3，人类影响因子不超过 8，但黄河作为全世界输沙量最大的河流，这两个限制与其巨大的输沙量不匹配，因此，取消岩性因子和人类影响因子的上限。

2）将冰川产沙的贡献变为 0。用 HydroTrend 模拟上游冰川对长期输沙率 Q_{sbar} 的贡献，计算结果显示，这个贡献超过 1/3。虽然黄河是个大流域，上游也存在泥沙汇流，但冰川产沙绝大多数堆积在流域上游的不同地貌部位，进入下游的很少。由于黄河输沙量的 90% 来自中游，只有不到 10% 的泥沙来自上游，就算去除所有上游的泥沙也不会对整体沙量造成太大影响，上游冰川的影响就更小，因此，可以将冰川产沙的贡献变为 0。

3）修改水沙关系中的指数值（cbar）。生成日输沙率序列时，用到经验公式 $Q_s = aQ^c$，其中指数 c 是一个随机变量。但根据黄河流域水文站（花园口和潼关）实测的日输沙率-流量序列与模拟结果的对比结果发现，计算结果偏大，为此将参数 cbar 调整为固定值。经过调整，让实测数据和模拟结果的 $\lg(Q_s)$-$\lg(Q)$ 曲线尽量重合，将 cbar 值固定为 1.65。图 6-59 为潼关水文站 1960~2012 年日输沙率与流量的双对数曲线。

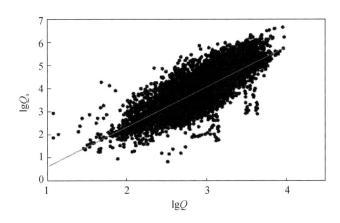

图 6-59　潼关水文站 1960~2012 年日输沙率与流量的双对数曲线

6.5.2　模型率定

HydroTrend 模型率定的目的是找到一组参数，使得该参数条件下，流域多年平均流量和输沙量的模拟值与实测值足够吻合，还需要保证模拟的月平均流量曲线、月间标准差与实测值基本吻合。因此，率定期选择的原则有两个：①年数尽量多的连续月实测数据。②由于率定期内部没有突变点，水沙波动过程遵循相同的发生机制。为获得尽量长的实测序列，以便提高率定结果的可靠性，率定期可属于不同时段。按照上述原则，将 1965~1978 年定为率定期，记为 Epoch0。

在率定期模拟的输入文件中，气候年值数据的信息如下：率定期初始的年均温度 T_s（按气温垂直递减率换算为海平面的温度），12.6℃；率定期内的年均温度变化速率 T_c，0.0222℃/a；年际温度标准差 T_{std}，0.44℃；率定期初始的年降水 P_s，396mm；率定期内的年降水变化速率 P_c，3mm/a；年际降水标准差 P_{std}，98mm。另外，为了率定和多年平均月水沙变化相关的参数，还需要输入率定期的气候月值数据信息。

模型率定的目的是找到一组参数，使得在该参数条件下率定期的流域多年平均输沙率和天然流量与实测值相当。此外还需要保证月平均流量曲线、月间标准差与实测值基本吻合。需要率定的参数主要有恒定基流、平均流速、最大（最小）地下水储量、壤中流系数和指数、饱和水力传导系数、岩性因子和人类影响因子等，这些参数都在 HydroTrend 的输入文件里。率定过程主要包括以下四步骤。

1）月模拟，设置参数使得多年平均流量和输沙率（Q_{bar} 和 Q_{sbar}）与实测值一致（其中，流量对应还原计算得到的天然径流量）。一致的判别标准为正负 5%。改变参数：饱和水力传导系数（mm/d），值越小，产水越多；人类影响因子，值越大，产沙越多。

2）月模拟，使得月平均流量曲线与实测值基本一致。一致的判别标准为相关系数 R^2 大于临界值（0.70），误差最大的那个月的相对误差不超过 10%。改变参数：恒定年基流量（m³/s），值越大，产流的月平均值峰度越小；平均流速（m/s），值越小，峰度越小；壤中流系数（m³/s）和壤中流指数，后者越大，产流月平均值峰度越小；最大/最小地下水储量（m³），前者越大，峰度越小。

3）月模拟，使得径流的月间标准偏差逐月变化与实测值尽量一致。一致的判别标准为 R^2 大于临界值（如 0.70），误差最大的那个月的相对误差不超过 20%。改变参数：最大/最小地下水储量（m³），前者减小，月间标准偏差增大；后者增大，月间标准偏差增大。

4）微调参数使步骤 2）和步骤 3）造成偏离原值的 Q_{bar} 和 Q_{sbar} 重新与实测值一致。调整参数：饱和水力传导系数（mm/d），值越小，产水越多。壤中流系数（m³/s）和壤中流指数，前者越小，产水越小；后者越大，产水越小。

在率定过程中，岩性因子 L 和人类影响因子 E_h 值无法同时率定，由公式 $Q_s = \omega L (1 - T_e) E_h Q^{0.31} A^{0.5} \max(T, 2℃)$ [Q_s 为多年平均输沙率（kg/s），Q 为流量（m³/s）；A 为流域面积（km²）；R 为流域最大高差（m），B 为流域岩性因子和人类影响因子综合后的变量；T_e 为水库或者湖泊的泥沙拦截率] 可知，在没有其他条件的情况下，通过 Q_s 只能率定两者的乘积，因此需要找到一个定值。人类活动是随时间变化的，岩性因子 L 在相当长的时间内可以被认为是定值。根据最坚硬岩石的硬度 15（对应 HydroTrend 中的岩性因子 0.5），而黄土的硬度为 0.8，在假定岩石的硬度和岩性因子成反比的情况下，计算得到黄土的岩性因子为 9.4。再根据黄土的面积占比（40%），得到潼关以上黄河流域的岩性因子 $L=4.21$，率定后的参数值如表 6-17 所示。Epoch0 率定后的流量、输沙率变化过程曲线及流量逐月平均曲线、标准差曲线如图 6-60 和图 6-61 所示。

表 6-17　Epoch0（1965～1978 年）参数率定值汇总

参数	率定值	单位
恒定年基流量	550	m³/s
平均流速	0.8	m/s
最大地下水储量	9×10^{10}	m³

续表

参数	率定值	单位
最小地下水储量	7.54×10^8	m^3
壤中流系数	910	m^3/s
壤中流指数	0.9	
饱和水力传导系数	300	mm/d
人类影响因子	5.9	

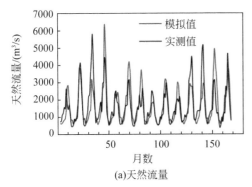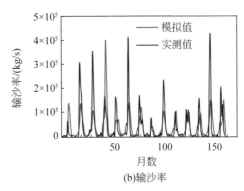

(a)天然流量　　　　　　　　　　(b)输沙率

图 6-60　Epoch0 逐月水沙过程模拟值和实测值对比

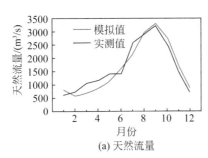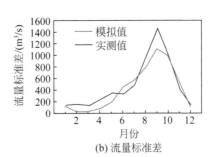

(a) 天然流量　　　　　　　　　　(b) 流量标准差

图 6-61　Epoch0 多年平均逐月天然流量及其标准差

Epoch0 流量序列模拟效果很好，洪水期误差仅为 0.17%；多年平均流量逐月变化过程模拟值与实测值的相关系数 R^2 达到 0.93，流量标准差的相关系数 R^2 达到 0.89，达到了率定的要求。Epoch0 沙量序列模拟效果稍弱，洪水期误差为 14.2%，但对于 HydroTrend 模型，最有利用价值的是多年平均流量和输沙率，逐月输沙率模拟值与实测值的误差对多年平均值不会产生影响。

Epoch0 的率定结果：确定了岩性因子 $L = 4.21$（后面的模拟过程均采用此值）；1965 ~ 1978 年的人类影响因子 $E_h = 5.9$（此值可以随着时间的变化而变化）；模拟得到 1965 ~ 1978 年多年平均输沙率为 43 687kg/s，即多年平均输沙量为 13.78 亿 t/a，与实测值 13.98 亿 t/a 相差 1.4%。

6.6 GAMLSS 模型

水文序列在气候变化和人类活动共同影响下分布特征发生了变化，如前所述，黄河流域年径流量和年输沙量有显著减小趋势，且均值和方差均发生显著变化。GAMLSS 模型能够灵活建立水文序列分布参数与协变量的函数关系，从而能够更好地拟合水文序列分布于协变量之间的关系，并分析水文序列的不确定性。

6.6.1 模型原理

Rigby 和 Stasinopoulos（2001）提出的 GAMLSS 模型是在广义线性模型（generalize linear model，GLM）和广义加法模型（generalize additive model，GAM）的基础上发展而来的一种半参数回归模型。水沙预测模型构建步骤如下：

1）基于 GAMLSS 模型建立水文序列的最优分布。分别选取 Weibull 分布、Gamma 分布和 Lognormal 分布作为水文序列的备选分布。假定水文序列分布参数均值 μ 和方差 σ 均为常数，通过水文序列实测值，求解其服从的分布函数，并根据赤池信息量准则（Akaike information criterion，AIC）选出最优分布。

2）为消除协变量即主要影响因素之间的多重共线性，对变量进行主成分分析。按照水文序列（年径流量、年输沙量）与影响因素之间的关联度，逐步选取显著变量，将选出的显著变量分为气候变化和人类活动两类，按照主成分分析法进行降维处理。

3）求得分布参数随协变量变化时水文序列的最优分布。假设水文序列服从的分布线性不变，即当分布参数随协变量变化时，水文序列仍然服从该分布，那么可以使用 GAMLSS 模型模拟水文序列概率分布的参数随协变量的变化规律。GAMLSS 模型由随机部分、系统部分和连接函数三部分构成，在本研究随机部分指水文序列服从某分布；系统部分指协变量（年降水量、年潜在蒸散发量、干旱因子、淤地坝坝控面积、梯田面积、林地面积、草地面积、耕地、NDVI 与人口）与响应变量的分布函数参数之间的函数关系，在此，建立主成分分析后协变量与响应变量分布参数之间的函数关系，通过线性模型 $\varphi = X\beta$，将向量 φ 与协变量 X 建立联系，β 为模型参数向量；连接函数用于连接系统部分和分布参数，如表 6-18 所示。连接函数为

$$\begin{cases} g_1(\mu) = \varphi_1 = X_1\beta_1 \\ g_2(\sigma) = \varphi_2 = X_2\beta_2 \end{cases} \tag{6-77}$$

式中，$g(\cdot)$ 为连接函数；μ、σ 为概率分布参数，通过查表可以得到各分布的连接函数，由此建立水文序列分布参数与协变量的多元回归函数。采用极大似然法求解模型参数 β_i。将求解得到的模型参数代入方程，即可得到水文序列随协变量的分布函数。

4）检验模型模拟效果。使用拟合方程的 $P_{0.9}$ 和相关系数接近 1 的程度来判断输沙序列的拟合效果。其中，$P_{0.9}$ 是指包括在 90% 预测不确定性区间内的样本点个数所占百分比。

表6-18　常见分布函数的连接函数

分布	连接函数
Gamma	$g_1(\mu) = \ln(\mu)$ $g_2(\sigma) = \ln(\sigma)$
Weibull	$g_1(\mu) = \ln(\mu)$ $g_2(\sigma) = \ln(\sigma)$
Lognormal	$g_1(\mu) = \mu$ $g_2(\sigma) = \ln(\sigma)$

选取代表气候变化、人类活动的主要影响因素，采用主成分分析法、主成分回归分析法、分位数归因分析法对无定河、皇甫川流域水沙变化进行归因分析。具体计算采用开源软件 R-Studio，软件包有 PSYCH、GAMLSS 等。

（1）主成分分析法

为消除人类活动中不同措施或存在的交互作用，采用主成分分析法对水保措施进行降维。具体计算如下：

$$F_{in} = \sum_{j=1}^{k} X'_{ij} Z_j \tag{6-78}$$

式中，F_{in} 为第 i 年第 n 个主成分得分；k 为评价指标总数；Z_j、X'_{ij} 为第 i 年第 j 项指标的系数、标准化值。

$$F_i = \sum F_{in} \omega_n \tag{6-79}$$

式中，F_i 为第 i 年主成分综合得分；ω_n 为第 n 个主成分对应的权重。

（2）主成分回归分析法

为克服传统回归对具有多重共线性的自变量较差的拟合效果，采用主成分回归分析法。具体计算如下：

$$Y = \beta_0^* + \beta_1^* Z_1^* + \beta_2^* Z_2^* \tag{6-80}$$

$$Z_i^* = a_{i1} X_1^* + a_{i2} X_2^* + \cdots + a_{i4} X_4^* = \frac{a_{i1}(X_1 - \bar{x}_1)}{\sqrt{s_{11}}} + \frac{a_{i2}(X_2 - \bar{x}_2)}{\sqrt{s_{22}}} + \cdots + \frac{a_{i4}(X_4 - \bar{x}_4)}{\sqrt{s_{44}}} \tag{6-81}$$

$$Y = \beta_0 + \beta_1 X_1 + \cdots + \beta_4 X_4 \tag{6-82}$$

$$\beta_0 = \beta_0^* - \beta_1^* \left(\frac{a_{11}\bar{x}_1}{\sqrt{s_{11}}} + \cdots + \frac{a_{14}\bar{x}_4}{\sqrt{s_{44}}} \right) + \beta_2^* \left(\frac{a_{21}\bar{x}_1}{\sqrt{s_{11}}} + \cdots + \frac{a_{24}\bar{x}_4}{\sqrt{s_{44}}} \right) \tag{6-83}$$

$$\beta_i = \frac{(\beta_1^* a_{1i} + \beta_2^* a_{2i})}{\sqrt{s_{ii}}} \tag{6-84}$$

式中，a_{ij}、Y 为单位特征向量和响应变量；Z_i^*、β_i^* 为主成分分析获取的新因变量和对应系数；X_i、β_i 为原始因变量和对应系数。

（3）分位数归因分析法

采用分位数归因分析法计算各影响因素的水沙贡献率。具体计算如下：

基于 GAMLSS 模型的年径流分位数 y_p 为

$$y_P = qF(p \mid \mu(X_1 \mid \hat{\beta}_1), \ \sigma(X_2 \mid \hat{\beta}_2)) \qquad (6\text{-}85)$$

式中，p 为概率；$qF(\cdot)$ 为序列所服从分布的分位数函数；$\hat{\beta}_1$、$\hat{\beta}_2$ 为模型参数（向量）；X_1、X_2 为协变量（向量）。

由于水文序列的非一致性变化，采用滑动平均法，则第 i 个滑动窗口内的分位数 y_p^i 为

$$y_p^i = qF(p \mid \mu(\overline{X_1^i} \mid \hat{\beta}_1), \ \sigma(\overline{X_2^i} \mid \hat{\beta}_2)) \qquad (6\text{-}86)$$

式中，$\hat{X}_1^i$、$\hat{X}_2^i$ 为滑动窗口内各年份影响因素的平均值（向量）。

取基准期作为初始滑动窗口，基准期概率 p 对应的分位数 y_p^i，则分位数变化值为

$$\Delta y_p^i = y_p^i - y_p^0 \qquad (6\text{-}87)$$

假设协变量为 x_1，x_2，$\cdots$，x_{n-1}，x_n，Δx_1^i，Δx_2^i，$\cdots$，Δx_{n-1}^i，Δx_n^i 对 Δy_p^i 的贡献，则滑动窗口与基准窗口的协变量平均值变化对 Δy_p^i 的贡献率按式（6-88）计算：

$$\begin{cases} \Delta y_{p1}^i = y_p^i(x_1^i, x_2^0, \cdots, x_{n-1}^0, x_n^0) - y_p^0(x_1^0, x_2^0, \cdots, x_{n-1}^0, x_n^0) \\ \Delta y_{p2}^i = y_p^i(x_1^i, x_2^i, \cdots, x_{n-1}^0, x_n^0) - y_p^i(x_1^i, x_2^0 \cdots, x_{n-1}^0, x_n^0) \\ \vdots \qquad\qquad \vdots \qquad\qquad \vdots \\ \Delta y_{pn-1}^i = y_p^i(x_1^i, x_2^i, \cdots, x_{n-1}^i, x_n^0) - y_p^i(x_1^i, x_2^i, \cdots, x_{n-1}^0, x_n^0) \\ \Delta y_{pn}^i = y_p^i(x_1^i, x_2^i, \cdots, x_{n-1}^i, x_n^i) - y_p^i(x_1^i, x_2^i, \cdots, x_{n-1}^i, x_n^0) \\ \Delta y_p^i = \Delta y_{p1}^i + \Delta y_{p2}^i + \cdots + \Delta y_{pn-1}^i + \Delta y_{pn}^i \end{cases} \qquad (6\text{-}88)$$

通过调换计算次序以消除计算先后的影响，共需计算 $n!$ 次，取各次计算次序下的平均值作为最终结果。

（4）分布函数

GAMLSS 模型选取 Gamma 分布函数、Weibull 分布函数、Lognormal 分布函数作为分布函数，具体如下：

1）Gamma 分布函数

$$f_r(x \mid \alpha, \beta) = x^{\alpha-1} \times \frac{1}{\beta^\alpha \times \Gamma(\alpha)} \times e^{-\frac{x}{\beta}} \qquad (6\text{-}89)$$

式中，$\Gamma(\alpha)$ 是 Gamma 公式；α 是形状参数；β 是尺度参数。

2）Weibull 分布函数

$$f_r(x) = \left[\frac{\alpha}{\beta}\right] \times \left[\frac{x}{\beta}\right]^{\alpha-1} \times \exp\left[-(x/\beta)^\alpha\right] \qquad (6\text{-}90)$$

式中，α 是形状参数；β 是尺度参数。

3）Lognormal 分布函数。本研究选取的是两参数对数正态分布函数，对数正态分布的密度表达式为

$$f(x; \ \sigma) = \frac{1}{x\sqrt{2\pi\sigma^2}} \exp\left\{-\frac{[\ln(x)-\mu]^2}{2\sigma^2}\right\} \qquad (6\text{-}91)$$

式中，x 和 σ 均大于 0。

6.6.2 典型流域径流和输沙模型构建

选取皇甫川流域出口站皇甫水文站的 20 世纪 50 年代至今的水沙资料进行分析，选取降水量 P、蒸发量 E、水平梯田面积 A_t、坝控面积 A_d、水土保持造林面积 A_f、水土保持种草面积 A_g 共 6 个指标作为影响径流（R）和输沙（S）的主要因素，基于 GAMLSS 模型和主成分分析构建流域径流及输沙与气象因子和下垫面因子的响应函数。皇甫川流域年径流量与年输沙量统计特征及气象因子和下垫面因子的响应函数见表 6-19 和表 6-20。

表 6-19 流域年径流量模型

流域	拟合方程
皇甫川	$\log R = 11.28 + 0.0025P - 1.96 \times 10^{-5} E_0 - 9.13 \times 10^{-4} A_d - 6.45 \times 10^{-4} A_t - 1.16 \times 10^{-4} A_f - 7.71 \times 10^{-4} A_c$

表 6-20 流域年输沙模型

流域	拟合方程
皇甫川	$\log S = 7.82 + 0.0059P + 0.0014E_0 - 0.0005A_d - 0.00013A_t - 0.0079A_f - 0.0027A_c$

由表 6-19 和表 6-20 可见，皇甫川流域年径流量、年输沙量的均值和方差均随着年降水量的增加而增加，且随着年潜在蒸发量、年累积坝控面积、年累积水平梯田面积、年累积林地面积以及年累积种草面积的增加而减少，与以往的研究成果一致。根据年径流模型和年输沙模型计算得到皇甫川流域各年代年径流量和年输沙量模拟序列均值，与实测序列结果对比如图 6-62 和图 6-63 所示。

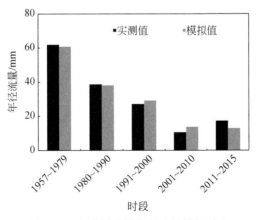

图 6-62 皇甫川流域年径流量模拟对比

由图 6-62 和图 6-63 可见，皇甫川流域年径流量和年输沙量模拟序列均值与实测序列均值在不同年代比较接近，皇甫川流域年径流量的相对误差为 25%，年输沙量的相对误差

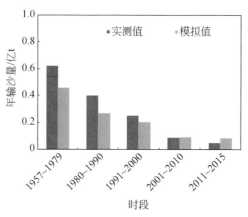

图 6-63　皇甫川流域年输沙量模拟对比

为 43%。皇甫川流域年径流量和年输沙量的分位数如图 6-64 和图 6-65 所示，拟合优度评价指标如表 6-21 和表 6-22 所示。

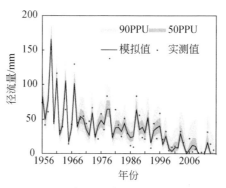

图 6-64　皇甫川流域年径流量的分位数

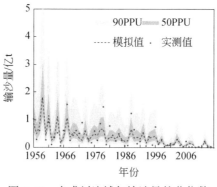

图 6-65　皇甫川流域年输沙量的分位数

表 6-21　年径流量拟合方程的拟合优度指标汇总

流域	相关系数	$P_{0.9}$-factor	$R_{0.9}$-factor	$P_{0.5}$-factor	R-factor
皇甫川	0.89	0.88	1.35	0.51	0.52

表 6-22　年输沙量拟合方程的拟合优度指标汇总

流域	相关系数	$P_{0.9}$-factor	$R_{0.9}$-factor	$P_{0.5}$-factor	R-factor
皇甫川	0.82	0.83	3.03	0.50	1.02

由表 6-21 和表 6-22 可见，年径流量模拟值和实测值的相关系数均大于 0.85，85% 以上的实测值落入了 90% 不确定区间范围内，且 90% 不确定区间平均宽度与径流实测序列标准差比值小于 2。

分析结果表明，所构建的径流与下垫面响应函数、输沙与下垫面响应函数能够准确地反映年径流和年输沙的年际变化。

6.7　基于机器学习法的水沙预测模型

6.7.1　预测模型构建

采用机器学习中的监督学习方法，以基于 Python 语言的机器学习包 sklearn 为工具，选用的方法有多元线性回归（multiple linear regression，MLR）法、k 近邻回归（k nearest neighbors regression，kNNR）法和支持向量回归（support vector regression，SVR）法。对于各模型需要人为确定的参数，使用基于网格的搜索方法来确定最优的参数。

（1）多元线性回归法

当研究流域的径流量或输沙量受多个自变量共同影响时，可以采用多元线性回归法来拟合两者之间的函数关系，多元线性回归函数的一般形式为

$$f(x) = w^{\mathrm{T}} x + b \tag{6-92}$$

式中，x 为输入向量；w 和 b 为回归系数，通过最小二乘法求解。

（2）k 近邻回归法

k 近邻回归法，简称 kNN 回归法，是一种常见的非参数监督学习方法。其基本原理为：对于训练集中的任意测试样本，采用基于某种距离度量的标准，找到和该测试样本距离最近的 k 个样本，然后基于这 k 个近邻的输出标记值进行"投票"。既可以将它们的输出标记的平均值作为预测值，也可以基于这 k 个样本距离的远近进行加权平均，样本的距离越近，权值越大。设测试样本 x 到任意样本 x_i 的距离为 d_i，则有

$$d_i(x) = \left[\sum_{t=1}^{m} (x^t - x_i^t)^p \right]^{1/p} \quad i = 1, 2, \cdots, n \tag{6-93}$$

式中，m 为样本输入空间的维度；p 为距离空间的度量值。测试样本预测值的计算公式为

$$f(x) = \sum_{j=1}^{k} w_j d_j(x) \tag{6-94}$$

式中，$d_j(x)$，$j = 1, 2, \cdots, k$ 为式（6-93）计算得到的 n 个距离中，由小到大的前 k 个距离；w_j 为对应的权值。k 近邻回归法中的 k 值、p 值和 w_j 均需要人为确定。模型训练结束后，而非通过模型训练获得，因此 kNN 回归法是一种非参数学习法，或者说它的参数就是所有的训练数据。

（3）支持向量回归法

支持向量回归最初是由作为解决分类问题的支持向量机（support vector machine，SVM）推广而来，用于处理函数的拟合问题。通常用线性回归函数式（6-92）来拟合训练数据集 $\{(\boldsymbol{x}_i, y_i), i = 1, 2, \cdots, n\}$

假设所有的训练样本用式（6-92）拟合的函数值的误差均在 ε 以内，则有

$$\begin{cases} y_i - w \cdot \boldsymbol{x}_i - b \leqslant \varepsilon \\ w \cdot \boldsymbol{x}_i + b - y_i \leqslant \varepsilon \end{cases} \quad i = 1, 2, \cdots, n \tag{6-95}$$

支持向量回归的目标函数是最小化 $\frac{1}{2}\|w\|^2$，对应的物理意义是使回归函数最平坦，则支持向量回归模型变成下列优化问题：

$$\min \frac{1}{2}\|w\|^2 \tag{6-96}$$

$$\text{s. t.} \begin{cases} y_i - w \cdot \boldsymbol{x}_i - b \leqslant \varepsilon \\ w \cdot \boldsymbol{x}_i + b - y_i \leqslant \varepsilon \end{cases} \quad i = 1, 2, \cdots, n \tag{6-97}$$

如果允许一些样本的拟合误差超过 ε，则需要在约束条件中引入松弛因子，同时在目标函数中加入惩罚因子 C。支持向量回归模型变为下面的形式：

$$\min \frac{1}{2}\|\boldsymbol{w}\|^2 + C \sum_{i=1}^{n} (\xi_i + \xi_i^*) \tag{6-98}$$

$$\text{s. t.} \begin{cases} y_i - w \cdot \boldsymbol{x}_i - b \leqslant \varepsilon + \xi_i \\ \boldsymbol{w} \cdot \boldsymbol{x}_i + b - y_i \leqslant \varepsilon + \xi_i^* \\ \xi_i \geqslant 0, \ \xi_i^* \geqslant 0 \end{cases} \quad i = 1, 2, \cdots, n \tag{6-99}$$

式中，ξ_i 和 ξ_i^* 为松弛因子；惩罚因子 C 为超参数，需要人为确定，加入惩罚因子 C 是为了折中函数平坦性要求和拟合精度要求。对于目标函数中增加的惩罚项，可以这样理解：当 $f(\boldsymbol{x}_i)$ 和 y_i 之间的偏差在 ε 以内时，不计算损失；当 $f(\boldsymbol{x}_i)$ 和 y_i 之间的偏差超过 ε 时，才考虑损失，其形式为如下的 ε-不敏感函数：

$$|y_i - f(\boldsymbol{x}_i)| = \begin{cases} 0 & |y_i - f(\boldsymbol{x}_i)| \leqslant \varepsilon \\ \xi_i \text{ 或 } \xi_i^* & \text{其他} \end{cases} \tag{6-100}$$

此时支持向量回归的形式如图 6-66 所示。

引入拉格朗日乘子 $\alpha_i \geqslant 0$，$\alpha_i^* \geqslant 0$，$\mu_i \geqslant 0$，$\sum_{i=1}^{n} \mu_i \xi_i \geqslant 0$ 后，得到目标函数的拉格朗日函数 L 为

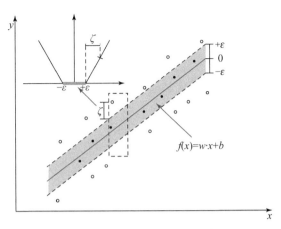

图 6-66 支持向量回归法示意

$$L(\boldsymbol{w}, b, \xi, \xi^{*}, \boldsymbol{\alpha}, \boldsymbol{\alpha}^{*}, \boldsymbol{\mu}, \boldsymbol{\mu}^{*})$$

$$= \frac{1}{2} \|\boldsymbol{w}\|^{2} + C \sum_{i=1}^{n} (\xi_{i} + \xi_{i}^{*}) + \sum_{i=1}^{n} \alpha_{i}(y_{i} - f(x_{i}) - \varepsilon - \xi_{i}) \tag{6-101}$$

$$+ \sum_{i=1}^{n} \alpha_{i}^{*}(f(x_{i}) - y_{i} - \varepsilon - \xi_{i}^{*}) - \sum_{i=1}^{n} \mu_{i}\xi_{i} - \sum_{i=1}^{n} \mu_{i}^{*}\xi_{i}^{*}$$

令拉格朗日函数对变量 $\boldsymbol{w}$, b, ξ_{i}, ξ_{i}^{*} 的偏导数为零, 将所得到的等式代入拉格朗日函数后, 得到原问题的对偶问题:

$$\max \sum_{i=1}^{n} \left[y_{i}(\alpha_{i}^{*} - \alpha_{i}) - \varepsilon(\alpha_{i}^{*} + \alpha_{i}) \right] \tag{6-102}$$

$$- \frac{1}{2} \sum_{i=1}^{n} \sum_{j=1}^{n} (\alpha_{i}^{*} - \alpha_{i})(\alpha_{j}^{*} - \alpha_{j}) \boldsymbol{x}_{i}^{T} \boldsymbol{x}_{j}$$

$$\text{s. t.} \sum_{i=1}^{n} (\alpha_{i}^{*} - \alpha_{i}) = 0 \tag{6-103}$$

$$0 \leqslant \alpha_{i}^{*} - \alpha_{i} \leqslant C \quad i = 1, 2, \cdots, n \tag{6-104}$$

求解得到的回归函数为

$$f(\boldsymbol{x}) = \sum_{i=1}^{n} (\alpha_{i}^{*} - \alpha_{i}) \boldsymbol{x}_{i}^{T} \boldsymbol{x} + b \tag{6-105}$$

式中, 多数的 α_{i} 和 α_{i}^{*} 为零, 这类点落在 "ε-管道" 内; 非零的 α_{i} 或 α_{i}^{*} 落在 "ε-管道" 上或者管道外, 这类样本属于支持向量。

(4) 核函数方法

当样本数据的自变量和因变量之间具有非线性关系时, 对于任意类型的非线性函数关系, 通过泰勒展开后可以用多项式函数进行逼近。而多项式函数可以转换为一个广义的线性函数, 该广义线性函数的自变量为高阶多项式, 但这样的变换会造成输入空间的 "维数灾难", 不仅计算量会变大, 而且高阶函数会造成过拟合。应用核方法不直接对原特征空间做非线性变换，而是利用核函数将原特征空间映射到一个合适的高维的特征空间，在新的空间中进行线性拟合。

常用的核函数有线性核函数、多项式核函数、Sigmoid 核函数和径向基核函数。当支持向量回归模型采用线性核函数时，实现的就是前文的线性支持向量回归模型。

对于支持向量回归，可以通过核函数进行非线性变换，间接实现非线性的支持向量机。此时的回归函数的形式为

$$f(\boldsymbol{x}) = \sum_{i=1}^{n} (\alpha_i^* - \alpha_i) K(\boldsymbol{x}, \boldsymbol{x}_i) + b \qquad (6\text{-}106)$$

式中，$K(\boldsymbol{x}, \boldsymbol{x}_i)$ 为核函数。原优化问题变为如下形式：

$$\max \sum_{i=1}^{n} \left[y_i(\alpha_i^* - \alpha_i) - \varepsilon(\alpha_i^* + \alpha_i) \right]$$
$$-\frac{1}{2} \sum_{i=1}^{n} \sum_{j=1}^{n} (\alpha_i^* - \alpha_i)(\alpha_j^* - \alpha_j) K(\boldsymbol{x}_i, \boldsymbol{x}_j) \qquad (6\text{-}107)$$

$$\text{s. t.} \sum_{i=1}^{n} (\alpha_i^* - \alpha_i) = 0, \qquad (6\text{-}108)$$

$$0 \leqslant \alpha_i^* - \alpha_i \leqslant C, \ i = 1, 2, \cdots, n \qquad (6\text{-}109)$$

通过求解上述优化问题计算出 α_i 和 α_i^*，从而得到支持向量回归模型，本研究运用的支持向量回归模型在选择核函数时使用了基于网格的参数搜索方法，其搜索出使模型达到最优的核函数。

（5）网格搜索与交叉验证

在机器学习模型中需要确定的参数分为两类。第一类参数是由模型从数据中学习得来，如线性回归模型中的各个自变量的系数；第二类参数称为超参数，需要人为确定，如 k 近邻回归法中的近邻个数、支持向量回归中的核函数等。使用基于网格搜索的方法确定各个模型中的超参数。

对于 k 近邻回归法，需要搜索的超参数有 3 个：近邻个数 n_ neighbors，设定搜索范围为 [2, 13] 内的整数；近邻样本的权重 weights，选择 uniform 表示各近邻的权重一样，选择 distance 表示各近邻的权重与距离成反比；距离度量参数 p，设定搜索范围为 [1, 8] 内的整数，其中，2 表示欧氏距离空间。

对于支持向量回归法，需要搜索的超参数有 4 个：惩罚因子 C，搜索的范围为 {1，10，100，1000}；拟合误差上限 ε，搜索的范围为 {0.05，0.1，0.2}；核函数 kernel，可以选择线性核函数 linear、多项式核函数 poly、径向基核函数 rbf 和 Sigmoid 核函数 Sigmoid；核函数的相关系数 γ，该参数适用于多项式核、径向基核和 Sigmiod 核，搜索的范围为 {001，0.001}。

以支持向量回归模型为例，在进行网格搜索过程中每选择一组超参数，会生成一个与该组超参数对应的支持向量回归模型，通过模型在验证集上的评分来选择该模型最优的超参数。此外，本书使用并行计算来加速网格搜索的过程。

在进行网格搜索的过程中，使用 k 折交叉验证的方法。将原始的训练集随机平均划分

为 k 份，每次选取其中 $k-1$ 份作为训练集，另外 1 份作为验证集。最优的超参数组合是在 k 个验证集下平均得分最高的模型。

（6）模型的评价与选取原则

在前述度量最优模型时，可以选择不同的评价标准，本书选择使用相关系数的平方值 R^2 来评价模型的好坏。

对于每种机器学习模型，由于对数据集进行了 100 次的随机切分后分别训练，因而得到了每种方法下的 100 个模型。将训练集用来训练模型得到参数，验证集用来选择最优的超参数，测试集则用来评估模型泛化能力的大小。因而验证集上的得分体现的是模型经验风险大小，测试集上的得分体现的是模型预测能力的大小。针对模型选取的原则为同时考虑模型应当具有较低的经验风险和较大的预测能力。具体的选择方法为，依据在训练集上的 R^2 和测试集上的 R^2 之和从大到小排序，选择最大值对应的模型。

6.7.2 多模型预测结果

本节以皇甫川流域为研究对象，输出变量为径流量或输沙量，输入变量为降水因子项、气候因子项和人类活动影响项（表 6-23）。时间尺度选择为年尺度和月尺度。运用不同的机器学习模型得到最优的拟合结果。

表 6-23 皇甫川流域水沙变化关系变量选择汇总

变量选择	可选项数目
时间尺度	年尺度，月尺度
因变量	径流量，输沙量
降水因子项	P_a，P_f，P_{7-8}，$P_{7大}$，P_e
气候因子项	T，RH
人类活动影响项	A_{slope}，A_{total}，$P \times A_{total}$，NDVI
模型选取	MLR，kNNR，SVR

注：P_a 为年降水量，P_f 为汛期降水量，P_{7-8} 为 7~8 月降水量，P_e 为年有效降水量（年内大于 9mm 的日降水量之和），A_{slope} 为坡面措施面积，A_{total} 为水土保持措施总面积，P 为降水量。

（1）多元线性回归法结果示例

以皇甫川流域 1982~2015 年的月径流为研究对象，共 408 个样本。选择输入特征为月尺度的降水 P、相对湿度 RH 和 NDVI。对样本进行 100 次随机划分，每次划分选取 0.2 的比例作为测试集。选择在训练集和测试集上均表现较好的模型作为最终的模型。模型计算的年径流和月径流结果如图 6-67 所示。

模型在训练集上的 R^2 值为 0.49，在测试集上的 R^2 值为 0.77，模型在测试上的表现优于训练集。而由图 6-67 可见，与实际值相比，模型在 2000 年以前的计算值偏小，在 2000 年以后的计算值偏大；整体的计算值表现出向中心回归。

（2）k 近邻回归法结果示例

以皇甫川流域 1982~2015 年的月径流为研究对象，共 408 个样本。选择输入特征为

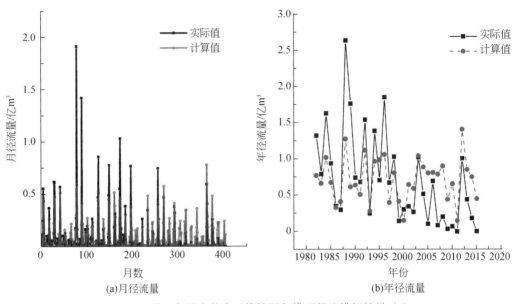

图 6-67　月、年尺度的多元线性回归模型径流模拟结果对比

月尺度的降水 P、相对湿度 RH 和 NDVI。对样本进行 100 次随机划分，每次划分选取 0.2 的比例作为测试集。选择在训练集和测试集上均表现较好的模型作为最终的模型。模型计算的年径流和月径流结果如图 6-68 所示。

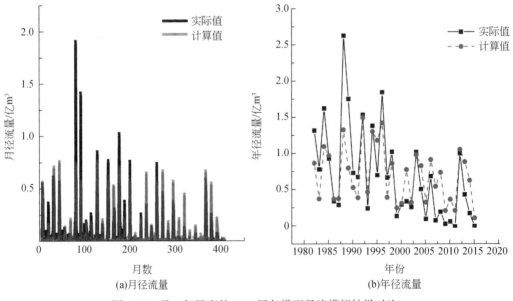

图 6-68　月、年尺度的 kNN 回归模型径流模拟结果对比

模型在训练集上的 R^2 值为 0.61，在测试集上的 R^2 值为 0.88。由图 6-68 可见，无论径流实际值的趋势是增大还是减小，kNN 回归模型计算结果的趋势都基本和实际的变化趋势吻合。kNN 回归模型在训练集和测试集上的表现均优于多元线性回归模型。

（3）支持向量回归法结果示例

以皇甫川流域 1982～2015 年的月径流为研究对象，共 408 个样本。选择输入特征为月尺度的降水 P、相对湿度 RH 和 NDVI。对样本进行 100 次随机划分，每次划分选取 0.2 的比例作为测试集。选择在训练集和测试集上均表现较好的模型作为最终的模型。模型计算的年径流和月径流结果如图 6-69 所示。

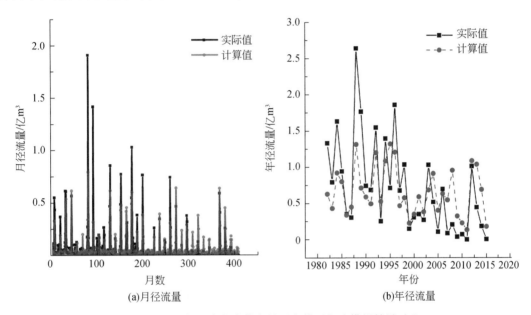

图 6-69 月、年尺度的支持向量回归模型径流模拟结果对比

模型在训练集上的 R^2 值为 0.62，在测试集上的 R^2 值为 0.81。由图 6-69 可见，模型的计算值整体上表现出向中心回归的特点，即对径流极大的数据预测偏小，对径流极小的预测偏大，对径流平均值附近预测的结果较好。

6.7.3 最优模型选取

（1）径流变化模型研究结果

研究皇甫川流域的径流量变化，在年尺度和月尺度上选取了多元线性回归、kNN 回归和支持向量回归三种方法，选择的自变量组合方式见表 6-24。共训练了 12 组径流模型，分别求出各组模型在训练集和测试集上平均最优的 R^2。

表6-24　皇甫川流域径流变化的多角度集合研究汇总

编号	时间尺度	研究时段	自变量	研究模型	训练集 R^2	测试集 R^2
R01	年尺度	1960~2006 年	P, RH	MLR	0.53	0.89
R02	年尺度	1960~2006 年	P, RH, A_{total}	MLR	0.63	0.92
R03	年尺度	1960~2006 年	P, RH, A_{total}	kNNR	0.70	0.79
R04	年尺度	1960~2006 年	P, RH, A_{slope}, A_{dam}	kNNR	0.61	0.70
R05	年尺度	1960~2006 年	P, RH, A_{total}	SVR	0.66	0.78
R06	年尺度	1960~2006 年	P, RH, $P{\times}A_{total}$	SVR	0.67	0.79
R07	月尺度	1982~2015 年	P, RH	MLR	0.43	0.74
R08	月尺度	1982~2015 年	P, RH, NDVI	MLR	0.46	0.74
R09	月尺度	1982~2015 年	P, RH, NDVI	kNNR	0.61	0.88
R10	月尺度	1982~2015 年	P, RH, NDVI${\times}P$	kNNR	0.60	0.86
R11	月尺度	1982~2015 年	P, RH, NDVI	SVR	0.62	0.81
R12	月尺度	1982~2015 年	P, RH	SVR	0.64	0.76

注：A_{dam} 为沟道措施面积。

对于上述12组，每组共进行了100次随机的训练集-测试集划分，对这100组划分所得到的训练集 R^2 和测试集 R^2 作图，如图6-70所示，在12个子图中，选取各组训练集上 R^2 和测试集上 R^2 之和最大的模型，结果如表6-24右栏所示。

由图6-70可见，多元线性回归模型在训练集上表现较差，而在测试集上表现较优，呈现两极分化的特点；kNN回归模型和支持向量回归模型在训练集与测试集上的表现较为一致，且两种模型在训练集上的表现优于多元线性回归模型，而在测试集上比多元线性回归模型表现差，即多元线性回归模型的经验误差较大但模型的泛化能力强，kNN回归模型和支持向量回归模型在训练集与测试集上表现较为一致。

年尺度模型由于输入数据量小于月尺度模型，当使用同种模型和同样多的参数数目时，年尺度模型在训练集上的表现均优于月尺度模型；在测试集上，年尺度的多元线性回归模型依然优于月尺度，但月尺度的kNN回归模型和支持向量回归模型优于年尺度。此外，使用不同的自变量组合时，也会对模型的表现产生影响，但这种影响并不明显。

（2）输沙变化模型研究结果

研究皇甫川流域的输沙量变化，在年尺度和月尺度上选取了多元线性回归、kNN回归和支持向量回归三种模型，选择的自变量组合方式见表6-25。共训练了12组输沙模型，分别求出各组模型在训练集和测试集上平均最优的 R^2。

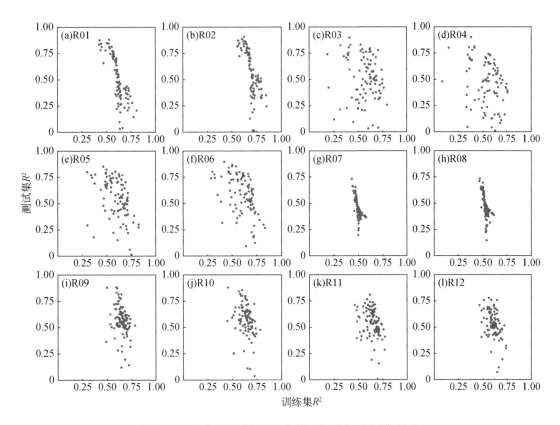

图 6-70 皇甫川流域径流变化模型训练集–测试集得分

表 6-25 皇甫川流域输沙变化的多角度集合研究汇总

编号	时间尺度	研究时段	自变量	研究模型	训练集 R^2	测试集 R^2
S01	年尺度	1960~2006 年	P, RH	MLR	0.34	0.78
S02	年尺度	1960~2006 年	P, RH, A_{total}	MLR	0.41	0.79
S03	年尺度	1960~2006 年	P, RH, A_{total}	kNNR	0.50	0.64
S04	年尺度	1960~2006 年	P, RH, A_{slope}, A_{dam}	kNNR	0.42	0.56
S05	年尺度	1960~2006 年	P, RH, A_{total}	SVR	0.51	0.63
S06	年尺度	1960~2006 年	P, RH, $P \times A_{total}$	SVR	0.34	0.75
S07	月尺度	1982~2015 年	P, RH	MLR	0.28	0.48
S08	月尺度	1982~2015 年	P, RH, NDVI	MLR	0.29	0.46
S09	月尺度	1982~2015 年	P, RH, NDVI	kNNR	0.44	0.84
S10	月尺度	1982~2015 年	P, T, NDVI	kNNR	0.45	0.79
S11	月尺度	1982~2015 年	P, RH, NDVI	SVR	0.08	0.49
S12	月尺度	1982~2015 年	P, RH	SVR	0.08	0.48

注：1991~1994 年的月输沙量数据缺失。

对于上述 12 组，每组共进行了 100 次随机训练集–测试集划分，对这 100 组划分所得到的训练集 R^2 和测试集 R^2 作图，如图 6-71 所示。在 12 个子图中，选取各组训练集上 R^2 和测试集上 R^2 之和最大的模型，结果如表 6-25 右栏所示。

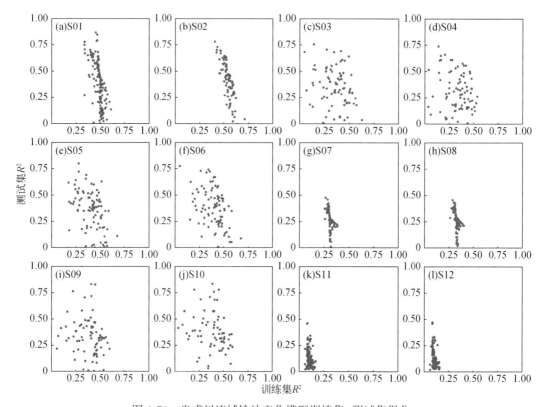

图 6-71　皇甫川流域输沙变化模型训练集–测试集得分

由图 6-71 可见，在年尺度上，三种模型在训练集上均表现较差，测试集上多元线性回归模型的表现要优于其余两种模型；在月尺度上，kNN 回归模型的表现要优于多元线性回归模型，且两种模型均是在测试集上的 R^2 高于训练集上的 R^2；支持向量回归模型则明显不适于用来研究月尺度的输沙。此外，对比表 6-24 与表 6-25 的结果，可以看出，三种模型运用在输沙上的表现比运用在径流上的表现要差。

6.8　基于人工智能法的水沙预测模型

水沙预报数据具有体量巨大、结构多样、变化速度快等特点，对原有的预测方法来说是新的挑战，在以往的水沙预报方法中，一般通过收集有限的历史数据，找出其中的特征数据，对特征数据的出现原因及影响因素进行分析解释，并找出洪水特征场景的重现规律，对未来一段时间做出预测。由于数据系列太短，横向比较研究及纵向比较研究深度不够，预测结果的精度不高。随着大数据技术迅速发展，基于大数据的机器学习和人工智能的研究逐渐兴起。由于水文监测手段日益完善，每年都会产生海量的基于时间与空间分布的水文数据，这些数据往往是气候、水文要素、人类活动等多因素共同作用的结果，反映了大量的水沙过程时空特征及规律。机器学习可以深度挖掘大数据的内在联系和深度价值，反映更科学、更合理、更接近自然的规律，并基于更真实的自然规律做出预测。

6.8.1 基于 XGBoost 算法的模型构建

入黄水沙计算是一个非线性回归问题，XGBoost 算法模型基于集成学习思想，迭代训练过程中建立 K 个回归树，使得树群的预测最大限度地反映真实关系，并且有强大的泛化能力，是目前应对结构化数据非线性回归问题最好的机器学习算法之一。

XGBoost 全名叫极端梯度提升（eXtreme Gradient Boosting），XGBoost 是一个 boosting 的集成学习算法，经常被用在一些机器学习比赛中，在 Kaggle 数据科学竞赛中能够获得较好的成绩。它是大规模并行 boosted tree 的工具，也是目前最快、最好的 boosted tree 算法，它是由多个相关联的决策树联合决策，即下一棵决策树输入样本会与前面决策树的训练和预测结果相关，既可以用于分类也可以用于回归问题中。

通过开展基于深度学习框架的径流预测理论和技术研究，构建针对黄河主要产沙区的径流预测模型（以祖厉河和无定河为例），探索多因素变化对径流演变的影响，进行径流计算模拟，改进局部数据模拟处理方法，提高预报精度和效率，为拓展流域水文预报新方法提供理论基础和技术支持。

图 6-72 给出了基于大数据多要素关联分析和智能预测技术方案，具体如下：①根据收集到的数据及模型需要进行要素特征提取和聚类分析并进行要素数据的融合，形成黄河未控区来水量智能预测模型要素数据集；②基于极端梯度提升树算法，结合网格搜索函数及交叉验证函数进行模型构建和超参数寻优；③构建训练数据集进行智能模型训练，确定流域的模型参数；④使用测试数据集及模型评价指标对流域模型完成验证评价。

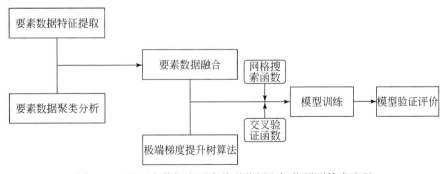

图 6-72　基于大数据多要素关联分析和智能预测技术流程

6.8.1.1 数据特征提取

（1）植被覆盖数据及处理

利用 NDVI 对研究区植被覆盖进行表征，研究采用的是 MODIS NDVI 产品，并利用 Landsat 影像进行数据时间范围的扩展。

（2）降雨数据

利用研究区内站点站号，通过 IDL 编程提取出研究区内气象站点的月降水量数据。由于气象因子存在空间不均匀性，同时为了逐像元地分析降雨因素对黄河未控区来水量的影响，采用反距离权重插值法将研究区气象站点实测降水数据插值为与 MODIS NDVI 数据集相同的空间分辨率栅格影像，获得每一个像元的降水数据。

考虑到降雨指标对研究区产流产沙的影响特征，选取的降雨指标包括年降水量、汛期降水量以及量级降雨。其中量级降雨指雨量站日降水量大于 10mm、25mm、50mm 和 100mm 的年降水总量，分别定义为中雨、大雨、暴雨和大暴雨，用 P_{10}、P_{25}、P_{50} 和 P_{100} 表示。量级降雨不仅反映了降水总量对产流的影响，同时也体现了降雨强度对区域产流的影响。

逐年统计各雨量站的年降水量、汛期降水量、P_{10}、P_{25}、P_{50} 和 P_{100}，然后根据雨量站控制面积进行加权平均，即得到各水文分区的面平均降水量，计算公式如下（以 P_{50} 为例）：

$$P_{50} = \frac{\sum_{i=1}^{n} P_{50i} \times f_i}{F} \quad i = 1, 2, \cdots, n \tag{6-110}$$

式中，F 为水文分区的总面积；P_{50i} 为单站日降水量大于 50mm 的年降水总量；f_i 为单站控制面积；i 为雨量站编号；n 为区内的雨量站个数。

（3）土地利用数据

土地利用数据类型包括耕地、林地、草地、水域、居民地和未利用土地 6 个一级类型，并对不同土地利用类型进行了编码分类，时间包含 1978 年、1990 年、1998 年、2000 年、2005 年、2010 年、2015 年和 2018 年。利用 ArcGIS 中的栅格数据分析模块，提取研究区，分别计算每种类型占流域面积的比例，作为影响要素投入到模型中进行计算。

（4）社会经济数据

在社会科学研究中，使用最多的夜间灯光数据是由美国国防气象卫星计划（Defense Meteorological Satellite Program，DMSP）一系列气象卫星观测所得。以上灯光数据的分析单位为像素或栅格，如果利用行政区划的矢量数据对灯光数据进行处理，则可以对研究区单元进行实证分析。ArcGIS 和 QGIS 等地理分析工具都可以对带有数据信息的影像资料进行处理。以稳定灯光数据作为原始数据，研究区的矢量图进行边界裁剪，将得到的栅格数据与灯光数据进行叠加，计算各城市（或地区）的 DN 平均值（DN 总值/栅格数），即灯光亮度或灯光均值。

由于 TIF 栅格数据特征的复杂性和特殊性，插值后的降雨栅格数据、植被指数、土地利用、蒸散发、DMSP 夜间灯光等遥感数据无法直接应用在模型中，因此需要对原始数据进行特征工程处理。利用 Python 中强大而全面的数据处理分析站点包对栅格格式的流域数据进行数据转换，将数据转换为能够应用到集成算法中的文本格式，部分结果见表 6-26。

表 6-26　NDVI 数据转换部分成果

lon（经度）	lat（纬度）	NDVI2007 年	NDVI2008 年	NDVI2009 年	NDVI2010 年
104.705	36.545	0.364	0.2435	0.2659	0.2177
104.705	36.535	0.3656	0.2485	0.2657	0.2261

6.8.1.2　数据聚类分析及融合处理

植被覆盖分布具有很强的地理空间属性特征，产生不同下垫面类型，这使降雨作用在下垫面上产流效果也会有很大的区别，因此对表征植被覆盖的 NDVI 数据进行空间聚类分析将会显著提高模型的精度和性能。

GeoDa 是一个设计实现栅格数据探求性空间数据分析（ESDA）的软件工具，其中封装了多种空间自相关方法进行空间数据分析，如自相关性统计和 K-means 聚类等，通过 GeoDa 软件将转换格式后的 NDVI 按照值大小、纬度、经度三个变量聚类，使流域被划分为不同的子区域，并将分类后的结果保存为文本格式。祖厉河下垫面植被聚类结果如图 6-73 所示。

图 6-73　祖厉河下垫面植被聚类结果

通过 Python 中机器学习站点包 sklearn 将转换格式后的降雨数据、土地利用、蒸散发、DMSP 夜间灯光数据与分类后的 NDVI 数据进行匹配，构建 2001～2019 年时间步长为 1 天的来水量影响要素数据集，并与时间相对应的流域把口站来水量数据组成初始数据集合数据，作为黄河未控区来水量智能预测模型的特征因子。

6.8.1.3 算法环境与超参数设置

全部代码都是基于 Python 语言编写而成的，编译器采用的是 jupyter notebook。使用 XGBoost 算法需要预先通过 Anaconda prompt 以 pip install xgboost 命令将算法模块安装到 jupyter notebook 编译器中，同时通过 import 命令进行方法调用，XGBoost 常用的超参数见表 6-27。

交叉验证与网格搜索是机器学习中的两个非常重要的超参数优化工具，在研究中，预先审定为模型各超参数设定调整范围，网格搜索循环过程是在每个参数组合的网格里遍历计算，结合交叉验证函数得到最佳参数组合。

表 6-27　XGBoost 常用超参数

参数	描述
Eta	学习率，取值 [0, 1]，防止过拟合
gamma	在树的叶节点上进一步分区所需的最小化损失减少，取值 [0, ∞]
max_ depth	表示树的深度，值越大模型越复杂，越容易过拟合，0 表示不限制
min_ child_ weight	子节点所需要的最小样本权重之和该值越大，算法越保守
lambda	L2 正则化项系数
alpha	L1 正则化项系数

经过网格搜索函数以及交叉验证方法进行超参数寻优，本研究将 XGBoost 算法初始权重采用随机均匀分布，batch_ size（每次参与训练的样本数量）为 512，epochs（训练次数）为 50，选取 MSE（mean squared error，均方误差）作为损失函数，RMSProp 作为优化器，Sigmoid 函数为激活函数。

6.8.2　典型流域径流过程模拟效果

为了客观地反映 XGBoost 模型在流域的径流量变化预测中的准确度，将融合后的 NDVI 数据和降雨数据以及土地利用、蒸散发、夜间灯光数据作为自变量，相同时期祖厉河及无定河流域径流量数据作为因变量，并且对所有数据进行标准化处理，选取径流过程较丰富的 2006 年无定河及 2007 年祖厉河径流过程作为测试集，其余的数据作为训练集，并通过 NSE 及水量 RE 来评判算法性能的优劣。同时由于前期降水量到流量检测站存在时间传播问题，因此加入每个子区域前七天的降水量，去扩充模型输入特征，来对模型进行改进。

无定河流域预测结果如下：训练结果在第 37 次训练迭代趋于稳定，损失函数值在 0.14 ~ 0.15。将训练得到的模型应用到测试集，结果如图 6-74 所示。

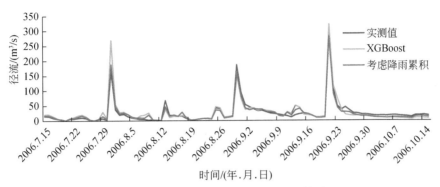

图 6-74   模型在无定河流域径流测试结果

无定河丁家沟站 2006 年最大流量为 9 月 21 日的 293m³/s，在 2006 年 7 ~ 10 月还出现多次流量超过 100m³/s，包括 7 月 31 日的 166m³/s，8 月 30 日的 187m³/s，峰值预测结果见表 6-28。

表 6-28   无定河流域径流峰值预测结果统计

类型	NSE	RE	日期	观测值/（m³/s）	预测值/（m³/s）
XGBoost 模型	0.86	−0.37	9 月 21 日	293	321
			7 月 31 日	166	253
			8 月 30 日	187	153
考虑降雨累积	0.91	−0.26	9 月 21 日	293	280
			7 月 31 日	166	207
			8 月 30 日	187	160

祖厉河流域预测结果如下：训练结果在第 26 次训练迭代趋于稳定，损失函数值在 0.12 ~ 0.135。将训练得到的模型应用到测试集，结果如图 6-75 所示。

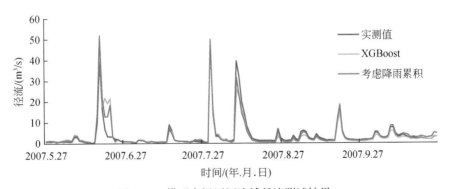

图 6-75   模型在祖厉河流域径流测试结果

祖厉河靖远站 2007 年最大流量为 7 月 30 日的 $48 m^3/s$，在 2007 年 6～9 月还出现多次流量超过 $35 m^3/s$，包括 6 月 17 日的 $40 m^3/s$，8 月 9 日的 $39 m^3/s$，峰值预测结果见表 6-29。

表 6-29　祖厉河流域径流峰值预测结果统计

类型	NSE	RE	日期	观测值/（m^3/s）	预测值/（m^3/s）
XGBoost 模型	0.86	-0.24	7 月 30 日	48	49
			6 月 17 日	40	51
			8 月 9 日	39	25
考虑降雨累积	0.89	-0.27	7 月 30 日	48	48
			6 月 17 日	40	48
			8 月 9 日	39	31

以 XGBoost 算法为基础，数据驱动的径流智能预测模型在两个流域上都能较好地完成径流过程的模拟，两个流域径流预报结果基本反映了洪水涨落过程，洪水场次及峰形符合较好，在模型中考虑每个子区域前七天的降水量能使 XGBoost 径流量预测模型性能得到一定的提高。

6.9　基于频率分析的沙量预测模型

年际过程线是表征气候水文要素年际变化过程最常用的方法，但因研究要素的随机离散性，有经验的研究者通过对过程线分析，一般可以初步研判某要素演变过程（如趋势、阶段、突变或周期等）特征。根据 20 世纪 50 年代至今黄河潼关站年输沙量可绘制其变化过程曲线，如图 6-76 所示。按照黄河输沙量变化的阶段性划分，潼关站近 70 年来输沙量呈阶梯式减少，其中 1950～1979 年年均输沙量为 14.7 亿 t、1980～1999 年为 7.9 亿 t、2000～2019 年为 2.4 亿 t。较 1919～1959 年的黄河年均输沙量 16 亿 t 分别减少 8%、51% 及 85%。

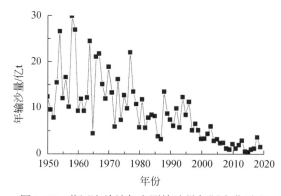

图 6-76　黄河潼关站年实测输沙量年际变化过程

离散数据累积能增强数据变化的规律性。即使在不清楚原始数据概率分布特征的情况下，对不服从任何分布的离散原始数据序列，按照一定规则进行累积后生成的新序列，其过程线都有可能变成较为光滑的曲线，进而可用某些简单的函数进行拟合。分别绘制黄河中游头道拐、吴堡、龙门、潼关各站输沙量随年份增加的单累积曲线，发现各站年输沙量随年份的变化都可以用开口向下的抛物线的左半部分（即"半抛物线"）来拟合：

$$S = -aY^2 + bY + c \tag{6-111}$$

式中，S 为年累积输沙量（亿 t）；Y 为年份序号；a、b 及 c 为经验系数。

黄河潼关站年输沙量单累积曲线如图 6-77 所示（其他三站略）。四个站 1950～2019 年实测输沙量序列单累积曲线经验公式的决定系数 R^2：潼关站最大为 0.9992，龙门站为 0.9978，吴堡为 0.9974，头道拐站最小为 0.9954，各站拟合公式统计检验均达到 0.01 置信度，即达到极显著水平。由图可得到如下认识：①本书根据黄河中游主要水文站年输沙量累积变化曲线和区域水土保持与生态修复现状，推断黄河输沙量变化已接近或达到新常态。基于此，认为黄河输沙量数值不可能为负数，而开口向下的抛物线在达最大值后会开始减小，显然不符合实际。因此，仅用开口向下的抛物线的左半段即"半抛物线"描述。②分析各站单累积曲线经验公式及黄河输沙量变化发现，黄河中游四站实测输沙量逐年累积值将随年份增加不断升高，且由于输沙量为非负值，即使未来输沙量值无限接近于零，曲线终将逐渐逼近极值。③通过分析"半抛物线"斜率的变化过程，表明自 1997 年以后年输沙量累积值的增速整体呈稳定减小。④分析并比较黄河中游 1950～1996 年与 1997～2019 年年降水量以及日降水量 ≥10mm、≥15mm、≥25mm、≥50mm 的统计特征值（平均值、均方差、偏态系数、最大值及最小值），1997～2019 年与 1950～1996 年两个降雨序列在统计学上属于一个整体。⑤黄河上中游地区的植被是影响产沙的关键因素，黄土高原水土流失区的植被覆盖度由 20 世纪 90 年代至 2020 年显著增加。已有试验研究表明，在径流小区尺度和小流域尺度，随着植被覆盖度的增加，减沙效益不断增加，当植被覆盖度达到 60% 时，减沙幅度基本稳定，部分研究将该植被覆盖度作为黄土高原减沙的临界阈

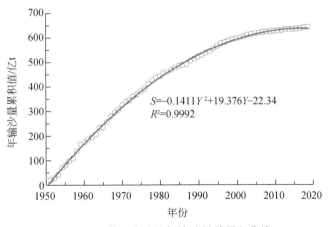

图 6-77　黄河潼关站年输沙量单累积曲线

值。目前黄土高原大部分林草植被覆盖区的植被覆盖度已经接近这一阈值，因此，未来不发生重大气候灾害事件或政策变更的情况下，黄土高原主要侵蚀产沙区的侵蚀状况将维持相对稳定。

随着生态文明建设基本国策及黄河流域生态保护与高质量发展国家战略的实施，水土保持减沙作用将会持续向长效、稳定状态发展。据此，除个别极端区域性暴雨年份外，黄河流域水土保持措施对坡面水土流失的调控达到了相对稳定的状态。基于以上几个方面的事实，可以推断自 1997 年以来黄河未来年输沙量已基本达到相对稳定态势，尽管随上中游的降雨及水土流失会发生波动，但变化幅度并不会剧烈。

第7章 未来30～50年黄河流域水沙变化趋势预测

7.1 未来气候变化多模式预估及不确定性

气候变化是流域径流变化的主要因素,为了科学预估黄河流域未来径流、输沙及其不确定性,采用多种 CMIP5 气候模式进行比选,并分析未来气候预估的不确定性。全球气候模式(global climate model,GCM)预估采用第 5 次耦合模式比较计划(CMIP5)的模拟数据。气候系统模式是研究气候变化机理和预测未来气候变化不可缺的工具。参与 CMIP 系列计划的试验数据资料被广泛应用于未来气候变化预估等方面的研究(Taylor et al.,2012;Jiang and Tian,2013)。温室气体排放情景是描述未来气候变化预估的重要基础。CMIP5 对未来的预估是基于代表性浓度路径(representative concentration pathways,RCPs)的排放情景,其与过去采用 SRES 情景相比,考虑了应对气候变化的各种政策对未来排放的影响。综合考虑逐月和逐日模式数据的完整性,最终选择 18 个全球气候模式(表 7-1)。

表 7-1　18 个 CMIP5 全球气候模式基本信息汇总　　　　　(单位:m×m)

序号	模式名称	研究机构及所属国家或地区	水平分辨率
1	BCC-CSM1.1	国家气候中心(BCC),中国	128×64
2	BNU-ESM	全球变化与地球系统科学研究院(GCESS),中国	128×64
3	CanESM2	加拿大气候模拟和分析中心(CCCMA),加拿大	128×64
4	CCSM4	美国国家大气研究中心(NCAR),美国	288×192
5	CNRM-CM5	法国国家科学研究中心(CNRM-CERFACS),法国	256×128
6	CSIRO-Mk3-6-0	联邦科学与工业组织(CSIRO-QCCCE),澳大利亚	192×96
7	EC-EARTH	爱尔兰高端计算中心(ICHEC),荷兰/爱尔兰	320×160
8	GFDL-ESM2G	美国国家海洋和大气管理局的国家地球物理流体动力学实验室(NOAA GFDL),美国	144×90
9	GFDL-ESM2M	NOAA GFDL,美国	144×90
10	HadGEM2-ES	英国气象局哈德利中心(MOHC),英国	192×145
11	IPSL-CM5A-LR	皮埃尔–西蒙–拉普拉斯研究所(IPSL),法国	96×96
12	MIROC-ESM	日本东京大学气候系统研究中心、日本环境研究所和日本地球环境研究中心联合(MIROC),日本	128×64
13	MIROC-ESM-CHEM	MIROC,日本	128×64
14	MIROC5	MIROC,日本	256×128
15	MPI-ESM-LR	马普气象研究所(MPI-M),德国	192×96

序号	模式名称	研究机构及所属国家或地区	水平分辨率
16	MPI-ESM-MR	MPI-M，德国	192×96
17	MRI-CGCm3	日本气象研究所（MRI），日本	320×160
18	NorESM1-M	国家气候中心（NCC），挪威	144×96

7.1.1 未来气候演变趋势

基于对全球气候模式模拟结果的评估，对 MIROC-ESM-CHEM（MI）、CSIRO-Mk3-6-0（CS）、NorESM1-M（NO）、CNRM-CM5（CN）和 EC-EARTH（EC）共 5 个全球气候模式的预估结果进行统计降尺度。加上 1 组对 EC-EARTH 动力降尺度的预估结果，最终形成 6 个样本的中等温室气体排放情景下的高分辨率未来预估数据，格点大小为 0.25°×0.25°。6 个样本的集合预估显示未来 30~50 年（分别以 2050 年和 2070 年为中间年，2041~2060 年平均和 2061~2080 年平均）集合预估显示，在中等排放情景下，未来 30~50 年黄河流域年均气温都将增加，各区域增幅接近，且增幅和不确定范围都随时间增大（图 7-1）。未来 30 年增暖 1.8~1.9℃±0.5℃，未来 50 年增暖 2.3~2.4℃±0.7℃。

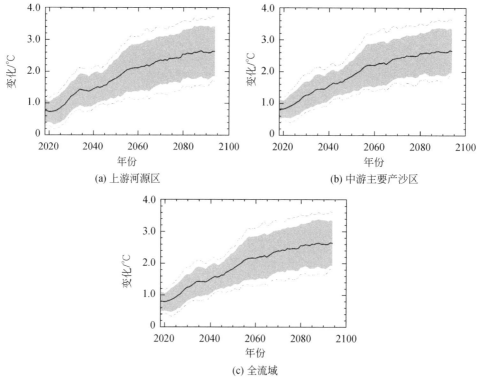

图 7-1 中等排放情景下年均气温的未来变化过程

相对于 1986~2005 年。黑实线是全部 6 个降尺度预估结果的集合平均未来黄河流域平均降水都将增加，且增幅随时间增大，但增加的量值存在较大的不确定性（图7-2）。集合样本间标准差较大，甚至接近和超过变幅值。未来 30 年（2041～2060 年平均），黄河上游河源区、中游主要产沙区和全流域的年降水量分别增加 6.37%、3.83% 和 5.06%，集合样本间标准差在 5%～6%。未来 50 年（2061～2080 年平均），黄河上游河源区、中游主要产沙区和全流域的年降水量分别增加 7.54%、7.82% 和 7.54%，集合样本间标准差在 4.5%～6.5%（表7-2）。从局地分布来看，未来 30～50 年黄河流域大部分区域的年降水量都将增加，且通过集合同号率的检验，集合平均的增幅多在 15% 以内（图7-3 和图7-4）。

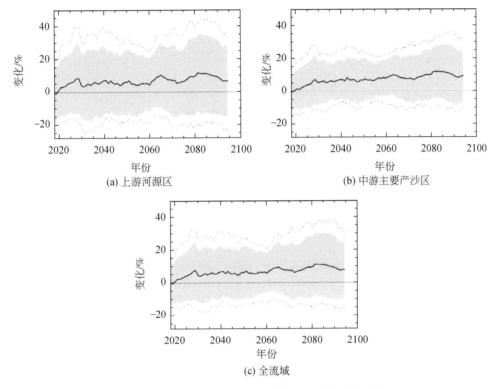

图 7-2　中等排放情景下年总降水量的未来变化过程

表 7-2　中等排放情景下未来 30～50 年黄河流域主要分区的降水变化统计（单位：%）

分区	上游河源区	中游主要产沙区	全流域
2041～2060 年年降水量增加	6.37（5.94）	3.83（5.66）	5.06（5.31）
2061～2080 年年降水量增加	7.54（4.57）	7.82（6.38）	7.54（4.81）

注：全部 6 个降尺度结果集合，括号内为集合样本间的标准差。

基于 1961～2017 年逐日降水及未来中等排放情景 RCP4.5 下 5 个优选全球气候模式经降尺度得到的逐日降水预估数据，对黄河流域降雨侵蚀力过去和未来时空变化进行探讨。1961～2017 年黄河流域年降雨侵蚀力总体呈现略减少态势，但龙羊峡以上、河龙区间、龙

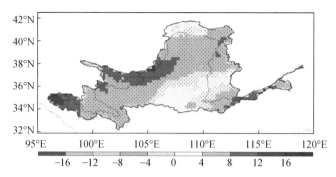

图 7-3　中等排放情景下未来 30 年（2041~2060 年）年降水量变化过程

％，相对于 1986~2005 年。全部 6 个降尺度预估结果的集合平均。打点表示集合成员
中超过 2/3 的成员与集合平均同号

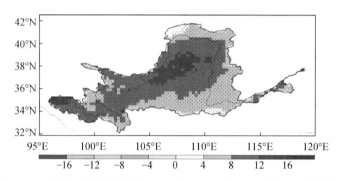

图 7-4　中等排放情景下未来 50 年（2061~2080 年）年降水量变化过程

％，相对于 1986~2005 年。全部 6 个降尺度预估结果的集合平均。打点表示集合成员
中超过 2/3 的成员与集合平均同号

门—三门峡年强降雨侵蚀力或年降雨侵蚀力略有增加，易造成上游生态脆弱区和中游产沙区水土流失增加。相对 1986~2005 年基准期，2046~2065 年和 2080~2099 年的年降雨侵蚀力分别增加 21.7% 和 29.5%，大部分地区呈增加趋势且不确定性大。未来年降雨侵蚀力的增加将受到年侵蚀性降雨日数和强度增加的综合影响。

7.1.2　未来降水变化趋势及不确定性

基于 CNRM-CM5、CSIRO-Mk3-6-0、MIROC-ESM 3 个模式的 2021~2050 年和 2061~2090 年平均降水分布如图 7-5 所示，从各模式及其均值来看，2021~2050 年不同排放情景之间差异较小，不同模式之间差异较大，2061~2090 年不同情景、模式之间的差异性类似 2021~2050 年，从 400mm 等雨量线向西北移动来看，2061~2090 年多年平均降水大于 2021~2050 年。

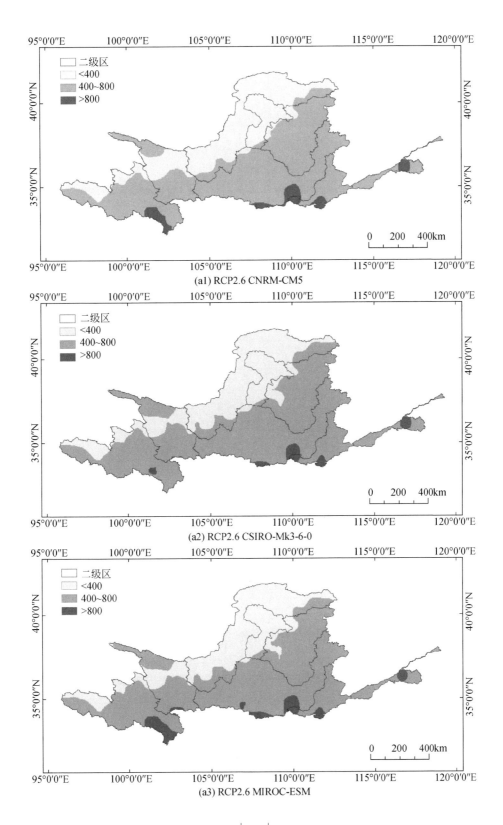

(a1) RCP2.6 CNRM-CM5

(a2) RCP2.6 CSIRO-Mk3-6-0

(a3) RCP2.6 MIROC-ESM

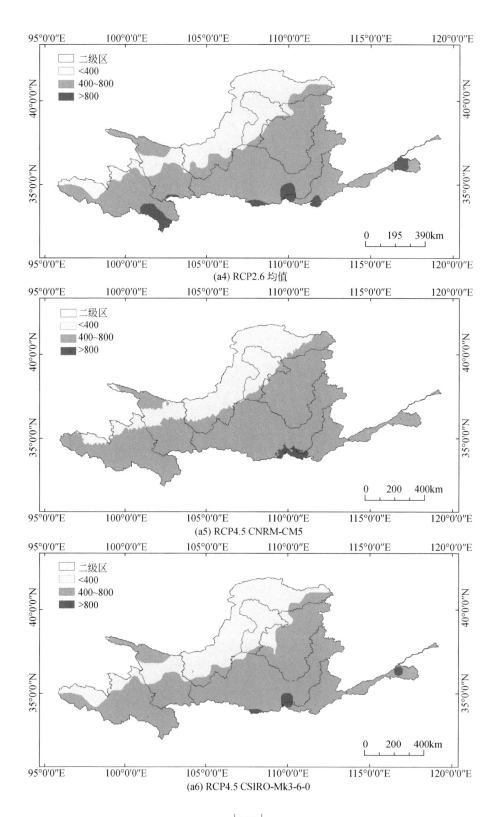

(a4) RCP2.6 均值

(a5) RCP4.5 CNRM-CM5

(a6) RCP4.5 CSIRO-Mk3-6-0

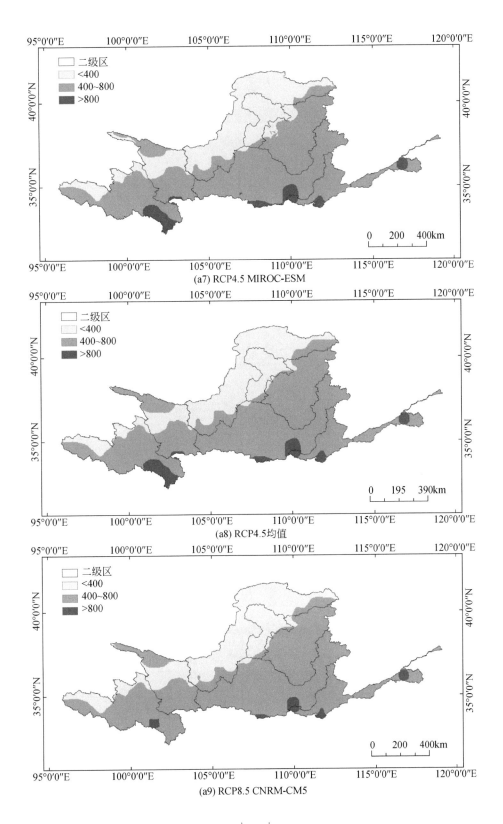

(a7) RCP4.5 MIROC-ESM

(a8) RCP4.5均值

(a9) RCP8.5 CNRM-CM5

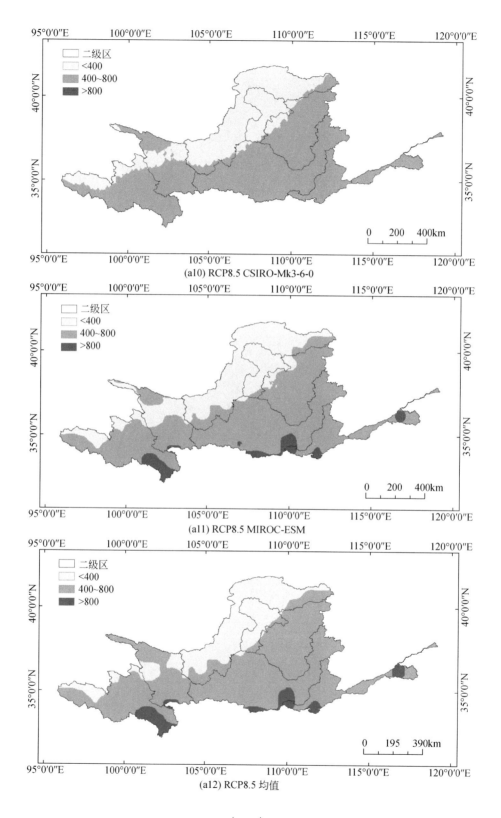

(a10) RCP8.5 CSIRO-Mk3-6-0

(a11) RCP8.5 MIROC-ESM

(a12) RCP8.5 均值

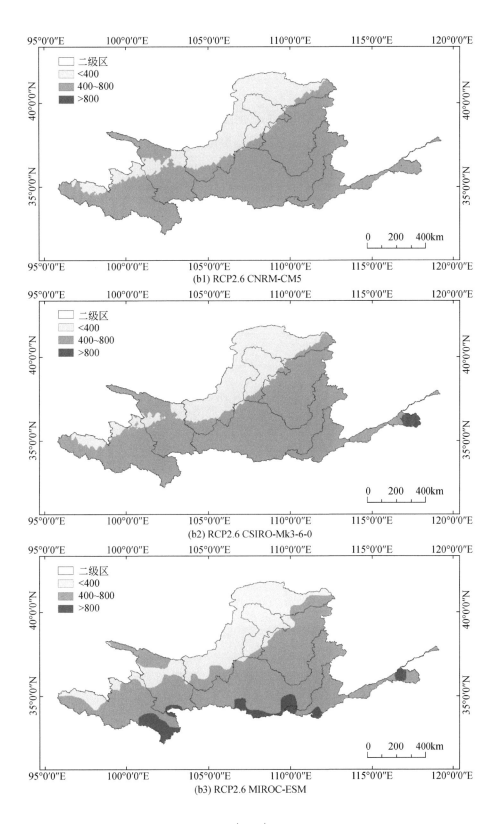

(b1) RCP2.6 CNRM-CM5

(b2) RCP2.6 CSIRO-Mk3-6-0

(b3) RCP2.6 MIROC-ESM

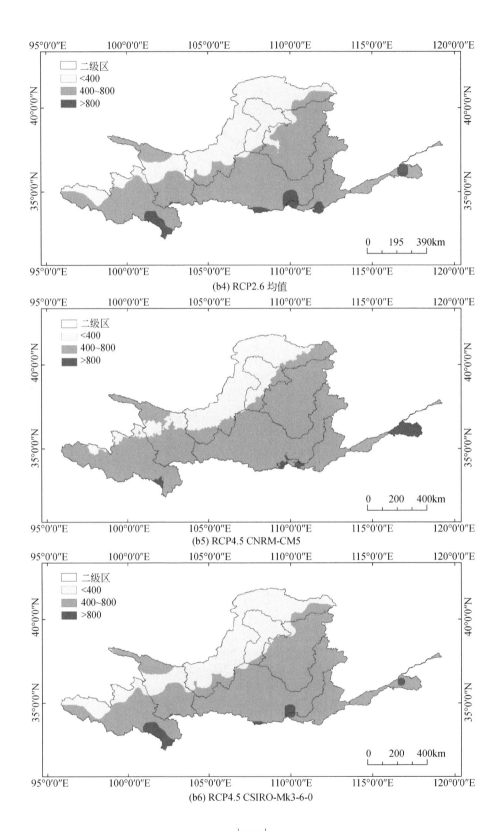

(b4) RCP2.6 均值

(b5) RCP4.5 CNRM-CM5

(b6) RCP4.5 CSIRO-Mk3-6-0

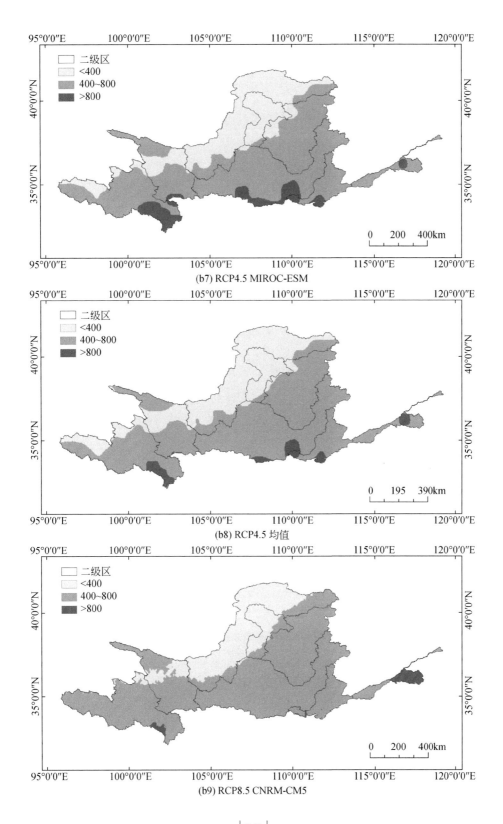

(b7) RCP4.5 MIROC-ESM

(b8) RCP4.5 均值

(b9) RCP8.5 CNRM-CM5

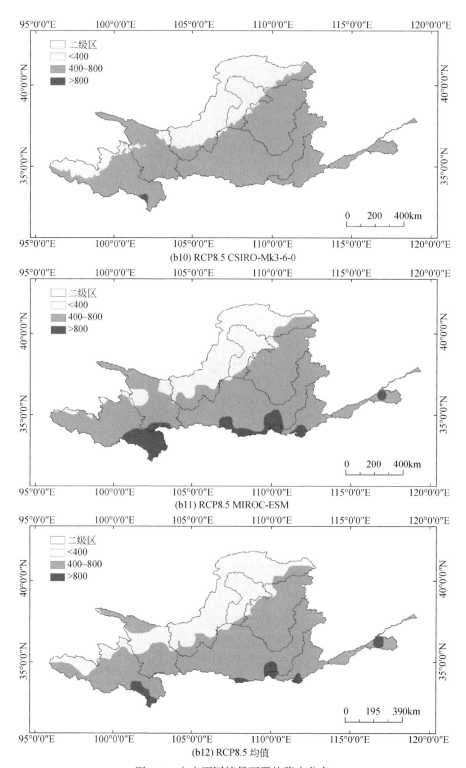

(b10) RCP8.5 CSIRO-Mk3-6-0

(b11) RCP8.5 MIROC-ESM

(b12) RCP8.5 均值

图 7-5　未来不同情景下平均降水分布

（a1）~（a12）为 2021~2050 年；（b1）~（b12）为 2061~2090 年；图中数值单位为 mm

　　根据国家气候中心提供的模拟数据为 CMIP5、RCP 4.5 和 RCP 8.5 情景下 5 个模式，分析 2020~2070 年不同气候情景下黄河流域降水分布。图 7-6 和图 7-7 分别为 RCP4.5、RCP8.5 排放情景下不同气候模式的未来流域平均降水分布情况。总体上看，各模式的降水分布存在较大差距，其中 CN、CS 和 EC 模式较为接近，MI 和 NO 模式较为接近。不同排放情景 RCP4.5 和 RCP8.5 的降水差距并不大，降水的不确定性主要体现在不同的气候

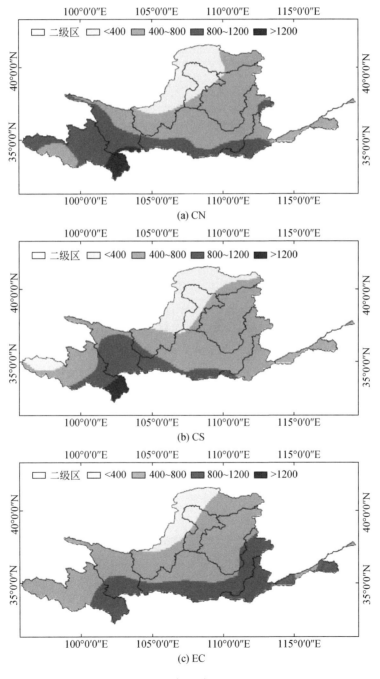

(a) CN

(b) CS

(c) EC

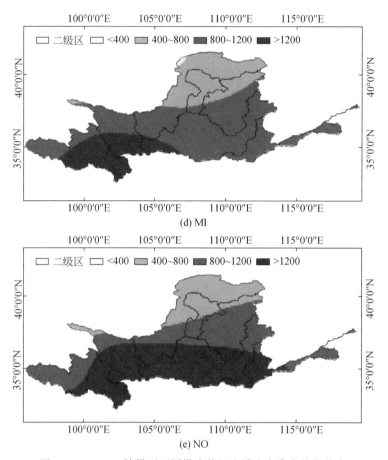

(d) MI

(e) NO

图 7-6　RCP4.5 情景下不同模式黄河流域未来降水趋势分布

模式上，即在同一模式下，两种情景下的降水空间分布基本一致，等雨量线的位置接近重合。而在同一情景下，不同模式之间差异较大，等雨量线的位置分布几乎无关联，仅仅在空间格局上符合南多北少的基本规律。

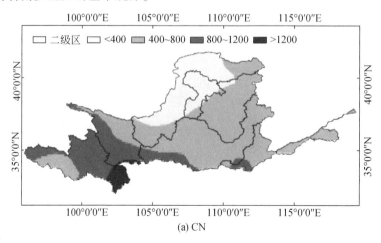

(a) CN

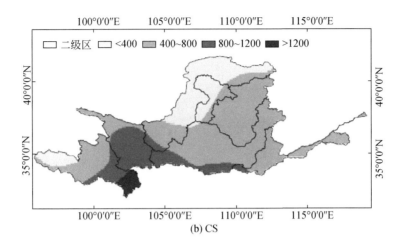

(b) CS

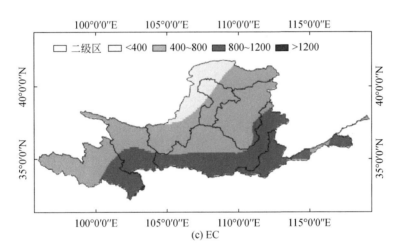

(c) EC

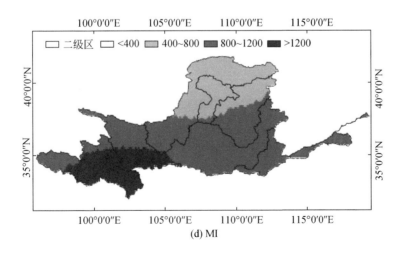

(d) MI

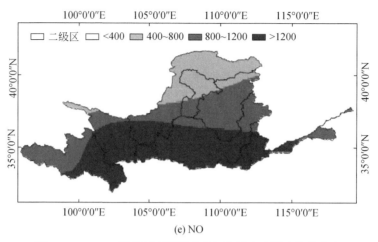

(e) NO

图 7-7　RCP8.5 情景下不同模式黄河流域未来降水趋势分布

采用 PQ95（强降水阈值-95% 分位的降水量值）指数分析未来极端降水变化情况（图 7-8）。结果表明，未来 30 年流域大部分地区 PQ95 指数减少，北部减少比南部多。

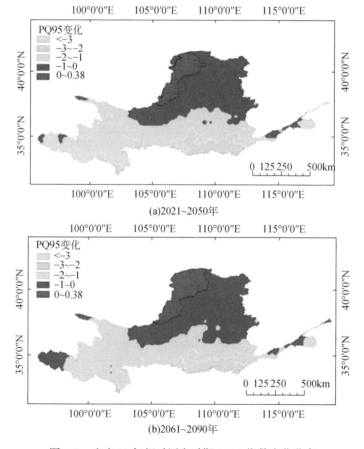

图 7-8　未来 30 年相对历史时期 PQ95 指数变化分布

根据历史实测和集合平均日降雨过程格点序列，计算各年格点降雨指数，得到降雨指数的多年平均值，并计算未来均值相对历史时期的变化差值，采用 PAV（气候平均降水量–年总降水量/年日数）指数（图 7-9）。结果表明，全流域 PAV 均为减少，其中东南部地区减少更多。

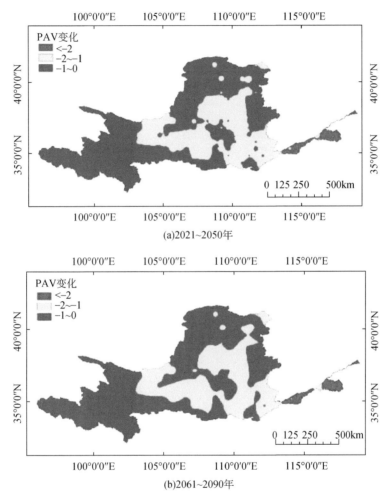

图 7-9　未来 30 年相对历史时期 PAV 指数变化分布

根据多模式的结果，计算未来各月降水变化的模式平均值，如图 7-10 所示，由图可见，2021～2050 年和 2061～2090 年两个时期的月降水变化差异不大。从空间上看，存在月降水增加的地区在流域上分布均匀，上中下游均有增加，仅有青海增加较少。但从年内的时间上看，增加的月份主要出现在 4 月、7 月、8 月，9 月到次年 1 月等时段减少较多。说明降水出现了年内的集中化特征。

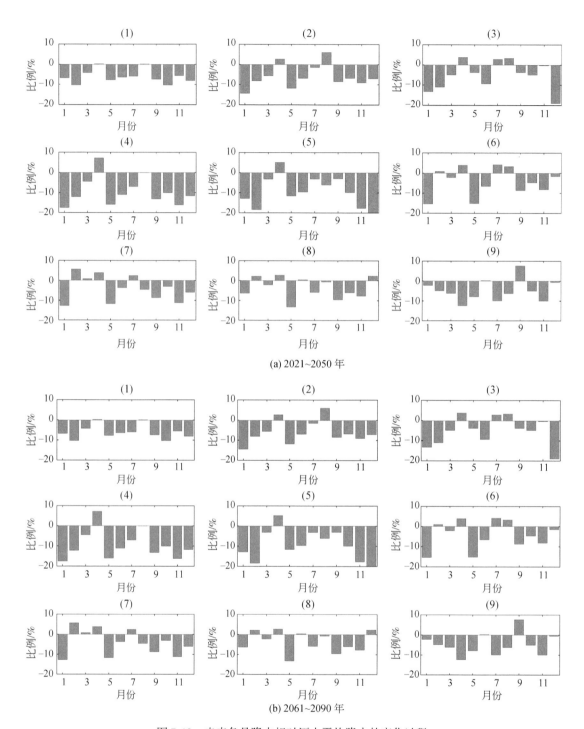

(a) 2021~2050 年

(b) 2061~2090 年

图 7-10　未来各月降水相对历史平均降水的变化过程

（1）~（9）表示青海、甘肃、四川、宁夏、内蒙古、陕西、山西、河南、山东在流域内的部分

7.1.3 基于 CMIP6 模式的未来降水预估及不确定性

在研究工作期间,气候模式经历了由 CMIP5 到 CMIP6 的过渡,因此,采用 CMIP5 的数据进行分析计算的同时,也采用 CMIP6 的数据进行探索运用。

7.1.3.1 CMIP6 模式的历史偏差

主要采用 7 个 CMIP6 模式进行模拟(主要根据模式的情景试验开展情况选择)。各模式的基本信息见表 7-3。根据各模式的试验情况,选择了大多数 CMIP6 模式均进行的 SSP126、SSP245、SSP370、SSP585 等情景。

表 7-3 采用的 CMIP6 模式基本信息汇总

模式名称	缩写	国家	水平分辨率	变量标签	SSPs
BCC-CSM2-MR	(a)	中国	320×160	r1i1p1f1	
CESM2	(b)	美国	288×192	r1i1p1f1	
CNRM-CM6-1	(c)	法国	256×128	r1i1p1f2	
CNRM-ESM2-1	(d)	法国	256×128	r1i1p1f2	126、245、370、585
IPSL-CM6A-LR	(e)	法国	144×143	r1i1p1f1	
MIROC6	(f)	日本	256×128	r1i1p1f1	
MRI-ESM2-0	(g)	日本	320×160	r1i1p1f1	

考虑到各模式之间及模式与实测数据间的空间分辨率不一致,为便于后续对比分析,首先应用双线性插值方法,将各模式数据输出到与实测数据相匹配的格点上。

7.1.3.2 未来年降水变化趋势

为了评估黄河流域未来年降水变化趋势,计算了不同情景下流域年降水相对历史时期的距平百分比。考虑到各模式在校正后依然存在一定的偏差,在计算距平变化时采用模式未来预估值与模式历史模拟值的多年平均值。

图 7-11 展示了未来各年流域平均降水距平百分比的变化范围及平均变化过程。在 4 种 SSP 情景下,大部分模式的未来降水变化预估为增加,并且随着辐射强迫的增强,未来降水变化也呈现不断增加的趋势。其中在 SSP126 情景下,未来降水距平百分比平均增幅为 7%/100a,约 34.7mm/100a(基于 495.1mm 的估算,下同),在 4 种情景中增幅最小。在 SSP245 情景下,未来平均增幅为 15%/100a,约 74.3mm/100a,是 SSP126 情景下的 2 倍。在 SSP370 情景下,未来平均增幅为 21%/100a,约 104.0mm/100a,是 SSP126 情景下的 3 倍。在 SSP585 情景下,未来平均增幅为 30%/100a,约 148.5mm/100a,是 SSP126 情景下的 4 倍。

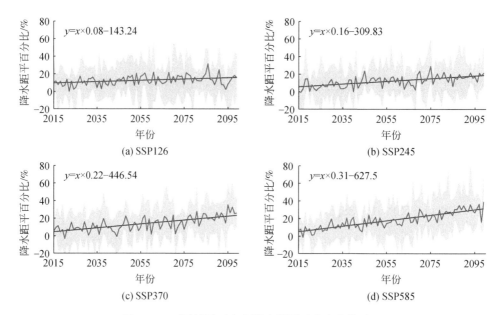

图7-11 不同情景下未来降水距平百分比变化过程

上边界为各模式预估的最大值，下边界为最小值，红色曲线为各模式平均值

7.1.3.3 未来夏季降水变化趋势

各模式对实测期黄河流域夏季降水模拟的多年平均值在 332.2～378.98mm，平均为 360.3mm，约占年降水的 72.8%，因此夏季降水是年总降水的主要部分。

图7-12 展示了未来夏季降水距平百分比的年际变化。随着辐射强迫的增强，不同情景的夏季降水增幅也增加，但各情景下的增加幅度低于年降水变化。其中在 SSP126 情景下，未来降水距平百分比平均增幅为 3%/100a，约 10.8mm/100a。在 SSP245 和 SSP370 情景下，未来降水距平百分比平均增幅均为 14%/100a，约 50.3mm/100a。在 SSP585 情景下，未来降水距平百分比平均增幅为 16%/100a，约 57.6mm/100a。在 4 种情景中，夏季降水平均增加量分别为年降水量的 31.2%、67.9%、48.5%、38.8%，低于历史时期的 72.8%，说明未来降水中夏季降水占比减少，其他季节降水占比增加，降水年内分配相对历史时期更均匀。

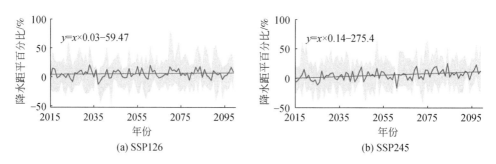

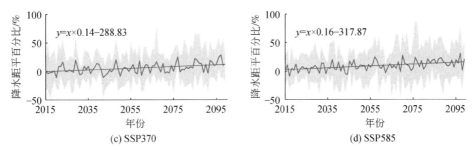

(c) SSP370 (d) SSP585

图 7-12 不同情景下未来降水距平百分比变化过程（夏季降水）

上边界为各模式预估的最大值，下边界为最小值，红色曲线为各模式平均值

为评估未来降水变化的空间分布特征，首先计算各格点的降水距平百分比的平均线性变化速率，然后再对各模式取平均值，如图 7-13 所示。4 种情景下的变化速率均为正值，说明未来降水距平百分比变化均呈现增幅。

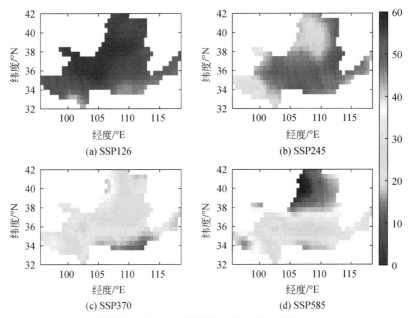

图 7-13 不同情景下未来降水距平百分比的空间分布（%/100a）

7.1.3.4 降水预估的不确定性分析

不同模式对降水的模拟和预估存在偏差，若模式间差异较大，则基于模式的未来预估结果就会存在较大的不确定性。MS（model spread）是一种定量描述成员间差异的指标，常用来估计模式间的不确定性（Li et al., 2020）：

$$MS = \sqrt{\frac{1}{n}\sum_{i=1}^{n}(X_i - \overline{X})^2} \tag{7-1}$$

式中，MS 为 model spread 值；n 为模型个数；X_i 为第 i 个模型值；$\overline{X}$ 为模型均值。

前述分析未来降水变化时所选指标均来自模式的均值，即计算结果纳入各模式有效信息的同时，也将各模式之间的噪声纳入其中，也就是说，如果各模式之间存在较大的差异，所得结果也将与各模式之间存在较大的差异，即不确定性较大。只有当各模式之间的噪声较小时，所得结果才能代表各模式的有效信息。

采用 MS 指标描述模式间噪声。考虑到单纯的 MS 指标难以反映噪声大小，研究采用校正前后 MS 变化来反映校正的效果，若 MS 减小，则说明校正后的模式间噪声减小。基于历史时期（1961～2014 年）计算了校正前后流域多年平均降水模拟的 MS，如表 7-4 所示，校正前 MS=167.2mm，校正后 MS=9.0mm，比校正前降低了 94.6%，由此可见，校正后流域平均降水历史模拟的噪声显著减小。

表 7-4 校正前后多模式对历史降水模拟的 MS 变化

校正	历史	SSP126	SSP245	SSP370	SSP585
校正前/mm	167.2	180.4	166.9	175.8	166.3
校正后/mm	9.0	13.9	20.2	15.2	23.5
削减幅度/%	94.6	92.3	87.9	91.4	85.9

图 7-14 展示了多年平均降水 MS 的空间分布特征，对比校正前后的 MS 可知，校正前的 MS 从南向北呈现梯度下降的态势，从 289.1mm 变化至 49.5mm，这与流域多年平均降水的空间分布相一致，主要原因是 MS 的大小与样本大小相关。校正后的 MS 均显著减小，在 5.4～31.2mm。从校正前后 MS 变化来看，流域南部地区噪声得到了显著减小，中部、北部地区次之。校正后的 MS 大部分地区在 20mm 以下，仅在流域南部、北部地区局部出现 20～30mm，由此可见，校正后模式噪声在空间上均得到了明显减小，模式间对历史降水模拟的不确定性得到了明显降低。

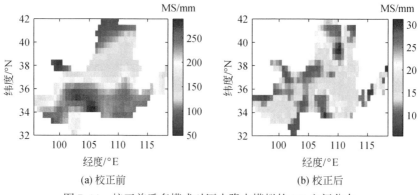

(a) 校正前 (b) 校正后

图 7-14 校正前后多模式对历史降水模拟的 MS 空间分布

针对未来时期，同样计算了未来不同情景下校正前后的多年平均降水预估的 MS，各情景下校正前后的 MS 及其削减幅度均接近，削减幅度在 85.9%～92.3%，因此校正后未来降水预估的不确定性也得到了显著降低。未来时期降水模拟 MS 的空间分布特征如图 7-15 所示。校正前的 MS 主要在 50～350mm，其空间分布特征与历史时期类似，各情景下 MS 均为从南向北逐渐降低，同历史多年平均降水的空间分布相一致。校正后各情景下的 MS 均大幅度减小，主要在 10～60mm，整体上流域西部地区 MS 更低，东部局部地区 MS 更高，且随着辐射强迫的增强，MS 也有增加的趋势。

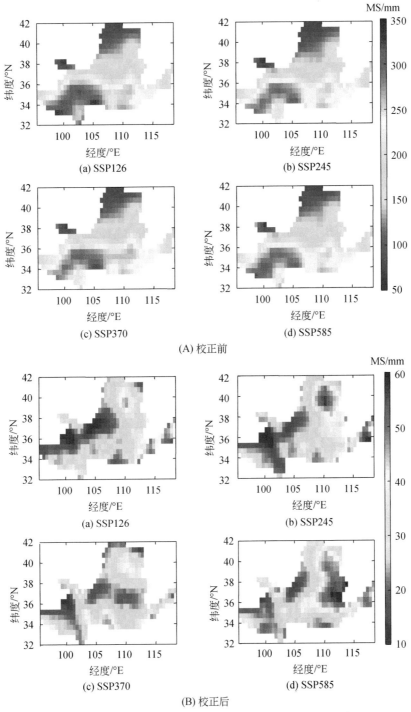

图 7-15　校正前后多模式对未来降水预估的 MS 空间分布

7.2 黄土高原植被恢复潜力预测

7.2.1 植被类型变化过程

自1999年国家实施退耕还林还草政策以来，黄土高原地区景观发生了较大变化，沟壑纵横的荒原逐步演化成草树丰茂的绿原（汪邦稳等，2007；谢红霞等，2009）。为对黄土高原2000~2015年植被覆被类型空间变化进行分析，通过相交处理得到不同类型植被覆被空间转移变化分布图（图7-16）。结果表明，变化区域占黄土高原总面积的4.2%，其中面积增加的类型包括城市、落叶针叶林、常绿针叶林、草地、落叶阔叶林、常绿阔叶林；减少的类型包括裸地、灌木、镶嵌草地、镶嵌林地、农田。各植被覆被类型面积转移中，显著转出的有农田转出总面积为5690km²，其中70.12%转为城市，26.35%转为草地；镶嵌草地转出总面积为3903km²，其中41.7%转为草地，25.42%转为常绿针叶林，21.79%转为落叶阔叶林；草地转出总面积为4847km²，其中48.08%转为城市，38.67%转为农田；镶嵌林地转出总面积为6552km²，其中85.38%转为草地。显著转入的有农田转入总面积为2343km²，其中79.99%来自草地；草地转入总面积为12 991km²，其中43.06%来自镶嵌林地，32.07%来自裸地；落叶阔叶林转入总面积为1299km²，其中65.49%来自镶嵌草地；常绿针叶林转入总面积为1231km²，其中80.6%来自镶嵌草地；城市转入总面积为6978km²，其中59.89%来自农田，33.4%来自草地。结果显示，新增落叶阔叶林与常绿针叶林面积均约为0.11万km²，主要来自镶嵌草地和镶嵌林地，分布在

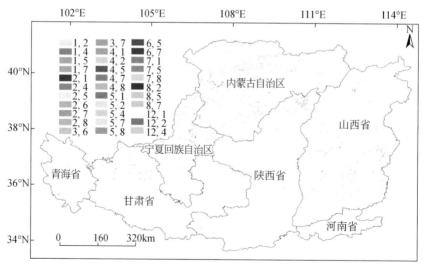

图7-16 2000~2015年黄土高原植被覆被类型变化区域分布

1农田；2镶嵌草地；3灌木；4草地；5镶嵌林地；6常绿阔叶林；7落叶阔叶林；8常绿针叶林；9落叶针叶林；
10城市；11裸地；12水体；1，2表示农田转化为镶嵌草地，其余同理，表示各植被类型转化情况

山西的和顺、交城、沁源以及陕西南部等地。新增草地面积地约为0.81万km²，主要来自镶嵌草地、镶嵌林地以及部分农田，分布在内蒙古的土默特、五原，宁夏的西北部，甘肃的西北部以及陕北的神木、府谷等区域。

黄土高原1981年、1991年、2001年和2015年NDVI空间分布如图7-17所示，不同时期NDVI空间分布特征均表现为由西北向东南方向逐渐增加的趋势，黄土高原中部往西北区域植被覆盖度较低，1981年、1991年、2001年和2015年NDVI最小值分别为0.0693、0.0739、0.0796和0.0850，而中部往东南方向区域植被覆盖度相较于西北方向较高，1981年、1991年、2001年和2015年NDVI最大值分别为0.9795、0.9889、0.9820和0.9907，各年均值逐渐增大，分别为0.47、0.49、0.48和0.55，即黄河中游渭河、泾河、北洛河和无定河及延河等植被恢复较好，植被覆盖度逐年增加。

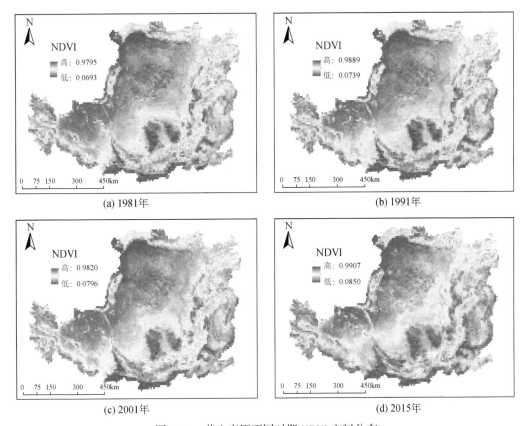

图 7-17　黄土高原不同时期 NDVI 空间分布

将NDVI数据按不同覆盖度分为7类，分类统计黄土高原不同时期不同覆盖度的面积占比，结果见表7-5。不同时期NDVI>0.6的面积占比最大，在30.85%～44.59%，NDVI<0.1的面积占比最小，在0.18%～0.81%。对比不同时期植被覆盖度发现，NDVI<0.1的面积占比在逐年减小，从1981年的0.81%减小至2015年的0.18%，减小了0.63个百分点；0.1<NDVI<0.2的面积占比也在逐年减小，1981年（8.85%）至2015年（4.49%）

减小了4.36个百分点；NDVI在0.2~0.3、0.3~0.4和0.4~0.5的面积占比也呈逐年减小的趋势，分别从1981年的16.93%、15.38%和14.18%减小至2015年的12.26%、11.17%和11.17%，分别减小了4.67个百分点、4.21个百分点和2.41个百分点；而0.5<NDVI<0.6和NDVI>0.6的面积占比在逐年增加，分别从1981年的13.00%和30.86%增加至2015年的15.54%和44.59%，分别增加了2.54个百分点和13.73个百分点。

表7-5　黄土高原不同时期不同植被覆盖度面积占比统计　　（单位:%）

年份	占比						
	<0.1	0.1~0.2	0.2~0.3	0.3~0.4	0.4~0.5	0.5~0.6	>0.6
1981	0.81	8.85	16.93	15.38	14.18	13.00	30.85
1991	0.84	8.49	15.62	13.28	13.77	14.71	33.29
2001	0.73	8.14	16.70	14.76	14.70	14.08	30.89
2011	0.49	5.74	14.04	11.91	14.07	16.51	37.24
2015	0.18	4.49	12.26	11.17	11.77	15.54	44.59

图7-18为黄土高原各子流域不同年代NDVI均值的空间分布，由图7-18可见，兰州—头道拐、窟野河上游（新庙）、无定河丁家沟以上（韩家峁和丁家沟），以及皇甫川和秃尾河流域，NDVI均值从1981年的0.24~0.30增加至1991年的0.30~0.40，1991年之后至2015年NDVI仍处于0.3~0.4，除无定河丁家沟流域和秃尾河流域上升至0.4~0.5外。黄河中游和左岸的子流域（头道拐—府谷、府谷—吴堡、吴堡—龙门、汾河、沁河和伊洛河等）以及黄河右岸中游下段的部分子流域（北洛河、泾河、渭河、延河和清涧河等）NDVI在1981年和1991年均大于0.50，2001年后均大于0.60，最高至0.85。而西川河流域（大村）为黄土高原NDVI值最大的子流域，1981年、1991年、2001年和2015年分别为0.85、0.84、0.84和0.87，即西川河流域是黄土高原植被覆盖度最大，植被恢复最好的子流域。

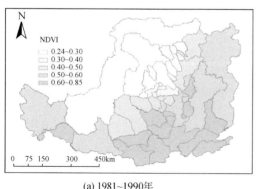

(a) 1981~1990年

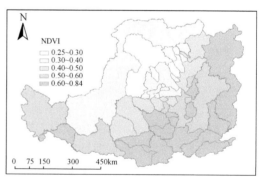

(b) 1991~2000年

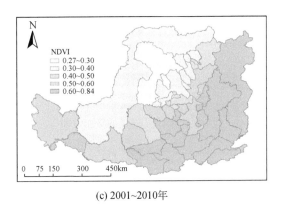

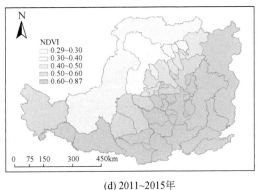

(c) 2001～2010年   (d) 2011～2015年

图 7-18　1981～2015 年黄土高原各子流域不同年代不同植被覆盖度空间分布差异

7.2.2　植被类型变化趋势预测

从植被覆盖角度来看，黄土高原地区的植被恢复目前已经取得了很大的成绩，但并不意味着这些植被会持续地发挥减水减沙作用。近来研究表明，黄土高原大规模的植被恢复重建不仅严重影响到土壤水分的供给平衡，造成土壤水分过度消耗和干化，还严重威胁到植被的持续发展，对区域水资源变化造成重大影响，植被的可持续性逐渐成为黄土高原植被恢复面临的重大关键问题（张文辉和刘国彬，2007；李裕元等，2010；刘晓燕等，2014）。

本书首先根据前期为延河流域构建的潜在自然植被体系，对现有人工植被分布立地环境特征、生物量承载状态及土壤水分状况进行评估，以了解潜在植被对可持续植被体系构建的可靠性和重要性。其次依据黄土高原未来气候变化，构建未来气候变化情景下潜在植被分布，并与现有土地利用相比较，提出未来植被恢复调整策略，为未来可持续植被体系建设提供依据。

7.2.2.1　典型流域现有植被分布及生物量承载状况分析

延河流域潜在植被如图 7-19 所示，是根据分层采样技术，对流域局部残存的自然植被或恢复的次生稳定的自然植物群落进行采样，采用广义相加模型进行模拟预测获得。以图 7-19 为基础，进一步通过生物量测定和空间插值，模拟流域潜在生物量分布图，然后以潜在植被分布图和潜在生物量分布图为参考，与现有植被分布空间图 7-20 叠加分析，解析天然次生林与人工林分布的环境差异，评估现有生物量超载状况，并通过土壤水分的测定验证结果的可靠性。

结果表明，流域现有的人工林分很多分布在本应属于草本植物群落的生境上，这一比例达到 58%，如图 7-21 所示。对现有人工林与天然次生林的环境因子进行分析（从环境图层图中提出），结果表明，两者分布的立地环境因素差异显著。现有人工林分布在降雨更少、温度更高、蒸发量更大、坡度更陡的立地环境，如表 7-6 所示。

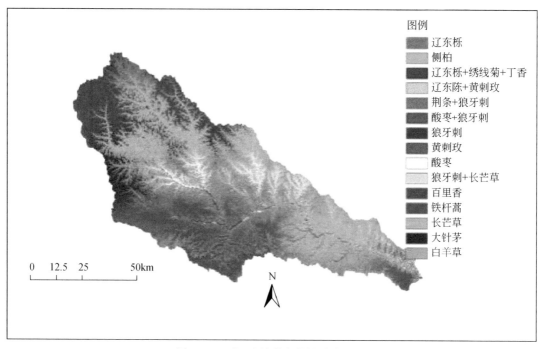

图 7-19　延河流域潜在植被分布预测

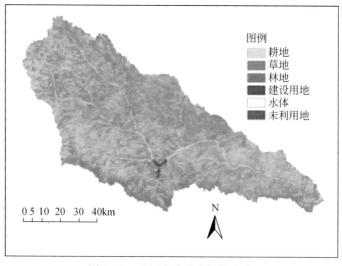

图 7-20　延河流域现有植被分布

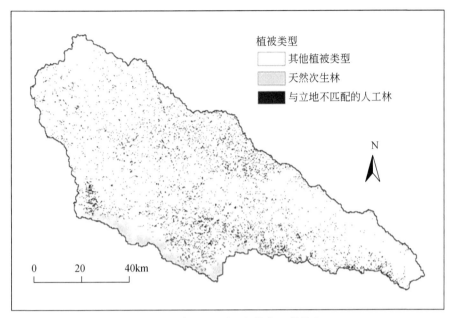

图 7-21　与立地不匹配的人工林分布

表 7-6　天然次生林和与立地不匹配的人工林环境变量的方差均数和均数的统计检验汇总

配对环境变量		样本栅格数	均值±SD	平均标准误差	方差相等性检验	均数 t 检验
平均降雨量/mm	天然次生林	373 603	512.20±11.42	0.019	$P<0.001$	$P<0.001$
	人工林	517 393	497.96±14.92	0.018		
平均温度/℃	天然次生林	373 603	8.23±0.55	0.003	$P<0.001$	$P<0.001$
	人工林	517 393	8.72±0.97	0.001		
平均蒸发量/mm	天然次生林	373 603	888.31±14.35	0.024	$P<0.001$	$P<0.001$
	人工林	517 393	895.90±30.55	0.043		
坡度/（°）	天然次生林	373 603	22.66±8.82	0.015	$P<0.001$	$P<0.001$
	人工林	517 393	24.24±9.86	0.014		

　　与立地不匹配的人工林，由于其具有较高生物量，往往会形成对土壤水分的过度消耗，造成植被的不可持续。如图 7-22 和图 7-23 所示，对潜在生物量与现有生物量的空间分析表明，延河流域存在大量的生物量超载情况，现有生物量超载区的面积占流域总面积的 57%；统计结果进一步表明，生物量超载的最大值为 76.97t/hm²，最小值为 $2.38×10^{-7}$ t/hm²，平均值为 2.59t/hm²。采用分组进行土壤水分差异分析，人工林与天然林土壤水分差异显著（$P<0.05$），人工乔木林下的土壤水分为 5.98%±0.32%，而天然林下的土壤水分为 7.52%±0.33%。该典型流域的研究表明，以残留或稳定的自然为基础构建的潜在植被，不仅可为未来植被恢复提供依据，也可为评价现有植被状态提供参照。

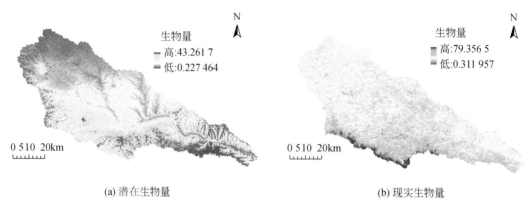

(a) 潜在生物量　　　　　　　　　　(b) 现实生物量

图 7-22　延河流域潜在生物量与现实生物量分布

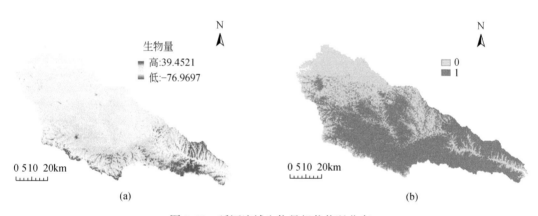

(a)　　　　　　　　　　　(b)

图 7-23　延河流域生物量超载状况分布

（a）图正值表示现有生物量没有超过环境的植被承载能力，负值表示现有生物量已经超过环境的
植被承载能力（单位为 t/hm²）；（b）图的 0 为负值的简化结果，1 为正值的简化结果

7.2.2.2　GCM 评估分析及优选黄土高原地区未来气候情景

基于 CRU（climatic research unit）（1901~2014 年）与 GCMs（2015~2100 年）的逐月气候数据集，利用 Delta 空间降尺度方法对该数据集在黄土高原地区进行降尺度处理，并用地面观测资料对结果进行评价，分析该区域历史与未来时期气候变化趋势及空间特征，如图 7-24 所示。

结果表明：①使用 Delta 空间降尺度法将网格分辨率为 0.5°的月降水量和月平均气温数据降尺度到分辨率为 1km 的网格上是可行的，其中，线性插值法最适合黄土高原降尺度过程。在 28 个 GCMs 中，GFDL-ESM2M 和 NorESM1-M 分别最适合该地区的月降水量与月平均气温分析。②在历史与未来时期，整个黄土高原的降水量无显著变化趋势，而平均气温在 1901~2014 年以 0.1℃/10a 的速率显著上升，在 2015~2100 年以 0.113℃/10a（RCP2.6）、0.24℃/10a（RCP4.5）、0.355℃/10a（RCP6.0）、0.558℃/10a（RCP8.5）的

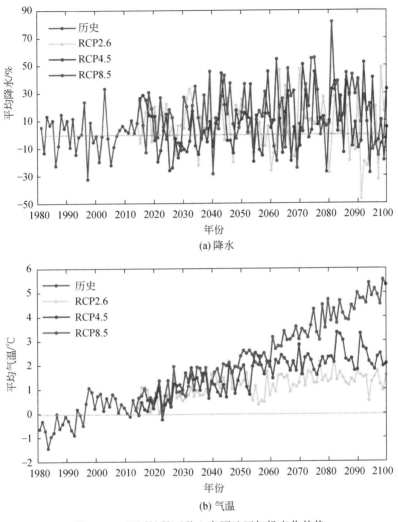

图 7-24 不同情景下黄土高原地区气候变化趋势

速率显著上升。③在 1985～2014 年，有 1.07% 的地区降水量以 4.87～42.46mm/10a 的速率显著增加，有 80.87% 的地区平均气温以 0.21～0.72 ℃/10a 的速率显著上升，有 7.24% 的地区平均气温以 0.28～0.61 ℃/10a 的速率显著下降。④与 1961～1990 年的潜在蒸发量相比，2071～2100 年的潜在蒸发量将增加 12.7%～23.9%，而降水在此期间仅增加 6%～22%，因此该区气候趋于暖干。

7.2.2.3 黄土高原地区植被类型变化趋势预测

黄土高原气候暖干化的发展趋势势必对未来潜在植被分布及土地利用规划产生重要影响，进而影响植被的产流产沙过程。而对未来水沙变化预测，不仅需要了解植被的分布变化，更需要了解植被的可持续性，即构建的植被体系必须适应当地的气候环境。傅伯杰等的研究表明，黄土高原退耕以来人工植被建设不仅已经接近该地区的水资源上限，人工植被建设也会提高蒸发散，降低径流量与土壤水分含量，对植被可持续性构成新的威胁（Fu et al.，2011）。因此，了解不同气候变化情景下植被格局变化及其对未来土地利用的影响，对预测未来水沙变化具有重要意义。

本书利用基于过程的动态植被模型 LPJ-GUESS，模拟 1981 ~ 2010 年和 2071 ~ 2100 年潜在自然植被（PNV）分布，作为该区植被管理提供背景参考，如图 7-25 所示，并与观测的土地利用比对，评估未来 PNV 调整方案，为建立可持续的植被体系提供依据。结果表明：①与 1981 ~ 2010 年的 PNV 格局相比，PNV 在 2071 ~ 2100 年的变化占黄土高原面积的 27.6% ~ 31.7%，其中森林占比从 29.9% 下降至 15.3% ±8.0%，而草地占比从 68.1% 增加至 82.7% ±8.1%，这是由该区未来的暖干气候引起的。②在 1981 ~ 2010 年，现有 55.2% 的林地与 PNV 结果一致，而其余林地应该为草地，主要分布在黄土高原北部；78.4% 的草地与 PNV 结果一致，其余草地有潜力发展为林地，主要分布在黄土高原南部和西部。③在森林类型中，温带阔叶林大面积地向温带针叶林转换，这也是由该区未来的暖干气候引起的。④在暖干气候背景下，25.3% ~ 55.0% 的林地和 79.3% ~ 91.9% 的草地（2010 年）可持续生长至 21 世纪末。⑤结合当前与未来 PNV，在坡度大于 25° 的耕地中，58.6% ~ 84.8% 可退为草地，14.7% ~ 40.7% 可退为林地，如图 7-26 所示。将 PNV 与气候变化适应性进行结合，对植被工程的实施与可持续发展意义重大，这些研究结果可为黄土高原地区植被管理与土地利用格局调整提供参考，也对未来基于生态适应性的流域水沙管理提供重要参照依据。

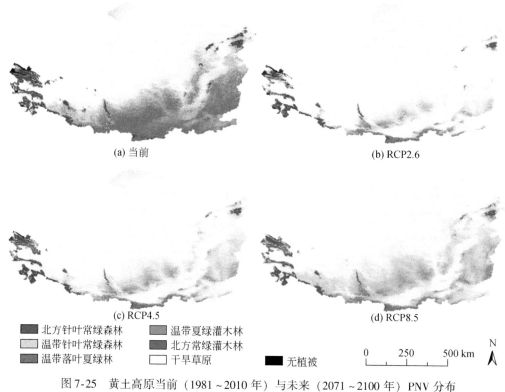

图 7-25　黄土高原当前（1981 ~ 2010 年）与未来（2071 ~ 2100 年）PNV 分布

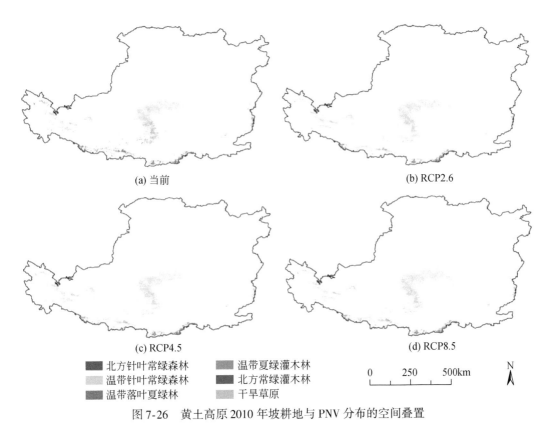

图 7-26　黄土高原 2010 年坡耕地与 PNV 分布的空间叠置

7.2.3　相似生境方法的植被潜力预测

7.2.3.1　植被预测的基本原理与数据处理

根据"生境相似的区域植被恢复潜力相近"的原则，将黄土高原地理、植被、土壤、地形和气候五大类因素进行叠加分区，认为相似的环境条件下理应能达到相同的植被覆盖程度。在每个分区内统计该分区植被覆盖度数据的平均值、90%分位数值、95%分位数值和最大值确定该区域的恢复潜力。其中地形因子采用坡度和坡向两个指标，气候因子选用干旱指数来表示，同时我们认为 0°～3°的耕地、水域和建筑用地这三类土地利用的植被覆盖度不发生变化，将上述三类土地利用的植被恢复潜力值等于现状植被覆盖度，最终获取黄土高原植被恢复潜力图。

黄土高原分区数据由黄土高原地理分区数据、植被分区数据、坡度数据、坡向数据、土壤分区数据和干旱指数数据叠加而成。黄土高原地理分区数据和植被分区数据来源于黄土高原科学数据中心，黄土高原土壤分区数据来源于土壤科学数据中心，地形数据采用 30m 的 SRTM DEM 数据，气象数据来源于中国气象数据网。所有数据经重采样统一空间分辨率为 500m。

　　黄土高原地理分区数据将黄土高原分为河流冲积平原区、黄土塬区、盖沙黄土丘陵区、黄土峁状丘陵区、黄土梁状丘陵区、黄土宽谷丘陵区、山间盆地黄土丘陵区、风沙丘陵区、土石丘陵区、石质山地区共十大区，如图7-27（a）所示。黄土高原植被分区数据将黄土高原分为暖温带南部落叶栎林亚区、暖温带北部落叶栎林亚区、温带森林草原亚区、温带典型草原亚区、温带荒漠草原亚区、温带草原化荒漠亚区共六大区，如图7-27（b）所示。黄土高原土壤分区数据将土壤分为新成土、雏形土、人为土、均腐土、潜育土、盐成土、淋溶土、干旱土、有机土、变性土、火山灰土共十一大类，如图7-27（c）所示。黄土高原坡度数据将坡度分为0°~3°、3°~8°、8°~15°、15°~25°、25°~35°、

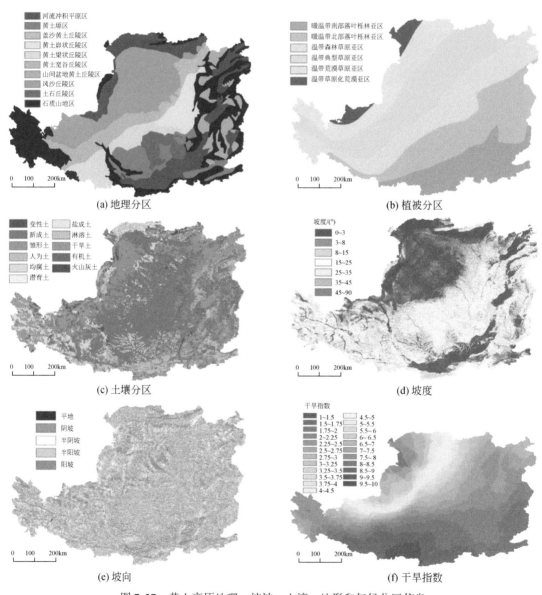

图 7-27　黄土高原地理、植被、土壤、地形和气候分区信息

35°～45°和 49°～90°共 7 级，如图 7-27（d）所示，将坡向分为平地、阴坡、半阴坡、半阳坡和阳坡 5 类，如图 7-27（e）所示。应用联合国粮食及农业组织（Food and Agriculture Organization of the United Nations，FAO）修正的彭曼模型式（7-2）计算潜在蒸散发（ET_0），使用克里金插值法对降水量（P）和潜在蒸散发（ET_0）进行空间插值并计算黄土高原干旱指数（杨艳昭等，2013）。

$$ET_0 = \frac{0.408\Delta(R_n - G) + \gamma \frac{900}{T + 273}U_2(e_s - e_a)}{\Delta + \gamma(1 + 0.34 U_2)} \tag{7-2}$$

$$R = ET_0/P \tag{7-3}$$

式中，R 为干旱指数；ET_0 为年潜在蒸散发量（mm）；P 为年降水量；R_n 为参考作物冠层表面净辐射 [MJ/（$m^2 \cdot d$）]；G 为土壤热通量 [MJ/（$m^2 \cdot d$）]；T 为 2m 处日平均气温（℃）；U_2 为 2m 处日平均风速（m/s）；e_s 为饱和水汽压（kPa）；Δ 为饱和水汽压与温度曲线的斜率（kPa/℃）；e_a 为实际水汽压（kPa）；γ 为干湿表常数（kPa/℃）。将干旱指数分为 23 级，如图 7-27（f）所示。

图 7-28 是黄土高原植被覆盖度数据，由 NDVI 数据计算得到，NDVI 数据采用地理空间数据云的"MODND1M 中国 500M NDVI 月合成产品"数据，时间为 2000～2016 年，空间分辨率为 500m，时间分辨率为逐月。采用最大值合成法获取逐年的 NDVI 数据。植被覆盖度由式（7-4）计算（张光辉和梁一民，1996）：

$$VC = \frac{NDVI - NDVI_{min}}{NDVI_{max} - NDVI_{min}} \tag{7-4}$$

式中，VC 为植被覆盖度；NDVI 为像元的植被指数；$NDVI_{max}$ 和 $NDVI_{min}$ 分别为研究区内 NDVI 的最大值和最小值。

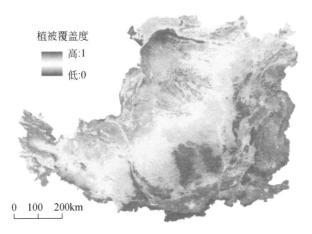

图 7-28　黄土高原目前植被覆盖度

7.2.3.2　植被恢复潜力预测结果

将黄土高原地理、植被、土壤、地形和气候 5 类因素共 6 个图层进行叠加，可将黄土高原划分为 9978 个区域, 在每个区域内统计该区植被覆盖度数据的平均值、90% 分位数、95% 分位数和最大值, 如图 7-29 所示, 最后为避免统计误差将 95% 分位数作为该区域的植被潜力值。根据植被覆盖度与植被恢复潜力值的比值, 计算可得植被恢复潜力指数, 如图 7-30 所示。黄土高原植被恢复潜力指数较高的地区集中于黄河以西的丘陵沟壑区和风沙区, 而黄土高原东部及东南部的植被覆盖已经达到潜力值, 并没有富余的恢复空间。

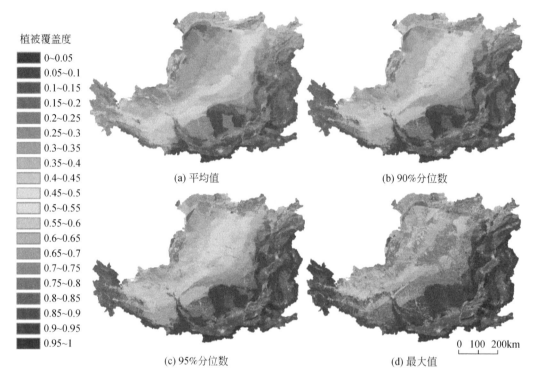

图 7-29 黄土高原植被覆盖度统计

图 7-30 黄土高原植被恢复潜力指数

7.3 未来 30～50 年黄河流域水沙变化多模型预测

7.3.1 流域分布式水沙模型的径流预测

采用 BMA 算法计算基准期（1986～2005 年）六组径流系列的权重。以基准期六个模式的权重为基础，开展唐乃亥、兰州、头道拐、龙门、潼关、花园口等主要断面未来水平年 2050 年和 2070 年径流集合预估，径流预估过程如图 7-31 和图 7-32 所示。在规划水保措施和用水方案下，随着降水增加、气温升高，2050 年和 2070 年径流量较基准期均有减少，其中各断面实测径流集合预测结果如表 7-7 所示。

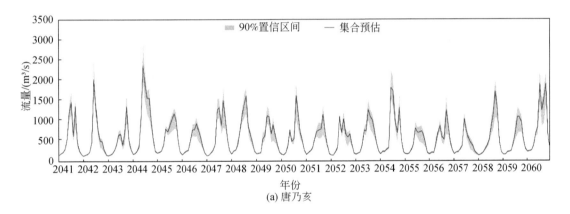

(a) 唐乃亥

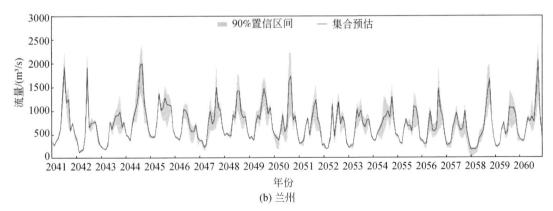

(b) 兰州

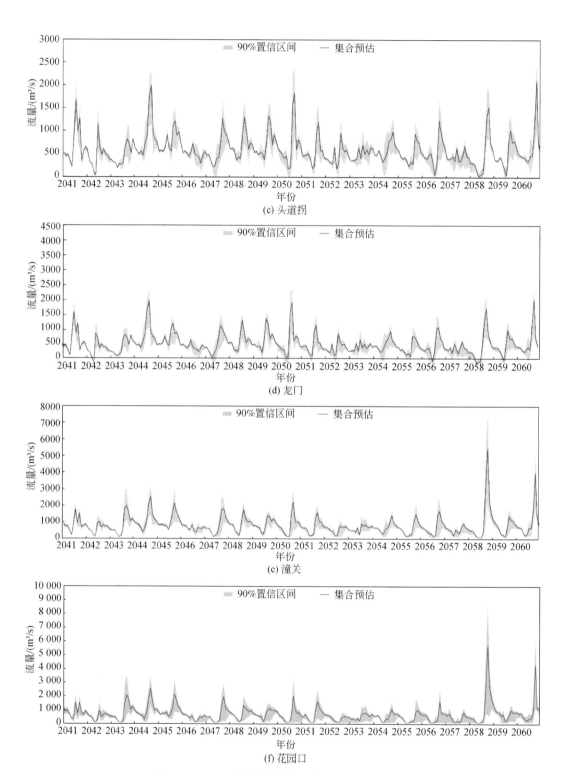

图 7-31　2050 年多气候模式的断面流量集合预测

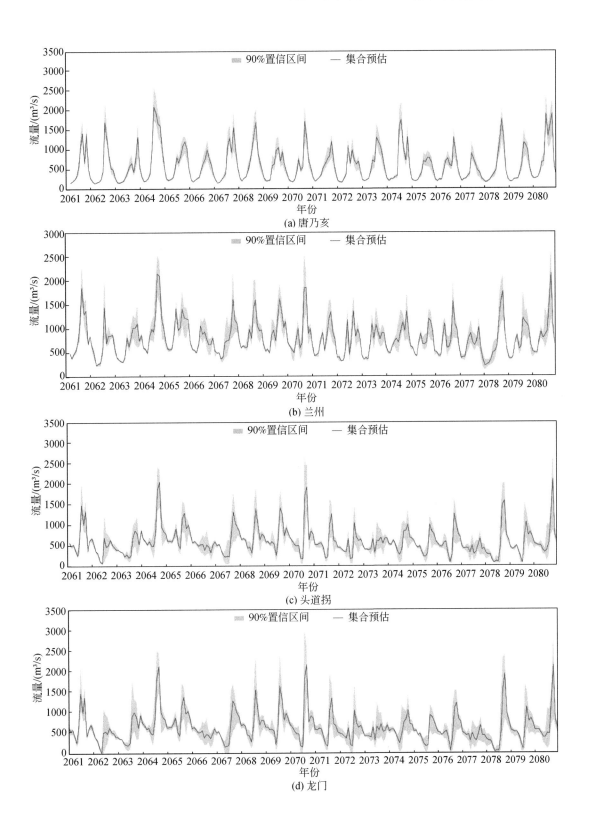

(a) 唐乃亥

(b) 兰州

(c) 头道拐

(d) 龙门

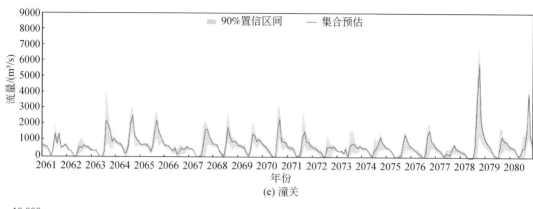

(e) 潼关

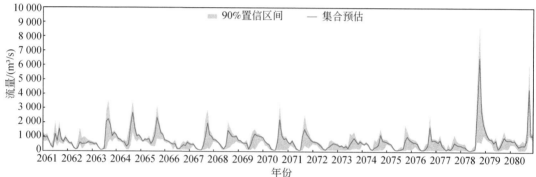

(f) 花园口

图 7-32　2070 年多气候模式的断面流量集合预测

表 7-7　各断面径流集合预测结果统计　　　　　（单位：亿 m³）

断面	基准期 (1956~2005年)	2050年 (2041~2060年)		2070年 (2061~2080年)	
		径流	90%置信区间	径流	90%置信区间
唐乃亥	194	169	[126, 200]	164	[122, 203]
兰州	299	253	[194, 295]	245	[189, 297]
头道拐	221	184	[119, 230]	177	[117, 231]
龙门	259	201	[128, 248]	199	[128, 266]
潼关	334	226	[123, 298]	235	[114, 327]
三门峡	334	229	[125, 303]	238	[115, 331]
花园口	372	264	[140, 342]	273	[156, 371]

　　以断面实测径流预估结果及基准期六个模式的权重为基础，开展七个主要断面未来 2050 年和 2070 年天然径流集合预估。在规划水保措施和用水方案下，随着降水增加、气

温升高，2050 年和 2070 年径流量较基准期均有减少，各断面天然径流量如表 7-8 所示。

表 7-8　黄河干流主要断面天然径流量集合预测结果统计　（单位：亿 m³）

断面	天然径流量		
	2016 年水平年情景	2050 年	2070 年
唐乃亥	201	177	172
兰州	317	285	278
头道拐	304	279	273
龙门	341	311	312
潼关	419	379	392
三门峡	422	382	395
花园口	453	425	434

基于 BMA 算法，可以给出 2050 年和 2070 年黄河流域各个断面径流预估的 90% 置信区间，如表 7-9 所示。其中越往下游断面，置信区间越窄，反映出模型在各个断面模拟不确定性的差异。

表 7-9　未来黄河流域各个断面天然径流 90% 置信区间统计　（单位：亿 m³）

断面	2016 年水平年	2050 年（2041～2060 年）		2070 年（2061～2080 年）	
		天然径流预测	90% 置信区间	天然径流预测	90% 置信区间
唐乃亥	201	177	[133, 208]	172	[129, 212]
兰州	317	285	[223, 331]	278	[217, 334]
头道拐	304	279	[215, 324]	273	[212, 327]
龙门	341	311	[236, 358]	312	[238, 382]
潼关	419	379	[275, 455]	392	[267, 489]
三门峡	422	382	[277, 459]	395	[268, 493]
花园口	453	425	[310, 492]	434	[306, 531]

进一步采用等效相对误差作为集合预估不确定性的集中反映。根据黄河流域分布式水循环模型率定验证结果，采用 1956～2016 年系列模型模拟相对误差作为模型本身的误差，也代表了水文模型自身参数、结构等要素对径流集合预估的误差贡献，则多模式气候预估的差异对径流集合预估误差就可由等效相对误差与模型误差相减得到，如表 7-10 所示，在采用多模式集合预估的情况下，气候模式之间的差异带来的不确定性要远大于水文模型

自身的不确定性，在误差贡献中占 82%～84%。

表 7-10　断面天然径流集合预估误差组成分析　　　　　（单位：%）

断面	2050 年（2041～2060 年）			2070 年（2061～2080 年）		
	等效相对误差	模型误差	气候误差	等效相对误差	模型误差	气候误差
唐乃亥	21	3.1	18	24	3.1	21
兰州	19	0.4	19	21	0.4	21
头道拐	20	2	18	21	2	19
龙门	20	4.2	15	23	4.2	19
潼关	24	3	21	28	3	26
三门峡	24	4	20	28	4	24
花园口	21	4	18	26	4	22

7.3.2　流域水沙动力学过程模型的泥沙预测

各气候模式下潼关站未来 30～50 年泥沙预测结果如表 7-11 所示，由表可见不同气候模式下潼关站来沙量预测结果有一定差异，说明气候对未来降雨有很大的影响。整体而言，潼关站未来来沙量呈波动变化的趋势。各气候模式多年平均来沙量在 1.50 亿～3.30 亿 t，除 CMCC、GFDL 和 IPSL 气候模式外的其他气候模式均低于 2 亿 t。各气候模式下潼关站未来前 30 年年均来沙量为 1.45 亿～3.28 亿 t，未来后 20 年年均来沙量为 1.43 亿～3.65 亿 t。与未来前 30 年相比，未来后 20 年中有 5 种气候模式呈略微增加的趋势，有 4 种气候模式呈略微减小趋势。

表 7-11　各气候模式下潼关站未来 30～50 年泥沙预测结果统计　　　（单位：亿 t）

气候模式	平均来沙	未来前 30 年平均来沙	未来后 20 年平均来沙
CMCC	2.41	2.22	2.70
GFDL	2.87	2.38	3.65
IPSL	3.30	3.28	3.33
CNRM-CM5_ QM	1.69	1.78	1.55
CSIRO-Mk3-6-0_ QM	1.64	1.45	1.93
EC-EARTH_ QM	1.66	1.81	1.43
EC-EARTH_ RCM	1.67	1.74	1.55

续表

气候模式	平均来沙	未来前 30 年平均来沙	未来后 20 年平均来沙
MIROC-ESM-CHEM_ QM	1.50	1.54	1.44
NorESM1-M_ QM	1.68	1.54	1.90

对潼关站 1952~2018 年及未来 30~50 年（2021~2070 年）年产沙量进行 MK 趋势性检验。实测资料结果显示，潼关站年产沙量在 1980 年开始发生显著性减少，在 1996 年减少得极其显著。根据不同气候模式预测的结果，未来 30~50 年，潼关站来沙无显著性趋势变化，但比较表 7-12 中的年产沙量变异系数，可以看到未来气候模式的变异系数明显增大，说明未来年产沙量年际波动更为明显，如图 7-33 所示。

表 7-12　1952~2070 年潼关站年产沙量统计

时段		年产沙量/亿 t	变异系数
1952~1980 年		14.72	0.46
1981~1996 年		8.38	0.35
1997~2018 年		2.80	0.64
2021~2070 年	CMCC	2.41	0.77
	GFDL	2.87	0.78
	IPSL	3.30	0.78
	CNRM-CM5_ QM	1.69	0.85
	CSIRO-Mk3-6-0_ QM	1.64	0.95
	EC-EARTH_ QM	1.66	0.74
	EC-EARTH_ RCM	1.67	0.72
	MIROC-ESM-CHEM_ QM	1.50	1.18
	NorESM1-M_ QM	1.68	0.74

与 1996~2018 年相比，3 种气候模式（CMCC、GFDL 和 IPSL）的年产沙量与之相当，为 2.41 亿~3.30 亿 t，另外 6 种气候模式的年产沙量较小，为 1.50 亿~1.69 亿 t。而这 6 种气候模式预测得到的年降水量无明显差别，年产沙量区别较大的原因可能是基准数据和校正方法不同，前 3 种气候模式是根据 1988~2017 年气象站点日降水校正后得到的，后 6 种气候模式是根据 1951~2016 年网格日降水校正得到的，网格降水可能坦化了局部暴雨事件，加之校正方法差异，得到的后 6 种气候模式的未来降水序列中的极端降水事件更不明显或不同气候模式对极端降水事件的预测差异等。

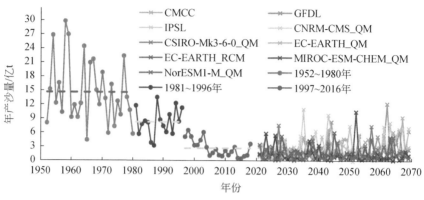

图 7-33 潼关站年产沙量

7.3.3 改进 SWAT 模型的泥沙预测

7.3.3.1 皇甫川流域未来水沙演化过程

（1）降水预测

将 GCM 数据（CMCC-CM 模式）采用统计降尺度方法插值到皇甫川流域内相应的雨量站，并与实测降水资料比较，进而对未来 50 年（2021～2070 年）RCP4.5 情境下的 GCM 数据进行降尺度处理，得到流域未来中长期尺度的降水资料。图 7-34 为皇甫川流域历史实测与未来预测的降水量年际变化过程，由图可见，未来降水系列与实测降水序列趋势一致，具有不显著减少趋势（$P<0.05$），并以 4.75mm/10a 的速率减少。实测降水序列多年平均值为 365.7mm，变差系数 C_v 为 0.32，未来降水序列多年平均值为 345.8mm，C_v 为 0.22，较实测降水波动性平缓。

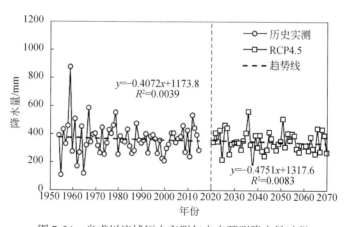

图 7-34 皇甫川流域历史实测与未来预测降水量过程

（2）淤地坝设置

采用 SWAT 模型仅对皇甫川流域进行了未来 50 年泥沙预测。1970～2011 年，皇甫川流域共建有 368 座淤地坝，较早建的淤地坝有些已经淤满，失去拦沙功能。综合考虑模拟预测年份和模型模拟效率，选择了 18 座 2010 年和 2011 年建成的淤地坝进行模拟。

（3）植被覆盖度与模型参数关系

由于下垫面状况的改变，率定期（1978～1984 年）模型参数不再适用于 2000 年之后，因此，需根据下垫面情况变化选择合适的参数集合，以满足模拟精度要求。根据流域植被覆盖度取值由小到大，选择典型年份，分别对模型进行率定验证，得到不同典型年份的参数集合，为预测未来 50 年泥沙过程提供基础。

根据不同植被覆盖状况下的典型年模拟，得到模型关键参数与植被覆盖度关系，如图 7-35 所示，由图可见，模型参数是随植被覆盖度改变而变化的。整体来看，CN 取值随植被覆盖度的增加而减小。流域植被覆盖度增加，增加了对降水的截留和坡面糙率，减缓了坡面流速，增加了入渗量，减少了地表径流。这与产流相关的参数 CN 取值随植被覆盖率增加而减小一致。对于曼宁系数 n，随植被覆盖度的增加而增加。根据 CN 和曼宁系数 n 与植被覆盖度关系，进行线性回归，结合未来 2020 年、2030 年和 2050 年的植被覆盖度，对未来泥沙过程进行模拟计算。

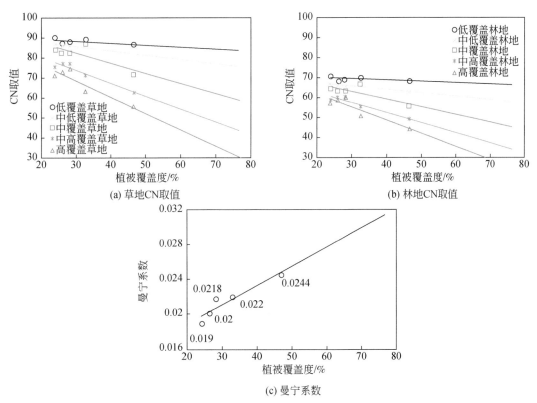

图 7-35　模型关键参数与植被覆盖度的关系

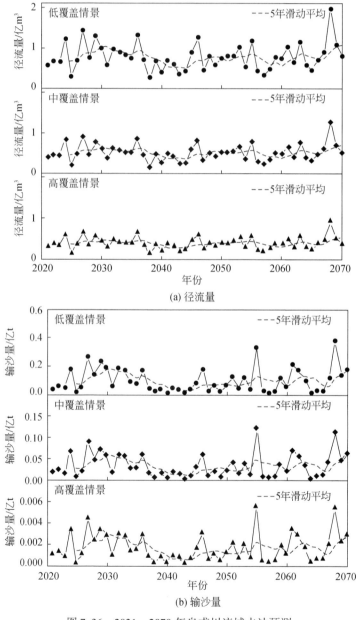

（4）未来 50 年水沙预测结果

基于 RCP4.5 情境下的气候资料数据，考虑流域内 18 座淤地坝，同时分别以 2020 年、2030 年和 2050 年作为低、中、高覆盖条件下土地利用的边界条件，对 2021～2070 年皇甫川流域来水来沙情况进行预测。

图 7-36 为皇甫川流域未来 50 年水沙预测结果，由图可见，未来 50 年流域水沙过程并未表现出显著变化趋势。低覆盖情景多年平均径流量和输沙量分别为 0.779 亿 m³ 和 0.102 亿 t，

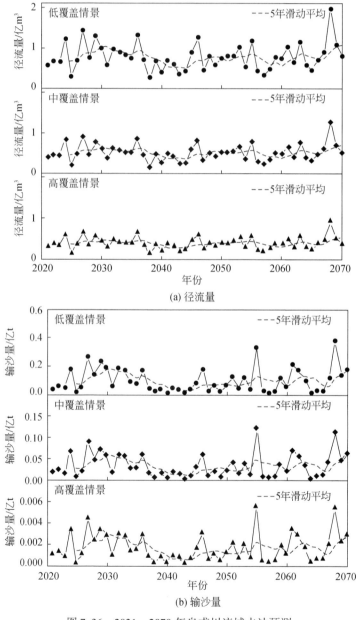

(a) 径流量

(b) 输沙量

图 7-36　2021～2070 年皇甫川流域水沙预测

C_v 分别为 0.42 和 0.84；中覆盖情景多年平均径流量和输沙量分别为 0.524 亿 m³ 和 0.035 亿 t，C_v 分别为 0.40 和 0.82；高覆盖情景多年平均径流量和输沙量分别为 0.389 亿 m³ 和 0.002 亿 t，C_v 分别为 0.39 和 0.79。随着覆盖度的提高，流域径流量和输沙量均值和 C_v 均减小，减沙幅度高于减水幅度，反映了植被对流域水文过程具有调节作用。由 5 年滑动平均过程线可以看出，未来 50 年流域水沙过程具有明显的阶段性，以低覆盖情景为例，2021～2030 年为丰水年段，平均径流量、输沙量分别为 0.857 亿 m³ 和 0.127 亿 t；2031～2044 年为枯水年段，平均径流量、输沙量分别为 0.671 亿 m³ 和 0.074 亿 t；2045～2060 年为平水年段，平均径流量、输沙量分别为 0.733 亿 m³ 和 0.087 亿 t；2061～2070 年为丰水年段，平均径流量、输沙量分别为 0.929 亿 m³ 和 0.138 亿 t。

2000～2015 年皇甫川流域实测输沙量为 0.076 亿 t，C_v 为 1.2，从预测结果来看，中覆盖情景下来沙量为 0.035 亿 t，较 2000～2015 年偏低 53.9%，未来的来沙量可能会进一步减小，但不排除降水的不确定性导致个别年份来沙量很大的可能性。就来水量而言，高覆盖情景的平均来水量为 0.389 亿 m³，较 2000～2015 年的 0.332 亿 m³ 偏高 17.2%，该情景的流域植被恢复潜力已达到最高，在不考虑人类取用水的情况下，推断未来来水量可能不会低于 2000～2015 年的平均值。

7.3.3.2 无定河流域水沙预测

(1) 模型参数与计算

SWAT 模型需求的土壤数据库包括土壤类型的空间分布数据与各类型土壤物理化学参数两部分。本研究使用的土壤类型图分辨率为 1km，来自世界土壤数据库（Harmonized World Soil Database，HWSD），其可从 FAO 网站（http://www.fao.org/nr/land/soils/harmonized-world-soil-database/en/）下载。使用无定河流域边界对 HWSD 土壤类型图进行裁剪，得到无定河流域的土壤类型图，该图具有 40 个子类的土壤，然后根据数据库中的土壤理化参数将完全相同的土壤子类进行合并，最终得到 23 个土壤子类型。

SWAT 模型所需的土壤物理化学参数如表 7-13 所示，这些参数影响着水分在土壤中的运动，以及地表水与地下水之间的交换，同时影响着流域蒸散发等过程。在 HWSD 中，土壤均分为上下两层，总厚度 1m，其中上层 70cm，下层 30cm；阴离子交换孔隙度默认为 0.5，土壤最大可压缩量默认为 1，地表反照率默认为 0.01；土壤粒级组成、土壤有机碳含量及土壤电导率均可直接在 HWSD 中查询得到；土壤湿密度、土壤层可利用水量、饱和有效传导系数均在 SPAW 软件中进行计算；最后通过上述参数计算得到土壤可蚀性因子 K。

表 7-13 SWAT 模型土壤物理化学参数输入参数统计

序号	土壤理化参数	参数定义
1	SNAM	土壤名称
2	NLAYERS	土壤分层数

序号	土壤理化参数	参数定义
3	HYDGPR	土壤水文分组（A、B、C、D）
4	SOL_ ZMX	土壤剖面最大根系深度（mm）
5	ANION_ EXCL	阴离子交换孔隙度，默认值0.5
6	SOL_ CRK	土壤最大可压缩量
7	TEXTURE	土壤层机构
8	SOL_ Z	土壤深度（mm）
9	SOL_ BD	土壤湿密度（g/m³）
10	SOL_ AWC	土壤层可利用水量（mm/mm）
11	SOL_ K	饱和有效传导系数（mm/h）
12	SOL_ CBN	土壤有机碳含量
13	CLAY	黏粒所占百分比（%）
14	SILT	粉粒所占百分比（%）
15	SAND	砂粒所占百分比（%）
16	ROCK	石砾所占百分比（%）
17	SOL_ ALB	地表反照率
18	USLE_ K	通用土壤流失方程（USLE）中的土壤可蚀性因子
19	SOL_ EC	土壤电导率（dS/m）

　　淤地坝数量众多、管理简单，不具备获得实测出流数据的条件，因此，模拟淤地坝的拦水拦沙作用需选用无控制水库的年均泄流量，即把淤地坝作为无控制水库加入 SWAT 模型。选用无控制水库的年均泄流量方法，必需的参数有 RES_ EVOL（非常溢洪道水位处的水库库容）、RES_ ESA（非常溢洪道水位处的水库水面面积）、RES_ PVOL（正常溢洪道水位处的水库库容）、RES_ PSA（正常溢洪道水位处的水库水面面积）（Tian et al.，2013）。

　　淤地坝只进行过库容统计而缺乏水面面积资料，且一般无面积–库容曲线，为了获得相关参数，使用 Tian 等（2013）建立的黄土高原地区淤地坝水面面积与库容关系：

$$V = 39.306 A^{0.712} \tag{7-5}$$

式中，V 为淤地坝库容（万 m³）；A 为淤地坝水面面积（hm²）。

　　为了研究式（7-5）在无定河流域的适用性，选取本流域 2000 年以后建设的部分骨干坝，因为其建成时间较短，泥沙淤积少，有明显的蓄水面积，使用 Google Earth 软件的陆地卫星图像测量出水面面积 A_{Sat}，与式（7-5）计算出的水面面积 A_{Eq} 对比，如表 7-14 所示，由表可见，式（7-5）计算结果与测量值之间的相对误差均在 20% 以内，表明式

（7-5）在无定河流域较为适用。

表 7-14　式（7-5）误差汇总

骨干坝名称	纬度/（°）	经度/（°）	库容/万 m³	水面面积 A_{Sat}/hm²	水面面积 A_{Eq}/hm²	相对误差/%
崔井	37.311	108.162	263	12.90	14.45	12.0
响水石畔	37.821	109.281	82	3.10	2.82	-9.0
寺好峁	37.791	109.241	88	2.93	3.10	5.8
背咀峁	37.775	109.339	121	4.53	4.86	7.3
三皇庙	37.784	109.311	125	5.15	5.10	-1.0
沙峁	37.817	109.361	180	10.30	8.49	-17.6
南沟	37.81	109.308	82	2.92	2.81	-3.8
沙背洼	37.747	109.266	73	2.13	2.37	11.3
大湾梁	37.761	109.334	79	2.28	2.68	17.5
梁家沟	37.644	109.877	98	3.35	3.62	8.1

　　将淤地坝的总库容作为 RES_ EVOL 代入式（7-6）得到的水面面积作为 RES_ ESA；将淤地坝的拦沙库容作为 RES_ PVOL 代入式（7-6）得到的水面面积作为 RES_ PSA（Li et al.，2016）。水利部标准《淤地坝技术规范》规定了建设淤地坝时拦沙库容的计算标准：

$$V_L = \frac{\overline{W}_{sb}(1-\eta_s)N}{\gamma_d}$$ （7-6）

式中，$\overline{W}_{sb}$ 为多年平均总输沙量（万 t/a）；η_s 为坝库排沙比，无溢洪道时取为 0，有溢洪道时可稍大；N 为设计淤积年限；γ_d 为淤积泥沙干容重，可取 1.3～1.35t/m³。

　　截至 1996 年，无定河流域修成淤地坝 11 710 座，累计可淤积库容 21.80 亿 m³；累计治理面积 8364km²，占全流域水土流失面积的 36.4%。由于区内淤地坝众多，且侵蚀产沙量巨大，很多库容较小的淤地坝在修成数年内就会淤满，失去库坝的功能，如果全部加入模型将极大地增加研究的工作量，降低模型运行效率，因此综合考虑模拟时段等因素后，本研究选取 1990 年前建成的库容大于 300 万 m³ 的 10 座淤地坝加入 SWAT 模型，使用式（7-5）计算拦沙库容，使用式（7-6）计算 RES_ ESA 与 RES_ PSA，如表 7-15 所示。

表 7-15　无定河流域主要淤地坝信息统计

治沟骨干工程	地区	建设年份	总库容/万 m³	拦沙库容/万 m³	RES_ ESA/hm²	RES_ PSA/hm²
王家砭	清涧县	1975	480	336	33.6	23.5
王岔	子洲县	1956	480	336	33.6	23.5

治沟骨干工程	地区	建设年份	总库容/万 m³	拦沙库容/万 m³	RES_ESA/hm²	RES_PSA/hm²
高镇榆树峁	横山区	1972	739	517	61.6	43.1
张王家圪崂	绥德县	1956	480	336	33.6	23.5
前沟骨干坝	横山区	1975	305	214	17.8	12.4
新建骨干坝	横山区	1990	951	665	87.7	61.4
西庄	子洲县	1985	302	211	17.5	12.2
石窑沟乡红崖峁	横山县	1975	645	452	50.9	35.6
李家沟村王庄沟	榆阳区	1977	300	210	17.4	12.2
色草湾村龙眼沟	榆阳区	1973	500	350	35.6	24.9

（2）水沙预测结果

考虑到无定河流域在 20 世纪 70~80 年代进行了大规模的流域治理工作，选取 1975~2010 年作为模拟时段。选取 16 个径流敏感参数和 8 个泥沙敏感参数进行率定，参数率定工具是专门为 SWAT 模型研发的率定软件 SWAT-CUP（SWAT Calibration and Uncertainty Programs）。

经过参数的率定与验证后，SWAT 模型在无定河流域的精度显著提高，对流域年尺度水沙模拟结果较好，如图 7-37 所示。模拟值与实测值的变化趋势基本一致，且峰值基本重合，表明模型模拟出的径流泥沙在无定河流域适用性较好，可以较好地反映流域的真实水沙情势。上述结果表明，SWAT 模型在无定河流域的径流泥沙模拟结果满足一般精度要求，可以用来反映该区域的水文及输沙过程。

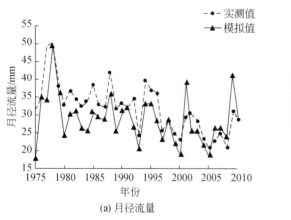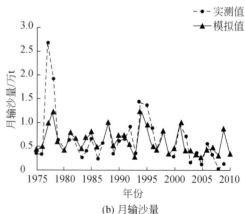

图 7-37 白家川站月径流量、月输沙量模拟值与实测值对比

根据率定的 SWAT 模型，且保持模型参数不变，将 CMCC、GFDL、IPSL 气候模式模拟的未来逐日气象数据输入模型，模拟流域未来变化情景下的径流和泥沙过程。由图 7-38（a）可见，在三种不同气候模式下，2020～2070 年无定河流域径流量均呈现波动变化。在 CMCC 和 GFDL 两种气候模式下，径流量呈显著增加趋势（$P<0.05$），其中 CMCC 气候模式下 Z 值为 0.198，GFDL 气候模式下 Z 值为 0.381。然而在 IPSL 气候模式下，径流量呈不显著增加趋势（$P>0.05$），对应的 Z 值为 0.140。与径流量不同，在 CMCC 和 IPSL 气候模式下，2020～2070 年无定河流域输沙量呈不显著增加趋势，如图 7-38（b）所示，在 GFDL 气候模式下，输沙量呈显著增加趋势。

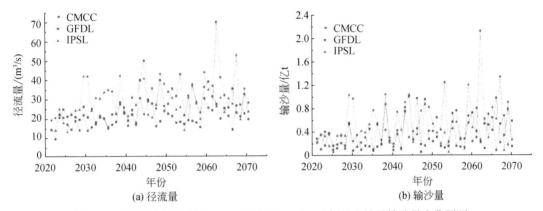

图 7-38　不同气候模式下无定河流域 2020～2070 年径流量及输沙量变化预测

由表 7-16 给出的年代变化来看，GFDL 气候模式下，径流量和输沙量均呈直线增长趋势，其中径流量 50 年间增长了 178.71m³/s，输沙量增长了 4.12 亿 t。CMCC 和 IPSL 气候模式下，输沙量变化趋势一致，自 21 世纪 20 年代到 40 年代，无定河流域输沙量呈逐渐增加趋势，在 50 年代出现减少趋势，之后又有一定的回升。相较于其他两种气候模式，在 CMCC 气候模式下，径流量和输沙量的增加值最小，径流量仅增加 59.29m³/s，输沙量增加 1.93 亿 t，如图 7-39 所示。

表 7-16　无定河流域未来各年代径流量、输沙量预测统计

指标	气候模式	21 世纪 20 年代	21 世纪 30 年代	21 世纪 40 年代	21 世纪 50 年代	21 世纪 60 年代
径流量/ （m³/s）	CMCC	189.19	202.43	264.70	234.17	248.48
	GFDL	146.81	192.86	256.15	268.21	325.52
	IPSL	191.54	313.04	305.18	284.66	311.85
输沙量/ 亿 t	CMCC	2.49	3.05	4.62	3.63	4.42
	GFDL	2.50	2.57	3.94	4.87	6.62
	IPSL	3.28	5.36	6.50	4.33	6.38

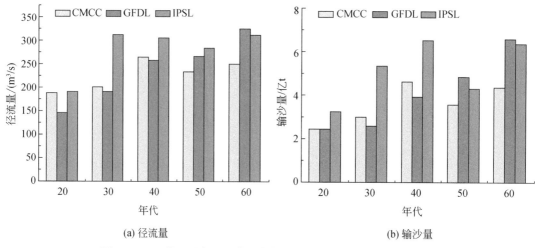

(a) 径流量   (b) 输沙量

图 7-39　21 世纪无定河流域未来各年代径流量、输沙量变化过程

7.3.3.3　延河流域水沙预测

选用流域出口控制站甘谷驿站 1987～1996 年月径流量数据进行模型的校准与验证。为了提高模型精度、减少误差，使用 SWAT-CUP 软件的 SUFI-2 算法在率定期时段进行调参。经过参数率定，得到相关参数的最佳校准值后，将其代入验证期时段进行验证。使用 R^2 和 ENS 对模型在延河流域的适用性进行评价，当 R^2>0.6 且 ENS>0.5 时，模拟结果较好且可信。当率定期与验证期模拟结果均较好时，认为参数的最佳校准值适用于模拟区域。

使用甘谷驿站 1987～1996 年月径流数据作为实测值，进行 LH-OAT 敏感性分析后，选取 14 个敏感性强的参数进行率定。率定期（1988～1992 年）和验证期（1993～1996 年）甘谷驿站月径流量的实测值和模拟值如图 7-40 所示，在模拟过程中，模型对汛期洪水峰值的模拟结果较好，对枯水期径流的模拟结果较实测值普遍偏小，原因是 SCS（径流曲线数）法一般应用在蓄满产流的地区，干旱的黄土高原地区一般为超渗产流，SCS 法应用在此地区有一定的误差。在率定期 R^2 = 0.75、ENS = 0.66；在验证期 R^2 = 0.81、ENS = 0.71。说明模型在延河流域适用性较强，可以较好地反映流域的真实水文情势。

根据率定的 SWAT 模型，将未来逐日气象数据输入模型模拟径流和泥沙过程。由图 7-41（a）可见，在三种不同气候模式下，2020～2070 年延河流域径流量均呈现波动变化。在 CMCC 和 IPSL 两种气候模式下，径流量呈不显著增加趋势，其中 CMCC 气候模式下 Z 值为 0.038，IPSL 气候模式下 Z 值为 0.140。然而在 GFDL 气候模式下，径流量呈显著增加趋势，对应的 Z 值为 0.275。与径流量不同，在 CMCC 气候模式下，2020～2070 年延河流域输沙量呈不显著减少趋势，如图 7-41（b）所示；在 IPSL 气候模式下，输沙量呈不显著增加趋势；在 GFDL 气候模式下，输沙量呈显著增加趋势，其 Z 值高达 0.455。

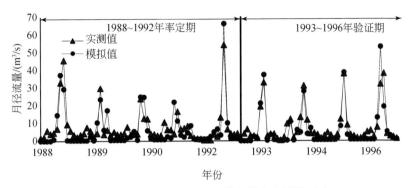

图 7-40　甘谷驿站月径流量模拟值与实测值对比

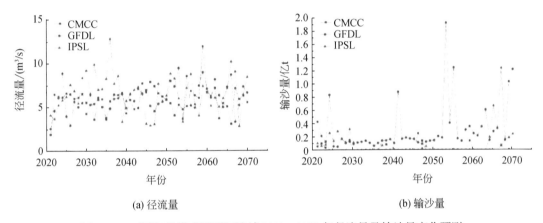

(a) 径流量　　　　　　　　　　(b) 输沙量

图 7-41　不同气候模式下延河流域 2020～2070 年径流量及输沙量变化预测

由表 7-17 和图 7-42 年代变化来看，在 CMCC 和 GFDL 气候模式下，21 世纪 40 年代之前径流量基本保持相同的增长速率，之后在 GFDL 气候模式下径流量增长速率更快。对于 IPSL 气候模式来说，径流量呈现波动变化，50 年间增长了 11.20m³/s。在 GFDL 和 IPSL 气候模式下，延河流域不同年代输沙量呈现完全不同的变化趋势，其中在 IPSL 气候模式下，流域输沙量一直呈持续减少趋势，直至 50 年代又有一定的回升。相较于其他两种模式流域输沙量总体呈增加趋势，但在 CMCC 气候模式下，流域输沙量减少了 0.85 亿 t。

表 7-17　延河流域未来各年代径流量、输沙量预测统计

指标	气候模式	21 世纪 20 年代	21 世纪 30 年代	21 世纪 40 年代	21 世纪 50 年代	21 世纪 60 年代
径流量/(m³/s)	CMCC	52.31	56.18	62.25	61.49	56.61
	GFDL	45.16	53.07	58.27	69.35	64.32
	IPSL	53.12	80.27	55.45	65.25	64.32

续表

指标	气候模式	21 世纪 20 年代	21 世纪 30 年代	21 世纪 40 年代	21 世纪 50 年代	21 世纪 60 年代
输沙量/亿 t	CMCC	0.98	0.30	0.47	0.21	0.13
	GFDL	1.66	1.31	2.25	5.19	3.53
	IPSL	1.64	0.27	0.17	0.08	2.85

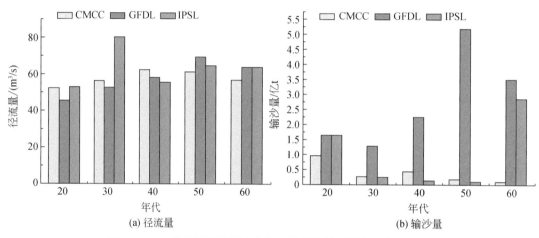

图 7-42　21 世纪延河流域未来各年代径流量、输沙量变化过程

7.3.4　HydroTrend 模型的泥沙预测

7.3.4.1　HydroTrend 模型验证

基于第 6 章关于 HydroTrend 模型的修正和率定，将时间序列 1919～2016 年划分为 10 个时段，如表 7-18 所示。将各个时段分别记为 Epoch1～Epoch10。除了 1994～1996 年这一时段序列太短（只有 3 年）以外，其他时段的时长大都在 10 年左右，符合 HydroTrend 模拟的时长要求。Epoch1～Epoch10 按照时间顺序对黄河输沙量进行逐段模拟。

表 7-18　黄河流域 1919～2016 年时段划分及各变量的均值汇总

编号	时段	时长/年	气温/℃	降水/mm	流量/（m³/s）	年输沙量/亿 t
Epoch1	1919～1931 年	13	6.97	402	1218	12.09
Epoch2	1932～1944 年	13	7.03	425	1649	19.03
Epoch3	1945～1959 年	15	6.71	436	1701	17.07
Epoch4	1960～1967 年	8	6.20	432	1815	14.37

续表

编号	时段	时长/年	气温/℃	降水/mm	流量/（m³/s）	年输沙量/亿 t
Epoch5	1968～1978 年	11	6.22	418	1607	13.48
Epoch6	1979～1986 年	8	6.31	411	1717	7.89
Epoch7	1987～1993 年	7	6.79	419	1509	7.91
Epoch8	1994～1996 年	3	6.89	427	1239	10.77
Epoch9	1997～2005 年	9	7.51	401	1186	4.54
Epoch10	2006～2016 年	11	7.55	434	1304	1.62

　　1919～2016 年各时段水沙过程如表 7-19、图 7-43 和图 7-44 所示，由表和图可见，1919～2016 年的模拟结果中流量的模拟效果一般，10 个时段中有 5 个时段相对误差小于 10%，另外 5 个时段的相对误差均大于 10%，其中 Epoch1 的相对误差最大。整个流量模拟值序列比实测值偏大，离散程度偏小。此现象的主要原因是在模拟过程中没有更改除了气象数据以外的其他参数，如地下水相关参数等。人类活动会改变流域的水文条件以及植被条件，这些都会影响流域出口的流量值，但在此模拟中没有体现出来。

表 7-19　黄河流域 1919～2016 年的水沙模拟结果统计（多年平均值）

编号	时段	Q/（m³/s）	Err_Q/%	E_h	SL/亿 t	Err_S/%
Epoch1	1919～1931 年	1680.49	38	4.66	12.09	0
Epoch2	1932～1944 年	1718.44	4	6.85	19.04	0.1
Epoch3	1945～1959 年	1800.78	6	6.30	17.07	0
Epoch4	1960～1967 年	1770.05	-2	6.06	14.35	-0.1
Epoch5	1968～1978 年	1715.95	7	5.65	13.50	0.1
Epoch6	1979～1986 年	1641.96	-4	3.30	7.91	0.3
Epoch7	1987～1993 年	1675.64	11	2.88	7.89	-0.3
Epoch8	1994～1996 年	1578.40	27	3.90	10.77	0
Epoch9	1997～2005 年	1569.96	32	1.60	4.54	0.1
Epoch10	2006～2016 年	1715.24	32	0.53	1.63	0.6

注：Err_Q 表示流量与实测值的相对误差，SL 为年输沙量，Err_S 为输沙量与实测值的相对误差。

　　输沙量的模拟结果效果很好，很好地体现了不同时段的输沙量变化情况，只是模拟序列的波动程度低于观测序列，这与模拟流量序列的波动程度较低有关。在气象条件变化幅度不大的情况下，多年平均输沙量的变化与人类影响因子 E_h 的变化保持了很强的一致性；

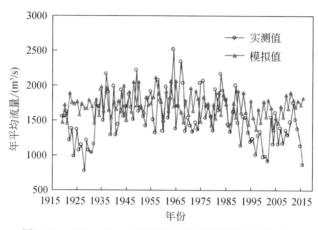

图 7-43   1919~2016 年逐年年平均流量模拟结果对比

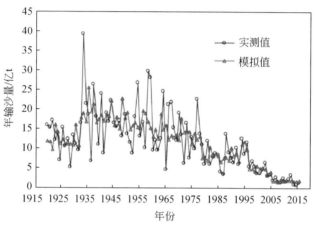

图 7-44   1919~2016 年逐年年输沙量模拟结果对比

Epoch1 和 Epoch2，E_h 显著增大（增幅为 47%），与之对应的是多年平均输沙量增加 57%，达到 10 个时段中的最大值 19.04 亿 t；Epoch2~Epoch5，E_h 从 6.85 持续缓慢下降到 5.65，多年平均输沙量也从最大值下降到 13.50 亿 t；Epoch8 的 E_h 发生了突变，但是 Epoch8 时间太短（只有 3 年），输沙量的自然波动比较大，该时段作为一个研究时段来模拟多年平均输沙量的参考意义不大；若 Epoch8 排除在外，则 Epoch5~Epoch10，E_h 持续下降，且下降速度较快。

综上所述，1919~2016 年人类影响因子 E_h 经历了短暂的增大然后持续减小的过程。最后一个时段（2006~2016 年），人类活动已经对黄河的输沙起到了抑制作用，导致年输沙量低于原始条件下（无人类活动影响）的多年平均输沙量。

7.3.4.2 HydroTrend 模型预测结果

应用 HydroTrend 模型预测了黄河多年平均的输沙量。预测结果表明，黄河流域人类影响作用的变化趋势使得流域越来越接近中全新世时期的天然河流状态，最近时段 Epoch10（2006～2016 年）的 E_h 已经首次低于 1，人类活动起到了相对天然河流减沙的效果，可以认为 Epoch10 的 $E_h=0.53$ 已经是极限值，未来很难比 0.53 更低，而由于淤地坝和水库等的拦沙作用减弱其又逐渐回升，恢复到天然河流状态（$E_h=1$）是比较理想的状态。因此，E_h 取两个值，0.53 和 1.0，认为未来的 E_h 在 0.53～1.0。根据不同的气象条件和人类活动强度用 HydroTrend 进行模拟的结果如表 7-20 所示。在经过修正的 RCP4.5 模式下及 GCM 数据的基础上预测未来 30～50 年潼关年输沙量为 1.74 亿～4.47 亿 t。

表 7-20 不同情景下未来 30～50 年潼关预测输沙量统计

指标	$E_h=0.53$（减沙）								
气候模式	CMCC	GFDL	IPSL	CNRM-CM5_ QM	CSIRO-Mk3-6-0_ QM	EC-EARTH_ QM	EC-EARTH_ RCM	MIROC-ESM-CHEM_ QM	NorESM1-M_ QM
降水/mm	461.2	450.0	471.1	483.2	448.0	487.8	478.8	488.4	468.1
气温/℃	8.73	8.45	8.99	9.05	9.76	9.87	9.04	9.01	9.47
输沙量/亿 t	1.78	1.74	2.07	2.26	1.99	1.96	1.97	2.13	2.37
指标	$E_h=1.0$（无影响）								
气候模式	CMCC	GFDL	IPSL	CNRM-CM5_ QM	CSIRO-Mk3-6-0_ QM	EC-EARTH_ QM	EC-EARTH_ RCM	MIROC-ESM-CHEM_ QM	NorESM1-M_ QM
降水/mm	461.2	450.0	471.1	483.2	448.0	487.8	478.8	488.4	468.1
气温/℃	8.73	8.45	8.99	9.05	9.76	9.87	9.04	9.01	9.47
输沙量/亿 t	3.36	3.29	3.91	4.26	3.75	3.70	3.73	4.02	4.47

7.3.5 产沙指数模型的泥沙预测

7.3.5.1 下垫面情景设计

分别对黄河主要产沙区的梯田面积、林草地面积和林草地覆盖度的发展潜力，以及近几十年洪水泥沙变化趋势等进行了分析，结果表明，大部分地区的林草有效覆盖率和梯田面积都在 2018 年前后基本达到峰值、近几年的产洪产沙能力已基本稳定；林草梯田有效覆盖率的增大潜力有限。

未来，在黄河主要产沙区的梯田发展潜力主要集中在农业人口密度较大的甘肃省泾河西北部、渭河上游和祖厉河一带，以及河龙区间中部；可增加林草地面积的区域主要集中在河龙区间中部和泾河流域北部；在湟水流域、清水河上中游、祖厉河中游、泾河西北部、渭河局部、无定河河源区和河龙区间中部（无定河—佳芦河—湫水河—屈产河一带），林草植被覆盖度仍有一定的增长空间。能够实现该"增长潜力"，显然是未来下垫面设计的理想情景。

前文研究还证明，除气候因素外，务农（牧）人员的数量、对耕地的需求和土地利用方式等，是影响林草地面积及其覆盖度、梯田面积的至关重要因素。考虑人类活动强度和方式的波动、降雨和气温条件波动等，未来林草植被覆盖度存在恶化的风险，但林草地面积和梯田面积应仍可以维持 2017 年的状况。

综合以上分析，在国家政治经济环境不发生重大变化的前提下，设计了 12 种情景，作为未来可能的林草梯田情景，如表 7-21 所示，其中：①第 1 种情景是维持"2018 年植被+2017 年梯田"，简称现状情景。从第 4 章分析可见，这是过去百年中最好的林草梯田覆盖情景。同时，由于降雨丰沛，2018 年的植被覆盖度甚至高于 2019~2020 年。②第 2 种和第 3 种情景是林草植被和梯田均基本实现其发展潜力，这显然是未来理想的发展情景，因此均可称为"理想情景"。③第 4~第 10 种情景是不同等级的不利情景，其中，植被包括退化至 2014 年、2010 年、2008 年和 2005 年四种情景，梯田包括维持 2017 年规模、实现其发展潜力的 50%（半理想梯田）、完全实现其发展潜力（理想梯田）三种梯田情景。在情景设计时，若某水平年的实际林草有效覆盖率低于植被最恶化情景，则以最恶化情景的林草有效覆盖率作为该水平年的林草有效覆盖率。最终，设计的 2008~2010 年植被覆盖度大体较 2018 年偏低 15%~30%。④第 11~第 12 种情景是植被最恶化的情景。该情景假设梯田基本实现其发展潜力、林草地面积维持现状规模、坝地实现其发展潜力、近 40 年植树造林形成的乔灌林及其附属的水平沟和鱼鳞坑等也得以保持，但近 20 多年依靠自然修复而形成的"荒草野灌"全部退化，即自然修复成果归零。由于黄土高原各地启动自然修复的时间不同，该情景对应的植被状况为 2004~2010 年不等。

表 7-21 林草梯田有效覆盖率的未来前景设计方案汇总　　　　（单位：%）

设计下垫面情景	河龙区间黄丘区	北洛河上游	汾河上游	泾河景村以上	渭河元龙以上	十大孔兑丘陵区	祖厉河上中游	清水河上中游	兰州—循化区间
现状情景	61.9	60.8	65.9	55.4	65.1	42.9	46.5	34.4	55.4
现状植被+半理想梯田	63.7	61.4	67.3	59.3	67.8	44.0	49.7	35.2	57.2
理想情景	64.6	62.0	68.7	63.1	71.1	44.1	52.9	44.1	60.5
2014 年植被+理想梯田	58.9	59.8	63.3	59.7	69.5	41.4	55.8	35.3	54.5
2014 年植被+半理想梯田	58.0	59.5	62.6	56.5	66.9	41.4	49.0	34.5	53.9

续表

设计下垫面情景	河龙区间黄丘区	北洛河上游	汾河上游	泾河景村以上	渭河元龙以上	十大孔兑丘陵区	祖厉河上中游	清水河上中游	兰州—循化区间
2010 年植被+现状梯田	50.3	56.9	56.4	50.5	63.3	38.7	45.0	33.1	47.2
2010 年植被+半理想梯田	51.4	57.2	57.2	53.6	65.8	38.7	51.9	33.6	49.2
2010 年植被+理想梯田	52.3	57.6	57.9	56.9	68.5	38.7	55.0	34.5	49.8
2008 年植被+半理想梯田	48.1	56.1	54.5	52.2	65.3	37.3	47.7	33.3	46.9
2005 年植被+半理想梯田	43.5	46.0	53.8	52.3	64.0	30.4	48.1	32.1	49.3
最恶化植被+半理想梯田	43.2	38.3	53.3	52.1	63.8	27.5	48.1	31.7	49.2
最恶化植被+理想梯田	44.0	37.8	52.8	54.2	66.5	27.5	49.4	32.7	52.7

由表 7-21 分析可知，未来林草梯田覆盖率提高潜力最大的地区，主要是黄土高原的中西部地区，包括清水河上中游、泾河上中游、祖厉河上中游、渭河上游和兰州以上，除清水河上中游、马莲河上游和祖厉河中游外，其他地区的增长潜力主要来自梯田建设。未来退化风险最大的地区，依次是北洛河上游、河龙区间黄丘区、十大孔兑上游丘陵区和汾河上游，这些区域天然时期产沙占黄土高原沙量的 60%；在泾河及其以西的黄土高原中西部地区，林草梯田有效覆盖率较现状变化不大或略增，原因在于该区林草梯田有效覆盖率主要源自梯田的贡献。

7.3.5.2 未来产沙情势预测

通过以上分析，推荐 1933～1967 年丰雨、1919～1959 年次丰雨作为未来 50 年的降雨情景，并考虑了 1966～2019 年平雨情景。基于 1919～1959 年下垫面背景，在 1933～1967 年丰雨、1919～1959 年次丰雨、1919～2019 年平雨条件下，黄河潼关沙量分别为 17 亿 t/a、16 亿 t/a、15 亿 t/a，潼关以上黄土高原入黄沙量分别为 18.0 亿 t/a、16.9 亿 t/a、15.8 亿 t/a。同时，还设计了 12 种林草梯田覆盖情景，如表 7-21 所示。

基于以上设计的降雨和下垫面情景，采用前文介绍的计算方法，分别计算了 12 种下垫面在三种降雨情况下的产沙量及其较天然时期相应降雨条件下的减少幅度，结果如图 7-45 和图 7-46 所示；限于篇幅，表 7-22 只列出了四种典型下垫面情景下各支流产沙量的计算结果。如图 7-45 和表 7-22 分析可知：①如果潼关以上黄土高原未来能够维持现状植被和梯田水平（2016～2019 年的林草植被+2017 年梯田），则在 1933～1967 年丰雨和

1919~1959 年次丰雨条件下，该区产沙量将分别达 4.99 亿 t/a、4.77 亿 t/a，分别较天然下垫面相应降雨条件的产沙量减少约 72%。②如果林草植被和梯田都能够实现其增长潜力，则在 1933~1967 年丰雨和 1919~1959 年次丰雨条件下，黄土高原产沙量将分别达 4.02 亿 t/a、3.84 亿 t/a，较天然下垫面相应降雨条件的产沙量减少 77%~78%。对比可见，该结果仅较现状下垫面产沙量减少 19%，原因是靠改善林草梯田覆盖状况而有效减少流域产沙量的阶段已基本结束；在林草梯田有效覆盖率已经达到相应地区阈值的地区，如河龙区间大部、北洛河上游、汾河上游、渭河上游、洮河下游和湟水下游等，继续增加林草梯田有效覆盖率，并不能实现明显减沙的效果，如图 7-47 所示。③如果林草植被退化至 2014 年水平，但梯田实现其发展潜力，则在 1933~1967 年丰雨和 1919~1959 年次丰雨条件下，黄土高原产沙量分别为 5.16 亿 t/a、4.93 亿 t/a，该量值略大于相应降雨条件下的现状下垫面产沙量（4.99 亿 t/a、4.77 亿 t/a）。由此可见，只要保证新的梯田规划得以实施，新增梯田的减沙量可基本抵消植被后退 5 年所导致的增沙量，使产沙情势不出现反弹。④如果林草植被分别退化至 2014 年、2010 年、2008 年和 2005 年水平，梯田实现其发展潜力的一半，则在 1933~1967 年丰雨和 1919~1959 年次丰雨条件下，该区产沙量将分别达 5.26 亿/a 和 9.88 亿 t/a，较天然下垫面相应降雨条件的产沙量减少 45% 和 69%。⑤如果梯田仅可实现其发展潜力的 50%，林草地面积、乔木林以及为植树而修建的水平沟（水平阶、鱼鳞坑）维持现状规模，但近 20 年草灌植被自然修复的成效全部"归零"，则在 1933~1967 年丰雨、1919~1959 年次丰雨和 1966~2019 年平雨条件下，该区产沙量将分别达 10.8 亿 t/a、10.2 亿 t/a、6.01 亿 t/a，分别较天然下垫面相应降雨条件的产沙量减少约 39%、40%、62%。该情景下的黄土高原产沙量，较植被覆盖度退化至 2005 年，但梯田实现发展潜力 50% 时的产沙量略高，如图 7-45 所示。⑥对于不同的下垫面情景，丰雨

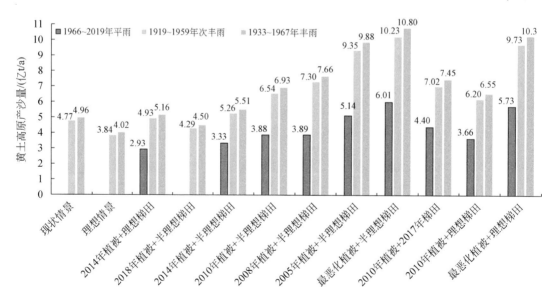

图 7-45 设计降雨和下垫面情景下的黄土高原产沙量计算结果对比

情况下的减沙幅度均明显小于平雨，如图 7-46 所示。由此可见，在降雨偏少时，改善林草梯田覆盖状况的减沙效果更明显。

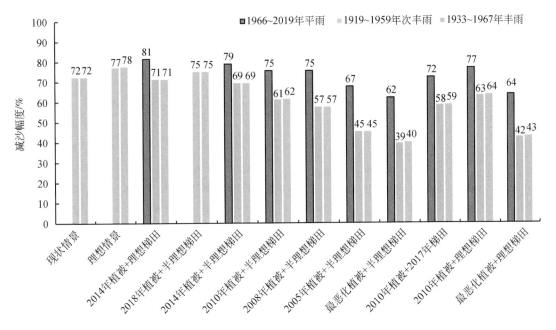

图 7-46　设计降雨和下垫面情景下黄土高原产沙减少幅度对比

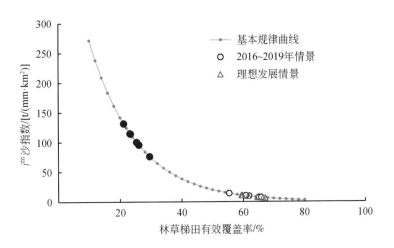

图 7-47　林草梯田发展趋势及相应的产沙情势

表 7-22   未来不同降雨和下垫面情景下黄土高原产沙量推算结果统计

下垫面条件	最恶化的林草情景+ 梯田理想情景 /（万 t/a）			2010 年林草+ 梯田实现其发展潜力的 50% /（万 t/a）			现状情景 /（万 t/a）		理想情景 /（万 t/a）	
降雨条件	1933～ 1967 年 降雨	1919～ 1959 年 降雨	1966～ 2019 年 降雨	1933～ 1967 年 降雨	1919～ 1959 年 降雨	1966～ 2019 年 降雨	1933～ 1967 年 降雨	1919～ 1959 年 降雨	1933～ 1967 年 降雨	1919～ 1959 年 降雨
河龙区间	67 722	64 101	35 621	36 954	35 286	18 460	21 878	20 857	19 200	18 300
其中：无定河	18 643	17 618	9 859	10 388	9 820	5 179	7 347	6 943	6 389	6 053
皇甫川	2 675	2 528	2 148	2 000	1 890	1 553	1 149	1 086	1 008	955
窟野河	4 819	4 554	2 364	2 392	2 260	1 120	896	847	784	743
清涧河	5 636	5 326	2 814	1 370	1 295	565	695	656	628	595
延河	8 331	7 873	4 176	1 720	1 625	699	1030	974	962	911
山西片	12 739	12 097	6 438	9 695	9 222	4 785	6 203	5 923	5 563	5 333
汾河兰村以上	1 099	1 041	511	843	800	375	504	479	427	406
北洛河刘家河以上	4 608	4 364	2 808	1 643	1 562	948	1 390	1 322	1 295	1 231
泾河景村以上	13 659	13 005	8 152	13 469	12 826	7 727	12 088	11 521	9 054	8 643
其中：马莲河	11 531	10 904	7 300	10 767	10 248	6 684	9 423	8 976	7 317	6 974
渭河元龙以上	2 032	1 944	1 466	2 061	1 971	1 465	2 109	2 017	1 631	1 563
清水河	4 329	4 111	3 049	4 122	3 916	2 874	3 977	3 778	2 579	2 453
祖厉河	1 730	1 659	1 350	1 812	1 737	1 417	1 921	1 840	1 511	1 441
兰州—循化黄丘区	3 129	2 966	1 955	3 836	3 635	2 407	2 606	2 472	2 061	1 954
十大孔兑	2 200	2 092	1 406	820	815	498	542	519	499	478
研究区产沙合计	104 498	98 640	59 042	69 261	65 447	38 770	49 906	47 696	41 151	39 361
较天然下垫面减少/%	41.9	41.6	62.6	61.8	61.3	75.0	72.3	71.8	77.1	76.7

注：对于 1933～1967 年和 1919～1959 年降雨条件，计算计入了 1933 年极端暴雨年的沙量。

对于"现状情景"和"理想情景"，没有计算其在 1966～2019 年降雨条件下的产沙量。如前文所述，黄土高原近 10 年的林草植被恢复成果，不仅得益于人类的不当干预程度大幅度降低，而且得益于有利的降雨和气温条件。如果按 1966～2019 年的降雨条件，在年均降雨量大于 400mm 地区，其 2018 年林草植被覆盖度几乎均超过了相应降雨条件的覆盖度标准，如图 7-48 所示（图 7-48 中的直线是中游地区 2018 年植被覆盖度与 2010～2018 年降雨量的关系，圆圈是 2018 年的林草植被覆盖度）。由此可见，如果重现 1966～2019 年的降雨系列，不少地区将难以维持现状林草植被的覆盖状况，更谈不上改善。因此，如果设定未来林草梯田覆盖状况为"2016～2019 年林草梯田情景"和"未来理想情景"，相应的降雨条件应为丰雨情景。

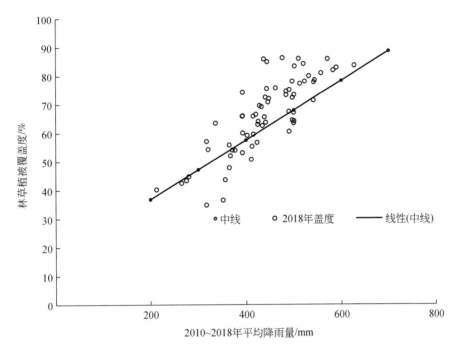

图 7-48 2018 年林草植被覆盖度与 2010～2018 年平均降雨量的关系

　　基于产沙指数模型预测黄河主要产沙区在"2018 年林草+2017 年梯田"和"2010 年林草+2017 年梯田"下垫面情景的产沙模数，如图 7-49 和图 7-50 所示，降雨条件均为 1933～1967 年降雨系列。因缺乏矢量数据，计算时未计入坝地。由图 7-49 和图 7-50 可见，在现状下垫面情况下，产沙模数仍然较高的地区主要分布在 400mm 以下的地区；此外，因坡耕地较多、地表土壤特殊（砒砂岩）或地形特殊（黄土塬）等，河龙区间中部、皇甫川流域和泾河中游也是产沙模数较高的地区。

　　需要说明的是，以上计算只涉及了潼关以上 39 万 km² 的黄土高原范围，没有计入青藏高原和青铜峡-三湖河口区间的来沙量。①随着黄河循化以上龙羊峡水库和李家峡水库等一系列大型水库的建成投运、洮河九甸峡水库和大通河纳子峡水库等水库运用，预计未来青藏高原的入黄沙量不会超过 1450 万 t/a。②在青铜峡至三湖河口区间的黄河干流两侧，分布有乌兰布和、库布齐和毛乌素等沙漠（沙地），导致部分风沙入黄，不过该风沙对黄河中游河段的影响不大，故未单独考虑。

　　在黄土高原入黄沙量大幅减少的同时，入黄洪量也显著减少。洪量减少主要发生在黄土区（含砒砂岩区、盖沙区和砾质丘陵区），土石山区和风沙区的产洪能力变化不大。基于林草有效覆盖率-产洪系数关系，1978 年前后，黄河主要产沙区的产洪系数大体变化在 0.1～0.3；未来，若能够维持 2016～2019 年的下垫面条件或达理想状态，则大部分地区的产洪系数为 0.04～0.07。

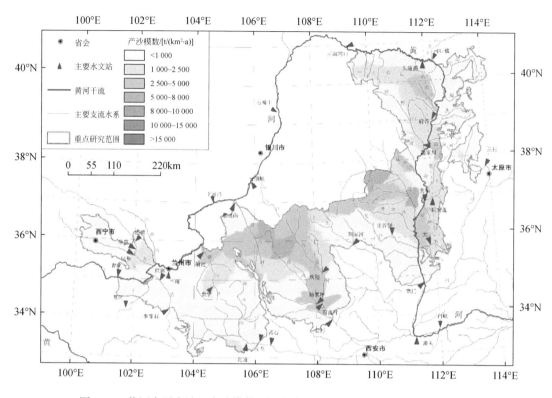

图 7-49　黄河主要产沙区产沙模数空间分布（2018 年林草+2017 年梯田情景）

尽管未来黄土高原入黄沙量和洪量将大幅减少，但并不会消灭高含沙洪水。对于不包括马莲河在内的黄河中游严重水土流失地区，目前林草植被覆盖度已达 55%～80%，多数地区林草梯田有效覆盖率已超过 60%（其中皇甫川 52%、无定河中下游和佳芦河一带 45%～55%），在此条件下，未来可导致高含沙洪水的临界雨强一般在 35～40mm/h 以上，相应的沙峰含沙量在 500～750kg/m³，即高含沙洪水的发生概率和沙峰含沙量将降低，但不会消失；流域产沙强度 ≥2500t/km² 所需要的场次降雨量一般将大于 80mm、雨强 35～45mm/h。不过，对于以沟壑产沙为主的黄土丘陵第 5 副区和黄土塬区（主要涉及马莲河、清水河和祖厉河等），其高含沙洪水的发生概率和含沙量可能较以往变化不大。

7.3.6　人工智能法模型的泥沙预测

利用雨量、雨强、下垫面植被等指标，构建黄河主要产沙区的代表性降雨系列，利用机器学习中极端梯度提升树算法，构建黄河主要产沙区降雨-输沙智能计算模型，将下垫面植被数据、全年降水量、汛期降水量、P_{10}、P_{25}、P_{50} 等降雨指标作为降雨-产沙计算模型的输入特征，以主要产沙区各支流训练数据集（2000～2015 年）对模型进行

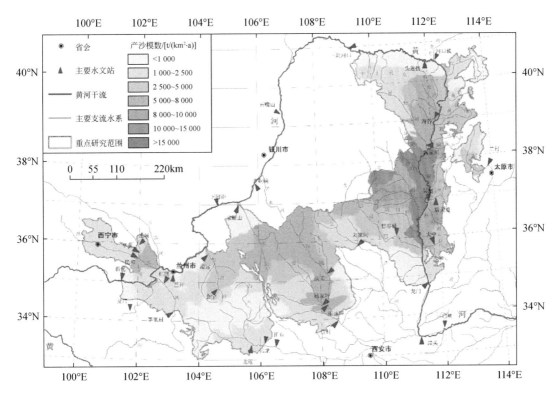

图 7-50　黄河主要产沙区产沙模数空间分布（2010 年林草+2017 年梯田情景）

迭代训练，并利用验证数据集（2016~2019 年）对模型进行验证。计算 1966~1979 年（降雨较丰）、1980~2000 年（降雨较枯）、2001~2009 年（暴雨较少）、2010~2019 年（现状时期）降雨条件下输沙量现状下垫面植被条件下不同区间的输沙量。解析不同时期降雨和非降雨因素对入黄沙量的影响，预测不同时期降雨条件下黄河主要产沙区入黄沙量。

7.3.6.1　主要产沙区沙量预测

黄河主要产沙区上游洮河、湟水、祖厉河、清水河 4 个流域模型训练及测试结果如图 7-51 所示，其中湟水模型在验证数据集上的表现最差，平均相对误差为 26.9%，祖厉河模型在验证数据集上的表现最好，平均相对误差为 21.8%。黄河主要产沙区河龙区间子流域模型训练及测试结果如图 7-52 所示，其中无定河模型在验证数据集上的表现最差，平均相对误差为 44%，窟野河模型在验证数据集上的表现最好，平均相对误差为 13.4%。

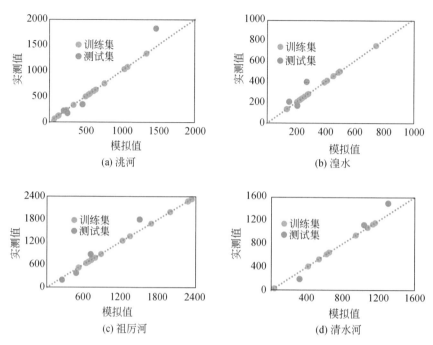

图 7-51　黄河主要产沙区上游流域模型训练集与测试集模拟结果对比

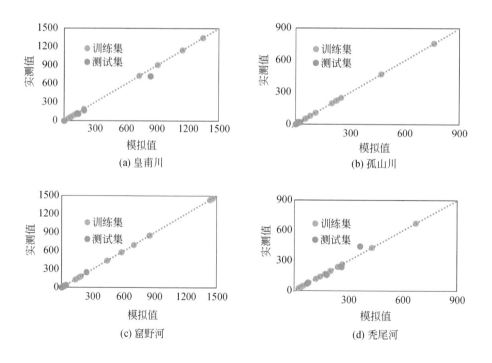

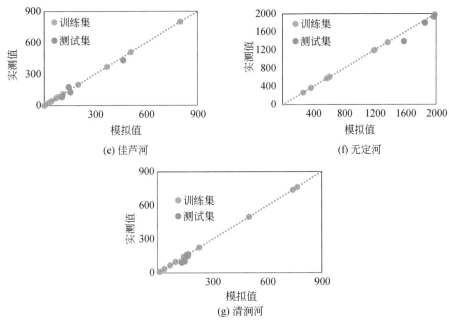

(e) 佳芦河   (f) 无定河

(g) 清涧河

图 7-52　黄河主要产沙区河龙区间流域模型训练集与测试集模拟结果对比

黄河主要产沙区龙潼区间子流域模型训练及测试结果如图 7-53 所示，其中泾河模型在验证数据集上的表现最差，平均相对误差为 24%，渭河模型在验证数据集上的表现最好，平均相对误差为 17%。

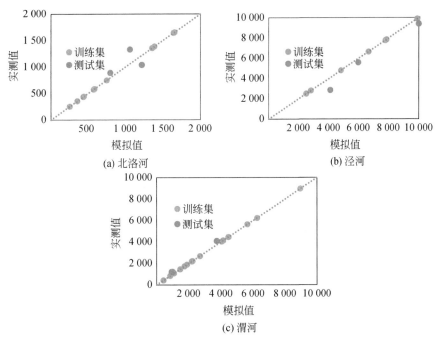

(a) 北洛河   (b) 泾河

(c) 渭河

图 7-53　黄河主要产沙区龙潼区间流域模型训练集与测试集模拟结果对比

选取四个时期作为定量计算不同降雨条件下黄河主要产沙区各流域入黄输沙量大小的降雨序列，分别是 1966~1979 年（降雨较丰）、1980~2000 年（降雨较枯）、2001~2009 年（暴雨较少）、2010~2019 年（现状时期），在这四个时期降雨、现状下垫面植被条件黄河主要产沙区各区间输沙量计算结果如表 7-23 所示。

表 7-23 黄河主要产沙区输沙量计算结果统计 （单位：万 t）

降雨序列	洮河	湟水	祖厉河	清水河	河龙区已控区	河龙区未控区	汾河	北洛河	泾河	渭河	合计
1966~1979 年	469	210	1 344	1 022	4 182	1 255	18	691	7 333	1 021	17 545
1980~2000 年	438	300	758	1 012	2 997	899	20	683	6 510	1 297	14 914
2001~2009 年	438	292	1 014	963	3 854	1 156	13	741	7 329	1 397	17 197
2010~2019 年	451	304	1 221	1 151	5 347	1 604	32	891	6 530	1 424	18 955

河龙区间未控区的现状输沙量是根据已控区实测沙量按面积比例计算的，黄河流域主要产沙区在不同历史降雨、现状下垫面植被条件下的最大年输沙量约为 1.90 亿 t，其中黄河上游主要产沙区洮河、湟水、祖厉河及清水河四个流域年输沙量在 0.25 亿 ~0.31 亿 t，河龙区间在 0.38 亿 ~0.69 亿 t，龙潼区间在 0.85 亿 ~0.94 亿 t。

7.3.6.2 潼关断面未来入黄沙量预测

关于未来降雨情景，现有成果多为宏观的趋势性成果，极难准确给出各支流的量级降雨，情景分析仍是最现实可行的方法。按照四种降雨系列作为预测未来产沙情势的降雨条件。2012 年以后，黄河主要产沙区梯田面积均趋于稳定。考虑到未来进一步退耕的潜力很小、未来气候变化风险等因素，将现状下垫面植被条件作为未来 30~50 年的水平。

由上节研究结果可知，黄河流域潼关以上主要产沙区在不同历史降雨、现状下垫面植被条件下的最大年输沙量约为 1.90 亿 t，最小年输沙量约为 1.49 亿 t。由于黄河主要产沙区泥沙入黄后，一部分会被灌区引走，一部分会淤积在运输途中，黄河潼关断面的年输沙量一般小于黄土高原入黄沙量，建立 1966~2019 年主要产沙区与潼关站年输沙量关系，如图 7-54 所示。潼关断面未来 30~50 年入黄沙量在 1.19 亿 ~1.51 亿 t。

7.3.7 集合机器学习模型的水沙预测

融合模型是根据多种机器学习模型评分结果对模型进行加权融合来获得最终模拟结果的，能够有效减弱机器学习模型过拟合的问题，提高模拟精度与稳定性。根据黄河水沙变化模拟–预测集合评估技术在皇甫川中的应用结果，融合模型作为一种经验模型，模拟精度较高的同时数据量需求低，计算量远小于物理模型。受收集的未来数据限制，我们选择在皇甫川、无定河及延河三个支流流域应用集成学习模型（融合模型）以预测黄河未来 30~50 年水沙变化。在皇甫川、无定河及延河三个支流流域的 1960~2015 年历史观测数

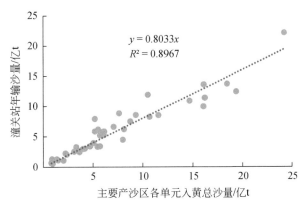

图 7-54　黄河主要产沙区入黄沙量与潼关站年输沙量关系

据中进行模型的训练，预测 2020～2070 年三个支流流域水沙变化。根据潼关站年径流输沙与三个支流年径流输沙总和的历史数据拟合相关关系来粗略推算未来 50 年黄河潼关站年径流量与年输沙量。

7.3.7.1　支流水沙量模拟与预测

完成数据处理之后，在训练集（1960～2015 年数据序列）上应用 9 个监督学习模型，分别为多元线性回归（LR）、k 近邻回归（kNN）、岭回归（Ridge）、支持向量机（SVM）、梯度提升（GB）、随机森林（RF）、XGBoost、LightGBM 以及通过 Stacking 算法堆砌得到的新模型。应用网格搜索方法寻找最优参数，确定 9 个模型后在训练集上进行模型 12 折交叉验证，对模型进行评分。模型评分选择均方根误差（root- mean- square- error，RMSE）。融合机器学习模型框架如图 7-55 所示。

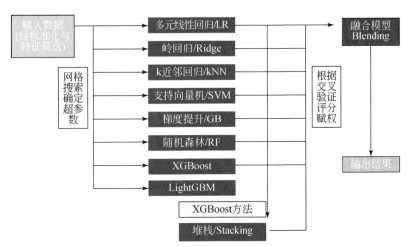

图 7-55　融合机器学习模型框架

RMSE 可以量化模型模拟值与实际值的平均误差大小，RMSE 越小，模型表现越好。根据 9 个模型交叉验证得到的评分结果赋予模型权重，对模型结果进行加权平均得到集合结果，计算集合模拟值同实际值的误差，调整模型权重以降低误差，得到应用于预测的最终融合模型。

将调整好权重的融合模型分别应用于各流域未来预测数据集，得到预测的 2021～2070 年皇甫川、延河和无定河的年径流量和年输沙量。

（1）皇甫川

皇甫川径流与输沙模拟与预测结果如图 7-56（a）和（b）所示，由图可见，通过在训练集上交叉验证，最终确定的模型能够较好地拟合 1960～2015 年皇甫川流域的历史径流和输沙（皇甫川径流模拟 $R^2=0.91$，输沙模拟 $R^2=0.88$）。同时，融合模型表现出模拟极端值能力较弱的问题，预测值变化幅度小于实际值变化。

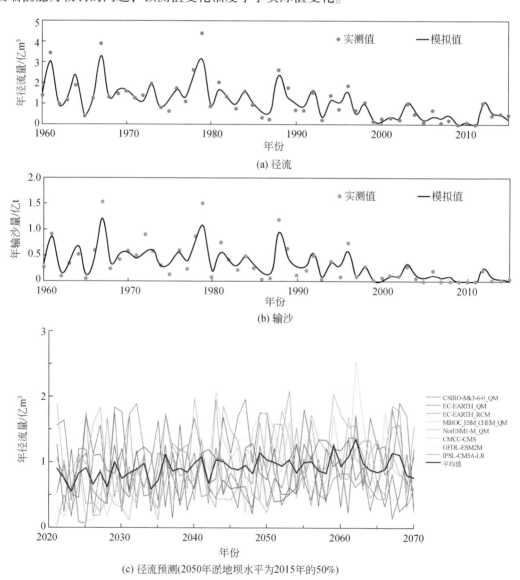

(a) 径流

(b) 输沙

(c) 径流预测(2050年淤地坝水平为2015年的50%)

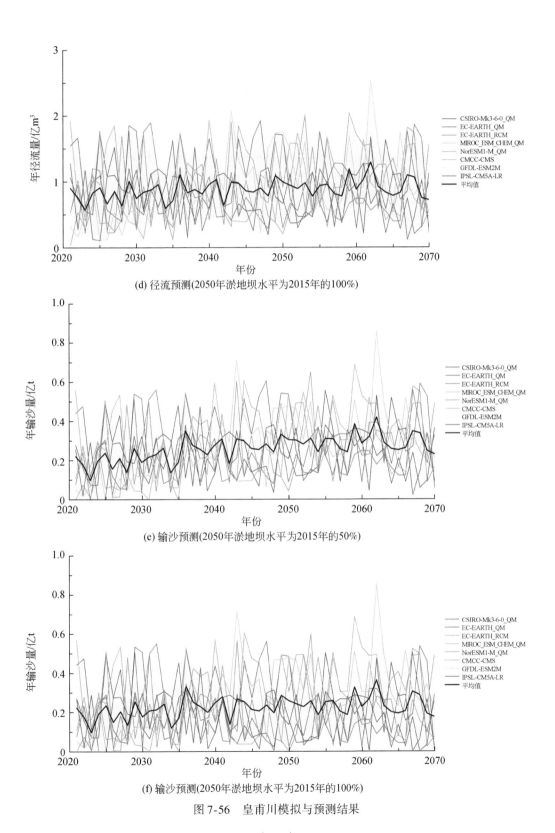

(d) 径流预测(2050年淤地坝水平为2015年的100%)

(e) 输沙预测(2050年淤地坝水平为2015年的50%)

(f) 输沙预测(2050年淤地坝水平为2015年的100%)

图 7-56　皇甫川模拟与预测结果

模型预测的未来 50 年皇甫川水沙变化与预测降水有很强的相关性。假定淤地坝水平减弱的情景中，2021～2050 年皇甫川年径流量与年输沙量随淤地坝水平的减弱均呈现增大趋势，2050 年以后稳定。淤地坝水平不变的情景下，皇甫川流域产流产沙主要随各气候模式给出的降雨条件波动。在淤地坝水平为 2015 年 50% 的条件下，模型预测皇甫川 2050～2070 年年径流量均值约为 0.91 亿 m³，年输沙量均值约为 0.26 亿 t；在淤地坝水平与 2015 年一致的情况下，模型预测皇甫川 2050～2070 年年径流量均值约为 0.88 亿 m³，年输沙量均值约为 0.22 亿 t。

（2）无定河

模型在无定河流域的模拟与预测结果如图 7-57 所示。历史数据模拟上表现较好（无定河径流模拟 $R^2=0.95$，输沙模拟 $R^2=0.88$），预测结果趋势与在皇甫川流域上的应用结果极为相近。在淤地坝水平减弱的情景中，无定河流域径流与输沙在未来 30 年内先是随着淤地坝水平的减弱而逐渐增加，在 2050 年以后，人为因素不变，径流量和输沙量主要随气候条件波动。在淤地坝水平保持不变的情景下，径流量和输沙量主要随降雨为主的气候条件变化。在淤地坝水平为 2015 年 50% 的条件下，模型预测无定河 2050～2070 年年径流量均值约为 8.76 亿 m³，年输沙量均值约为 0.28 亿 t；在淤地坝水平与 2015 年一致情况下，模型预测无定河 2050～2070 年年径流量均值约为 7.92 亿 m³，年输沙量均值约为 0.10 亿 t。

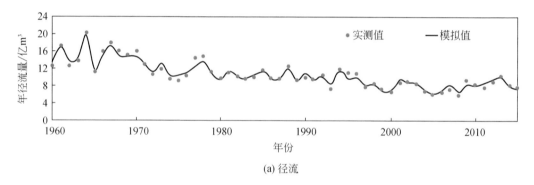

(a) 径流

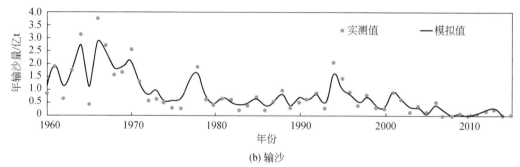

(b) 输沙

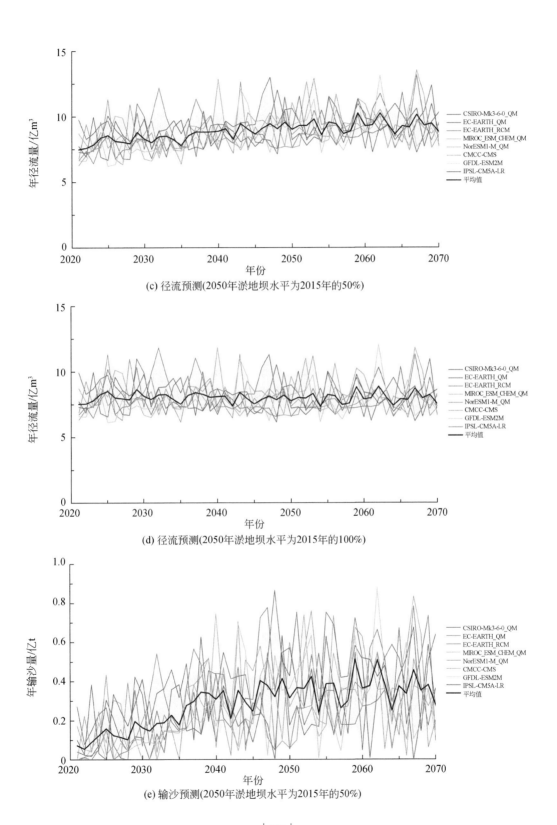

(c) 径流预测(2050年淤地坝水平为2015年的50%)

(d) 径流预测(2050年淤地坝水平为2015年的100%)

(e) 输沙预测(2050年淤地坝水平为2015年的50%)

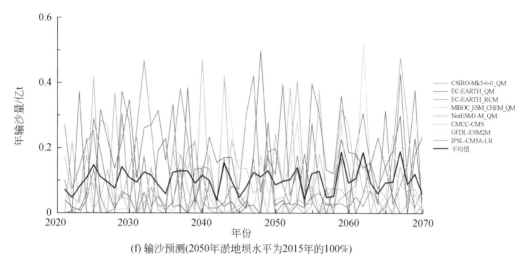

(f) 输沙预测(2050年淤地坝水平为2015年的100%)

图 7-57　无定河模拟与预测结果

（3）延河

模型在延河流域上的模拟与预测结果如图 7-58 所示，由图可见，模型在该流域的表现与皇甫川与无定河流域相比有显著差距（延河径流模拟 $R^2 = 0.84$，输沙模拟 $R^2 = 0.59$），尤其是在输沙上，模型几乎没有拟合训练集中高值的能力，这主要受数据集质量限制。在坝地影响上，模型给出的结果与前两个流域不同，随着现有坝地影响的逐渐减弱，延河未来输沙量呈减小趋势，与实际相悖。此外，模型在延河流域上的预测出现了明显偏离的极大值，表明模型在延河流域的数据集表现要弱于皇甫川与无定河，超出一定阈值模型即失稳。在淤地坝水平为 2015 年 50% 的条件下，模型预测延河 2050～2070 年年径流量均值约为 1.37 亿 m^3，年输沙量均值约为 0.06 亿 t；在淤地坝水平与 2015 年一致的情况下，模型预测延河 2050～2070 年年径流量均值约为 1.33 亿 m^3，年输沙量均值约为 0.09 亿 t。尽管延河流域预测的可靠性要低于皇甫川与无定河，但由于延河流域径流量和输沙量相对较小，误差对潼关预测影响较小。

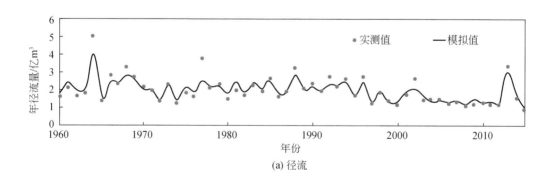

(a) 径流

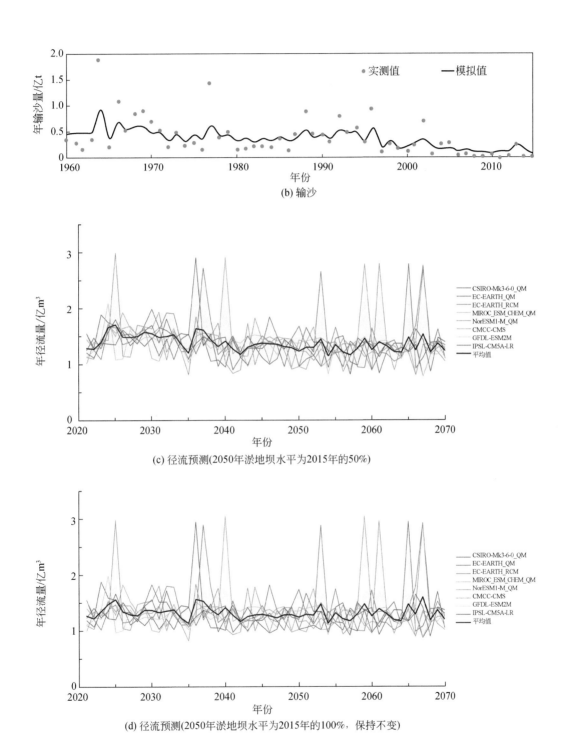

(b) 输沙

(c) 径流预测(2050年淤地坝水平为2015年的50%)

(d) 径流预测(2050年淤地坝水平为2015年的100%，保持不变)

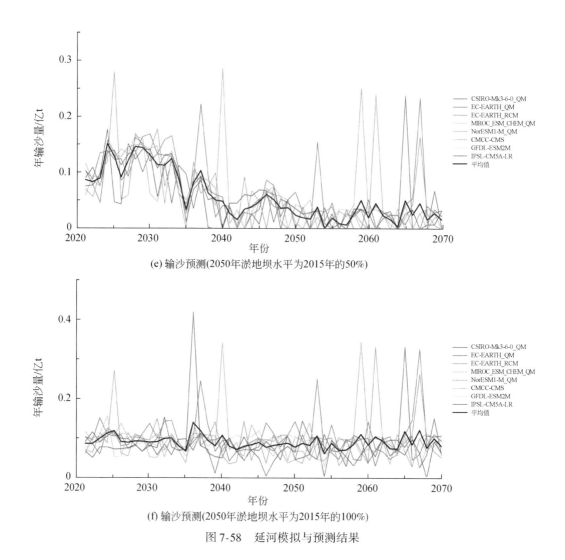

(e) 输沙预测(2050年淤地坝水平为2015年的50%)

(f) 输沙预测(2050年淤地坝水平为2015年的100%)

图 7-58　延河模拟与预测结果

7.3.7.2　潼关站未来水沙量推算

基于皇甫川、延河及无定河三个支流径流和输沙预测来推算黄河全流域推算水沙量。通过非线性拟合，如图 7-59 所示，可建立 1960～2015 年潼关站年径流量与三个支流年径流量之和的幂函数关系为

$$W_r = 39.4332\, W_{r\text{总}}^{0.7985} \tag{7-7}$$

式中，W_r 为潼关站年径流量；$W_{r\text{总}}$ 为三个支流年径流量之和。

图 7-60 为 1960～2015 年潼关站年输沙量与三个支流年输沙量之和的幂函数关系，可表达为

$$W_s = 6.5138\, W_{s\text{总}}^{0.7441} \tag{7-8}$$

式中，W_s 为潼关站年输沙量；$W_{s\text{总}}$ 为三个支流年输沙量之和。

由于黄河流域具有"水沙异源"的特点，上游为主要产流区，中游为主要产沙区，选

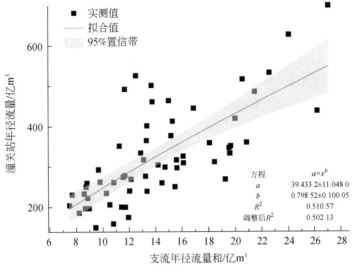

图 7-59　潼关站–三个支流之和径流关系

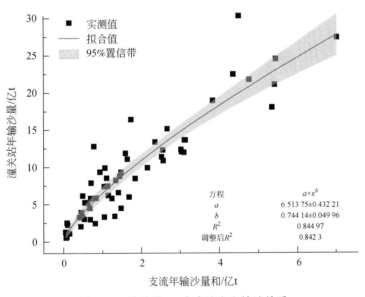

图 7-60　潼关站–三个支流之和输沙关系

择的皇甫川、延河和无定河三个支流流域均属于黄河中游主要产沙区，故三个支流流域的年输沙量之和与潼关年输沙量相关性显著，而年径流量的相关关系则相对较弱，进而使得推算的年径流量准确性低于年输沙量预测值。

　　根据模型在三个支流上的模拟与预测结果，模拟与推测模型 1960～2015 年潼关站径流量模拟的 R^2 为 0.53，潼关站输沙量模拟的 R^2 为 0.77，径流模拟与输沙模拟的差距主要是由于幂函数的推算过程，与历史数据幂函数拟合得到的结论一致，该方法对输沙的模拟要优于径流。

假定气温在未来 50 年上升 2℃，除坝地外水保措施保持 2015 年水平，淤地坝水平减弱与不变两种情景下，潼关站年径流量和年输沙量变化趋势如图 7-61 所示，与皇甫川流域和无定河流域相近，随淤地坝水平减弱，径流量和输沙量均增加，淤地坝水平不变时，径流量和输沙量主要随降雨波动。在 2050 年淤地坝水平为 2015 年 50% 的条件下，模型预测潼关站 2050 ~ 2070 年年径流量均值约为 269.91 亿 m³，年输沙量均值约为 4.80 亿 t，在 2050 年淤地坝水平与 2015 年一致的情况下，模型预测潼关站 2050 ~ 2070 年年径流量均值约为 244.93 亿 m³，年输沙量均值约为 3.46 亿 t。

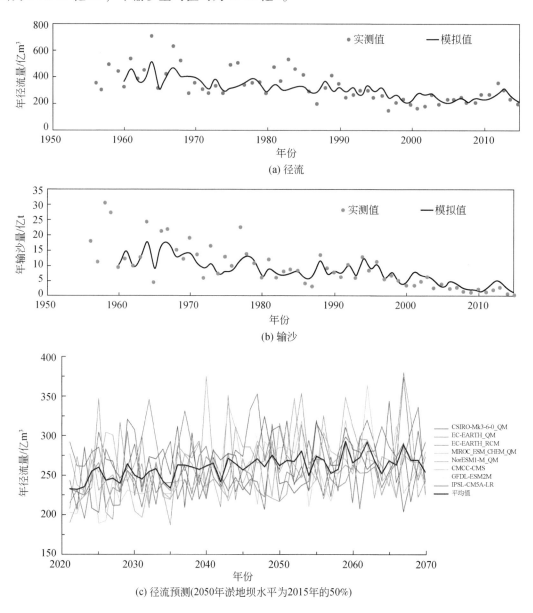

(a) 径流

(b) 输沙

(c) 径流预测(2050年淤地坝水平为2015年的50%)

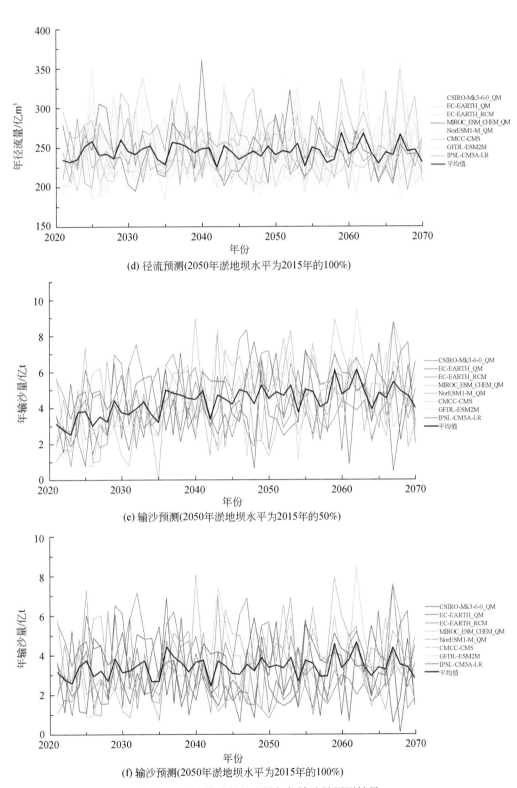

(d) 径流预测(2050年淤地坝水平为2015年的100%)

(e) 输沙预测(2050年淤地坝水平为2015年的50%)

(f) 输沙预测(2050年淤地坝水平为2015年的100%)

图 7-61　潼关站年径流量与年输沙量预测结果

7.3.8 GAMLSS 模型的水沙预测

收集潼关站 1958～2018 年年径流量、年输沙量、年降雨量和年累积水土保持面积数据，基于 GAMLSS 模型构建了考虑气候因子和水土保持措施因子的年径流和年输沙模型，在对模型进行适用性分析的基础上，以全球气候模式预测的气候因子为输入，预测潼关站未来水沙变化趋势。

7.3.8.1 潼关站年径流和年输沙模型构建

潼关站 1958～2018 年年径流量、年输沙量、年降雨量和年累积水土保持面积时间序列如图 7-62 所示，由图可见，潼关站年径流和年输沙呈显著下降的趋势，年输沙的变化幅度大于年径流的变化幅度，年降雨序列有略微下降的趋势，但是变化幅度较小，年累积水土保持面积呈指数增加的趋势。20 世纪 70 年代开始，黄河流域加强水土保持措施治理，2000 年以来，国家进一步加大了水土流失治理力度，截至 2015 年累积水土保持面积达到 20 万 km²左右。

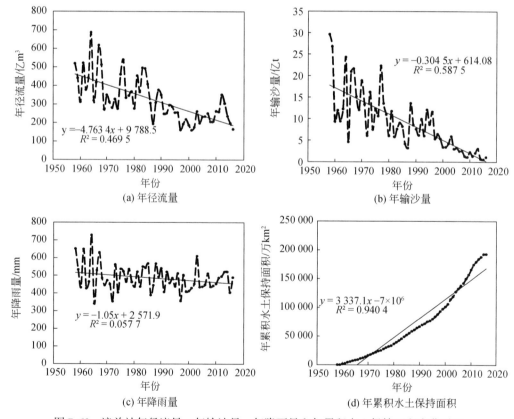

图 7-62　潼关站年径流量、年输沙量、年降雨量和年累积水土保持面积变化过程

选取降水量 P、蒸发量 E、水土保持面积占比 A_{sw} 作为影响径流量（Q）和输沙量（S）的主要因素，基于 GAMLSS 模型构建了流域径流和输沙与气象及下垫面因子的响应函数，根据年径流模型和年输沙模型计算得到潼关站各年代年径流量和年输沙量模拟序列均值，并与实测序列结果对比，如图 7-63 所示。

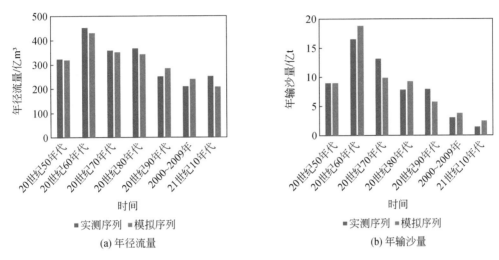

(a) 年径流量   (b) 年输沙量

图 7-63   潼关站年径流量和年输沙量实测序列和模拟序列均值对比

由图 7-63 可见，潼关站年径流量和年输沙量模拟序列均值与实测序列均值在不同年代均比较接近，20 世纪 50 年代至 21 世纪 10 年代年径流量和年输沙量的相对误差分别为 1.34% 和 0.25%，但是 21 世纪 10 年代模拟值与实测值相对误差大于其他年代。潼关站年径流量和年输沙量模拟如图 7-64 所示，拟合优度评价指标如表 7-24 所示。

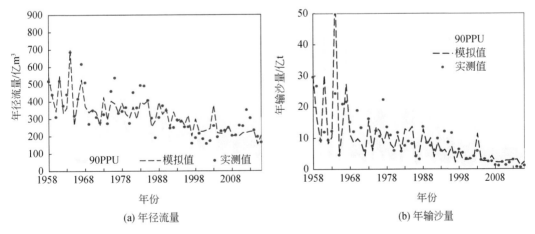

(a) 年径流量   (b) 年输沙量

图 7-64   潼关站年径流量和年输沙量模拟

表 7-24   潼关站年径流量和年输沙量模拟指标汇总

变量	相关系数	$P_{0.9\text{-factor}}$	$R_{0.9\text{-factor}}$
年径流量	0.85	0.90	1.72
年输沙量	0.73	0.95	1.94

由图 7-64 可见，潼关站年径流量和年输沙量模拟序列与实测序列相近，且大部分实测点落入 90% 不确定区间。表 7-24 统计显示，年径流量模拟值和实测值的相关系数达到 0.85，年输沙量的模拟精度略低于年径流量，年输沙量模拟值和实测值的相关系数仅为 0.73，90% 以上的实测值落入了 90% 不确定区间，且 90% 不确定区间平均宽度与径流实测序列标准差的比例小于 2。因此基于 GAMLSS 模型构建的径流与下垫面响应函数、输沙与下垫面响应函数能够准确地反映年径流和年输沙的年际变化，可以用于预测未来水沙。

7.3.8.2   潼关站年径流和年输沙预测

依据建立的黄河流域年径流量和年输沙量模式，输入 CMIP5-RCP4.5 情景下 EC-EARTH 模式动力降尺度（EC-EARTH_RCM）和统计降尺度（EC-EARTH_QM）、CNRM-CM5 模式统计降尺度（CNRM-CM5_QM）、CSIRO-Mk3-6-0 模式统计降尺度（CSIRO-Mk3-6-0_QM）、MIROC-ESM-CHEM 模式统计降尺度（MIROC-ESM-CHEM_QM）预测因子数据，可以得到基于 GCM 的径流量和输沙量模拟序列。为了进一步验证模式的精度，对比潼关站近年实测序列和 GCM 降尺度数据模拟序列均值，如图 7-65 所示。基于 5 个模式的径流量 20 世纪 80 年代至 21 世纪 10 年代长时段模拟序列均值与实测序列均值较接近；输沙量模拟方面，EC-EARTH_RCM 和 EC-EARTH_QM 模拟序列均值与实测序列均值数值相当，CNRM-CM5_QM 模拟序列略偏小，CSIRO-Mk3-6-0_QM 和 MIROC-ESM-CHEM_QM 模拟序列略偏大。不同年代对比发现，20 世纪 90 年代所有模式径流序列和输沙序列模拟均值与实测序列均值都差异较大；2000~2009 年除了 EC-EARTH_QM 模式，其余径流模拟序列均值与实测序列均值较接近；21 世纪 10 年代径流模拟序列均值较实测序列均值偏小，而输沙模拟序列均值较实测序列均值偏大。

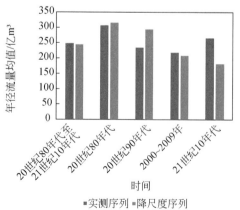

(a) EC-EARTH_RCM模式年径流量模拟　　(b) EC-EARTH_RCM模式年输沙量模拟

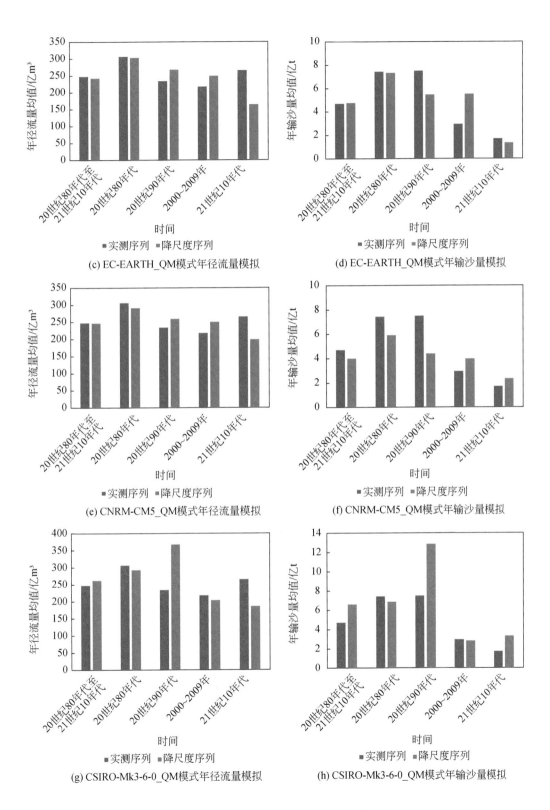

(c) EC-EARTH_QM模式年径流量模拟

(d) EC-EARTH_QM模式年输沙量模拟

(e) CNRM-CM5_QM模式年径流量模拟

(f) CNRM-CM5_QM模式年输沙量模拟

(g) CSIRO-Mk3-6-0_QM模式年径流量模拟

(h) CSIRO-Mk3-6-0_QM模式年输沙量模拟

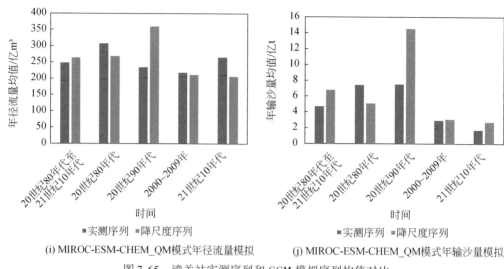

(i) MIROC-ESM-CHEM_QM模式年径流量模拟   (j) MIROC-ESM-CHEM_QM模式年输沙量模拟

图 7-65 潼关站实测序列和 GCM 模拟序列均值对比

为进一步分析水土保持措施在未来减水和减沙效益，将年径流量和年输沙量增量与水土保持面积的增量相比（即水土保持措施减水减沙的边际效益），分析其随水土保持面积增加的变化趋势，如图 7-66 所示。

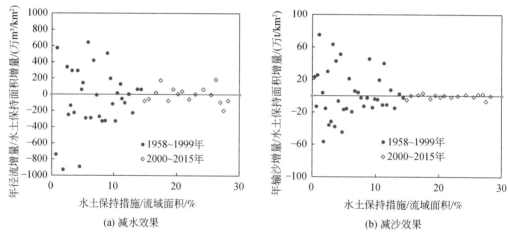

(a) 减水效果   (b) 减沙效果

图 7-66 潼关站以上单位面积水土保持措施减水效果和减沙效果

研究表明，水土保持措施在黄河流域起到了充分的减水减沙作用，但是随着水土保持面积的增加，水土保持措施边际效益逐渐降低，在 2000 年前后达到一个临界点，在目前水土保持措施条件下，减水减沙边际效益已达稳定，因此在估计未来径流量和输沙量变化趋势时，假定水土保持措施的拦水拦沙效率不变。

依据建立的黄河流域年径流量和年输沙量模型，输入 CMIP5-RCP4.5 情景的预测因子数据，假定未来水土保持措施及其拦水拦沙效率不变，计算得到未来 50 年年径流量和年输沙量，如图 7-67 所示。

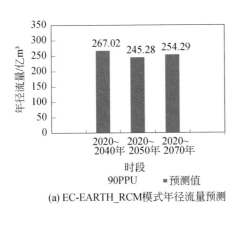

(a) EC-EARTH_RCM模式年径流量预测

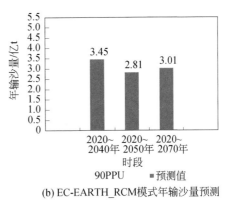

(b) EC-EARTH_RCM模式年输沙量预测

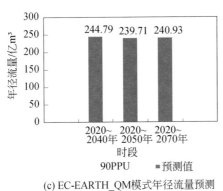

(c) EC-EARTH_QM模式年径流量预测

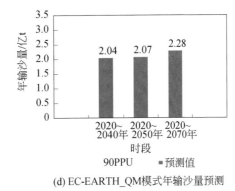

(d) EC-EARTH_QM模式年输沙量预测

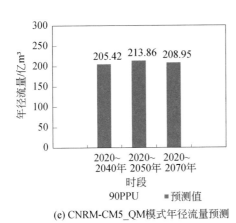

(e) CNRM-CM5_QM模式年径流量预测

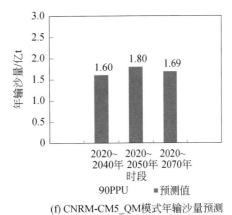

(f) CNRM-CM5_QM模式年输沙量预测

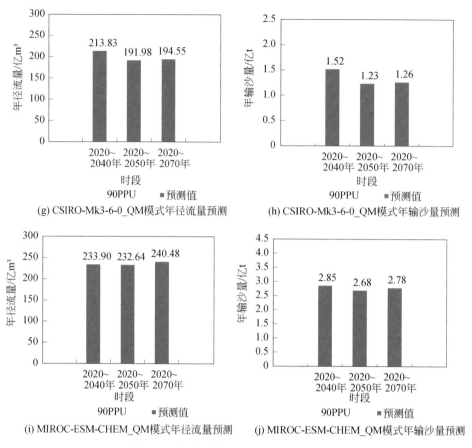

图 7-67　潼关站年径流量和年输沙量预测

总体来看，未来潼关径流量和来沙量呈波动变化的趋势。未来 20 年各模式年径流量在 205.42 亿~267.02 亿 m³，各模式年输沙量在 1.52 亿~3.45 亿 t；未来 30 年各模式年径流量在 191.95 亿~245.28 亿 m³，各模式年输沙量在 1.23 亿~2.81 亿 t；未来 50 年各模式年径流量在 194.55 亿~254.29 亿 m³，各模式年输沙量在 1.26 亿~3.01 亿 t。但是未来预测的不确定性较大，年径流量预测的 90% 不确定区间 ［164.1 亿 m³，305.9 亿 m³］，年输沙量预测的 90% 不确定区间 ［0.84 亿 t，4.81 亿 t］。

7.3.9　其他方法的泥沙预测

7.3.9.1　基于频率分析法的黄河流域沙量预测

根据频率分析法预估黄河沙量。未来输沙量预估应该基于一个参考下垫面，但有些情景分析的水文泥沙模型往往采用某一年作为参数，这显然不妥。另外，机器学习如人工神经网络、随机森林等方法往往采用已有历史数据，然而不同时期输沙量序列因水土保持和生态修复等而导致的下垫面差异，进而产生输沙量差异，这显然会干扰预估结果。因此，选择近期某一时段似乎更科学。根据 1997 年以来黄河年输沙量为常态的基本判断，黄河未来输沙量预估选 1997～2019 年作为参考基准。

算术平均数仅仅反映某一时期黄河输沙量在数量上的平均水平，但当样本较少时平均值受序列极端值影响很大，易出现"被平均"的情况。因此在黄河流域生态保护与高质量发展工程规划中，往往要考虑不同发生频率的输沙量，特别是极端高输沙量。1997～2019 年序列相对较短，极值对均值的影响较大。同时，基于滑动平均的物理意义，采用 10 年滑动取最大值（经验频率约 9%）和最小值（经验频率约 91%）的方法，从而得到不同频率下黄河输沙量新序列。研究结果显示，黄河流域降水量、天然径流量年际变化都表现为 10 年左右强周期。因此，在进行滑动取最大值或最小值时选择 10 年。选择 1997～2019 年的黄河潼关站输沙量序列，从 1997 年开始，逐年滑动分别求取每 10 年内最大及最小输沙量，分别得到一组 14 个输沙量新序列，如表 7-25 所示，9% 经验频率下潼关站 10 年滑动输沙量变化于 3.1 亿～6.6 亿 t、平均 4.8 亿 t，而 91% 经验频率下潼关站 10 年滑动输沙量变化于 0.6 亿～2.5 亿 t、平均 1.1 亿 t。因此，预估常态输沙量的气候及下垫面条件下，基于概率分布特征，黄河潼关站未来年均输沙量维持在 1 亿～5 亿 t 的水平。

表 7-25　黄河潼关站不同频率输沙量预测结果统计

指标	1997 年	1998 年	1999 年	2000 年	2001 年	2002 年	2003 年	2004 年	2005 年	2006 年	2007 年	2008 年
实测输沙量/（亿 t/a）	5.2	6.6	5.3	3.4	3.4	4.5	6.1	3.0	3.3	2.5	2.5	1.3
10 年滑动取最大值/（亿 t/a）										6.6	6.6	6.1
10 年滑动取最小值/（亿 t/a）										2.5	2.5	1.3

指标	2009 年	2010 年	2011 年	2012 年	2013 年	2014 年	2015 年	2016 年	2017 年	2018 年	2019 年	平均
实测输沙量/（亿 t/a）	1.1	2.3	1.3	2.1	3.1	0.7	0.6	1.1	1.3	3.7	1.7	2.9
10 年滑动取最大值/（亿 t/a）	6.1	6.1	6.1	6.1	3.3	3.3	3.1	3.1	3.1	3.7	3.7	4.8
10 年滑动取最小值/（亿 t/a）	1.1	1.1	1.1	1.1	1.1	0.7	0.6	0.6	0.6	0.6	0.6	1.1

7.3.9.2　基于 BP 神经网络的黄河流域泥沙预测

通过构建 BP 神经网络模型，对兰州站、头道拐站、龙门站、三门峡站、潼关站未来 30 年的年降水量、年径流量和年输沙量进行预测。预测结果表明：①未来 30 年，黄河干流多年平均径流量为 250.0 亿 m³。其中，兰州站多年平均径流量为 310.8 亿 m³，头道拐站多年平均径流量为 157.8 亿 m³，龙门站多年平均径流量为 184.6 亿 m³，潼关站多年平均径流量为 329.5 亿 m³，三门峡站多年平均径流量为 267.1 亿 m³，如图 7-68 所示。②未来 30 年，黄河干流多年平均输沙量为 1.50 亿 t。其中，兰州站多年平均输沙量为 0.18 亿 t，头道拐站多年平均输沙量为 0.38 亿 t，龙门站多年平均输沙量为 1.19 亿 t，潼关站多年平均输沙量为 2.88 亿 t，三门峡站多年平均输沙量为 2.86 亿 t，如图 7-69 所示。

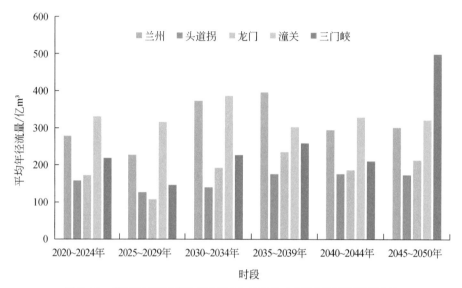

图 7-68　黄河干流不同站点未来 30 年平均 5 年年径流量预测结果

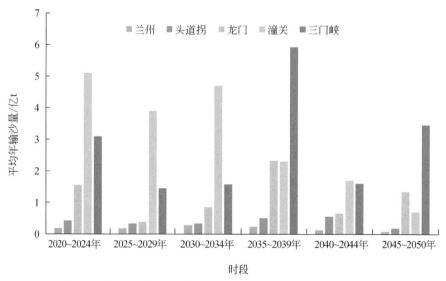

图 7-69　黄河干流不同站点未来 30 年平均 5 年年输沙量预测结果

第8章 黄河流域未来 30 ~ 50 年水沙变化趋势集合评估

水沙变化情势深刻影响着水资源的开发利用与社会的可持续发展。据统计，全球主要江河 20 世纪 90 年代以来入海沙量由 126 亿 t 减少了 30%，其中 47% 的河流输沙量减少、22% 的河流径流量减少、19% 的河流两者都减少（Borrelli et al., 2015）。水沙变化如此之大、如此之快，主导因素是什么，未来趋势如何？准确评估气候变化和人类活动对水沙变化的影响，并对其未来变化趋势进行预测，一直是水文学领域的难点。水文模型是研究流域水文过程的重要工具，其主要是基于数学方程或物理方程对复杂水文过程进行概化表达（庞树江等，2018），具有化繁为简的优点（严登华等，2018），但水文过程的简化处理不可避免地使得模拟和预测结果存在不确定性。因此，虽然关于水文模型预测的研究成果很多，但由于各类模型结构的差异，模型输入数据的类型、形式与分辨率以及结构参数各异，模拟结果"百家争鸣"（穆兴民等，2019；胡春宏和张晓明，2018）。如何提高水沙变化归因分析和趋势预测的可靠性，降低评估结果的不确定性，是当前研究急需解决的问题。

借鉴以往研究者的集合预报思想，结合区间预报方法，本书试图在识别各类模拟方法适用性和剖析研究成果不确定性来源的基础上，提出针对流域水沙变化归因分析和趋势预测的集合评估技术，并围绕集合评估的内涵和技术框架展开讨论，以黄土高原典型流域水沙过程模拟为案例开展集合评估，以期进一步发展水文过程的集合预报方法。

8.1 典型流域的水沙变化归因与预测方法适用性评价

8.1.1 现有模型预测结果分析

皇甫川流域作为黄河中游多沙粗沙区的一条典型支流，研究其水沙变化特点对于黄土高原的水土流失治理具有很好的指导性。因此，本节对不同研究者在皇甫川流域的研究成果进行总结，对径流变化贡献率的研究如表 8-1 所示。

将表 8-1 中人类活动和气候变化对径流变化的贡献率建立关系，如图 8-1 所示，由图可见，绝大多数的研究成果都认为人类活动是皇甫川流域水沙变化的主导因素，人类活动的平均贡献率为 75.97%。

表 8-1 皇甫川流域径流变化贡献率研究成果汇总

参考文献	基准期年	影响期	研究方法	C_{clim}	C_{hum}	方法编号
李二辉（2016）	1954～1984 年	1985～1998 年	非参数式	36.6	63.4	NP-E1
		1999～2012 年	弹性系数法	17.0	83.0	NP-E2
赵广举等（2013）	1955～1979 年	1980～2010 年	水文法	25.8	74.2	LR-1
王小军等（2009）	1956～1967 年	1968～1978 年		35.7	64.3	DMC-1
	1968～1978 年	1979～1995 年	双累积曲线法	6.9	93.1	DMC-2
	1979～1995 年	1996～2005 年		10.9	89.1	DMC-3
姚文艺等（2011）	1950～1969 年	1997～2006 年	水文法	50.6	49.4	LR-2
汪岗和范昭（2002）	1970～1979 年	1980～1989 年	水文法	51.63	48.37	LR-3
		1990～1997 年		40.53	59.47	LR-4
Tian 等（2016）	1955～1979 年	1980～1996 年	双累积曲线法	24.4	75.6	DMC-4
		1997～2010 年		25.1	74.9	DMC-5
Gao 等（2016）	1961～1989 年	1990～2009 年	Budyko-EM	2.3	97.7	B-E1
Liang 等（2015）	1961～1989 年	1990～2009 年	Budyko-EM DM	2	98	B-E2
				3	97	DM-1
Zhang 等（2008）	1959～1982 年	1983～2000 年	非参数式 弹性系数法	21	79	NP-E3
Zhao 等（2014）	1954～1984 年	1985～2010 年	Budyko-EM	16.6	83.4	B-E3
			水文法	10.7	89.3	LR-5
Hu 等（2015）	1985～1998 年	1999～2006 年	PB-PM	51.03	48.97	P-P1
Wang 和 Hejazi（2011）	1959～1982 年	1983～2000 年	DM	19.5	80.5	DM-2
王随继等（2012）	1960～1979 年	1980～1997 年	SCRAQ 法	36.43	63.57	SCR-1
		1998～2008 年		16.81	83.19	SCR-2

注：C_{clim}表示气候变化贡献率，C_{hum}表示人类活动贡献率，LR 表示水文法，DMC 表示双累积曲线法，SCR 表示 SCRAQ 法，NP-E 表示非参数式弹性系数法，B-E 表示基于 Budyko 假设的弹性系数法，DM 表示分解算法 （Decomposition Method），P-P 表示基于过程的物理模型法。

对各类方法进行比较发现，经验模型法（图 8-1 中前 12 个）的研究结果变化区间较大，该类方法计算出的气候变化平均贡献率最高，为 27.42%；非参数式弹性系数法得到的气候变化平均贡献率次之，为 24.87%；基于 Budyko 假设的弹性系数法和分解算法得到的气候变化平均贡献率最低，为 8.68%。基于过程的物理模型法对贡献率的研究较少，不具有代表性，因而暂不予考虑。

同理，针对皇甫川流域输沙量变化的人类活动和气候变化贡献率的现有研究成果，总结如表 8-2 所示，表 8-2 中的贡献率关系如图 8-2 所示，由图可见，多数学者认为人类活动是皇甫川流域输沙量减少的主要原因，从表 8-2 中求得的人类活动对输沙变化的平均贡献率为 67.5%；此外，6 种水文法求得的气候变化平均贡献率为 35.3%，5 种双累积曲线

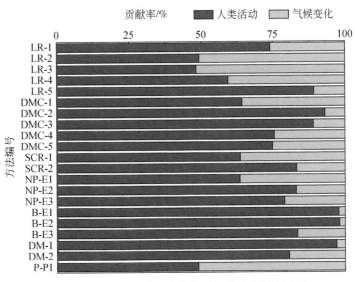

图 8-1 皇甫川流域径流变化贡献率已有研究结果

法求得的气候变化平均贡献率为 29.1%，水文法的结果略高于双累积曲线法。此外，也有少部分学者认为气候变化是输沙量减少的主要原因，这主要是研究时期、基准期、研究方法的不同导致的。

表 8-2 皇甫川流域输沙量变化贡献率研究成果汇总

参考文献	基准期	影响期	研究方法	C_{clim}	C_{hum}	方法编号
赵广举等（2013）	1955～1979 年	1980～2010 年	水文法	32.3	67.7	LR-1
Tian 等（2016）	1955～1979 年	1980～1996 年	双累积曲线法	43.5	56.5	DMC-1
		1997～2010 年		20.2	79.8	DMC-2
王小军等（2009）	1956～1967 年	1968～1978 年	双累积曲线法	68.6	31.4	DMC-3
	1968～1978 年	1979～1995 年		2.6	97.4	DMC-4
	1979～1995 年	1996～2005 年		10.4	89.6	DMC-5
姚文艺等（2011）	1950～1969 年	1997～2006 年	水文法	65	35	LR-2
汪岗和范昭（2002）	1970～1979 年	1980～1989 年	水文法	30.92	69.08	LR-3
		1990～1997 年		46.05	53.95	LR-4
李二辉（2016）	1954～1984 年	1985～1998 年	水文法	25.1	74.9	LR-5
		1999～2012 年		12.7	87.3	LR-6

8.1.2 基于标准化数据输入的现有预测结果分析

针对上节提到的各类方法，不同方法的水文数据系列不一致、研究时期不同，采用的

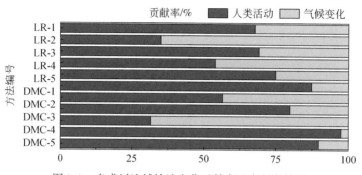

图 8-2 皇甫川流域输沙变化贡献率已有研究结果

数据插值方法不同，导致针对同一流域计算得到的径流和输沙变化贡献率差异很大。本节根据对各类方法输入数据进行标准化，得到各类方法径流变化的贡献率结果如图 8-3 所示。由图 8-3 可见，经验模型法、弹性系数法和其他方法所得到的研究结果都表明人类活动是皇甫川流域径流变化的主导因素，用上述所有方法求出的人类活动对径流变化的平均贡献率为 90.55%。水文法、双累积曲线法和非参数式弹性系数法在计算气候变化的影响时，只考虑了降水量变化的影响，而没有考虑潜在蒸散发变化的影响作用。而皇甫川流域的潜在蒸散发量在人类活动影响期减少了 54.54mm，因而这 4 种方法在计算气候变化对径流变化的影响作用时，其计算结果偏大；此外，基于 Budyko 假设的水热耦合平衡方程和分解算法求得的结果在图 8-3 中并无明显差异，本书认为这两类方法是等价的。

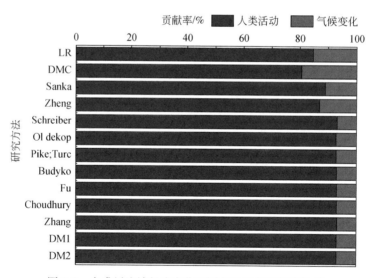

图 8-3 皇甫川流域径流变化不同方法贡献率研究结果

LR 水文法，DMC 为双累积曲线法，DM1 为基于 Fu 提出的水热耦合平衡方程和分解方程，DM2 为
基于 Choudhury 提出的水热平衡方程和分解方程

水文法和双累积曲线法求得气候变化平均贡献率为 17.5%，非参数式弹性系数法求得气候变化平均贡献率为 12.2%，基于 Budyko 假设的水热耦合平衡法和分解算法求得的气

候变化平均贡献率为 7.1%，三类方法依次减小。

对皇甫川流域输沙变化的归因分析，运用了水文法和双累积曲线法，其研究结果同样表明人类活动是输沙变化的主导因素，对输沙变化的平均贡献率为 83.05%。同时，人类活动对径流变化的贡献和对输沙变化的贡献也基本一致。因而可以认为皇甫川流域的径流变化和输沙变化在影响因素上是一致的。此外，水文法求得的气候变化贡献率略高于双累积曲线法求得的气候变化贡献率，如图 8-4 所示。

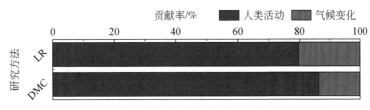

图 8-4　皇甫川流域输沙变化不同方法贡献率研究结果

8.2　水沙变化模拟–预测集合评估技术

现有水沙模型种类繁多，并且同类模型的输出结果也会受到输入数据、研究期划分等多因素影响。从简单的水文法到数字流域模型，面对千差万别的模型，有必要构建一个系统完善的评估体系，从研究对象的确立，到研究模型的选取，以及模型的评估，将水沙变化研究过程涉及的各个步骤集合考虑，在此基础上选择更优的模型，获得更为可靠与准确的预测结果，以更好地服务河流管理决策。

8.2.1　集合评估技术框架与指标体系

8.2.1.1　集合评估内涵

流域水沙变化研究存在诸多评价方法，但由于基础数据来源、参考指标选择、特征值计算、评价方法内在机理及研究者自身的学术倾向等差异，流域水沙锐减的主要影响因子辨析及贡献率确定等一直存在较大差异。因此，在已有模型水沙变化模拟的基础上，补充或者延伸基于时空尺度一致的有实测数据可供验证的各类方法（包括水保法、水文法、CLSE[①]、SWAT 模型等）对流域水沙变化的模拟，并基于模型不确定性传递的评价，筛选影响模拟结果的可表征输入、参数和模型结构等的不确定性指标与精度指标，构建综合评价矩阵，基于 TOPSIS 模型或模糊决策理论等分析不同评估指标的敏感性，并确定各类方法模拟精度与不确定性指标权重。然后分别构建水沙变化模拟结果与评价指标的函数关系，搭建多元耦合的非线性水沙变化评价模型，通过模型输入、内部解译消化、结果输出

---

① CLSE 指中国土壤侵蚀方程。

的模式，构建流域水沙变化趋势集合评估技术。

基于构建的集合评估技术体系与影响水沙变化代表性因子的敏感性，设置不同措施对位配置情景与气候变化情景，围绕年尺度、不同降雨水平年、多评价指标、多评估方法的多维度集合评估，提出有实测验证数据时段现有方法模拟精度的概率函数与不确定性区间分布；基于极大似然法思想对各类方法加权平均，利用 BMA 模型中反距离加权与贝叶斯加权，并根据现有方法模拟精度和不确定性区间权重分布，集合预报典型流域未来水沙变化，并针对水沙变化预测置信度识别体系，确定预测结果的置信度及置信区间。具体集合评估技术体系与路线如图 8-5 所示。

针对黄河流域水沙变化的研究众多，尝试构建一套水沙变化集合评估框架，从研究对象的确立，到研究模型的选取，以及模型的评估，将水沙变化研究过程涉及的各个步骤集合考虑，用程序模块化处理。给定必要的输入数据和需要人为确定的变量后，便可以由该集合评估框架给出该条件下最优的模型。

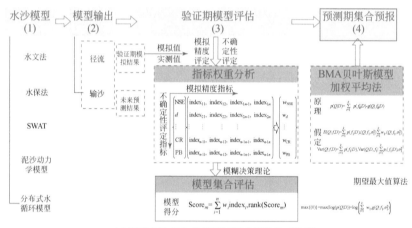

(a) 流域水沙变化趋势预测集合评估技术路线

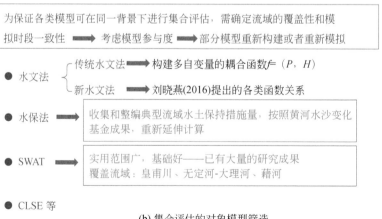

(b) 集合评估的对象模型筛选

● 时段区分 ➡ 率定期（基准期）—校准期（还原期）—预测期

| 假如1980年 | 1981~2016年（多维） | 未来30~50年 |

需根据实测资料数理统计分析，划分统一的变化期

● 径流和泥沙　　年尺度（可考虑不同降雨条件下的多维度权重评估）
　　　　　　　　确定性结果和不确定性区间

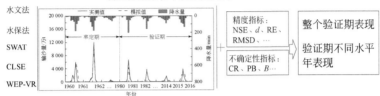

(c) 集合评估的对象模型结果输出约束

实测序列，检验验证期 M 个模型输出，N 维评估指标index

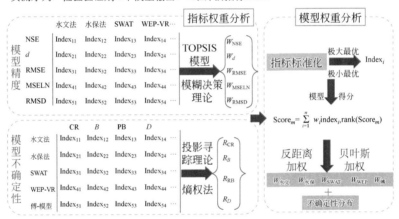

(d) 水沙变化模拟集合评估

预测期没有对模型结果的验证过程，需根据验证期对模型集合评估的
结果，即模型综合权重或者模型在不同时期的权重，开展集合预报

| 极大似然法思想 | 基于BMA的集合预报 |
| 已发生时间在总体中出现的可能性为最大 | 估计参数 (权重 w_k 和预报误差 σ_k^2) |

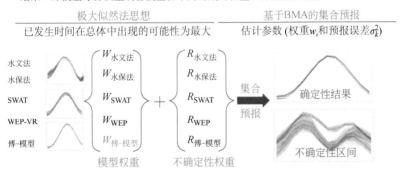

(e) 水沙变化趋势预测集合预报

图 8-5　流域水沙变化模拟集合评估与预测集合预报技术体系框图

集合评估是建立在已有数据表现较好的模型预测未来水沙情势的误差更小的基本假设上，从多角度评估模型在已有数据集上的表现，认为表现最优的模型得到的未来预测结果发生概率更大。特别需要指出的是，现有数据的时间序列长度非常有限，一般只能早至20世纪70年代左右，而气候条件、人类活动因素在不断变化，部分模型在过去数据集中表现不佳，但有可能在未来的气候与人类活动条件下适用性较好，这是模型评价无法避免的问题。在流程化集合评估体系开始之前，对各个模型机制进行全方面地剖析，明确各个模型优势与局限性，对输出结果进行细致的不确定性分析是不可或缺的一个环节。因此，流程化集合评估技术实施之前需要先在模型总体的不确定性分析基础上，梳理模型总体的特征，在驱动条件一直可比的情况下对比各个模型的表现，进而进行模型的综合评估。

8.2.1.2 集合评估框架

集合评估的全过程主要包含四个阶段，依次为明确研究目标、选择适用模型、模型集合评估以及模型集合预测，流程如图8-6所示。

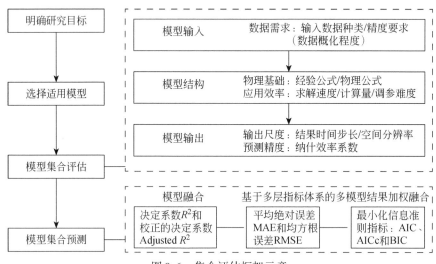

图8-6 集合评估框架示意

（1）明确研究目标

第一阶段为明确研究目标。我们认为没有绝对的最优模型。我们想要通过集合评估获得针对明确的研究流域和研究问题的最优模型，每个模型都有其优势与劣势，最合适即最优。所以在模型选择之前，必须有清晰的研究问题和研究目标。根据研究目标确定模型输出结果类别、最低精度要求以及需要考虑的重点因素（因变量）。

（2）选择适用模型

第二阶段为确定适用模型，在模型库中寻找能够输出目标结果且能考虑重点要素的所有模型。

（3）模型集合评估

第三阶段为模型集合评估，从模型输入、模型结构及输出结果三个方面比对模型，通过五个指标量化特征，模型输入的指标为数据需求，模型结构为物理基础和应用效率，输出结果为输出尺度和预测精度。通过上述五个指标进行模型的多维度比对，对模型进行进一步的筛选。

在模型集合评估体系下，模型的特征需要被量化。为此，我们制定了模型集合评估部分五个指标的具体判定准则，五个指标得分区间为 [1，5]，数值越大表示模型在该方面优势越显著。

1）数据需求。数据需求主要由模型输入所需的数据种类和数据精度要求决定，数据需求量越少，该项指标得分越高。具体量化方式为：需要的站点数据一类计作 1，面上数据计作 2，累加所有类别数据，得到数据量特征值。划定模型库中数据需求量最少的模型得分为 5 分，而数据需求量最大的模型得分为 1 分，中间模型通过数据量特征值对比转化为 1～5 的得分。在该项评分中，认定经验模型中仅需要降水量和水文数据的模型得分最高，为 5 分，基于水沙动力学的数字流域模型需要数据量最大，为 1 分。

2）物理基础。模型结构主要从物理基础和应用效率两方面来评价。物理基础用来评价模型的物理性，通过物理公式在所有公式的比例呈现。纯经验模型如水文法等比例为 0，数字流域模型等运用大量物理公式的水沙动力学模型比例接近 100%。我们认为具有扎实物理基础支撑的模型适用性更广，在复杂环境中表现更佳，因此物理模型在该项指标中得分更高。纯经验模型赋予 1 分，纯物理模型赋予 5 分。

3）应用效率。模型结构的另一项评价指标为应用效率，该指标旨在衡量模型的易用性，是反映模型复杂度、调参难度、计算效率等因素的综合指标。我们在模型选择中往往倾向于选择更易于应用的模型，在预测能力相近的情况下，结构更为简单、更容易使用的模型更优。模型应用效率与使用者有较强的联系，在量化时很难完全剔除主观性，为此模型应用效率的衡量主要通过两两比对的方式。划定模型库中最简易模型与最复杂模型，将其分别赋予 5 分与 1 分，其余模型排序后再赋予分数。对于两个模型的应用效率对比，首先对比获得同尺度预测结果所需的计算时间，计算时间越短，模型应用效率越高。若是在计算时间上无法很明确地评判高低，则从需要率定的参数数目和总计算量来确定，所需参数数目越多，计算量越大，应用效率上得分相对越低。

4）输出尺度。模型输出同样分为两项评价指标，一项为输出尺度，能够输出更小尺度的模型在该项得分更高。该项赋分主要依据输出结果的时间步长和空间分辨率，模型库里能够得到最细结果的模型赋予 5 分，反之结果最为粗略的模型赋予 1 分，中间模型依据相对关系插值。

5）预测精度。模型输出的另一项指标为预测精度，其用于评判模型预测的准确性。该项指标依据水文模型中常用的纳什效率系数来判定。为了突出模型间的差异性，与其余四个指标相似，赋予纳什效率系数最大的模型 5 分，纳什效率系数最小的模型 1 分，剩余模型依纳什效率系数大小次序赋分。

根据研究目的和研究条件确定模型集合评估中五个指标的优先级，对候选模型进行进一步的筛选。

（4）模型集合预测

基于输出结果的多层次指标体系对评估选出的模型进行更加精细的比较，以此为依据赋予各个模型权重，对模型结果进行加权平均，将该结果作为集合评估给出的最终结果。单个模型由于模型自身结构的缺陷在特定情况下可能会出现显著的预测偏差，而通过模型的加权融合能够有效地提升模型稳定性，提高预测结果可靠性。

8.2.1.3 模型评价指标体系

在选取模型评价指标时，分别从下面三个角度给出相应的指标体系。首先选取 2 个无量纲的衡量标准，决定系数 R^2 和校正的决定系数 Adjusted R^2，这两个值均能直接反映模型模拟结果的好坏程度。其次选取带有和实际值相同量纲的 2 个标准，平均绝对误差 MAE（mean absolute error）和均方根误差 RMSE（root mean squared error），通过比较不同模型的两个标准值的大小，来判断模型之间的优劣。最后基于最小化信息准则，选取 3 个不同的指标，该指标能够平衡模型拟合结果的优良性和模型的复杂度。

（1）决定系数和校正的决定系数

决定系数 R^2 的意义是：在回归模型中，由自变量导致的变异占因变量变异的比例。其计算公式为 1 减去残差平方和 SSE（sum of square for error）与总离差平方和 SST（sum of square for total）之比。其值越大，代表模型的拟合程度越高。

$$R^2 = 1 - \frac{SSE}{SST} = 1 - \frac{\sum_{i=1}^{n} (y_i - \hat{y}_i)^2}{\sum_{i=1}^{n} (y_i - \hat{y})^2} \tag{8-1}$$

式中，y_i 为样本的观测值（实际值）；$\hat{y}_i$ 为模型的预测值（计算值）；$\hat{y}$ 为 y_i 的平均值；n 为样本总数。

水文领域中常用的 NSE 的意义是：实际的序列和模型计算的序列之间的相似程度。其公式定义完全等价于决定系数 R^2。采用式（8-1）计算 R^2 值代表 NSE 值或者 R^2 的值，并在后续的图表中统一写作 R^2。

在训练集上（率定期内），R^2 的取值范围通常为 [0，1]；而在测试集上（验证期内）NSE 的取值范围通常小于 1。

当自变量数目增加时，R^2 将不断增大，但这种增加的显著性没有在计算公式里得到体现。校正的决定系数 Adjusted R^2 在决定系数定义的基础上考虑了自变量数目的影响，增加了一个对自变量数目的惩罚因子，其取值范围为 [0，1]，其值通常小于 R^2。当增加的自变量对因变量的影响不显著时，Adjusted R^2 值会下降；反之则 Adjusted R^2 值会上升。使用校正的决定系数在多元回归分析中更具有参考意义，其计算公式为

$$Adjusted\ R^2 = 1 - \frac{(1 - R^2)(n - 1)}{n - 1 - p} \tag{8-2}$$

式中，n 为样本数目；p 为自变量数目；R^2 为决定系数。

（2）平均绝对误差和均方根误差

MAE 表示的是计算值和实际值之间的绝对误差和与样本数目 n 的比值。MAE 的值越低，表明模型的计算值越接近实际值，模型模拟的结果越好，其计算公式为

$$MAE = \left(\sum_{i=1}^{n} |y_i - \hat{y}_i| \right) / n \tag{8-3}$$

RMSE 表示的是计算值与实际值之间的误差平方和与样本数目 n 的比值的平方根。同理，RMSE 的值越低，表明模型计算的值越接近实际值，其计算公式为

$$RMSE = \sqrt{\sum_{i=1}^{n} (y_i - \hat{y}_i)^2 / n} \tag{8-4}$$

MAE 和 RMSE 的取值均为正，并带有和实际值一样的量纲。其值越接近 0，则表示模型模拟的效果越好。区别在于：前者采用的是 L1 范数，后者采用的是 L2 范数。对于 L2 范数来说，当计算值和实际值的误差较小时，误差值将容易被忽略掉；当计算值和实际值的误差较大时，高次的多项式会将误差放大。因而 RMSE 对误差较大的值比 MAE 更为敏感。

（3）基于最小信息准则的评价指标

对于机器学习模型，增加模型参数通常可以提高模拟的拟合精度，但同时也提高了模型本身的复杂度，可能会造成模型的过度拟合。为了在模型的拟合精度和模型本身的复杂度之间找到一种平衡，本书在模型评价准则中引入最小信息准则，即添加模型复杂度的惩罚项来降低发生过拟合的风险。

常见的模型评价准则有 AIC，AIC 是由日本统计学家赤池弘次基于熵的概念提出的一种衡量模型优良的标准。AIC 的定义如式（8-5）所示：

$$AIC = 2k - 2\ln(L) \tag{8-5}$$

式中，k 为模型的参数数目；L 为似然函数。当 k 值增加时，似然函数值 L 也会相应地增加，从而使 AIC 的值减小；当 k 值继续增加时，似然函数增长缓慢，使 AIC 的值增长较快，此时模型很可能产生过拟合现象。因而，将 AIC 值最小化作目标函数，能够使模型的拟合精度和模型本身的复杂度达到平衡。

当样本数目 n 较小时，Sugiura（1978）在 AIC 指标的理论基础上，提出了改进的指标 AICc。其中，Burnham 和 Anderson（2002）的研究表明，当 n 增加时，AICc 将会收敛到 AIC，因此 AICc 指标可以适用于任何大小的样本数目，比 AIC 指标具有更好的适用性，其计算公式如下：

$$AICc = AIC + \frac{2k(k+1)}{n-k-1} \tag{8-6}$$

当样本数目 n 很大时，AIC 中似然函数提供的信息量会随之增大，但参数数目的惩罚因子恒为 2，与样本数目 n 无关。因而当 n 较大时，运用 AIC 选取的模型没有收敛到最优的模型，选取的模型的参数数目 k 会大于最优的模型。Schwarz 于 1978 年基于贝叶斯理论提出的贝叶斯信息准则 BIC（Bayesian information criterion，也称作施瓦兹准则 Schwarz Criterion）弥补了 AIC 的上述缺点，其计算公式为

$$BIC = k\ln(n) - 2\ln(L) \tag{8-7}$$

在采用最小信息准则时，综合采用 AIC、AICc 和 BIC 三个指标来评价模型，三个指标的值越低，表明模型的模拟效果越好，其取值范围均没有限制。区别在于 AICc 和 BIC 均

考虑了样本数目 n 的影响，而 AIC 的定义中则没有反映。三个指标的计算均需要用到对数似然值 $\ln(L)$，其计算公式见式（8-8）。将该公式代入式（8-5）～式（8-7）中便可求得 AIC、AICc 和 BIC 的数值。其中，SSE 为残差平方和。

$$\ln(L) = -\frac{n}{2}\left[1 + \ln(2\pi) + \ln(SSE/n)\right] \tag{8-8}$$

8.2.1.4　集合评估指标体系

目前水文模型评价指标往往是基于残差（模型模拟结果与实测数据的离差平方）的整体性评价指标，无法提供有效信息用于评价模拟结果与实测资料在各种水文特性上的一致程度，即模拟结果哪一方面"好"或哪一方面"坏"，且模型评价指标不同，评价结果差异较大。为了对模型进行全面的诊断评估，需要对反映不同模型精度的评价指标进行评价。采用评价指标综合得分对水文模型进行评价，计算公式如下：

$$\text{Score}_m = \sum_{i=1}^{n} w_i \, \text{index}_{i,m} \tag{8-9}$$

式中，Score_m 为综合得分；w_i 为第 i 项模型精度评价指标的权重；$\text{index}_{i,m}$ 为第 i 项模型精度评价指标的隶属度值。因此水文模型 Score_m 综合得分主要分为模型精度评价指标体系选取、模型精度评价隶属度分析和模型精度评价权重分析三部分。

（1）模型精度评价指标体系选取

选择的模型精度评价指标中，确定性模型精度评价指标 8 个，不确定性评价指标 4 个，指标类型如表 8-3 所示。

表 8-3　模型精度评价指标最优类型统计

目标层	准则层	评价指标	类型
模型精度评价体系	确定性评价体系	C1 纳什效率系数 NSE	接近 1 最优
		C2 相对误差 RE	极小最优
		C3 一致性指数 d	极大最优
		C4 均方根误差 RMSE	极小最优
		C5 相对平方均方误差 MSESQ	极小最优
		C6 相对对数均方误差 MSELN	极小最优
		C7 决定系数 R^2	极小最优
		C8 校正的决定系数 Adjusted R^2	极小最优
	不确定性评价体系	C9 覆盖率 CR	极大最优
		C10 平均带宽 B	极小最优
		C11 平均偏移度 D	极小最优
		C12 带宽百分比 PB	极小最优

A. 确定性指标

1）纳什效率系数 NSE：$NSE = 1 - \sum_{i=1}^{N}(Obs_i - Sim_i)^2 \Big/ \sum_{i=1}^{N}(Obs_i - \overline{Obs})^2$，其中 Obs_i 为出口流量观测值（m³/s）；Sim_i 为出口流量模拟值（m³/s）；N 为实测值与对应模拟值总个数。

2）决定系数 R^2：$R^2 = \Big[\sum_{i=1}^{N}(Obs_i - \overline{Obs})(Sim_i - \overline{Sim})\Big]^2 \Big/ \sum_{i=1}^{N}(Obs_i - \overline{Obs})^2 \sum_{i=1}^{N}(Sim_i - \overline{Sim})^2$，其中 $\overline{Obs}$ 和 $\overline{Sim}$ 为观测值平均值和模拟值平均值。

3）校正的决定系数 Adjusted R^2：$Adjusted\ R^2 = \sum(Sim_i - \overline{Obs})^2 \Big/ \overline{Obs^2}$。

4）相对误差 RE：$RE = \sum_{i=1}^{N}|Sim_i - Obs_i| \Big/ \sum_{i=1}^{N}Obs_i$。

5）一致性指数 d：$d = 1 - \sum_{i=1}^{N}(Obs_i - Sim_i)^2 \Big/ \sum_{i=1}^{N}(|Sim_i - \overline{Obs}| + |Obs_i - \overline{Obs}|)^2$。

6）均方根误差 RMSE：$RMSE = \sqrt{\sum_{i=1}^{N}(Obs_i - Sim_i)^2 / N\overline{Obs^2}}$。

7）相对平方均方误差 MSESQ：$MSESQ = \sqrt{\sum_{i=1}^{N}(Obs_i^2 - Sim_i^2)^2 \Big/ N\overline{Obs^2}}$。

8）相对对数均方误差 MSELN：$MSELN = \sqrt{\sum_{i=1}^{N}(lnObs_i - lnSim_i)^2 \Big/ N\overline{lnObs}}$。

B. 不确定性指标

1）覆盖率 CR：$CR = \dfrac{\sum_{i=1}^{N}sin_i}{N}$，$sin = \begin{cases}1, & Sim_l^i \leq Obs_i \leq Sim_u^i \\ 0, & 其他\end{cases}$，其中 Sim_l^i 为测区间下界；Sim_u^i 为测区间上界。

2）平均带宽 B：$B = \dfrac{\sum_{i=1}^{N}(Sim_u^i - Sim_l^i)}{N\overline{Obs}}$。

3）平均偏移度 D：$D = \dfrac{1}{n\overline{Obs}}\sum_{i=1}^{n}\left|\dfrac{1}{2}(Sim_u^i + Sim_l^i) - Q_{obs}^t\right|$。

4）带宽百分比 BP：$BP = \dfrac{\sum_{i=1}^{N}(Sim_u^i - Sim_l^i)\Big/ n}{\sqrt{\sum_{i=1}^{N}(Obs_i - \overline{Obs})^2 \Big/ n}}$。

（2）模型精度评价隶属度

在所建立的评价指标体系中，由于定量指标的量纲不统一，很难直接应用于评价模型，所以必须首先将它的实际量值转化为 0~1 区间上的无量纲数，这一过程称为指标的无量纲化。表 8-4 中指标无量纲化的计算公式如下：

1）极小最优型：$x_i' = \dfrac{|x_i - x_{\max}|}{|x_{\max} - x_{\min}|}$。

2）极大最优型：$x_i' = \dfrac{|x_i - x_{\min}|}{|x_{\max} - x_{\min}|}$。

3）适中最优型：接近 1 时取 $x_i' = 1 - \dfrac{|x_i - 1|}{|x_{\min} - 1|}$。

表 8-4   模型精度评价指标标准统计

确定性评价指标	类型
C1 纳什效率系数 NSE	接近 1
C2 决定系数 R^2	接近 1
C3 校正的决定系数 Adjusted R^2	极小最优
C4 相对误差 RE	极小最优
C5 一致性指数 d	极大最优
C6 均方根误差 RMSE	极小最优
C7 相对平方均方误差 MSESQ	极小最优
C8 相对对数均方误差 MSELN	极小最优

（3）模型精度评价权重分析

评价模型中，指标权重的合理与否在很大程度上影响综合评价的科学性和合理性。然而现有评价包括众多因素，要准确地确定各个因素对模型总体的贡献程度存在着一定的困难。近年来，用层次分析法确定权重越来越受到研究人员的重视并在许多方面得到应用。尤其是对多目标、多准则、多因素、多层次的复杂问题进行决策分析时，这种多层次分别赋权可避免大量指标同时赋权带来的混乱和失误，从而提高评价的准确性和简便性。但是传统的层次分析法采用专家打分法计算模型权重，具有一定的主观性，因此本研究首先采用主成分分析对各站点径流量统计评价指标进行敏感性分析。根据模型评价指标矩阵提取评价指标的主成分，进而根据特征向量矩阵计算各指标的综合得分，根据综合得分评价指标的敏感性，得到指标敏感性排名。在此基础上将径流模拟模型精度评价指标敏感性分析结果进行排序，应用层次分析法计算评价指标权重。

主成分分析法中，设 $X = (X_1, X_2, \cdots, X_n)^T$，取其容量为 p 的随机样本 x_i（$i = 1, 2, \cdots, p$），求得 x_i 的特征值对应的单位正交向量为 $e_1, e_2, \cdots, e_p$，则第 i 个样本的主成分 y_i 可表示为

$$y_i = e_i^T x = e_{i1}x_1 + e_{i2}x_2 + \cdots + e_{ip}x_p \quad i = 1, 2, \cdots, p \qquad (8\text{-}10)$$

对于水沙数据，依次代入 n 个样本观测值即可得到第 i 个样本主成分的 n 个观测值 y_{ki}（$k = 1, 2, \cdots, n$），将其称为第 i 个主成分的得分。定义第 i 个样本主成分的贡献率为第 i 个特征值与各特征值之和的比值，则选取累积贡献率达到一定要求的前 m 个样本主成分得

分代替原始数据进行分析。选取累积贡献率大于 80% 的主成分进行研究。

层次分析法是一种将定性分析与定量分析相结合的系统分析方法，是能够将较为复杂的系统的决策方式进行简化的过程。

本书精度评价体系的层次分析法包括以下步骤：①构建层次结构。根据已选定的目标、准则及变量建立三层结构，各层之间具有相关关系，各层内部相互独立。②构造判断矩阵。使用 Satty 提出的标度法进行，对比同层元素之间的相对重要程度进行打分，见表 8-5。

表 8-5 Satty 标度法汇总

标度 a_{ij}	定义
1	因素 B_i 与因素 B_j 同等重要
3	因素 B_i 比因素 B_j 略重要
5	因素 B_i 比因素 B_j 较重要
7	因素 B_i 比因素 B_j 非常重要
9	因素 B_i 比因素 B_j 极端重要
2, 4, 6, 8	以上两个判断之间的中间状态对应的标度
1～9 的倒数	因素 B_i 与因素 B_j 比较

影响因素的判断矩阵即为比较结果 $A = (a_{ij})_{n \times n}$ 对称的矩阵。

（4）层次单排序

取 A 的最大特征值 λ_{max} 对应的特征向量为 $W = (W_1, W_2, \cdots W_n)^T$，则

$$a_{ij} = \frac{w_i}{w_j}, \quad \forall i, j = 1, 2, \cdots, n, \quad 即 \ A = \begin{bmatrix} \frac{w_1}{w_1} & \cdots & \frac{w_1}{w_n} \\ \vdots & & \vdots \\ \frac{w_n}{w_1} & \cdots & \frac{w_n}{w_n} \end{bmatrix} \tag{8-11}$$

对判断矩阵的一致性检验的步骤如下：

1）计算一致性指标：

$$CI = \frac{\lambda_{max} - n}{n - 1} \tag{8-12}$$

2）根据 Saaty 算法，平均随机一致性指标 RI 见表 8-6。

表 8-6 平均随机一致性指标 RI

n	1	2	3	4	5	6	7	8	9	10
RI	0	0	0.58	0.9	1.12	1.24	1.32	1.41	1.45	1.49

随机地从 1~9 及其倒数中抽取数字构造正互反矩阵，求得最大特征根的平均值 λ'_{max}，并定义：

$$RI = \frac{\lambda'_{max} - n}{n - 1} \tag{8-13}$$

3）计算一致性比例 CR：

$$CR = \frac{CI}{RI} \tag{8-14}$$

如果比较结果是前后完全一致的，则矩阵 A 的元素还应当满足：

$$a_{ij} \times a_{jk} = a_{ik}, \quad i, j, k = 1, 2, \cdots, n_{\circ} \tag{8-15}$$

（5）层次总排序

各级都经过单级一致性检验，两两对比判断矩阵具有良好的一致性，然而进行全面调查时，仍会积累不同层次的不一致性，导致最终分析结果严重不一致。层次总体排序是根据各层中所有元素对总目标相对重要性来确定总权重的过程。

从最高层到最低层逐层进行。设上一层次（A 层）包含 A_1，A_2，$\cdots$，A_m 共 m 个因素，它们的层次总排序权重分别为 a_1，a_2，$\cdots$，a_m。设其后的下一层次（B 层）包含 n 个因素，即 B_1，B_2，$\cdots$，B_n，其关于 A_j 的层次单排序权重分别为 b_{1j}，b_{2j}，$\cdots$，b_{nj}（当 B_i 与 A_j 无关联时，$b_{ij}=0$）（其中 $i=1$，$\cdots$，n；$j=1$，2，$\cdots$，m）。

B 层第 i 个因素对总目标的权值为

$$b_i = \sum_{j=1}^m a_j \times b_{ij} \tag{8-16}$$

设 B 层中与 A_j 相关的因素的成对比较判断矩阵在单排序中经过一致性检验，求得单排序一致性指标为 CI (j)，$(j=1$，$\cdots$，$m)$，相应的平均随机一致性指标为 RI (j) [CI (j)、RI (j) 已在层次单排序时求得]，则 B 层总排序随机一致性比率为

$$CR = \frac{\sum_{j=1}^m CI(j) \times a_j}{\sum_{j=1}^m RI(j) \times a_j} \tag{8-17}$$

当 CR<0.10 时，表明系统的总体排序结果达到预想，其分析结果是可以接受的。

8.2.2 集合评估技术应用——以皇甫川流域为例

以皇甫川流域的径流和输沙为研究对象，将图 8-6 的流程应用至皇甫川流域。收集模型构建简易模型库，选择适用模型，对模型进行集合评估，最后融合多模型给出最终结果。明确模型所需的输出结果为皇甫川径流和输沙，相关因素为水土保持措施等人类活动因素和降雨、气温等气候因素。收集的皇甫川水沙研究成果非常有限，但具有代表性，我们将收集到的所有模型构建成简化的模型库，并对所有模型进行五维度的评价。为了呈现更多的模型结果，我们的模型精度对比均转为年尺度，在最后模型集合预测中对各模型输出结果进行细化的多层次评价，通过对各模型赋予权重，得到最终模型集合评估结果。

8.2.2.1 模型集合评估

多种方法被应用于皇甫川流域水沙变化研究，而绝大多数方法之间有着巨大的差异。因此，模型集合评估必须深入把握参与评估的各模型特征及优缺点，这是模型选择时的重要参考依据，也是保证预测结果准确性的前提。在此对比了 8 种具有代表性的黄河水沙模拟分析模型，如表 8-7 所示。

表 8-7 各类模型对比汇总

模型		特征	优势	不足
经验模型	水文法	降雨–径流（输沙）关系，通过基准期划分分离人类活动与气候变化对水文过程的影响	直观，计算简单；所需数据少，在数据精度受限下是大尺度流域水沙变化计算的有效方法	物理意义缺失；基准期划分不明确；不适用于未来预测
	双累积曲线法	降雨同径流（输沙）连续累积值关系，用于水文气象要素长期演变趋势以及一致性的检验分析		
	机器学习	考虑多因子同径流输沙的关系	不需要划分基准期；能分离不同人类活动影响；数据要求低；模型拟合能力强，可用未来预测	黑箱模型；流域特征概化
弹性系数法		基于 Budyko 假设的水热耦合平衡方程	能实现不同影响因素的定量分析；相较于经验模型物理机制更强	不能处理各输入项之间的潜在联系；流域特征概化
基于过程的物理模型	SWAT	分布式流域水文模型，描述流域降水径流的水文过程和侵蚀产沙过程；应用 MUSLE 模型估计产沙量	长时间连续计算，计算效率高，成本低；适用多种土壤类型，模型应用广泛	模型计算方程多为经验公式，通过历史序列获得的参数对未来预测适用性受限，且具有区域局限性
	GeoWEPP	半分布式水力侵蚀模型；包括气象模块、土壤模块、植被生长模块、水分利用模块、水力模块和侵蚀模块	计算单元比 SWAT 小，泥沙计算使用稳态连续方程，相较于 MUSLE 物理基础更强；植被生长模块相对完善，在区分植被措施的减水减沙效益时有较突出的优势	不适用于中大型流域；计算量大；降水输入非分布式；对植被措施的细致模拟提高了数据收集成本
	数字流域模型	流域动力学模型，由降雨产流模型、坡面产沙模型、沟坡重力侵蚀模型及沟道水沙演进与冲淤模型四个基础模型组成	在流域单元的基础上结合河网水系（横断面、纵剖面）；动力学机理完善；双层率定技术解决多参数率定的计算效率问题	模型复杂度高；参数率定困难；计算量大；数据获取难度大

模型		特征	优势	不足
基于过程的物理模型	GBHM	流域下垫面条件与流域水文过程的耦合；基本框架由概化的"山坡"单元（计算垂向水文通量）和连接山坡单元的虚拟"沟道"（计算汇流过程）构成，基于地形建立汇流过程的网格拓扑关系	流域地形概化处理方法能够提高产汇流过程模拟精度	不能模拟产沙过程；输入数据精度要求高

　　研究黄河水沙的模型和方法大致可分为三类，即经验模型、弹性系数法以及基于过程的物理模型。以经典的水文法和双累积曲线法为代表的经验模型直观且计算简单，对数据需求量少，在数据精度受限的情况下是计算大面积水沙变化的有效方法，然而其缺陷也非常明显，物理意义缺失，基准期的划分不明确，不适用于未来预测。特别地，随着信息技术的发展，机器学习模型成为挖掘不同特征之间复杂关系的有力方式。与水文法和双累积曲线法仅考虑降水一个特征不同，机器学习能够挖掘多因子同径流输沙的关系。此外，机器学习模型不需要划分基准期，能够分离不同人类活动的影响，模型拟合能力强，可用于未来预测。然而，尽管应用机器学习模型时能够在特征选择上结合物理过程考虑，该模型仍然是一种经验模型、黑箱模型。

　　弹性系数法也是研究流域水文变化的重要方法。弹性系数被定义为径流/输沙变化率对气候因子变化率的比值，以基于 Budyko 假设的水热耦合平衡方程为核心，能实现不同影响因素的定量分析，相较于经验模型物理机制更强，但该方法不能解决各输入项之间有潜在联系的问题，且流域特征概化，无法实现精细化的模拟和预测。

　　基于过程的物理模型有坚实的理论支持，以分布式和精细化为发展方向。基于过程的物理模型普遍对数据有较高的要求，数据类别多，获取难度大，模型参数难以率定，计算量也远远高于其他两类模型。不同的物理模型之间也有着显著的差异。SWAT 模型的参数依据历史序列确定，经验公式的运用大大减少了计算量，但也提高了模型局限性。GeoWEPP 模型计算单元比 SWAT 模型更小，泥沙计算使用稳态连续方程，相较于 SWAT 的 MUSLE 物理基础更强，但该模型降水输入非分布式，限制了其在大尺度流域的应用。流域动力学模型动力学机理完善，但复杂度高，应用有较大难度。GBHM 有精妙的地形概化方法，产汇流模型精度提高，但尚不能模拟产沙过程。

　　根据目前收集到的研究结果，按照制定的模型集合评估准则对 8 种模型进行模型输入、模型结构和模型输出三方面，以及数据需求、物理基础、应用效率、输出尺度和预测精度五指标的评价。通过模型各方面排序赋分，结果如表 8-8 所示。对 8 种模型评分结果作雷达图，如图 8-7 所示，可清晰呈现各模型特征及模型优缺点。

表 8-8　各类模型多维评分汇总

评价指标	数据需求	物理基础	应用效率	输出尺度	预测精度
水文法	5	1	5	1	1
双累积曲线法	5	1	5	1	1.5
机器学习	4.5	1.5	4.5	2	4
弹性系数法	4	4.5	4	3	3
GeoWEPP	2	4	2	3	3.5
数字流域模型	1	5	1	5	4.5
SWAT	3	3	3	3	3.5
GBHM	3	3.5	4	4	5

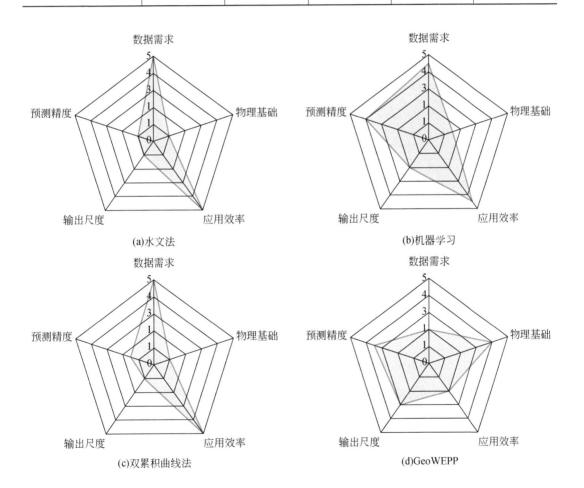

(a)水文法　　(b)机器学习

(c)双累积曲线法　　(d)GeoWEPP

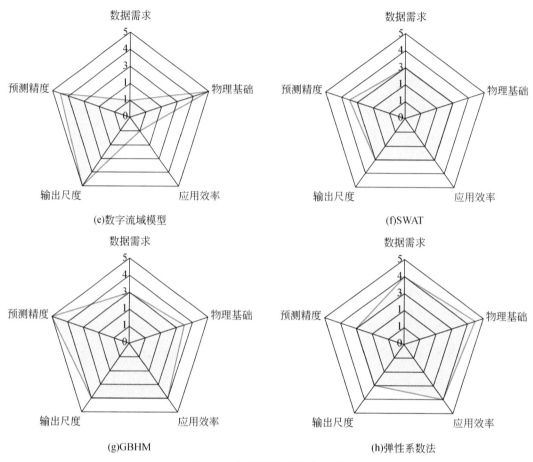

图 8-7　各类模型评分雷达图

8.2.2.2　模型集合预测

（1）径流变化研究选取的模型

针对皇甫川流域径流变化的研究，选择 7 种模型进入最后的模型集合预测阶段，模型基本信息如表 8-9 所示。

表 8-9　皇甫川流域径流变化研究选用的 7 种模型汇总

模型名称	编号	类别	时间尺度	研究时期	参数数目
水文法	LR	经验模型	年尺度	1954～2015 年	2 个
双累积曲线法	DMC	经验模型	年尺度	1954～2015 年	2 个
集成学习	EL	经验模型	年尺度	1960～2015 年	8 个
GeoWEPP	GW	基于过程的物理模型	年尺度	1965～2015 年	16 个

续表

模型名称	编号	类别	时间尺度	研究时期	参数数目
数字流域模型	DWM	基于过程的物理模型	6min	1976 ~ 2012 年	16 个
SWAT	SWAT	基于过程的物理模型	月尺度	1978 ~ 2012 年	16 个
GBHM	GBHM	基于过程的物理模型	日尺度	1976 ~ 2014 年	16 个

1）水文法。水文法属于经验模型，本书采用 1954 ~ 2015 年的样本作为数据集，其中 1954 ~ 1989 年为率定期，1990 ~ 2015 年为验证期。自变量只有降水量，模型有 2 个参数，该方法缩写为 LR。

2）双累积曲线法。双累积曲线法属于经验模型，与水文法一致，本书采用 1954 ~ 2015 年的样本作为数据集，其中 1954 ~ 1989 年为率定期，1990 ~ 2015 年为验证期。自变量只有降水量，模型有 2 个参数，该方法缩写为 DMC。

3）集成学习。集成学习方法属于经验模型。本书应用的集成学习模型融合了 9 种机器学习模式。融合的机器学习模型包括线性回归、kNN、岭回归、支持向量机、梯度提升、随机森林、XGboost、LightGBM，以及通过 Stacking 算法，堆砌得到的新模型。根据 12 折交叉验证进行模型性能评价，得到各个基础模型的得分（RMSE），对 9 种机器学习模型进行加权融合（Blending）得到最终的融合模型。模型测试集为随机抽取的 20% 样本数据，训练集为剩余数据。

融合多种机器学习模型能够有效地削弱过拟合问题。本书采用 1960 ~ 2006 年共 47 个样本，共考虑 8 个参数，分别为降水、气温、蒸发量、相对湿度、梯田面积、淤地坝面积、森林面积及草地面积。该方法缩写为 EL。

4）GeoWEPP。WEPP（water erosion prediction project）的植被生长模块相对完善，在区分植被措施的减水减沙效益时有较突出的优势。GeoWEPP（the geo-spatial interface for WEPP）模型是基于 WEPP 开发的流域尺度的半分布式水力侵蚀模型。模型对流域水沙物理过程的描述可以概述为 6 个模块，即气象模块、土壤模块、植被生长模块、水分利用模块、水力模块和侵蚀模块。其中，水力模块计算流域的径流量和水量平衡，是模型的核心部分之一。该模块假设降水产流过程为蓄满产流，即当雨强超过土壤入渗时形成的超量降水会优先满足土壤蓄水和地表填洼，之后才会形成径流。植被生长模块使用水力模块的土壤含水量等信息计算植被生物量变化，该模块基于 EPIC 模型，以积温为基础，模拟作物生物量和植被 LAI 的变化。侵蚀模块使用水力模块的超量降雨、雨强、径流量和植被生长模块的冠层覆盖度等结果计算流域侵蚀量，该模块基于稳态连续方程描述侵蚀物的运动，且将坡面侵蚀分为细沟侵蚀和细沟间侵蚀两部分。

评估的 GeoWEPP 应用模型输入数据有 DEM、土地利用类型、土壤类型、降水数据，以及包括最高温度、最低温度、太阳辐射、风速、风向、露点温度在内的气象数据。评估输出结果为 1965 ~ 2015 年共 51 个样本，其中 1965 ~ 1987 年为率定期，1988 ~ 2015 年为验证期。该方法缩写为 GW。

5）数字流域模型。数字流域模型为流域水沙动力学模型，模型由降雨产流模型、坡面产沙模型、沟坡重力侵蚀模型及沟道水沙演进与冲淤模型四个基础模型组成，计算的基本时间步长为6min。参与评估的该模型应用了基于并行编程模式（MPI）和高性能计算集群（HPC）的双层并行参数率定方法，以MPI标准为下层并行技术，以HPC作业调度系统为上层并行技术。首先以流量过程为目标，对11个关键水文参数进行率定和分析；再以输沙率为目标，对5个关键泥沙参数进行率定和分析。

输入参数是依坡面-沟道单元空间分布的。其中地形几何参数在单元提取的过程中由DEM数据获得，植被覆盖、土壤类型、土地利用和蒸发能力等下垫面参数则由遥感数据或其他来源的栅格数据提取。集合评估通过1979年和2012年两个典型年率定，分别在自然状态期（1976～1986年）和受扰状态期（2007～2012年）进行验证。参与评估的结果样本共15个，该方法缩写为DWM。

6）SWAT模型。SWAT模型通过子流域单元划分，考虑气候、地形地貌、土壤植被等的空间差异性；通过河网水沙演进与河道冲淤计算，重现流域内任何河道断面和流域出口的水沙过程。与相关模块主要有降雨产流模块、坡面产沙模块、沟道水沙演进与冲淤模块。参与评估的模型为月尺度，率定期为1978～1980年，验证期为1981～2012年。模型的自变量为DEM数据、气象水文数据、土壤数据、土地利用数据等，模型的参数共16个，输出月尺度结果数据共420组。

7）GBHM。GBHM（geomorphology based hydrological model）是一种流域分布式水文模型，核心为流域的下垫面条件（地形地貌、植被条件）与流域水文过程的耦合。该模型基本计算单元为概化的"山坡"单元，单元之间由"沟道"连接，构成了整个模型的基本框架。模型通过基于流域水文学原理的数理方程描述水文过程，主要的水文过程包括产流过程和汇流过程两大块，而产流过程则可细分为降水、截流、蒸散发及下渗过程；汇流过程则包括坡面汇流（涉及坡面流、壤中流的运动）和沟道汇流、河水与地下水交换等过程。模型输出为流域的土壤水情况、蒸散发和径流过程，包括空间分布和时间过程。

模型输入为气象数据与地理空间信息数据两部分。气象数据包括降雨、温度、湿度、日照和风速等信息；地理空间信息数据包括地形数据、土地利用数据、植被数据、土壤数据、河道参数等。输出结果为1976～2014年逐日模拟径流量，共14 245组数据，转化为39个年尺度样本参与集合评估。

（2）输沙变化研究选取的模型

针对皇甫川流域输沙变化研究选用的模型共6种，相较于径流变化少了分布式水文模型GBHM，6种模型基本信息如表8-10所示。

表8-10　皇甫川流域输沙变化研究选用的6种模型汇总

模型名称	编号	类别	评估尺度	研究时段	参数数目
水文法	LR	经验模型	年尺度	1954～2015年	2
双累积曲线法	DMC	经验模型	年尺度	1954～2015年	2
机器学习	EL	经验模型	年尺度	1960～2015年	8

续表

模型名称	编号	类别	评估尺度	研究时段	参数数目
GeoWEPP	GW	基于过程的物理模型	年尺度	1965~2015 年	16
数字流域模型	DWM	基于过程的物理模型	6min	1976~2012 年	16
SWAT	SWAT	基于过程的物理模型	月尺度	1978~2012 年	16

（3）径流变化输出结果评价

基于模型评价指标体系选定的 7 种模型，对皇甫川流域径流进行分析，不同模型对应的指标得分结果如表 8-11 所示。其中，R^2 和 Adjusted R^2 的值越大，模型越优；MAE 和 RMSE 的值越小，模型的平均误差越小，模型越优；AIC、AICc 和 BIC 的值越小，模型越优。

表 8-11　皇甫川流域多种模型径流研究训练集（率定期）指标评分汇总

评价指标	LR	DMC	EL	GW	SWAT	GBHM
R^2	0.641 705	0.608 21	0.850 862	0.508 85	0.694 946	0.843 71
Adjusted R^2	0.631 167	0.596 687	0.770 079	−0.800 87	1.043 579	1.677 258
MAE	0.450 436	0.460 738	0.100 832	0.426 38	0.625 523	0.316 522
RMSE	0.608 406	0.636 209	0.133 917	0.506 92	0.751 91	0.411 278
AIC	83.811 25	88.452 81	−53.715 2	70.880 65	40.484 09	47.219 93
AICc	84.174 88	88.816 45	−35.454 4	161.547 3	1.626 945	−134.113
BIC	90.151 1	94.792 66	−8.244 25	111.257 6	33.843 49	76.137 61

DWM 对自然阶段和人类活动影响阶段分别进行率定及验证，且使用一年的数据结果进行率定，故在率定期指标评价中不加入 DWM，而在验证期指标评价中将 DWM 分为自然阶段和人类活动影响阶段独立参与评价。

1）率定期。由表 8-11 可见，在率定期的径流变化模型研究中，R^2 由大到小前三名为 EL、GBHM、SWAT，Adjusted R^2 由大到小前三名为 GBHM、SWAT、EL；MAE 和 RMSE 由小到大前三名为 EL、GBHM、GW。EL 的 MAE、RMSE、AIC、AICc 和 BIC 都是最优的。在基于最小信息准则的三个评价指标上，GBHM、EL 表现较好。综合三个层次的评价指标，经验模型中集成学习模型 EL 表现较好，基于过程的物理模型中 GBHM 模拟表现较好，如图 8-8 所示。

2）验证期。验证期的模拟结果表现的是模型的预测能力（泛化能力）的好坏，在率定期结果的基础上，本研究选取 R^2、MAE 和 RMSE 来衡量模型在验证期的表现。对于皇甫川流域，8 种模型在验证期的表现如表 8-12 所示。

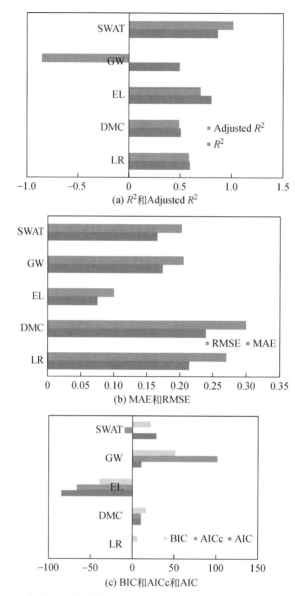

图 8-8　皇甫川流域多模型径流研究训练集（率定期）各指标得分

表 8-12　皇甫川流域多种模型径流研究测试集（验证期）指标评分汇总

评价指标	LR	DMC	EL	GW	SWAT	GBHM	DWM 自然	DWM 人为
R^2	-3.895 23	-3.409 15	0.794 659	0.666 091	-0.602 43	0.843 072	0.669 351	0.721 289
MAE	1.025 533	0.979 051	0.171 038	0.287 852	0.650 01	0.143 719	0.367	0.139 5
RMSE	1.116 281	1.059 411	0.200 52	0.363 651	0.810 822	0.195 525	0.592 948	0.206 113

比对 R^2，可以明显看出两个经验模型水文法 LR 和双累积曲线法 DMC 表现与其他模型相差较大，基于过程的物理模型中 SWAT 表现也较差，而 GBHM 和 EL 两个模型表现较好，R^2 分别约为 0.84 和 0.79，DWM 和 GW 模型表现一般，均在 0.7 左右。在 RMSE 和 MSE 上，LR、DMC 和 SWAT 三个模型的值相对于其他模型明显偏高，说明误差偏大；GBHM 误差最小，DWM 在人类活动影响阶段的表现其次，EL 同样误差较小。综合三个指标，GBHM 在验证期对径流的模拟最好，EL 表现弱于 GBHM，但同样较优，值得注意的是，DWM 虽然在自然阶段表现一般，但在人类活动影响阶段表现突出。

综合率定期和验证期结果，我们认为 GBHM 对皇甫川径流的模拟表现最优，而经验模型中，EL 表现显著优于 LR 和 DMC，甚至与基于过程的物理模型 GBHM 接近，如图 8-9 所示。

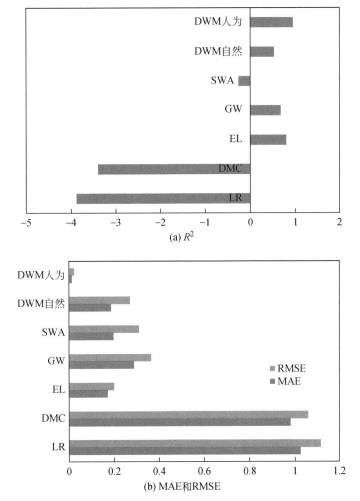

图 8-9　皇甫川流域多模型径流研究测试集（验证期）各指标得分

（4）输沙变化输出结果评价

同样依据上述评价指标体系，对皇甫川流域输沙变化研究选用的 6 种模型进行指标评分。

1）率定期。同样因为 DWM 通过一年率定，而本次评估均为年尺度，所以在此不参与评估。率定期计算结果如表 8-13 所示。

表 8-13 皇甫川流域多种模型输沙研究训练集（率定期）指标评分汇总

评价指标	LR	DMC	EL	GW	SWAT
R^2	0.600 464	0.508 147	0.806 88	0.495 354	0.869 692
Adjusted R^2	0.588 713	0.493 68	0.702 273	−0.850 37	1.018 615
MAE	0.214 41	0.239 503	0.075 144	0.174 318	0.165 743
RMSE	0.270 499	0.300 128	0.100 587	0.205 792	0.202 389
AIC	−0.386 26	10.410 26	−85.095 8	11.053 5	29.123 51
AICc	−0.022 62	10.773 89	−66.834 9	101.720 2	−9.733 63
BIC	5.953 592	16.750 11	−39.624 8	51.430 49	22.482 91

由表 8-13 可见，在率定期的输沙变化模型研究中，SWAT 的 R^2 和 Adjusted R^2 最优，其次为 EL。在 RMSE 和 MAE 上，EL 表现突出，明显优于其他模型，基于过程的物理模型中 SWAT 最佳。在 AIC、AICc、BIC 上，EL 和 SWAT 依旧表现较好，如图 8-10 所示。

2）验证期。验证期与径流一致，同样选取 R^2、MAE 和 RMSE 来衡量模型在验证期的表现，并将 DWM 分为自然条件和人类活动影响条件分别评估。对于皇甫川流域，选取模型在验证期的表现如表 8-14 所示。由表 8-14 可见，在验证期上，DWM 在人类活动影响阶段的表现极为突出，R^2 达到了 0.94 左右，MAE 和 RMSE 分别约为 0.014 与 0.022。两个经验模型 LR 和 DMC 表现较差。与径流相近，EL 在 R^2 和 MAE、RMSE 的表现较为稳定，如图 8-11 所示。

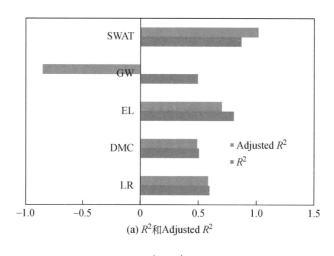

(a) R^2 和 Adjusted R^2

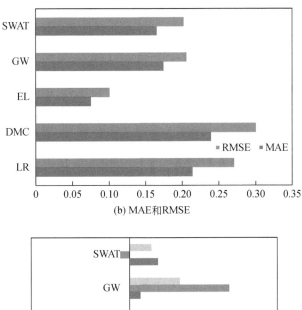

(b) MAE和RMSE

(c) BIC、AICc和AIC

图 8-10　皇甫川流域多模型输沙研究训练集（率定期）各指标得分

表 8-14　皇甫川流域多种模型输沙研究测试集（验证期）指标评分汇总

评价指标	LR	DMC	EL	GW	SWAT	DWM 自然	DWM 人为
R^2	−3.895 2	−3.409 15	0.794 66	0.666 09	−0.268 25	0.521 16	0.936 37
MAE	1.025 53	0.979 05	0.171 04	0.287 85	0.198 07	0.187	0.013 75
RMSE	1.116 28	1.059 41	0.200 52	0.363 65	0.311 19	0.272 52	0.022 47

（5）加权融合

多模型结果的集合能够提高模型稳定性，减少由于模型结构问题出现的个别显著偏离值。在上述模型输出结果评价的基础上，赋予各模型权重，融合各模型的模拟结果，由于模拟结果来自不同研究组，时间跨度不一，无法在全时间段赋予统一的权重，根据模拟结果，将 1960～2015 年进行划分，对划分的各个阶段分别进行模型权重的赋予。权重确定的准则为：评分高的模型权重更大，评分低的模型权重较小甚至不赋予权重；在基于过程的物理模型和经验模型评分相近的条件下，优先考虑更为精细的基于过程的物理模型。

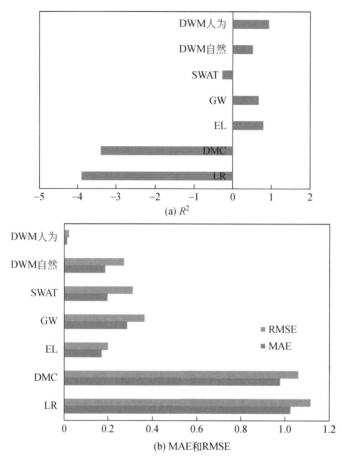

图 8-11　皇甫川流域多模型输沙研究测试集（验证期）各指标得分

由图 8-12、图 8-13 可以发现，集合各模型结果能够有效提高模拟值的稳定性，但对极端值的模拟能力减弱，在水沙未来预测时，需要获得更准确的波动区间，而非极端值的精准模拟。因此，在水沙未来预测时，以此方法对多模型进行加权集合是提高预测准确性的有效方法。

8.2.3　集合评估技术应用——以无定河流域为例

8.2.3.1　水文模型精度评价

选取无定河、大理河、韭园沟、王茂沟 4 个流域，研究数据为各站点年实测降水量、径流量和输沙量，各流域资料如表 8-15 所示。由于突变后径流和输沙受人类活动影响较大，选取各站点径流量突变年份之前的水文序列进行分析。在模型选取中，由于在大流域、长尺度上，SWAT、SWMM 等大型降雨-水沙模型参数繁多，步骤复杂，较难进行，而经验类的统计水文模型能够容易实现，因此选取常用的简单降雨产流产沙经验模型进行

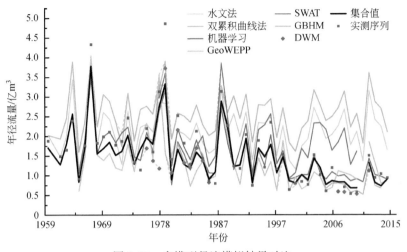

图 8-12　多模型径流模拟结果对比

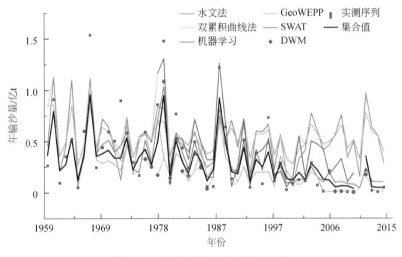

图 8-13　多模型输沙模拟结果对比

精度评价探究。研究选择的模型包括倍比模型、线性模型、指数模型、混合模型，另外参考技术成熟的基于偏相关系数的输入选择法（PCIS）、基于偏互信息的输入选择法（PMIS）指标输入选择法构建两个混合模型，共 7 个模型进行各站点径流量、输沙量拟合，各模型模拟公式如表 8-16 和表 8-17 所示，模型参数拟合结果如表 8-18～表 8-20 所示。

表 8-15　研究区数据资料汇总

研究区	无定河（WDH）	大理河（DLH）	韭园沟（JYG）	王茂沟（WMG）
数据时段	1960～2015 年	1960～2015 年	1974～2010 年	1980～2010 年

表8-16　现有水沙代表模型汇总

模型类型	模型序号	代表模型	主要构成变量
倍比模型	1	Ⅰ：$W(S)=A×X$	P、P_x
线性模型	2	Ⅱ：$W(S)=A×X+B$	
指数模型	3	Ⅲ：$W(S)=A×X^B$	
混合模型	4	Ⅳ：$W(S)=A×P_x^B×(P_x/P)^C$	P、P_x
	5	Ⅴ：$W(S)=A×P_x^B×(P_{78}/P_{69})^C$	P_x、P_{78}、P_{69}

注：W、S 为年径流量和年输沙量；A、B、C 为参数；P 为降雨量；P_x 为汛期降雨量；P_{78} 为 7~8 月降雨量，此类余同。

表8-17　基于优选变量的混合函数型降雨-水沙经验模型汇总

研究区	PCIS（模型6）	PMIS（模型7）
WDH	$W=A \cdot P_x^B(P_{69}/P_9)^C$	$W=A \cdot P_{69}^B \cdot P_x^C$
	$S=A \cdot P_{69}^B \cdot P_9^C$	$S=A \cdot P_{69}^B \cdot P_9^C$
DLH	$W=A \cdot (P_x/P)^B \cdot P_{mx}^C$	$W=A \cdot (P_x/P)^B$
	$S=A \cdot P_{69}^B \cdot P_x^C$	$S=A \cdot P_{69}^B \cdot P_x^C$
JYG	$W=A \cdot (P_{mx}/P_{mfx})^B$	$W=A \cdot (P_{mx}/P_{mfx})^B$
	$S=A \cdot (P_9/P_8)^B$	$S=A \cdot (P_8/P_9)^B$
WMG	$W=A \cdot P_x^B \cdot P_{m78}^C$	$W=A \cdot P_x^B \cdot P_{m78}^C$
	$S=A \cdot (P_8/P)^B$	$S=A \cdot (P_8/P)^B$

注：P_{mx} 为汛期平均降雨量；P_{mfx} 为非汛期平均降雨量；P_{fx} 为非汛期降雨量；其他参数含义同表8-17。

表8-18　现有水沙模型径流参数率定结果汇总

径流模拟		基准期				变化期			
		WDH	DLH	JYG	WMG	WDH	DLH	JYG	WMG
W_1	A	0.035	0.004	0.627	1.131	0.023	0.003	0.320	0.688
W_2	A	0.019	0.003	0.526	1.773	0.009	0.001	0.249	0.391
	B	7.475	0.503	37.233	-223.020	5.813	0.679	20.450	91.256
W_3	A	0.455	0.848	0.696	1.622	0.009	0.448	0.913	1.621
	B	-0.013	-4.691	1.287	-3.652	5.813	-2.548	-0.701	-6.481
W_4	A	-0.039	-4.322	-0.259	-3.265	0.070	-2.222	-6.875	4.947
	B	0.458	0.805	0.933	1.584	0.369	0.414	1.893	0.503
	C	-0.474	-0.481	-0.533	0.250	-0.146	0.107	-1.739	3.756
W_5	A	0.523	-5.840	0.782	-4.055	0.371	-2.448	-0.525	2.175
	B	0.376	1.053	0.792	1.698	0.321	0.451	0.874	0.533
	C	0.082	0.516	-0.082	-0.093	0.021	-0.020	0.118	0.195

表 8-19　现有水沙模型输沙参数率定结果汇总

输沙模拟		基准期				变化期			
		WDH	DLH	JYG	WMG	WDH	DLH	JYG	WMG
S_1	A	0.005	0.003	0.438	0.122	0.001	0.001	0.183	0.058
S_2	A	0.005	0.002	0.075	0.209	0.001	0.003	0.068	0.023
	B	−0.269	0.386	174.157	−59.705	0.038	0.351	47.112	21.096
S_3	A	1.532	0.735	0.240	0.584	0.236	0.111	0.498	0.428
	B	−8.680	5.014	3.819	1.951	−2.359	7.709	1.310	0.681
S_4	A	−7.372	4.480	3.398	−6.949	−1.502	7.995	1.736	3.149
	B	1.356	0.797	0.291	1.509	0.149	0.080	0.438	0.511
	C	−0.553	−1.283	−0.610	−3.256	1.131	0.347	−0.264	3.914
S_5	A	−8.366	4.372	5.916	−2.248	−1.912	8.072	2.754	−0.066
	B	1.497	0.845	−0.123	1.083	0.116	0.038	0.272	0.617
	C	0.568	0.492	0.122	−0.080	0.591	0.167	0.054	−0.081

表 8-20　混合函数参数率定结果汇总

径流模拟		基准期				变化期			
		WDH	DLH	JYG	WMG	WDH	DLH	JYG	WMG
PCIS	A	0.681	−3.219	4.988	−3.797	−4.530	−1.648	4.060	2.644
	B	0.343	−0.485	0.173	1.679	3.012	0.107	0.236	0.213
	C	0.194	0.808		−0.041	−2.103	0.414		0.320
PMIS	A	0.404	−4.530	4.988	5.179	0.355	2.061	4.060	4.295
	B	−0.137	3.012	0.173	0.170	−0.045	−0.208	0.236	−0.059
	C	0.517	−2.103			0.363	−0.518		

根据模型模拟结果及各评价指标计算公式，分别计算 4 个模型下各站点的评价指标值。计算中引入惩罚因子 $e^{\frac{2k}{N-k-1}}$，其中 k 为评价指标的个数，N 为水文序列长度，惩罚因子用来防止出现过度拟合。根据各指标的隶属度类型，计算各站点径流量模型精度评价指标隶属度，不同模型下各站点的隶属度值如图 8-14 和图 8-15 所示。

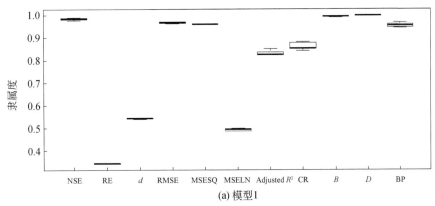

(a) 模型 1

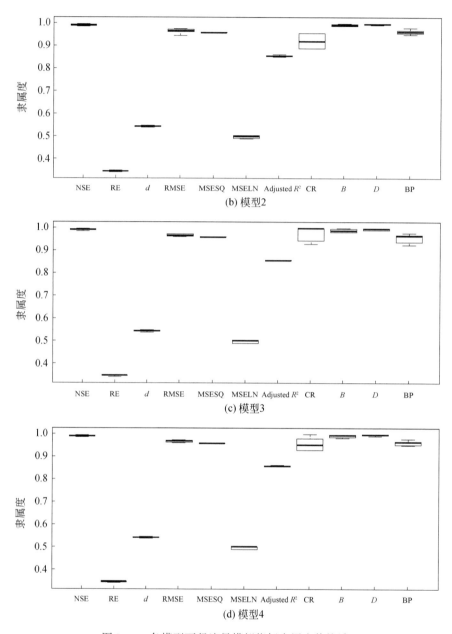

图 8-14　各模型下径流量模拟指标隶属度值统计

由图 8-14 和图 8-15 结果可见，各模型在不同精度评价指标下表现出不同的拟合效果，且不同指标评价结果差异较大；各模型对径流、输沙的模拟也表现出较大的差异性，可见本研究进行模型指标体系化评价是十分必要的。

根据所得隶属度矩阵，分别综合 7 个水文模型的确定性精度评价指标及不确定性评价指标进行主成分提取，已达到降维的目的。根据评价指标主成分特征值的累积方差百分比，选取累积方差贡献率大于 80% 的前 n 个指标为主成分，得到主成分载荷矩阵；根据各

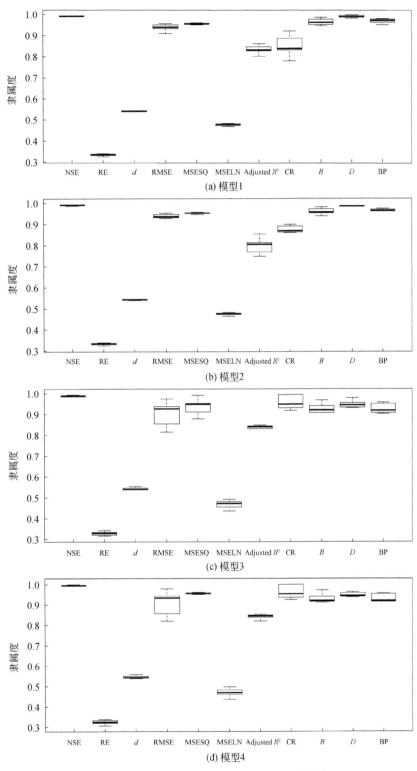

图 8-15　各模型输沙量模拟指标隶属度值统计

主成分的方差贡献率与载荷矩阵系数的加权平均可得到不同评价指标的综合得分，指标的综合得分排名即指标敏感性排名，用于进行层次单排序时各指标重要程度的依据。研究表明确定性指标的敏感性排名为 NSE>Adjusted R^2>MSELN>MSESQ>d>RE>RMSE；不确定性评价指标敏感性排名为 BP>B>D>CR。

在模型精度评价指标敏感性排名的基础上，应用层次分析法计算评价指标权重。首先进行层次单排序计算，指对于上一层某因素而言，本层次各因素与之有联系的因素的重要性次序的权值，它是本层次所有因素相对上一层而言的重要性进行排序的基础。在层次单排序中，各模型下确定性指标及不确定性指标的 B-C_i 判断矩阵应满足一致性指数 CI 大于 0、一致性比率 CR 小于 0.1，则说明各模型的判断矩阵均具有满意的一致性，由此得到模型确定性、不确定性指标 B-C_i 的层次单排序权值（W）用于进行后续计算。

根据层次单排序结果，进行层次总排序计算。研究中分别给定确定性评价体系 0.6 及不确定性评价体系 0.4 的层次权重进行综合权重计算，则各评价指标的综合权重计算结果如表 8-21 所示。

表 8-21　模型评价体系综合权重汇总

B-C_i	B_1	B_2	CW	位次	代表指标
B_i 权重	0.6	0.4			
C_1	0.298		0.179	1	NSE
C_2	0.057		0.034	10	RE
C_3	0.081		0.048	9	d
C_4	0.049		0.029	11	RMSE
C_5	0.122		0.073	7	MSESQ
C_6	0.167		0.100	5	MSELN
C_7	0.226		0.136	3	Adjusted R^2
C_8		0.150	0.060	8	CR
C_9		0.270	0.108	4	B
C_{10}		0.201	0.080	6	D
C_{11}		0.380	0.152	2	BP
CI=0.027		RI=1.52		CR=0.018<0.1	

计算得到评价指标权重后，结合评价指标隶属度值，求得各水文站在 7 个模型下的综合得分 N，并将综合得分由高到低进行排名。径流量、输沙量在基准期、变化期内各站点指标综合得分计算结果如表 8-22 和表 8-23 所示。

表 8-22　各流域径流量指标综合得分计算结果统计

模型		WDH		DLH		JYG		WMG	
		N_1	精度等级	N_2	精度等级	N_3	精度等级	N_4	精度等级
基准期	W_1	0.655	中	0.689	中	0.741	良	0.712	良
	W_2	0.817	良	0.713	良	0.747	良	0.728	良
	W_3	0.819	良	0.684	中	0.749	良	0.737	良
	W_4	0.827	良	0.689	中	0.743	良	0.728	良
	W_5	0.816	良	0.710	良	0.747	良	0.728	良
	W_6	0.823	良	0.694	中	0.753	良	0.772	良
	W_7	0.826	良	0.747	良	0.771	良	0.743	良
	平均	0.798	良	0.704	良	0.750	良	0.734	良
变化期	W_1	0.614	中	0.637	中	0.703	良	0.673	中
	W_2	0.714	良	0.733	良	0.666	中	0.712	良
	W_3	0.724	良	0.724	良	0.712	良	0.705	良
	W_4	0.716	良	0.703	良	0.619	中	0.695	中
	W_5	0.712	良	0.699	中	0.658	中	0.702	良
	W_6	0.726	良	0.712	良	0.686	中	0.715	良
	W_7	0.718	良	0.722	良	0.718	良	0.705	良
	平均	0.704	良	0.704	良	0.680	中	0.701	良

表 8-23　各流域输沙量指标综合得分计算结果统计

模型		WDH		DLH		JYG		WMG	
		N_1	精度等级	N_2	精度等级	N_3	精度等级	N_4	精度等级
基准期	S_1	0.654	中	0.641	中	0.635	中	0.702	良
	S_2	0.691	中	0.677	中	0.632	中	0.706	良
	S_3	0.715	良	0.698	中	0.719	良	0.649	中
	S_4	0.672	中	0.701	良	0.703	良	0.723	良
	S_5	0.705	良	0.675	中	0.759	良	0.705	良
	S_6	0.714	良	0.705	良	0.753	良	0.747	良
	S_7	0.793	良	0.763	良	0.721	良	0.778	良
	平均	0.706	良	0.693	中	0.703	良	0.716	良
变化期	S_1	0.628	中	0.690	中	0.511	差	0.656	中
	S_2	0.636	中	0.540	差	0.624	中	0.745	良
	S_3	0.675	中	0.691	中	0.544	差	0.650	中
	S_4	0.623	中	0.529	差	0.660	中	0.304	差

模型		WDH		DLH		JYG		WMG	
		N_1	精度等级	N_2	精度等级	N_3	精度等级	N_4	精度等级
变化期	S_5	0.624	中	0.663	中	0.725	良	0.666	中
	S_6	0.741	良	0.693	中	0.629	中	0.753	良
	S_7	0.758	良	0.692	中	0.710	良	0.671	中
	平均	0.669	中	0.643	中	0.629	中	0.635	中

综合得分越高，则认为模型的模拟精度越高。由表 8-22 和表 8-23 可见，7 个模型对于各流域基准期径流量、输沙量的模拟得分大致相当，总体上呈现出基准期得分略高于变化期的现象，且水沙模拟平均得分均大于 0.6，其中面积最大的无定河流域在两个时期的平均得分最高，研究区内大致表现出从无定河流域向王茂沟流域逐渐递减的趋势，即从大尺度至小尺度模拟精度逐渐降低的现象。研究认为这种精度减小趋势可能是由降雨资料引起的，本书中大尺度流域的资料更加齐全，序列长度更长，因此更有利于表达降雨与水沙之间的关系，模型精度也就越高。

另外，具体分析每个模型在不同时期及不同流域之间的得分，可以发现，对径流量而言，基准期各模型中 W_6 和 W_7 模型得分高于其他模型，即由本研究优选提出的径流模拟公式，变化期时模型精度均有所下降，但 W_6 和 W_7 降低程度不大且分别还能在两个流域中取得精度最高；输沙量拟合与径流量结果相似，W_7 有 75% 的概率为得分最高的模型，变化期同样各模型得分均有所下降，但 W_6 和 W_7 依旧表现着良好的精度。从流域尺度方向分析发现，相较于其他模型，模型 6 和模型 7 随着流域尺度的减小精度变化不大，表明模型在流域尺度研究上具有良好的稳定性。

以上研究表明，本书提出的基于 PCIS、PMIS 指标输入选择法的模型构建方法是可行的，通过优选模型构成变量进行降水-水沙拟合能够提供相比其他模型更为精确、稳定的拟合结果。对于 PCIS、PMIS 两种构建方法而言，其模型在构成变量、模型精度及尺度稳定性上不相上下，但值得注意的是，在相似优势下，PMIS 提出了相比 PCIS 更少的构成变量，主要表现在大尺度流域的水沙拟合过程中。这表明在相类似的研究中，PCIS 相比 PMIS 还是存在一定的冗余性，而 PMIS 能够减少数据资料要求，更加经济实惠，有利于在数据稀缺区进行研究。

8.2.3.2 水文模型综合评价

选取黄河中游无定河流域出口站白家川站为代表站，采用 3 种集合预报方法对不同水沙模型结果进行综合预报，对比分析集合预报模型与单个水文模型以及 SWAT 模型、GAMLSS 模型预报异同。3 种集合预报方法分别为模型简单平均（MA）方法、贝叶斯模型加权平均（BMA）方法、模型得分加权平均（SMA）方法。MA 方法中每个模型取相同的权重；BMA 方法基于贝叶斯理论得到不同模型权重和预报误差；SMA 方法中根据各模型在不同时期的综合得分，使用反距离加权平均法计算得到各模型的精度权重。

所有模型采用相同时段，即1976~2010年，分为下垫面变化较小时段（1976~2000年）和下垫面变化较大时段（2001~2010年）。1976~2000年和2001~2010年集合预报权重和1976~2010年相同，根据以上模型精度评价过程给出4个水文模型确定性指标下权重及综合得分，如表8-24所示。其中模型4为现有水沙模型中的混合模型，模型7为参考技术成熟的PMIS指标输入选择法构建的混合模型，如表8-25所示。

表8-24　单个水文模型指标计算结果统计

指标		NSE	RMSE	MSESQ	MSELN	Adjusted R^2	RE	d
径流量	SWAT	−1.584	0.348	27.018	0.168	3.464	0.236	0.500
	GAMLSS	0.667	0.127	8.488	0.069	0.882	0.102	0.884
	模型4	−0.082	0.228	15.558	0.120	0.494	0.187	0.444
	模型7	−0.053	0.225	15.336	0.118	0.495	0.186	0.448
输沙量	SWAT	−3.175	1.725	4.320	1.578	61.498	1.384	0.475
	GAMLSS	0.213	0.749	1.484	0.898	4.859	0.508	0.634
	模型4	−0.170	0.954	1.803	1.066	3.378	0.583	0.356
	模型7	−0.132	0.939	1.777	1.036	3.423	0.577	0.370

表8-25　单个水文模型指标综合得分计算结果统计

指标		NSE	RMSE	MSESQ	MSELN	Adjusted R^2	RE	d	综合得分	精度等级
权重 ω		0.230	0.060	0.078	0.047	0.169	0.124	0.294		
径流量	SWAT	0.208	0.051	0.037	0.043	0.160	0.120	0.118	0.737	良
	GAMLSS	0.227	0.059	0.011	0.046	0.167	0.124	0.293	0.927	优
	模型4	0.220	0.055	0.024	0.044	0.168	0.121	0.118	0.750	良
	模型7	0.220	0.055	0.023	0.044	0.168	0.121	0.120	0.751	良
输沙量	SWAT	0.194	0.000	0.005	0.000	0.000	0.088	0.107	0.394	差
	GAMLSS	0.223	0.036	0.001	0.021	0.156	0.112	0.180	0.729	良
	模型4	0.219	0.024	0.002	0.012	0.159	0.108	0.073	0.597	差
	模型7	0.220	0.025	0.002	0.013	0.159	0.108	0.080	0.607	中

分析表明，水沙模拟中，各模型综合得分较为接近，总体表现为径流量得分高于输沙量。其中GAMLSS模型在两个时期的水沙模拟中均表现出最高的模拟精度，径流量和输沙量模拟等级分别是优和良；模型7精度次于GAMLSS模型，径流量和输沙量模拟等级分别是良和中，模型4和SWAT模型径流量模拟结果均为良，但是输沙量模拟结果均不达标。

MA方法中的各模型的权重相同，均为0.25。根据以上各模型的综合得分，计算SMA方法及BMA方法中的各模型权重，如图8-16所示。

由图8-16可见，在SMA方法水沙模拟中，选取各模型综合得分进行加权平均，因此，

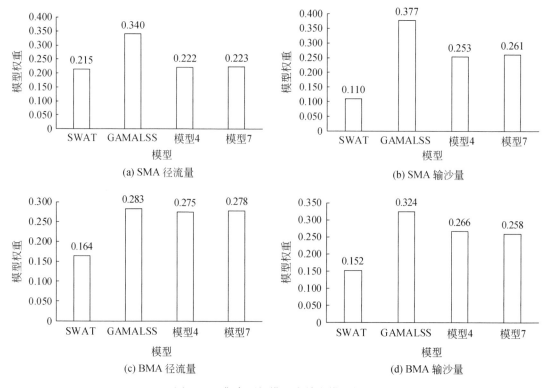

图 8-16　集合预报模型中单个模型权重

各模型权重与其模拟精度成正比。在 BMA 方法中各模型权重与模型综合得分排名趋势基本一致，模拟精度最高的 GAMLSS 模型依旧表现为权重最大，SWAT 模型在水沙集合预报中权重均为最小，但在输沙量模拟中，模型 4 的权重超过了得分较高的模型 7，位居权重第二位。BMA 方法中各模型的权重不一定与模拟效果成正比，这与各模型的不确定性区间特性也有关系。根据以上 4 个水沙模型进行白家川站实测径流输沙量与预估计算值之间的对比分析，绘制各模型的水沙模拟值与实测值的对比，如图 8-17 和图 8-18 所示。

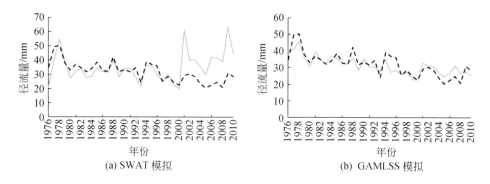

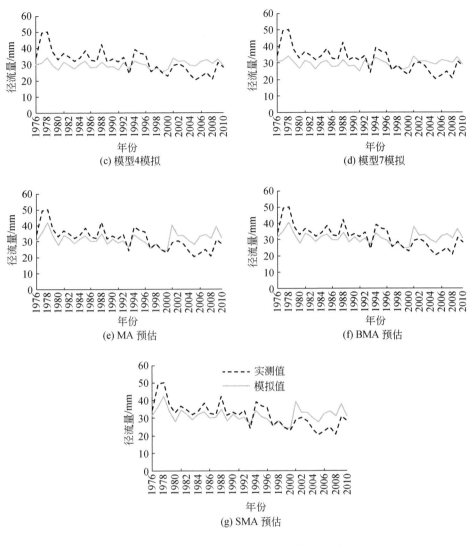

图 8-17 无定河白家川站实测径流量和模拟径流量对比

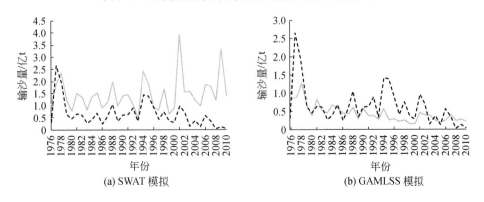

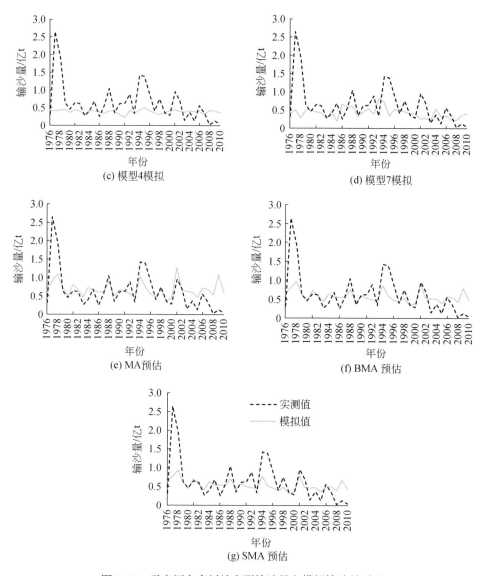

图 8-18　无定河白家川站实测输沙量和模拟输沙量对比

　　由图 8-17 和图 8-18 可见，单个模型与预报模型均表现出径流量模拟情况较输沙量模拟效果好，无论是径流量模拟还是输沙量模拟，各预报模型之间差异较小且模拟结果较好，单个模型之间差异较大，表现为 GAMLSS 模拟结果最好，SWAT 模拟结果较差，总体上模拟结果与单个模型的综合得分高低相一致。为了定量对比评价不同模型的精度，表 8-26 给出了单个模型和 MA、BMA、SMA 径流与输沙预报值的精度评价指标统计结果。

表 8-26 预报模型精度统计结果

模型		指标得分						
		NSE	MSELN	Adjusted R^2	RMSE	MSESQ	RE	d
径流	MA	0.223	0.057	0.017	0.045	0.168	0.122	0.190
	BMA	0.224	0.057	0.016	0.046	0.168	0.122	0.194
	SMA	0.224	0.058	0.016	0.046	0.168	0.122	0.209
输沙	MA	0.223	0.037	0.001	0.017	0.163	0.113	0.154
	BMA	0.223	0.037	0.001	0.019	0.165	0.114	0.133
	SMA	0.223	0.037	0.001	0.020	0.165	0.114	0.126

表8-27 给出了 MA、BMA、SMA 径流与输沙预报值的精度评价指标计算结果。三个集合预报模型的各指标得分与单个模型指标得分相近，但总体上集合预报模型各指标均表现为向着最优方向发展，各集合预报模型在不同时期对水沙模拟具有不同的模拟精度。

表 8-27 预报模型指标计算结果统计

模型		指标得分						
		NSE	MSELN	Adjusted R^2	RMSE	MSESQ	RE	d
径流	MA	0.264	0.188	12.547	0.102	0.521	0.157	0.656
	BMA	0.331	0.179	12.087	0.097	0.411	0.151	0.666
	SMA	0.353	0.176	11.768	0.096	0.496	0.146	0.699
输沙	MA	0.278	0.717	1.459	1.032	2.196	0.483	0.578
	BMA	0.277	0.718	1.510	0.957	1.335	0.446	0.531
	SMA	0.254	0.729	1.533	0.926	1.474	0.460	0.516

为了综合对比不同模型的模拟精度，表 8-28 给出了各模型综合得分。分析综合得分结果可知，4 个单个模型 1976～2000 年的综合得分略高于 2001～2010 年，1976～2010 年得分居两时段之间，这与人类活动等因素对地区影响日益增加的事实也相符合；在各时期总体上均表现为 GAMLSS 模型得分最高，模型 7 与模型 4 水沙模拟的得分较为相近，得分次于 GAMLSS 模型，SWAT 模型在 1976～2000 年水沙模拟精度较好，而在 2001～2010 年模拟精度较差。

3 个集合预报模型在时段得分上同样表现出 1976～2000 年的综合得分略高于 2001～2010 年，1976～2010 年及 1976～2000 年 SMA 模型在径流模拟中表现出最优的模拟精度，MA 模型则在输沙模拟中表现出最优的模拟精度，1976～2000 年 BMA 模型和 SMA 模型分别在水沙模拟中表现最优。

表 8-28　各模型综合得分结果统计

时段	综合得分	SWAT	GAMLSS	模型 4	模型 7	MA	BMA	SMA
1976~2010 年	径流	0.737	0.927*	0.749	0.751	0.822	0.827	0.842*
	输沙	0.394	0.729*	0.597	0.606	0.709*	0.693	0.686
1976~2000 年	径流	0.925	0.928*	0.803	0.803	0.894	0.882	0.901*
	输沙	0.707	0.710*	0.623	0.601	0.749*	0.704	0.687
2001~2010 年	径流	0.449	0.803*	0.752	0.758	0.720	0.742*	0.735
	输沙	0.327	0.718*	0.589	0.529	0.628	0.706	0.721*

＊表示差异显著。

　　对比单个模型和预报模型，在不同时段内径流量预报模型的最优模型相比单个模型得分均略低但明显高于其他非最优单个模型，输沙量在总时段同样如此，而在前后两个时段输沙量最优预报模型的得分高于单个模型，由此表明，在径流预报中，总体上预报模型能够给出高于多数单个模型模拟精度的预估结果，对于输沙预报而言，在时段内预报模型更能够集合单个模型的优势，给出高于所有单个模型模拟精度的预估结果。综上所述，集合预估下，各预报模型在不同时期的水沙模拟中占据优势，能够较好的完成水沙集合预报工作。

8.3　未来 30~50 年黄河流域水沙变化趋势集合评估

8.3.1　不同模型水沙模拟精度评价

　　分别采用 LR、SWAT、ML、GAMLSS 得到的潼关站年径流量、年输沙量模拟值与潼关站实测值（observation，OBS）变化关系如图 8-19 所示，结果表明，各模型对年径流、年输沙的模拟在 2000 年左右前，模拟值与潼关站实测值之间有较好的变化一致性，之后各模型间的模拟值出现差异分化，特别是在年输沙方面，各模型的模拟值存在较大差异。

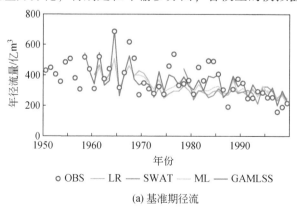

(a) 基准期径流

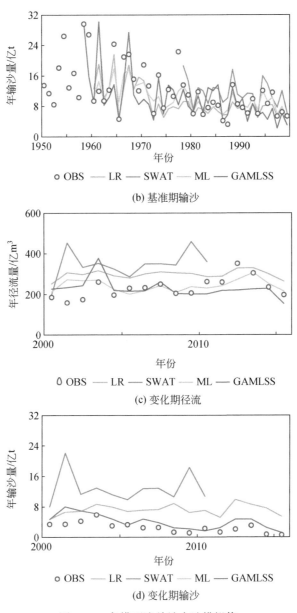

(b) 基准期输沙

(c) 变化期径流

(d) 变化期输沙

图 8-19　各模型潼关站水沙模拟值

　　鉴于各模型对年径流、年输沙模拟在 2000 年左右的前后差异，同时为了更好地分析各模型对潼关站年径流、年输沙序列模拟的效果，将研究时段划分为基准期（2000 年之前）和变化期（2000 年之后），采用确定性模型精度评价指标 NSE、RE、d、RMSE、MSESQ、MSELN、Adjusted R^2，对各模型模拟序列所划分的基准期和变化期进行相应评价指标的计算。考虑到评价指标的量纲不统一，很难直接应用于模型评价，对评价指标进行了无量纲化处理，即将评价指标的实际量值转化为 ［0，1］ 区间上的无量纲数，结果如图 8-20 所示，GAMLSS 模型相对表现最好；年输沙方面，GAMLSS 和 ML 的评价指标基本一

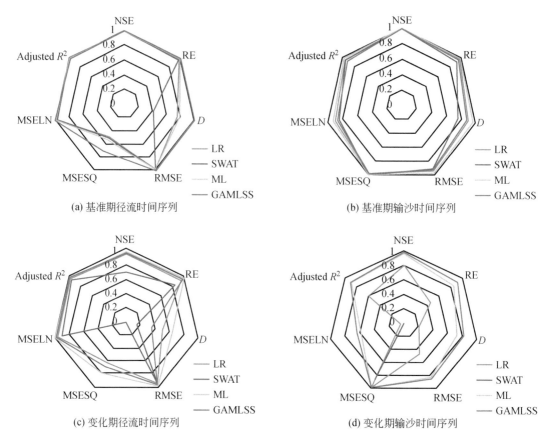

图 8-20　各模型模拟评价指标隶属度计算值统计

致，优于统计模型 LR、SWAT。

　　虽然 7 个评价指标较直观地给出了不同模型间的评价结果，但不同模型不同指标间呈现离散化、多样化的评价结果，难以形成统一的具有说服性的结果，使得不同模型之间具有可比性。为此，提出水沙模型的精度评价体系，对各模型进行体系化、整体化的模型精度集合评价探究。具体可概化为采用主成分分析对各模型下年径流量、年输沙量统计评价指标进行主成分分析及敏感性分析，根据判断矩阵提取评价指标的贡献率表及主成分载荷矩阵，加权计算得到各指标的主成分得分，由此进行评价指标的敏感性排名。在敏感性排名基础上应用层次分析法计算评价指标权重。根据以上计算所得各指标隶属度值及优化权重，采用评价指标计算各模型综合得分，并对水文模型进行评价。为使不同模型间的结果具有对比性，各模型评价指标的权重综合得分计算结果如表 8-29 所示。

　　各模型的综合得分分析结果表明，整体来看，GAMLSS、ML 对年径流、年输沙的模拟效果明显优于其他模型，具体为 GAMLSS 模型径流模拟精度基准期相对最优，ML 模型径流模拟变化期相对最优；输沙模拟基准期、变化期相对最优的则分别为 ML、GAMLSS 模型。SWAT 模型和统计模型计算相对简单，结果易获取的 LR 模型在基准期的模拟效果优于变化期。同时可以发现，4 种模型在径流模拟方面，精度等级基本均为优，但在输沙模拟方面，LR 和 SWAT 模型的精度等级出现了明显的下降，效果较差，可能是由于这 2 种模型对流域内水土保持措施的持续实施等缺乏有效考虑。

表 8-29　各模型年径流量、年输沙量评价指标综合得分计算结果统计

| 水文要素 | 模型 | 时期 | 评价指标隶属度 | | | | | | | 综合得分 | 精度等级 |
			NSE	RE	d	RMSE	MSESQ	MSELN	Adjusted R^2		
径流	LR	基准期	0.990	0.975	0.750	0.969	0.497	0.976	0.988	0.906	优
		变化期	0.963	0.949	0.500	0.953	0.627	0.960	0.991	0.889	优
	SWAT	基准期	0.983	0.963	0.407	0.958	0.505	0.966	0.997	0.876	优
		变化期	0.704	0.849	0.150	0.842	0	0.898	0.958	0.678	中
	ML	基准期	0.992	0.981	0.788	0.978	0.537	0.985	0.993	0.918	优
		变化期	0.987	0.998	0.641	0.993	0.793	0.992	1	0.940	优
	GAMLSS	基准期	0.996	1	1	1	0.701	1	0.981	0.958	优
		变化期	0.978	0.981	0.345	0.975	0.690	0.982	0.997	0.897	优
输沙	LR	基准期	0.992	0.962	0.889	0.943	0.993	0.904	0.955	0.956	优
		变化期	0.808	0.459	0.207	0.472	0.973	0.044	0.607	0.570	差
	SWAT	基准期	0.975	0.913	0.749	0.913	0.992	0.843	0.949	0.924	优
		变化期	0	0	0	0	0.863	0	0	0.105	差
	ML	基准期	0.995	0.981	0.955	0.970	0.996	0.932	0.976	0.975	优
		变化期	0.972	0.847	0.726	0.830	1	0.582	0.906	0.861	优
	GAMLSS	基准期	0.990	0.946	0.869	0.917	0.981	0.871	0.915	0.936	优
		变化期	0.978	0.911	0.820	0.856	0.994	0.638	0.912	0.886	优

8.3.2　黄河流域水沙预测

由典型流域水沙变化模拟–预测方法误差与不确定性解析可知，资料来源不同对模型模拟结果有很重要的影响，DWM 和 GAMLSS 模型未来预测结果也不在同气候模式条件下，潼关站未来水沙预测结果差异较大，因此本研究考虑尽可能多的气候模式输入，对未来 50 年潼关站水沙集合预测。

在模型的选择方面，统计模型 LR 在预测潼关站未来水沙时，对人类活动中水土保持措施持续开展所发挥的减水减沙效益缺乏有效考虑，因此，在 2000 年以后估算得到的径

流量和输沙量均偏大，在对未来潼关站水沙预测时，不再纳入统计模型的预测结果。考虑了水土保持措施的 GAMLSS 和 ML 模型在基准期和变化期模拟精度均较高，因此在未来模拟时两个模型预测结果均纳入集合预测样本。SWAT 模型描述了坡面上的降水产流、径流产沙和沟道水沙输移等物理过程，在黄土高原典型流域的水沙过程模拟运用比较广，因此 SWAT 模型也用于未来预测。DWM 通过子流域单元划分，考虑气候、地形地貌、土壤植被等的空间差异性；通过河网水沙演进与河道冲淤计算，重现流域内任何河道断面和流域出口的水沙过程，具有坚实的物理基础，因此 DWM 也用于预测潼关站未来输沙。多因子影响的黄河流域分布式水沙模型（MFD-WESP）在二元水循环 WEP-L 模型基础上进行改进，通过添加对黄河源区冻土水热耦合模拟、黄土高原水沙耦合模拟、水库调度影响模拟以及基于 OpenMP 的模型并行化改进，能够描述黄河流域径流量和输沙量月过程，因此，MFD-WESP 也用于预测潼关站未来径流量。

在集合预测模型选择方面，由黄河中游典型流域水文模型集合评价可知模型简单平均方法、贝叶斯模型加权平均方法、模型得分加权平均方法不同集合预测模型差异较小。贝叶斯模型加权平均方法和模型得分加权平均方法均需要基于历史实测序列与模拟对比的基础上进行集合预测，而模型简单平均方法不需要模型模拟的历史数据。为了尽可能地增加未来预测的样本容量，增加预测结果的可信度，选用模型简单平均方法进行集合预测。潼关站 2021~2070 年年径流量、年输沙量预测值如图 8-21 所示。

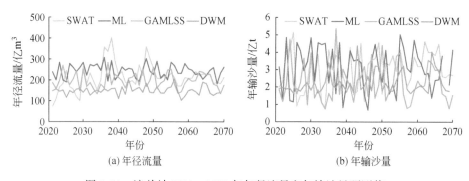

图 8-21　潼关站 2021~2070 年年径流量和年输沙量预测值

由图 8-22 可见，不同气候模式输入下相同模型年径流和年输沙预测的结果差异较大，相同气候模式不同模型预测的变化趋势一致，如 GAMLSS 模型和 DWM 模型均显示 CNRM-CM5_ QM 气候模式条件下年输沙量的预测结果较大，CSIRO-Mk3-6-0_ QM 气候模式条件下年输沙量的预测结果较小，EL 模型和 DWM 模型在 IPSL-CM5A-LR 气候模式下年均输沙量模拟结果相当。

集合 SWAT、GAMLSS、ML、DWM、MFD-WESP 对潼关站未来 50 年（2021~2070年）水沙变化进行集合预测，结果如图 8-23 所示。

未来 20 年年均径流量 235 亿 m³，90% 不确定区间范围 ［202，275］亿 m³；未来 30 年年均径流量 239 亿 m³，90% 不确定区间范围 ［206，283］亿 m³；未来 50 年年均径流量 240 亿 m³，90% 不确定区间范围 ［208，276］亿 m³；潼关站年径流量 90% 的置信区间范

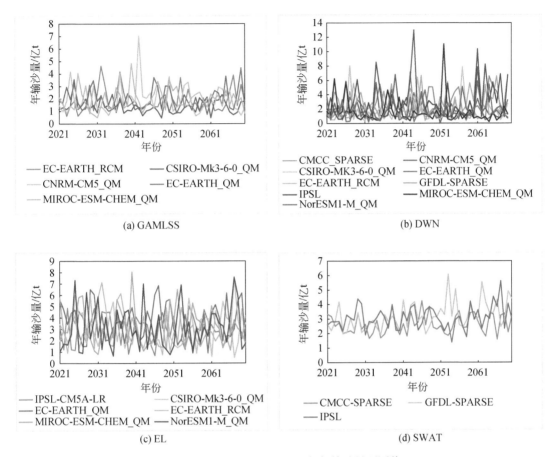

图 8-22　潼关站 2021~2070 年年输沙量预测值

围是 [164，328] 亿 m³。

　　未来 20 年年均输沙量 2.40 亿 t，90% 不确定区间范围 [2.00，2.98] 亿 t；未来 30 年年均输沙量 2.41 亿 t，90% 不确定区间范围 [2.01，2.94] 亿 t；未来 50 年年均输沙量 2.45 亿 t，90% 不确定区间范围 [1.96，3.06] 亿 t；潼关站年输沙量 90% 的置信区间范围是 [0.79，5.12] 亿 t。

8.3.3　黄河流域水沙预测成果比较

　　表 8-30 给出的各模型预测结果表明，MFD-WESP 模型预测 2050 年和 2070 年黄河潼关站年均实测径流量为 226 亿 m³ 和 235 亿 m³。流域水沙动力学模型预测未来前 30 年潼关站年均输沙量为 1.45 亿~3.28 亿 t，未来后 20 年年均输沙量为 1.44 亿~3.65 亿 t。HydroTrend 模型预测未来 30~50 年潼关站年均输沙量从 1.74 亿~2.37 亿 t 增加到 3.29 亿~4.47 亿 t。产沙指数模型预测潼关站 2050 年年均输沙量约为 3 亿 t，2070 年为 3 亿~4.5 亿 t。机器学习模型以皇甫川、无定河、延河三流域和黄河潼关站水沙间幂函数关

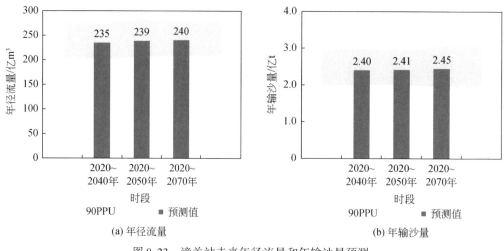

图 8-23 潼关站未来年径流量和年输沙量预测

系，推预测黄河流域潼关站未来 50 年年均径流量约为 245 亿 m³，年均输沙量约为 3.46 亿 t。人工智能模型预测潼关站未来 30 ~ 50 年输沙量为 1.19 亿 ~ 1.51 亿 t。GAMLSS 模型预测潼关站未来 30 年年均径流量为 192.0 亿 ~ 245.3 亿 m³，年均输沙量为 1.23 亿 ~ 2.81 亿 t；未来 50 年年均径流量为 194.6 亿 ~ 254.3 亿 m³，年均输沙量为 1.26 亿 ~ 3.01 亿 t。频率分析法预测潼关站未来年均输沙量为 1.40 亿 t；BP 神经网络模型预测未来 30 ~ 50 年潼关站年均径流量为 329.5 亿 m³，年均输沙量为 2.88 亿 t。通过对上述模型结果的集合评估，黄河潼关站未来 30 年径流量约为 239 亿 m³、输沙量约为 2.41 亿 t，未来 50 年径流量约为 240m³、输沙量约为 2.45 亿 t，其中径流量的 90% 的置信区间是 [164，328] 亿 m³，输沙量的 90% 的置信区间是 [0.79，5.12] 亿 t。

表 8-30 未来 30 ~ 50 年黄河流域水沙多模型预测结果统计

预测方法	2050 年		2070 年	
	径流量/亿 m³	输沙量/亿 t	径流量/亿 m³	输沙量/亿 t
MFD-WESP 模型	226	—	235	—
流域水沙动力学模型	—	1.45 ~ 3.28	—	1.44 ~ 3.65
HydroTrend 模型	—	1.74 ~ 2.37	—	3.29 ~ 4.47
产沙指数模型	—	3	—	3 ~ 4.5
人工智能模型	—	1.19 ~ 1.51	—	1.19 ~ 1.51
机器学习模型	—	—	245	3.46
GAMLSS 模型	192.0 ~ 245.3	1.23 ~ 2.81	194.6 ~ 254.3	1.26 ~ 3.01
频率分析法	—	—	—	1.40
BP 神经网络模型	—	—	329.5	2.88
多模型结果集合评估	239	2.41	240	2.45

在未来泥沙预测方面，姚文艺等（2013）通过综合水文法和水保法等方法，预测未来 30~50 年花园口站的年均输沙量为 7.9 亿~9.6 亿 t。《黄河水沙变化研究》认为未来水沙变化仍以人类活动为主，潼关站未来 30~50 年的年均输沙量为 3.0 亿~5.0 亿 t，未来 50~100 年的年均输沙量为 5.0 亿~7.0 亿 t。根据《黄河流域综合规划（2012—2030 年）》，未来 30~50 年入黄泥沙量年均减少量为 6 亿~6.5 亿 t，潼关站年均输沙量为 9.5 亿~10 亿 t；未来 50~100 年入黄泥沙量年均减少量为 8 亿 t 左右，潼关站年均输沙量在 8 亿 t 左右。胡春宏（2016）通过采用实测资料和理论分析初步推测，随水土保持措施的开展和实施，未来黄土高原下垫面情况会继续向好的方向发展，入黄水沙会进一步减小直至趋于稳定，未来 30~50 年年均输沙量为 1.0 亿~3.0 亿 t，并在未来 50~100 年稳定在 3 亿 t 左右。王光谦等（2020）采用水文法建立输沙量和气候因子的回归模型，输入 CMIP5-RCP4.5 情景数据，认为在未来较长时期内，潼关站年均输沙量在 3 亿 t 左右，并呈现缓慢增长的趋势。

本书通过多模型结果集合评估，认为黄河流域未来 30~50 年沙量预测结果与胡春宏（2016）和王光谦等（2020）所研究的结果基本一致。

第9章 黄河流域极端降雨事件洪沙特征与未来可能沙量

9.1 极端降雨洪水泥沙事件表征指标及其特征值变化

9.1.1 极端降雨事件表征指标

9.1.1.1 极端降雨的表征指标

世界气象组织（World Meteorological Organization，WMO）气候学委员会（Commission for Climatology，CCl）及气候变化和可预报性研究计划（CLLVAR）联合设立的气候变化检测、监测和指数专家组（ETCCDMI），提出了27个监测气候指数，这些指数都从气候变化的强度、频率和持续时间三个方面反映极端气候事件（曹丽娟等，2013）。有关降雨的指标主要包括极端降雨的某特征量的极值、特征量超某阈值的天数、某特征量持续天数，主要反映某特征量的强度、持续时间等（刘晓燕等，2016b）。这些指数都是以年内出现某量级降水的时间、总量等为统计对象，是通用的指标，具体的流域指标应以本流域、本地区的实际情况确定，如表9-1所示。

表9-1 WMO推荐的极端降雨气候指标统计

代码	名称	定义	单位
Rx1day	最大1日降水量	每月1日最大降水量	mm
Rx5day	最大5日降水量	每月连续5日最大降水量	mm
SDⅡ	降水强度	总降水量与降水日数（日降水量≥1.0mm）比值	mm/d
R50	暴雨日数	日降水量（PRCP）≥50mm的日数	d
R25	大雨日数	日降水量（PRCP）≥25mm的日数	d
R10	中雨日数	日降水量（PRCP）≥10mm的日数	d
R95p	强降水量	日降水量>95%分位数的总降水量	mm
R99p	极强降水量	日降水量>99%分位数的总降水量	mm

根据相关研究成果，从与产洪产沙关系密切的角度出发，降雨指标包括 6 类，即时段降水量、最大 N 日降水量、不同等级降水笼罩面积、不同等级降水量、不同等级平均降水强度、不同等级高效降雨笼罩面积。各类降雨指标的计算方法详述如下。

（1）时段降水量

由泰森多边形法计算逐日面均降水量，将时段内（如全年、6～9 月、7～8 月）的逐日面均降水量累加，得时段的降水量（mm）。全年、6～9 月、7～8 月降水量一般以 $P_{1\text{-}12}$、$P_{6\text{-}9}$、$P_{7\text{-}8}$ 表示。以 $P_{7\text{-}8}$ 为例，其计算公式可表示为

$$P_{7\text{-}8} = \sum_{i=1}^{n} P_i \tag{9-1}$$

式中，P_i 代表第 i 日面均降水量；n 代表 7～8 月的总日数。

（2）最大 N 日降水量

由泰森多边形法计算逐日面均降水量，滑动统计连续 N 日累积降水量系列，统计系列最大值，即得最大 N 日降水量（如最大 30d 降水量）。最大 1 日、最大 3 日、最大 5 日降水量一般以 P_{max1}、P_{max3}、P_{max5} 表示。以 P_{max3} 为例，其计算公式可表示为

$$P_{\text{max3}} = \max \sum_{i=1}^{n-2} \left(P_i + P_{i+1} + P_{i+2} \right) \tag{9-2}$$

式中，n 代表统计时段内的总日数。

（3）不同等级降水笼罩面积

根据泰森多边形计算各雨量站控制面积，逐日查找流域内不同等级降水的雨量站，将相应等级雨量站控制面积累加，即可得不同等级降水的笼罩面积（km²）。25mm、50mm以上降水笼罩面积一般以 F_{25}、F_{50} 表示。以 F_{25} 为例，其计算公式可表示为（巩轶欧等，2016）：

$$F_{25} = \sum_{i=1}^{n} \left(F_1 + \cdots + F_{k(i)} \right) \tag{9-3}$$

式中，$F_{k(i)}$ 代表第 $k(i)$ 个降水量在 25mm 以上的雨量站控制面积；$k(i)$ 代表第 i 日降水量在 25mm 以上的雨量站个数。

（4）不同等级降水量

根据泰森多边形计算各雨量站权重系数，逐日查找流域内不同等级降水的雨量站，将相应等级雨量站控制面积与其日降水量进行乘积并累加，即可得某日不同等级降水量，统计时段内各日不同等级降水量叠加，即为不同等级降水量（亿 m³），其计算公式可表示为（章文波和付金生，2003）：

$$W_r = \sum_{i=1}^{n} \left(\sum_{j=1}^{m} P_r^j \times A_r^j \right)_i \times 10^{-5} \tag{9-4}$$

式中，W_r 为 r 毫米以上降水量；n 为统计时段内的总日数，如 7～8 月即 62 天；m 代表流域内某日大于 r 毫米雨量站的个数；P_r^j 为流域内某日第 j 个大于 r 毫米雨量站的降水量（mm）；A_r^j 为流域内某日第 j 个大于 r 毫米雨量站的控制面积（km²）。

（5）不同等级平均降水强度

不同等级平均降水强度通过不同等级降水量除以相应等级笼罩面积求得，其计算公式可表示为

$$I_r = \frac{P_r}{F_r} \times 10^5 \tag{9-5}$$

式中，I_r 为 r 毫米以上平均降水强度。

（6）不同等级高效降雨笼罩面积

根据黄河水利委员会水文局 1986 年编制的《黄河流域水资源评价》中 1956～1979 年输沙量模数分布图，统计不同等级降水在输沙模数达到 5000t/（km² · a）以上区域的笼罩面积，计算方法如下：

根据泰森多边形计算各雨量站控制面积，将该控制面积与输沙模数达到 5000t/（km² · a）以上区域进行空间拓扑关系上的相交分析，得到每个雨量站的高效降雨笼罩面积，逐日查找流域内不同等级降水的雨量站，将相应等级雨量站高效降雨笼罩面积累加，即可得不同等级降水的高效降雨笼罩面积（km²）。50mm、75mm 以上降水笼罩面积一般以 S_{50}、S_{75} 表示。以 S_{75} 为例，其计算公式可表示为

$$S_{75} = \sum_{i=1}^{n} (S_1 + \cdots + S_{k(i)}) \tag{9-6}$$

式中，$S_{k(i)}$ 为第 $k(i)$ 个降水量在 75mm 以上的雨量站高效降雨笼罩面积；$k(i)$ 为第 i 日降水量在 75mm 以上的雨量站个数。

9.1.1.2 极端降雨表征指标选取

根据黄河流域降雨洪水泥沙特点，研究范围重点集中在河潼区间。从极端降雨和极端洪水泥沙相应降雨两方面着手分析。一是针对研究区域，确定世界通用的极端降雨指标；二是以往成果中主要分析与产洪产沙（或极端洪水泥沙）相关的极端降雨指标。

河潼区间降雨特点，短历时暴雨多，河龙区间 1 日、3 日为主；龙潼区间 3 日、5 日为主，个别年份有历时较长或连续多场的秋雨。因此在选取降雨指标时，气候组织推荐的通用指标考虑了降水日数（R_{10}、R_{20}、R_{25}、R_{50}、R_{100}）、各月最大 1 日及 5 日面雨量（6～10 月，Rx1day、Rx5day）、降水强度（SDⅡ）、日降水量大于某一分位数的年累积降水量（R90PTOT、R95PTOT、R99PTOT）。

为便于建立雨洪、雨沙关系，选取指标时考虑年最大选样和超定量选样两种方法，选取的降雨指标包括年最大几日总雨量，总雨量中一定量级以上的雨量、笼罩面积，日降雨量大于某一指标的累积降水量（P_{25}、P_{50}、P_{100}、P_{150}、P_{200}）。

9.1.1.3 极端洪水表征指标

一般认为洪水要素重现期 5 年以下为小洪水，5～20 年为中洪水，20～50 年为大洪水，50 年以上为特大洪水。潼关、花园口站天然设计洪水峰值、量值如表 9-2 所示。

表9-2　潼关、花园口站天然设计洪水峰值、量值统计

站名	项目	设计频率			
		2%	5%	10%	20%
潼关	Q_m	19 900	15 800	12 700	9 730
	W_5	47.61	39.05	32.5	25.8
	W_{12}	84.3	71.8	61.9	51.5
花园口	Q_m	23 200	18 100	14 300	10 700
	W_5	58.34	47.64	39.5	31.4
	W_{12}	105.14	89.26	76.7	63.5

注：Q_m 表示洪峰流量（m³/s）；W_5、W_{12} 分别表示最大5日洪水量、最大12日洪水量（m³）。

根据黄河下游防洪标准，预报花园口流量超过 10 000m³/s，中游防洪工程体系均要进入防御大洪水的状态。目前黄河下游河道主槽最小过流能力约 4200m³/s，若花园口发生 10 000m³/s 洪水，防洪进入紧急状态。因此，以花园口流量 10 000m³/s 作为下游极端洪水的指标。

从不同频率设计洪水值分析，同频率潼关、花园口站设计洪峰流量相差不太大，且上大、下大洪水一般不遭遇，因此，初步考虑以潼关站 10 000m³/s 及其以上洪水作为极端洪水，或洪峰、洪量重现期达到5年一遇以上为极端洪水。

9.1.1.4　极端泥沙事件表征指标

以潼关为代表站进行研究。极端泥沙事件的表征指标，一般按时间长度分为场次指标（沙峰、沙量、含沙量等）、累积指标（沙量），且本研究的重点是年月沙量，分析年月沙量还涉及相应的年月径流量，因此极端泥沙事件表征指标分为两类。

1）场次泥沙指标：沙峰、不同时段沙量等。
2）累积径流泥沙指标：包括月、汛期、年水量与沙量。

9.1.2　极端降雨洪水泥沙指标变化

9.1.2.1　河潼区间综合极端降雨指标及变化极

（1）世界气象组织推荐的极端降雨指标分析

采用线性倾向估计法和 Mann-Kendall 趋势检验法分析各指标 1956~2015 年的变化情况，河潼区间各量级的降雨日数（Rnmm）大多呈下降趋势，下降趋势不显著，未通过置信度 90% 的 Mann-Kendall 趋势检验；从 6~9 月各月最大 1 日、5 日雨量（Rx1day、Rx5day）来看，6 月最大 1 日、最大 5 日雨量呈上升趋势，通过置信度 95% 的 Mann-Kendall 趋势检验，其余各月最大 1 日、最大 5 日雨量变化趋势不显著，7~9 月略显上升，10 月稍有下降；从降水强度 SDⅡ 来看，降水强度呈下降趋势，并通过置信度 95% 的

Mann-Kendall 趋势检验；日降水量大于 90%、95% 分位数的年累积降水量变化趋势不显著，日降水量大于 99% 分位数（R99PTOT）的年累积降水量呈显著上升趋势，并通过置信度 95% 的 Mann-Kendall 趋势检验，如表 9-3 所示。

表 9-3　世界气象组织推荐的极端降雨指标趋势性分析汇总

类别	指标	线性倾向估计法	Mann-Kendall 趋势检验法		
		气候倾向/（mm/10a）	Z	趋势	显著性
降水日数	R10mm	−0.0175	−0.68	下降	不显著
	R20mm	−0.0084	−0.76	下降	
	R25mm	−0.0051	−0.73	下降	
	R50mm	−0.0008	−0.11	下降	
	R100mm	−0.0001	−0.30	下降	
	R150mm	0.0000	0.52	上升	
	R200mm	0.0000	−1.03	下降	
各月最大 1 日、5 日面雨量	Rx1day_6 月	0.1089	2.47	上升	显著，置信度 99%
	Rx5day_6 月	0.1448	1.88	上升	显著，置信度 95%
	Rx1day_7 月	0.0012	0.26	上升	不显著
	Rx5day_7 月	−0.0058	0.08	上升	
	Rx1day_8 月	0.0452	1.04	上升	
	Rx5day_8 月	0.0936	0.73	上升	
	Rx1day_9 月	0.0236	0.78	上升	
	Rx5day_9 月	0.0577	0.67	上升	
	Rx1day_10 月	0.0016	−0.22	下降	
	Rx5day_10 月	−0.0226	−0.50	下降	
降水强度	SD Ⅱ	−0.0109	−2.10	下降	显著，置信度 95%
日大雨某一分位数的年累积降水量	R90PTOT	0.1218	−0.20	下降	不显著
	R95PTOT	0.2233	0.21	上升	
	R99PTOT	0.6062	2.05	上升	显著，置信度 95%

由表 9-3 各降雨指标的变化情况可见，河潼区间各量级以上降雨日数整体上略有下降；各月最大几日降雨，除 6 月显著增大外，其余各月变化不显著，7～9 月略上升、10 月稍下降；年降水量强度（SD Ⅱ）较明显降低。1956～2015 年河潼区间日面雨量 90%、95%、99% 分位数分别为 4.4mm、7.73mm、15.48mm，近年来日面雨量超过 15.48mm 的累积量呈增大趋势，日面雨量 4.4mm、7.73mm 以上的累积量下降、上升趋势不明显。

（2）河潼区间降雨指标变化

针对场次和长时段累积指标分析了 1956～2015 年河潼区间极端降雨指标的变化情况，成果如表 9-4 所示。河潼区间 1956～2015 年大多数降雨指标变化趋势不显著，只有年最大 3 日雨量呈显著上升趋势。年最大短时段（12 日以内）降水量指标近年来略有上升，15

日以上长时段降水量指标近年来略有降低，但趋势均不明显。

表9-4　河潼区间1956～2015年最大*N*日降雨指标变化趋势分析结果统计

类别	指标	线性倾向估计法	Mann-Kendall 趋势检验法		
		气候倾向率/（mm/10a）	*Z*	趋势	显著性
面雨量	最大1日	0.4159	1.15	上升	不显著
	最大3日	0.7338	1.38	上升	显著，置信度90%
	最大5日	0.3164	0.26	上升	
	最大7日	0.1112	0.10	上升	
	最大12日	0.1075	0.68	上升	
	最大15日	0.1908	−0.16	下降	
	最大20日	384.3	−0.55	下降	不显著
	最大30日	1603.3	−0.31	下降	
量级雨量	年最大1日雨量25mm以上	392.5	0.25	上升	
	年最大3日雨量50mm以上	0.2391	0.45	上升	
	年最大5日雨量100mm以上	0.7671	−0.17	下降	
笼罩面积	年最大1日雨量25mm以上	0.3188	0.38	上升	
	年最大3日雨量50mm以上	−0.7943	1.09	上升	
	年最大5日雨量100mm以上	−0.8071	−0.24	下降	

（3）基于频率分析法的极端降雨极值及变化

极端降雨极值频率的分析可以采用参数法和非参数法，本研究采用非参数法的等概率公式分析极端降雨极值频率，选取的频率为 $P=10\%$。

场次类型选取的降雨指标为年最大1日、3日、5日、12日、30日雨量，年最大1日25mm以上雨量、笼罩面积、雨强，年最大3日50mm以上雨量、笼罩面积、雨强，年最大5日100mm以上雨量、笼罩面积、雨强，河潼区间1956～2015年 $P=10\%$ 的场次类型降雨指标极值计算结果如表9-5所示。

表9-5　河潼区间1956～2015年 $P=10\%$ 的场次类型降雨指标极值统计

项目	1日	3日	5日	12日	30日
面雨量/mm	28.9	51.7	71.8	115.4	190.2
量级雨量/亿 m³	72.9	112.9	85.0		
笼罩面积/km²	14.9	13.7	6.1	—	
雨强/mm	57.9	89.8	142.6		

注：量级雨量、笼罩面积、雨强为最大1日25mm以上、最大3日50mm以上、最大5日100mm以上。

长时段累积类型选取的降雨指标为年累积10mm以上、20mm以上、25mm以上、50mm以上、100mm以上、150mm以上、200mm以上雨量、笼罩面积、雨强，河潼区间1956～2015年 $P=10\%$ 的累积类型降雨指标极值计算如表9-6所示。

表 9-6　河潼区间 1956～2015 年 $P=10\%$ 的累积类型降雨指标极值统计

项目	P10mm	P20mm	P25mm	P50mm	P100mm	P150mm	P200mm
量级雨量/亿 m³	1182	740	591	186.93	27.22	6.44	2.36
笼罩面积/万 km²	558	219	151	28.63	2.30	0.34	0.09
雨强/mm	22.5	35.2	41.0	70.1	132.2	201.2	238.6

根据河潼区间 1956～2015 年 $P=10\%$ 的场次类型降雨指标极值，统计了大于极值的降雨指标在各年代的出现频次。总体来看，2000～2015 年年最大 N 日雨量、笼罩面积等指标出现频次较高，高于多年平均情况；2000～2015 年年最大 N 日雨强指标出现频次较平均情况有所减少，如表 9-7 所示。

表 9-7　河潼区间 1956～2015 年 $P=10\%$ 的场次类型降雨指标极值出现频次统计

项目		1 日	3 日	5 日	12 日	30 日
面雨量	阈值/mm	28.9	51.7	71.8	115.4	190.2
	1956～1960 年	1	0	0	0	1
	1961～1970 年	0	0	1	0	0
	1971～1980 年	1	2	1	2	2
	1981～1990 年	1	1	2	2	1
	1991～2000 年	1	0	0	0	0
	2001～2010 年	2	2	1	1	1
	2011～2015 年	0	1	1	1	1
量级雨量	阈值/亿 m³	72.9	112.9	85.0		
	1956～1960 年	1	0	0		
	1961～1970 年	0	0	0		
	1971～1980 年	1	1	1		
	1981～1990 年	1	1	2		
	1991～2000 年	0	0	1		
	2001～2010 年	3	2	1		
	2011～2015 年	0	2	1		
笼罩面积	阈值/万 km²	14.9	13.7	6.1		
	1956～1960 年	2	0	0		
	1961～1970 年	0	1	1		
	1971～1980 年	1	1	1		
	1981～1990 年	1	1	2		
	1991～2000 年	0	0	0		
	2001～2010 年	2	1	1		
	2011～2015 年	0	2	1		

项目		1日	3日	5日	12日	30日
雨强	阈值/(mm/d)	57.9	89.8	142.6		
	1956～1960年	0	1	1		
	1961～1970年	3	2	0		
	1971～1980年	1	2	1		
	1981～1990年	0	1	1		
	1991～2000年	0	0	1		
	2001～2010年	2	0	1		
	2011～2015年	0	0	1		

注：量级雨量、笼罩面积、雨强为最大1日25mm以上、最大3日50mm以上、最大5日100mm以上。

根据河潼区间1956～2015年$P=10\%$的累积类型降雨指标极值，统计了大于极值的降雨指标在各年代的出现频次。总体来看，2000～2015年雨量、笼罩面积等指标出现频次较高，高于多年平均情况；2000～2015年雨强指标出现频次较平均情况有所减少，如表9-8所示。

表9-8　河潼区间1956～2015年$P=10\%$的累积类型降雨指标极值出现频次统计

项目		P10mm	P20mm	P25mm	P50mm	P100mm	P150mm	P200mm
量级雨量	阈值/亿m³	1182	740	591	186.93	27.22	6.44	2.36
	1956～1960年	1	1	1	1	1	1	2
	1961～1970年	2	2	2	2	1	2	1
	1971～1980年	0	0	0	1	1	1	1
	1981～1990年	0	0	0	0	0	0	0
	1991～2000年	0	0	0	0	0	1	1
	2001～2010年	1	1	1	1	2	1	1
	2011～2015年	2	2	2	1	1	0	0
笼罩面积	阈值/万km²	558	219	151	28.63	2.30	0.34	0.09
	1956～1960年	2	1	1	1	1	2	2
	1961～1970年	2	2	2	2	1	2	1
	1971～1980年	0	0	0	1	1	1	1
	1981～1990年	1	0	0	0	0	0	0
	1991～2000年	0	0	0	0	0	1	1
	2001～2010年	1	1	1	1	2	1	1
	2011～2015年	0	2	2	1	1	0	0
雨强	阈值/(mm/d)	22.5	35.2	41.0	70.1	132.2	201.2	238.6
	1956～1960年	2	1	0	1	0	1	1
	1961～1970年	1	1	1	1	2	1	0
	1971～1980年	0	1	1	1	1	2	3

项目		P10mm	P20mm	P25mm	P50mm	P100mm	P150mm	P200mm
雨强	1981~1990 年	1	0	0	0	0	1	1
	1991~2000 年	1	1	0	1	2	1	0
	2001~2010 年	0	1	3	2	1	0	1
	2011~2015 年	1	1	1	0	0	0	0

9.1.2.2 河潼区间极端水沙极值分析

按统计时段的长度将洪水泥沙指标划分为两类，一类是场次类型的洪水泥沙指标，如最大 N 日洪量、沙量；另一类是累积类型的洪水泥沙指标，如年及汛期径流量、输沙量等。本次在两种类型中各选一部分洪水泥沙指标，基于频率分析法对河潼区间 1956~2015 年极端洪水泥沙极值进行分析。

（1）场次类型分析

选取的场次类型的洪水泥沙指标为年最大 1 日、3 日、5 日、12 日、30 日洪量及输沙量，河潼区间 1956~2015 年 $P=10\%$ 的场次类型洪水泥沙指标极值计算结果如表 9-9 所示。

表 9-9　河潼区间 1956~2015 年 $P=10\%$ 的场次类型洪水泥沙指标极值统计

项目		1 日	3 日	5 日	12 日	30 日
洪水	洪量/亿 m³	5.1	12.1	17.4	31.0	59.5
泥沙	输沙量/亿 t	1.4	2.9	4.0	6.6	9.7

（2）累积类型分析

选取的累积类型的洪水泥沙指标为年径流量、6~9 月径流量、7~8 月径流量、年输沙量等，河潼区间 1956~2015 年 $P=10\%$ 的累积类型洪水泥沙指标极值计算结果如表 9-10 所示。

表 9-10　河潼区间 1956~2015 年 $P=10\%$ 的累积类型洪水泥沙指标极值统计

径流	年径流量	192.6
	6~9 月径流量/亿 m³	104.4
	7~8 月径流量/亿 m³	66.1
	6~9 月扣除 200m³/s 基流/亿 m³	83.3
	7~8 月扣除 200m³/s 基流/亿 m³	55.3
泥沙	年输沙量/亿 t	18.6

（3）极端洪水泥沙极值变化分析

根据河潼区间 1956~2015 年 $P=10\%$ 的场次类型洪水泥沙指标极值，统计了大于极值的洪水泥沙指标在各年代的出现频次。总体来看，$P=10\%$ 的场次类型洪水泥沙指标极值主要出现在 1980 年以前，特别是场次类型泥沙指标均出现在 1980 年以前，如表 9-11 所示。根据河潼区间 1956~2015 年 $P=10\%$ 的累积类型洪水泥沙指标极值，统计了大于极值的降雨指标在各年代出现的频次。总体来看，$P=10\%$ 的累积类型洪水泥沙指标极值主要出现在 1970 年以前，特别是年径流量指标，如表 9-12 所示。

表 9-11　河潼区间 1956～2015 年 $P=10\%$ 的场次类型洪水泥沙指标极值出现频次统计

项目		1 日	3 日	5 日	12 日	30 日
场次洪量	阈值/mm	5.1	12.1	17.4	31.0	59.5
	1956～1960 年	3	4	2	3	2
	1961～1970 年	1	0	2	1	1
	1971～1980 年	2	2	2	1	1
	1981～1990 年	0	0	0	1	2
	1991～2000 年	0	0	0	0	0
	2001～2010 年	0	0	0	0	0
	2011～2015 年	0	0	0	0	0
场次输沙量	阈值/亿 m³	1.4	2.9	4.0	6.6	9.7
	1956～1960 年	2	2	2	2	2
	1961～1970 年	2	2	2	2	3
	1971～1980 年	2	2	2	2	1
	1981～1990 年	0	0	0	0	0
	1991～2000 年	0	0	0	0	0
	2001～2010 年	0	0	0	0	0
	2011～2015 年	0	0	0	0	0

表 9-12　河潼区间 1956～2015 年 $P=10\%$ 的累积类型洪水泥沙指标极值出现频次统计

项目		年径流量	年输沙量
累积	阈值/亿 m³	192.6	18.6
	1956～1960 年	3	2
	1961～1970 年	3	3
	1971～1980 年	0	1
	1981～1990 年	0	0
	1991～2000 年	0	0
	2001～2010 年	0	0
	2011～2015 年	0	0

9.1.2.3　潼关站极端水沙事件相应降雨分析

根据潼关站 1960～2015 年实测资料，分析了潼关站洪峰流量大于 10 000m³/s 的 6 场洪水相应降雨、洪水、泥沙的特征值，场次洪水泥沙特征如表 9-13 和表 9-14、图 9-1 所示，由表和图可见 19640717、19770707、19770807 三场洪水的洪水泥沙特征指标较为突出，洪量、沙量都较大。从洪水来源上分析，19640717、19790812 洪水主要来源于河口镇以上，其余四场洪量均主要来自河潼区间。

表 9-13　潼关站典型场洪水洪水情况统计

站/区间	洪水编号	开始时间	结束时间	历时/天	场次洪水总量/亿 m³	洪峰流量/(m³/s)	最大 1 日洪量/亿 m³	最大 3 日洪量/亿 m³	年水量/亿 m³
潼关	19640717	1964 年 8 月 4 日 2:00:00	1964 年 8 月 16 日 18:00:00	13	59.8	12 400	8.2	18.1	699
	19710726	1971 年 7 月 25 日 0:00:00	1971 年 7 月 30 日 23:00:00	6	11.0	10 200	4.2	9.2	309
	19770707	1977 年 7 月 6 日 13:00:00	1977 年 7 月 13 日 23:00:00	8	27.0	13 600	7.7	15.4	330
	19770803	1977 年 8 月 3 日 0:00:00	1977 年 8 月 5 日 23:00:00	3	7.8	12 000	4.2	7.8	330
	19770807	1977 年 8 月 6 日 0:00:00	1977 年 8 月 9 日 23:00:00	4	16.4	15 400	6.1	14.2	330
	19790812	1979 年 8 月 11 日 20:00:00	1979 年 8 月 17 日 0:00:00	6	20.5	11 100	5.4	12.4	359

表 9-14　潼关站典型场洪次泥沙情况统计

站/区间	洪水编号	开始时间	结束时间	历时/天	场次输沙量/亿 t	场次平均含沙量/(kg/m³)	最大 1 日输沙量/亿 t	最大 3 日输沙量/亿 t	年沙量/亿 t
潼关	19640717	1964 年 8 月 4 日 2:00:00	1964 年 8 月 16 日 18:00:00	13	4.82	80.58	1.35	2.81	24.5
	19710726	1971 年 7 月 25 日 0:00:00	1971 年 7 月 30 日 23:00:00	6	3.08	280.28	1.58	2.75	13.4
	19770707	1977 年 7 月 6 日 13:00:00	1977 年 7 月 13 日 23:00:00	8	7.69	284.53	3.42	6.70	22.1
	19770803	1977 年 8 月 3 日 0:00:00	1977 年 8 月 5 日 23:00:00	3	1.37	174.01	0.63	1.37	22.1
	19770807	1977 年 8 月 6 日 0:00:00	1977 年 8 月 9 日 23:00:00	4	7.37	466.36	2.94	6.87	22.1
	19790812	1979 年 8 月 11 日 20:00:00	1979 年 8 月 17 日 0:00:00	6	2.23	114.33	0.53	1.50	10.9

河潼区间场次洪水泥沙特征如表9-15、图9-1，相应降雨统计情况如表9-16所示，由表和图可见，仅19770707降雨、洪水、泥沙均可达到或接近基于频率分析法的极值，19770707可作为河潼区间实测资料系列中洪水泥沙事件极端的典型；降雨与洪水泥沙的关系较为复杂，降雨量、雨强、落区等降雨指标及其相互组合关系共同影响洪水、泥沙的量级大小，因而与较大的洪水泥沙事件相应的单个降雨指标未必较大，本次选取的6场洪水中，仅19770707洪水相应的降雨可能达到或接近基于频率分析法的极值。

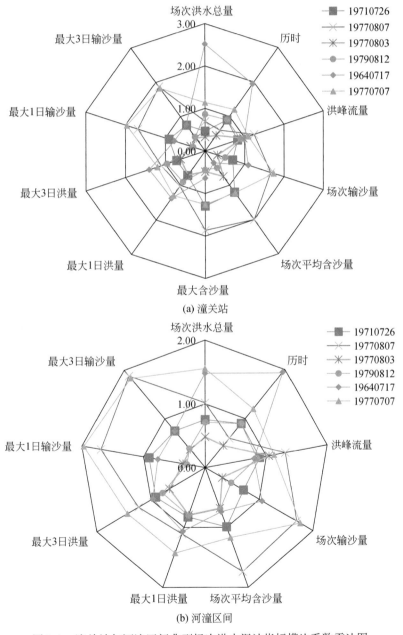

图 9-1　潼关站与河潼区间典型场次洪水泥沙指标模比系数雷达图

表 9-15 河潼区间典型场次洪水泥沙情况统计

洪水编号	历时/天	洪峰流量/(m³/s)	场次洪水总量/亿 m³	场次输沙量/亿 t	场次平均含沙量/(kg/m³)	最大1日洪量/亿 m³	最大3日洪量/亿 m³	最大1日输沙量/亿 t	最大3日输沙量/亿 t
19640717	13	8 800	18.4	4.57	245.78	5.0	8.8	1.34	2.77
19710726	6	9 833	9.4	3.08	330.96	3.9	8.3	1.58	2.75
19770707	8	12 477	19.3	7.65	390.38	6.7	13.0	3.42	6.69
19770803	3	11 538	6.0	1.36	226.48	3.7	6.0	0.63	1.36
19770807	4	14 484	12.6	7.36	581.12	5.2	11.2	2.94	6.86
19790812	6	9 330	8.8	2.08	230.28	3.7	7.2	0.52	1.43

表 9-16 河潼区间典型场次降雨情况统计

洪水编号	降水总量	雨强/(mm/d)	最大1日雨量/mm	最大3日雨量/mm	前期雨量指数	最大1日25mm雨区笼罩面积/万 km²	最大1日50mm雨区笼罩面积/万 km²	最大3日50mm雨区笼罩面积/万 km²	最大1日25mm雨区降雨累积值/亿 m³	最大1日50mm雨区降雨累积值/亿 m³	最大3日50mm雨区降雨累积值/亿 m³	最大1日25mm雨区雨强/mm	最大1日50mm雨区雨强/mm	最大3日50mm雨区雨强/mm
19640717	66.8	5.6	23.7	35.5	17.6	8.9	6.7		57.5	60.4		64.5		90.2
19710726	24.4	6.1	8.9	22.7	7.5	3.8	4.9		19.2	47.5		51.3		96.5
19770707	66.0	8.2	32.6	47.0	21.5	13.6	11.4		85.8	106.8		63.2		93.8
19770803	17.3	5.8	9.7	17.3	18.6	2.6	2.0		23.9	25.4		92.7		127.0
19770807	29.8	7.4	13.8	28.1	20.9	6.1	6.1		32.4	56.2		52.9		91.5
19790812	28.7	4.8	9.2	18.4	14.1	3.7	3.5		16.1	34.2		43.6		97.5

9.2 不同下垫面情景极端降雨的可能产沙量

9.2.1 极端降雨事件可能情景

9.2.1.1 极端降雨可能情景设计

结合前文研究成果，在1954～2015年实测水文资料系列中，采用频率分析法，以10%作为阈值标准选取出6个年份作为极端降雨情景。以洪峰和年沙量作为指标分析龙门站、潼关站、河龙区间、河潼区间极端洪水泥沙事件量级大小排序及发生的年份，综合选取1954年、1958年、1959年、1964年、1967年、1977年6个年份极端洪水泥沙过程相应的降雨作为设计极端降雨情景，如表9-17所示。

表9-17 极端洪水泥沙年份相应特征统计

指标	站点（区间）	项目	1954年	1958年	1959年	1964年	1967年	1977年
洪峰	龙门站	值/（m³/s）	16 400	10 800	12 400	17 300	21 000	14 500
		排序	3	11	8	2	1	4
	潼关站	值/（m³/s）	14 700	9 540	11 900	12 400	9 530	15 400
		排序	2	7	4	3	8	1
年沙量	河龙区间	值/亿 t	18.4	15.9	18.8	14.2	21.4	15.9
		排序	3	5	2	7	1	4
	河潼区间	值/亿 t	24.9	27.2	24.8	21.5	18.6	21.4
		排序	2	1	3	4	7	5
	潼关站	值/亿 t	26.6	29.9	27.0	24.5	21.8	22.1
		排序	3	1	2	4	6	5

在2000～2015年系列中，以河龙区间、河潼区间为对象，选用年雨量（$P_年$）、7～8月降水量（P_{7-8}）、年最大30日降水量（P_{max30}）、年25mm以上降水量（P_{25}）、年150mm以上降水量（P_{150}）等多种指标进行极端降雨情景的选取，综合考虑各指标量级的大小，选取2003年、2007年、2012年、2013年作为设计极端降雨情景，如表9-18所示。

表9-18 极端降雨洪水泥沙年份相应特征统计

指标	站点（区间）	项目	2003年	2007年	2012年	2013年
$P_年$	河龙区间	值/mm	580.0	526.7	541.5	597.9
		排序	2	4	3	1

指标	站点（区间）	项目	2003 年	2007 年	2012 年	2013 年
$P_{年}$	河潼区间	值/mm	699.6	545.7	523.9	604.0
		排序	1	5	6	2
P_{7-8}	河龙区间	值/mm	226.7	206.6	256.2	348.0
		排序	6	9	2	1
	河潼区间	值/mm	289.8	220.4	244.2	316.9
		排序	2	7	3	1
P_{max30}	河龙区间	值/mm	142.4	140.5	195.5	252.2
		排序	7	8	2	1
	河潼区间	值/mm	190.6	137.7	156.6	238.7
		排序	2	11	5	1
P_{25}	河龙区间	值/亿 m³	171.0	175.2	238.3	304.3
		排序	8	6	2	1
	河潼区间	值/亿 m³	673.9	454.4	526.9	751.3
		排序	2	9	4	1
P_{150}	河龙区间	值/亿 m³	1.17	0	3.97	0
		排序	3	11	1	11
	河潼区间	值/亿 m³	4.6	2.3	4.0	3.1
		排序	2	8	3	6
洪峰	龙门站	值/（m³/s）	7340	2330	7540	3450
		排序	2	9	1	6
	潼关站	值/（m³/s）	4220	2850	5350	4990
		排序	5	9	2	3
年沙量	河龙区间	值/亿 t	1.6	0.7	1.1	1.3
		排序	5	10	8	6
	潼关站	值/亿 t	6.2	2.5	2.1	3.1
		排序	1	8	11	6

9.2.1.2 不同下垫面情景设计

考虑到 1978 年我国改革开放后，随着社会经济的快速发展，黄河流域下垫面上的变化一直不断进行，而不同下垫面情景应具有相对的稳定性，在一个情景中下垫面的变化不是太大；由第 4 章典型支流和区域不同时期的雨洪、雨沙关系研究成果可见，黄河中游，特别是河龙区间 2000 年后的雨洪雨沙关系与 20 世纪 70 年代前相比变化较大，关系点据也相对集中，因此，本书对 1980~1999 年下垫面变化较大、不稳定的时期不做定义，定义人类活动影响较弱的 1956~1979 年为"早期下垫面"，定义人类活动影响较强的 2000~

2015 年为"现状下垫面"。

本次主要针对下垫面变化较大的黄河中游,特别是河龙区间,研究相同极端降雨在不同下垫面情景下的可能产沙量,通过对比接近天然情况的"早期下垫面"的可能产沙量、可以代表现状及未来一段时期的"现状下垫面"产沙量,说明下垫面变化对区域产沙的影响。研究主要考虑了水文法和支流极端降雨组合估算沙量法两种方法。

(1)水文法

根据河龙区间不同下垫面建模时段实测输沙量及降雨指标建立降雨输沙模型,其中区间输沙量采用龙门站实测沙量减去头道拐站实测沙量,降雨指标选取雨量、雨强、降雨落区三类降雨指标。雨量指标考虑年雨量、6~9 月雨量、7~8 月雨量等指标,雨强指标考虑不同等级降雨量（75mm、100mm、150mm、200mm 以上）和最大 N 日（最大 1 日、3 日、5 日、7 日、12 日、15 日、20 日、30 日）降雨量,降雨落区指标考虑 75mm 以上降雨量在输沙模数 5000t/（km² · a）以上区域的笼罩面积。

以相关性系数最高为目标函数,构建水文法计算模型。首先分别建立年输沙量与单个降雨指标的关系,从中筛选出与年输沙量相关性较好的多组单个降雨指标,再按最小二乘法进行分组模拟,建立年输沙量与不同降雨组合指标的相关关系,得到多组降雨输沙模型,选择相关性最好的一组作为河龙区间的降雨输沙模型。

构建出 1954~1979 年河龙区间降雨–输沙量关系,以 2003 年、2007 年、2012 年、2013 年等极端降雨年份的降雨情景作为输入,代入上述河龙区间降雨–输沙量关系,获得河龙区间早期下垫面极端降雨情况的产沙量。

构建出 2000~2015 年河龙区间降雨–输沙量关系,以 1954 年、1958 年、1959 年、1964 年、1977 年等极端降雨年份的降雨情景作为输入,代入上述河龙区间降雨–输沙量关系,获得河龙区间现状下垫面极端降雨情况的产沙量。

(2)支流极端降雨组合估算沙量法

以各支流 1956~1979 年、2000~2015 年出现最大年输沙量的相应降雨作为输入情景,统计在此情景下早期下垫面、现状下垫面潼关站可能出现的最大年输沙量。统计计算时,分别统计各支流 1956~1979 年中的最大年输沙量,将其进行求和,并按照面积比的方法,估算水文站未控区间的年输沙量,以此推求早期下垫面潼关站的极端年输沙量。潼关站现状下垫面的极端年输沙量的计算方法与之类似,统计时段变为 2000~2015 年。

9.2.2 河龙区间极端降雨可能产沙量

河龙区间是我国水土流失最严重的地区,1950~1969 年输入黄河的泥沙约 9.9 亿 t,占黄河三门峡以上同期输沙量的 69.0%,而且泥沙粒径粗,大于 0.05mm 的粗泥沙约占总沙量的 41.6%,是黄河下游河床淤积的主要粗泥沙来源区。水力侵蚀、重力侵蚀和风力侵蚀是本区主要的水土流失类型。

分析建立了河龙区间不同下垫面的降雨输沙模型,根据选取的典型极端降雨年份指标,计算了极端降雨情况下的产沙量。

9.2.2.1　早期下垫面

河龙区间早期下垫面 1954～1979 年输沙量与单个降雨指标相关关系如表 9-19 所示，由表可见，对于单个降雨指标，输沙量与 150mm 以上降雨量、200mm 以上降雨量、7～8月降雨量、最大 30 日降雨量关系最好，表明输沙量与高量级降雨、主降雨期降雨量的关系最大，反映河龙区间输沙量主要与一定强度以上的降雨量和雨强相关。因此，在建立早期下垫面极端降雨输沙模型时，重点考虑这些指标。

表 9-19　河龙区间输沙量与单个降雨指标相关关系（1954～1979 年）汇总

降雨指标	降雨输沙模型	R^2
降雨量	$W_s = 0.0016 P_{7-8}^{1.5817}$	0.670
	$W_s = 0.0006 P_{6-9}^{1.626}$	0.638
	$W_s = 8 \times 10^{-5} P_{1-12}^{1.8958}$	0.605
最大 N 日降雨量（雨强）	$W_s = 0.1916 P_{max1}^{1.1363}$	0.252
	$W_s = 0.0028 P_{max3}^{2.0897}$	0.498
	$W_s = 0.0084 P_{max5}^{1.6854}$	0.467
	$W_s = 0.0125 P_{max7}^{1.5284}$	0.446
	$W_s = 0.0085 P_{max12}^{1.524}$	0.428
	$W_s = 0.0041 P_{max15}^{1.6532}$	0.532
	$W_s = 0.0014 P_{max20}^{1.8095}$	0.652
	$W_s = 0.0021 P_{max30}^{1.6496}$	0.658
不同等级降雨量（雨强）	$W_s = 0.0011 P_{10}^{1.5271}$	0.641
	$W_s = 0.0266 P_{25}^{1.1293}$	0.655
	$W_s = 0.4643 P_{50}^{0.747}$	0.618
	$W_s = 2.406 P_{75}^{0.4649}$	0.544
	$W_s = 5.4874 P_{100}^{0.3042}$	0.416
	$W_s = 6.079 P_{150}^{0.4463}$	0.718
	$W_s = 6.8148 P_{200}^{0.4251}$	0.685
降雨落区	$W_s = 0.0911 S_{75}^{0.4884}$	0.480

将三类降雨指标组合，并尽量反映高强度降雨指标（100mm 以上降雨量）及降雨落区的影响，建立的 6 组相关性相对较好的降雨输沙模型如表 9-20 所示。公式 1～公式 3 中包含了 100mm 以上的高强度降雨指标，公式 4～公式 6 中包含了 150mm 以上的高强度降雨指标。从公式中的指数来看，在包含高强度降雨指标的关系式中，最大 30 日降雨量对产沙的影响更为明显。

表 9-20　河龙区间降雨输沙模型（1954～1979 年）汇总

编号	降雨输沙关系	R^2
公式 1	$W_s = 0.0023 P_{\text{max}30}^{1.2171} P_{100}^{0.1085} F_{75}^{0.1863}$	0.726
公式 2	$W_s = 0.0026 P_{7-8}^{1.0133} P_{\text{max}30}^{0.6471} \left(P_{100} / F_{75} \right)^{0.1066}$	0.604
公式 3	$W_s = 0.0094 P_{\text{max}30}^{1.4824} \left(P_{100} / P_{7-8} \right)^{0.2134}$	0.706
公式 4	$W_s = 0.0034 P_{7-8}^{0.2732} P_{\text{max}30}^{1.2302} P_{150}^{0.2456}$	0.819
公式 5	$W_s = 0.0059 P_{7-8}^{1.8710} \left(P_{150} / F_{75} \right)^{0.3331}$	0.785
公式 6	$W_s = 0.0052 P_{\text{max}30}^{1.6955} \left(P_{150} / P_{7-8} \right)^{0.2252}$	0.802

　　1954～1979 年及 2000～2015 年实测输沙量与 7～8 月降雨量关系如图 9-2 所示，由图可见，相同降雨条件下，2000 年以来输沙量明显减少，但 2000 年以来极端降雨年份的降雨量变化范围均在建模时段降雨量变化范围内，因此，可以采用上述建立的降雨输沙模型计算极端降雨情景下的输沙量。

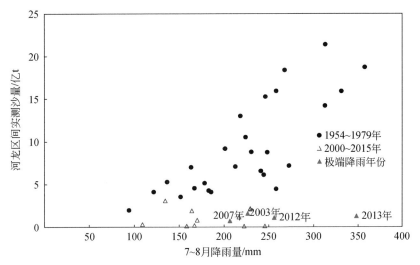

图 9-2　河龙区间实测输沙量与 7～8 月降雨量关系

　　由表 9-21 可见，河龙区间天然下垫面下，2003 年极端降雨产沙量在 6.31 亿～8.31 亿 t，2007 年极端降雨产沙量在 4.51 亿～5.94 亿 t，2012 年极端降雨产沙量在 10.23 亿～15.60 亿 t，2013 年极端降雨产沙量在 14.27 亿～15.13 亿 t。

表 9-21　河龙区间天然下垫面下极端降雨情况的产沙量统计　　　　（单位：亿 t）

年份	实测沙量	计算的天然下垫面沙量							备注
		公式 1	公式 2	公式 3	公式 4	公式 5	公式 6	采用	
2003	1.58	7.93	7.61	8.31	6.93	6.31	7.11	6.8	公式 4～6 平均值
2007	0.71	4.51	5.94	4.65	—	—	—	5.0	公式 1～3 平均值

续表

年份	实测沙量	计算的天然下垫面沙量							备注
		公式1	公式2	公式3	公式4	公式5	公式6	采用	
2012	1.09	12.50	10.23	13.07	14.29	10.62	15.60	13.5	公式4~6平均值
2013	1.25	14.48	15.13	14.27	—	—	—	14.6	公式1~3平均值

为反映高强度降雨指标对产沙量的影响，选择包含150mm以上降雨量的降雨产沙模型（公式4~公式6）计算的平均值作为早期下垫面的产沙量，对于2007年、2012年未发生该量级的降雨，选择包含100mm以上降雨量的降雨产沙模型（公式1~公式3）计算的平均值作为早期下垫面的产沙量，得到河龙区间天然下垫面的极端降雨最大产沙量为14.6亿t，其中2003年、2007年、2012年、2013年极端降雨产沙量分别为6.8亿t、5.0亿t、13.5亿t、14.6亿t。

与1954~1979年河龙区间极端年份的产沙量相比，计算的2000年后的2003年、2007年、2012年、2013年这四年极端降雨的产沙量最大为14.6亿t，只比1964年河龙区间产沙量大，小于1979年前的另外五个极端年份，这说明2000年后的极端降雨没有1979年前的典型年份强。

9.2.2.2 现状下垫面

河龙区间2000~2015年实测输沙量比1979年以前实测输沙量大幅度减少，除受降雨影响外，下垫面变化对其影响也较大。通过分析发现，输沙量与单个降雨指标的关系吻合度较差，无法建立水文法模型。通过组合降雨指标建立的降雨输沙模型如表9-22所示。

表9-22 河龙区间降雨输沙模型（2000~2015年）

编号	降雨输沙关系	R^2
公式1	$W_s = 0.94 P_{max1}^{2.0574} (P_{150}/F_{75})^{0.7243}$	0.688
公式2	$W_s = 0.2829 P_{max1}^{1.189} (P_{150}/P_{6-9})^{0.4416}$	0.567
公式3	$W_s = 0.0242 P_{max1}^{0.7872} P_{100}^{0.6142}$	0.734
公式4	$W_s = 7.6753 P_{max1}^{1.2228} (P_{100}/F_{75})^{0.8042}$	0.886
公式5	$W_s = 1.9055 P_{max1}^{0.7571} (P_{100}/P_{6-9})^{0.7950}$	0.790

2000~2015年及1954~1979年实测输沙量与100mm以上降雨量关系如图9-3所示，由图可见，1954年、1959年和1967年三个极端降雨年份的100mm以上降雨量均落在建模时段降雨量的变化范围内；1958年、1964年和1977年三个极端降雨年份的100mm以上降雨量超出了建模时段降雨量变化范围。因此，1954年、1959年和1967年极端降雨情景下的输沙量反演，降雨情景作为输入，代入上述河龙区间2000~2015年降雨-输沙量关系，并进行合理修正，计算河龙区间现状下垫面下极端降雨情况的产沙量。而1958年、1964年和1977年极端降雨情景下的输沙量反演，不能采用上述建立的降雨输沙模型计算，需要另建模型。

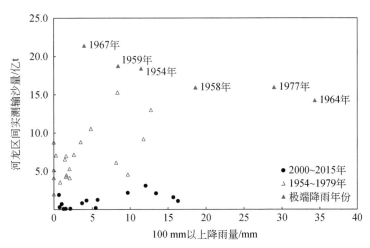

图 9-3　河龙区间实测输沙量与 100mm 以上降雨量关系

　　1954 年、1959 年和 1967 年实测的最大 24h 雨量大多在 100mm 左右，只有少数几个雨量站达到 150mm 左右；一次降雨量也仅有少数几个暴雨中心的雨量超过 150mm。因此，1954 年、1959 年和 1967 年的输沙量若采用公式 1 和公式 2 的计算结果会存在较大偏差；而采用公式 3 和公式 4 的计算结果更为准确，分别为 1.82 亿~2.22 亿 t、1.41 亿~2.06 亿 t 和 1.46 亿~2.09 亿 t。取计算最大值，得到现状下垫面条件下，1954 年、1959 年和 1967 年极端降雨的输沙量分别为 2.22 亿 t、2.06 亿 t 和 2.09 亿 t，结果如表 9-23 所示。

表 9-23　河龙区间现状下垫面下极端降雨情况的产沙量　　　　　（单位：亿 t）

年份	实测沙量	计算的现状下垫面沙量					备注
		公式 1	公式 2	公式 3	公式 4	公式 5	采用	
1954	18.40	—	—	2.11	2.22	1.82	2.22	取计算最大值
1959	18.73	—	—	2.06	1.41	1.54	2.06	
1967	21.37	—	—	2.09	1.71	1.46	2.09	

　　选取 1958 年、1964 年和 1977 年大暴雨涉及的河龙区间的主要流域无定河、窟野河、清涧河、延河、孤山川、屈产河等 9 条支流的水沙数据进行计算分析。对于每个流域，分别建立现状下垫面时期的输沙量计算模型，即产沙量与不同降雨组合指标（最大 1 日降雨量、最大 5 日降雨量、汛期雨量、年降雨量、降雨侵蚀力、侵蚀性降雨）及措施面积（梯田、造林、种草、封禁治理、坝地）的相关关系，得到多组输沙量计算模型。以相关性系数最高为目标函数，从中选择相关性最好的一组作为计算输沙量的模型。将 1958 年、1964 年和 1977 年降雨的相关参数和现状下垫面的措施面积数据分别代入各支流计算输沙量的模型，估算现状下垫面条件下的输沙量。

　　由表 9-24 不同时期产沙量计算结果可见，现状下垫面条件下，1958 年、1964 年和 1977

年降雨的减沙比例分别为 87.28%、82.10% 和 74.05%，1958 年和 1964 年降雨的减沙比例均在 80% 以上，1977 年降雨的减沙比例相对较小。1958 年和 1964 年降雨的特点为汛期内大面积降雨次数较多，暴雨强度中等；而 1977 年降雨的特点为汛期内发生少数几次强度特大的大面积暴雨，是暴雨强度大且集中的典型，无定河、窟野河、孤山川、延河、屈产河均产生极端降雨，这使得各类措施的减沙效果较弱。根据以上减沙比例，推算得到现状下垫面条件下，1958 年、1964 年和 1977 年极端降雨的输沙量分别为 2.02 亿t、2.54 亿 t 和 4.13 亿 t。

表 9-24　不同时期产沙量计算结果对比

下垫面	1958 年		1964 年		1977 年	
	实测值/亿 t	现状下垫面模拟值/亿 t	实测值/亿 t	现状下垫面模拟值/亿 t	实测值/亿 t	现状下垫面模拟值/亿 t
无定河白家川	3.15	0.38	3.09	0.43	2.69	0.54
窟野河温家川	1.18	0.12	1.16	0.11	1.38	0.15
清涧河延川	0.62	0.14	1.16	0.56	1.17	0.79
延河甘谷驿	0.73	0.06	1.82	0.16	1.40	0.23
孤山川高石崖	0.23	0.04	0.52	0.16	0.84	0.31
佳芦河申家湾	0.56	0.12	0.37	0.07	0.12	0.02
屈产河裴沟	—	—	0.23	0.08	0.50	0.13
昕水河大宁	0.71	0.09	0.38	0.05	0.40	0.07
秃尾河高家川	0.60	0.04	0.49	0.03	0.21	0.02
总计	7.78	0.99	9.22	1.65	8.71	2.26
减沙比例/%	—	87.28	—	82.10	—	74.05

各极端降雨年份河龙区间现状下垫面的输沙量为 2.02 亿 t～4.13 亿 t，其中 1954 年、1958 年、1959 年、1964 年、1967 年、1977 年极端降雨场景输沙量分别为 2.22 亿 t、2.02 亿 t、2.06 亿 t、2.54 亿 t、2.09 亿 t、4.13 亿 t。计算的现状下垫面输沙量多集中于 2 亿～3 亿 t，但最大值高于 2000～2018 年的最大值，一方面说明 2000 年后的极端降雨没有 1979 年前的降雨"极端"，另一方面说明在更"极端"降雨条件下河龙区间的输沙量会增大。

9.3　极端降雨事件下典型流域治理成效评价

9.3.1　延河 2013.7 和 1977.7 极端暴雨水沙特征对比

9.3.1.1　流域 7 月降雨过程及水沙特征比较

1971～2013 年，延河流域 7 月平均降雨量以安塞最多，在 119.4～120.9mm，延长最少，在114.8~116.3mm，降雨量总体呈由流域中部向周围递减的分布格局，如图9-4（a）所示。2013年延河流域降雨笼罩范围广、雨量多、雨强大，且暴雨中心与1977年7月不同。1977年7月降雨量为109.6~266.6mm，暴雨中心在志丹和安塞，降雨量走向为自流域西北部向东南部递减如图9-4（b）所示。2013年7月降雨量为395.9~544.1mm，笼罩全流域，是历年同期降雨量的3.8~5.5倍，是1977年的2.0~3.6倍如图9-4（c）所示，空间上，降雨由西北至东南呈阶梯式逐渐增多趋势；降雨量最少的区域分布在志丹周边地区，暴雨中心在延安、延长一带，超过多年平均降雨量（500mm）。1977年和2013年7月延河流域各气象站不同时段降雨量如表9-25所示。2013年7月流域平均最大时段降雨量仅在最大30min和最大1h降雨量低于1977年，其余时段降雨量均大于1977年7月。各站点中，志丹、安塞2013年各时段最大降雨量低于1977年9%~55%，而延安、延川最大1h及以上降雨量却高于1977年15%~364%。

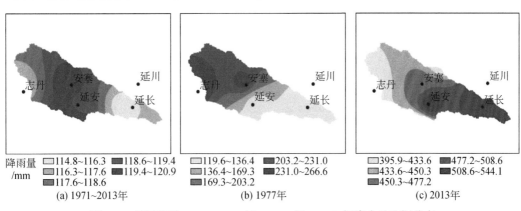

降雨量/mm
(a) 1971~2013年: □114.8~116.3 ■118.6~119.4 □116.3~117.6 ■119.4~120.9 ■117.6~118.6
(b) 1977年: □119.6~136.4 ■203.2~231.0 □136.4~169.3 ■231.0~266.6 ■169.3~203.2
(c) 2013年: □395.9~433.6 ■477.2~508.6 □433.6~450.3 ■508.6~544.1 ■450.3~477.2

图9-4　延河流域1971~2013年、1977年、2013年降水量空间分布

表9-25　1997年和2013年延河流域7月各县区不同时段降雨量　　（单位：mm）

年份	县区	最大10min降雨量	最大30min降雨量	最大1h降雨量	最大6h降雨量	最大24h降雨量
1977	志丹	15.9	27.4	42.2	77.7	158.3
	安塞	—	—	39.4	94.9	176.6
	延安	6.4	17.5	21.7	38.7	25.3
	延川	12.4	26.7	29.3	33.2	33.2
	平均	11.6	23.9	33.2	61.1	98.4
2013	志丹	14.5	12.4	20.0	57.0	105.6
	安塞	14.8	27.6	33.0	79.0	89.9
	延安	8.7	18.8	26.1	72.3	93.6
	延长	12.8	20.2	28.9	78.3	113.6
	延川	17.0	22.8	33.8	115.9	154.0
	平均	13.6	20.4	28.4	80.5	111.3

延河流域 1977 年 7 月暴雨主要出现在 5 日和 6 日，其中 6 日最大，面降雨量为 64.6mm。2013 年 7 月主要有 5 次降雨过程，分别为 3 日、7~9 日、11~15 日、21~22 日、24~26 日，累积降雨日数达 20 天，面最大降雨量为 3 日的 49.8mm，低于 1977 年 23%，如图 9-5（a）所示。1977 年 7 月最大流量出现在 6 日，与最大降雨量同步，为 1500m³/s，其次为 5 日 291m³/s，其他天数径流量介于 6.5~60.4m³/s。2013 年最大流量出现在 12 日，为 315m³/s，并且滞后于最大降雨量出现时间，日最大流量较 1977 年低 79%，如图 9-5（b）所示。1977 年和 2013 年 7 月输沙量变化过程与径流量基本同步（$P<0.01$），呈"水多沙多"的现象。1977 年最大输沙量在 7 月 6 日，为 9421.9 万 t；2013 年最大输沙量在 7 月 25 日，为 738.2 万 t，低于 1977 年最大输沙量 92%，如图 9-5（c）所示。1977 年含沙量最大值为 727kg/m³，2013 年为 303kg/m³，低于 1977 年 58%，如图 9-5（d）所示。

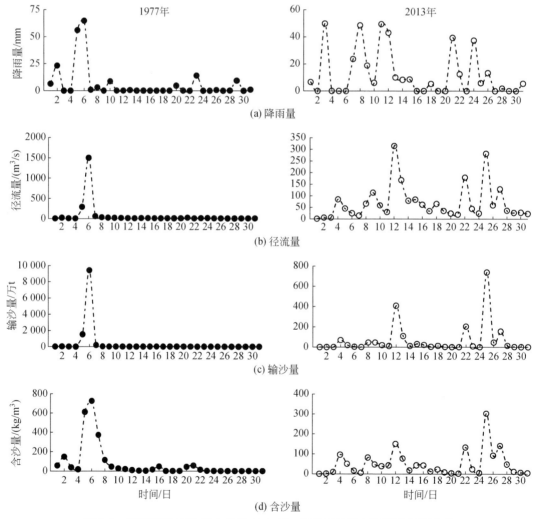

图 9-5　延河流域 1977 年 7 月和 2013 年 7 月降雨量及水沙要素变化过程

9.3.1.2 次暴雨过程及其水沙特征比较

2013 年 7 月发生暴雨 18 站次，暴雨历时一般小于 10h，连续 2 天暴雨情况出现在延安 8~9 日、延长 12~13 日、延川 8~9 日，最大峰值为延川 12 日的 34.0mm/h，如表 9-26 所示。延河流域 1977 年发生暴雨 4 站次，暴雨历时 10h 左右，为连续 2 天暴雨，呈双峰形，志丹站前后峰值分别为 34.3mm/h、18.7mm/h，安塞站前后峰值分别为 27.2mm/h、39.4mm/h。

表 9-26　延河流域 2013 年 7 月和 1977 年 7 月各县区暴雨的特征值统计

年份	县区	日期	历时/h	暴雨峰值 /（mm/h）	年份	县区	日期	历时/h	暴雨峰值 /（mm/h）
2013	安塞	4 日	4.2	33.0	2013	志丹	12 日	11.0	34
		8 日	3.4	21.9		延安	4 日	3.1	18.0
		12 日	7.7	12.8			8 日	5.4	21.8
	延安	8 日	1.8	25.6			9 日	3.8	11.8
		12 日	4.2	21.2			12 日	6.5	13.5
		13 日	6.6	10.8			22 日	8.4	19.4
		22 日	10.3	18.9			25 日	4.0	26.8
		25 日	4.2	29.6	1977	志丹	5 日	11.0	34.3
	延川	8 日	5.4	27.2			6 日	8.0	18.7
		9 日	4.9	14.0		安塞	5 日	7.0	27.2
		12 日	10.7	34.0			6 日	9.0	39.4

与 1977 年 7 月相比，2013 年 7 月尽管暴雨频次多，但延河甘谷驿水文站发生洪水次数少、洪峰小，但持续时间长。1977 年 7 月和 2013 年 7 月洪水过程如图 9-6 所示。1977 年 7 月 5~6 日洪水过程呈双峰形，前一个峰值出现在 14:00 左右，洪峰流量为 1060m³/s，洪水历时 3h 左右；后一峰值出现在 8:00 左右，洪峰流量达 9050m³/s，洪水历时 9h 左右。1977 年洪水具有"陡升陡降"的特点。虽然 2013 年暴雨频率大，但洪水次数较少，仅在 8 日、12 日、22 日发生洪水，且洪峰流量明显低于 1977 年，最大洪峰流量出现在 25 日 12:00 左右，为 926m³/s，仅是 1977 年的 10%；2013 年洪水历时多在 10h 以上，涨、退水时间均长于 1977 年，如 2013 年 7 月 25 日洪水自 8:00 开始至 22:00 结束，涨水时间 4h，退水时间 10h，总历时达 14h。

与 1977 年 7 月相比，2013 年 7 月甘谷驿水文站实测含沙量低，高含沙量历时短。1977 年 7 月和 2013 年 7 月甘谷驿水文站含沙量变化如图 9-7 所示。1977 年 7 月甘谷驿水文站实测含沙量随降雨增加而迅速增大，5 日 11:00 左右以后一直维持在 600kg/m³ 左右，历时 34h 以上，到 6 日 20:00 后含沙量才有所下降。2013 年 7 月甘谷驿水文站实测含沙量普遍低于 1977 年 7 月，最大含沙量仅为 405kg/m³，且高含沙量历时明显短于 1977 年 7 月，如 2013 年 7 月降雨量最大的 25~26 日，含沙量高于 300kg/m³ 的时段自 25 日 10:00 开始至 23:00 结束，历时仅为 13h 左右。

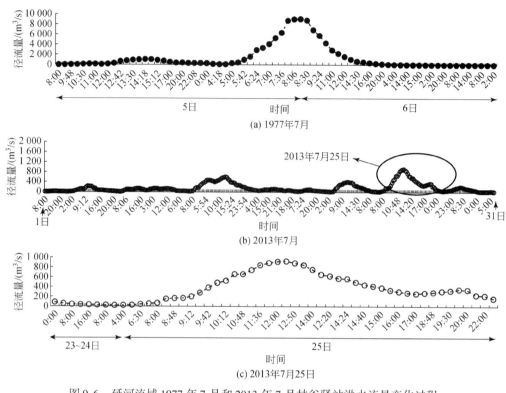

图 9-6　延河流域 1977 年 7 月和 2013 年 7 月甘谷驿站洪水流量变化过程

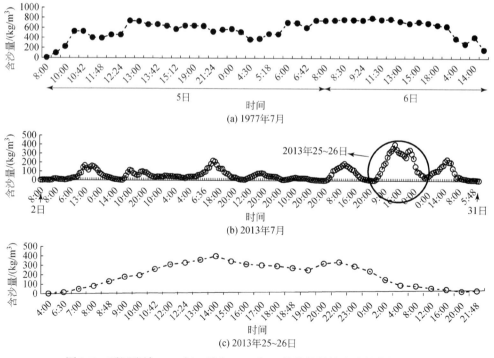

图 9-7　延河流域 1977 年 7 月和 2013 年 7 月甘谷驿站含沙量变化过程

2013 年 7 月延河流域泥沙较 1977 年 7 月有明显变细的趋势，1977 年 7 月粒径小于 0.01mm 的泥沙重量仅占总重量的 15%，而 2013 年 7 月粒径小于 0.01mm 的泥沙重量占总重量的比例接近 40%。1977 年 7 月粒径大于 0.1mm 的泥沙重量占总重量的 14%，而 2013 年 7 月粒径大于 0.1mm 的泥沙重量占总重量的比例不足 10%，如图 9-8 所示。

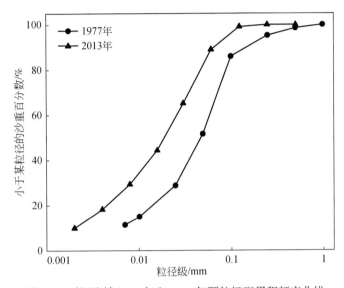

图 9-8　延河流域 1977 年和 2013 年颗粒级配累积频率曲线

9.3.1.3　下垫面及植被变化对极端暴雨产流产沙的影响

降雨和下垫面条件是影响 1977 年和 2013 年径流泥沙变化的主要因子。2013 年降雨总量、笼罩范围、降雨强度、暴雨频率均超过 1977 年，而同期延河甘谷驿水文站径流量、洪峰流量及输沙量、含沙量均显著小于 1977 年，其主要原因为流域有效植被的大规模恢复，坡面产汇流阻力增大、入渗增强、产输沙能力减小。下垫面主要通过地形、地貌、植被、土壤、水利水土保持设施等因子影响径流。1977 年之前延河流域处于水土保持工程实施初期，主要是修建梯田、淤地坝，坡面植被措施面积小、质量差，同时流域整体治理规模有限，如表 9-27 所示。水土保持以修建梯田和淤地坝为主，在拦蓄河川水沙上起到一定作用，但遭遇连续 5~6 天强降雨过程时，坡面因缺少拦蓄作用，遇暴雨迅速产流，在沟道、河道形成了特大洪峰，同时也导致部分淤地坝损毁，河流水沙陡增，致使延安城遭遇特大洪水灾害。随着经济社会发展和国家水土保持生态建设投入增加，特别是 1999 年之后国家退耕还林（草）政策的强力推进，延河流域水土流失规模化有效治理，梯田面积增加，尽管淤地坝增加量有限，但坡面植被增加了 15.70%，林草植被减蚀、沟道工程的拦蓄等联合作用，流域性水土保持的减水减沙效果显现。截至 21 世纪初，累积退耕还林（草）面积 1234km²，如图 9-9（a）所示。1999 年以前，延河流域植被覆盖度普遍不足 30%（据资料显示，植被防止水土流失的临界盖度一般在 50%~60% 以上），1999 年之后，流域植被覆盖度增加迅速，平均线性增长率为 25.8%/10a；

进入 21 世纪初，植被覆盖度达到 58% 以上，如图 9-9 （b） 所示，2012 年时已达 63%。

表 9-27　延河流域水土保持措施累计治理面积变化　　　　　（单位：km²）

年份	梯田面积	淤地坝面积	造林面积	种草面积	合计面积
1969	47.20	15.83	161.27	3.73	228.03
1979	97.53	28.73	286.93	17.47	430.66
1996	275.60	41.67	1100.20	259.87	1677.34
2006	296.45	31.92	2025.38	344.67	2698.42

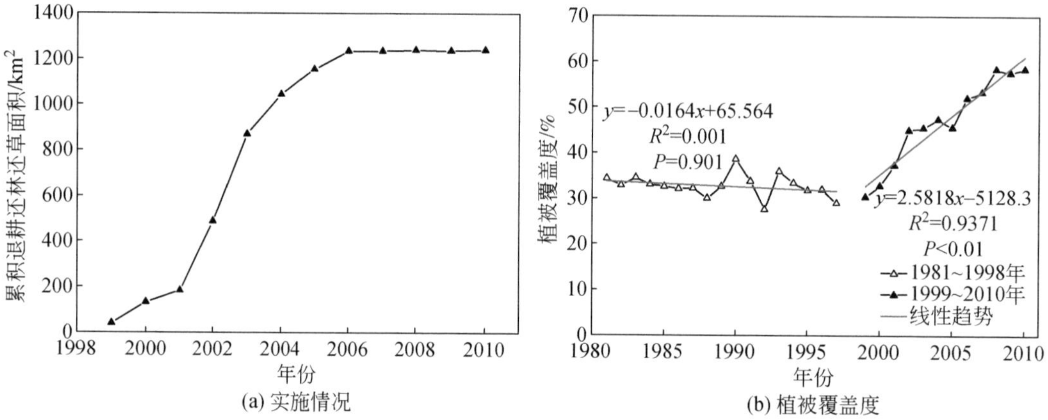

图 9-9　延河流域退耕还林实施情况及 1981～2010 年植被覆盖度年际变化

通过对 2013 年安塞 3 个样地土壤含水量的测定如表 9-27 所示，由表可见，7 月 1 日不同土层土壤含水量均低于黄土高原地区土壤田间持水量（20% 左右），随着降雨持续，7 月 15 日部分土层含水量出现超出黄土高原田间持水量的现象，7 月 25 日各深度土壤含水量普遍大于田间持水量，这种由于大规模植被恢复形成的"伪蓄满产流"现象将大部分水蓄积在深厚的黄土层内，使流域地表径流减小，产洪次数减少、洪峰降低，河道含沙量降低，一定程度上限制了 2013 年大范围洪水的形成。

点绘 1977 年和 2013 年 7 月面降雨量–径流量和面降雨量–输沙量关系，以揭示下垫面变化对降雨产流产沙的影响，如图 9-10 所示。1977 年 7 月径流量与降雨量相关系数 $R^2 = 0.7496$（$P<0.001$），输沙量与降雨量相关系数 $R^2 = 0.4704$（$P<0.001$），径流量、输沙量与降雨量均呈指数关系，如图 9-10 （a） 和 （c） 所示，径流量与输沙量随降雨量增加而增加，且降雨量产沙作用大于产流作用（系数 0.1493>0.0635）。2013 年径流量与降雨量相关系数 $R^2 = 0.096$（$P=0.600$），输沙量与降雨量相关系数 $R^2 = 0.0044$，$P=0.722$，如图 9-10 （b） 和 （d） 所示，径流量、输沙量与降雨量之间关系尚不明确，表明下垫面变化确实使得流域降雨产流产沙关系发生显著改变。

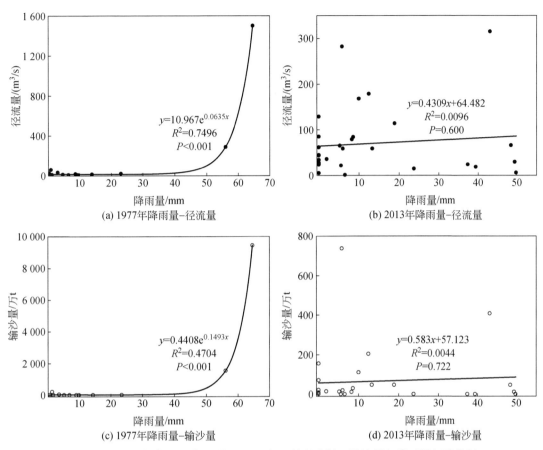

图 9-10　延河流域 1977 年 7 月和 2013 年 7 月径流量、输沙量与降雨量相关分析

9.3.2　西柳沟 2016.8.17 暴雨洪水泥沙事件

2016 年 8 月 17 日，黄河上游十大孔兑西柳沟发生了较为罕见的大雨强、大雨量、长历时降雨过程，龙头拐站洪峰流量 2730m³/s。该场洪水与流域 1989 年 7 月 21 日暴雨洪水具有一定相似性，从下垫面情况、降雨、洪水等方面对两场洪水进行对比分析。西柳沟位置及地貌分区如图 9-11 所示。

西柳沟流域属于典型的干旱大陆性季风气候，干旱少雨，多年平均降水量 268.7mm，蒸发量 2200mm，平均气温 6.1℃。降雨主要以汛期集中降雨的形式出现，汛期 6～9 月降雨量占全年的 81%，主汛期 7～8 月降雨量占全年的 56%。流域产流产沙多为暴雨形成，产生的洪水峰高量少、陡涨陡落、含沙量大，通常一次洪水的水沙量能占全年水沙量的 35% 以上，最高可达 99.8%。西柳沟入黄把口水文站为龙头拐站，控制流域面积 1157km²，多年平均径流量 3057 万 m³，多年平均输沙量 482 万 t，实测最大洪峰流量 6940m³/s（1989 年），最大含沙量 1550kg/m³（1973 年），最大输沙量 4748.7 万 t（1989 年）。

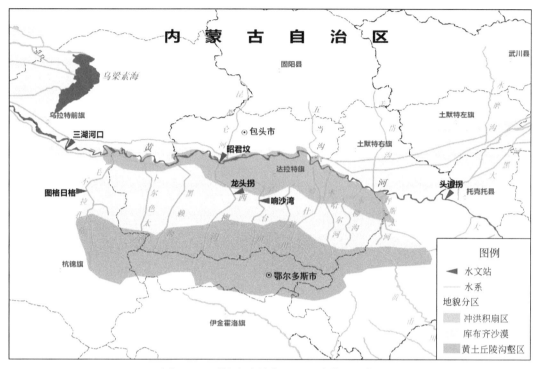

图 9-11 西柳沟流域位置及地貌分区示意

西柳沟流域的水土保持综合治理始于20世纪60年代，前期治理以植物措施为主，尤其是近年来，随着流域退耕还林、退牧还草等水土保持治理工程的实施，西柳沟流域植被覆盖趋于好转。2006~2011年西柳沟上游陆续集中建设了96座淤地坝，其中骨干坝33座，中型坝27座，小型坝36座。淤地坝控制面积为195.35km²，占西柳沟流域面积的14.4%。

9.3.2.1 暴雨洪水泥沙过程

（1）暴雨过程及分布

西柳沟"2016.8.17"暴雨发生在8月16日22:00至18日5:00，包括两场降雨：第一场从8月16日22:00至17日14:00，第二场从8月17日21:00至8月18日5:00。第一场降雨历时长，强度大，连续大雨时间为17日5:00~12:00，本次暴雨的最大1h、3h、6h、12h降雨都发生在第一场降雨，第一场雨的降雨量为352.0mm，占"2016.8.17"暴雨总量410.5mm的86%左右。第二场降雨，相对历时短，强度小，连续大雨时间为17日23:00至18日1:00，降雨量为58.5mm。由图9-12西柳沟"2016.8.17"暴雨的最大24h降雨量分布图可见，本次暴雨有两个距离较近的暴雨中心，一个暴雨中心在西柳沟高头窑2站，最大24h降雨达404mm，另一个暴雨中心在西柳沟和罕台川流域交界处神木塔和赫家渠一带，最大24h暴雨在290mm左右。两个暴雨中心相距约17.5km，暴雨中心最大24h暴雨超过200mm的笼罩面积约239.7km²，超过300mm的笼罩面积约14.2km²。

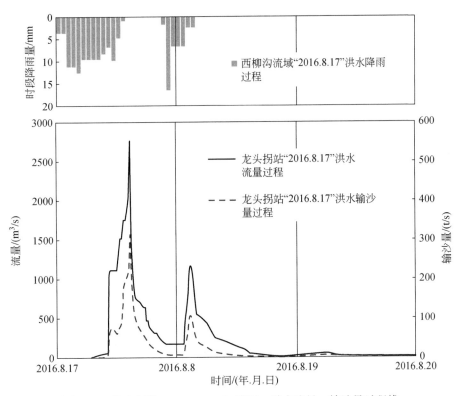

图 9-12 龙头拐站 "2016.8.17" 降雨、洪水流量、输沙量过程线

流域内累积降雨量在 200mm 以上的监测点除暴雨中心高头窑 2 站外，还有劳场湾（252.5mm）、白家塔（251mm）、神木塔（297.5mm）、昌汉沟（236.5mm）、赫家渠（288mm）。从降雨分布看，本次降雨为西柳沟全流域性降雨，最大 24h 超过 100mm 的降雨基本笼罩整个上游，降雨发生时间较为集中，最大 1h、3h、6h、12h 降雨量均发生在 8 月 17 日上午，整场降雨历时基本为 24h。

（2）实测洪水泥沙过程

根据水文年鉴资料，西柳沟流域场次雨量为 159.2mm，最大 3h、6h、12h、24h 降雨量分别为 46.8mm、67.7mm、109.5mm、141.8mm。龙头拐站洪水过程为双峰，主峰洪峰流量为 2760m³/s，为 1960 年有实测资料以来第 5 位，发生在 8 月 17 日 14:54，次峰洪峰流量为 1170m³/s，发生在 8 月 18 日 2:40，洪水流量和输沙量过程如图 9-12 所示，最大 24h、3 日、5 日洪量分别为 5473 万 m³、6040 万 m³ 和 6303 万 m³，5 日洪量为有实测资料以来第二大。最大含沙量为 149kg/m³，最大 24h、3 日、5 日沙量分别为 450 万 t、480 万 t 和 496 万 t，最大 1 日平均含沙量为 87kg/m³。

9.3.2.2 "2016.8.17" 与 "1989.7.21" 暴雨洪水泥沙对比

（1）"1989.7.21" 暴雨洪水泥沙情况

1989 年 7 月 21 日西柳沟发生了特大洪水，龙头拐站实测洪峰流量 6940m³/s，为有实测资料以来最大洪水，最大含沙量 1240kg/m³，为有实测资料以来第二大。"1989.7.21"洪水由一场降雨引起，主降雨从 7 月 20 日 20：00 至 21 日 8：00，降雨历时 12h，面平均雨量为 106.5mm，最大 3h、6h、12h、24h 降雨量分别为 65.4mm、95.7mm、106.5mm、111.0mm。龙头拐站最大 24h、3 日洪量分别为 7291 万 m³、7360 万 m³；最大 24h、3 日、5 日沙量分别为 4743 万 t、4745 万 t，最大 1 日平均含沙量为 652kg/m³，如图 9-13 所示。此次洪水大量泥沙在西柳沟口与黄河汇流处淤积，形成一条宽 600m、长 7000m、高 2m 的沙坝，一度阻断黄河流量。

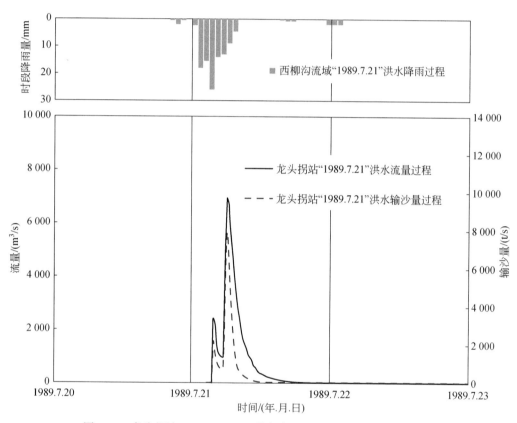

图 9-13　龙头拐站 "1989.7.21" 洪水降雨、洪水流量、输沙量过程

（2）暴雨对比分析

选取西柳沟长期设站的柴登壕、高头窑、龙头拐三个雨量站分析 "1989.7.21" 与 "2016.8.17" 暴雨特点。统计两次暴雨的最大 3h、6h、12h、24h 及场次雨量，如表 9-28 所示，由表可见，1989 年暴雨历时短，上游两站暴雨集中在 6h、下游龙头拐站集中在 12h，暴雨强度大，暴雨中心在上游高头窑站，但下游龙头拐站降雨较大，高强度暴雨覆盖全流域；2016 年暴雨历时长、集中在 24h，暴雨中心也在上游高头窑站，上游 3h、6h 降雨小于 1989 年，12h、24h 及场次降雨量均大于 1989 年，中下游龙头拐站 2016 年各历时降雨量均小于 1989 年。从三站的场次降雨量看，2016 年上游的柴登壕、高头窑降雨量

明显大于 1989 年，中下游的龙头拐站降雨量略小于 1989 年。

表 9-28　西柳沟"1989.7.21"与"2016.8.17"降雨量对比　　（单位：mm）

雨量站	时段雨量	"1989.7.21"暴雨①	"2016.8.17"暴雨②	差值①-②
柴登壕 （上游）	最大 3h	30.5	46.4	-15.9
	最大 6h	60.9	70.4	-9.5
	最大 12h	67.0	90.6	-23.6
	最大 24h	69.8	109.8	-40.0
	场次雨量	69.8	139.5	-69.7
高头窑 （上游）	最大 3h	88.5	60.0	28.5
	最大 6h	139.2	96.0	43.2
	最大 12h	146.7	188.3	-41.6
	最大 24h	155.4	228.6	-73.2
	场次雨量	167.7	248.6	-80.9
龙头拐 （中下游）	最大 3h	77.1	34.1	43.0
	最大 6h	87.1	36.8	50.3
	最大 12h	105.9	49.6	56.3
	最大 24h	107.7	86.9	20.8
	场次雨量	107.7	89.6	18.1
流域 平均	最大 3h	65.4	46.8	18.5
	最大 6h	95.7	67.7	28.0
	最大 12h	106.5	109.5	-3.0
	最大 24h	111.0	141.8	-30.8
	场次雨量	115.1	159.2	-44.2

分析表明，"1989.7.21"暴雨是覆盖西柳沟全流域上中下游的短历时强降雨，"2016.8.17"暴雨历时长，雨量大，强度小于 1989 年，暴雨中心主要在上游，中下游暴雨小于"1989.7.21"。

（3）洪水对比分析

由图 9-13 可见，龙头拐站"1989.7.21"洪水陡涨陡落，涨水历时很短，洪水在 15min 内流量由 0.15m³/s 上涨到 2450m³/s，洪水过程极为尖瘦；洪水过程为双峰，前峰小、后峰大，前峰发生在 7 月 21 日 4:00，洪峰流量 2450m³/s；后峰发生在 7 月 21 日 6:15，洪峰流量 6940m³/s，整场洪水历时约 24h。"2016.8.17"洪水过程比 1989 年洪水历时长，主要包括两场洪水，两场水过后的退水过程中由于上游淤地坝溃坝又出现了 2 次小的涨落，整场洪水过程历时 4 天左右。

西柳沟龙头拐站"1989.7.21"洪水与"2016.8.17"洪水洪峰流量、时段洪量比较如表 9-29 所示。1989 年洪水的最大 24h、3 日、5 日洪量均大于 2016 年洪水。而 24h

和场次雨量，西柳沟上游 1989 年均明显小于 2016 年，西柳沟下游 1989 年大于 2016 年。对比 1989 年和 2016 年龙头拐站的洪水过程可以看出，1989 年洪水峰高（6940m³/s）、量大（1 日洪量 7291 万 m³）、历时短（1 天），是一个非常尖瘦的自然洪水涨落过程；2016 年洪水峰小（2760m³/s）、量大（5 日洪量 6264 万 m³）、历时长（雨洪主峰 2 天，后续溃坝退水 2 天），是受部分淤地坝溃坝影响的涨落过程（起涨过程比 1989 年缓，退水过程历时长）。

表 9-29　西柳沟 "1989.7.21" 洪水与 "2016.8.17" 洪水指标对比

项目	"1989.7.21" 洪水①	"2016.8.17" 洪水②	差值①-②
洪峰流量/（m³/s）	6940	2760	4180
最大 24h 洪量/万 m³	7291	5473	1818
最大 3 日洪量/万 m³	7360	6021	1339
最大 5 日洪量/万 m³	7416	6264	1152

（4）泥沙对比分析

西柳沟龙头拐站 "1989.7.21" 洪水与 "2016.8.17" 洪水最大含沙量、时段沙量比较如表 9-30 所示，由表可见，两场洪水的含沙量及沙量差别较大，1989 年各项沙量指标基本为 2016 年的 10 倍左右。洪水最大含沙量 1989 年是 2016 年的 8.32 倍；最大 24h、3 日、5 日沙量分别是 2016 年的 10.5 倍、9.9 倍和 9.6 倍；1989 年洪水沙量集中在 1 天，2016 年沙量基本集中在前 2 天，占总沙量的 93.8%；最大 1 日平均含沙量 1989 年是 2016 年的 7.5 倍。

表 9-30　西柳沟 "1989.7.21" 洪水与 "2016.8.17" 洪水泥沙指标对比

项目	"1989.7.21" 洪水①	"2016.8.17" 洪水②	差值①-②
最大含沙量/（kg/m³）	1240	149	1091
最大 24h 沙量/万 t	4743	450	4293
最大 3 日沙量/万 t	4745	480	4265
最大 5 日沙量/万 t	4745	496	4249

"2016.8.17" 最大含沙量 149kg/m³，"1989.7.21" 最大含沙量 1240kg/m³，"1989.7.21" 最大含沙量为实测第二。"2016.8.17" 最大 5 日沙量为 496 万 t，为实测第六，"1989.7.21" 为 4745 万 t，约是 "2016.8.17" 的 10 倍，为实测最大。

9.3.2.3　"2016.8.17" 与 "1989.7.21" 洪水泥沙差异解析

（1）暴雨时空分布对洪水泥沙影响

西柳沟流域上游为黄土丘陵沟壑区，面积 876.3km²，占流域总面积的 64.6%，地面物质由砂岩和砒砂岩组成，植被覆盖度低，极易产生水土流失，以水力侵蚀为主，多年平均侵蚀模数为8500t/（km²·a），上游河床为宽200～400m的宽谷河床。中游为库布齐沙漠地带，面积280.8km²，占流域总面积的20.7%，多为流动性沙丘，风蚀严重，也存在水力侵蚀，多年平均侵蚀模数10 000t/（km²·a）；下游为冲洪积扇区，面积199.4km²，占流域总面积的14.7%，地势较为平坦，侵蚀轻微。

"2016.8.17"与"1989.7.21"洪水时段洪量、洪水过程和沙量差异较大的原因，与两场暴雨的时空分布、量级及强度有很大关系。降雨空间分布，2016年暴雨中心在上游、中下游降雨较少；1989年暴雨中心也在上游，但高强度暴雨覆盖整个流域，中下游降雨与暴雨中心量级差别较小。降雨历时，2016年包括两场暴雨，历时约24h，1989年一场暴雨，历时约6h。降雨总量，2016年上游降雨量大于1989年，中下游降雨量略小于1989年。降雨强度，3h、6h降雨量，2016年小于1989年；12h降雨量，2016年与1989年相差不大；24h降雨量，2016年明显大于1989年。

从暴雨时空分布特性看，1989年暴雨是覆盖西柳沟全流域的高强度短历时暴雨，西柳沟中游为库布齐沙漠地带，中下游大暴雨是1989年龙头拐站形成高洪峰、高含沙洪水的必要条件。而2016年降雨中心偏上游、6h之内雨强小于1989年，中下游12h之内降雨不到1989年的50%，虽然降雨总量大，但暴雨强度和时空分布不是有利于形成龙头拐站高洪峰、高含沙洪水的类型。

（2）下垫面变化对洪水泥沙影响

A. 植被变化

西柳沟流域水土流失面积约811.7km²，占流域上游黄土丘陵沟壑区面积的92.6%，西柳沟水土保持综合治理始于20世纪60年代，治理措施以植物措施为主。先后实施了水土保持世行贷款项目、水土保持国债项目和水土保持治理骨干工程项目等一系列流域治理项目。截至2012年底，已治理水土流失面积416.4km²，治理度为32.7%，其中基本农田2160hm²、水保林35 310hm²、人工种草1320hm²、封禁治理2850hm²。

西柳沟上中下游植被覆盖度差异较大，上游地区总体植被覆盖度较高，河道两岸因水分充足，植被覆盖度明显高于远离河道区域；中游地区为库布齐沙漠，植被覆盖度较低；下游地区植被覆盖度也较低。近年来，随着流域退耕还林、退牧还草等水土流失治理工程的实施，西柳沟流域植被覆盖趋于好转，上游地区和下游地区低覆盖度植被类型区面积减少，中低及以上覆盖度植被类型区面积增加。

B. 淤地坝建设

1989年西柳沟流域基本没有建设淤地坝，"1989.7.21"洪水过程是自然的暴雨洪水陡涨陡落过程。2006～2011年西柳沟流域陆续集中建设了96座淤地坝，淤地坝控制面积为195.35km²，占龙头拐以上流域面积的14.4%。淤地坝设计总库容4705万m³、拦泥库容2303万m³、滞洪库容2402万m³，设计淤积面积671hm²。小型、中型和骨干坝的设计淤积年限分别为5年、10年和20年，至2012年西柳沟淤地坝已累积淤积库容455万m³、面积220hm²，剩余库容4251万m³。从设计淤积年限和实际淤积情况看，2016年汛前实际剩余库容仍较大。

C. 淤地坝和林草等下垫面变化对洪水影响量分析

通过"1989.7.21"和"2016.8.17"洪水的场次洪水径流系数对比，说明西柳沟下垫面（淤地坝建设、林草植被等）变化对大洪水的影响。由表 9-31 可见，"1989.7.21"暴雨的场次洪水径流系数为 0.55，"2016.8.17"暴雨的场次洪水径流系数为 0.34，说明西柳沟 2006 年后淤地坝建设等下垫面变化对场次洪水的影响是比较明显的，相同降雨条件下，2016 年下垫面的场次洪量比 1989 年下垫面减小约 38%，如表 9-32 所示。

表 9-31　西柳沟流域淤地坝建设等下垫面变化对场次洪水径流系数影响分析

项目	"1989.7.21"	"2016.8.17"	比值（2016 年/1989 年）
场均雨量/mm	115.1	159.2	1.38
洪峰流量/（m³/s）	6940	2760	0.40
场次洪量/万 m³	7394	6303	0.85
场次洪水径流系数	0.55	0.34	0.62

表 9-32　下垫面变化对大洪水场次洪量影响分析

年份	场均雨量/mm	1989 年下垫面 场次洪量/万 m³	2016 年下垫面 场次洪量/万 m³	下垫面变化	
				影响洪量/万 m³	百分比/%
2016	159.2	10 148	6 303	−3 845	−38
1989	115.1	7 394	4 593	−2 801	−38

9.3.3　无定河 2017.7.26 暴雨洪水泥沙事件

黄河中游河龙区间是黄河三大暴雨区之一，是黄河粗泥沙集中来源区。无定河流域作为该区间黄河最大的一级支流，因其含沙量大，素有"小黄河"之称。其地貌类型、气候及生态脆弱性在黄土高原地区极具代表性。1982 年无定河流域被确定为中国水土流失重点治理区，长期生态治理特别是植被重建使得该地区土地利用发生了巨大变化，年均入黄泥沙量较 20 世纪减少约 50%，水土流失治理取得明显成效，流域水沙锐减与流域土地利用变化规律在趋势上有很大吻合度。但由于流域水沙演化过程和影响机制非常复杂，极端降雨频发等因素为流域水沙情势增加了极大的不确定性，极端降雨条件下的水土保持措施生态效益研究还需深入。2017 年无定河"7.26"特大暴雨为开展极端降雨事件下的黄土高原地区水土保持措施调水保土等生态效益量化评价研究提供了不可多得的试验样本。为此，本书以 2017 年无定河"7.26"特大暴雨洪水事件为背景，系统梳理了流域不同时段极端降雨情景下的产洪产沙特性及其演变特征，采用对比流域法量化评价了水土保持生态建设引发的下垫面变化对极端降雨条件下流域产洪产沙的影响，研究结果一方面可为辨识极端降雨对无定河流域未来水沙情势影响大小提供边界参考；另一方面利于深化该水土保持措施调水保土效益评价，为科学预测未来入黄泥沙情势提供重要参考。

9.3.3.1　暴雨洪水泥沙过程分析

2017 年 7 月 25～26 日，黄河中游山陕区间中北部大部地区出现大到暴雨过程，暴雨中心主要集中在无定河支流大理河流域，其中李家坬站日雨量 256.8mm、朱家阳湾站日雨量 234.8mm，接近或达到单站特大暴雨量级。受强降雨影响，无定河支流大理河青阳岔站洪峰流量 1840m³/s，绥德站最大流量 3160m³/s，均为 1959 年建站以来最大洪水；无定河白家川站洪峰流量 4500m³/s，最大含沙量 980kg/m³，为 1975 年建站以来最大洪水；黄河干支流洪水汇合后演进至龙门站，形成黄河 2017 年第 1 号洪水，7 月 27 日 1:06 测得龙门站洪峰流量 6010m³/s，7 月 28 日 7:00 潼关站最大流量 3230m³/s。

A. 暴雨特征

受高空槽底部冷空气与副高外围暖湿气流共同影响，7 月 25～26 日，黄河中游山陕区间中北部大部地区出现大到暴雨过程，暴雨中心主要集中在无定河流域，如图 9-14 所示。

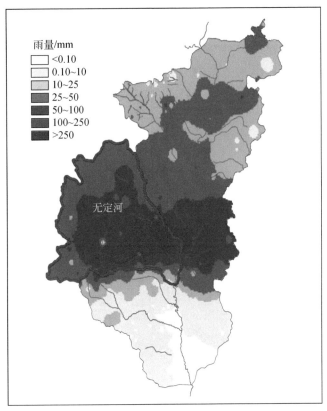

图 9-14　2017 年 7 月 25～26 日河龙区间降雨空间分布

选用无定河流域 92 个雨量站进行降雨过程分析（资料来源于黄河水情信息查询及会商系统），雨量资料的类型为逐小时降雨量和逐日降雨量，雨量站的分布情况如图 9-15 所示。92 个雨量站中 91% 的雨量站降雨量在 25mm 以上，达到 50mm、100mm、200mm 以上降雨量的雨量站数量分别为 60 个、26 个、6 个，分别占雨量站总数的 65%、28%、7%。其中，6 个降雨量达到 200mm 以上的雨量站分别是李家河站（217.8mm）、米脂站（214.6mm）、李家坬站（256.8mm）、朱家阳湾站（234.8mm）、万家墕站（210mm）、王家墕站（210.2mm），均集中在无定河支流大理河中下游附近，场次降雨空间分布如图 9-16 所示。

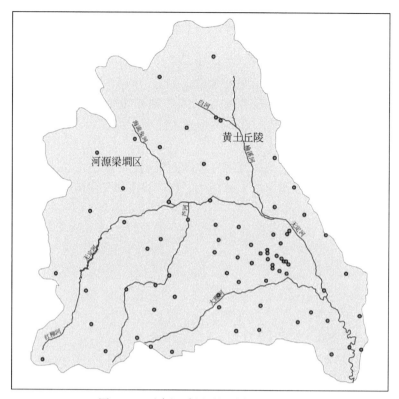

图 9-15　无定河采用雨量站的空间分布

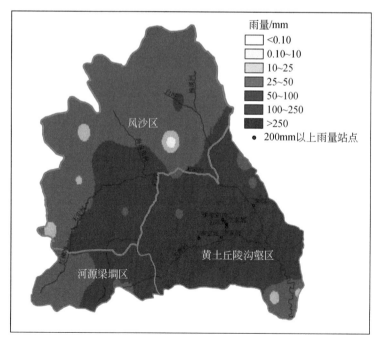

图 9-16　无定河流域场次降雨的空间分布

7月25~26日无定河流域普降暴雨，场次面均总雨量达82.7mm，降雨开始于25日15:00，至26日2:00达到最大，最大1h面雨量达13.0mm；此后降雨开始减弱，至26日8:00，降雨过程基本结束。本次降雨历时17h，降雨集中在12h之内，其雨量占场次雨量的97%，如图9-17所示。

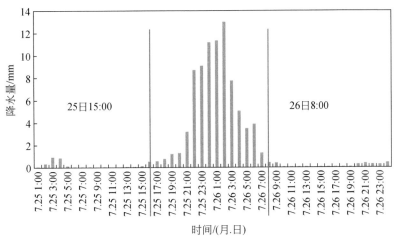

图 9-17 无定河流域场次面均降雨过程

从最大1h雨量看，雨量达到20mm以上的雨量站64个，占雨量站总数的70%，达到30mm以上的雨量站38个，占雨量站总数的41%，达到50mm以上的雨量站9个，占雨量站总数的10%。2个雨量站最大1h雨量达到70mm以上，分别是李孝河站（79mm）、李家河站（72.4mm），均位于大理河支流小理河流域。从最大6h雨量看，最大6h雨量达到50mm以上的雨量站53个，占雨量站总数的58%，达到100mm以上的雨量站19个，占雨量站总数的21%。支流小理河上的李家坬雨量站最大6h雨量达到232.8mm。

最大1h降雨、最大6h降雨及场次降雨的统计情况如表9-33和表9-34所示。

表 9-33 最大 1h 雨量站点统计

项目	降雨量级				
	≥10mm	≥20mm	≥30mm	≥50mm	≥70mm
雨量站数量/个	83	64	38	9	2
占总站数比例/%	90	70	41	10	2

表 9-34 场次、最大 6h 雨量站点统计

项目		降雨量级				
		≥10mm	≥25mm	≥50mm	≥100mm	≥200mm
最大 6h	雨量站数量/个	89	86	53	19	1
	占总站数比例/%	97	93	58	21	1

项目		降雨量级				
		≥10mm	≥25mm	≥50mm	≥100mm	≥200mm
场次	雨量站数量/个	90	84	60	26	6
	占总站数比例/%	98	91	65	28	7

采用算术平均法计算场次面均雨量，青阳岔、李家河、曹坪、绥德、丁家沟、白家川水文站以上面均雨量分别为 141.1mm、135.9mm、136.4mm、126.8mm、64.1mm、84.2mm，其中青阳岔水文站以上面均雨量最大。从场次雨量笼罩面积看，白家川水文站以上 25mm、50mm、100mm 以上笼罩面积分别为 27 685km²、19 775km²、6813km²，各水文站以上不同量级降雨笼罩面积如表 9-35 所示。从前期影响雨量（按 10 天计算）看，大理河流域内的青阳岔、李家河、曹坪、绥德水文站以上前期影响雨量较小，为 17.6 ~ 18.8mm，丁家沟水文站以上前期影响雨量较大，为 23.6mm。

表 9-35　各水文站以上不同量级降雨笼罩面积及前期影响雨量统计

水文站	笼罩面积/km²				前期影响雨量 /mm
	10mm	25mm	50mm	100mm	
青阳岔	662	662	662	662	17.6
李家河	807	807	692	346	18.5
曹坪	187	187	187	115	18.8
绥德	3 759	3 759	3 490	2 148	18.0
丁家沟	22 963	21 126	12 859	3 215	23.6
白家川	29 003	27 685	19 775	6 813	21.6

从面均雨量时间变化看，青阳岔、李家河、绥德、白家川水文站以上最大 1h 面雨量均出现在 26 日 2 时，最大 1h 降雨量分别为 46.6mm、38.6mm、26.7mm、13.3mm，曹坪、丁家沟水文站以上最大 1h 面雨量均出现在 26 日 0 时，最大 1h 降雨量分别为 28.5mm、10.1mm。其中，青阳岔水文站以上 1h 面雨量最大。

从逐小时场次降雨中心的移动看，7 月 25 日 20 时在无定河西北部及大理河上游初步产生两个降雨中心，并随时间不断加强；至 25 日 22 时在无定河西北部及大理河形成两个明显的降雨中心，无定河西北部降雨中心逐渐向东南方向移动，大理河的降雨中心基本不变；至 26 日 2 时，小时降雨量达到最大，降雨中心集中于大理河流域，随后降雨开始减弱，并向东南移动。从整个降雨过程看，大理河流域自降雨中心形成一直处于降雨中心位置，如图 9-18 ~ 图 9-21 所示。

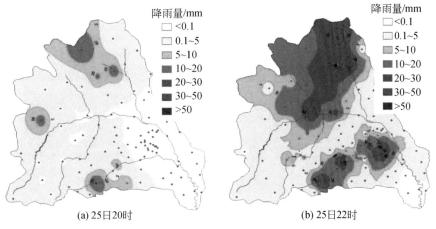

(a) 25日20时　　　　　　　　　(b) 25日22时

图 9-18　25 日 20 时、25 日 22 时降雨中心位置

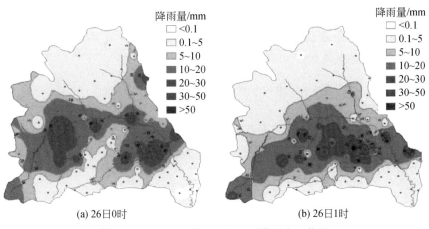

(a) 26日0时　　　　　　　　　(b) 26日1时

图 9-19　26 日 0 时、26 日 1 时降雨中心位置

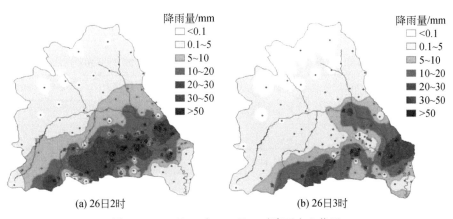

(a) 26日2时　　　　　　　　　(b) 26日3时

图 9-20　26 日 2 时、26 日 3 时降雨中心位置

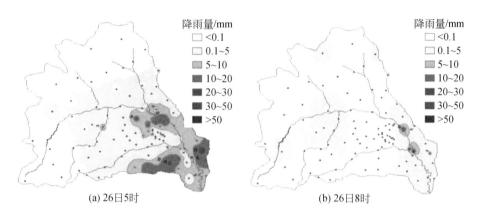

(a) 26日5时　　　　　　　　　　　(b) 26日8时

图 9-21　26 日 5 时、26 日 8 时降雨中心位置

B. 洪水泥沙过程

受 7 月 25~26 日强降雨影响，黄河中游山陕区间中部干支流普遍涨水，尤其是无定河流域出现罕见洪水，干支流洪水汇合后演进至龙门站，形成黄河 2017 年第 1 号洪水，黄河中游主要干支流站洪水情况如表 9-36 所示。

表 9-36　黄河中游主要干支流站洪水情况统计

河流		水文站	开始时间	结束时间	历时/h	洪峰流量/（m³/s）	出现时间	最大含沙量/（kg/m³）	出现时间
黄河		府谷	7 月 23 日 8:00	7 月 25 日 8:00	48	575	7 月 24 日 11:48		
府谷—吴堡区间	佳芦河	申家湾	7 月 26 日 5:48	7 月 27 日 8:00	26	119	7 月 26 日 6:30	260	7 月 26 日 8:00
	清凉寺沟	杨家坡	7 月 23 日 8:00	7 月 26 日 8:00	72	393	7 月 26 日 3:42		
	湫水河	林家坪	7 月 26 日 6:18	7 月 28 日 8:00	97	640	7 月 26 日 5:36	370	7 月 25 日 10:30
黄河		吴堡	7 月 25 日 8:00	7 月 27 日 8:00	48	3560	7 月 26 日 8:12	183	7 月 26 日 10:30
吴堡—龙门区间	三川河	后大成	7 月 26 日 4:18	7 月 27 日 20:00	39	1100	7 月 26 日 11:30	288	7 月 26 日 13:00
	无定河	白家川	7 月 26 日 3:03	7 月 28 日 8:00	52	4500	7 月 26 日 10:12	980	7 月 26 日 9:42
	延河	甘谷驿	7 月 26 日 23:08	7 月 29 日 8:00	56	136	7 月 28 日 11:00	70.5	7 月 28 日 7:00
黄河		龙门	7 月 26 日 16:12	7 月 27 日 17:00	72	6010	7 月 27 日 1:06	291	7 月 27 日 14:00
黄河		潼关	7 月 27 日 13:30	7 月 31 日 8:00	90	3230	7 月 28 日 7:00	90	7 月 28 日 20:00

1）中游吴堡以上。府谷—吴堡区间支流秃尾河高家川站 26 日 4:00 洪峰流量 163m³/s；佳芦河申家湾站 26 日 6:30 洪峰流量 119m³/s，26 日 8:00 最大含沙量 260kg/m³；清凉寺沟

杨家坡站 26 日 3:42 洪峰流量 393m³/s；湫水河林家坪站 26 日 5:36 洪峰流量 640m³/s，25 日 10:30 最大含沙量 370kg/m³。

上述支流洪水加上未控区间及干流来水，吴堡站 26 日 8:12 出现洪峰流量 3560m³/s，26 日 10:30 最大含沙量 183kg/m³。

2）吴堡—龙门区间。洪水主要来源于无定河，无定河支流大理河上游青阳岔站 26 日 4:00 洪峰流量 1840m³/s，为 1959 年建站以来最大洪水；大理河支流小理河李家河站 26 日 5:00 洪峰流量 997m³/s，为 1994 年以来最大洪水，为有资料以来第 3 位；大理河控制站绥德站 26 日 5:05 最大流量 3160m³/s，亦为 1959 年建站以来最大洪水；无定河干流丁家沟站 26 日 4:48 洪峰流量 1600m³/s，为 1994 年以来最大洪水。上述无定河干支流来水加上区间加水，形成无定河控制站白家川站 26 日 10:12 洪峰流量 4500m³/s，超过实测最大的 1977 年洪水（洪峰流量为 3840m³/s），成为 1975 年建站以来最大洪水，26 日 9:42 最大含沙量 980kg/m³，无定河干支流主要站洪水情况如表 9-37 所示。

表 9-37　无定河流域洪水情况统计

流域	开始时间	结束时间	历时/h	洪峰流量/（m³/s）	出现时间	最大含沙量/（kg/m³）	出现时间
青阳岔	7 月 25 日 20:00	7 月 26 日 14:06	18	1840	7 月 26 日 4:00		
李家河	7 月 25 日 8:00	7 月 27 日 8:00	48	997	7 月 26 日 5:00		
绥德	7 月 26 日 0:00	7 月 27 日 8:06	32	3160	7 月 26 日 5:05		
丁家沟	7 月 26 日 0:30	7 月 27 日 8:00	31	1600	7 月 26 日 4:48		
白家川	7 月 26 日 3:03	7 月 28 日 8:00	52	4500	7 月 26 日 10:12	980	7 月 26 日 9:42

三川河后大成站 26 日 11:30 洪峰流量 1100m³/s，26 日 13:00 最大含沙量 280kg/m³。无定河、三川河等支流洪水与黄河吴堡以上洪水汇合至龙门站，形成黄河 2017 年第 1 号洪水，龙门站 27 日 1:06 洪峰流量 6010m³/s，27 日 14:00 最大含沙量 291kg/m³。龙门站洪水经小北干流河道演进后，潼关站 28 日 7:00 洪峰流量 3230m³/s，28 日 20:00 最大含沙量 90kg/m³。

本次洪水无定河多站出现建站以来较大或最大洪水，分析表明，大理河青阳岔站洪峰流量 1840m³/s，近 500 年一遇（500 年一遇 1860m³/s），绥德站洪峰流量 3160m³/s，近 20 年一遇（20 年一遇 3322m³/s）；无定河干流丁家沟站洪峰流量 1600m³/s，相当于 10 年一遇（10 年一遇 1540m³/s），白家川站洪峰流量 4500m³/s，相当于 30 年一遇（30 年一遇 4340m³/s）。黄河中游干支流主要站洪水过程如图 9-22～图 9-24 所示，洪量、沙量特征值如表 9-38 所示。

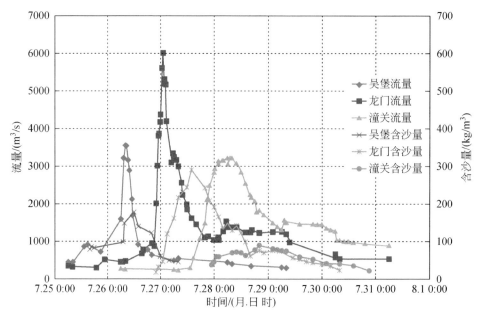

图 9-22 黄河吴堡—潼关干流主要站洪水流量与含沙量过程

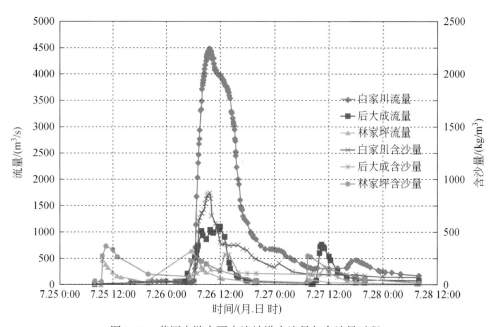

图 9-23 黄河中游主要支流站洪水流量与含沙量过程

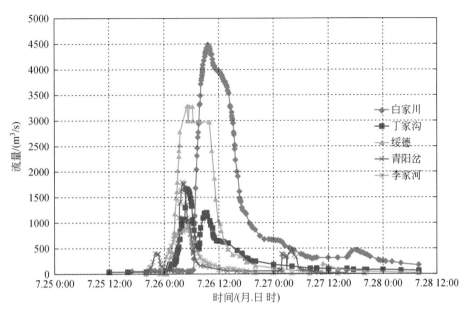

图 9-24　无定河主要站洪水流量过程

表 9-38　黄河 2017 年 7 月洪水过程主要站水沙量统计

河流		水文站	开始时间	结束时间	历时 /h	洪量 /万 m³	沙量 /万 t
黄河		府谷	7 月 23 日 8:00	7 月 25 日 8:00	48		
府谷—吴堡区间	佳芦河	申家湾	7 月 26 日 5:48	7 月 27 日 8:00	26	377	78
	清凉寺沟	杨家坡	7 月 23 日 8:00	7 月 26 日 8:00	72	3 675	
	湫水河	林家坪	7 月 26 日 6:18	7 月 28 日 8:00	97	3 863	736
黄河		吴堡	7 月 25 日 8:00	7 月 27 日 8:00	48	18 190	1 844
吴堡—龙门区间	三川河	后大成	7 月 26 日 4:18	7 月 27 日 20:00	39	4 347	643
	无定河	白家川	7 月 26 日 3:03	7 月 28 日 8:00	52	17 999	10 100
	延河	甘谷驿	7 月 26 日 23:08	7 月 29 日 8:00	56	1 173	21.57
黄河		龙门	7 月 26 日 16:12	7 月 27 日 17:00	72	42 910	5 498
黄河		潼关	7 月 27 日 13:30	7 月 31 日 8:00	90	52 532	2 948

　　受支流湫水河、清凉寺沟、佳芦河等支流洪水影响，中游吴堡水文站洪水洪量约 1.82
亿 m³，沙量 1844 万 t。吴堡—龙门区间洪水主要来自三川河、无定河、延河三条支流，区
间支流合计来洪量约 2.35 亿 m³，来沙量约 10 765 万 t，其中无定河洪量占 76.5%，沙量
占 93.8%。干支流洪水演进至龙门水文站，洪水量约 4.29 亿 m³，沙量 5498 万 t；演进至
潼关水文站，洪水量约 5.25 亿 m³，沙量 2948 万 t。

9.3.3.2 极端降雨下流域治理对洪水泥沙过程的影响

（1）无定河流域极端降雨下的洪-沙关系演变

对无定河流域"7.26"次暴雨量数据进行空间插值分析可知，此次暴雨呈现三个主要特点。具体为：①雨量大。流域面降雨量达 63.7mm，累积雨量大于 100mm 的有 34 个雨量站，200mm 以上站点有 10 个且降雨重现期达到 33～76 年。②范围广。50mm 以上降雨量笼罩面积占无定河流域面积的 49%，100mm 以上降雨量笼罩面积占无定河流域面积的 15%。③强度大。暴雨集中在 12h 内，最大暴雨集中在 2～6h，最大 1h 降雨量达 7.7mm，历时短，强度大。为进一步剖析此次降雨在历史降雨事件中的排序，进一步地，与无定河有观测数据以来洪峰流量大于 2000m³/s 的 12 场暴雨事件对比发现，"7.26"特大暴雨场次面降雨量最大，较 1977 年特大洪水场次降雨量增加 1.6mm；100mm 降雨量笼罩面积达 4573km²，较 1977 年无定河特大暴雨覆盖面积增加 54%；场次降雨平均雨强、最大 1h、6h、12h 雨量均为无定河流域历史上有观测数据以来统计最大值，如表 9-39 所示。参考 IPCC 第四次评估报告关于极端降雨的定义，以发生概率 10% 为临界值，无定河"7.26"特大暴雨事件为极端降雨事件。

表 9-39 近 60 年以来降雨事件统计

洪号	场次降雨量 /mm	平均雨强 /（mm/h）	50mm 笼罩面积 /km²	100mm 笼罩面积 /km²	洪峰流量 /（m³/s）	洪量 /亿 m³	沙量 /亿 t
19560722	38.8	1.4	3 374	0	2 970	0.86	0.51
19590818	27.9	1.5	1 854	0	2 970	0.76	0.62
19630829	28.9	1	2 539	0	2 250	0.98	0.59
19640706	57.3	1.7	13 543	1 783	3 020	1.48	0.84
19660718	38.7	1.3	12 852	740	4 980	1.96	1.34
19660816	35.4	0.8	3 542	0	2 290	1.35	0.87
19700708	38.3	1.9	11 139	0	2 200	0.82	0.45
19770805	62.1	1.7	14 945	2 979	3 840	2.54	1.66
19940805	49.6	2.8	11 848	2 238	3 220	1.70	0.80
19940810	49.8	1.4	11 664	2 613	2 510	1.11	0.55
19950717	33.8	1.5	6 110	0	2 960	1.08	0.51
19950902	13.2	0.7	830	0	2 490	0.59	0.32
20170726	64.0	3.5	13 687	4 573	4 480	1.67	0.78

极端降雨事件下的雨洪雨沙关系研究可客观反映下垫面变化对流域洪水输沙的影响，是检验流域水土流失治理成效的重要判定标准。为进一步阐明不同历史时期相似极

端降雨事件产洪产沙异同，甄别极端降雨条件下流域雨洪–雨沙关系演变特征，统计分析了无定河白家川站有观测数据以来次洪峰流量大于1200m³/s的洪水事件雨洪–雨沙关系变化，如图9-25所示。结果表明，与1977年特大暴雨相比，在面降雨量大致相同、降雨强度增加1倍条件下，"7.26"特大暴雨洪水量减少34.3%，产沙量减少更为显著，减幅达53.0%。

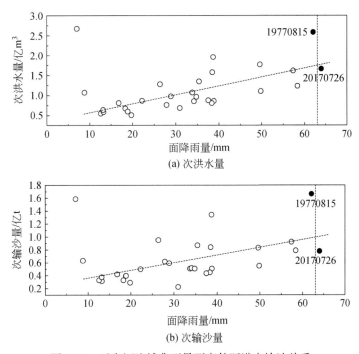

图9-25　无定河流域典型暴雨事件下洪水输沙关系

流域产输沙环境改变会对流域雨洪、雨沙关系改变产生重要影响。无定河是黄河中游多沙粗沙区的代表性支流，年均土壤侵蚀模数可达7900t/km²，水土流失十分严重。据统计，从20世纪60年代末无定河流域水土流失治理工作初步开展，70年代开始，流域造林、种草以及梯田等措施呈现大幅增加趋势。截至2015年，流域林草面积达7870km²，梯田面积达到1200km²，淤地坝坝地面积达到210km²，水土保持措施面积大幅增加，如图9-26所示，由图可见，2000年各项措施达到峰值，之后变化趋于缓和。水土保持措施的大量实施通过改变水分在蒸发、渗透、径流和地下水间的分配，影响流域产汇流及输沙过程，进而在消洪峰、减洪水、减输沙方面发挥着重要作用，是影响流域次洪水事件洪水输沙减少的重要因素。

无定河流域水土保持措施累积增加，使得大雨大沙问题得到明显改善，水土保持生态建设主导下的流域产沙环境变化对黄河流域极端降雨洪水事件泥沙减少发挥了重要的积极作用。进一步系统收集并分析无定河流域有观测数据以来历年洪水事件最大含沙量变化趋势如图9-27所示，由图可见，2000年以来，无定河流域次洪水事件最大含沙量明显降低，减少幅度达50%以上，说明水土保持措施在减少洪水含沙量方面发挥着重要作用。

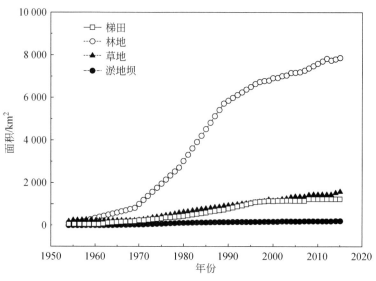

图 9-26　无定河水土保持措施面积变化过程

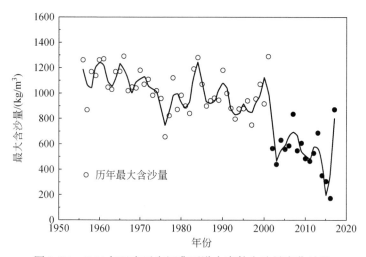

图 9-27　1956 年以来无定河典型洪水事件含沙量变化过程

　　由图 9-28 可见，对无定河流域历史发生的 19770805 和 20170726 两次极端降雨、相似洪水事件流量–含沙量过程（$Q=aC^b$）分析可知，2017 年典型暴雨事件下 a 因子相对 1977 年暴雨减小，表明无定河流域下垫面可侵蚀性在降低，侵蚀程度在减弱；同时 b 因子小幅增加，说明单位径流输送泥沙能力增强。

（2）典型对比流域水土保持成效分析

　　以无定河韭园沟（治理流域）和裴家峁沟（非治理流域）为对比流域，如图 9-29 和表 9-40 所示，通过对比相似极端降雨下的流域产洪产沙特征，辨析流域雨洪雨沙关系变化主要驱动因素，量化评价水土保持对极端降雨条件下的流域产洪产沙影响贡献。

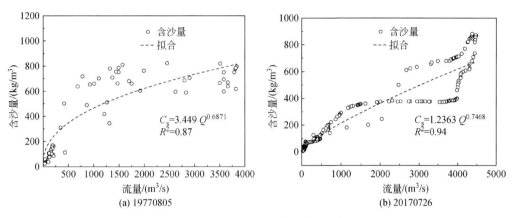

图 9-28 无定河流域 1977 年和 2017 年典型暴雨事件流量-含沙量过程

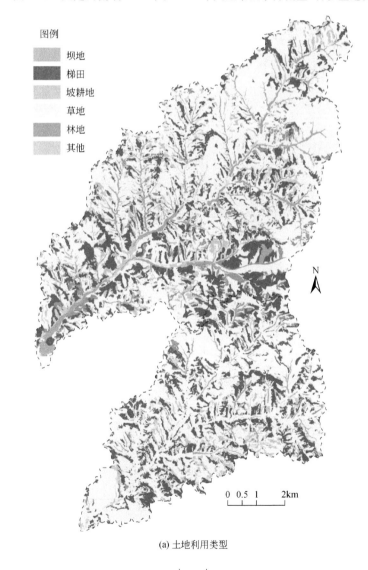

(a) 土地利用类型

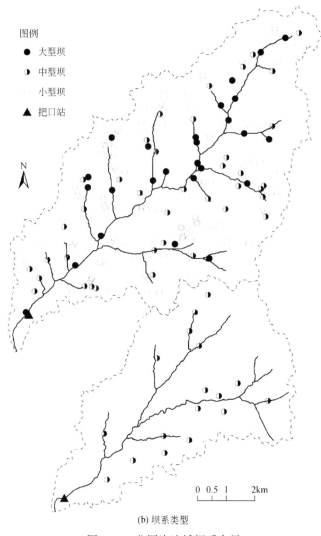

图例
● 大型坝
◐ 中型坝
⊙ 小型坝
▲ 把口站

0 0.5 1 2km

(b) 坝系类型

图 9-29 韭园沟流域坝系布局

表 9-40 对比小流域主要特征统计

流域名称	流域面积/km²	治理度/%	主要水土保持措施					
			年份	淤地坝/座	梯田/km²	林地/km²	坝地/km²	草地/km²
韭园沟	70.7	18.1	1960	148	1.62	2.72	0.54	1.73
		30.0	1970	237	7.04	5.93	1.47	2.00
		62.4	2000	253	12.85	24.73	2.80	1.26
		701	2010	263	16.94	28.31	3.04	1.27
裴家峁沟	39.5	11.7	2015	61	0.71	5.18	0.38	11.78

　　为进一步说明极端降雨条件下下垫面变化对流域洪水输沙的影响，以无定河流域 "7.26" 特大暴雨事件为背景，选取韭园沟（治理流域）和裴家峁沟（非治理流域）1954

年以来 15 次典型暴雨事件开展水土保持效益对比分析。分析结果表明：

1）在"7.26"特大暴雨事件中，两个流域次降雨量接近，如表 9-41 所示，裴家峁沟径流深为韭园沟径流深的 2.47 倍，裴家峁沟洪峰流量为韭园沟洪峰流量的 3.49 倍。同时韭园沟最大含沙量为 170kg/m³，裴家峁沟最大含沙量为 382kg/m³，以上分析结果均显示出水土保持措施在滞洪、调水减沙等方面发挥着巨大作用。

表 9-41　对比流域"7.26"特大暴雨洪水泥沙分析

流域名称	降雨历时	降雨量/mm	径流深/mm	径流系数	洪峰流量/（m³/s）	最大含沙量/（kg/m³）	输沙模数/（t/km²）
韭园沟	51h20min	156.1	18.39	0.12	36.14	170	1914
裴家峁	36h30min	156.7	45.50	0.29	126.10	382	7595

2）通过对流域历史暴雨事件汇总分析，结果表明在相似极端降雨事件中韭园沟径流模数和输沙模数取值范围均明显小于未经治理的裴家峁沟，其中径流模数平均减少 57.6%，输沙模数平均减少 74.8%，水土流失治理调水减沙效益极为显著。

3）通过将"7.26"特大暴雨与历史暴雨事件洪沙特征比较可知，韭园沟流域径流模数和输沙模数较 1977 年特大暴雨事件大幅降低，其中产沙减少尤为明显，通过单位降雨径流模数比较发现，如图 9-30 所示，韭园沟流域单位降雨径流模数和输沙模数在 1977 年达到峰值，之后趋于平稳或相对很低，说明随着流域水土流失治理度的不断提高，流域侵蚀产沙不断减少。

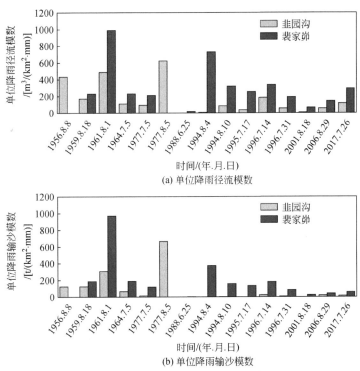

图 9-30　对比流域相似极端降雨条件下的产洪产沙特征

9.4 1933.8 极端暴雨在现状下垫面下可能沙量反演

9.4.1 暴雨过程及其特征

1933 年 8 月上旬, 黄河陕县站发生了一次自 1919 年有水文记录以来的最大洪水。该次洪水的暴雨面积广、强度大、雨区呈西南东北向分布, 西自渭河上游, 东至汾河上游, 雨区还笼罩到黄河上游的庄浪河、大夏河和清水河等支流。

该次洪水的特点: 一是 5 天内有两次降雨过程, 每次过程在整个雨区范围内几乎同时降雨, 而且暴雨区内各地至陕县断面的洪水汇流时间接近, 因此龙门以上洪水与龙门以下泾、洛、渭、汾等支流洪水遭遇, 形成了陕西峰高量大的洪水过程, 实测洪峰流量 22 000 m^3/s, 5 日洪量 51.8 m^3, 12 日洪量 92.0 亿 m^3。二是洪水含沙量大, 最大 12 日沙量达 21.1 亿 t, 45 日沙量达 28.1 亿 t。

(1) 降雨发生时间及过程

8 月 6 ~ 10 日暴雨共有两次雨峰过程, 第一个过程发生在 8 月 6 日至 7 日凌晨, 基本上遍及整个雨区, 7 日白天及 8 日雨区呈斑状分布。第二个过程发生在 8 月 9 日, 雨区主要在渭河上游和泾河中上游一带, 8 月 10 日暴雨基本结束。

(2) 雨区范围

降雨西自黄河上游的大夏河、庄浪河, 向东经渭河、泾河、北洛河、清涧河、延河、无定河至山西的三川河、汾河, 雨区面积是黄河中游有实测资料以来之最大者, 从洪峰等值线图 (图 9-31) 可以看出, 暴雨中心有 4 个, 分别是渭河上游的散渡河、葫芦河, 泾河支流马莲河的东、西川, 大理河、延河、清涧河中游一带, 三川河及汾河中游。

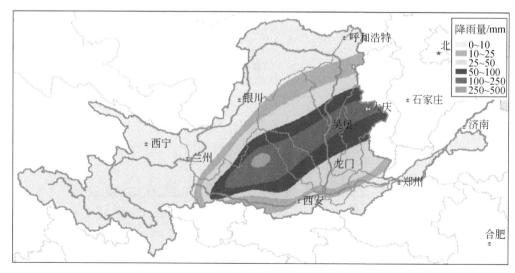

图 9-31 1933 年 8 月 6 ~ 10 日降雨等值面

（3）暴雨强度特征

根据有实测资料的雨量站资料分析，降雨量最大的为清涧站 8 月 5 ~ 8 日，4 天降雨量为 255mm，其次为无定河绥德站最大 1 日雨量，发生在 8 月 6 日，为 71mm，其他几个暴雨中心区无实测雨量资料。

考虑到暴雨中心附近地区中小面积洪水调查资料多（共有洪水调查资料 100 多个），分析中充分利用这些洪水调查资料，采用水文上常用的峰、量相关和暴雨径流相关等反推雨量，并配合"1933.8"黄河中游洪峰模数图等资料，勾绘该次暴雨的等深线，如图 9-32 所示。

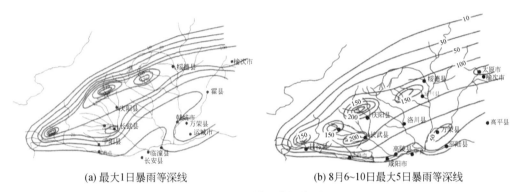

| (a) 最大 1 日暴雨等深线 | (b) 8 月 6~10 日最大 5 日暴雨等深线 |

图 9-32　暴雨等深线图

根据矢量化的"1933.8"最大 1 日降雨量和最大 5 日降雨量图，量算选取各条支流不同等级雨量特征值，如表 9-42 所示。

表 9-42　"1933.8"大暴雨各支流最大 5 日降雨特征值统计

河名	站名	8 月 6 ~ 10 日最大 5 日雨量包围面积/km²								
		≥300	250 ~ 300mm	200 ~ 250mm	150 ~ 200mm	100 ~ 150mm	50 ~ 100mm	30 ~ 50mm	10 ~ 30mm	10mm 以下
三川河	后大成以上									
无定河	赵石窑以上						7 114	5 951	2 274	
	赵石窑—丁家沟					296	2 769	2 335	2 660	
	丁家沟以上					296	9 884	8 287	4 934	
	绥德以上						3 226	677		
	丁家沟、绥德—白家川				253	2 101				
	白家川以上				253	2 397	13 109	8 963	4 934	
清涧河	延川			495	1 764	1 264	4			
延河	甘谷驿			846	1 100	3 621	440			

续表

河名	站名	8月6~10日最大5日雨量包围面积/km²								
		≥300	250~300mm	200~250mm	150~200mm	100~150mm	50~100mm	30~50mm	10~30mm	10mm以下
泾河	洪德以上					740	3 546	335		
	洪德—庆阳	525	735	1 178	1 375	1 747	341			
	庆阳以上	525	735	1 178	1 375	2 487	3 888	335	0	
	贾桥以上	42	501	827	1 087	569				
	庆阳、贾桥—雨落坪				27	5 118	203			
	雨落坪以上	567	1 236	2 005	2 489	8 174	4 091	335	0	
	泾川以上			848	1 144	1 130				
	杨闾以上			15	446	846				
	毛家河以上			421	1 535	5 027	128			
	袁家庵以上				290	1 363				
	泾川、杨闾、毛家河、袁家庵—杨家坪			47	506	273				
	杨家坪以上			1 332	3 921	8 639	128	0	0	
	雨落坪、杨家坪—张家山			858	1 441	1 689	5 430	695		
	张家山以上	567	1 236	4 195	7 852	18 502	9 648	1 030	0	0
渭河	武山以上			1	178	1 185	1 834	3 154	1 531	
	甘谷以上			431	909	652	475	26		
	秦安以上			19	907	6 380	1 867	613		
	武山、甘谷、秦安—南河川				14	1 010	1 559	644	177	
	南河川以上			450	1 817	7 224	4 537	4 031	3 798	1 708
	社棠以上					633	627	546	74	
渭河	北道（籍河）以上						15	772	215	
	南、社、北—林				137	279	813	2 284	923	
	林家村以上			450	1 817	7 994	5 443	5 405	6 927	2 846
	千阳以上				125	1 479	1 177	136		
	林、千—魏家堡						246	498	910	1 763
	魏家堡—咸阳						992	2 641	1 765	4 427
	咸阳以上			450	1 942	9 474	7 858	8 680	9 603	9 036

续表

河名	站名	8 月 6 ~ 10 日最大 5 日雨量包围面积/km²								
		≥300	250 ~ 300mm	200 ~ 250mm	150 ~ 200mm	100 ~ 150mm	50 ~ 100mm	30 ~ 50mm	10 ~ 30mm	10mm 以下
北洛河	刘家河以上			180	601	4 522	1 955			
	张村驿以上			46	278	3 819	605			
	刘、张—洑头					2 406	6 844	3 872		
	洑头以上			226	879	10 746	9 405	3 872	0	0
汾河	兰村以上				94	3 806	3 811	90		
	兰—义棠				2 225	9 144	4 687			
	义棠以上				2 319	12 950	8 497	90		
	义—河津					228	6 224	8 094	372	
	河津以上				2 319	13 179	14 721	8 184	372	
黄河	陕县									

9.4.2　现状下垫面可能产沙量

9.4.2.1　现状下垫面时段选择

选取 1961 ~ 1975 年作为早期下垫面（近似代替"1933.8"下垫面），分别将 2001 年以后和 2007 年以后作为现状下垫面。

由于"1933.8"大暴雨涉及面积广，该区域水文、雨量站远不能对涉及面积全控制；由于暴雨分布的不均匀性，面积大的水文站雨量洪量关系较差。因此，选取了"1933.8"大暴雨主要涉及的无定河、北洛河、渭河、泾河等较小支流的 15 个水文站、416 个雨量站进行计算分析。计算选取 15 条支流现状下垫面的产洪产沙量，并与天然时期产洪产沙量对比，得出选取支流减水减沙量百分比，进而估算"1933.8"大暴雨在现状下垫面条件下的可能产洪产沙量。

9.4.2.2　模型建立

（1）早期下垫面的暴雨洪水泥沙模型建立

由于 1960 年前雨量站太少，以 1961 ~ 1975 年代表天然时期系列，分别建立场次洪水洪量/沙量与最大 1 日雨量、最大 5 日雨量的一次线性、单因子指数、组合指数等不同因子组合关系，按相应相关系数最高的原则，选取洪量与雨量关系公式，建立场次洪水洪量与沙量关系，如表 9-43 所示。

表 9-43　1975 年前场次洪沙关系统计

序号	站名	公式	相关系数	序号	站名	公式	相关系数
1	武山	$W_S = 0.4 W_W - 102.765$	0.93	9	杨闾	$W_S = 0.4 W_W + 21.009$	0.99
2	甘谷	$W_S = 0.5 W_W + 24.364$	0.99	10	毛家河	$W_S = 0.4 W_W + 23.483$	0.99
3	秦安	$W_S = 0.4 W_W - 31.579$	0.97	11	刘家河	$W_S = 0.7 W_W + 88.295$	0.97
4	社棠	$W_S = 0.2 W_W + 11.295$	0.82	12	张村驿	$W_S = 0.05 W_W - 0.929$	0.41
5	千阳	$W_S = 0.02 W_W + 104.718$	0.41	13	延川	$W_S = 0.7 W_W - 16.178$	0.97
6	庆阳	$W_S = 0.794 W_W - 173.2$	0.99	14	甘谷驿	$W_S = 0.7 W_W - 178.014$	0.95
7	贾桥	$W_S = 0.6 W_W - 36$	0.99	15	绥德	$W_S = 0.8 W_W - 74.888$	0.99
8	泾川	$W_S = 0.3 W_W - 40.992$	0.95				

（2）以 2001 年以后为现状下垫面的暴雨洪水泥沙模型

统计得出涉及水文站场次洪水对应洪量、洪峰流量、沙量，以及相应洪水对应场次最大 1 日和最大 5 日雨量。分别建立场次洪水洪量/沙量与最大 1 日雨量、最大 5 日雨量的一次线性、单因子指数、组合指数等不同因子组合关系，按相应相关系数最高的原则，选取洪量与雨量关系公式，建立沙量与洪量关系，如表 9-44 所示。

表 9-44　2001 年后场次洪沙关系统计

序号	站名	公式	相关系数	序号	站名	公式	相关系数
1	武山	$W_S = 0.1 W_W + 61$	0.61	9	毛家河	$W_S = 0.4 W_W - 13$	0.95
2	甘谷	$W_S = 0.5 W_W + 17$	0.997	10	千阳	$W_S = 0.1 W_W - 100$	0.80
3	秦安	$W_S = 0.2 W_W + 29$	0.85	11	张村驿	$W_S = 0.02 W_W + 11$	0.91
4	社棠	$W_S = 0.1 W_W - 4$	0.70	12	延川	$W_S = 0.7 W_W - 305$	0.71
5	庆阳	$W_S = 0.5 W_W + 348$	0.82	13	甘谷驿	$W_S = 0.6 W_W - 301$	0.99
6	贾桥	$W_S = 0.5 W_W + 37$	0.96	14	刘家河	$W_S = 0.3 W_W + 94$	0.97
7	泾川	$W_S = 0.1 W_W - 14$	0.99	15	绥德	$W_S = 0.5 W_W - 40$	0.88
8	杨闾	$W_S = 0.5 W_W - 30$	0.89				

（3）以 2007 年以后为现状下垫面的暴雨洪水泥沙模型

统计得出涉及水文站场次洪水对应洪量、洪峰流量、沙量，以及相应洪水对应场次最大 1 日和最大 5 日雨量。分别建立场次洪水洪量/沙量与最大 1 日雨量、最大 5 日雨量的一次线性、单因子指数、组合指数等不同因子组合关系，按相关系数最高的原则，选取洪量与雨量关系，建立沙量与洪量关系，如表 9-45 所示。

表 9-45 2007 年后场次洪沙关系统计

序号	站名	公式	相关系数	序号	站名	公式	相关系数
1	武山	$W_S = 0.1 W_W + 62$	0.70	9	毛家河	$W_S = 0.5 W_W - 44$	0.07
2	甘谷	$W_S = 0.5 W_W + 17$	0.996	10	千阳	$W_S = 0.1 W_W - 100$	0.81
3	秦安	$W_S = 0.1 W_W + 25$	0.76	11	张村驿	$W_S = 0.02 W_W + 11$	0.91
4	社棠	$W_S = 0.03 W_W - 5$	0.68	12	延川	$W_S = 0.3 W_W - 45$	0.71
5	庆阳	$W_S = 0.6 W_W + 78$	0.94	13	甘谷驿	$W_S = 0.3 W_W - 68$	0.97
6	贾桥	$W_S = 0.5 W_W + 22$	0.99	14	刘家河	$W_S = 0.3 W_W - 103$	0.83
7	泾川	$W_S = 0.1 W_W - 34$	0.996	15	绥德	$W_S = 0.5 W_W - 40$	0.87
8	杨闾	$W_S = 0.02 W_W + 11$	0.97				

9.4.2.3 不同下垫面条件下产洪产沙量

（1）2001 年为现状下垫面的产洪产沙量

将"1933.8"最大 1 日雨量、最大 5 日雨量代入近期洪量雨量关系，最终得出"1933.8"降雨在近期下垫面产洪，如表 9-46 所示。将产洪量代入洪量沙量关系，得出"1933.8"大暴雨在 2001 年下垫面产沙量，如表 9-47 所示。

表 9-46 "1933.8"大暴雨在 2001 年以后下垫面条件下的产洪量计算结果统计

站名	计算模型（2001 年以后）	相关系数	最大 1 日雨量/mm	最大 5 日雨量/mm	次洪量 W/万 m³
武山	$W_W = 48.1 P_1^{0.233} P_5^{0.728}$	0.81	27.5	31.9	1 297
甘谷	$W_W = -124.3 P_1 + 121.0 P_5 + 104.2$	0.66	109.6	150.1	4 649
秦安	$W_W = -33.7 P_1 + 61.9 P_5 - 50.4$	0.80	86.5	115.0	4 155
社棠	$W_W = -8.0 P_1 + 34.6 P_5 - 460.6$	0.85	47.3	79.5	1 917
庆阳	$W_W = 873.8 P_1^{0.425} P_5^{-0.075}$	0.73	109.0	142.0	4 425
贾桥	$W_W = -38.4 P_1 + 51.7 P_5 - 141.7$	0.98	131.3	197.9	5 044
泾川	$W_W = 3.3 P_1 + 16.0 P_5 - 301.0$	0.87	104.5	170.5	2 776
杨闾	$W_W = 1.6 P_1 + 0.2 P_5 + 59.2$	0.70	100.8	143.2	251
毛家河	$W_W = 376.2 \left(P_1^{-0.791} P_5^{0.864} \right) - 46.8$	0.75	114.9	140.8	587
千阳	$W_W = 49.3 P_1 + 1.7 P_5 - 852.6$	0.97	62.7	103.0	2 412
张村驿	$W_W = 58.3 P_1 - 21.7 P_5 + 115.8$	0.79	80.9	122.5	2 173

续表

站名	计算模型（2001 年以后）	相关系数	最大 1 日雨量/mm	最大 5 日雨量/mm	次洪量 W /万 m^3
延川	$W_W = 2.4P_1 + 19.7P_5 - 264.0$	0.66	114.7	164.0	3 232
甘谷驿	$W_W = -15.2P_1 + 43.0P_5 - 506.5$	0.89	128.6	144.6	3 758
刘家河	$W_W = -41.0P_1 + 76.8P_5 - 439.4$	0.88	29.4	51.6	2 319
绥德	$W_W = 260.0P_1^{1.912} P_5^{-1.421}$	0.80	106.5	123.1	2 834
合计					41 829

表 9-47　"1933.8" 大暴雨在 2001 年以后下垫面条件下的产沙量计算结果统计

站名	公式	相关系数	1933 年 8 月暴雨产沙量/万 t
武山	$W_S = 0.1W_W + 61$	0.61	254
甘谷	$W_S = 0.5W_W + 17$	0.997	2 214
秦安	$W_S = 0.2W_W + 29$	0.85	667
社棠	$W_S = 0.1W_W - 4$	0.82	92
庆阳	$W_S = 0.5W_W + 348$	0.96	2 592
贾桥	$W_S = 0.5W_W + 37$	0.99	2 345
泾川	$W_S = 0.1W_W - 14$	0.89	343
杨闾	$W_S = 0.5W_W - 30$	0.95	93
毛家河	$W_S = 0.4W_W - 13$	0.99	215
千阳	$W_S = 0.1W_W - 100$	0.91	40
张村驿	$W_S = 0.02W_W + 11$	0.71	55
延川	$W_S = 0.7W_W - 305$	0.99	1 835
甘谷驿	$W_S = 0.6W_W - 301$	0.97	1 843
刘家河	$W_S = 0.3W_W + 94$	0.88	817
绥德	$W_S = 0.5W_W - 40$	0.94	1 294
合计			14 699

（2）2007 年为现状下垫面的产洪产沙量

将 "1933.8" 最大 1 日雨量、最大 5 日雨量代入近期洪量雨量关系，得出近期下垫面产洪量，将产洪量代入洪量沙量关系，得出产沙量，如表 9-48 和表 9-49 所示。

表9-48 "1933.8"大暴雨在2007年以后下垫面条件下的产洪量计算结果统计

站名	计算模型（2007年以后）	相关系数	最大1日雨量/mm	最大5日雨量/mm	次洪量W/万 m^3
武山	$W_W = 55.1 P_1^{0.529} P_5^{0.389}$	0.86	27.5	31.9	1 224
甘谷	$W_W = -111.8 P_1 + 102.2 P_5 + 223.9$	0.40	109.6	150.1	3 315
秦安	$W_W = 18.4 P_1 + 26.5 P_5 - 230.8$	0.91	86.5	115.0	4 407
社棠	$W_W = -0.04 P_1 + 43.0 P_5 - 960.4$	0.86	47.3	79.5	2 459
庆阳	$W_W = 693.3 P_1^{0.132} P_5^{0.225}$	0.75	109.0	142.0	3 928
贾桥	$W_W = -36.5 P_1 + 51.3 P_5 - 205.3$	0.98	131.3	197.9	5 136
泾川	$W_W = 6.1 P_1^{0.297} P_5^{0.860}$	0.91	104.5	170.5	2 010
杨闾	$W_W = 0.9 P_1 + 0.8 P_5 + 50.7$	0.77	100.8	143.2	257
毛家河	$W_W = 351.4 (P_1^{-0.898} P_5^{0.965}) + 10.7$	0.82	114.9	140.8	598
千阳	$W_W = 49.3 P_1 + 1.7 P_5 - 852.6$	0.97	62.7	103.0	2 412
张村驿	$W_W = 58.3 P_1 - 21.7 P_5 + 115.8$	0.79	80.9	122.5	2 173
延川	$W_W = -3.0 P_1 + 21.0 P_5 - 212.9$	0.67	114.7	164.0	2 897
甘谷驿	$W_W = 5.6 (P_1^{-0.299} P_5^{1.655}) - 180.5$	0.91	128.6	144.6	4 767
刘家河	$W_W = -53.3 P_1 + 84.6 P_5 - 386.6$	0.88	29.4	51.6	2 414
绥德	$W_W = 260.0 P_1^{1.912} P_5^{-1.421}$	0.80	106.5	123.1	2 093
合计					40 090

表9-49 "1933.8"大暴雨在2007年以后下垫面条件下的产沙量计算结果统计

站名	公式	相关系数	1933年8月暴雨产沙量/万t
武山	$W_S = 0.1 W_W + 62$	0.70	203
甘谷	$W_S = 0.5 W_W + 17$	0.996	1 593
秦安	$W_S = 0.1 W_W + 25$	0.76	574
社棠	$W_S = 0.03 W_W - 5$	0.94	75
庆阳	$W_S = 0.6 W_W + 78$	0.99	2 557
贾桥	$W_S = 0.5 W_W + 22$	0.996	2 367
泾川	$W_S = 0.1 W_W - 34$	0.97	249
杨闾	$W_S = 0.4 W_W - 15$	0.79	86
毛家河	$W_S = 0.5 W_W - 44$	0.71	235
千阳	$W_S = 0.1 W_W - 100$	0.91	40
张村驿	$W_S = 0.02 W_W + 11$	0.71	55

站名	公式	相关系数	1933 年 8 月暴雨产沙量/万 t
延川	$W_S = 0.3W_W - 45$	0.97	713
甘谷驿	$W_S = 0.3W_W - 68$	0.83	1 234
刘家河	$W_S = 0.3W_W + 103$	0.87	847
绥德	$W_S = 0.5W_W - 40$	0.94	945
合计			11 773

9.4.2.4 现状下垫面条件下重现"1933.8"大暴雨的产洪产沙量

陕县站 1933 年 8 月洪水产洪量 60.35 亿 m³，产沙量 23.74 亿 t。将现状下垫面与早期下垫面比较，得出陕县站以 2001 年以后下垫面再次出现"1933.8"大暴雨的可能产洪量 24.02 亿 m³，产沙量 6.42 亿 t；2007 年以后现状下垫面则可能的产洪量 23.02 亿 m³，产沙量 5.14 亿 t。计算结果如表 9-50 所示。

表 9-50 陕县站在现状下垫面条件下重现"1933.8"大暴雨产洪产沙量计算结果统计

项目	1933.8	2001 年以后	2007 年以后
产洪量/亿 m³	60.35	24.02	23.02
产沙量/亿 t	23.74	6.42	5.14

泾河 1933 年 8 月洪水产洪量 13.19 亿 m³，产沙量 7.82 亿 t。将现状下垫面与早期下垫面比较，得出泾河以 2001 年以后下垫面再次出现"1933.8"大暴雨的可能产洪量 4.44 亿 m³，产沙量 2.15 亿 t；2007 年以后现状下垫面则可能的产洪量 4.05 亿 m³，产沙量 2.09 亿 t。计算结果如表 9-51 所示。

表 9-51 泾河在现状下垫面条件下重现"1933.8"大暴雨产洪产沙量计算结果统计

项目	1933.8	2001 年以后	2007 年以后
产洪量/亿 m³	13.19	4.44	4.05
产沙量/亿 t	7.82	2.15	2.09

研究区域涉及"1933.8"大暴雨的 16 条支流，如表 9-52 所示。16 条支流最大 1 日雨量 50mm 以上面积占"1933.8"大暴雨面积的 48.9%，最大 5 日雨量面积占 50.0%；最大 1 日雨量 100mm 以上面积占"1933.8"大暴雨面积的 65.2%，最大 5 日雨量面积占 67.6%；最大 1 日雨量 200mm 以上面积占"1933.8"大暴雨面积的 100%，最大 5 日雨量面积占 88.8%。由此可知，16 条支流在"1933.8"大暴雨中所占面积比例大，具有足够的代表性。

表 9-52 16 条支流与 "1933.8" 各级雨区控制面积比分析

雨量/mm	最大 1 日			最大 5 日		
	1933.8/km²	16 条支流/km²	16 条支流占比/%	1933.8/km²	16 条支流/km²	16 条支流占比/%
≥50	128 673	62 977	48.9	187 018	93 558	50.0
≥100	65 548	42 762	65.2	98 286	66 488	67.6
≥200	486	486	100	8 009	7 109	88.8

9.5 黄河泥沙近期波动成因解析

9.5.1 近期 "大沙年" 潼关沙量来源解析

据实测资料，2013 年潼关站输沙量达到 3.05 亿 t，较 2001~2018 年均值 2.44 亿 t 增加 25%。图 9-33 为基于泥沙收支平衡法计算的不同典型年黄河潼关站泥沙来源解析，图中给出了头道拐—潼关区间流域输沙、河道冲淤和区间来沙量等，2013 年黄河上游来沙和河潼区间主要一级支流流域输沙分别较 2001~2018 年均值增加 37% 和 29%。其中，河龙区间流域输沙量增加 5%，河道冲刷量增加 101%；龙潼区间流域输沙量增加 47%，河道泥沙淤积增加 108%。由此初步判断，河龙区间河道泥沙冲刷、龙潼区间流域输沙量增加是 2013 年潼关站泥沙增加的主因。进一步地，对龙潼区间主要一级支流 2013 年流域输沙量分析可知，受 2013 年 7 月黄河中游长历时暴雨影响，渭河（华县）2013 年输沙量为 1.44 亿 t，较 2001~2018 年均值增加 43%，尤其是其主要支流泾河年输沙量达 1.3 亿 t。结合刘晓燕（2016）近年典型场次大暴雨流域降雨-产沙关系研究结果，2013 年 7 月泾河流域产沙较 20 世纪 70 年代减少 70% 以上，综合黄土高原地区流域 80% 以上泥沙来自沟道的已有认识，2013 年龙潼区间流域输沙量增加主要是渭河下游及泾河河道泥沙冲刷所致，这与李建华和雷文青（2014）、刘铁龙等（2015）调查结果较为一致。综上所述，2013 年黄河潼关站沙量主要源自河龙区间河道泥沙冲刷量及渭河流域河道淤积泥沙冲刷量。

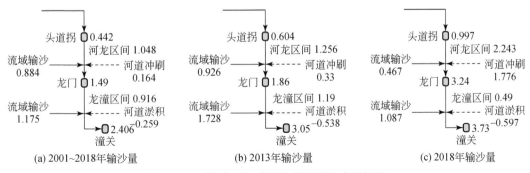

图 9-33 不同典型年黄河潼关站泥沙来源解析

相似地，对 2018 年潼关站泥沙来源组成分析可知，潼关站输沙量为 3.73 亿 t，其中，黄河上游区域贡献了 0.997 亿 t，河潼区间流域输沙贡献了 1.554 亿 t，干流河道泥沙冲刷了 1.179 亿 t。较 2001~2018 年均值，上游来沙量增加 126%，流域输沙量减少 25%，而河道泥沙方面，河龙区间泥沙冲刷量增加 983%，龙潼区间河道泥沙淤积增加 131%。根据《黄河泥沙公报（2018）》，2018 年 8~9 月万家寨和龙口水库汛期排沙量均为运用以来最大。由此判定，河龙区间万家寨和龙口水利枢纽工程利用干流大流量联合排沙致使库区泥沙大量冲刷下泄是 2018 年潼关站沙量的主要来源。2018 年黄河中游河道泥沙输移比为 1.46，也证明河道总体处于冲刷状态。进一步对相似来水情景下的"大水"年潼关站泥沙来源进行对比分析，如表 9-53 所示，1981 年和 2018 年上游来水相差仅为 0.7%，均达到 320 亿 m³ 以上，但 2018 年潼关站沙量大幅减沙 68%，其中，流域输沙量锐减 82%。流域输沙量的大幅减少成为黄河潼关站泥沙量大幅减少的主要原因，也说明近年来大规模生态建设成果在减少入黄泥沙方面发挥了重要作用。

表 9-53　相似来水情景下潼关站泥沙来源对比

年份	头道拐以上		河潼区间		潼关输沙量/亿 t
	来水量/亿 m³	来沙量/亿 t	流域输沙量/亿 t	河道冲淤量/亿 t	
1981	322.5	1.446	8.866	1.478	11.79
2018	324.9	0.997	1.554	1.179	3.73
变化量/%	0.7	-31	-82	-20	-68

注：河道冲刷以负值表示；河道淤积以正值表示。

9.5.2　极端降雨潼关沙量解析

黄河中游泥沙多因暴雨洪水产生，极端降雨多发使得未来水沙情势存在不确定性。已有研究表明，黄土高原河流的泥沙通常是由汛期几场短历时高强度暴雨形成的，往往一次洪水输沙量占全年的 70%~80%，由此可见，暴雨等极端气候对黄土高原地区水土流失及入黄泥沙具有重要影响（周佩华和王占礼，1992）。大规模水土保持措施实施作为改善区域下垫面侵蚀环境的有效手段，在极端暴雨情景下能发挥多大作用成为科学研判黄河未来输沙情势的重要前提。2017 年 7 月 26 日，黄河中游河龙区间最大支流无定河流域发生特大暴雨，面降雨量达 63.6mm，100mm 以上降雨量覆盖面积 6126km²，暴雨中心绥德县暴雨重现期达 200 年一遇（时芳欣等，2018）。暴雨量级大、范围广、强度高导致无定河白家川水文控制站出现建站以来最大洪水，洪峰流量达 4480m³/s，次洪输沙量 0.78 亿 t，占 2017 年总输沙量的 91%。图 9-34 为 1956~2018 年无定河输沙量–潼关站输沙量动态响应关系，由图推算，2017 年潼关站输沙量约为 8.2 亿 t，而实际仅为 1.3 亿 t，黄河中游极端降雨年并未引发黄河大沙年出现。

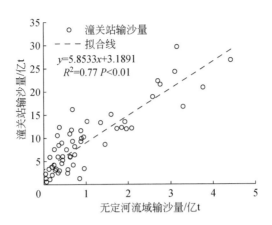

图 9-34　无定河输沙量与潼关输沙量关系

进一步以 2017 年无定河特大暴雨事件为背景，根据黄河潼关站输沙量年际阶段变化特征，选取 2000 年为临界点，系统统计了无定河、皇甫川、窟野河、湫水河、清涧河、孤山川等典型流域 2000 年前后暴雨洪水输沙数据，分析了 2000 年后极端暴雨下流域输沙变化，由图 9-35 可见，2000 年以后黄河中游极端降雨条件下流域雨沙关系发生明显变化，次洪输沙量平均减少 50%~85%。以无定河流域为例，1977 年 8 月场次降雨量达到 62.1mm，降雨量与 2017 年 7 月 26 日特大暴雨相似，但 2017 年次洪输沙量减少 53%，流域输沙量大幅减少。

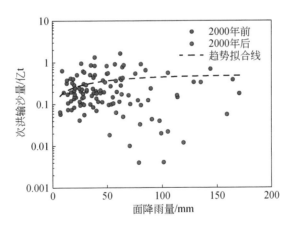

图 9-35　极端降雨下典型流域降雨量与输沙量关系

图 9-36 为无定河 "7.26" 特大暴雨下的水土流失治理流域与非治理流域洪水输沙情况对比，同样表明，在相似极端降雨条件下，水土流失治理流域较非治理流域洪水模数、输沙模数、最大含沙量平均减少 57%、75% 和 55%，水土保持措施的实施在极端降雨事件中的调水减沙效益不容忽视，在减少入黄泥沙方面发挥了关键作用。

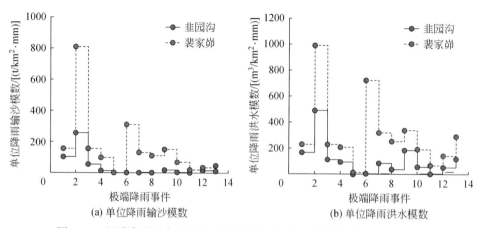

图 9-36　极端降雨下水土流失治理流域和非治理流域洪水输沙情况对比

　　黄河未来水沙情势是决定治黄方略的首要问题。在黄河近 20 年泥沙锐减已是不争事实背景之下，如何科学辨识黄河泥沙来源变化以阐明输沙年际波动成因是准确研判黄河未来水沙情势的重要前提。本书通过对 2013 年和 2018 年两个近期典型"大沙年"以及 2017 年典型"极端降雨年"黄河潼关站沙量来源分析，综合认为近年来随着黄土高原水土流失持续治理，主色调由黄变绿，下垫面发生不可逆的变化，黄河流域生态环境持续改善，"极端降雨年"和"大沙年"等不同典型年份流域输沙量均大幅减少且对黄河潼关站输沙量贡献大幅下降，水土保持措施实施在减少入黄泥沙方面发挥了关键作用；而极端降雨增加或人类活动影响下的河道淤积泥沙冲刷下泄则成为近年来黄河"大沙年"新的重要泥沙来源。

第10章 黄河流域水沙调控阈值体系

10.1 黄河流域水沙调控阈值体系构建

黄河具有善淤、善决、善徙的特征，下游河道长期的累积性淤积，使河道成为"地上悬河"。自公元前 602 年以来，黄河下游河道决口多达 1590 余次，较大的改道有 26 次，经历了 5 次大的迁徙，黄河的安危始终是中华民族的心腹之患（胡春宏等，2005）。黄河水少沙多，水沙关系不协调是黄河复杂难治的症结所在，因此，治理黄河的关键是紧紧抓住水沙关系调控这个"牛鼻子"，统筹黄土高原水土流失治理与黄河河道的水沙平衡，采取综合措施处理泥沙，科学调控黄土高原产沙量及进入黄河干流河道的泥沙量（汪岗，2002；胡春宏等，2012）。

入黄泥沙调控要综合考虑河道水沙协调，也要统筹黄土高原适宜的流域治理度，流域泥沙并不是减到越少越好：一方面，黄土高原水土流失治理到一定程度后，减沙效果就会减弱；另一方面，黄河干流河道如果没有一定数量的泥沙补给将会出现一系列的新问题。因此，未来黄土高原水土流失治理应将入黄泥沙量减至什么范围，才能与黄河干流河道健康需求的泥沙量相匹配，在新水沙情势形势下，研究解决这一难题不仅具有重要的理论意义，同时也是治理黄河迫切需要回答的问题。对于黄河这样的多沙河流而言，河道治理的终极目标就是通过水沙调控和河道整治，实现河道的平衡输沙，因此，维持黄河干流河道健康最适宜的沙量就是河道平衡输沙量。河道平衡输沙在河床演变中的具体表现形式为河道处于冲淤平衡的状态，黄河干流河道冲淤平衡对于黄河治理意义非凡。图 10-1 为维持黄河健康水沙调控指标体系框架，由图可见，维持黄河健康水沙调控指标体系分为三个层次，即目标层、准则层和指标层。

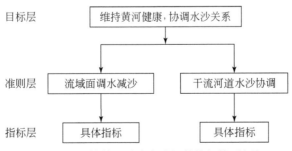

图 10-1　维持黄河健康水沙调控指标体系框架

根据上述框架，具体构建的维持黄河健康水沙调控指标体系如图 10-2 所示，由图可见，一级指标为入黄水沙量/过程，其重要性体现在两方面：一方面，入黄水沙量/过程是流域面治理效果的出口，能充分反映黄河流域面健康状况；另一方面，入黄水沙量/过程是黄河中下游河道的进口，直接影响着整个黄河中下游河道演变过程及健康状况，所以，入黄水沙量/过程是维持黄河健康水沙调控指标体系中最重要的水沙调控指标。

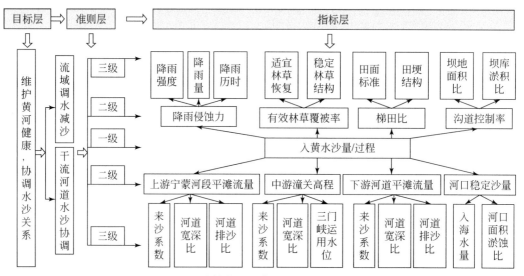

图 10-2　维持黄河健康水沙调控指标体系

影响黄河流域面调水减沙效果的主要影响因素是降雨条件、林草措施、梯田、淤地坝（胡春宏和张晓明，2018；张金良等，2020），据此，针对黄河流域面调水减沙提出四个二级指标，一是降雨侵蚀力，二是有效林草覆盖率，三是梯田比，四是坝控面积比，这四个指标是黄河流域面水土流失治理最重要的控制指标。黄河干流河道沿程按区域划分为上游宁蒙河段、中游河道、下游河道及黄河口，据此，针对干流河道水沙协调提出四个二级指标，一是上游宁蒙河段平滩流量，二是中游潼关高程，三是下游河道平滩流量，四是河口稳定沙量，这四个指标是黄河干流河道沿程上中下游及河口最重要的控制指标。二级指标是维持黄河健康必须要考虑进行有效调控的指标。

针对黄河流域面降雨条件提出两个三级指标，即降雨强度和降雨历时；针对黄河流域面林草措施提出两个三级指标，即适宜林草恢复率、稳定林草结构；针对黄河流域面梯田措施提出两个三级指标，即田面宽度、田埂结构；针对黄河流域面淤地坝措施提出两个三级指标，即坝地面积比、坝库淤积比。针对上游宁蒙河段提出三个三级指标，即来沙系数、河道宽深比及河道排沙比；针对中游河道提出三个三级指标，即来沙系数、河道宽深比及三门峡水库运用水位；针对下游河道提出三个三级指标，即来沙系数、河道宽深比及河道排沙比；针对黄河口提出两个三级指标，即入海水量、河口面积淤蚀比。三级指标的重要性要低于一二级指标，但也是维持黄河健康尽量要考虑进行有效调控的指标。

10.2 黄土高原侵蚀性降雨及水土保持
措施水沙调控阈值

10.2.1 降雨侵蚀力阈值

黄土高原地貌复杂多样，包括黄土丘陵沟壑区、黄土高塬沟壑区、黄土阶地区、黄土丘陵林区和风沙区等 9 个类型区。由于黄土高原大多数的降雨并不产沙，识别可蚀性或侵蚀性降雨，也是水土流失研究者关注的问题，并提出了不同降雨历时的雨量标准。王万忠 (1983) 统计发现，在黄土地区，可引起侵蚀的日降雨量标准在坡耕地、人工草地和林地分别为 8.1mm、10.9mm 和 14.6mm，进而提出将 10mm 作为临界雨量标准；当日降雨量达到 25mm 时，土壤侵蚀达到"强度"标准。在地表坡度为 20°、表层土壤被翻松、无植被覆盖的黄土坡面上，通过人工降雨试验，周佩华和王占礼 (1992) 提出了不同降雨历时的侵蚀性暴雨标准，其中历时 60min 的雨量阈值为 10.5mm。不过，以上成果或是基于黄土丘陵区在 20 世纪 50~70 年代的观测数据提出的，或是无植被覆盖的坡耕地上的观测成果。经过 20 年退耕禁牧、40 年农牧人口结构调整和 60 余年水保努力，黄土高原的植被覆盖状况已在 2000 年以来得到快速和大幅的改善，梯田的面积和质量也大幅度增加 (高海东等，2017；刘哲等，2017)。结合项目及课题野外调查发现，随着下垫面的改善，可致流域明显产沙的降雨阈值已大幅提高。然而，迄今有关黄土高原降雨阈值方面的研究成果多是基于坡面径流小区的观测数据提炼而成，反映的是植被或微地形变化对"本地"侵蚀强度的影响。从更好地服务于黄河规划和防汛生产的角度，流域尺度上可致产沙的降雨阈值如何变化？林草植被改善是否对降雨阈值造成影响？如何影响等问题，成为科学研判未来黄河水沙情势的重要前提。为此，结合"黄河流域水沙变化机理与趋势预测"项目下属课题已有相关研究成果，以黄土丘陵沟壑区为研究对象，利用其典型流域在不同时期的场次降雨和产沙量数据，总结不同下垫面情况下可致产沙的降雨阈值，为认识黄土高原现状下垫面的产沙情势提供科学支撑。

选取潼关以上黄土丘陵沟壑区内清水河等 30 条无冲积性河道且坝库极少或坝库拦沙量可知的典型流域为研究样本，如图 10-3 所示，基于研究流域内雨量站场次降雨的逐时段观测数据、林草植被遥感监测数据、2012 年和 2017 年梯田遥感监测数据、产沙数据 (流域产沙量为把口断面实测的输沙量、淤地坝和水库的拦沙量、灌溉引沙量的总和) 等数据，开展降雨阈值变化判别研究。

要识别可致流域产沙的降雨指标，需界定"流域产沙"的内涵。张汉雄和王万忠 (1982) 将可产生坡面径流的降雨，作为侵蚀性降雨；唐克丽 (2004) 认为，可蚀性降雨是指能够产生径流且引起的土壤侵蚀模数大于 $1t/km^2$ 的降雨；王万忠 (1983) 认为，黄土高原的侵蚀性降雨是 80% 发生频率所对应的降雨，相应的土壤流失量超过 $500t/km$。近十多年来，随着研究区下垫面大幅改善，绝大部分支流每年只发生 1~3 次洪水，

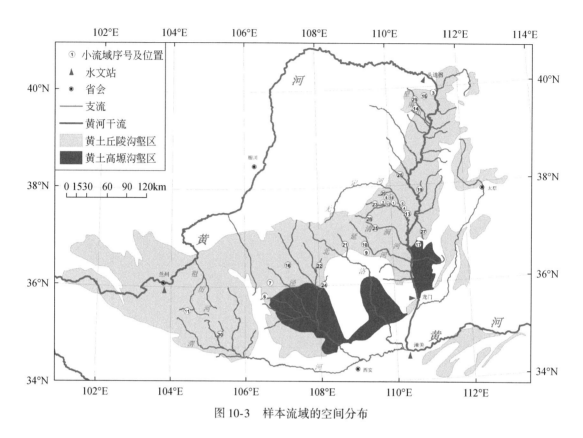

图 10-3　样本流域的空间分布

而按《土壤侵蚀分类分级标准》（SL 190—2007），黄土高原区的容许土壤流失量为 1000t/（km² · a）。考虑黄土高原的容许土壤流失量、研究区现状产沙情势和前人对黄土高原降雨特点的认识，从更好地服务于黄河防汛和规划部门应对决策的角度，本研究将"场次降雨的流域产沙强度≥500t/km²"作为"流域产沙"的判定标准，相应的降雨条件即为"可致流域产沙的降雨阈值"。其中，场次降雨的总降雨量和最大 1h 降雨量显然是重要的降雨指标，以下简称次雨量（P，mm）和最大雨强（I_{60}，mm/h）。考虑到场次降雨的产沙量是降雨历时和雨强的函数，将土壤侵蚀研究常用的"降雨侵蚀力"也作为降雨指标。1958 年，美国学者 Wischmeier 和 Smith 首次提出了降雨侵蚀力（R）的概念，并将其应用于土壤侵蚀量的计算，其计算公式为

$$R = \sum E \times I_{30} \tag{10-1}$$

式中，E 为一次降雨的总动能；I_{30} 为一次降雨过程中连续 30min 最大降雨量。随后，结合各地实际，式（10-1）中 E 常被简化成一次降雨的总雨量 P，雨强也有 I_{10}、I_{15}、I_{30}、I_{60} 等多个变种。考虑到如前文所述的黄土高原降雨数据格式实际情况，本研究采用的降雨侵蚀力计算公式为

$$R = P \times I_{60} \tag{10-2}$$

　　确定了降雨指标和流域产沙的判断标准后，对于任意流域，可利用某时段的实测降雨和产沙数据，分别建立降雨-产沙强度的关系；然后根据关系点群的外包线，识别出可致

流域产沙的降雨阈值。显然，流域的林草梯田覆盖状况不同，降雨阈值必然不同。为揭示流域林草有效覆盖率和梯田规模变化对产沙降雨阈值的影响规律，一方面降雨阈值的识别方法要一致，另一方面涉及的林草梯田覆盖率的范围应更广，故本研究选用的数据时段既有 20 世纪五六十年代也有 90 年代至今。此外，考虑到 60 多年来黄土高原各流域的植被和梯田状况一直处于不断变化过程中，因此识别降雨阈值时，采用的林草梯田覆盖率、产沙和降雨数据在时段上必须对应。

对 30 个样本流域在不同时期的降雨阈值进行了分析，考虑到 30 个样本流域的地形和地表土壤有所差别，分析时以"地形和土壤条件相近"为原则进行了分组。由图 10-4 可知，无论地貌类型如何，随着林草梯田覆盖率的增大，降雨阈值均明显增加。由此可见，植被越好、梯田越多，流域越不易产沙；在同样的下垫面情况下，丘一区～丘三区的降雨阈值差别极小。然而，丘五区、黄土残塬区和砒砂岩区的降雨阈值明显偏低，即相同下垫面情况下，此类地区更容易产沙。此外，降雨阈值与流域林草梯田覆盖率之间呈指数函数关系，林草植被覆盖程度越高或梯田越多，可导致流域明显产沙的降雨阈值越大，黄土丘陵沟壑区不同下垫面情况下可致流域产沙的降雨阈值如表 10-1 所示。需要说明的是，识别降雨阈值采用的是外包线原则，因此降雨量级达到本研究提出的阈值，并不意味着必然产沙，只能说明产沙的可能性较大。

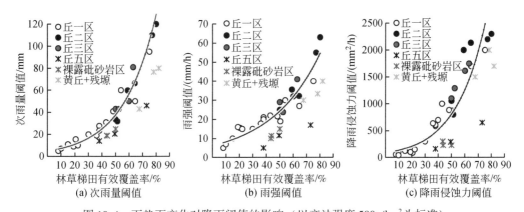

图 10-4　下垫面变化对降雨阈值的影响（以产沙强度 500t/km² 为标准）

表 10-1　黄土丘陵沟壑区不同下垫面情况下可致流域产沙的降雨阈值

林草梯田有效覆盖率/%	40	50	55	60	65	70
次雨量阈值/mm	25	38	46	57	70	86
雨强阈值/（mm/h）	19	24	28	32	36	42
降雨侵蚀力（$P \times I_{60}$）阈值/（mm²/h）	514	806	1010	1265	1583	1984
降雨侵蚀力（$P \times I_{30}$）阈值/（mm²/h）	257	804	505	632	791	992

10.2.2　林草植被覆盖阈值

围绕黄土高原植被与土壤侵蚀的关系，已有大量研究成果。其中，在植被变化对坡沟侵蚀的影响规律和调控机制方面，已经取得的共识可概括为两方面：一是依靠植物叶茎及枯落物削减降雨动能、增大地表糙率和降雨入渗量等，削减地表径流量及其流速；二是通过植物根系固结和地表覆盖提高地表土壤的抗蚀力。在可遏制侵蚀的植被盖度阈值方面，焦菊英等（2000）认为，在十年一遇的暴雨条件和20°～35°的坡度下，林地的有效覆盖度为57%～76%，草地为63%～83%。通过综合分析各家观测和分析成果，景可等（2005）认为，50%～60%的植被覆盖度就能够稳定减少泥沙，植被覆盖度大于70%后侵蚀极其微弱。不过，以上成果多是基于坡面小区的观测数据提炼而成，反映的是植被变化对"本地"侵蚀强度的影响。但是，植被变化对流域产沙的影响范围不仅表现在"本地"，且将通过改变地表径流的流量及其历时，改变其下游坡面–沟谷–河道的侵蚀，进而改变流域的产沙强度。本研究通过对降雨、水沙和林草等数据的科学界定与处理，在流域尺度上提出了可基本遏制流域产沙的林草覆盖阈值。

为客观分析林草植被变化与流域产沙的关系，尽可能减少其他因素的干扰、保证流域产沙量的变化是林草变化驱动的结果。因此，要构建植被与产沙的关系，样本流域应尽可能没有梯田或梯田极少。现有研究表明，当梯田覆盖率小于3%时，梯田对流域产沙的影响不足3%。因此，在构建林草有效覆盖率与产沙指数的响应关系时，我们以"梯田覆盖率≤3%"为原则对样本进行控制，并将梯田覆盖率等量计入林草有效覆盖率；同时以样本流域的地表出露土壤应尽可能为黄土等原则，筛选了48个样本流域，覆盖了研究区的大部分流域，大部分流域的易侵蚀区面积在2000km²以内，如图10-5所示。

降雨指标主要涉及日降雨大于25mm以上的年降水总量、暴雨占比（P_{50}/P_{10}）、产沙指数、产洪系数、林草有效覆盖率，流域产沙量。其中，流域产沙量是把口断面实测输沙量、淤地坝和水库的拦沙量、灌溉引沙量的总和。

"产沙指数"和"产洪系数"概念的引入，使不同流域面积和不同降雨条件的流域有了统一的产沙、产洪能力评判标准，从而可弥补单个流域实测数据不足的缺陷。产沙指数（S_i）是指流域易侵蚀区内单位降雨在单位面积上产生的产沙量（W_s），其中降雨指标采用对流域产沙更敏感的P_{25}，如式（10-3）所示：

$$S_i = \frac{W_s}{A_e} \times \frac{1}{P_{25}}$$　　　　　　（10-3）

式中，A_e为易侵蚀区面积（km²）。若把产沙量的单位由重量（t）改为体积（m³），产沙指数可以成为无量纲指标。不过，从物理意义角度，更倾向于采用"t/（km²·mm）"作为产沙指数的量纲。

产洪系数是指单位降雨在单位面积上产生的洪量，计算公式为

$$FL_i = \frac{W_f}{A} \times \frac{1}{P_{25}}$$　　　　　　（10-4）

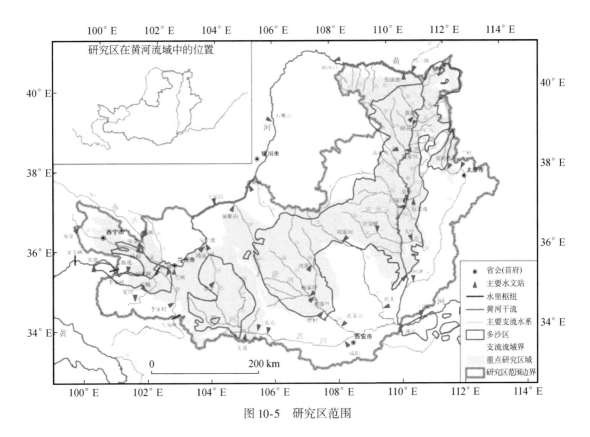

图 10-5　研究区范围

式中，FL_i 为产洪系数（无量纲）；W_f 为年洪量，通过切割枯季径流后得到；A 为水文站集水面积（km^2）。考虑到黄土高原的产洪产沙降雨基本上是日雨量大于 25mm 的降雨，故采用的降雨指标为 P_{25}。

通过区分不同的雨强和地貌类型区，构建出了流域尺度上不同时期下垫面条件下易侵蚀区的林草有效覆盖率与流域产沙指数之间的响应关系。结果表明：

1）在黄土丘陵区的流域尺度上，流域产沙能力均随林草有效覆盖率的增大而减小，二者大体呈指数关系。林草有效覆盖率≤40% ～ 45%时，产沙指数随林草有效覆盖率增大而迅速降低；之后，产沙指数递减的速率越来越缓。

2）对于丘一区～丘四区，流域林草有效覆盖率需大于20%，才能明显发挥改善植被的减沙作用；要实现产沙模数≤1000 t（$km^2 \cdot a$）的目标，流域的林草有效覆盖率需达55%~65%以上，流域产沙均可得到有效遏制。

3）对于丘五区，因产沙机制特殊，即使林草和梯田的有效覆盖率达到60%以上，也难以有效遏制产沙。

4）在相同林草覆盖率情况下，盖沙区、砾质区的产沙指数均明显小于黄土丘陵区；当林草有效覆盖率大于40%~45%时，两类型区的产沙指数均趋于零。

10.2.3　梯田布局阈值

2000 年以来，黄河潼关断面来沙量较 1919 ~ 1959 年减少 89%（田勇等，2014）。是否只得益于黄土高原林草植被的大幅改善？由图 10-6 可见，林草植被的大幅改善主要发生在黄土高原中东部地区的黄河河龙区间、北洛河上游和汾河等地区。而在六盘山以西的黄土丘陵区，如渭河北道以上、洮河下游和祖厉河流域，虽然林草植被的覆盖度明显提高，但由于林草地面积的减少（转为耕地或建设用地），实际上过去 40 年林草植被对流域地表的覆盖程度（即林草有效覆盖率）变化不大；而且除渭河上游的宁夏境内外（面积占 13%），其他地区的坝库控制面积仅占流域面积的 1.5% ~ 5%。在植被改善程度和坝库控制程度均不大的背景下，六盘山以西地区的三条支流在 2010 ~ 2018 年输沙量也减少了 85% ~ 90%，说明该区来沙大幅减少也有其他原因。结合近 4 年野外调研可知，梯田可能是引起流域减沙的重要因素。2010 ~ 2018 年，渭河北道以上、洮河下游和祖厉河上中游的梯田面积，分别占其水土流失面积的 35.2%、36.6% 和 24.6%。若按"水保法"的原理，以上三支流的梯田的减沙作用最多为 35.2%、36.6% 和 24.6%，远小于实际减沙幅度。由此可见，在流域尺度上，有必要重新认识不同规模梯田对流域产沙的影响规律。

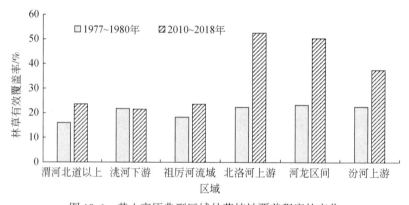

图 10-6　黄土高原典型区域林草植被覆盖程度的变化

为客观分析梯田变化对流域产沙影响，排除其他因素的影响，凸显梯田的作用，对样本流域的选择及其数据处理做以下限制：①对于同一条样本流域和采纳数据时段内，林草有效覆盖率应较天然时期变化很小，本研究按"$\Delta V_e \leqslant 3\%$"进行控制。②对于同一条样本流域和采纳数据时段内，汛期降雨条件应与该流域长系列的多年均值相当。从产沙角度看，汛期降雨条件至少体现在 5 ~ 10 月降水量、P_{25} 和 P_{50}/P_{10} 等方面。为尽可能消除降雨条件波动对产沙的影响、突显梯田的减沙作用，按"与多年均值相差不大于 10%"的原则筛选数据时段的汛期降雨。③在样本流域内，坝库极少或坝库拦沙量可获取，以得到真实的流域产沙量。④尽可能剔除田埂质量和田面宽度对流域产沙的影响。为此，选用样本流域位于渭河上游甘肃省境内、祖厉河上游的会宁以上和饍口以上、洮河下游李家村—红旗区间，梯田质量相差不大。据此筛选出城西川等 19 个样本流域为研究对象，图 10-7 为样本流域的分布。

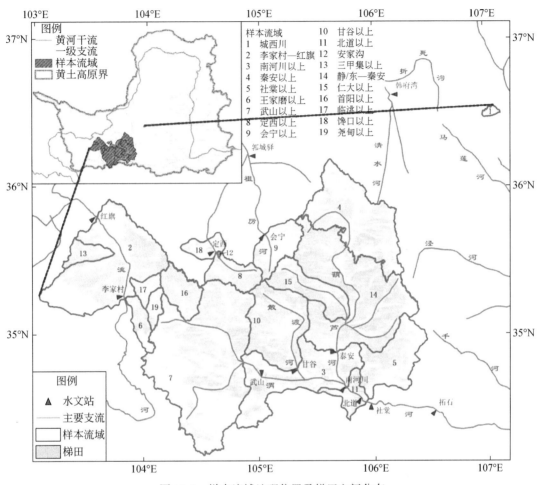

图 10-7 样本流域地理位置及梯田空间分布

　　流域产沙量是流域把口断面的实测输沙量、流域内坝库拦沙量和灌溉引沙量的总和。本研究选用的样本流域淤地坝和水库很少，利用不同时期建成的淤地坝和水库的控制面积等信息，可推算出样本流域在采用数据时段的坝库拦沙量；灌溉引沙量很小，可忽略。

　　梯田减沙作用，是指在相同降雨条件下梯田投运后流域较天然时期减少的产沙量。减沙幅度 ΔW_{s} 的计算公式为

$$\Delta W_{\mathrm{s}} = 100 \times (W_{\mathrm{so}} - W_{\mathrm{s}}) / w_{\mathrm{so}} \tag{10-5}$$

式中，W_{s} 是流域在梯田运用期的流域产沙量；W_{so} 是流域天然时期的产沙量。其中，20 世纪 50 年代中期以前，黄土高原几乎没有水库和淤地坝、水土保持活动极少，可认为是"天然时期"。1919～1957 年的降雨-产沙关系表明，在长系列降雨情况下，天然时期黄土高原入黄沙量为 15.8 亿 t/a，其中兰州、青铜峡和咸阳分别为 1.1 亿 t/a、2.34 亿 t/a、1.53 亿 t/a。以此为基础，利用淤地坝和水库极少的 1954～1969 年实测输沙量数据，可推

算出本研究样本支流的天然沙量，如渭河北道、祖厉河靖远、洮河红旗—李家村区间分别为 1. 28 亿 t/a、0. 6 亿 t/a、0. 22 亿 t/a。

为科学描述各地区的梯田规模，引入"梯田比"概念，它是指某地区水平梯田面积占其轻度以上水蚀面积的比例，计算公式为

$$T_i = 100 \times A_t / A_{er} \tag{10-6}$$

式中，T_i 为梯田比（%）；A_t 为水平梯田面积（km²）；A_{er} 为相应地区天然时期轻度以上水土流失的面积（km²），采用黄河上中游管理局 1998 年黄土高原水土流失遥感成果。

采用样本流域在不同时期的 82 对实测数据，分别点绘了渭河上游、祖厉河上游和洮河下游三个样本流域的梯田覆盖率与流域减沙幅度关系曲线，构建了丘 3 区和丘 5 区的流域梯田比与流域减沙幅度的关系。研究结果表明：①梯田对流域产沙的消减范围，不仅发生在梯田所在的坡面，还发生在其他梯田影响区。不过，当梯田比大于 30% 时，单位面积梯田的减沙作用逐渐变小。②当梯田比小于 25% 时，流域减沙幅度不太稳定，相同梯田比的减沙幅度可相差 1 倍，该现象与该梯田规模下的梯田空间分布有关。③当梯田比大于 40% 时，流域的减沙幅度基本稳定。因此，在流域尺度上，可将"流域梯田比大于 40%"作为可有效遏制黄土高原产沙的临界梯田规模。④由于沟（河）道产沙非常严重且难以消灭沟（河）道产沙驱动力，当流域梯田比大于 40% 时，丘 5 区的减沙幅度明显小于丘 3 区。

10.2.4　淤地坝配置阈值

淤地坝是治理黄土高原水土流失的关键措施之一。其作用表现为：一是，淤地坝可以局部抬高侵蚀基准，减弱重力侵蚀，控制沟蚀发展；二是，淤地坝运用初期还能够利用其库容拦蓄洪水泥沙，同时还可以削减洪峰，减少下游冲刷；三是，淤地坝运用后期形成坝地，使产汇流条件发生变化，起到减缓地表径流，增加地表落淤的作用。进入 21 世纪以来，黄河输沙量大幅减少，淤地坝建设对黄河来沙量锐减的影响，淤地坝对黄河减沙的实际贡献成为人们关心的热点。然而淤地坝的减沙作用是否存在一定的阈值，黄土高原建设多少座淤地坝就可以发挥较大的减沙效益一直是研究的热点问题。由于研究尺度不同，下面分别从单坝、坝系、流域 3 个尺度开展淤地坝阈值研究。

（1）单坝阈值分析方法

通过土壤侵蚀量[137]Cs 公式计算得到黄土高原农耕地土壤侵蚀速率 ΔH，即

$$X = Y_r (1 - \Delta H / H)^{N-1963} \tag{10-7}$$

式中，X 为土壤剖面中[137]Cs 总量；Y_r 为[137]Cs 的背景值；H 为犁耕层厚度；ΔH 为年均土壤流失厚度。

库容曲线：根据实测淤积厚度以及沉积泥沙量绘制淤地坝库容曲线。

（2）坝系阈值分析方法

坝系安全条件：足够的滞洪库容是坝系安全必需的条件之一，坝系的防洪安全是由坝系中的治沟骨干工程来承担的。淤地坝系防洪安全条件为，坝系淤地面积条件满足后，流

域骨干坝的剩余防洪和溢洪道下泄水量之和应大于当地 200～300 年一遇 24 h 校核洪水的洪水总量。即

$$V_{滞} + V_{泄} \geqslant M_{\mathrm{P}}F \tag{10-8}$$

$$q_{\mathrm{p}} = Q_{\mathrm{P}}\left(1 - \frac{V_{滞}}{M_{\mathrm{P}}F}\right) \tag{10-9}$$

$$V_{滞} = q_{\mathrm{p}} \cdot t \tag{10-10}$$

式中，$V_{滞}$ 为坝系中骨干坝的剩余滞洪库容总和（万 m^3）；$V_{泄}$ 为坝系中溢洪道泄洪量（万 m^3）；M_{P} 为坝系防洪安全标准条件下（200～300 年）相应的洪量模数（万 $\mathrm{m}^3/\mathrm{km}^2$）；$F$ 为坝系控制流域面积（km^2）；q_{p} 为溢洪道最大下泄流量（m^3/s）；Q_{P} 为坝系防洪安全标准条件下设计洪峰流量（m^3/s）；t 为洪水历时（s）。

坝系相对稳定系数条件：依据流域水沙相对平衡原理，坝系实现相对稳定后在一定频率暴雨洪水条件下，小流域产流产沙与坝系拦水拦沙间达到相对平衡：

$$S\gamma h_{淤} \geqslant M_{\mathrm{S}}F \tag{10-11}$$

$$Sh_{淹} \geqslant M_{\mathrm{P}}F \tag{10-12}$$

由式（10-11）和式（10-12）得

$$\alpha_{淤} \geqslant \frac{M_{\mathrm{S}}}{\gamma h_{淤}} \tag{10-13}$$

$$\alpha_{淹} \geqslant \frac{M_{\mathrm{P}}}{h_{淹}} \tag{10-14}$$

式中，S 为淤积面积（hm^2）；$h_{淤}$ 为坝系相对稳定条件下年最大淤积厚度（m）；$h_{淹}$ 为坝地保收暴雨洪水条件下，坝地作物的最大淹水深度（m）；γ 为坝地淤积泥沙的干容重（$\mathrm{t/m}^3$）；M_{S} 为小流域土壤侵蚀模数［万 $\mathrm{t/}$（$\mathrm{a} \cdot \mathrm{km}^2$）］；$M_{\mathrm{P}}$ 为坝系保收标准条件下（10～20 年）相应的洪量模数（万 $\mathrm{m}^3/\mathrm{km}^2$）；$F$ 为坝系控制流域面积（km^2）。

淤积系数和淹水系数中较大者即为坝系相对稳定系数临界值 $\alpha_{临}$，即式（10-15）：

$$\alpha_{临} \geqslant (\alpha_{淤}, \alpha_{淹}) \tag{10-15}$$

以上各式表明，坝系相对稳定系数反映了小流域产流产沙与坝系滞洪拦沙之间的平衡关系。在坝地面积一定的情况下，洪水在坝内的淹水深度及年坝地淤积厚度取决于坝控小流域产流产沙总量。坝系相对稳定系数可以作为坝系建设的阈值。达到坝系建设阈值后，坝系可以确保防洪安全、水沙平衡、作物保收，因此可以将坝系阈值作为小流域坝系建设的控制指标。

（3）流域阈值分析方法

淤地坝控制面积分析：分析每个骨干坝控制的流域范围，得到 10 年一期的骨干坝控制面积过程。

分析输沙量的变化趋势及突变点：采用 Mann-Kendall 检验法对比分析黄河中游四个典型流域水文站点的输沙变化趋势。利用 Pettitt 检验法对输沙突变年份进行识别，同时对比输沙突变前后的变化特征。

与输沙数据进行相关性分析：利用 SPSS 对淤地坝对沟道的控制比例与输沙量数据进行相关性分析，分析淤地坝建设对流域输沙变化的影响。

（4）单坝阈值

由图 10-8 可见，正沟 1 号坝库容曲线为 $y = 237\,977\ln x - 4945.3$，经过对数据的整理和分析，淤积高度达到 4.033m 为正沟 1 号坝库容突变的高程，从整个淤地坝运行的阶段来看，4.033m 之前淤地坝淤积拦沙量增幅要高于 4.033m 之后，沟道形态由之前的"窄深式"变为"宽浅式"。

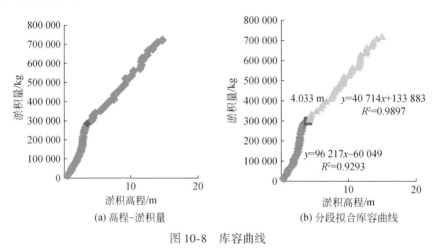

图 10-8　库容曲线

由图 10-9 给出的高程–坝面面积关系可见，整个淤地坝运行阶段，坝面面积与淤积高程存在两个明显的变化点，第一个变化点为 9.116m，此时淤积泥沙主要沉积在主沟道，随着时间的推移，主沟道逐渐淤满，淤积过程由主沟逐渐向支沟延伸，此时坝面面积急速增加，到达 13.279m 后，支沟逐渐淤满，坝面面积增加量逐渐减小。

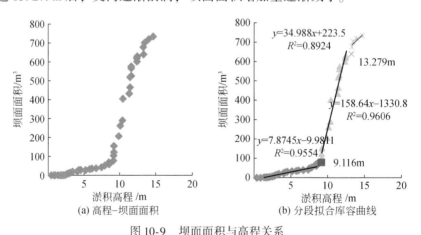

图 10-9　坝面面积与高程关系

综上所述，淤地坝库容出现变化的淤积高程为 4.033m，坝面面积变化的高程为 9.116m 和 13.279m。因此，在未来淤地坝建设中，坝高的设计应高于支沟与主沟的交汇处的高程。

(5) 坝系阈值

按照以往研究成果，在黄土丘陵沟壑区，当坝系稳定系数达到 1/25 ~ 1/20 时，在 10 ~ 25 年一遇的暴雨洪水下，坝系可以满足高秆作物防洪保收，即在次暴雨坝内淹水深度不超过 0.7m，淹水时间不超过 7 天，坝系达到相对稳定。对不同侵蚀强度区域的坝系临界稳定系数进一步分析可以看出，剧烈侵蚀区的临界稳定系数为 1/22；极强度侵蚀区的临界稳定系数范围为 1/39 ~ 1/15，平均值为 1/22.75；强度侵蚀区的临界稳定系数范围为 1/39 ~ 1/18，平均值为 1/22.80，如表 10-2 所示。当坝系稳定系数达到 1/25 ~ 1/20 时，不同侵蚀强度区域的坝系基本都可以达到稳定。

表 10-2　不同地区坝系相对稳定系数临界值

土壤侵蚀强度分区	土壤侵蚀模数/ $[t/(km^2 \cdot a)]$	小流域名称	侵蚀模数 M_s/ $[t/(km^2 \cdot a)]$	α_{30cm}	M_{W10}/ (m^3/km^2)	α_{W10}	$\alpha_{临界}$	平均
剧烈侵蚀区	大于 15 000	西黑岱	18 000	1/22	27 700	1/25	1/22	1/22
极强度侵蚀区	8 000 ~ 15 000	赵石畔	13 000	1/30	22 100	1/32	1/30	1/22.75
		石老庄	13 000	1/30	21 300	1/33	1/30	
		马家沟	12 000	1/33	48 000	1/15	1/15	
		东石羊	11 700	1/33	26 740	1/26	1/26	
		岔口	10 419	1/38	27 700	1/25	1/25	
		正峁沟	10 010	1/39	36 790	1/19	1/19	
		碾庄沟	10 000	1/39	36 000	1/20	1/20	
		阳坡	10 000	1/39	17 700	1/40	1/39	
		范四窑	8 800	1/44	39 100	1/18	1/18	
强度侵蚀区	5 000 ~ 8 000	合同沟	7 000	1/56	28 500	1/25	1/25	1/22.80
		聂家沟	6 880	1/57	32 500	1/22	1/22	
		石潭沟	5 000	1/78	17 900	1/39	1/39	
		唐家河	4 970	1/78	39 200	1/18	1/18	
		道回沟	5 000	1/78	37 600	1/19	1/19	

注：M_s、M_{W10} 分别为坝系所在小流域土壤侵蚀模数和 10 年一遇洪水的洪量模数；α_{30cm}、α_{W10} 分别为年平均淤积厚度 30cm 和 10 年一遇洪水条件下坝地最大积水深度 70cm 时不同类型区坝系相对稳定系数 α；$\alpha_{临界}$ 为不同类型区坝系相对稳定系数临界值。

图 10-10 为王茂沟坝系稳定系数变化情况，由图可见，1980 年坝系达到基本稳定，坝系稳定系数达到 0.05。根据流域现阶段淤地坝数量和分布情况，分析不同淤积厚度对坝系相对稳定系数的影响，将不同淤积厚度下坝地面积之和与坝系控制流域面积的比值作为坝系相对稳定系数。淤地坝不同淤积厚度与坝系相对稳定系数之间的关系，如图 10-11 所示，由图可见，当坝系相对稳定系数达到 0.05 后，坝系稳定系数基本达到稳定。

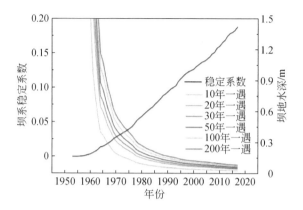

图 10-10 王茂沟流域坝系稳定系数变化过程

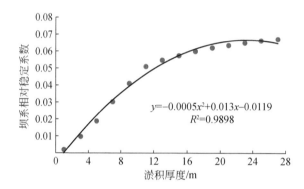

图 10-11 王茂沟淤积厚度与坝系相对稳定系数关系

西黑岱小流域坝系淤地面积增长曲线如图 10-12 所示，淤地坝系相对稳定系数增长曲线如图 10-13 所示。由图 10-12 和图 10-13 可见，随着时间的推移及淤地坝建设数量的增加，西黑岱小流域坝系相对稳定系数接近 0.05 时达到基本稳定。

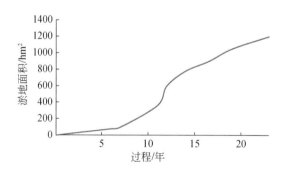

图 10-12 西黑岱小流域坝系淤地面积增长过程

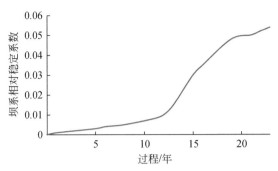

图 10-13　西黑岱小流域坝系相对稳定系数增长过程

综上所述，从多个典型流域临界稳定系数计算和典型小流域淤地坝系稳定过程分析可以得出，当坝系稳定系数达到 0.05 时，坝系达到稳定，不同的小流域可能略有差异。因此可以将坝系稳定系数 0.05 作为小流域淤地坝系阈值。

（6）流域阈值

三个流域骨干坝控制面积逐 10 年时空演变情况如图 10-14 所示。从控制面积时间演变来说，三个流域骨干坝数量均增加，相应的流域控制面积也均增加。流域控制面积由大到小依次为大理河、皇甫川、延河。从控制面积空间分布来说，大理河流域淤地坝控制面积最大，逐步布满整个流域；皇甫川流域控制面积次之，且主要控制流域东侧；延河控制面积较小，且布局较为分散。

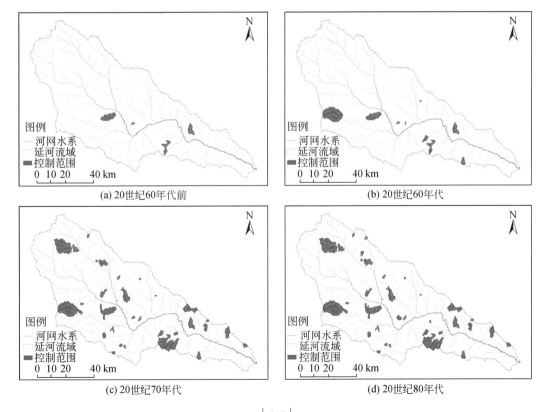

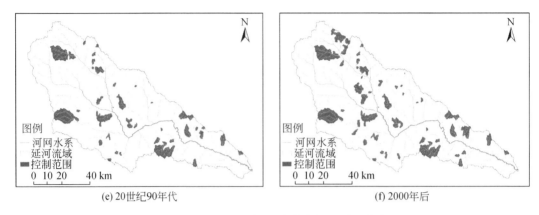

(e) 20世纪90年代　　　　　　　　　　　(f) 2000年后

图 10-14　延河流域淤地坝控制面积时空演变

流域坝控面积占比是淤地坝控制面积与流域总面积的比值，是淤地坝建设密度的表征，沟道是土壤侵蚀主要发生区域，淤地坝控制沟道的数量对流域水沙变化有重要意义。结合流域沟网计算淤地坝控制沟道级别数，如图 10-15 所示，由图可见，大理河骨干坝控制 1 级沟道比例为 65.84%，2 级为 88.35%，3 级为 56.25%；皇甫川 1 级为 36.6%，2 级为 39.8%，3 级为 48.5%；延河 1 级为 24.78%，2 级为 39.96%，3 级为 42.60%。大理河流域淤地坝控制的沟道最多，皇甫川流域次之，延河流域最少。

结合图 10-3 给出的突变点检验分析，可以看出各流域的水沙突变与沟道控制比例关系，当三级沟道控制比例达到 40%～50% 时，水沙变化趋势出现拐点。

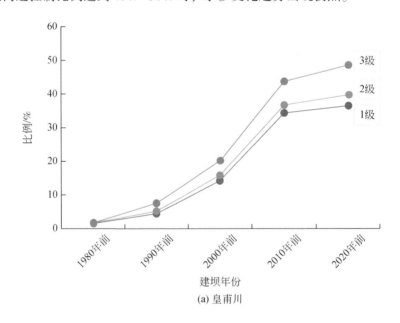

(a) 皇甫川

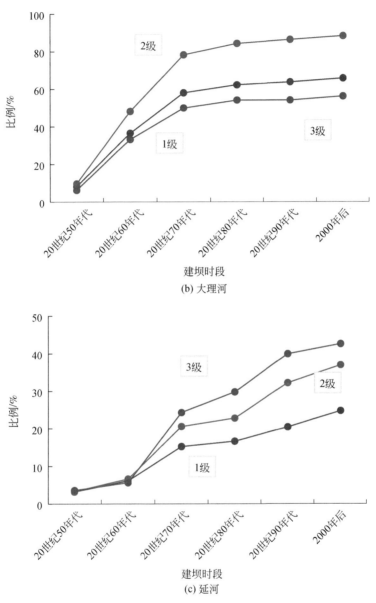

(b) 大理河

(c) 延河

图 10-15　各流域坝控面积比例演变

表 10-3　各流域径流量、输沙量 Pettitt 突变点检验

流域	皇甫川	大理河	延河
径流量发生突变年份	1996	1969	2004
输沙量发生突变年份	1992	1971	1996

10.3 黄河上游宁蒙河段平滩流量阈值

10.3.1 防洪需求的平滩流量

（1）与未来洪峰流量适应的平滩流量

下河沿站为宁蒙河段进口控制站。图 10-16 为宁蒙河段下河沿站历年最大日均洪峰流量变化过程，由图可见，1986～2017 年，宁蒙河段下河沿站最大日均洪峰流量均值为 1762m³/s；其中，最大日均洪峰流量小于 1300m³/s 的年数共 4 年，占总年数的比例为 12.5%，最大日均洪峰流量大于 2000m³/s 的年数共 6 年，占总年数的比例为 18.75%，最大日均洪峰流量大于 1300m³/s 小于 2000m³/s 的年数共 22 年，占总年数的比例为 68.75%。综合考虑规划中的黑山峡水库何时启动尚不能确定，上游水保措施蓄水作用对洪水的影响不会有大的变化，按照目前多年平均情况估计，未来洪水会基本维持 1986 年后的形势，最大日均洪峰流量 1300～2000m³/s 的洪水将成为宁蒙河段洪水的主体，所以与之相适应的宁蒙河段平滩流量应大于 2000m³/s。

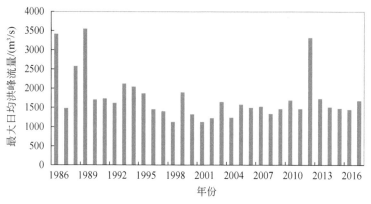

图 10-16 下河沿站历年最大日均洪峰流量变化过程

（2）与设防水位适应的平滩流量

宁蒙河段防洪标准为 30～50 年一遇，三湖河口站 50 年一遇的洪水洪峰流量为 5900m³/s，图 10-17 为三湖河口站不同平滩流量下设防洪水（5900m³/s）水位变化，由图可见，随着平滩流量的增加，设防洪水水位一直呈降低的趋势，平滩流量的增加表明主河槽过流能力的增大，相同的洪峰流量对应的洪水水位必然有所降低；仔细观察洪水水位的变化过程线可知，随着平滩流量增加，设防洪水水位降低的趋势线是非线性曲线，存在一个明显拐点，拐点位置在 2000m³/s 左右，即当三湖河口站平滩流量小于 2000m³/s 时，随着平滩流量的增加，设防洪水水位降低的速率较快，当三湖河口站平滩流量大于 2000m³/s 时，随着平滩流量的增加，设防洪水水位降低的速率有所变缓，所以，与宁蒙河段设防洪水水位相适应的平滩流量应大于 2000m³/s。

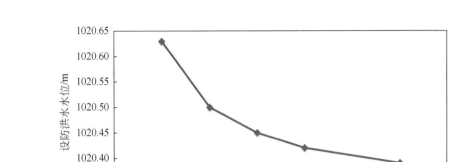

图 10-17　三湖河口站不同平滩流量下设防洪水水位变化

10.3.2　防凌需求的平滩流量

(1)　与未来凌峰流量适应的平滩流量

表 10-4 为 1986~2017 年宁蒙河段沿程四站凌峰流量特征值，表 10-5 为 1986~2017 年宁蒙河段沿程四站凌峰水位并结合各年 6~9 月相应站点水位流量关系曲线得出的河槽规模需求特征值。综合分析表 10-4 和表 10-5 统计数据可见，研究时段内基本上越向下游各站点相应的特征值越大，为保证整个宁蒙河段的防凌安全，选定头道拐站相应平均值作为防凌指标依据。按照凌峰流量的标准，1986~2017 年头道拐站凌峰流量平均值为 1979m³/s；按照凌峰水位反演汛期水位流量关系曲线可得，1986~2017 年，头道拐站凌峰水位需求的河道平滩流量为 2015m³/s，所以，与未来宁蒙河段凌峰流量相适应的平滩流量应大于 2015m³/s。

表 10-4　1986~2017 年宁蒙河段沿程四站凌峰流量特征值　　　（单位：m³/s）

指标	石嘴山	巴彦高勒	三湖河口	头道拐
平均值	831	898	1256	1979
最大值	1310	1580	2060	3270
最小值	424	488	841	1240

表 10-5　1986~2017 年宁蒙河段沿程四站凌峰水位需求的平滩流量　　　（单位：m³/s）

指标	石嘴山	巴彦高勒	三湖河口	头道拐
平均值	1000	1934	2058	2015
最大值	1522	4892	3832	2823
最小值	428	342	1082	1356

（2）与未来凌汛水位适应的平滩流量

图 10-18 为黄河宁蒙河段三湖河口站历年平滩流量与凌汛高水位天数变化过程，将图中三湖河口站历年凌汛水位大于 1020m 的天数与相应年份凌汛前期的平滩流量对比分析可以看出，1998 年以前，三湖河口站平滩流量大于 1800m³/s，三湖河口站历年凌汛水位大于 1020m 的天数很少，凌汛水位低且稳定；1998 年以后，三湖河口站平滩流量降低至 1800m³/s 以下，相应年份的凌汛水位增高明显，而且持续时间迅速增长，所以，与未来宁蒙河段凌汛水位相适应的平滩流量应大于 1800m³/s。

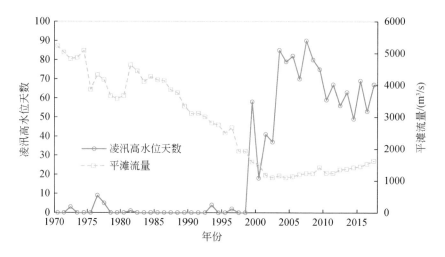

图 10-18　三湖河口站历年平滩流量与凌汛高水位天数变化过程

（3）与未来槽蓄水增量适应的平滩流量

宁蒙河段槽蓄水增量的形成过程较为复杂，影响河道槽蓄水增量大小的因素较多，其中河道平滩流量的大小对槽蓄水增量的大小影响较大。图 10-19 点绘了宁蒙河段年三湖河口站平滩流量与最大槽蓄水增量的关系，利用回归分析的方法建立了宁蒙河段年最大槽蓄水增量 $W_槽$ 与三湖河口站平滩流量 $Q_平$ 的关系式：

$$W_槽 = -5.09\ln Q_平 + 53.54 \tag{10-16}$$

图 10-19 中关系线的变化趋势表明，宁蒙河段年最大槽蓄水增量随河道平滩流量的减少而增大，1986 年以前，三湖河口站平滩流量大于 2000m³/s 以上，宁蒙河段年最大槽蓄水增量均未超过 15 亿 m³；1986 年后，宁蒙河段过流能力逐渐减小，三湖河口站平滩流量大都小于 2000m³/s，宁蒙河段相当大一部分年份的最大槽蓄水增量超过 15 亿 m³，最大超过 20 亿 m³。总结多年的防凌运用经验，为保障防凌安全，宁蒙河段年最大槽蓄水增量以不超过 15 亿 m³ 为宜，将年最大槽蓄水增量 15 亿 m³ 代入式（10-16）推出相应的三湖河口站平滩流量为 1942m³/s，所以，与未来宁蒙河段槽蓄水增量相适应的平滩流量应大于 1942m³/s。

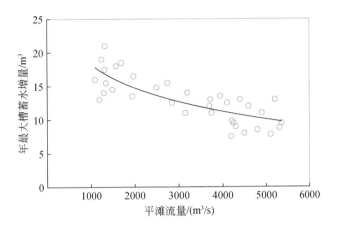

图 10-19 三湖河口站平滩流量与最大槽蓄水增量的关系

10.3.3 输沙塑槽需求的平滩流量

(1) 与高效输沙适应的平滩流量

图 10-20 为宁蒙河段三湖河口站流速与流量的关系,由图可见,三湖河口站流速随着流量的增大而增大,但增大的趋势线是非线性的曲线,存在一个明显拐点,拐点位置在 $1500\mathrm{m^3/s}$ 左右,即当三湖河口站流量小于 $1500\mathrm{m^3/s}$ 时,随着流量的增加,流速增加的速率较快;当三湖河口站流量大于 $1500\mathrm{m^3/s}$ 时,随着流量的增加,流速增加的速率明显降低。随着流量的进一步增加,当三湖河口站流量达到 $2000\mathrm{m^3/s}$ 以上时,流速基本达到最大。

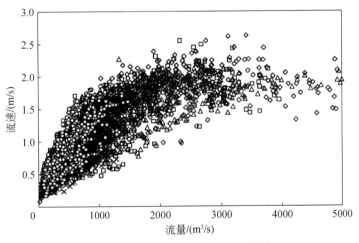

图 10-20 三湖河口站流速与流量的关系

图 10-21 为宁蒙河段三湖河口站含沙量与流量的关系，由图可见，三湖河口站含沙量随着流量的增大而增大，但增大的趋势线是非线性的曲线，存在一个明显拐点，拐点位置在 1000m³/s 左右，即当三湖河口站流量小于 1000m³/s 时，随着流量的增加，含沙量增加的速率较快；当三湖河口站流量大于 1000m³/s 时，随着流量的增加，含沙量增加的速率明显降低。随着流量的进一步增大，当三湖河口站流量达到 2000m³/s 以上时，含沙量基本达到最大。

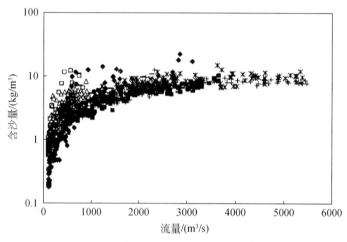

图 10-21　三湖河口站含沙量与流量的关系

由水流挟沙力的计算公式可知，河道水流挟沙能力与流速的三次方成正比，而含沙量的变化亦可直观反映河道输沙强度的变化，综合分析三湖河口站流速、含沙量与流量关系可知，当宁蒙河段流量达到 2000m³/s 以上时，河道基本可达到输沙最优状态，所以，与宁蒙河段高效输沙相适应的平滩流量应大于 2000m³/s。

（2）与高效塑槽适应的平滩流量

1981 年，宁蒙河段洪水洪峰流量达到了 5000m³/s 以上，是近年来典型的大洪水过程，为分析洪水过程中宁蒙河段河床冲刷调整与洪水流量的关系，图 10-22 点绘了 1981 年洪水期三湖河口断面平滩面积与流量的关系，由图可见，1981 年洪水期，当洪水流量达到 1200m³/s 时，三湖河口断面平滩面积开始增大，表明三湖河口断面开始冲刷；冲刷初期，三湖河口断面平滩面积随洪水流量的增大增速较慢，表明冲刷初期宁蒙河段主槽的冲刷效率较低，塑槽作用不明显；随着洪水流量的上涨，河床冲刷不断发展，当洪水流量达到 1500m³/s 以上时，三湖河口断面平滩面积随洪水流量的增大增速明显加快，表明当洪水流量大于 1500m³/s 时，宁蒙河段主槽的冲刷效率开始增大，塑槽作用明显，所以，与宁蒙河段高效塑槽相适应的平滩流量应大于 1500m³/s。

（3）与减轻支流淤堵适应的平滩流量

宁蒙河段十大孔兑为季节性河流，暴雨期易形成峰高量大、含沙量高的洪水，大量泥沙向黄河倾泻，常常在入黄口处形成扇形淤积，在干流形成沙坝堵塞黄河，并造成河段上游水位抬高，影响两岸防洪和生产安全。

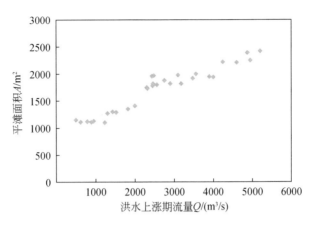

图 10-22　三湖河口站 1981 年洪水期平滩面积与流量的关系

　　图 10-23（a）为 1966 年洪水期昭君坟站水位流量关系，图 10-23（b）为 1989 年洪水期昭君坟站水位流量关系，将两张图进行对比分析可知，两个年份均是西柳沟发生高含沙洪水入汇黄河，1966 年洪水期，当宁蒙河段干流的洪水流量达到 2000m³/s 以上时，干流的洪水水位在 5 ~ 6 天的时间内迅速从 1011m 降低至 1009m，反映出当宁蒙河段干流流量大于 2000m³/s 时，由支流高含沙洪水入汇淤堵形成的沙坝，在较短的时间内就能被洪水冲开，干流水位也迅速恢复至淤堵前的高度；1989 年洪水期，宁蒙河段干流的洪水流量在 1000 ~ 2000m³/s，干流的洪水水位在 20 余天的时间内才缓慢地从 1010m 降低至 1009m，反映出当宁蒙河段干流流量小于 2000m³/s 时，由支流高含沙洪水入汇淤堵形成的沙坝，在较长的时间内才能被洪水冲开，与之相应，干流水位恢复的速度也很慢，所以，与宁蒙河段防止支流淤堵相适应的平滩流量应大于 2000m³/s。

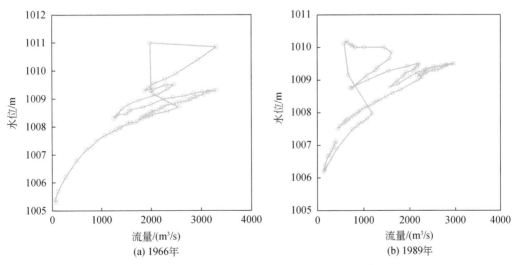

图 10-23　昭君坟站典型年份洪水期水位流量关系

10.3.4 与未来不同水沙过程适应的平滩流量

将宁蒙河段下河沿站 5 年汛期水沙过程拆分为过往 4 年汛期水沙过程与当年汛期水沙过程的组合，建立宁蒙河段三湖河口断面平滩流量与下河沿站不同组合权重汛期水沙过程的关系式，如表 10-6 所示，过往 4 年汛期水沙过程代表前期河床条件，当年汛期水沙过程代表塑造主槽的水沙动力条件，由于突出了当年汛期水沙过程对河床的塑造作用，同时还适当考虑了前期河床条件对平滩流量的影响，接近于河床演变实际情况，宁蒙河段三湖河口断面平滩流量与下河沿站组合权重汛期水沙过程的关系要明显优于宁蒙河段三湖河口断面平滩流量与下河沿站当年汛期水沙过程、5 年滑动平均汛期水沙过程的关系。对比不同权重值可知，当过往 4 年汛期水沙过程权重值占 0.3 时，当年汛期水沙过程权重值占 0.7，两者关系最密切，所以选择宁蒙河段三湖河口断面历年汛后平滩流量为自变量，下河沿站汛期组合权重水沙过程为因变量，运用多元回归，分别建立 1965～1999 年、2000～2017 年两个时段宁蒙河段三湖河口断面平滩流量与下河沿站汛期组合权重水沙过程的综合关系式。

1965～1999 年：

$$Q_{平} = 395.75(0.3W_{汛}^{g4} + 0.7W_{汛}^{d1})^{0.33}(0.3\rho_{汛}^{g4} + 0.7\rho_{汛}^{d1})^{-0.17}(0.3\theta_{汛}^{g4} + 0.7\theta_{汛}^{d1})^{0.13}$$

(10-17)

2000～2017 年：

$$Q_{平} = 402.95(0.3W_{汛}^{g4} + 0.7W_{汛}^{d1})^{0.18}(0.3\rho_{汛}^{g4} + 0.7\rho_{汛}^{d1})^{-0.09}(0.3\theta_{汛}^{g4} + 0.7\theta_{汛}^{d1})^{0.03}$$

(10-18)

式中，$Q_{平}$ 为宁夏河段三湖河口断面历年汛后平滩流量（m^3/s）；$W_{汛}^{g4}$ 为宁夏河段下河沿站过往 4 年滑动平均汛期水量（亿 m^3）；$W_{汛}^{d1}$ 为宁夏河段下河沿站当年汛期水量（亿 m^3）；$\rho_{汛}^{g4}$ 为宁夏河段下河沿站过往 4 年滑动平均汛期来沙系数（$kg \cdot s/m^6$）；$\rho_{汛}^{d1}$ 为宁夏河段下河沿站当年汛期来沙系数（$kg \cdot s/m^6$）；$\theta_{汛}^{g4}$ 为宁夏河段下河沿站过往 4 年滑动平均汛期流量变化参数；$\theta_{汛}^{d1}$ 为宁夏河段下河沿站当年汛期流量变化参数。

式（10-17）和式（10-18）的相关系数 R^2 值分别为 0.94、0.92。图 10-24 给出的计算值与实测值比较，反映出回归效果良好。由式（10-17）和式（10-18）三项指数的正负可知，黄河宁蒙河段三湖河口断面历年汛后平滩流量随着汛期水量的增大（减小）而增大（减小），随着汛期来沙系数的增大（减小）而减小（增大），随着汛期水流过程参数的增大（减小）而增大（减小），上述多因素关系分析结果定性上与前面单因素分析结果是一致的。

表 10-6 三湖河口平滩流量与下河沿站不同组合权重汛期水沙过程关系 R^2 值统计

时段	水沙过程组合权重						
	当年水量	过往 4 年水量/当年水量					5 年水量
	1	0.1/0.9	0.2/0.8	0.3/0.7	0.4/0.6	0.5/0.5	1
1965～1999 年	0.82	0.9	0.91	0.94	0.93	0.91	0.89
2000～2017 年	0.81	0.88	0.89	0.92	0.89	0.87	0.87

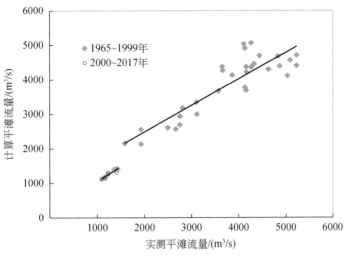

图 10-24 三湖河口平滩流量计算值与实测值的比较

表 10-7 为未来不同水沙过程适应的三湖河口平滩流量，由表可见，近期通过龙羊峡水库和刘家峡水库联合调控，调控出与 2000～2017 年宁蒙河段水沙过程相近的未来枯水过程，利用式（10-17）估算未来宁蒙河段三湖河口断面平滩流量为 1959m³/s。远期，通过龙羊峡水库、刘家峡水库及黑山峡水库联合调控，调控出与 1986～1999 年宁蒙河段水沙过程相近的未来中水过程，用式（10-18）估算未来宁蒙河段三湖河口断面平滩流量为 2468m³/s；调控出与 1965～1984 年宁蒙河段水沙过程相近的未来丰水过程，用式（10-18）估算未来宁蒙河段三湖河口断面平滩流量为 3276m³/s。

表 10-7 未来不同水沙过程适应的三湖河口平滩流量

时期	边界条件	未来水沙过程	公式	估算 $Q_平$
近期	龙羊峡+刘家峡	枯水过程	式（10-17）	1959
远期	龙羊峡+刘家峡+黑三峡	中水过程	式（10-18）	2468
		丰水过程		3276

10.4 黄河中游潼关高程阈值

10.4.1 潼关高程与水沙过程的响应关系

10.4.1.1 潼关高程与年水量的关系

为了对比潼关高程与中游四站多年滑动平均水沙过程的关系，图 10-25 统计了潼关高程与中游四站当年水量及 2~9 年滑动平均水量的相关系数 R^2 值，由图可见，潼关高程与中游四站 2 年滑动平均水量相关系数 R^2 值大于潼关高程与中游四站当年水量相关系数 R^2 值，之后，潼关高程与中游四站多年滑动平均水量相关系数 R^2 值随着滑动平均年数增大而增大，而后随着滑动平均年数增大而减小，其峰值出现在 5 年，表明潼关高程与中游四站 5 年滑动平均水量的关系最密切。

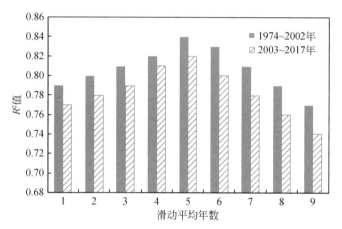

图 10-25　潼关高程与中游四站不同年份滑动平均水量关系 R^2 值变化

图 10-26 点绘了潼关高程和中游四站 5 年滑动平均水量的关系，由图可见，1974~2002 年潼关高程和中游四站 5 年滑动平均水量的关系点群与 2003~2017 年两者之间的关系点群存在明显分区，表明两个时段潼关高程和 5 年滑动平均水量的关系遵循不同的规律，利用回归分析的方法，分别建立了 1974~2002 年、2003~2017 年潼关高程和中游四站 5 年滑动平均水量的关系式。

1974~2002 年：　　　　$Z_潼 = -0.0055 W_{年5} + 328.98$　　　　(10-19)

2003~2017 年：　　　　$Z_潼 = -0.0074 W_{年5} + 329.76$　　　　(10-20)

式中，$Z_潼$ 为中游历年汛末潼关高程（m）；$W_{年5}$ 为中游四站 5 年滑动平均水量（亿 m³）。

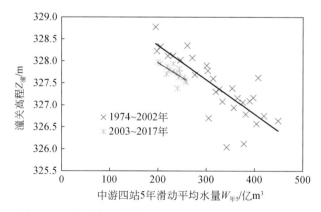

图 10-26　潼关高程与中游四站 5 年滑动平均水量的关系

式（10-19）和式（10-22）中的相关系数 R^2 值分别为 0.84、0.82，反映出潼关高程和中游四站 5 年滑动平均水量相关关系良好。图 10-26 中两条关系线的变化趋势表明，潼关高程随着中游四站 5 年滑动平均水量的增大（减小）而降低（升高），由河床演变的原理可知，中游四站 5 年滑动平均水量大，表明库区经历连续 5 年较强水流动力的冲刷，潼关高程必然有所降低；中游四站 5 年滑动平均水量小，表明库区经历连续 5 年较弱水流动力不足以输运水流中泥沙，库区泥沙极易淤积，潼关高程必然有所升高。由式（10-19）和式（10-20）两条关系线分布特征可见，在相同水量的情况下，2003~2017 年潼关高程要低于 1974~2002 年潼关高程，其原因有两个：一是 2003 年后，对三门峡水库运用方式进行了调整，非汛期最高水位不超过 318.0m 控制运用，有效地控制了非汛期潼关高程的升高值；二是 2003 年后，相同水量的情况下进入中游的水流含沙量大幅度降低，相同洪水过程对库区的冲刷能力越强，潼关高程降低值相应越大。

10.4.1.2 潼关高程与年来沙系数的关系

图 10-27 点绘了潼关高程与中游四站 5 年滑动平均来沙系数的关系，由图可见，1974~2002 年潼关高程和中游四站 5 年滑动平均来沙系数的关系点群与 2003~2017 年两者之间的关系点群存在明显分区，表明两个时段潼关高程和中游四站 5 年滑动平均来沙系数的关系遵循不同的规律，利用回归分析的方法，分别建立了 1974~2002 年、2003~2017 年潼关高程与中游四站 5 年滑动平均来沙系数的关系式。

1974~2002 年： $$Z_{\text{潼}} = 0.88\ln\rho_{\text{年5}} + 330.59 \tag{10-21}$$

2003~2017 年： $$Z_{\text{潼}} = 0.16\ln\rho_{\text{年5}} + 328.48 \tag{10-22}$$

式中，$Z_{\text{潼}}$ 为中游历年汛末潼关高程（m）；$\rho_{\text{年5}}$ 为中游四站 5 年滑动平均来沙系数（kg·s/m^6）。

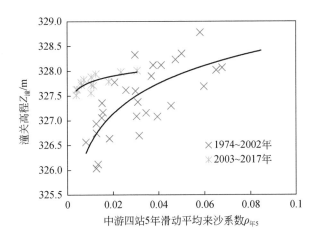

图 10-27　潼关高程与中游四站 5 年滑动平均来沙系数的关系

式（10-21）和式（10-22）中的相关系数 R^2 值分别为 0.79、0.76。图 10-27 中两条关系线的变化趋势表明，潼关高程随着中游四站 5 年滑动平均来沙系数的增大（减小）而升高（降低），由河床演变的原理可知，中游四站5年滑动平均来沙系数大，表明连续5年水沙搭配关系差，相同流量下，连续5年含沙量高，水流挟沙力相同的情况下，连续5年库区淤积加重，潼关高程必然有所升高；中游四站5年滑动平均来沙系数小，表明连续5年水沙搭配关系好，相同流量下，连续5年含沙量低，水流挟沙力相同的情况下，连续5年库区冲刷增强，潼关高程必然有所降低。由式（10-21）和式（10-22）两条关系线分布特征可见，两条关系线间距较远，相同的潼关高程，2003～2017年中游四站5年滑动平均来沙系数明显小于1974～2002年中游四站5年滑动平均来沙系数，说明2003年后，中游来水含沙量大幅度降低，水沙搭配关系发生了巨大变化，必然会影响库区冲淤演变状态，进而影响潼关高程的升降。

10.4.2 潼关高程阈值分析

10.4.2.1 渭河下游河道适应的潼关高程

（1）与渭河下游河道淤积适应的潼关高程

图10-28点绘了1974～2017年渭河下游河道累积淤积量与潼关高程的关系，利用回归分析的方法建立了1974～2017年渭河下游河道累积淤积量与潼关高程的关系式：

$$W_S = 0.527 Z_{潼}^2 - 343 Z_{潼} + 55\,840 \qquad (10\text{-}23)$$

式中，W_S为1974～2017年渭河下游河道累积淤积量（亿 m^3）；$Z_{潼}$为1974～2017年黄河中游历年汛后潼关高程（m）。

式（10-23）的相关系数 R^2 值为0.91，反映出渭河下游河道累积淤积量与潼关高程相关关系十分密切。图10-28中关系线的变化趋势表明，渭河下游河道累积淤积量随潼关高程升高而增大。潼关高程升高相当于渭河下游河道侵蚀基准面升高，渭河下游河道比降减缓，渭河下游河道输水输沙能力降低，渭河下游河道累积淤积量必然增大。同时，图10-28中关系线的变化趋势还表明，渭河下游河道累积淤积量与潼关高程的关系不是简单的线性变化关系，而是符合二次多项式（10-24）变化关系，对其求导数可得

$$W_S' = 1.054 Z_{潼} - 343 \qquad (10\text{-}24)$$

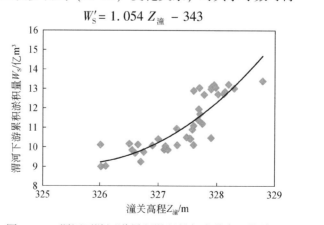

图 10-28 渭河下游河道累积淤积量与潼关高程的关系

将潼关高程$Z_{潼}=326$、$Z_{潼}=327$、$Z_{潼}=328$分别代入式（10-24）可得

$$W'_{S}(326)=2.56, \quad W'_{S}(327)=3.62, \quad W'_{S}(328)=4.68$$

其中，

$$W'_{S}(328)>W'_{S}(327)>W'_{S}(326)$$

二次多项式的导数表示自变量随因变量的变化速率，由式（10-24）可见，潼关高程为328m时的渭河下游河道累积淤积量随潼关高程升高增大的速率大于潼关高程为327m时的渭河下游河道累积淤积量随潼关高程升高增大的速率；潼关高程为327m时的渭河下游河道累积淤积量随潼关高程升高增大的速率大于潼关高程为326m时的渭河下游河道累积淤积量随潼关高程升高增大的速率；即随着潼关高程的升高，渭河下游河道淤积的速率也在增大，所以，相对于潼关高程326m、327m而言，当潼关高程达到328m时，渭河下游河道淤积的速率急剧增大。

（2）与渭河下游河道洪水水位适应的潼关高程

图10-29点绘了1960~2017年渭河下游华县站不同时期洪峰水位流量关系，由图可见，三门峡水库建库运用至今，1960~1966年、1967~1994年、1995~2002年、2003~2017年四个不同时段，渭河下游华县站洪峰水位流量关系点群存在明显分区，表明四个时段渭河下游华县站洪峰水位流量关系遵循不同的规律，利用回归分析的方法，分别建立了1960~1966年、1967~1994年、1995~2002年、2003~2017年渭河下游华县站洪峰水位流量关系式。

1960~1966年： $Z_{\max}=2.61\ln Q_{\max}+316.83$ （10-25）

1967~1994年： $Z_{\max}=1.89\ln Q_{\max}+324.51$ （10-26）

1995~2002年： $Z_{\max}=1.83\ln Q_{\max}+327.54$ （10-27）

2003~2017年： $Z_{\max}=2.29\ln Q_{\max}+322.69$ （10-28）

式中，$Q_{\max}$为渭河下游河道华县站历年洪峰流量（$\mathrm{m^3/s}$）；$Z_{\max}$为渭河下游河道华县站历年洪峰流量对应的洪峰水位（m）。

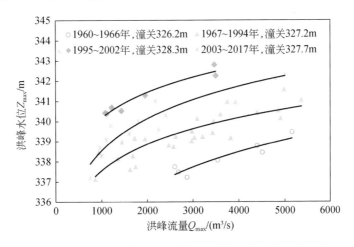

图10-29　渭河下游华县站不同时段洪峰水位与流量的关系

式（10-25）~式（10-28）中的相关系数 R^2 值分别为 0.93、0.89、0.94、0.97，反映出渭河下游河道华县站历年洪峰水位与流量相关关系十分密切。图 10-29 中四个时段关系线的变化趋势表明，渭河下游河道华县站洪峰水位随着洪峰流量的增大而升高。将洪峰流量 $Q_{max} = 3000\text{m}^3/\text{s}$ 分别代入式（10-25）~式（10-28）得

1960~1966 年：$Z_{max} = 337.73$；1967~1994 年：$Z_{max} = 339.64$

1995~2002 年：$Z_{max} = 342.19$；2003~2017 年：$Z_{max} = 341.06$

依据计算结果，1967~1994 年，渭河下游河道华县站洪峰流量 $3000\text{m}^3/\text{s}$ 水位比建库初期 1960~1966 年相同洪峰流量水位抬升了 1.89m；1995~2002 年，渭河下游河道华县站洪峰流量 $3000\text{m}^3/\text{s}$ 水位比建库初期 1960~1966 年相同洪峰流量水位抬升了 4.46m；2003~2017 年，渭河下游河道华县站洪峰流量 $3000\text{m}^3/\text{s}$ 水位比建库初期 1960~1966 年相同洪峰流量水位抬升了 3.33m，比 1995~2002 年相同洪峰流量水位降低了 1.13m。统计四个时段相应的历年汛末潼关高程均值可得

1960~1966 年：$\overline{Z_{潼}} = 326.2$；1967~1994 年：$\overline{Z_{潼}} = 327.2$

1995~2002 年：$\overline{Z_{潼}} = 328.3$；2003~2017 年：$\overline{Z_{潼}} = 327.7$

依据统计结果，1967~1994 年，潼关高程均值比建库初期 1960~1966 年潼关高程均值抬升了 1m；1995~2002 年，潼关高程均值比建库初期 1960~1966 年潼关高程均值抬升了 2.1m；2003~2017 年，潼关高程均值比建库初期 1960~1966 年潼关高程均值抬升了 1.5m，比 1995~2002 年潼关高程均值降低了 0.6m。将两组数据对比可知，渭河下游河道华县站洪水水位的抬升与下降与潼关高程的抬升与下降变化趋势基本一致，由河床演变原理可知，潼关高程升高，渭河下游河道侵蚀基准面升高，河道比降减缓，输水输沙能力降低，河道淤积抬升，华县站相同流量洪水水位相应抬升；潼关高程降低，渭河下游河道侵蚀基准面降低，河道比降增大，输水输沙能力增强，河道冲刷下降，华县站相同流量洪水水位相应降低。

综上所述，潼关高程抬升造成渭河下游河道洪水水位相应抬升，尤其在 1995~2002 年，潼关高程抬升至 328m 以上，渭河下游河道洪水位大幅度抬升，该时段是建库后渭河下游河道洪水灾害最严重时段，渭河下游河道防洪受到极大威胁。

（3）与渭河下游河道过洪能力适应的潼关高程

图 10-30 点绘了 1974~2017 年渭河下游河道华县站平滩流量与潼关高程的关系，利用回归分析的方法建立了 1974~2017 年渭河下游河道华县站平滩流量与潼关高程的关系式：

$$Q_{平} = -1288 Z_{潼} + 424\,852 \tag{10-29}$$

式中，$Q_{平}$ 为 1974~2017 年渭河下游河道华县站历年汛后平滩流量（m^3/s）；$Z_{潼}$ 为 1974~2017 年黄河中游历年汛后潼关高程（m）。

式（10-29）的相关系数 R^2 值为 0.72，反映出渭河下游河道华县站平滩流量与潼关高程相关关系并不紧密，分析其原因，主要是渭河下游河道华县站历年汛后平滩流量不仅受历年潼关高程升降的影响，还取决于历年水沙过程的优劣。图 10-30 中关系线的变化趋势表明，渭河下游河道华县站平滩流量随潼关高程升高而减小。潼关高程升高相当于渭河下

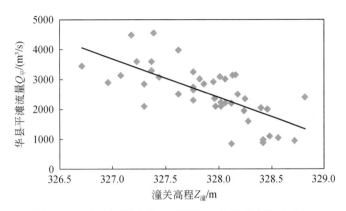

图 10-30 渭河下游华县站平滩流量与潼关高程的关系

游河道侵蚀基准面升高，河道比降减缓，输水输沙能力降低，河道淤积增强，渭河下游河道过流能力必然降低。

图 10-31 点绘了渭河下游华县站平滩流量与相应年份潼关高程变化过程，由图可见，一是两者变化过程线基本呈倒影关系，反映出潼关高程升高，渭河下游河道华县站平滩流量减小；潼关高程降低，渭河下游河道华县站平滩流量增大。二是两者变化过程不能完全对应，主要原因是渭河下游河道华县站历年平滩流量除了受历年潼关高程升降的影响，还与历年水沙过程密切相关。仔细观察图 10-31 中的变化过程线还可以看出，1995 年是两者变化过程线的变异年份，1995 年，潼关高程升高至 328.12m，渭河下游河道华县站平滩流量陡然下降到 800m³/s 左右，此后的 1995~2002 年，潼关高程一直维持在 328m 以上，相应时段的渭河下游河道华县站平滩流量均值仅为 1178m³/s，与 20 世纪 60 年代相比，降低了 80% 左右。此时段河道主槽过流能力的大幅度降低造成渭河下游河道遭遇极小的洪峰就会漫滩，出现"小流量—高水位—大灾情"的严重局面。

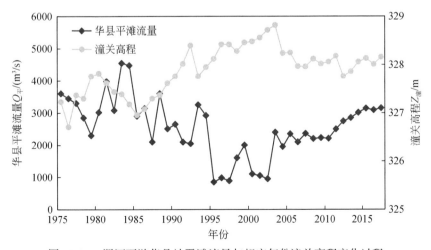

图 10-31 渭河下游华县站平滩流量与相应年份潼关高程变化过程

（4）与渭河下游河道反馈影响适应的潼关高程

潼关高程作为渭河下游河道的侵蚀基准面，其升降会对渭河下游河道演变产生反馈影响。潼关高程升高，渭河下游河道会发生自下而上的溯源淤积，潼关高程下降，渭河下游河道会发生自下而上的溯源冲刷。表 10-8 为渭河下游河道沿程冲淤分布与相应时段潼关高程升降值统计，由表可见，不考虑单个具体年份渭河下游河道冲淤发展过程，只依据长时段渭河下游河道沿程冲淤均值分布，亦可判断出渭河下游河道冲淤特征，其中，1960～2002 年，渭河下游河道年均淤积量分布下大上小，表现为典型的溯源淤积特征；2003～2012 年，渭河下游河道年均冲刷量分布下大上小，表现为典型的溯源冲刷特征；2013～2017 年，渭河下游河道年均淤积量分布又表现为溯源淤积特征，只是溯源淤积的范围发展到了华县断面附近。表 10-8 同时统计了相应三个时段的潼关高程升降值，对比分析三组数据可知，1960～2002 年，潼关高程升高了 5.38m，表明渭河下游河道侵蚀基准面大幅抬高，所以相应时段渭河下游河道表现为典型的溯源淤积特征；2003～2012 年，潼关高程下降了 1.4m，表明渭河下游河道侵蚀基准面大幅下降，所以相应时段渭河下游河道表现为典型的溯源冲刷特征；2013～2017 年，潼关高程升高了 0.32m，表明渭河下游河道侵蚀基准面有所抬升，所以相应时段渭河下游河道又表现出溯源淤积特征。

表 10-8　渭河下游河道沿程冲淤分布与相应时段潼关高程升降值统计

时段	渭河下游沿程冲淤量/亿 m³					潼关高程升高值/m
	渭拦—渭淤 1km	渭淤 1～10km	渭淤 10～26km	渭淤 26～28km	渭淤 28～37km	
1960～2002 年	0.6	8.58	3.77	0.13	0.15	5.38
2003～2012 年	−0.07	−1.08	−0.02	−0.18	−0.89	−1.4
2013～2017 年	0.01	0.52	−0.32	−0.39	−0.27	0.32

潼关高程升降越剧烈，其对渭河下游河道演变反馈影响的长度越长。淤积末端发展过程反映出潼关高程升高越大，渭河下游河道溯源淤积长度越长；中国水利水电科学研究院模型试验结果反映出潼关高程降低越大，渭河下游河道溯源冲刷长度越长，如表 10-9 所示。

表 10-9　不同潼关控制高程对渭河下游河道溯源冲刷影响范围统计

水沙系列			潼关控制高程/m	影响范围
偏丰	年均水量/亿 m³	52.15	326	渭淤 10km 以下
			327	渭淤 8km 以下
	年均沙量/亿 t	2.85	328	渭淤 2km 以下
偏枯	年均水量/亿 m³	20.47	326	渭淤 5km 以下
			327	渭淤 3km 以下
	年均沙量/亿 t	1.67	328	渭拦 5km 以下

综合分析表明，潼关高程达到 328m 以上，溯源淤积影响至咸阳附近，溯源淤积影响的范围最大；2003～2017 年，潼关高程降低到 328m 以下，溯源淤积影响至西安草滩附近，溯源淤积影响的范围有所减小。

10.4.2.2 小北干流适应的潼关高程

（1） 与小北干流河道淤积适应的潼关高程

潼关高程因其独特的地理位置不仅是渭河下游河道的局部侵蚀基准面，同时也是小北干流的局部侵蚀基准面。图 10-32 为小北干流年均冲淤量与相应时段潼关高程升降变化过程，由图可见，1960～1962 年，三门峡水库蓄水拦沙运用，潼关高程抬升 2.3m，小北干流淤积严重，年均淤积量高达 1.55 亿 m³；1963～1973 年，三门峡水库滞洪排沙运用，潼关高程抬升 1.75m，小北干流淤积依然严重，年均淤积量为 1.35 亿 m³；1974～1985 年，三门峡水库蓄清排浑运用，潼关高程保持相对稳定，小北干流淤积大幅度减小，年均淤积量仅为 0.08 亿 m³；1986～2002 年，三门峡水库蓄清排浑运用，潼关高程抬升 2.1m，小北干流淤积又趋严重，年均淤积量为 0.43 亿 m³；2003～2017 年，三门峡水库调整了运用方式，同期的水沙过程也较为有利，潼关高程降低 0.9m，小北干流由淤积转为冲刷，年均冲刷量为 0.18 亿 m³。由上述变化过程可见，潼关高程的升降与小北干流冲淤具有明显的相互对应关系，潼关高程持续抬升能造成小北干流淤积趋于严重，潼关高程持续下降能造成小北干流淤积减缓甚至转而冲刷；三门峡水库蓄清排浑运用后，小北干流淤积最严重的时期是 20 世纪 90 年代末期，此时潼关高程升高至 328m 以上。

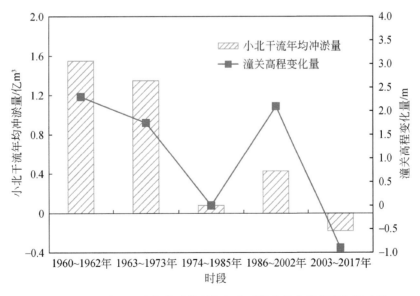

图 10-32 小北干流年均冲淤量与相应时段潼关高程升降变化过程

（2）与小北干流河势变化适应的潼关高程

潼关高程的持续抬升，在导致小北干流河床淤积抬高的同时，也加剧了小北干流游荡型河型的发展。至 20 世纪 90 年代末期，潼关高程维持在 328m 以上，此时期，小北干流不仅淤积最为严重，河势也最为恶化，主要表现在河道愈加宽浅散乱，摆动更加频繁，工程出险长度、坝次不断增加，原有的一些天然节点，失去了控制河势的作用，出现了畸形河湾，威胁防洪安全，尤其是在汇流区，河道展宽坦化严重，水流散乱，多股分流，主流不明确，水流输沙能力大幅度降低，泥沙大量落淤，河势极不稳定。为遏制河势持续恶化，稳定黄河流路，减少黄河西倒夺渭，减轻河道淤积，降低潼关高程，中国水利水电科学研究院开展了汇流区的动床模型试验研究。图 10-33 为汇流区实体模型试验起始时河势，图 10-34 为汇流区实体模型试验结束时河势，由图可见，汇流区河道整治后，河势明显改善，河道滩槽分明，水流归顺，河道淤积明显减轻，试验结果表明，汇流区的整治对降低潼关高程有一定作用。

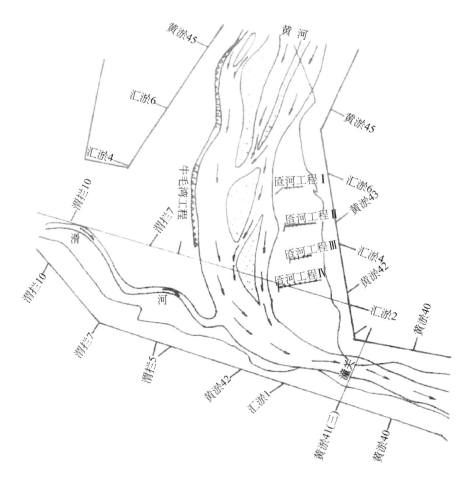

图 10-33　小北干流汇流区实体模型试验起始时河势

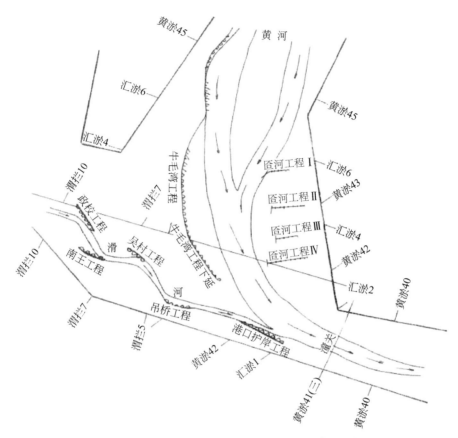

图 10-34　小北干流汇流区实体模型试验结束时河势

10.4.2.3　与未来不同水沙过程适应的潼关高程

选择中游历年汛末潼关高程为自变量，中游四站年际水沙过程为因变量，运用多元回归的方法，分别建立 1974～2002 年、2003～2017 年潼关高程与中游四站年际水沙过程的综合关系式：

1974～2002 年：　$Z_{\text{潼}} = -0.0053 W_{\text{年5}} + 0.229 \ln \rho_{\text{年5}} + 330.23$　　　　　　　(10-30)

2003～2017 年：　$Z_{\text{潼}} = -0.0061 W_{\text{年5}} + 0.0724 \ln \rho_{\text{年5}} + 329.58$　　　　　(10-31)

式中，$Z_{\text{潼}}$ 为中游历年汛末潼关高程（m）；$W_{\text{年5}}$ 为中游四站 5 年滑动平均水量（亿 m³）；$\rho_{\text{年5}}$ 为中游四站 5 年滑动平均来沙系数（kg·s/m⁶）。

式（10-30）和式（10-31）中的复相关系数 R 值分别为 0.92、0.91，明显高于 1974～2002 年、2003～2017 年两个时段潼关高程与中游四站年际水沙过程单因子的关系，表明可以运用式（10-30）和式（10-31）对现状水沙过程适应的潼关高程进行估算。图 10-35 给出的计算值与实际值的比较也反映出式（10-30）和式（10-31）回归效果良好。由式（10-30）和式（10-31）两项变量的系数的正负可知，潼关高程随着黄河中游四站 5 年滑动平均水量的增大（减小）而降低（升高），随着中游四站 5 年滑动来沙系数的增大（减小）而升高

（降低），表明上述多因素关系分析在定性上与前面单因素分析结果是一致的。

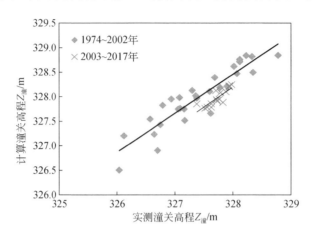

图 10-35 潼关高程计算值与实测值比较

表 10-10 为未来不同水沙情景适应的潼关高程阈值，由表可见，参考黄河勘测规划设计研究院有限公司提出的未来来沙 1 亿 t、3 亿 t、6 亿 t 三种不同水沙情景方案，将来沙 1 亿 t 情景方案下中游四站年均水量、年均来沙系数 2 个自变量值代入式（10-30）计算可得，潼关高程为 327.73m；将来沙 3 亿 t 情景方案下中游四站年均水量、年均来沙系数 2 个自变量值代入式（10-30）计算可得，潼关高程为 327.92m；将来沙 6 亿 t 情景方案下中游四站年均水量、年均来沙系数 2 个自变量值代入式（10-30）计算可得，潼关高程为 328.03m。上述计算结果表明，未来三门峡水库保持目前的运行方式，来沙 1 亿 t 情景方案下，潼关高程将达到 327.73m 左右；来沙 3 亿 t 情景方案下，潼关高程升高至 327.92m 左右；来沙 6 亿 t 情景方案下，潼关高程将升高至 328.03m 左右。

表 10-10   未来不同水沙情景适应的潼关高程阈值

未来沙量/亿 t	三门峡运行方式			潼关高程 $Z_{潼}$/m
	非汛期/m	汛期平水/m	汛期洪水	
1	318	305	敞泄	327.73
3	318	305	敞泄	327.92
6	318	305	敞泄	328.03

10.5 黄河下游河道平滩流量阈值

10.5.1 平滩流量变化过程

图 10-36 为 1950～2017 年下游河道沿程四站平滩流量变化过程，由图可见，下游河道

沿程四个水文站平滩流量的变化趋势基本相同,总体的变化趋势是先减小后增大,由 20 世纪中期的 7000~9000m³/s 减小到 20 世纪末期的 2000~4000m³/s;21 世纪后,小浪底水库蓄水运用至今,通过调水调沙运用,下游河道平滩流量恢复至 4000~7000m³/s。

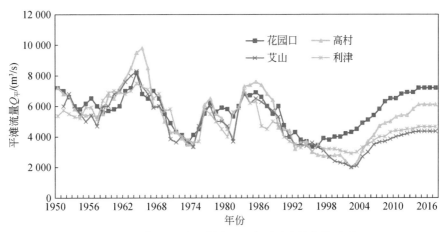

图 10-36 黄河下游河道沿程四站平滩流量变化过程

受水沙变化与人类活动的影响,黄河下游河道平滩流量变化表现出明显的阶段性。

1) 1950~1960 年,受生产力发展水平的制约,人类活动对水沙过程的干预较小,花园口年均来水量为 480 亿 m³,年均来沙量为 17.91 亿 t,水沙属平水多沙系列。本时段由于进入下游的洪水过程基本保持自然状态,下游河道经历了几次较大的漫滩洪水过程,主槽刷深,滩地淤高,表现出了"大水出好河"演变特征,下游河道平滩流量在 6000~8000m³/s。

2) 1961~1964 年,花园口年均来水量为 606.8 亿 m³,年均来沙量为 8.84 亿 t,水沙属丰水少沙系列。本时段三门峡水库为蓄水拦沙运用,下游河道主槽普遍发生冲刷,下游河道主槽过洪能力增大,至 1964 年,下游河道平滩流量增大至 8000~10 000m³/s。

3) 1965~1973 年,花园口年均来水量为 423.2 亿 m³,年均来沙量为 14.88 亿 t,水沙属平水丰沙系列。本时段三门峡水库滞洪排沙运用,一方面,水库汛期滞洪削峰作用,减少了洪水淤滩刷槽的机遇,主槽得不到有效的冲刷;另一方面,水库汛后排沙,小流量挟带大量泥沙,主槽发生严重淤积,下游河道主槽过洪能力急剧下降,至 1973 年,下游河道平滩流量降低至 3000~4000m³/s。

4) 1974~1980 年,花园口年均来水量为 388.4 亿 m³,年均来沙量为 12.18 亿 t,水沙属平水多沙系列。本时段三门峡水库蓄清排浑运用,非汛期下泄清水,下游河道主槽由淤积转为冲刷,非汛期冲刷对减轻河道淤积起到了一定作用,再加上 1975 年、1976 年汛期漫滩洪水淤滩刷槽的影响,下游河道主槽过洪能力有所增大,至 1980 年,下游河道平滩流量增加至 4000~5000m³/s。

5) 1981~1985 年,花园口年均来水量为 507.3 亿 m³,年均来沙量为 10.06 亿 t,水沙属丰水平沙系列。本时段三门峡水库蓄清排浑运用,再加上有利的水沙过程,下游河道主槽连续 5 年冲刷，下游河道主槽过洪能力持续增大，至 1985 年，下游河道平滩流量增加至 6000 ~ 7000m³/s。

6）1986 ~ 1999 年，花园口年均来水量为 276.3 亿 m³，年均来沙量为 7.06 亿 t，水沙属枯水枯沙系列。本时段三门峡水库仍为蓄清排浑运用，由于持续的枯水枯沙条件，下游河道主槽严重萎缩，下游河道主槽过洪能力急剧减少，至 1999 年，下游河道平滩流量降低至 2000 ~ 4000m³/s。

7）2000 ~ 2017 年，花园口年均来水量为 249.5 亿 m³，年均来沙量为 0.76 亿 t，水沙属枯水枯沙系列。本时段虽然水沙较枯，但由于小浪底水库蓄水拦沙运用，除调水调沙和洪水期间外，以下泄清水为主，下游河道主槽持续冲刷，河道淤积萎缩的局面得到了遏制，下游河道过洪能力有了较大程度的恢复，至 2017 年，下游河道平滩流量增加至 4000 ~ 7000m³/s。

10.5.2　平滩流量与水沙过程的响应关系

10.5.2.1　孙口平滩流量与汛期水量的关系

为对比下游河道孙口平滩流量与花园口站多年滑动平均汛期水沙过程的关系，图 10-37 统计了下游河道孙口断面平滩流量与花园口站当年汛期水量及 2 ~ 9 年滑动平均汛期水量的相关系数 R^2 值，由图可见，下游河道孙口断面平滩流量与花园口站 2 年滑动平均汛期水量的相关系数 R^2 值大于下游河道孙口断面平滩流量与花园口站当年汛期水量的相关系数 R^2 值，之后，下游河道孙口断面平滩流量与花园口站多年滑动平均汛期水量的相关系数 R^2 值随着滑动平均年数增大而增大，而后随着滑动平均年数增大而减小，其峰值出现在 5 年，表明下游河道孙口断面平滩流量与花园口站 5 年滑动平均汛期水量的关系最密切。

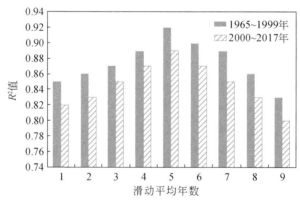

图 10-37　孙口平滩流量与花园口站不同年份滑动平均汛期水量关系 R^2 值变化

图 10-38 点绘了下游河道孙口断面历年汛后平滩流量和花园口站 5 年滑动平均汛期水量的关系，由图可见，1965～1999 年孙口平滩流量和花园口汛期水量的关系点群与 2000～2017 年两者之间的关系点群存在明显分区，表明两个时段孙口平滩流量和花园口汛期水量的关系遵循不同的规律，利用回归分析的方法，分别建立了 1965～1999 年、2000～2017 年下游河道孙口断面历年平滩流量和花园口站 5 年滑动平均汛期水量的关系式。

1965～1999 年：$\qquad Q_{平} = -0.39 W_{汛5}^2 + 122.63 W_{汛5} - 5036.9$ （10-32）

2000～2017 年：$\qquad Q_{平} = -0.04 W_{汛5}^2 + 33.97 W_{汛5} - 479.4$ （10-33）

式中，$Q_{平}$ 为下游河道孙口断面历年汛后平滩流量（m^3/s）；$W_{汛5}$ 为下游河道花园口站 5 年滑动平均汛期水量（亿 m^3）。

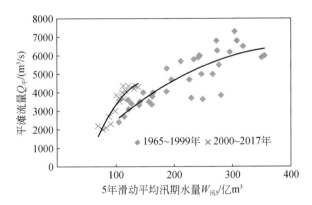

图 10-38　孙口平滩流量与花园口站汛期水量的关系

式（10-32）和式（10-33）的相关系数 R^2 值分别为 0.92、0.91，反映出下游河道孙口断面平滩流量与花园口站 5 年滑动平均汛期水量相关关系十分密切。图 10-38 中两条关系线的变化趋势表明，下游河道孙口平滩流量随着花园口站 5 年滑动平均汛期水量的增大（减小）而增大（减小），由河床演变的原理可知，对于某一河段而言，5 年滑动平均汛期水量大，表明河床经历了连续 5 年较强水流动力的塑造，河道平滩流量有所增大；5 年滑动平均汛期水量小，表明河床经历了连续 5 年较弱水流动力的塑造，河道平滩流量有所减小。由式（10-32）和式（10-33）两条关系线分布特征可见，在相同水量的情况下，2000～2017 年孙口平滩流量要大于 1965～1999 年孙口平滩流量，主要原因是小浪底水库蓄水拦沙运用后，相同水量的情况下，进入下游的水流含沙量大幅度降低，所以相同洪水过程，对河道主槽的冲刷能力越强，下游河道的平滩流量相应越大。

10.5.2.2　孙口平滩流量与汛期来沙系数的关系

图 10-39 点绘了下游河道孙口断面历年汛后平滩流量和花园口站 5 年滑动平均汛期来沙系数的关系，由图可见，1965～1999 年孙口平滩流量和花园口汛期来沙系数的关系点群与 2000～2017 年两者之间的关系点群存在明显分区，表明两个时段孙口平滩流量和花园口汛期来沙系数的关系遵循不同的规律，利用回归分析的方法，分别建立了 1965～1999

年、2000～2017 年下游河道孙口断面历年平滩流量和花园口站 5 年滑动平均汛期来沙系数
的关系式。

1965～1999 年：$\qquad Q_{平} = 799.25 \rho_{汛5}^{-0.47}$ （10-34）

2000～2017 年：$\qquad Q_{平} = 831.49 \rho_{汛5}^{-0.29}$ （10-35）

式中，$Q_{平}$ 为下游河道孙口断面历年汛后平滩流量（m³/s）；$\rho_{汛5}$ 为下游河道花园口站 5 年
滑动平均汛期来沙系数（kg·s/m⁶）。

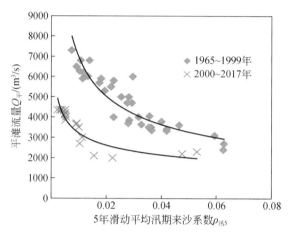

图 10-39　孙口平滩流量与花园口站汛期来沙系数的关系

　　式（10-34）和式（10-35）的相关系数 R^2 值分别为 0.89、0.87，反映出下游河道孙
口断面平滩流量与花园口站 5 年滑动平均汛期来沙系数相关关系密切。图 10-39 中两条关
系线的变化趋势表明，下游河道孙口平滩流量随着花园口站 5 年滑动平均汛期来沙系数的
增大（减小）而减小（增大），由河床演变的原理可知，对于某一河段而言，5 年滑动平
均汛期来沙系数大，表明连续 5 年汛期水沙搭配关系差，相同流量下，连续 5 年汛期含沙
量高，水流挟沙力相同的情况下，连续 5 年河道汛期淤积加重，河道平滩流量有所减小；
汛期 5 年滑动平均汛期来沙系数小，表明连续 5 年汛期水沙搭配关系好，相同流量下，连
续 5 年汛期含沙量低，水流挟沙力相同的情况下，连续 5 年河道汛期冲刷增强，河道平滩
流量有所增大。由式（10-34）和式（10-35）两条关系线分布特征可见，两条关系线间距
较远，在相同来沙系数的情况下，2000～2017 年孙口平滩流量要小于 1965～1999 年孙口
平滩流量，说明小浪底水库蓄水拦沙运用后，由于水流含沙量的大幅度降低，下游河道冲
刷演变机理与前期河道淤积演变机理存在较大差异。

10.5.2.3　孙口平滩流量与汛期水流过程参数的关系

　　图 10-40 点绘了下游河道孙口断面历年汛后平滩流量和花园口站 5 年滑动平均汛期水
流过程参数的关系，利用回归分析的方法，分别建立了 1965～1999 年、2000～2017 年下游
河道孙口断面历年平滩流量和花园口站 5 年滑动平均汛期水流过程参数的关系式。

| 1965 ~ 1999 年： | $Q_{平} = 6304.6\, \theta_{汛5} + 1303.1$ | (10-36) |
| 2000 ~ 2017 年： | $Q_{平} = 6548.9\, \theta_{汛5} + 1105$ | (10-37) |

式中，$Q_{平}$ 为下游河道孙口断面历年汛后平滩流量（m³/s）；$\theta_{汛5}$ 为下游河道花园口站 5 年滑动平均汛期水流过程参数。

式（10-36）和式（10-37）的相关系数 R^2 值分别为 0.85、0.83，反映出下游河道孙口断面平滩流量与花园口站 5 年滑动平均汛期水流过程参数相关关系良好。图 10-40 中两条关系线的变化趋势表明，下游河道孙口平滩流量随着花园口站 5 年滑动平均汛期水流过程参数的增大（减小）而增大（减小），由河床演变的原理可知，对于某一河段而言，5 年滑动平均汛期水流过程参数大，相同水量下，连续 5 年汛期水流流量变化幅度大，连续 5 年汛期洪水过程居多，连续 5 年汛期水流输沙能力强，河道平滩流量有所增大；5 年滑动平均汛期水流过程参数小，相同水量下，连续 5 年汛期水流流量变化幅度小，连续 5 年汛期洪水过程较少，连续 5 年汛期水流输沙能力弱，河道平滩流量有所减小。由两条关系线分布特征可见，两条关系线距离十分接近，在相同汛期水流过程参数的情况下，2000 ~ 2017 年孙口平滩流量与 1965 ~ 1999 年孙口平滩流量几乎相等，说明无论是小浪底水库蓄水拦沙运用后的下游河道冲刷演变期，还是前期黄河下游河道淤积演变期，下游河道平滩流量与汛期水流过程参数的关系几乎遵循相同的规律。

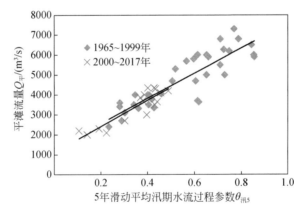

图 10-40　孙口平滩流量与花园口站汛期水流过程参数的关系

10.5.3　平滩流量阈值分析

10.5.3.1　下游河道防洪需要的平滩流量

（1）与未来洪峰流量适应的平滩流量

图 10-41 为下游河道花园口站历年最大日均洪峰流量变化过程，由图可见，1986 ~ 2016 年，下游河道花园口站最大日均洪峰流量均值为 3798m³/s；其中，最大日均洪峰流量小于 3000m³/s 的年数共 5 年，占总年数的比例为 16.1%，最大日均洪峰流量大于

4200m³/s 的年数共 6 年,占总年数的比例为 19.4%,最大日均洪峰流量大于 3000m³/s 小于 4200m³/s 的年数共 20 年,占总年数的比例为 64.5%。综合考虑干支流水库调控和人类用水等因素,按照目前多年平均情况估计,未来洪水会基本维持 1986 年后的形势,最大日均洪峰流量 3000~4200m³/s 的洪水将成为下游洪水的主体,所以与之相适应的下游河道平滩流量应大于 4200m³/s。

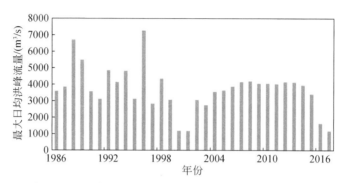

图 10-41　下游花园口站历年最大日均洪峰流量变化过程

(2) 与设防水位适应的平滩流量

图 10-42 为花园口断面不同平滩流量下设防洪水 (22 000m³/s) 水位变化,由图可见,随着花园口断面平滩流量的增加,设防洪水水位一直呈降低的趋势;花园口断面平滩流量大,主河槽过流能力大,相同的洪峰流量对应的洪水水位低;花园口断面平滩流量小,主河槽过流能力小,相同的洪峰流量对应的洪水水位高。由图 10-42 中洪水水位的变化过程线可见,随花园口站平滩流量增加,设防洪水水位降低的趋势线是非线性的曲线,存在一个明显拐点,拐点位置在 4000m³/s 左右,即当花园口站平滩流量小于 4000m³/s 时,随着平滩流量的增加,设防洪水水位降低的速率较快;当花园口站平滩流量大于 4000m³/s 时,随着平滩流量的增加,设防洪水水位降低的速率有所变缓,所以,与下游河道设防水位相适应的平滩流量应大于 4000m³/s。

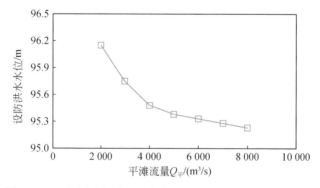

图 10-42　下游花园口断面不同平滩流量下设防洪水水位变化

（3）与水位涨率适应的平滩流量

洪水上涨过程中水位涨率对于防洪的影响意义重大，引入水位涨率特征参数 β 来分析黄河下游洪水水位涨率的变化，β 的数学表达式为

$$\beta = \frac{1000(Z_{max} - Z_{3000})}{Q_{max} - Q_{起}} \tag{10-38}$$

式中，Z_{max} 为洪水最高水位；Z_{3000} 为洪水流量为 3000m³/s 对应的水位，即洪水起涨水位；Q_{max} 为洪水洪峰流量；$Q_{起}$ 为洪水起涨流量，即 3000m³/s。分析式（10-38）可知，β 的物理意义为洪水自 3000m³/s 流量开始上涨的过程中每升高 1000m³/s 流量所抬高的水位值，可用来表征黄河下游洪水上涨过程中水位涨率的大小。

图 10-43 为下游河道洪水水位涨率与平滩流量关系，由图可见，下游河道洪水水位涨率参数随着平滩流量的增大而减小；平滩流量大，主河槽过流能力大，相同峰量的洪水上涨过程中，水位上涨慢；平滩流量小，主河槽过流能力小，相同峰量的洪水上涨过程中，水位上涨快。图 10-43 关系点群的分布特征可见，以平滩流量 4000m³/s 为界，关系点群的变化趋势明显不同。当平滩流量小于 4000m³/s 时，洪水水位涨率特征参数随着平滩流量的增大而迅速减小；当平滩流量大于 4000m³/s 时，洪水水位涨率特征参数在 0.1~0.2，随着平滩流量的增大变化不大，表明当下游河道平滩流量大于 4000m³/s 时，洪水上涨过程中水位涨率特征参数较小，因洪水水位上涨造成的防洪压力明显降低，综上所述，与下游河道洪水水位涨率相适应的平滩流量应大于 4000m³/s。

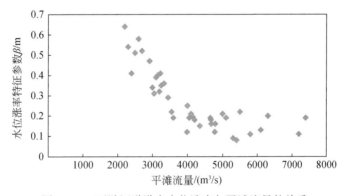

图 10-43 下游河道洪水水位涨率与平滩流量的关系

（4）与滩区安全适应的平滩流量

下游河道是典型的复式断面河道，断面形态上具有明显的主河槽和滩地，滩地是河道的重要组成部分。下游滩地总面积为 3145km²，占下游河道总面积的 65% 以上。目前，下游滩地涉及沿黄 43 个县（区），滩地内共有村庄 1928 个，人口 189.5 万，耕地 340 万亩。据不完全统计，1949 年以来，滩地遭受不同程度的洪水漫滩 30 余次，累积受灾面积 900 多万人次，受淹耕地 2600 多万亩次。下游滩区既是黄河防洪工程体系的重要组成部分，又是滩区近 190 万人赖以生存和发展的空间。

图 10-44 为下游高村断面滩地分流情况与平滩流量的关系，由图可见，高村断面滩地

分流量与滩槽分流比随着平滩流量的增加而减小；平滩流量大，主河槽过流量大，相同峰量洪水，滩地分流量小，滩槽分流比小；平滩流量小，主河槽过流量小，相同峰量洪水，滩地分流量大，滩槽分流比大。由图10-44中两条曲线的变化过程可见，高村断面滩地分流量与滩槽分流比随平滩流量的变化过程存在一个明显拐点，拐点位置在4000m³/s左右，即当高村断面平滩流量小于4000m³/s时，随着平滩流量的增加，滩地分流量与滩槽分流比降低的速率较快；当高村断面平滩流量大于4000m³/s时，随着平滩流量的增加，滩地分流量与滩槽分流比降低的速率明显变缓，表明当下游河道平滩流量大于4000m³/s时，滩地分流量明显减小，滩槽分流比在15%～20%，洪水对滩区防洪的威胁大大降低，所以，与下游滩区防洪安全相适应的平滩流量应大于4000m³/s。

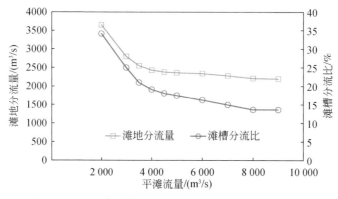

图10-44　下游高村断面滩地分流情况与平滩流量的关系

10.5.3.2　下游河道输沙塑槽需要的平滩流量

（1）与河床阻力适应的平滩流量

不同的水流动力条件，作用在河床床面上将塑造出不同的床面形态，而不同的床面形态动床阻力大小也不同。利用艾山站各级流量实测的水深流速资料，通过曼宁公式（10-39）反推糙率 n 值，列于表10-11中，由表可见，流量在500m³/s时，糙率 n 值最大；流量在500～2500m³/s时，糙率 n 值持续减小；流量在2500m³/s时，糙率 n 值最小；流量大于2500m³/s时，糙率 n 值略有增大。

$$U = \frac{1}{n} R^{\frac{2}{3}} J^{\frac{1}{2}} \tag{10-39}$$

Simons 等（1965）用水流能量 $\tau_0 u$ 和床沙中值粒径 d_{50} 点绘了床面形态判别图，如图10-45所示。据表10-11的资料，计算出艾山站各级流量的水流能量 $\tau_0 u = \gamma h J u$，取艾山站多年平均床沙中值粒径 $d_{50} = 0.076$mm，点绘于图10-45中，由图10-45可见，流量小于500m³/s时，床面形态处于沙纹区；流量在1000～2000m³/s时，床面形态处于沙垄区；流量在2000～2500m³/s时，床面形态处于由沙垄向动平床过渡区；流量大于2500m³/s时，床面形态处于动平床区。

表 10-11　下游艾山站各级流量河床阻力变化

流量 Q/（m³/s）	500	1000	1500	2000	2500	3000	4000	5000	6000
水深 h/m	1.5	1.8	2	2.5	2.8	3.2	4	4.5	5
流速 u/（m/s）	1	1.5	1.7	2	2.3	2.4	2.8	3	3.2
糙率 n	0.0131	0.0099	0.0094	0.0092	0.0086	0.0089	0.0090	0.0091	0.0091

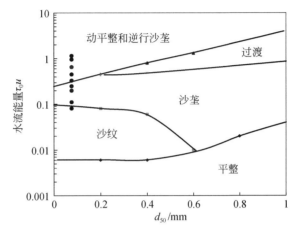

图 10-45　床面形态判别图（Simons et al.，1965）

结合糙率 n 值分析表明，艾山站流量小于 2500m³/s 时，床面形态随流量由小变大经历了沙纹—沙垄—动平床的变化；流量小于 500m³/s 的沙纹区和流量在 1000～2000m³/s 的沙垄区，河床阻力较大；流量大于 2500m³/s 时，河床阻力较小，床面处于高效输沙的动平整状态。综合上述分析，与下游河床阻力相适应的平滩流量应大于 2500m³/s。

（2）与高效输沙适应的平滩流量

受黄河水沙年内分布特征及水利枢纽运行方式的双重影响，洪水期是下游河道输沙的主要时期。引入下游河道排沙比的概念，即下游河道输出沙量与来沙量的比值，点绘下游洪水期河道排沙比与流量关系图，如图 10-46 所示，由图可见，下游洪水期，河道排沙比随着花园口洪水平均流量的增大而增大；花园口站洪水平均流量大，洪水动力强，下游河道输沙能力大，河道排沙比大；花园口站洪水平均流量小，洪水动力弱，下游河道输沙能力小，河道排沙比小。由图 10-46 关系点群的分布特征可见，随花园口洪水平均流量的增加，下游河道排沙比点群存在一个明显拐点，拐点位置在 4000m³/s 左右，即当花园口洪水平均流量小于 4000m³/s 时，随着洪水流量的增加，下游河道排沙比从 10%～20% 迅速增加至 80%～90%；当花园口洪水平均流量大于 4000m³/s 时，随着洪水流量的增加，下游河道排沙比在 90%～130%，随流量增加的速率大幅度减缓，所以，与黄河下游洪水期河道排沙比相适应的平滩流量应大于 4000m³/s。

河道输沙能力与水流流量、流速、来沙粒径组成，河道边界条件中的河宽、水深、比降、河床组成等因素具有复杂的相关关系。水流挟沙力常用公式如下：

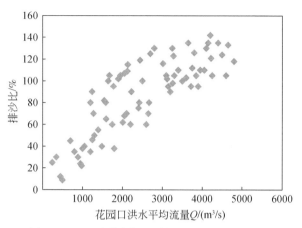

图 10-46　下游洪水期河道排沙比与流量的关系

$$S_* = K \left(\frac{v^3}{gR\omega} \right)^m \tag{10-40}$$

式中，S_* 为水流挟沙力（kg/m³）；R 为断面平均水深；v 为断面平均流速；ω 为泥沙平均沉速；K 为系数。式（10-40）的物理意义是水流紊动作用与重力作用的对比关系。分析式（10-40）可知，在一般含沙水流中，在相同的来沙条件下，对水流挟沙能力起主导作用的是河道断面平均流速 v 和水深 h，引入输沙因子 $\frac{v^3}{h}$，作为反映黄河下游河道输沙能力的指标。图 10-47 为利用下游洪水期艾山断面实时观测资料，点绘的下游洪水期艾山断面输沙因子 $\frac{v^3}{h}$ 与流量 Q 的关系，利用回归分析的方法，建立了下游洪水期艾山断面输沙因子 $\frac{v^3}{h}$ 和流量 Q 的相关关系式：

$$\frac{v^3}{h} = -3 \times 10^{-7} Q^2 + 0.0025Q + 1.0392 \tag{10-41}$$

式（10-41）的相关系数 R 值为 0.81，表明下游洪水期艾山断面输沙因子 $\frac{v^3}{h}$ 和流量 Q 的相关关系良好。式（10-41）表明下游洪水期艾山断面输沙因子 $\frac{v^3}{h}$ 和流量 Q 是二次多项式的关系，利用二次多项式的基本性质推导可得

$$Q = -\frac{b}{2a} = 4166 \text{ m}^3/\text{s} \tag{10-42}$$

$$\max\left(\frac{v^3}{h}\right) = -\frac{b^2}{4a} + c = 6.3 \tag{10-43}$$

即当下游洪水期艾山站流量 Q 为 4166m³/s 时，艾山断面输沙因子 $\frac{v^3}{h}$ 达到最大值，为 6.3。分析图 10-47 变化趋势可知，随着艾山站流量 Q 的增大，艾山断面输沙因子 $\frac{v^3}{h}$ 逐渐

增大；当艾山站流量 Q 达到 $4166\text{m}^3/\text{s}$ 时，艾山断面输沙因子 $\dfrac{v^3}{h}$ 达到最大值；之后，随着艾山站流量的进一步增大，艾山断面输沙因子 $\dfrac{v^3}{h}$ 呈减小的趋势。由上述分析可知，多年平均情况下，下游洪水期艾山站流量 Q 达到 $4166\text{m}^3/\text{s}$，艾山断面达到输沙最优的状态，而艾山断面为下游的卡口断面，对于整个下游河道而言，结合前述排沙比的分析结果，与下游河道高效输沙相适应的平滩流量应大于 $4166\text{m}^3/\text{s}$。

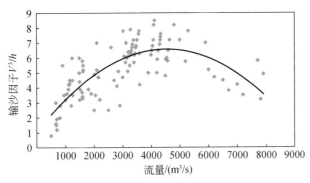

图 10-47   下游洪水期艾山断面输沙因子与流量的关系

（3）与高效塑槽适应的平滩流量

受水利枢纽建设运行的影响，下游河道经历了 1961 ~ 1964 年、2000 年至今两个时段的清水下泄期，其中 1961 ~ 1964 年为三门峡水库蓄水拦沙期，2000 年至今为小浪底水库蓄水拦沙期。在这两个时段，由于水库的蓄水拦沙运用，下泄水流的含沙量较低，接近清水，下游河道表现为沿程冲刷状态。引入下游河道冲刷效率的概念，即下游河道单位水量的冲刷量，点绘下游清水下泄期河道冲刷效率与流量的关系，如图 10-48 所示，由图 10-48 可见，下游清水下泄期河道冲刷效率随着花园口站流量的增大而减小；花园口站流量大，水流动力强，下游河道单位水量的冲刷量大，下游河道冲刷效率高；花园口站流量小，水流动力弱，下游河道单位水量的冲刷量小，下游河道冲刷效率低。由图 10-48 可见，以花园口站平均流量 $4000\text{m}^3/\text{s}$ 为界，关系点群的变化趋势明显不同。当花园口站流量小于 $4000\text{m}^3/\text{s}$ 时，下游河道冲刷效率随着流量的增大而迅速降低；当花园口站流量大于 $4000\text{m}^3/\text{s}$ 时，下游河道冲刷效率在 $15 \sim 20\text{kg}/\text{m}^3$，随着流量的增大变化不大，表明当下游花园口站流量大于 $4000\text{m}^3/\text{s}$ 时，下游河道冲刷效率已接近了最大值，所以，与下游河道高效塑槽相适应的平滩流量应大于 $4000\text{m}^3/\text{s}$。

（4）与全程冲刷适应的平滩流量

水库下泄清水，下游河道发生冲刷，沿程调整的规律表现为，近坝段冲刷调整较为强烈，然后逐渐向下游发展。尽管下游沿程冲刷调整的机理十分复杂，但影响下游沿程冲刷调整范围最重要的因素是水流动力的大小。图 10-49 点绘了下游清水下泄期河道冲刷发展最终距离和花园口站流量的关系，利用回归方法建立了下游清水下泄期河道冲刷发展最终距离和花园口站流量的关系式：

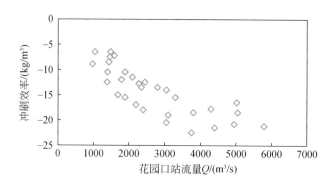

图 10-48　下游清水下泄期河道冲刷效率与流量的关系

$$L_{\text{冲}} = 0.27\ln Q_{\text{花}} - 4.33 \tag{10-44}$$

由图 10-49 中关系线的变化趋势表明，下游清水下泄期河道冲刷发展最终距离随花园口站流量的增大而增大；花园口站流量大，水流动力强，水流挟沙能力大，下游河道冲刷发展的最终距离长；花园口站流量小，水流动力弱，水流挟沙能力小，下游河道冲刷发展的最终距离短。为了得到清水下泄期下游河道实现全程冲刷的花园口站流量控制阈值，将下游河道全程距离 $L_{\text{冲}} = 786\text{km}$ 代入式（10-44）可得

$$Q_{\text{花}} = 2927 \text{ m}^3/\text{s} \tag{10-45}$$

式（10-45）表明，多年平均意义下，清水下泄期下游河道要想实现全程冲刷，花园口站流量应大于 $2927\text{m}^3/\text{s}$，所以，与下游河道全程冲刷适应的平滩流量应大于 $2927\text{m}^3/\text{s}$。

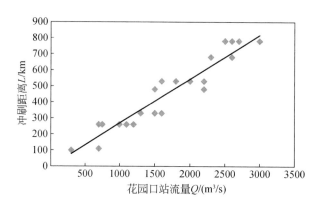

图 10-49　下游清水下泄期河道冲刷距离与流量的关系

10.5.3.3　与未来不同水沙过程适应的下游河道平滩流量

选择下游孙口断面平滩流量为因变量，下游花园口站汛期水沙过程为自变量，运用多元回归的方法，分别建立 1965～1999 年、2000～2017 年黄河下游孙口断面平滩流量与花园口站汛期水沙过程的综合关系式。

1965～1999 年：
$$Q_{\text{平}} = 716.96\, W_{\text{汛5}}^{0.27} \rho_{\text{汛5}}^{-0.18} \theta_{\text{汛5}}^{0.25} \tag{10-46}$$

2000～2017 年：

$$Q_{平} = 237.14 W_{汛5}^{0.51} \rho_{汛5}^{-0.11} \theta_{汛5}^{0.21}$$ (10-47)

式中，$Q_{平}$ 为下游孙口断面历年汛后平滩流量（m³/s）；$W_{汛5}$ 为下游花园口站 5 年滑动平均汛期水量（亿 m³）；$\rho_{汛5}$ 为下游花园口站 5 年滑动平均汛期来沙系数（kg·s/m⁶）；$\theta_{汛5}$ 为下游花园口站 5 年滑动平均汛期水流过程参数。

式（10-46）和式（10-47）中的复相关系数 R 值分别为 0.96、0.94，明显高于 1965～1999 年、2000～2017 年两个时段下游孙口断面平滩流量与花园口站汛期水沙过程单因子相关系数 R 值，表明可以运用式（10-46）和式（10-47）对下游孙口断面平滩流量进行估算。图 10-50 表明计算值与实际值的比较也反映出回归效果良好。由式（10-46）和式（10-47）三项的指数的正负可知，下游孙口断面历年汛后平滩流量随着花园口站汛期平均水量的增大（减小）而增大（减小），随着花园口站汛期平均来沙系数的增大（减小）而减小（增大），随着花园口站汛期水流过程参数的增大（减小）而增大（减小），表明上述多因素关系分析在定性上与前面单因素分析结果是一致。

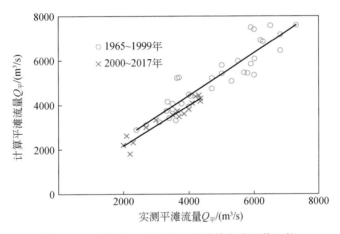

图 10-50　下游孙口平滩流量计算值与实测值比较

表 10-12 为未来不同水沙情景适应的孙口平滩流量阈值，由表可见，参考黄河勘测规划设计研究院有限公司提出的未来来沙 1 亿 t、3 亿 t、6 亿 t 三种不同水沙情景方案，将来沙 1 亿 t 情景方案下花园口站汛期水量均值、汛期来沙系数均值、汛期水流过程参数均值 3 个因变量值代入式（10-46）计算可得，孙口断面平滩流量为 4230m³/s；将来沙 3 亿 t 情景方案下花园口站汛期水量均值、汛期来沙系数均值、汛期水流过程参数均值 3 个因变量值代入式（10-46）计算可得，孙口断面平滩流量为 4027m³/s；将来沙 6 亿 t 情景方案下花园口站汛期水量均值、汛期来沙系数均值、汛期水流过程参数均值 3 个因变量值代入式（10-46）计算可得，孙口断面平滩流量为 3609m³/s。上述计算结果表明，未来来沙 1 亿 t 情景方案下，下游河道最小平滩流量能达到 4200m³/s 左右；未来来沙 3 亿 t 情景方案下，下游河道最小平滩流量能达到 4000m³/s 左右；未来来沙 6 亿 t 情景方案下，下游河道最小平滩流量将降低至 3600m³/s 左右。

表 10-12　未来不同水沙情景适应的下游孙口平滩流量阈值

未来沙量/亿 t	花园口			孙口平滩流 $Q_平$/
	$W_汛$/亿 m³	$\rho_汛$	$\theta_汛$	（m³/s）
1	112.6	0.0024	0.402	4230
3	116.8	0.017	0.31	4027
6	125.9	0.035	0.31	3609

10.6　黄河河口稳定沙量阈值

10.6.1　河口稳定沙量的概念

经过 50 余年的勘探开发，胜利油田的生产格局基本上是围绕着黄河口现行流路而设计和形成的，采油、取水、供水等生产设施已经基本固定，如果没有黄河口流路的长期稳定，将会给油田和东营市的发展造成难以估量的损失，因此，长期稳定黄河口流路是保障黄河三角洲可持续发展的客观需要。随着人类对黄河口认识程度的提高，人类控制黄河口的能力逐步增强，1976 年清水沟流路改道、1996 年清 8 出汊，黄河口堤防和控导工程的修建，都是人类为了稳定黄河口流路的成功工程实践。但是，人类对黄河口流路工程措施的干预只能是在某种程度上延长现行流路使用年限，黄河口流路是否能够长期保持稳定，归根结底取决于进入黄河口的水沙条件。以往的众多研究成果表明，影响黄河口演变的水沙条件中，入海沙量是最重要的影响因子，据此提出了河口稳定沙量的概念。

河口稳定沙量的概念是与黄河口海洋动力输往外海的沙量基本相当的入海泥沙量。当黄河入海泥沙量等于河口稳定沙量时，黄河入海泥沙基本上均被黄河口海洋动力输往外海，黄河口将处于动态平衡状态。21 世纪以来，黄河水沙的急剧减少以及黄河水沙调控体系的逐步完善，使得通过调控入海沙量，长期相对稳定入海流路，保持黄河口动态平衡成为可能，因此选取河口稳定沙量作为黄河口最重要的水沙调控指标。

10.6.2　河口稳定沙量阈值分析

依据河口稳定沙量的概念，要想确定河口稳定沙量阈值，需要筛选一种黄河口动态平衡状态的表征参数，从黄河口演变特征来看，黄河口动态平衡状态可以有三种描述方式：一是某个时段内河口入海流路淤积延伸长度与海洋动力蚀退长度几乎相等；二是河口入海流路淤积延伸会推进海岸线的凸出，某个时段内黄河口海岸造陆面积与海洋动力蚀退面积几乎相等；三是河口入海流路淤积延伸能塑造水下三角洲，某个时段内黄河口水下三角洲淤积体积与海洋动力蚀退体积几乎相等。由此可见，黄河口动态平衡状态的表征参数有三种，一是河口入海流路长度，二是河口海岸造陆面积，三是河口水下三角洲淤积体积。由于黄河口入海流路摆动不定，选择黄河口入海流路长度以及黄河口水下三角洲淤积体积作为黄河口动态平衡状态的表征参数，数据提取的难度较大，数据的精度也会受到影响，相比而言，黄河口海岸造陆面积数据提取难度小，数据提取精度高，所以选择黄河口海岸造陆面积作为黄河口动态平衡状态的表征参数最合理。

2013 年 3 月国务院批复的《黄河流域综合规划（2012—2030 年）》中明确，河口治理规划期内主要利用清水沟流路行河，保持流路相对稳定。清水沟流路使用结束后，优先启用刁口河备用流路；马新河和十八户作为远景可能的备用流路。由此可见，为了实现黄河口长时期的相对稳定流路，针对黄河口流路演变特点，河口治理规划中除保留现行清水沟流路外，还预留了刁口河流路、十八户流路以及马新河流路，规划流路的行河范围涵盖了整个以宁海为顶点的近代黄河三角洲，因此从未来其他备用流路行河的可能性出发，只求得黄河口清水沟流路管理范围河口稳定沙量是不够的，还需要求得近代黄河三角洲范围河口稳定沙量。图 10-51 点绘了 1976 年清水沟流路行河以来近代黄河三角洲范围海岸年造陆面积与利津站年输沙量的关系，由图可见，1976～1985 年河口海岸年造陆面积与利津站年输沙量的关系点群与 1986～2018 年两者之间的关系点群存在明显分区，表明两个时段河口海岸年造陆面积与利津站年输沙量的关系遵循不同的规律，采用回归分析方法，分别建立了 1976～1985 年、1986～2018 年河口海岸年造陆面积与利津站年输沙量的关系式。

1976～1985 年：
$$A_{近} = 9.73\,W_{S利} - 63.62 \tag{10-48}$$

1986～2018 年：
$$A_{近} = 3.47\,W_{S利} - 9.25 \tag{10-49}$$

式中，$A_{近}$ 为近代黄河三角洲范围海岸年造陆面积（km^2）；$W_{S利}$ 为利津站年输沙量（亿 t）。

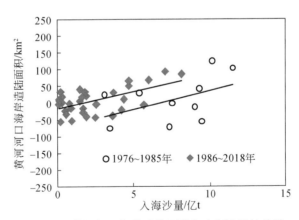

图 10-51　黄河河口海岸造陆面积与入海沙量的关系

式（10-48）和式（10-49）的相关系数 R 值分别为 0.62、0.69，反映出河口海岸造陆面积与利津站年输沙量相关性一般，其原因是河口海岸造陆面积的影响因素不仅包括进口水沙条件，还包括尾闾河道的输水输沙能力、海洋动力侵蚀状况以及海洋地貌边界条件等其他因素。图 10-51 中关系线的变化趋势表明，河口海岸年造陆面积随着利津站年来沙量的增大（减小）而增大（减小），由河床演变的原理可知，利津站年输沙量越大，被尾闾河道输运入海的沙量就越大，沉积在河口海岸的泥沙就越多，河口海岸造陆面积就越大。

由入海流路规划可以预见，未来依据不同流路输运泥沙入海，能够将黄河口泥沙输运到近代黄河三角洲不同区域，依靠自然力量实现了在近代黄河三角洲范围均匀造陆。为了求近代黄河三角洲范围河口稳定沙量，将 $A_{近}=0$ 代入式（10-49）可得

$$W_S = 2.6 \text{ 亿 } t \tag{10-50}$$

由式（10-50）可知，近代黄河三角洲范围河口稳定沙量为 2.6 亿 t，即利津站年来沙量为 2.6 亿 t 时，近代黄河三角洲范围年均造陆面积为 0，近代黄河三角洲范围处于淤积与蚀退动态平衡状态。

第11章 黄土高原水土流失治理格局变化与调整对策

11.1 水土流失治理分区

纵观以往黄土高原地区水土保持区划，在综合分析不同地区水土流失发生发展演化过程及地域规律的基础上，按照区划的原则和有关指标，以及区内相似性和区间的差异性把侵蚀区划为各具特色的区块，综合考虑区域经济因素，以阐明水土流失综合特征，指出不同区域农业生产和水土流失治理方向、途径和原则，并直接服务于土地利用规划和水土保持规划等相关工作。

经分析，《中国水土流失防治与生态安全》（西北黄土高原区卷）等文献和规划的水土保持分区基础均是在黄河规划委员会等关于水土流失分区成果的基础上，结合研究及规划的用途和方向，综合考虑治理方案和经济社会情况，各有侧重，进行分区。黄秉维（1955）将黄河流域黄土高原地区水土流失分为黄土丘陵沟壑区（该区又分为五个副区）、黄土高塬沟壑区、土石山区、风沙区、黄土阶地区、冲积平原区、干旱草原区、高地草原区、林区（以下简称九大类型区），具体分布如图11-1所示。

黄土高原治理分区以九大类型区为基础，根据各区水土流失特点和土壤侵蚀程度分片（区）进行研究，在水土保持分区（九大类型区）的基础上，黄土高原水土流失类型区，大致可分三种情况：一是严重水土流失区，包括黄土丘陵沟壑区与黄土高塬沟壑区，面积约25万km²，水土流失最为严重，每年输入黄河泥沙约占黄河总输沙量的90%（胡春宏和张晓明，2020）。二是中度水土流失区，包括土石山区、林区、高地草原区、干旱草原区和风沙区，面积约31.7万km²，大部分地面有不同程度的林草覆盖，水土流失轻微，但林草遭到破坏的局部地方，流失也很严重，每年输入黄河泥沙约占黄河总沙量的9%（陈江南等，2004）。三是轻微水土流失区，包括黄土阶地区与冲积平原区，面积约7.8万km²（张耀宗等，2016）。除阶地上有少量沟蚀外，大部地面平坦，水土流失轻微，每年输入黄河泥沙约占黄河总输沙量的1%。

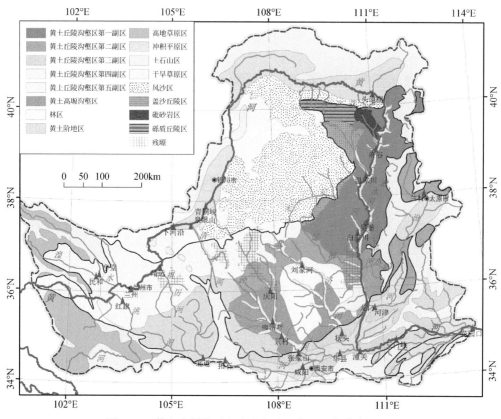

图 11-1 黄土高原地区水土流失治理分区（九大类型区）

11.2 水土保持措施时空格局变化

黄土高原历年累积水土保持措施面积变化如图 11-2 所示，表 11-1 为黄土高原地区年

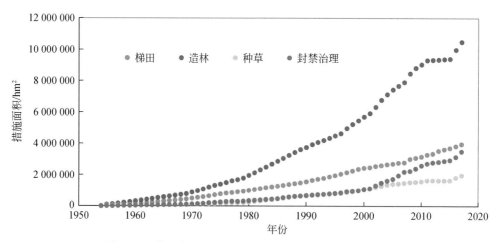

图 11-2 黄土高原地区历年累积水土保持措施面积变化

代累积水土保持措施面积占比，由图和表可见，黄土高原地区多年平均各项水土保持措施面积占比由大到小依次表现为造林55%、梯田24%、封禁治理11%、种草10%，累积（保存）造林面积占比基本多年维持在55%左右。整体而言，各项水土保持措施在黄土高原近70年的治理过程中均保持平稳的变化趋势。

表 11-1　黄土高原地区年代累积水土保持措施面积占比统计

时段	梯田		造林		种草		封禁治理	
	面积/万 hm²	占比%	面积/万 hm²	占比%	面积/万 hm²	占比%	面积/万 hm²	占比%
1954~1959 年	4.37	17.49	15.18	60.74	4.20	16.81	1.24	4.96
1960~1969 年	29.13	29.29	55.77	56.08	7.34	7.38	7.21	7.25
1970~1979 年	73.65	29.63	135.22	54.40	15.92	6.41	23.76	9.56
1980~1989 年	124.73	25.21	277.28	56.04	44.15	8.92	48.66	9.83
1990~1999 年	193.55	24.02	449.61	55.81	79.84	9.91	82.69	10.26
2000~2009 年	270.07	20.83	721.2	55.62	133.98	10.33	171.49	13.22
2010~2017 年	354.58	20.06	952.2	53.87	169.45	9.59	291.25	16.48

　　淤地坝在黄土高原水土流失治理中的地位显著。20世纪50年代后开始大规模建设淤地坝，70年代淤地坝建设达到高潮，此后受各种因素影响淤地坝新建数量大幅降低，2003年水利部将淤地坝列为三大"亮点工程"之一后，建设数量又显著增加。

11.2.1 严重水土流失区水土保持措施时空格局变化

11.2.1.1 黄土丘陵沟壑区

(1) 治理现状及治理模式

　　黄土丘陵沟壑区主要包括陕北、晋西、晋南、豫西、陇东、陇中、陇南、内蒙古南部以及青海、宁夏东部等地，面积21.58万km²，如图11-3所示。涉及内蒙古、陕西、山西、甘肃、青海、宁夏和河南7省（自治区）共194个县（市、区、旗）。

　　多年来，该区重点开展了以小流域为单元的水土保持综合治理、坡耕地综合治理项目、淤地坝工程、水蚀风蚀交错区综合治理项目以及革命老区重点建设工程（胡春宏和张晓明，2019，2020）。经过治理，截至2015年，本区累积保存治理措施面积1 039 526.10hm²，其中以梯田、坝地为代表的基本农田235 753.50hm²，水保林466 900.80hm²，经济林149 005hm²，种草145 380hm²，封育治理42 486.80hm²，淤地坝18 642座，小型蓄水工程67 077处。

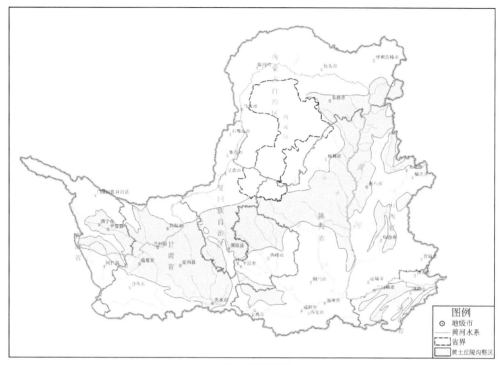

(a) 黄土丘陵沟壑区

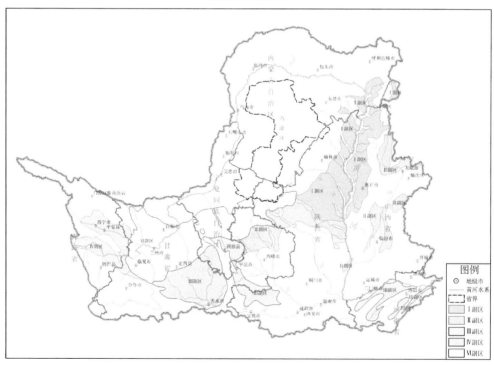

(b) 水土流失副区

图 11-3　黄土丘陵沟壑区及水土流失副区范围

根据多年来的治理经验，按照黄土丘陵沟壑区墚峁状丘陵为主的地貌特征，采取对位配置、分区施策的治理模式是较为有效的水土流失防治模式，分别对墚峁顶、墚峁坡、峁缘线、沟坡、沟底采用不同的综合治理模式和技术。墚峁顶地形平坦，侵蚀较轻，可发展高标准基本农田，营造防风林带、种植牧草，同时适当布设水窖、发展集水节灌；在墚峁坡 25° 以下缓坡耕地上修筑水平梯田，梯田埂采取植物防护，近村、背风向阳地栽经济林，在坡度较大的地方营造水土保持林；峁缘线沟附近以沟头防护为主，营造防护林、修筑防护埂；沟坡采用水平沟、水平阶、反式梯田和鱼鳞坑等整地方式营造水土保持林、经济林和用材林，坡度较大的地方封禁种草；沟底以改造沟台地为主，修建淤地坝、兴修小型水利工程，同时营造沟底防冲林和护岸林，利用坝系在拦沙的同时增加基本农田面积。

根据《全国水土保持区划（试行）》（2015 年），对已实施且拦沙效果较好的部分典型小流域水土保持措施数量进行统计，如表 11-2 所示，由表可见，该区防治水土流失的坡面措施占比从高到低依次为造林（占 38.78%）、封禁治理（占 32.05%）、梯田（占 16.81%）、种草（占 9.96%），沟道工程主要为淤地坝和小型水土保持工程，就拦沙效果而言，淤地坝措施效果显著。

表 11-2　典型小流域水土保持措施数量统计

典型小流域名称	措施面积合计/hm²	坡面措施/hm²						沟道工程措施	
		造林	经济林	梯田	种草	封禁治理	其他	淤地坝/座	小型水保工程/处
内蒙古乌兰沟小流域	6211.9	5148.6		110.3	860.9		92.1		
山西偏关沙洼河小流域	991.39	554.39	8.94	428.06				16	74
山西岢岚大义井小流域	1490	100	15		67	1308			
山西榆次伽西小流域	1490	205	96	30		1159			25
甘肃平凉堡子沟小流域	846.1	275.1	61.2	326.7	183.1			5	2240
甘肃定西复兴小流域	4784.69	138.2	29.6	101.1	366.1	4149.69			460
青海海东地区西山小流域	4830	1584	192	2475	579			33	8395

（2）治理格局变化

所用水保措施数据来源于黄河水沙变化研究一期（1954～1990 年）、二期（1991～1996 年），黄河流域水土保持基本资料，"黄河上中游水土保持措施调查与效益评价"项目（1996～2007 年），黄土高原各省区统计年鉴，第一次全国水利普查数据（2011 年），国家"十一五""十二五"科技支撑计划项目等，数据已经应用于黄土高原输沙模数分区图及暴雨等值线图修订和黄河流域泥沙成果修订等项目。淤地坝数据来源于黄土高原淤地坝安全大检查专项行动（2008 年底），第一次全国水利普查数据（2011 年）和黄土高原各省区统计年鉴等。

经分析黄土丘陵沟壑区 1954～2017 年坡面措施累积措施面积变化、面积增量占比和累积面积占比变化，可以看出其总体趋势并得出其变化的主要原因。图 11-4 为黄土丘陵沟壑区历年累积水土保持措施面积变化，由图可见，黄土丘陵沟壑区各项水土保持措施累积面积均呈现逐年持续增加的趋势，其中造林为首要措施，措施面积最大。1980 年以前，黄土高塬沟壑区各项水土保持措施增幅较缓，1980～2000 年为快速增长时期，2000 年以后，该区域迎来了水土流失治理高速发展时期，各项水土保持措施累积面积增幅加大。1980 年以后，水土流失治理进入重点整治和依法防治阶段，各项水土保持措施全面推进；2000 年左右，随着党中央发出"再造一个山川秀美的西北地区"号召后，水土流失治理进入工程推动和生态修复阶段，退耕还林工程、封山禁牧、三北防护林等一大批水土保持生态建设重点项目实施，该区造林面积持续增加，生态环境得到显著改观。

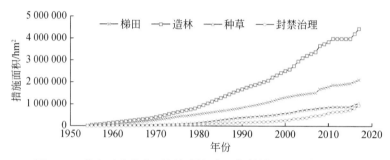

图 11-4　黄土丘陵沟壑区历年累积水土保持措施面积变化过程

　　进一步分析黄土丘陵沟壑区历年各项水土保持措施面积增量占当年总措施面积增量比例，由图 11-5 可见，1996 年以前为综合治理时期，各项措施齐头并进，虽有些许差异，但总体措施比例保持稳定。1996 年以后，各项措施增量占比波动较大，造林措施面积先增后降，梯田措施面积和封禁治理措施面积增幅较大，种草措施面积先降后增，这主要与国家政策导向和各地水土流失治理差异有关。

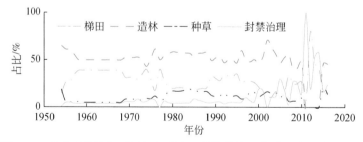

图 11-5　黄土丘陵沟壑区历年各项水土保持措施面积增量占比变化过程

　　梯田为该区水土保持坡面措施的第二大措施，各年代实施占比基本维持在 20%～30% 的水平。种草实施占比基本维持在 5%～15% 的水平，仅在 21 世纪初期，由于地方政策的影响，占比一度提高到近 20% 的水平。

　　封禁治理措施在 2000 年以前一直维持在 5% 左右的较低水平，2000 年以来，该措施实施占比提高到 14%～39% 的水平，近十年的实施占比仅次于梯田工程，可见国家和各地政府对生态修复非常重视。

图 11-6 为黄土丘陵沟壑区历年各项水土保持措施累积面积占比变化过程，由图可见，该区造林的占比基本维持在 54% 水平，梯田面积占比自 1980 年后呈现逐年下降趋势，由 30% 下降至 25% 水平；种草面积占比基本维持在 10% 水平；封禁治理面积占比自 2000 年后增长趋势明显，由 5% 上升至近 10% 水平。

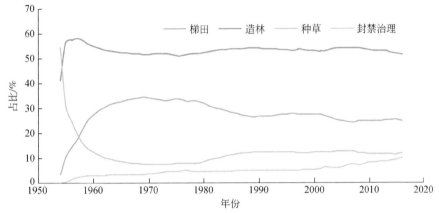

图 11-6 黄土丘陵沟壑区历年各项水土保持措施累积面积占比变化过程

从该区各项坡面措施累积占比变化趋势看，梯田和造林措施呈下降趋势，种草和封禁治理呈上升趋势。就各项坡面措施面积占比来看，造林措施为主要水土保持措施，其次为梯田、种草、封禁治理措施。

经过几十年的生态环境建设，特别是实施退耕还林政策以来，黄土丘陵沟壑区实现了林草植被大幅度增加和地表景观由黄到绿的转变。该区植被覆盖率明显增加，其植被指数平均增长速率是黄土高原平均水平的 1.54 倍，生态环境状况呈现出"总体改善，局部好转"的良好态势。

图 11-7 为黄土丘陵沟壑区年代淤地坝建设柱状图，由图可见，黄土丘陵沟壑区淤地坝建设曲线变化与其发展阶段一致，分别在 20 世纪 70 年代的发展建设阶段和 21 世纪初期的大规模发展阶段出现峰值。

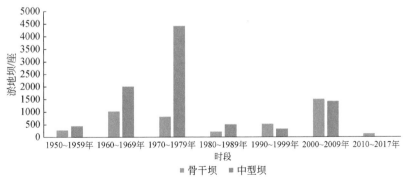

图 11-7 黄土丘陵沟壑区年代淤地坝建设柱状图

11.2.1.2 黄土高塬沟壑区

(1) 治理现状及治理模式

黄土高塬沟壑区主要分布于甘肃东部的董志塬、旱胜塬、合水塬，陕西延安南部的洛川塬和渭河以北的长武塬，山西西南部，宁夏东南部等地区，主要涉及甘肃、陕西、山西及宁夏的45个县（市、区），区域总面积约3.56万km²，占黄土高原地区总面积的5.54%，如图11-8所示。

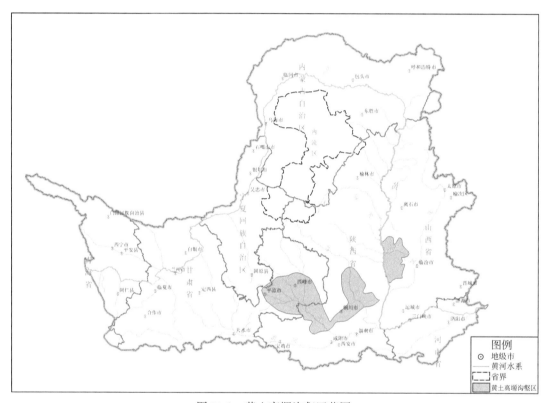

图11-8　黄土高塬沟壑区范围

黄土高塬沟壑区重点开展了以小流域为单元的水土流失综合治理、坡耕地综合治理项目以及淤地坝工程。截至2017年，该区累计治理措施面积130.99万hm²，其中以梯田、坝地为代表的基本农田49.70万hm²，水土保持林50.93万hm²，经济林12.77万hm²，种草8.55万hm²，封禁治理9.04万hm²，淤地坝1857座，小型蓄水保土工程175 596处。

黄土高塬沟壑区水土流失综合防治体系主要按照"固沟保塬"的总体思路，建成塬面、塬边塬坡、沟坡、沟道四道防线，形成自上而下层层设防、节节拦蓄的立体防治体系。措施配置上坚持工程、生物和水保耕作措施相结合，在不同区域各有侧重的原则对位配置，形成点、线、面结合，片、网、带配套的综合防治体系。塬面以蓄水工程与田、林、路配套为原则，建立雨水集蓄径流调控体系，减少下塬的径流量。在逐步优化工业结构、加强区域基础设施建设和建立林果产业基地的同时，充分利用城市、村庄、工业园区、道路等点线面径流，建设蓄水塘、水窖、涝池等蓄水工程；以建设高效高产农田中心，将塬面农田修成水平梯田，做到水不出田，营造防护林网，栽植苹果、红枣、花椒等经济林木，发展地方经济，建立高产稳产的粮油基地。

沟头修筑地边埂和挡水墙，塬边修防护围埂，塬坡加强坡改梯，防止沟头前进和沟岸扩张，有效遏制蚕食塬面。充分利用塬坡光热资源，建立建设经济林，利用道路与坡面径流修建蓄水工程，进行补灌，提高抗旱能力和提高经济林产量与品质。沟坡造林种草，防止冲刷，发展林牧业。支毛沟修谷坊群，营造沟底防冲林，防止沟底下切、沟岸扩张，在沟道修建淤地坝坝系工程以拦蓄径流泥沙，淤地造田，同时根据实际条件适度发展水产养殖和小水利。

根据《全国水土保持区划（试行）》（2015 年），对已实施且拦沙效果较好的部分典型小流域水土保持措施数量统计，如表 11-3 所示，由表可见该区防治水土流失的坡面措施占比从高到低依次为造林（占 46.33%）、梯田（占 22.90%）、经济林（占 22.56%）、种草（占 8.21%），沟道工程主要为淤地坝和小型水土保持工程，就拦沙效果而言，淤地坝效果显著，小型水土保持工程在该区固沟保塬中也起了很大作用。

表 11-3   典型小流域水土保持措施数量统计

典型小流域名称	措施面积 /hm²	坡面措施/hm²					沟道工程措施	
		造林	经济林	梯田	种草	封禁治理	淤地坝 /座	小型水保工程/处
隰县路家峪小流域	668.73	420.72	121.94	94.46	31.61		3	
甘肃官山沟小流域	630.00	181.00	171.00	203.00	75.00			96
合计	1298.73	601.72	292.94	297.46	106.61		3	96

（2）治理格局变化

图 11-9 为黄土高塬沟壑区历年累积水土保持措施面积变化过程，由图可见，黄土高塬沟壑区各项水土保持措施累积面积呈现持续增加趋势，尤其以造林面积和梯田面积增幅最大。1980 年以前，黄土高塬沟壑区各项水土保持措施增幅较缓，1980~2000 年为快速增长时期，2000 年以后，该区域迎来了水土流失治理高速发展时期，各项水土保持措施累积面积增幅加大。

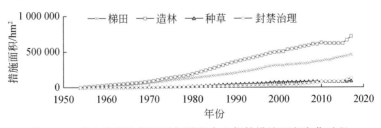

图 11-9   黄土高塬沟壑区历年累积水土保持措施面积变化过程

图 11-10 为黄土高塬沟壑区历年各项水土保持措施面积增量占比变化过程，由图可见，1996 年以前为综合治理时期，各项措施面积增量占比基本保持稳定水平，虽有波动，但总体措施占比保持稳定水平。1996 年以后，各项面积措施占比波动较大，造林面积措施先增后降，梯田面积措施和封禁面积措施增幅较大，种草面积措施先降后增，这主要与国家政策导向和各地水土流失治理差异有关。

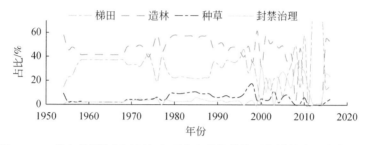

图 11-10　黄土高塬沟壑区历年各项水土保持措施面积增量占比变化过程

图 11-11 为黄土高塬沟壑区历年各项水土保持措施累积面积占比变化过程，由图可见，该区造林措施面积占总措施面积的比例多年基本维持在 55% 水平，梯田面积占比维持在 33% 水平，种草面积占比基本维持在 8% 水平，封禁面积占比虽然偏小，但各阶段呈现出逐年增加的良好趋势，由 1% 上升至近 8% 水平。

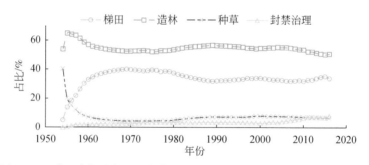

图 11-11　黄土高塬沟壑区历年各项水土保持措施累积面积占比变化过程

从该区各项坡面措施累积面积占比变化趋势看，梯田和造林措施是该区的水土流失治理的主要措施，梯田措施自 1954 年开始呈现出迅猛发展势头，由 5.38% 增加至 1969 年的 40.20%，梯田的飞速发展与该区的地形地貌有关，该区塬面平坦，坡度小，但坡面长，适宜在坡面措施布置农田防护林网、塬面水平梯田的建设，形成以水平梯田为主体、田、林、路、拦蓄工程相配套的塬面防护体系。

图 11-12 为黄土高塬沟壑区年代淤地坝建设柱状图，由图可见，该区同黄土丘陵沟壑区淤地坝建设情况基本一致。

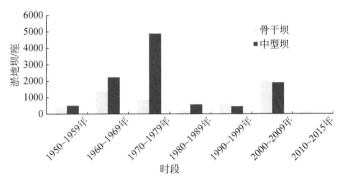

图 11-12 黄土高塬沟壑区年代淤地坝建设柱状图

11.2.2 中度水土流失区水土保持措施时空格局变化

11.2.2.1 风沙区、干旱草原区

(1) 治理现状及治理模式

该区总面积 7.92 万 km²，主要分布于内蒙古的鄂尔多斯和长城沿线等地。风沙区土地面积达 7.04 万 km²，干旱草原区 5.83 万 km²，区内气候干旱、降水稀少，年降水量 400mm 以下，蒸发量大，水蚀模数小，风蚀剧烈，"沙尘暴"灾害频繁，土地沙化严重，地貌上以毛乌素沙漠地貌类型为主。长期过牧滥牧造成比较严重的草原退化和沙化，相当部分固定、半固定沙丘被激活形成移动沙丘。风沙区和干旱草原区位置范围如图 11-13 所示。

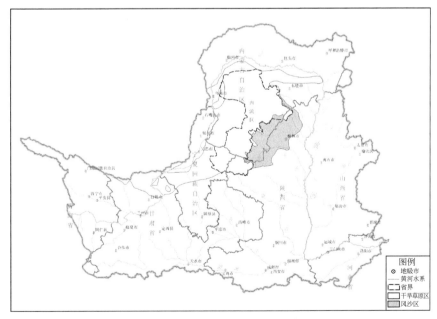

图 11-13 风沙区和干旱草原区范围

该区综合治理措施是以保护、恢复和增加现有植被为重点，实行生物措施与工程措施相结合，人工治理与自然修复相结合，建设以乔灌草、多林种、多树种相结合的防风固沙林为重点的沙区生态防护体系。对沙化土地通过人工造林种草、封沙育林育草、人工补播等方式促进植被恢复，全面实行封山（沙）禁牧、舍饲圈养、禁止滥垦、滥伐，改变畜牧业生产经营方式，条件适宜地区发展人工种植草料基地，促进草场的休养生息。

在风沙区，以人工治理与生态修复相结合，建立以乔灌草相结合的带、片、网防风固沙阻沙体系，提高林草覆盖率，减少人为过度开垦，减轻风蚀沙害。改良低产农田和沙滩地，建设稳产、高产的基本农田；扩大人工草场，推广草田轮作，引进优良牧草品种，建立高产牧场，发展舍饲养畜，保护林草植被。多年实践证明，该区的水土保持主要措施以保护、恢复和增加现有植被为重点，实行生物措施与工程措施相结合的方式，人工治理与自然修复相结合，建设以乔灌草、多林种、多树种相结合的防风固沙林为重点的沙区生态防护体系。

在干旱草原区加强草原管理，严禁开垦草原；在荒坡实行封山禁牧、轮封轮牧、舍饲养畜等措施，加强植被建设，提高生态稳定性。

截至 2017 年，该区水土保持措施以造林为主，治理面积达到 203.27 万 hm^2，其中风沙区占 39.14%，干旱草原区占 60.86%。其次是封禁治理措施，治理面积为 100.84 万 hm^2，封禁治理主要集中于干旱草原区，面积占比为 88.23%。种草面积为 38.30 万 hm^2，其中风沙区占 43.24%，干旱草原区占 56.76%。种草面积小与该区治理方式和统计口径有关，调查中发现，该区种草措施普遍采用撒播草籽的方式，撒播的草籽多数情况下位于灌木林和乔木林内，这就造成在统计草地面积时，撒播到灌木林和乔木林内的治理面积统计不到草地面积中，实际治理中虽有大面积种草，但治理实际面积小于统计面积，造成种草面积偏小，林地面积偏大。

（2）治理格局变化

根据该区主要水土保持措施，对梯田、林草等坡面措施进行治理格局分析。图 11-14 为风沙区历年累积水土保持措施面积变化过程，图 11-15 为干旱草原区历年累积水土保持措施面积变化过程，由图可见，风沙区和干旱草原区的各项水土保持措施累积面积呈现持续增加趋势，尤其以造林面积和封禁治理面积增幅最大。

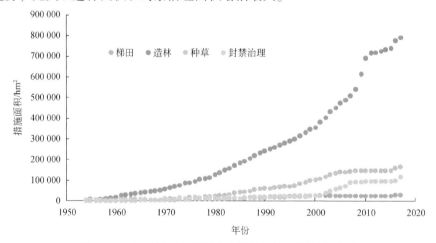

图 11-14　风沙区历年累积水土保持措施面积变化过程

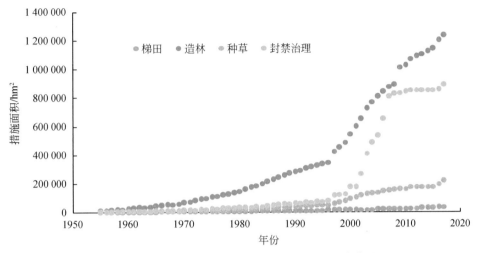

图 11-15　干旱草原区历年累积水土保持措施面积变化过程

图 11-16 为风沙区历年各项水土保持措施累积面积占比变化过程，由图可见，风沙区的面积占比基本维持在造林 72%、种草 15%、封禁治理 10%、梯田 3% 的水平，1954 ~ 2017 年，各项主要水土保持措施基本保持平稳发展势态，造林和种草措施是该区的主要水土流失治理措施。调查发现，风沙区除在个别水源地附近、村旁院落适宜零星种植乔木外，其余大部分地区主要适宜种植沙棘、柠条、沙柳、沙蒿、花棒等草灌木。该区的水土流失治理通常选用沙柳、柠条等耐旱耐寒的树种固定该区流动的沙丘，待风沙固定后，在沙柳林、柠条林的行间距中，栽植沙棘、樟子松或撒播黑沙蒿等草籽，以增加该区的植被覆盖度，提升该区的生态环境质量，增强区域生态环境的抗逆性。撒播的草籽往往位于灌木林和乔木林内，造成水土保持措施中种草实际治理面积往往小于统计面积，这也是风沙区各阶段措施累积面积占比中种草面积逐步降低的原因之一。

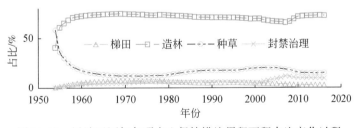

图 11-16　风沙区历年各项水土保持措施累积面积占比变化过程

图 11-17 为干旱草原区历年各项水土保持措施累积面积占比变化过程，由图可见，该区单项措施累积面积占比变化过程可分为三个阶段：2000 年以前，2000 ~ 2011 年，2011 年至今。2000 年以前为平稳发展时期，此时各水土保持措施面积占比维持稳定的水平，即基本维持在梯田 2%、造林 73%、种草 10% 和封禁 15% 的水平；2000 ~ 2011 年为封禁治理面积飞速发展时期，此时封禁治理面积占比由 2000 年的 15% 增加至 2011 年的 35% 左右

的水平；2011 年后，各水土保持措施面积占比基本维持在梯田 1%、造林 55%、种草9%、封禁治理 35% 的水平。该区造林面积迅速下降的主要原因可能与统计口径有关，初步分析可能与封禁治理面积统计时将以往成形的林区划作封禁治理区有关。同时也表明该区自 2000 年开始已转变水土流失治理观念，由传统意义上的造林种草为主要水土流失治理措施的重治理观念变为现在的"轻治理，重保护，少管理，重封育"的治理理念。

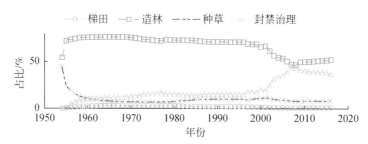

图 11-17　干旱草原区历年各项水土保持措施累积面积占比变化过程

11.2.2.2　土石山区、林区

(1) 治理现状及治理模式

土石山区和林区主要分布在山西的吕梁山、太岳山、中条山，陕西、甘肃两省的秦岭、六盘山、黄龙山、子午岭、兴隆山、马衔山，河南的伏牛山、太行山，内蒙古的大青山、狼山，宁夏的贺兰山等地。总面积 15.25 万 km²，其中土石山区 13.28 万 km²，林区1.97 万 km²。土石山区一般多是山脊部分为岩石或岩石的风化碎屑，形成石质山岭，山腰、山麓等部位有小片黄土分布，或是岩屑中混合有大量泥土，形成土石山区。其特点是石厚土薄，植被较好，水土流失较轻，大暴雨时常有山洪发生，年土壤侵蚀模数 1000 ~5000t/km²。林区气候高寒湿润，林草茂密，人口稀少，土壤侵蚀模数 100 ~ 1000t/km²。土石山区范围分布如图 11-18 所示。

多年来，土石山区开展了退耕还林、天然林保护等项目。经过治理，该区累计治理措施面积330.63 万 hm²，其中土石山区 263.01 万 hm²，林区 61.62 万 hm²。

土石山区以改造中低产田和恢复林草植被建设为主，在缓坡地修筑水平梯田，荒草地进行生态修复或封山育草，有条件的地方发展特色林业产业，加强局部地区天然次生林保护。

林区综合治理措施是对太行山、秦岭等水源涵养林建设重点地区，通过实施封山育林育草和适度人工干预恢复植被，配合必要的沟道水土保持工程，完善和维护山区流域生态系统。大力推广以小流域为单元的综合治理，因地制宜，搞好川地、缓坡地农田基本建设，对荒山荒沙地区建设谷坊、塘坝等拦沙蓄水工程，水池、水窖等集雨节灌工程，推广草田轮作、免耕法、留茬等农耕措施，加大封育治理力度。改变传统的牧业生产方式，变放养为圈养，在条件适宜地区发展人工种植草料基地建设，减轻植被破坏压力。大力营造农田林网和草场林网，建设风沙屏障。主要水土保持措施是修筑石坎梯田、石谷坊、实施封禁和造林种草。

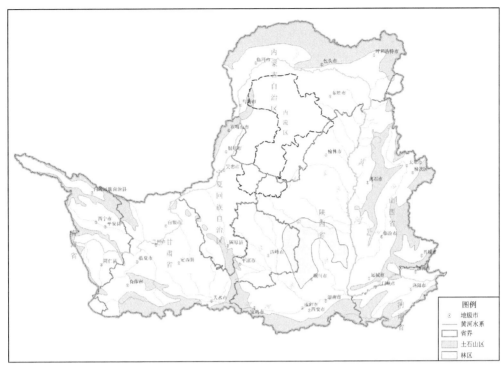

图 11-18　土石山区与林区范围

（2）治理格局变化

　　土石山区是黄土高原重要的水源涵养区，主要的水土保持措施为坡面植树造林和封山育林育草。图 11-19 为土石山区历年累积水土保持措施面积变化过程，由图可见，土石山区各项水土保持措施面积总体呈现逐年增加的趋势，大致分为三个阶段：1969 年以前各类措施的增长速度缓慢；1970～1999 年，各曲线斜率增加，表明各项措施明显增长，其中造林措施的增长速度最大；2000 年以后的水土保持措施增长速度更为显著，其中造林和封禁增长显著，梯田和种草相比较表现得较为稳定。

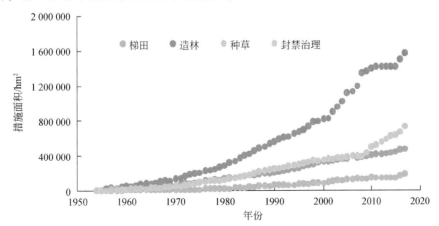

图 11-19　土石山区历年累积水土保持措施面积变化过程

图11-20为土石山区历年各项水土保持措施累积面积占比变化过程，由图可见，在黄土高原土石山区区域内最为有效且显著的水土保持措施是造林措施，其历年措施配置占到总措施面积的平均比例为54%，其次是封禁，历年措施平均配置比例为22.4%，梯田在土石山区的比例较其他区域有所较低，历年措施平均配置比例仅为17%，种草平均配置比例只占到总措施面积的5.7%。多年增长情况表现为造林平稳持续，梯田缓慢减少，封禁稳步增加，特别是在20世纪90年代后期，明显高于梯田措施；种草也表现为缓慢的增长趋势。

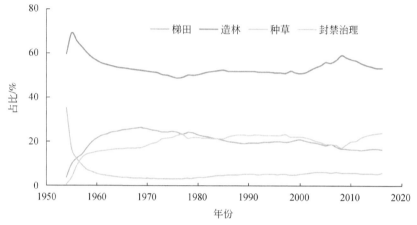

图11-20　土石山区历年各项水土保持措施累积面积占比变化过程

不同于黄土高原其他治理分区，过度的放牧、樵采等人为因素是山区发生坡面水土流失的主要原因之一。在山区开展封禁育林措施也是投资少、见效快的良好措施之一，其效果更为显著，特别像秦岭山区这类具有良好的自然气候条件和优越的地理位置的山区，封山禁牧育林，依靠自然的力量恢复植被，可以有效地增加植被覆盖面积，合理的经营各种林副产品的同时又可以增加山区群众的经济收入。

因此，针对黄土高原土石山区，要继续开展荒山荒坡营造水土保持林，远山边山和草场实施封育保护，推动退耕还林还草继续实施（《全国水土保持规划（2015—2030年)》)。应加强坡耕地改造和雨水集蓄利用，发展特色林果产业，加强现有森林资源的保护，提高水源涵养能力。在植被较好的区域实施封禁，加强生态保护，涵养水源。在山坡及丘陵中下部，营造水土保持林，提高植被覆盖，调节径流。

图11-21土石山区历年各项水土保持措施面积增量占比变化过程，由图可见，土石山区主要的水土保持措施为造林，占到新增总措施面积的49.3%；其次是封禁治理，占到新增总措施面积的25.6%；再次为梯田，占到新增总措施面积的20.3%，种草措施的配置比例相对较小，仅占到新增总措施面积的4.8%。该区主要水土保持措施为造林措施，在2010年以前基本都能达到50%及以上；梯田和封禁治理措施可共同认为是第二措施，种草措施占比逐年缓慢增加。从各年的措施配置情况看，造林是该区域首要和必要的措施，鉴于土石山区特殊的自然地理环境，梯田和封禁配置比例相当，种草次之。

作为生态修复的重要措施之一，封禁治理面积在2008年之后显著增加。封禁不仅是培育森林资源的一种重要营林方式，更具有保持水土、涵养水源的功效。具有用工少、成

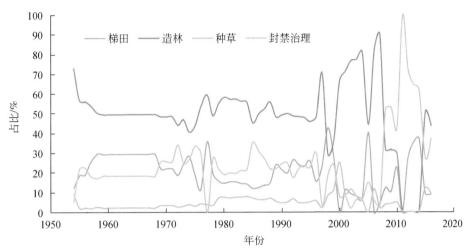

图 11-21 土石山区历年各项水土保持措施面积增量占比变化过程

本低等特点，对扩大森林面积，提高森林蓄水保土能力，改善林区土壤质量，丰富植被种类，增加经济林经济效益，促进社会经济发展发挥着重要作用。

通过实施封山育林育草和适度人工干预恢复植被，配合必要的沟道水土保持工程，完善和维护山区流域生态系统。大力推广以小流域为单元的综合治理，因地制宜，搞好川地、缓坡地农田基本建设，对荒山荒沙地区建设谷坊、塘坝等拦沙蓄水工程，水池、水窖等集雨节灌工程，推广草田轮作、免耕法、留茬等农耕措施，加大封育治理力度。改变传统的牧业生产方式，变放养为圈养，在条件适宜地区发展人工种植草料基地建设，减轻植被破坏压力。大力营造农田林网和草场林网，建设风沙屏障。

11.2.3 轻微水土流失区水土保持措施时空格局变化

黄土高原轻微水土流失区是黄土高原地区重要的农业区和区域经济活动中心地带，主要包括黄土阶地区、冲积平原区。该区总土地面积 9.28 万 km²，其中河谷平原区 6.90 万 km²，黄土阶地区 2.38 万 km²，主要包括宁夏、内蒙古、陕西、山西 4 省（自治区）112 个县（市、区、旗）。该区综合治理措施是建设功能完备、生态效益稳定的农田防护林，搞好"四旁"绿化，形成田、林、路、渠配套，为生态农业生产体系建设提供重要保障。同时，结合节水灌溉工程和河道生态治理工程，建设具有特色的经济林基地和人工饲草料基地，发展林粮、林果、林草、林药等农林混作生态农业生产技术，推广旱作农业技术和保护性耕作技术，培肥地力，发展畜牧业和农副产品加工等，提升农业产业化水平。

11.2.3.1 黄土阶地区

黄土阶地区位于渭河、汾河谷地，区域内地势平，以平地为主（刘国彬等，2017）。该区介于秦岭山脉和北山山系（子午岭及陇山等）之间，东北部过黄河与山西省汾河平原相接。西起宝鸡，东至潼关，海拔 325~600m，东西长约 300km，自古灌溉发达，盛产小麦、棉花等，是我国重要的商品粮产区，也是中国最早被称为"天府之国"的地方，如图 11-22 所示。

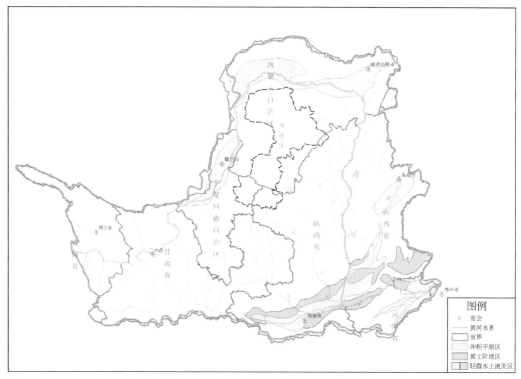

图 11-22 黄土阶地区和冲积平原区范围

图 11-23 为黄土阶地区历年累积水土保持措施面积变化过程，由图可见，黄土阶地区各项水土保持措施均呈现随着年份增加而增加的趋势。造林措施是黄土阶地区主要的水土保持措施，面积最大，其次是梯田措施、封禁治理措施，相比而言，种草措施和坝地在该区域的面积较小。

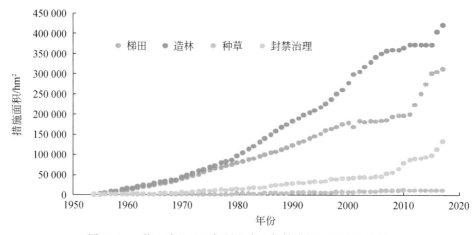

图 11-23 黄土阶地区历年累积水土保持措施面积变化过程

图 11-24 为黄土阶地区历年各项水土保持措施累积面积占比变化过程，由图可见，黄土阶地区各项措施的占比随着国家政策调整和各地开展整治情况发生变化，梯田面积基本占比 36.5%，林地面积占比 54.2%，草地面积占比 1.6%，封禁治理面积占比 7.6%，坝地面积占比 0.1%。

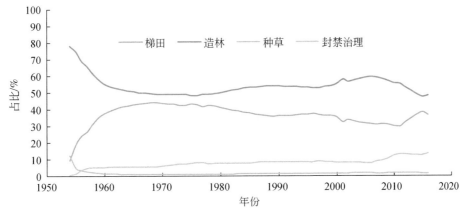

图 11-24 黄土阶地区历年各项水土保持措施累积面积占比变化过程

黄土阶地区 1954～2017 年淤地坝累积坝地面积随着年份增加呈现上升趋势，由 1954 年的 0.09hm² 增加至 2017 年的 440.88hm²，但从坝地所占该区域总水土保持措施面积的比例来看，坝地面积占该区域总水土保持措施面积的比例一直处于最低水平，2017 年仅占 0.05%。该区域淤地坝规模较小的原因主要是与该区域的地势地貌有关，该区域地形较缓，以平原为主，沟壑零星分布，适宜建设淤地坝的区域范围较小；加之该区域降雨多，下垫面措施较好，林草措施能够较好的含蓄坡面水分，固定坡面土壤，造成该区域淤地坝很难在预计年限时达到淤积库容。

11.2.3.2 冲积平原区

冲积平原区包括河套平原、以汾渭盆地，区内地势平摊，河套平原统称为"北部冲积平原区"，将位于汾渭盆地的称之为"南部冲积平原区"，考虑到南部冲积平原区与黄土阶地区地形地貌一致，均位于汾渭盆地，该区土地肥沃，灌排便利，物产丰富，植被整体以荒漠草原和干草原为主，部分山地分布覆盖率较低的少量森林，且多为天然次生林。在大部平原地带，由于长期农业耕垦，几乎无原生植被保存。

图 11-25 为河谷平原区历年累积水土保持措施面积变化过程，由图可见，河谷平原区各项水土保持措施均呈现随着年份增加而增加的趋势。造林措施是河谷平原区的主要水土保持措施，面积最大，增速最快，其次是封禁治理和梯田措施，相比而言，种草措施和坝地在该区域的面积较小，增速也较缓。

由图 11-26 可见，河谷平原地区各项措施的比例随着国家政策调整和各地开展整治情况发生变化，造林、梯田、封禁治理、种草和坝地累积面积占总措施面积的比例分别为 51.92%、21.18%、20.63%、6.01% 和 0.26%。

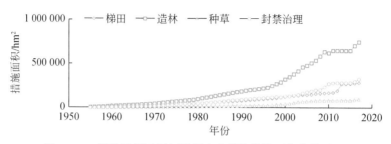

图 11-25　河谷平原区历年累积水土保持措施面积变化过程

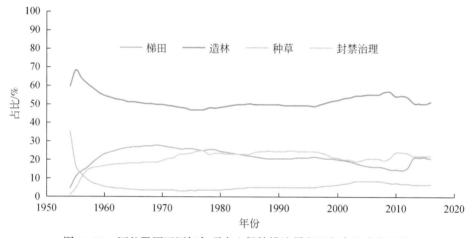

图 11-26　河谷平原区历年各项水土保持措施累积面积占比变化过程

　　河谷平原地区 1954～2017 年淤地坝累积坝地面积随着年份增加呈现上升趋势，由 1954 年的 0.30hm² 增加至 2017 年的 1762.86hm²，但从坝地所占该区域总水土保持措施面积的比例来看，坝地面积占区域总措施面积的比例与黄土阶地区一致，同样处于最低水平，2017 年仅占 0.12%。该区域淤地坝规模较小的原因主要是与该区域的地势地貌有关，该区域为河谷平原区，地形较缓，前后分布有宁夏平原和河套平原，不宜大范围建设淤地坝。

11.3　水土流失治理潜力和需求分析

11.3.1　林草措施恢复潜力

11.3.1.1　黄土高原植被指数的时空分布特征

　　图 11-27 分析表明，经过近 70 年持续治理，黄土高原林草植被覆盖度由 1981 年的约 29% 提高至 2015 年的 58%，黄土阶地区和黄土高塬沟壑区增幅最大，分别达到 17% 和 15%。

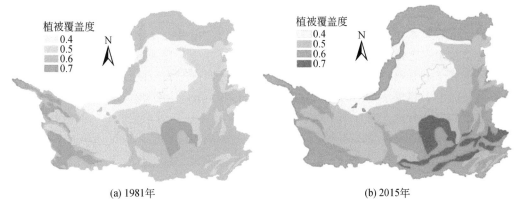

(a) 1981年　　　　　　　　　　　　(b) 2015年

图 11-27　1981 年和 2015 年黄土高原九大类型区植被覆盖度

黄土高原 1999～2015 年植被覆盖度年均值表现出年际波动变化，但整体呈增加趋势，如图 11-28 所示。采用线性拟合法对 1999～2015 年的黄土高原植被覆盖度年均值进行线性拟合，植被覆盖度年均值与年份间的线性拟合斜率为 0.0096，F 检验结果通过了 0.01 的置信水平，表明黄土高原植被覆盖总体状况明显好转。

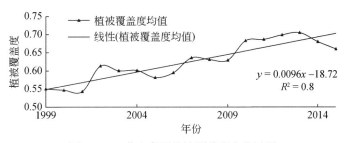

图 11-28　黄土高原植被覆盖度变化过程

11.3.1.2　黄土高原植被变化与降水的关系

（1）黄土高原植被与降水的强弱变化关系

植被与降水之间的强弱变化关系在一定程度上可以反映两者之间是否存在明显的因果关系，即降水增多时植被覆盖度增大，降水减少时植被覆盖度减小（刘晓燕等，2015）。因此，研究植被覆盖度与降水的强弱关系动态变化对于制定区域生态环境保护政策和进行水土保持规划等具有重要的指导意义。通过构建植被覆盖度与降水之间的均方根偏差（root mean square deviation，RMSD）来表示植被覆盖度与降水之间强弱关系大小，基于 Mann-Kendall 检验和 Hurst 指数来捕捉黄土高原 2000～2018 年植被覆盖度与降强弱关系大小的变化趋势与持续性，使用 NICH（相对发展率）指数与重心转移模型识别植被覆盖度与降水强弱关系大小时空变化差异，Pettitt 检验方法被用来诊断植被覆盖度与降水强弱关系大小显著突变年份的时空分布。

（2） 植被覆盖度与降水强弱关系空间分布

黄土高原在 2000～2013 年植被覆盖度与降水的多年平均强弱关系空间分布如图 11-29（a）所示。黄土高原大部分区域植被覆盖度处于强势地位，植被覆盖度强势区域和降水强势区域占区域总面积的比例分别为 90.90% 和 9.10% 。降水强势区域分布于北部风沙区和农灌区北部和南部、高塬沟壑区中部和东部、丘陵沟壑区西部三大分区，面积占黄土高原总面积的比例分别为 3.11% 、3.07% 和 1.34% 。图 11-29（b） 为 2000～2013 年黄土高原植被覆盖度与降水的 RMSD 空间分布，其中区域最大值为 0.57，最小值为 0，RMSD 较高地区主要位于北部风沙区和农灌区北部及西部，该区域为黄河流经沿岸地区植被变化容易受地表水影响。高塬沟壑区西部 RMSD 也较高，这可能和黄河源区的保护有关。

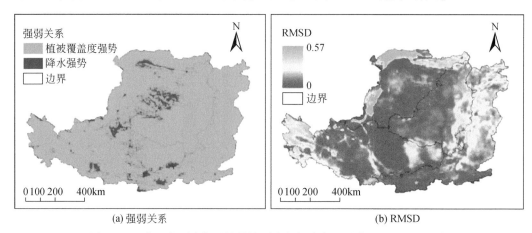

图 11-29　黄土高原多年平均植被覆盖度与降水强弱关系与 RMSD 分布

（3） 植被覆盖度与降水强弱关系动态变化

2000～2013 年黄土高原植被覆盖度与降水之间强弱关系的 RMSD 变化趋势如图 11-30（a）所示。2000～2013 年，植被覆盖度与降水之间的 RMSD 存在显著变化趋势，显著增加区域主要集中东部河谷及土石山区、高塬沟壑区以及北部风沙区和农灌区，分别占黄土高原总面积的 6.87% 、4.87% 和 2.00% ，这说明该地区植被覆盖度与降水之间强弱对比更为明显。RMSD 显著减少区域主要集中在北部风沙区和农灌区，大约占黄土高原总面积的 0.50% ，这可能是因为该地区植被覆盖度逐渐增加，植被覆盖度与降水之间的强弱对比逐渐减弱。由图 11-30（b） 分析表明，2000～2013 年黄土高原地区植被覆盖度与降水之间强弱关系的 RMSD 的 Hurst 指数变化幅度在 0.20～0.71。RMSD 呈现正持续性面积大约占区域总面积的 64.53% ，集中分布于东部河谷及土石山区、高塬沟壑区。在北部风沙区和农灌区、丘陵沟壑区也有部分区域 RMSD 呈现正持续性，RMSD 呈现显著增加趋势的地区在未来依旧保持增加趋势。

（4） 植被覆盖度与降水强弱关系分布差异

使用 NICH 指数分析黄土高原 2000～2013 年植被覆盖度与降水 RMSD 的空间分布差异如图 11-31 所示，由图可见 NICH 指数的最大值为 48.02，最小值为 –45.50，NICH 指数为正值的区域占比大约为 52.92% ，主要集中在北部风沙区和农灌区北部及西部、高塬沟壑区西部、

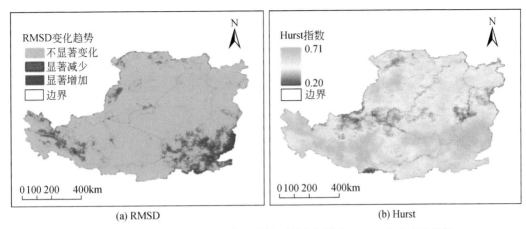

(a) RMSD   (b) Hurst

图 11-30   2000~2013 年黄土高原植被覆盖度与降水 RMSD 大小变化趋势

东部河谷及土石山区南部和东部三大分区，该区域 RMSD 的增加量相比黄土高原总体来说更大。图 11-31（b）为 2000~2013 年黄土高原地区植被覆盖度与降水 RMSD 重心转移情况。

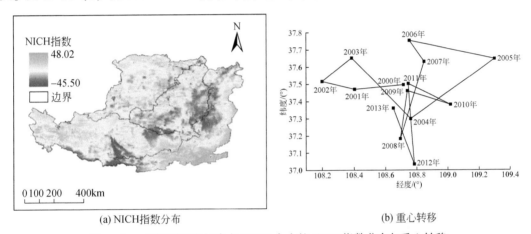

(a) NICH指数分布   (b) 重心转移

图 11-31   植被覆盖度与降水 RMSD 大小的 NICH 指数分布与重心转移

总体来说，RMSD 的重心呈现发散–集中变化的特点，未存在明显的变化趋势，这说明植被覆盖度与降水之间强度关系变化在空间上存在波动变化。

（5）植被覆盖度与降水强弱关系大小的变异和突变点

变异系数 C_v 和 Pettitt 被用来诊断 2000~2013 年黄土高原植被覆盖度与降水之间强弱关系 RMSD 的变异情况，如图 11-32 所示。

RMSD 的 C_v 在黄土高原空间变化幅度为 0.08~1.53，C_v 较低地区主要分布在黄土高原边界区域，C_v 较高地区主要分布在北部风沙区和农灌区、丘陵沟壑区东部、东部河谷及土石山区南部等。2000~2013 年黄土高原植被覆盖度与降水之间强弱关系 RMSD 突变点时空分布如图 11-32（b）所示，RMSD 2004~2008 年存在显著突变点，主要集中分布在北部风沙区和农灌区西部、高原沟壑区西部、东部河谷及土石山区东部，表明该区域植被覆盖度和降水变化较为剧烈。

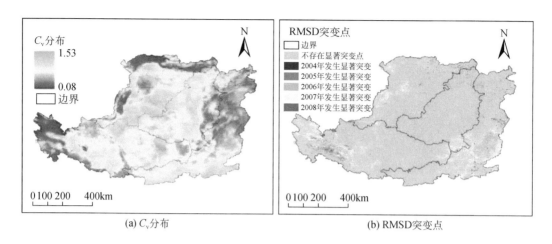

(a) C_v分布   (b) RMSD突变点

图 11-32 植被覆盖度与降水 C_v 分布与 RMSD 突变点

（6）植被覆盖度与降水之间强弱关系变化的原因

图 11-33 为 2000～2013 年黄土高原多年平均植被覆盖度强势区域与多年平均降水强势区域的 RMSD，由图可见，在大部分时间内植被覆盖强势区域的 RMSD 高于降水强势区域的 RMSD，表明植被覆盖度的增加是植被覆盖度与降水之间强弱关系 RMSD 增加的主要原因，同时也表明降水对植被的影响是有限的，黄土高原植被覆盖度的增加主要是由人类活动驱动的。其结论如下：①2000～2013 年，黄土高原大部分区域植被覆盖度处于强势地位，占区域总面积的比例为 90.90%。②黄土高原植被覆盖度与降水之间强弱关系存在显著变化趋势，显著增加区域主要集中东部河谷及土石山区、高原沟壑区以及北部风沙区和农灌区，分别占黄土高原总面积 6.87%、4.87% 和 2.00%，该地区植被覆盖与降水之间强弱对比更为明显。③黄土高原植被覆盖度与降水之间强弱关系在北部风沙区和农灌区北

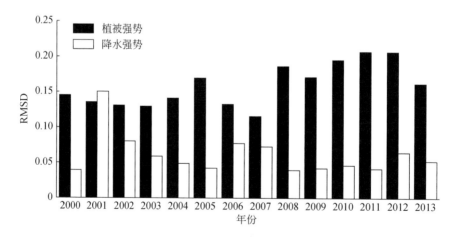

图 11-33 植被与降水强势 RMSD 的变化过程

部及西部、高塬沟壑区西部、东部河谷及土石山区南部和东部三大分区相比黄土高原总体来说更大。重心呈现发散-集中变化的特点，植被覆盖度与降水之间强度关系变化未存在明显的变化趋势。④植被覆盖度与降水之间强弱关系存在显著突变点，主要集中分布在北部风沙区和农灌区西部、高塬沟壑区西部、东部河谷及土石山区东部，该区域植被覆盖度和降水变化较为剧烈，植被覆盖度的增加主要是由人类活动驱动的，植被覆盖度与降水关系逐渐均衡。

11.3.1.3 黄土高原植被与土壤水分关系

黄土高原土壤水分是植物生长的限制因子（王云强等，2012），黄土高原地区植被承载力实际上是由土壤水分决定的。基于土壤水分状况适当调整植被类型、植被群落、植被密度以达到以水定需的目的。本节主要利用中国气象数据网提供的 CLDAS 土壤湿度数据和 SMAP 数据分析黄土高原九大类型区的土壤水分状况。

由图 11-34 的分析可见，2000~2013 年黄土高原九大类型区表层土壤水分（SMC）的平均值介于 18.80~22.71cm³/cm³。土石山区、风沙区、高地草原区、干旱草原区、黄土阶地区、黄土高塬沟壑区、黄土丘陵林区、冲积平原区、黄土丘陵沟壑区 2000~2018 年的土壤含水量平均值分别为 22.71 cm³/cm³、21.24 cm³/cm³、21.62 cm³/cm³、18.80 cm³/cm³、21.27 cm³/cm³、21.94 cm³/cm³、22.20 cm³/cm³、22.08 cm³/cm³、20.71cm³/cm³。黄土高原九大类型区的土壤水分从 2000 年以后都有一个先下降再上升的变化趋势。而黄土高塬沟壑区、黄土丘陵沟壑区表层土壤水分呈波动变化。高地草原区表层土壤含水量呈增加趋势。

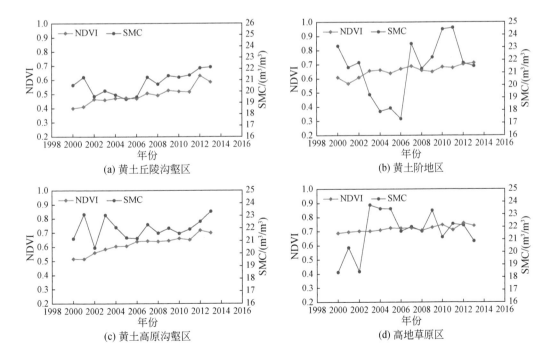

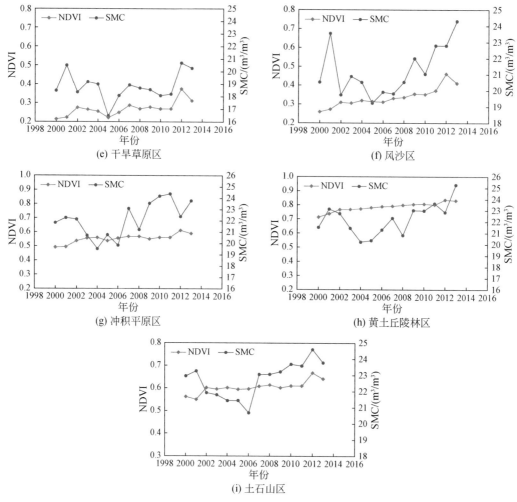

图 11-34 黄土高原九大类型区植被指数（NDVI）与土壤水分（SMC）变化特征

相似的生境条件下植被具有基本相同的植被覆盖度。以单元最大植被覆盖度为植被恢复上限，可得到黄土高原九大类型区林草植被恢复上限值如表 11-4 所示，由表可见其中黄土阶地区、黄土丘陵林区、冲积平原区的植被恢复阈值分别为 0.87、0.92、0.74，而目前这三个地区的植被覆盖度分别达到 0.87、0.90、0.71。说明这三个类型区的植被已经接近恢复阈值。而黄土丘陵沟壑区和土石山区现状的植被覆盖度分别为 0.64 和 0.71，这两个类型区的植被恢复阈值分别为 0.75 和 0.81，植被恢复潜力最大。黄土高塬沟壑区、风沙区、高地草原区、干旱草原区的植被恢复阈值为 0.84、0.51、0.84、0.40。综上所述，未来黄土高原植被恢复潜力较高的地区主要集中在黄土丘陵区的南部、西部的黄土高塬沟壑区和北方干旱草原区及风沙区，而东南地区的土石山区和黄土阶地区的植被恢复潜力较低。

表 11-4 黄土高原植被恢复潜力指数阈值统计

序号	类型区名称	植被恢复阈值	2015 年植被覆盖度	差值
1	黄土丘陵沟壑区	0.75	0.64	0.11
2	土石山区	0.81	0.71	0.10
3	干旱草原区	0.40	0.33	0.07
4	高地草原区	0.84	0.79	0.05
5	风沙区	0.51	0.46	0.05
6	黄土高塬沟壑区	0.84	0.80	0.04
7	冲积平原区	0.74	0.71	0.03
8	黄土丘陵林区	0.92	0.90	0.02
9	黄土阶地区	0.87	0.87	0.00

11.3.2 梯田措施布局潜力

11.3.2.1 黄土高原梯田布设适宜条件

(1) 黄土高原坡度特征

梯田的布设位置以及断面尺寸主要受控于地形特征和土层厚度。黄土高原地形破碎, 地表起伏大, 坡度 5°以上的面积为 60.51 万 km², 占 94.46%, 5°以下的面积为 3.55 万 km², 占 5.54%。黄土高原九大类型区地形如图 11-35 所示, 黄土高原的坡度分级统计如表 11-5 所示。

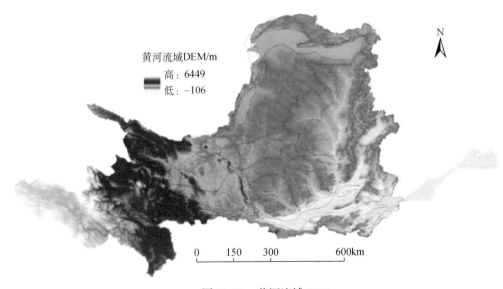

图 11-35 黄河流域 DEM

表 11-5　黄土高原坡度统计

坡度/（°）	面积/万 km²	比例/%
0~5	3.55	5.54
5~10	11.94	18.64
10~15	10.20	15.92
15~20	15.65	24.43
20~25	13.90	21.70
>25	8.82	13.77
合计	64.06	100

（2）黄土高原土壤与耕地状况

在黄土高原九大类型区中，黄土丘陵沟壑区和黄土高塬沟壑区土层较为深厚，非常适宜修建梯田。而土石山区，土层厚度为主要的控制因素。根据地面坡度和分区条件，共划分为五类梯田布设潜力区，分别是：①一级潜力区，黄土高原丘陵沟壑区和黄土高塬沟壑区，地面坡度0°~5°，土地利用类型为旱地；②二级潜力区，黄土高原丘陵沟壑区和黄土高塬沟壑区，地面坡度5°~10°，土地利用类型为旱地；③三级潜力区，黄土高原丘陵沟壑区和黄土高塬沟壑区，地面坡度10°~15°，土地利用类型为旱地；④四级潜力区，土石山区，地面坡度0°~5°，土地利用类型为旱地；⑤五级潜力区，黄土高原丘陵沟壑区和黄土高塬沟壑区，地面坡度15°~25°，土地利用类型为旱地。

黄土高原耕地面积为1031.03万hm²，其中，坡耕地面积为475.25万hm²，梯田面积为368.96万hm²，平原耕地为18.82万hm²。多沙区梯田面积为263.92万hm²，占黄土高原梯田总量的71.5%，多沙区坡耕地面积为210.04万hm²，占黄土高原总量的44.20%，主要类型区坡耕地面积如表11-6所示。

表 11-6　黄土高原主要类型区坡耕地面积统计

区域			耕地面积/万 hm²	坡耕地		梯田	
				面积/万 hm²	比例/%	面积/万 hm²	比例/%
黄土高原	多沙区	黄土丘陵沟壑区	363.35	141.44	38.93	191.22	52.63
		黄土高塬沟壑区	70.32	20.57	29.25	35.09	49.90
		其他类型区	108.14	48.03	44.41	37.61	34.78
		小计	541.81	210.04	38.77	263.92	48.71
	其他区域		489.22	265.21	54.21	105.04	21.47
合计			1031.03	475.25	46.09	368.96	35.79

（3）黄土高原水土流失状况

黄土高原的水土流失非常严重，尤其是多沙区，其土地面积占黄土高原面积的35%，2018年水土流失动态监测调查结果显示，侵蚀模数大于5000 t/（km²·a）的强烈以上侵蚀等级面积占黄土高原强烈侵蚀总面积的56.39%，具体如表11-7所示。

表 11-7　黄土高原不同类型区水土流失面积统计

区域		水土流失		强烈以上侵蚀	
		面积/万 hm²	比例/%	面积/万 hm²	比例/%
黄土高原		24.15	100	3.99	100
多沙区	黄土丘陵沟壑区	6.87	28.45	1.99	49.87
	黄土高塬沟壑区	0.73	3.02	0.11	2.76
	其他类型区	1.62	6.71	0.15	3.76
	小计	9.22	38.18	2.25	56.39

（4）黄土高原人口组成及其空间分布

黄土高原跨青海、甘肃、宁夏、内蒙古、陕西、山西、河南7个省（自治区），大部分位于我国中西部地区。由于历史原因、自然条件的影响，经济发展相对落后，与东部区域存在明显差异。随着国家西部大开发、中部崛起等战略的实施，黄土高原的经济得到快速发展。城镇化率也逐步提高，由于城镇化吸引了大量农村人口，农村劳动力骤减。目前农村常住人口仅占农业人口的20%~30%。黄土高原尤其是多沙粗沙区的各省（自治区）面积和人口如图11-36所示。

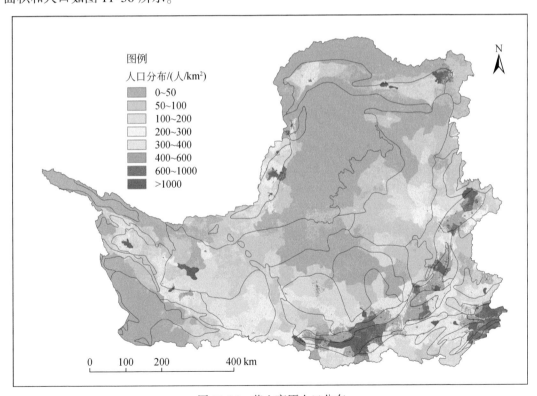

图 11-36　黄土高原人口分布

梯田适宜建设区确定采用 ERDAS 软件实现，输入为土地利用图、坡度分级图及治理分区图，根据前述分析思路，建立判别函数，最终输出梯田潜力分区，如图 11-37 所示。

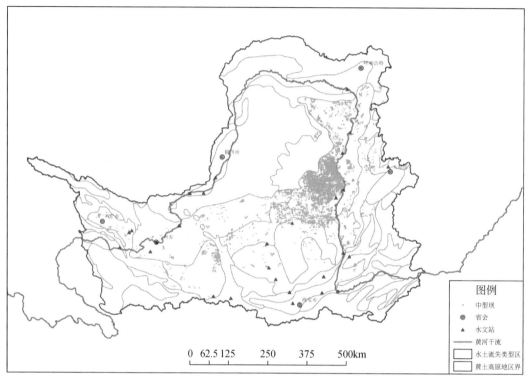

图 11-37　梯田适宜建设区生成图

11.3.2.2　黄土高原梯田布设潜力

黄土高原梯田布设总潜力为 1034.4 万 hm²，其中，一级潜力区面积为 316 万 hm²，占比为 29.7%；二级潜力区面积为 283 万 hm²，占比为 27.4%；三级潜力区面积为 236 万 hm²，占比为 22.8%；四级潜力区面积为 73.4 万 hm²，占比为 7.1%；五级潜力区面积为 126 万 hm²，占比为 12.2%。从空间分布上看，一级潜力区主要分布在河流阶地、塬区及两侧的缓坡地带，二级潜力区主要分布在黄土高原中部的广大丘陵区墚峁顶，三级和五级潜力区主要分布在峁边线上部的坡耕地地带，而四级潜力区位于土石山区的沟道和阶地地带，如图 11-38 所示。

11.3.2.3　黄土高原梯田建设适宜规模

分析表明，黄土高原梯田建设的潜力区主要分布在黄土丘陵沟壑区和黄土高塬沟壑区，也就是黄河流域的多沙粗沙。在黄土高原梯田建设潜力的基础上结合相关规划可知，黄土高原旱作梯田未来建设规模约为 1066 万 hm²，其中黄土丘陵沟壑区和黄土高塬沟壑区梯田建设面积分别为 754hm² 和 100hm²。

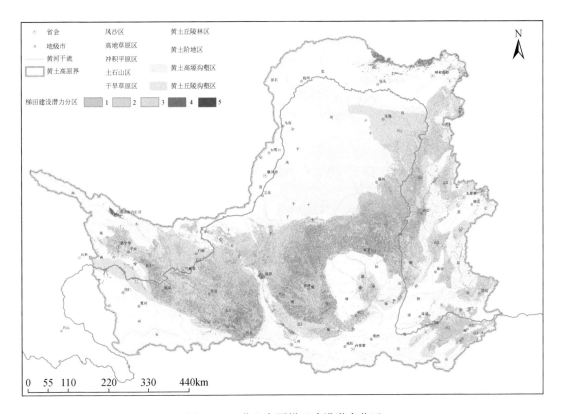

图 11-38　黄土高原梯田建设潜力分区

11.3.3　淤地坝措施配置潜力

11.3.3.1　基于限制因素的黄土高原淤地坝建设潜力

淤地坝建设的影响因素可以概括为两大类：一类称之为限制性因素，记为 I 类因素，该类因素回答能不能的问题，即满足限制性条件的地区可以修建淤地坝，不满足限制性条件的地区不能修建淤地坝；另一类称之为规模性因素，记为 II 类因素，该类因素回答多少的问题，淤地坝的建设规模会受到限制。

根据黄土高原淤地坝建设的长期经验，归纳两个限制性因素，分别是地形条件（I_1）和物质条件（I_2）。最主要的规模性因素为土壤侵蚀模数（II_1）。

对于 I_1 而言，淤地坝不能修建于平缓地带，主要是河谷平原区和较大河流阶地区。对于 I_2 而言，由于淤地坝主要是均质土坝，筑坝材料主要是黄土。因此，在风沙区和土石山区，由于筑坝材料缺乏，修建淤地坝受到限制，如图 11-39 和图 11-40 所示。

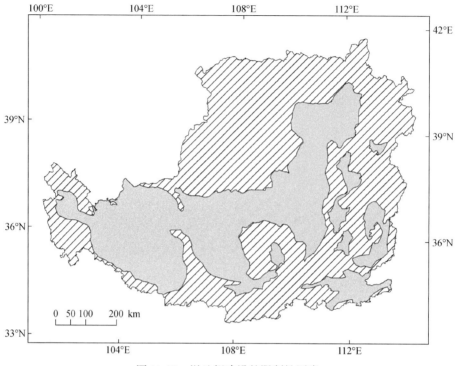

图 11-39　淤地坝建设的限制性因素

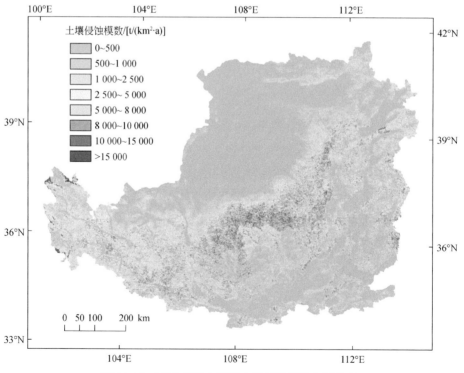

图 11-40　2015 年黄土高原土壤侵蚀模数空间分布

淤地坝建设的规模性因素主要是土壤侵蚀模数（II_1）。结合相关淤地坝建设规范以及实地调研，确定不同土壤侵蚀模数下骨干坝的布设密度：土壤侵蚀模数 >15 000t/（km²·a），骨干坝控制面积一般为 3km²；土壤侵蚀模数在 12 000 ~ 15 000t/（km²·a），骨干坝控制面积为 4km²；土壤侵蚀模数在 10 000 ~ 12 000t/（km²·a），骨干坝控制面积为 5km²；土壤侵蚀模数在 8000 ~ 10 000t/（km²·a），骨干坝控制面积为 6km²；土壤侵蚀模数在 6000 ~ 8000t/（km²·a），骨干坝控制面积为 7km²；土壤侵蚀模数小于 6000t/（km²·a），骨干坝控制面积为 8km²。

土壤侵蚀模数使用 RUSLE，并在 ArcGIS 软件支持下确定土壤侵蚀模数。经计算，黄土高原侵蚀模数 0 ~ 1000t/（km²·a）面积比例为 50.48%，主要分布在风沙区和冲积平原区，RUSLE 模型并未考虑风力侵蚀，所以在风沙区计算的侵蚀模数存在低估现象。1000 ~ 2500t/（km²·a）面积比例为 16.33%，2500 ~ 5000t/（km²·a）面积比例为 13.39%，5000 ~ 8000t/（km²·a）面积比例为 7.57%，大于 8000t/（km²·a）面积比例为 12.23%。土壤侵蚀模数较高区主要分布在黄土高原腹地丘陵沟壑区。

11.3.3.2　基于拦沙需求的黄土高原淤地坝建设潜力

（1）黄土高原侵蚀沟分布

根据第一次全国水利普查统计，黄土高原地区长度在 0.5km 以上的沟道共计有 66.67 万条，通过对侵蚀沟分布与多沙区、多沙粗沙区、粗泥沙集中来源区（面积由大到小兼容）进行分析，如图 11-41 所示，由图可见，多沙区的沟壑密度较大，该区面积占黄土高原地区总面积的 33%，但其范围内的沟道有 33.11 万条，占黄土高原地区沟道总数的近 50%。其中，多沙粗沙区范围内的沟道有 16.87 万条，占黄土高原地区沟道总数的 25.3%；多沙粗沙区的面积约占黄土高原地区的 1/8，但是沟道数量占黄土高原地区的 1/4，多沙粗沙区的沟壑密度最为集中。

（2）黄土高原的拦沙需求

根据《黄河流域综合规划（2012—2030 年）》规划目标，到 2030 年，水利水保措施年均减少入黄泥沙达到 6.0 亿 ~ 6.5 亿 t，据统计分析，现状各类水土保持措施年均减少入黄泥沙 4.35 亿 t，通过对现状工程拦泥情况分析可知，现有水土保持措施在规划期内仍可实现年均减少入黄泥沙 4.35 亿 t 的减沙能力。按 2035 年减少入黄泥沙 6.5 亿 t 计，需新增年均减少入黄泥沙约 2.15 亿 t。经分析研究，沟道拦沙能力按 50% 计，到 2035 年，沟道工程年均减少入黄泥沙约 1.08 亿 t。

根据《黄土高原地区水土保持淤地坝规划》（2003 年），结合国家科技支撑计划"黄河流域旱情监测与水资源配置技术研究与应用"综合分析，确定沟道工程减沙能力占总减沙能力的 50%。因此，到 2035 年，沟道工程新增措施年均减少入黄泥沙需达 1 亿 t 左右。

11.3.3.3　黄土高原淤地坝建设潜力分析

方法一：考虑地形和土壤侵蚀控制的建坝潜力

结合黄土高原沟壑密度、水土流失状况等自然条件，根据各侵蚀分区的面积和多年平均

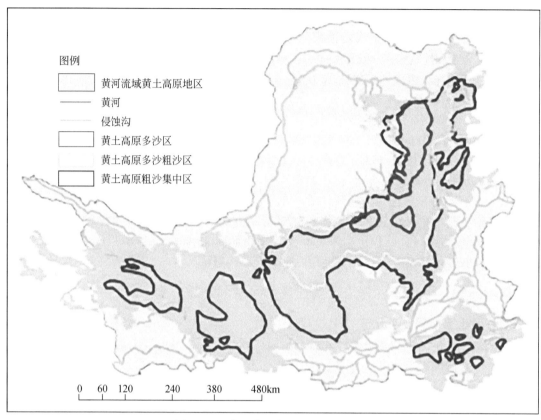

图 11-41　黄土高原侵蚀沟的空间分布

侵蚀模数，计算出黄土高原多年平均侵蚀量为 25 亿 t，按照各侵蚀分区的 20 年侵蚀量和中小型淤地坝平均单坝淤积库容为 15 万 t，计算出各分区应布设的淤地坝潜力为 33.4 万座。根据大型坝与中小型坝平均配置比例，计算出黄河流域黄土高原地区大型坝的建设潜力为 6.2 万座，中小型淤地坝数量为 27.2 万座。如果只考虑侵蚀强度在中轻度以下区域的淤地坝建坝潜力，确定黄土高原淤地坝建设潜力为 23.2 万座，其中大型坝 3.8 万座，中小型淤地坝 19.4 万座。参考陕西省、山西省公路和矿产开发及其他建设活动对淤地坝的影响，将建坝潜力核减 10%，计算出可能建坝潜力为 20.9 万座，其中大型坝 3.4 万座，中小型淤地坝 17.5 万座。

方法二：考虑土壤侵蚀和淤地坝控制面积的建坝潜力

根据黄土高原骨干坝的控制面积以及土壤侵蚀强度可得到黄土高原的大型坝单坝控制面积一般为 4~6km²，因此，整个黄土高原骨干坝建设潜力为 3.6 万座。按照目前黄土高原骨干坝、中型坝以及小型坝配置比为 1∶2∶14，黄土高原中型坝和中型坝的布设最大数量分别为 3.6 万座和 7.2 万座。

根据目前已建淤地坝的数量和空间分布，结合计算得出的淤地坝建设潜力，可得到每个流域淤地坝的建设程度。图 11-42 为黄土高原九大类型区淤地坝现状值与潜力值比分布，通过比值可以确定每个流域的淤地坝建坝潜力，结合《黄河流域综合规划（2012—2030 年）》以及拦沙需求即可确定淤地坝的建设规模。黄土高原地区新建淤地坝涉及黄土丘陵沟壑区、黄土高塬沟壑区及风水蚀交错区，主要分布在河龙区间、泾洛渭河中上游以及青海、内蒙古、河南沿黄部分地区；涉及青海、甘肃、宁夏、内蒙古、山西、陕西、河南七省（自治区）。根据拦沙需求，2035 年应新建淤地坝 1.58 万座，其中大型淤地坝 0.31 万座，中小型淤地坝 1.27 万座。

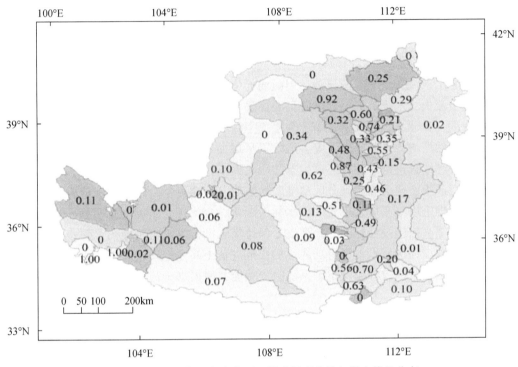

图 11-42 黄土高原九大类型区淤地坝现状值与潜力值比分布

根据子区面积和骨干坝控制面积，可计算出每个子区骨干坝布设潜力数量。汇总后，可得出各个分析单元骨干坝建设潜力。汇总可得出整个黄土高原骨干坝建设最大值为 35 634 座。现状条件下，整个黄土高原骨干坝、中型坝以及小型坝配置比为 1∶2.04∶13.50。照此比例推算，黄土高原中型坝布设最大值为 72 665 座，综合以上结果，黄土高原大型坝布设潜力为 3.6 万座，中型坝以及小型坝合计建设值为 17.5 万～55.3 万座。

11.4 未来黄土高原水土流失治理格局调整

11.4.1 新形势下黄土高原水土流失治理格局调整方向

11.4.1.1 坚持保护与生态优先、自然恢复为主的方针

遵循生态系统的整体性、系统性及其内在规律，以系统工程的思路加快优化区域水土

保持规划体系、水土流失治理体系、技术支撑体系和严格的监管体系，促进区域生态修复，坚持以支流为骨架、以县域为单位、以小流域为单元，兼顾上下游左右岸，山水林田湖草路系统治理，充分发挥大自然的自我修复能力，以分区、分类、分级水土流失精准治理为目标，推进黄土高原重要生态系统保护和修复，推动形成小流域水土保持综合治理、水源和水生态保护、农业集约化生产、人居环境改善协调发展的良好局面，构建人与自然和谐共生的发展新格局。

11.4.1.2 持续推进黄土高原生态环境综合治理系统工程

黄土高原水土流失治理成效显著，但脆弱的生态环境仍未根本改变，特大暴雨仍然发生剧烈的水土流失，水土流失治理措施仍要加强管理，持续维护，否则难以持久，应继续加大投资力度（陈永宗，1988；胡春宏和陈建国，2014）。另外，生产建设项目引发的环境破坏问题依然严峻，尤其暴雨下灾害风险仍呈现加重趋势，人水不和谐，仍要强化河长制。因此，要继续推进退耕还林还草生态文明建设工作，保持政策的连续性，并巩固退耕还林还草生态成果。要探索实施分区精准防治战略，构建科学合理的水土流失防治战略空间格局。继续推进以小流域为单元的山水林田湖草综合治理，精准配置工程、林草、耕作等措施，逐步提高措施设计标准，提高水土保持措施抵御洪水灾害能力，逐步完善综合治理体系，维护和增强区域水土保持功能。加快推进黄土高原地区生态清洁小流域建设，有效减轻面源污染，全面改善流域生态系统服务功能，使得水土流失治理水平与全面建成小康社会目标相适应。

11.4.1.3 完善不同水土流失区适宜的水土流失治理模式

习近平总书记2019年9月18日在黄河流域生态保护和高质量发展座谈会上强调：水土保持不是简单挖几个坑种几棵树，黄土高原降雨量少，能不能种树，种什么树合适，要搞清楚再干。有条件的地方要大力建设旱作梯田、淤地坝等，有的地方则要以自然恢复为主，减少人为干扰，逐步改善局部小气候。按照习近平总书记要求，黄土高原地区生态恢复遵循的基本原则是"因地制宜"，工程与生物治理相结合，分区分类、因地制宜。因此，黄土高原水土流失治理要强调整体生态环境的分区治理和因地制宜，坚持山水林田湖草整体保护、分区分类、系统修复、区域统筹、综合治理。根据区域类型分区，明确生态建设对流域水文水循环过程影响的方向和强度，确定适宜当地气候条件及水资源消耗最低的生态建设强度，建立适宜区域水土流失治理的优化模式，达到生态与社会经济效益的最大化，有效推动生态建设和社会经济发展的良性互动、持续发展，力促水土流失治理工程从数量、规模到质量、效益的根本转变。在水土流失治理同时，兼顾区域特色生态产业发展，走适宜于当地的特色水土保持发展道路，促进当地农民增收。

11.4.1.4 构建适应新水沙情势的黄土高原生态治理新格局

针对区域植被恢复建设水分承载力不足、农民工返乡创业下的土地资源供给与需求矛盾、个体农业到规模农业转变等新问题新情况，宜在黄土高原生态类型区划分基础上，明确不同生态类型区的生态环境容量及其改善目标，合理配置林草、梯田及淤地坝等不同措施比例与配置模式，据此提出黄土高原生态环境改善的长远目标及实现途径，构建适应新水沙情势的黄土高原生态治理格局。例如，局部区域植被覆盖度已到上限或有的地质单元因退耕还林出现耕地面积不足，或部分区域因劳动力转移而优质梯田被大量弃耕而部分区域地形破碎使坡地梯田化潜力不足等，植被恢复与坡梯政策需分类指导、分区推进。淤地坝工程实现了沟道侵蚀阻控与农业生产有机统一，但由于设计依据的标准陈旧及下垫面变化，新建坝系很难短时期淤满，给汛期防洪带来巨大压力，导致目前淤地坝建设出现停滞，但大暴雨事件下淤地坝仍是泥沙的重要汇集地，尤其骨干坝对径流与洪峰削减的作用显著，沟道拦沙与水肥耦合的高产坝地仍有广阔的实际需求。

11.4.1.5 创新黄土高原水土流失综合治理体制与机制

要进一步探索建立多渠道、多元化的水土流失治理投入机制。在加大中央投资力度的同时，将水土保持生态建设资金纳入地方各级政府公共财政框架，保证一定比例的财政资金用于水土保持生态建设，并按每年财政增长的幅度同步增长。鼓励社会力量通过承包、租赁、股份合作等多种形式参与水土保持工程建设，以充分发挥民间资本参与水土流失治理的作用，进一步提高水土保持工程投资补助标准，提高治理效益、促进产业发展、改善人居环境，使治理成果更好地惠及群众。

11.4.2 新形势下黄土高原水土流失防治策略

根据《黄河流域生态保护和高质量发展规划纲要》新要求，按照保护优先、防治结合原则，统筹考虑各分区水土流失类型、地形、降雨等因素，突出重点、综合施策、精准配置，合理确定各分区建设任务和主要措施配置。按照严重、中度、轻微三大区及其九大分区分别从林草、梯田、淤地坝方面提出黄土高原水土流失防治主要措施的布局。

11.4.2.1 黄土高原未来林草措施调整策略与布局

适宜范围：根据黄土高原林草植被恢复阈值分析，未来黄土高原植被恢复潜力较高的地区主要集中在北方干旱草原区以及风沙区、黄土丘陵区的南部、西部的黄土高塬沟壑区等，应坚持宜林则林、宜灌则灌、宜草则草。乔木林适宜范围主要在兰州、固原、延安、榆林、呼和浩特一线以南地区，灌木林适宜范围主要在兰州、固原以北和榆林、鄂尔多斯中西部地区，种草适宜范围主要是鄂尔多斯西部和宁夏东部地区。

布局原则：充分考虑黄河流域的地理和自然条件，特别是水资源条件，量水而行。全面保护天然林，持续巩固退耕还林还草、退牧还草成果。加大对水源涵养林建设区的封山禁牧、轮封轮牧和封育保护力度，促进自然修复。植被建设以乡土树草种为主，科学选育人工造林树种，改善林相结构，提高林分质量。根据当地实际，适度发展经济林和林下经济，提高生态效益和农民收益。

措施配置：在降水量大于 400mm 地区，以营造乔木林、乔灌混交林为主；在降水量

200~400mm 地区，以营造灌木林为主，乔木主要种植在沟底或水分条件较好的区域，种草主要在水蚀风蚀交错区；在降水量 200mm 以下地区，以种草、草原改良为主，沙漠绿洲区种植当地特色植物，固定沙丘区种植灌草，半流动沙丘区配置沙障并种植灌草。在砒砂岩地区，以沙棘建设为主。

建议规模：分析黄土高原林草植被恢复阈值情况，以各分区植被恢复现状与阈值差值为主要依据，得出黄土丘陵沟壑区、土石山区和干旱草原区的植被恢复潜力最大。按照到 2035 年植被覆盖度达到 68% 的目标，到 2025 年，新增林草植被建设约 2 万 km²；到 2035 年，新增林草植被建设约 8 万 km²，实现黄河流域植被覆盖度达到 68% 的目标。三类水土流失区防治策略如下。

（1）严重水土流失区防治策略

黄土丘陵沟壑区：目前植被指数为 0.64，未来植被恢复潜力值为 0.75，因此，黄土丘陵沟壑区未来植被恢复潜力较大。但由于黄土丘陵沟壑区跨越范围较大，植被恢复应遵守以水定草的原则。黄土丘陵沟壑区土层较为深厚，非常适宜修建梯田。

黄土高塬沟壑区：目前植被指数为 0.80，未来植被恢复潜力值为 0.84，因此，黄土高塬沟壑区林草措施应以高质量发展为主，提高植被多样性，维持稳定的植被格局。黄土高塬沟壑区土层深厚，较适宜修建梯田，黄土高塬沟壑区梯田建设面积分别为 4.61hm²。

（2）中度水土流失区防治策略

土石山区：目前植被指数为 0.71，未来植被恢复潜力值为 0.81，因此，土石山区植被恢复潜力仍然很大。土石山区土层厚度是梯田建设的主要控制因素。

干旱草原区：目前植被指数为 0.33，未来植被恢复潜力值为 0.40，因此，干旱草原区植被恢复潜力中等。

风沙区：目前的植被指数为 0.46，未来植被恢复潜力值为 0.51，因此，风沙区植被恢复潜力中等。

黄土丘陵林区：目前植被指数为 0.90，未来植被恢复潜力值为 0.92，黄土丘陵林区植被恢复已经很好，因此，黄土丘陵林区植被恢复潜力较小，未来应以高质量发展为主，提高植被多样性，改善林区生态环境、维持植被稳定格局。

高地草原区：目前植被指数为 0.79，未来植被恢复潜力值为 0.84，高地草原区植被恢复较好，因此，高地草原区植被恢复潜力较小，未来也应以高质量发展为主，宜林则林，宜草则草。

（3）轻微水土流失区防治策略

黄土阶地区：目前植被指数为 0.87，未来植被恢复潜力值为 0.87，表明黄土阶地区植被已达到恢复潜力。

冲积平原区：目前植被指数为 0.87，未来植被恢复潜力值为 0.87，表明冲积平原区植被已达到恢复潜力。

11.4.2.2 黄土高原未来梯田调整策略与布局

适宜范围：结合黄土高原梯田布设潜力分级、耕地需求及水土流失状况，旱作梯田建设以黄土丘陵沟壑区、黄土高塬沟壑区为重点。在降水量 400mm 以上区域，坡度 5°～15° 坡耕地集中分布区，大力建设旱作梯田。范围涉及青海、甘肃、宁夏、内蒙古、山西、陕西、河南七个省（自治区）的 308 个县（区、旗、市）。

布局原则：在海东、陇中和陇东、陕北、宁南、晋西、豫西等区域，选择坡耕地面积占比大、人地矛盾突出、群众需求迫切的地方，按照近村、近路的原则新建旱作高标准梯田，重点保障粮食安全。围绕乡村振兴，服务特色产业发展，兼顾中小地块坡耕地改造需求。合理安排老旧梯田改造。

措施配置：按照生产作业需要和农业机械化要求，充分利用现有农村路网，配套田间道路，因地制宜确定道路宽度、密度，方便直接通达田块，配套修建谷坊、涝池、塘坝、蓄水池、沟渠、泵站等农田灌排工程，加强田间雨水收集利用，提高作物产量。结合实际对老旧梯田进行改造，窄幅梯田通过机修加宽，缺少配套的增加田间配套工程。

建议规模：根据黄土高原梯田布设潜力分析，旱作梯田布设总潜力为 1066 万 hm²，有充足的建设资源。为满足黄土高原农业人口发展、耕地需求、建设能力和相关规划要求，在现有 369 万 hm² 的基础上，到 2025 年，新建旱作梯田约 55 万 hm²，低标准梯田升级改造约 4 万 hm²。到 2035 年，新建旱作梯田约 145 万 hm²，低标准梯田升级改造约 10 万 hm²。

11.4.2.3　黄土高原未来淤地坝调整策略与布局

适宜范围：根据黄土高原淤地坝建设潜力分析，大型淤地坝建设潜力 3.5 万座，中小型淤地坝建设潜力在 17.5 万～55.3 万座。在黄土高原多沙区范围内，以多沙粗沙为重点，在沟壑发育活跃、重力侵蚀严重、水土流失剧烈的黄土高原丘陵区、黄土高塬沟壑区及风水蚀交错区。范围涉及青海、甘肃、宁夏、内蒙古、山西、陕西、河南七个省（自治区）的 128 个县（区、旗、市）。

布局原则：在多沙区，根据区域水土流失、侵蚀强度，结合实际合理布设淤地坝，考虑近年来产沙量减少因素，以单坝为主，避免集中建设。在多沙粗沙区，坚持以重点支流为骨架，以小流域为单位，以大型坝为控制节点，合理配置中、小型淤地坝，统一规划坝系，考虑行洪安全、水沙资源等因素，分步实施，确保工程效益发挥。在粗泥沙集中来源区，以拦沙为主要目的，规划坝系建设。开展病险淤地坝除险加固。试验推广柔性溢洪道等新标准新工艺。

措施配置：大型坝和重要中型坝按照坝体、放水设施和溢洪设施"三大件"设计，配套远程监控和安全预警设备。对部分区域存在人畜饮水、灌溉和生态环境等蓄水利用需求的，可以适当提高淤地坝建设标准，在确保安全前提下非汛期适当蓄水，满足当地群众需求。开展病险淤地坝除险加固，对下游有人的增设溢洪道。对老旧淤地坝进行提质增效，宜加高的加高，坝地利用的增设排洪渠，失去功能的销号。开展对重要淤地坝的动态监控和安全风险预警。

建议规模：按照《黄河流域综合规划（2012—2030 年）》，到 2035 年水利水保措施应新增年均减少入黄泥沙 1.65 亿 t，沟道拦沙能力按 50% 计，根据以往资料分析，大型淤地坝平均单坝库容按 75 万 m³ 计，大与中小型淤地坝配置比例按 1∶4 计算，到 2025 年，需新建淤地坝约 5500 座，病险淤地坝除险加固约 2600 座；到 2035 年，需新建大型淤地坝约 3100 座，中小型淤地坝约 1.24 万座，共计建设淤地坝约 1.55 万座，可实现年均新增减沙 1 亿 t。

由 RUSLE 计算表明，黄土高原侵蚀模数 $0 \sim 1000t/(km^2 \cdot a)$ 面积比例为 50.48%，主要分布在风沙区和冲积平原区。侵蚀模数 $1000 \sim 2500t/(km^2 \cdot a)$ 面积比例为 16.33%，侵蚀模数 $2500 \sim 5000t/(km^2 \cdot a)$ 面积比例为 13.39%，侵蚀模数 $5000 \sim 8000t/(km^2 \cdot a)$ 面积比例为 7.57%，大于 $8000t/(km^2 \cdot a)$ 侵蚀模数面积比例为 12.23%。土壤侵蚀模数较高区主要分布在黄土高原丘陵沟壑区。因此，黄土高原丘陵沟壑区仍然是淤地坝的重点布坝区域。

第 12 章 新水沙情势下黄河流域保护和治理策略与措施

12.1 黄河水沙调控与防洪减淤

12.1.1 防洪减淤和水沙调控运行现状与效果

黄河下游是防洪的重中之重，解决黄河洪水和泥沙问题采用"上拦下排、两岸分滞"调控洪水和"拦、调、排、放、挖"综合处理泥沙的方针。防洪减淤工程总体布局以水沙调控体系为核心，河防工程为基础，多沙粗沙区拦沙工程、放淤工程、分滞洪工程等相结合。

黄河水沙调控工程体系是以龙羊峡、刘家峡、黑山峡、碛口、古贤、三门峡、小浪底水库为主体，海勃湾、万家寨水库为补充，与支流陆浑、故县、河口村、东庄水库共同构成。通过水沙调控体系联合运用，管理洪水、拦减泥沙、调控水沙，对黄河下游和上中游河道防洪（防凌）减淤具有重要作用。

河防工程包括两岸标准化堤防、河道整治工程、河口治理工程等，是提高河道排洪输沙能力、控制河势、保障防洪安全的重要屏障。河防工程建设以黄河下游和宁蒙河段等干流河段，以及沁河下游、渭河下游等支流主要防洪河段为重点。

水土保持措施特别是多沙粗沙区拦沙工程，是防洪减淤体系的重要组成部分。利用黄河中游的小北干流、温孟滩、下游两岸滩地等有条件的地方放淤，是处理和利用泥沙的重要措施之一。

分滞洪区是处理黄河下游超标准洪水，以牺牲局部利益保全大局的关键举措。东平湖滞洪区和北金堤滞洪区是黄河下游防洪体系的重要组成部分。下游滩区既是群众赖以生存的家园，又是滞洪沉沙的重要场所，加强滩区综合治理，实施滩区运用补偿政策，是实现滩区人水和谐、保障黄河防洪安全的重要措施。

人民治黄以来，中下游先后建成干流三门峡、小浪底、万家寨和支流陆浑、故县、河口村等控制性工程，四次加高培厚下游临黄大堤，开展了标准化堤防工程建设，开辟了北金堤、东平湖滞洪区，开展了河道整治和滩区安全建设，基本形成了"上拦下排、两岸分滞"的防洪工程体系。

黄河流域水沙变化机理与趋势预测

12.1.1.1　现状水库对水沙过程的调节作用

（1）龙刘水库联合运用对入库水沙的调节作用

1）对宁蒙河段水沙过程的影响。龙刘水库联合调蓄运用改变了黄河径流年内分配和过程：一方面，水库汛期拦蓄部分水沙量，把水量调到非汛期下泄，改变了下游河道来水来沙的年内年际间分配关系；另一方面，在调节径流的过程中，削减了进入下游河道的洪峰、洪量。根据龙羊峡入库实测水沙资料，考虑龙羊峡、刘家峡水库水量蓄泄及库区冲淤，对下河沿站水沙过程进行还原。还原前后下河沿水沙量统计如表12-1所示。

表12-1　龙刘水库联合运用对下河沿站水沙过程影响统计

时段（日历年）	项目	流量级/（m³/s）	平均天数/天	平均水量/亿 m³	平均沙量/亿 t	平均含沙量/（kg/m³）	天数百分数/%	水量百分数/%	沙量百分数/%
1968~1986年	还原前（1）	0~1000	31.8	21.9	0.09	4.04	25.9	12.9	10.0
		1000~2000	60.7	71.4	0.44	6.16	49.3	42.2	48.9
		2000~3000	20.1	42.8	0.20	4.65	16.3	25.3	22.2
		3000~4000	8.6	25.8	0.14	5.26	7.0	15.3	15.6
		>4000	1.8	7.2	0.03	4.37	1.5	4.3	3.3
		>2000	30.5	75.8	0.37	4.83	24.8	44.8	40.9
	还原后（2）	0~1000	16.2	11.5	0.05	3.99	13.2	5.8	3.7
		1000~2000	62.9	78.1	0.51	6.58	51.1	39.5	37.5
		2000~3000	30.4	63.5	0.39	6.11	24.7	32.2	28.7
		3000~4000	9.5	27.9	0.28	10.04	7.7	14.1	20.6
		>4000	4.0	16.6	0.13	7.92	3.3	8.4	9.5
		>2000	43.9	108.0	0.80	7.41	35.7	54.7	58.8
1987~2013年	还原前（3）	0~1000	69.6	47.4	0.17	3.62	56.6	43.3	34.7
		1000~2000	49.7	53.2	0.28	5.30	40.4	48.7	57.2
		2000~3000	2.3	4.9	0.03	6.11	1.9	4.5	6.1
		3000~4000	1.4	3.8	0.01	3.25	1.1	3.5	2.0
		>4000	0	0	0	0	0	0	0
		>2000	3.7	8.7	0.04	4.86	3.0	8.0	8.2
	还原后（4）	0~1000	27.9	18.9	0.08	4.24	22.7	11.4	10.1
		1000~2000	67.3	82.9	0.39	4.70	54.8	50.2	49.4
		2000~3000	21.4	44.0	0.18	4.03	17.4	26.7	22.8
		3000~4000	5.4	16.1	0.11	6.64	4.4	9.8	13.9
		>4000	0.9	3.2	0.03	9.66	0.7	1.9	3.8
		>2000	27.7	63.3	0.32	4.98	22.5	38.3	40.5

624

2) 改变了黄河中下游径流年内分配及过程。龙刘水库联合运用改变了进入宁蒙河段水沙条件,改变了黄河上游径流年内分配比例,汛期比例减少,大流量相应的天数及水量大幅度减小。表 12-2 给出了黄河干流主要控制站实测水量年内分配不同时段对比情况。图 12-1 为潼关站不同时期汛期 2000m³/s 以下流量级水沙特征值,由图可见,1987 年以来,潼关站 2000m³/s 以下流量级历时大大增加,相应水量、沙量所占比例也明显提高。1960~1968 年,潼关站日均流量小于 2000m³/s 出现天数占汛期的比例为 36.3%,水量、沙量占汛期的比例为 18.1%、14.6%;1969~1986 年,潼关站该流量级出现天数比例为 61.5%,水量、沙量占汛期的比例分别为 36.7%、28.9%,与 1960~1968 年相比略有提高。而 1987~1999 年,潼关站该流量级出现天数比例增加至 87.8%,水量、沙量占汛期的比例也分别增加至 69.5%、47.9%,2000~2016 年该流量级出现天数比例增加为 91.8%,水量、沙量占汛期的比例增加为 76.9%、68.1%。

表 12-2　黄河干流主要控制站汛期水量占全年水量比例统计　　　（单位:%）

时段	下河沿	头道拐	龙门	潼关
1919~1968 年	61.9（1950~1968 年）	62.5	60.7	60.7
1969~1986 年	54.4	54.8	53.8	53.8
1987~1999 年	39.6	40.0	42.9	42.9
2000~2013 年	40.2	38.6	41.0	41.0

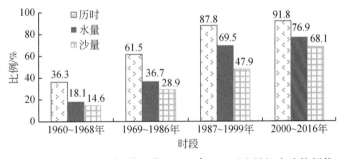

图 12-1　潼关站不同时期汛期 2000m³/s 以下流量级水沙特征值

(2) 三门峡水库对入库水沙的调节作用

三门峡水库不同时段实测进出库水量如表 12-3 所示,由表可见,蓄清排浑运用以来,汛期入库沙量占全年沙量为 68.4%~86.0%,出库比例增加至 92.9%~97.3%,即非汛期淤积的泥沙通过汛期调节出库。2002 年以前水库淤积泥沙在汛初和洪水期排沙,2002 年以来与小浪底水库联合调水调沙运用,泥沙在调水调沙期间或洪水期间排出。

表 12-3　三门峡水库不同时段实测入出库水沙量统计

项目	时段	潼关			三门峡		
		汛期	全年	汛期占比/%	汛期	全年	汛期占比/%
水量 /亿 m³	1960 年 11 月～1964 年 10 月	302.51	500.84	60.4	288.02	506.81	56.8
	1964 年 11 月～1973 年 10 月	205.24	382.71	53.6	207.55	390.91	53.1
	1973 年 11 月～1980 年 10 月	212.01	371.06	57.1	211.17	370.75	57.0
	1980 年 11 月～1985 年 10 月	270.21	442.78	61.0	268.43	443.00	60.6
	1985 年 11 月～1999 年 10 月	120.47	264.02	45.6	118.11	260.17	45.4
	1999 年 11 月～2018 年 10 月	113.13	235.47	48.0	108.67	223.62	48.6
沙量 /亿 t	1960 年 11 月～1964 年 10 月	12.02	14.33	83.9	4.08	5.54	73.6
	1964 年 11 月～1973 年 10 月	12.07	14.40	83.8	12.70	16.16	78.6
	1973 年 11 月～1980 年 10 月	10.22	11.88	86.0	12.01	12.34	97.3
	1980 年 11 月～1985 年 10 月	6.93	8.47	81.8	9.29	9.64	96.4
	1985 年 11 月～1999 年 10 月	5.83	7.77	75.0	7.28	7.69	94.7
	1999 年 11 月～2018 年 10 月	1.82	2.66	68.4	2.75	2.96	92.9

（3）小浪底水库对入库水沙的调节作用

表 12-4 为小浪底水库实测入出库水沙量，由表可见，小浪底水库运用以来，水库运用调节改变了水量的年内分配。1999 年 11 月～2018 年 10 月，入库三门峡站年均汛期水量占年水量比例为 48.6%，经过小浪底水库调节后减小到 35.5%。除 2002 年汛期外，其余年份汛期出库水量占年水量比例均小于入库。

表 12-4　小浪底水库实测入出库水沙量统计（1999 年 11 月～2018 年 10 月运用年平均）

项目	三门峡站			小浪底站		
	汛期	全年	汛期占比/%	汛期	全年	汛期占比/%
水量/亿 m³	108.67	223.5	48.6	84.69	238.86	35.5
沙量/亿 t	2.83	3.05	92.8	0.74	0.77	96.1

小浪底水库历年入库、出库各级流量出现天数及水沙量如表 12-5 所示，由表可见，经小浪底水库调节后，主汛期（7 月 11 日～9 月 30 日）小浪底水库出库 800～2600m³/s 流量级的天数较入库明显减少，出库流量两极分化，其中，水库泥沙主要通过 2000m³/s 以上流量级排出，出库沙量占主汛期的 54.0%。由于汛前进行调水调沙，全年出库大流量（2600m³/s 以上）天数较入库增加近一倍。

表 12-5 小浪底入出库水沙分级统计

时段	流量级/ (m³/s)	入库各级流量出现天数及水沙量				出库各级流量出现天数及水沙量			
		出现天数 /天	出现概率 /%	水量 /亿 m³	沙量 /亿 t	出现天数 /天	出现概率 /%	水量 /亿 m³	沙量 /亿 t
1~12 月	0~800	262.6	71.9	101.43	0.37	255.2	69.9	102.73	0.06
	800~2000	88.6	24.2	86.06	1.06	92.0	25.2	87.03	0.16
	2000~2600	7.3	2.0	14.10	0.88	6.7	1.8	13.10	0.22
	2600 以上	6.8	1.9	19.23	0.72	11.4	3.1	32.65	0.19
	合计	365.3	100.0	220.82	3.03	365.3	100.0	235.51	0.63
7 月 11 日~ 9 月 30 日	0~800	40.1	48.9	14.64	0.27	63.6	77.5	23.27	0.05
	800~2000	31.3	38.1	34.14	0.69	13.7	16.7	14.15	0.12
	2000~2600	5.9	7.2	11.30	0.65	2.4	2.9	4.53	0.12
	2600 以上	4.8	5.8	13.45	0.45	2.4	2.9	5.95	0.08
	合计	82.1	100.0	73.53	2.06	82.1	100.0	47.90	0.37

12.1.1.2 水库冲淤对水沙调控的响应

目前,龙羊峡水库处于淤积状态。龙羊峡水库下闸蓄水之后,分别于 1995 年和 2017 年开展过库区测量,其中 1995 年测量仅包含水下地形(2565m 以下),2017 年库区库容测量实现了水库水下水上地形的全覆盖,测量结果较为真实可靠。与原始库容相比,2017 年实测各高程下库容均有所减少,水库淤积主要发生在 2550m 高程以下。与原始库容相比,2017 年龙羊峡实测正常蓄水位以下库容减少 4.13 亿 m³,死水位以下库容减小 10.8 亿 m³,调节库容增加 6.67 亿 m³,防洪库容增加 2.93 亿 m³,调洪库容增加 4.57 亿 m³。与设计库容(原始库容考虑 50 年淤积)相比,防洪库容增加 1.0 亿 m³,调洪库容增加 1.0 亿 m³。水库总库容淤损不足 20%。水库纵向淤积基本呈带状淤积形态。

刘家峡水库处于淤积状态,且淤积变缓,2013 年水库总淤积量为 16.87 亿 m³,库容淤积损失 30%。其中 1968~1988 年、1988~2003 年年均淤积量分别为 0.56 亿 t 和 0.34 亿 t,2003~2013 年水库淤积减缓,年均淤积量为 0.06 亿 m³。2015 年底洮河口直达下游的排沙洞已贯通,预计后期洮河泥沙可全部排出库外。

海勃湾水库处于淤积状态,2014 年投运以来至 2019 年 10 月水库累积淤积量为 1.91 亿 m³。水库沿程均为淤积,淤积主要发生在坝前 4.7~15.13km 库段,该库段累积淤积量为 1.55 亿 m³,占库区总淤积量的 81.2%。

万家寨水库处于冲淤平衡状态,1998 年投运以来至 2010 年底水库已基本达到淤积平衡状态。1999 年 7~8 月万家寨水库坝前淤积面高程达到 912m,2001 年坝前淤沙高程已基本与排沙孔进口底坎高程持平,2010 年底水库基本达到设计泥沙淤积平衡状态。2011

年起，万家寨水库汛期基本按照汛限水位966m控制运行，8～9月水库转入952～957m低水位排沙运行。截至2019年5月，最高蓄水位980m以下库区淤积量为3.35亿m^3。

三门峡水库处于冲淤平衡状态，1960年蓄水运用以来至2018年10月潼关以下库区共淤积泥沙29.8亿m^3。其中蓄水拦沙运用期库区淤积泥沙18.416亿m^3，年均淤积9.2亿t；滞洪排沙运用期间库区淤积泥沙7.967亿m^3，年均淤积0.7亿t；蓄清排浑运用以来至2019年4月库区淤积泥沙3.017亿m^3，年均淤积0.08亿t，水库基本冲淤平衡，库区335m高程以下有58亿m^3左右的有效库容长期保持。

小浪底水库处于拦沙后期第一阶段，1999年10月蓄水运用以来至2020年4月库区累积淤积量为32.86亿m^3，其中干流淤积25.49亿m^3，占总淤积量的77.6%；支流淤积7.37亿m^3，占总淤积量的22.4%。当前库区总淤积量已占水库设计拦沙库容（75.5亿m^3）的43.5%。起调水位210m高程以下库容由1997年的21.88亿m^3减少至2020年4月的0.89亿m^3。小浪底水库运用以来库区干流主要为三角洲淤积形态，纵剖面的变化与坝前水位变化幅度、异重流产生及运行、来水来沙条件等因素密切关系。水库运用水位高，三角洲顶点距坝较远，高程较高，泥沙淤积部位比较靠上；水库运用水位低，三角洲顶点距坝较近，高程较低，泥沙淤积部位比较靠下。2020年4月小浪底库区淤积三角洲顶点距坝7.7km。

12.1.1.3 河道冲淤对水沙调控的响应

（1）宁蒙河段的冲淤响应

表12-6为宁蒙河段对水沙调控的冲淤响应，由表可见，1986年龙刘水库联合运用后，汛期进入宁蒙河段的水量和利于输沙的流量大于2000m^3/s的过程大幅度减小，导致进入宁蒙河段小于0.1mm的细颗粒泥沙由冲刷变为淤积。由于汛期水量及大流量减小，长距离输送泥沙的动力减弱，泥沙主要淤积在内蒙古巴彦高勒—头道拐河段的主槽内，该河段中水河槽过流能力由20世纪80年代的3000～4000m^3/s下降到目前的1500～2000m^3/s，防凌防洪形势严峻。显然，现状水沙调控不能有效解决宁蒙河道河槽淤积萎缩问题，调整龙刘水库运用方式，增加汛期大流量过程可以增加宁蒙河段的平滩流量，减小河道淤积，但不能彻底解决问题，且对工农业用水、梯级发电产生不利影响。

表12-6 宁蒙河段对水沙调控的冲淤响应统计

时段	年均冲淤量/亿t		分组冲淤量/亿t		内蒙古巴彦高勒—头道拐河段过流能力/（m^3/s）	龙刘水库运用状态
	年均	汛期	<0.1mm	>0.1mm		
1960～1968年	-0.327	-0.369	-0.575	0.260	—	无水库
1968～1986年	0.210	0.029	-0.068	0.267	3000～4000	刘家峡单库运用
1986～2012年	0.605	0.476	0.434	0.182	1500～2000	龙刘联合运用

（2）小北干流的冲淤响应

表12-7为小北干流对水沙调控的冲淤响应，由表可见，小北干流冲淤主要受三门峡

水库和来水来沙条件影响。三门峡水库在不同运用阶段测得的潼关高程长期居高不下，造成渭河下游防洪形势严峻。长期治黄实践表明，通过调控北干流河段洪水泥沙塑造大流量过程是冲刷降低潼关高程的有效措施。当前小北干流河段缺少控制性骨干工程，在控制潼关高程和治理小北干流方面存在局限性。

表 12-7 小北干流冲淤对水沙调控的冲淤响应统计

三门峡水库运用阶段	时段	三门峡水库平均运用水位		河道年均冲淤量/亿 m³	潼关高程变化	备注
		汛期	非汛期			
蓄水拦沙	1960～1962 年	324.03m	最高332.58m	1.55	升 2m（1962 年汛前326.10m）	三门峡水库蓄水影响
滞洪排沙	1962～1973 年	320m 降到300m 以下	最高327.91m	1.35	升 2m（1973 年汛前328.13m，汛后326.64m）	三门峡水库滞洪及不利水沙
蓄清排浑	1973～1986 年	304.35m	最高325.95m	0.08	相对保持稳定	三门峡水库运用影响及水沙条件有利
	1986～2002 年	303.77m	最高324.06m	0.43	升 1.5m（2002 年汛后328.19m）	来水来沙条件不利
	2002～2020 年	305m	平均 315m，不超过 318m	-0.21	维持在 328m 附近	三门峡水库运用影响及水沙条件有利

（3）下游河道的冲淤响应

水库修建后对进入下游河道的水沙条件产生较大影响，进而影响河道冲淤变化。表12-8 为小浪底水库运用以来下游河道各河段冲淤量，截至 2020 年 4 月库区累积淤积泥沙29.24 亿 m³，水库蓄水拦沙和调水调沙使下游河道全线冲刷，断面主槽展宽下切，河道平滩流量增加。从冲刷量的时间分布来看，冲刷主要发生在汛期，利津以上河段汛期冲刷量为 16.82 亿 t，占该河段总冲刷量的 59.5%。

表 12-8 1999 年 10 月～2020 年 4 月下游河道各河段冲淤量统计　（单位：亿 t）

时间	花园口以上	花园口—高村	高村—艾山	艾山—利津	利津以上	下游合计
汛期	-2.13	-4.65	-4.70	-5.33	-16.82	-18.32
非汛期	-5.12	-7.66	0.08	1.22	-11.47	-10.92
合计	-7.25	-12.31	-4.62	-4.11	-28.29	-29.24

12.1.1.4　黄河水沙调控效果

黄河水沙调控在减轻下游河道淤积、调整库区淤积形态、改善河口生态等方面起到了显著作用。

（1）人工塑造异重流加大了水库排沙比，优化了库区淤积形态

2004 年以来提出了利用万家寨、三门峡水库蓄水和河道来水，冲刷小浪底水库淤积三角洲形成人工异重流的技术方案，在小浪底库区塑造出了人工异重流并排沙出库。通过对影响人工异重流排沙因素的深入分析研究，不断优化人工塑造异重流的各项技术指标，加大了水库排沙比。据统计，19 次调水调沙期间，小浪底水库入库累积水量 238.54 亿 m^3，出库水量 678.46 亿 m^3，入库累积沙量 10.72 亿 t，出库沙量 6.60 亿 t，排沙比 62%，同期其他时段水库排沙比不足 11%。2010 年、2011 年、2012 年和 2013 年汛前调水调沙水库异重流排沙比均超过 100%，分别达到 137%、145%、208% 和 204%。

小浪底水库蓄水运用初期，由于水库壅水，库尾出现了明显的翘尾巴现象，侵占了部分有效库容。调水调沙期间，根据来水来沙条件，相机降低小浪底库水位，利用三门峡水库泄放的持续大流量过程冲刷小浪底库区尾部段，实现了库区淤积形态的优化调整，恢复了小浪底调节库容，如图 12-2 所示。

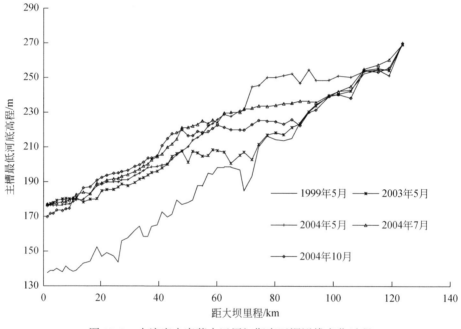

图 12-2　小浪底水库蓄水运用初期库区深泓线变化过程

（2）黄河下游河道得到全线冲刷尤其高村以下河段冲刷明显

高村—艾山河段是制约下游行洪输沙能力的"卡口"河段，也是"二级悬河"发育较为严重的河段，对下游河道防洪威胁较大，冲刷并扩大"卡口"河段过流能力是历次调水调沙的重要目标。

在历次调水调沙期间，进入下游河道的水量 716.49 亿 m^3，沙量 5.92 亿 t，累积入海总水量 640.04 亿 m^3，入海沙量 9.66 亿 t，下游河道共冲刷泥沙 4.30 亿 t，其中高村—艾山和艾山—利津河段分别冲刷 1.615 亿 t 和 1.1136 亿 t，占水库运用以来相应河段总冲刷总量的 41% 和 30%，调水调沙期间上述两河段的冲刷效率（河道冲刷量和所需水量的比值）是其他时期的 3.1 倍和 1.9 倍。

2018 年实施"一高一低"干支流水库群联合调度以来，部分泥沙暂存于下游河道，主要是位于高村以上河段。高村—艾山和艾山—利津河段发生冲刷，冲刷量分别为 0.464 亿 t 和 0.399 亿 t。

（3）黄河下游行洪输沙能力普遍提高，河槽形态得到调整

由表 12-9 可见，通过小浪底水库拦沙和调水调沙运用，黄河下游主槽冲刷降低 2.55m，河道最小平滩流量由 2002 年汛前的 1800m³/s 恢复到 2020 年汛前的 4350m³/s。目前，下游河道适宜的中水河槽规模已经形成，"卡口"河道断面形态得到有利调整，洪水时滩槽分流比得到初步改善，"二级悬河"形势开始缓解。

表 12-9　2002~2020 年黄河下游各河段冲淤量统计

类别		小浪底—花园口	花园口—高村	高村—艾山	艾山—利津	利津以上
总冲淤量（2002 年 7 月~2020 年 4 月）	累积/亿 t	−6.255	−10.456	−3.920	−3.665	−24.296
	年均/亿 t	−0.417	−0.697	−0.261	−0.244	−1.620
调水调沙期间	累积/亿 t	−0.021	−1.332	−1.615	−1.113	−4.080
	年均/亿 t	−0.001	−0.095	−0.115	−0.080	−0.291
	占总冲淤量比例/%	0.34	12.74	41.20	30.37	16.79
"一高一低"调度以来（2018 年 7 月~2020 年 4 月）	累积/亿 t	1.009	0.509	−0.464	−0.399	0.655
	年均/亿 t	0.505	0.254	−0.232	−0.199	0.327

（4）改善了河口生态，增加了湿地面积

自 2008 年汛前调水调沙实施生态补水以来，汛前调水调沙年均向河口三角洲生态补水 1853 万 m³，湿地水面面积约平均增加 4.59 万亩，如表 12-10 所示。2010 年以来，还实现了刁口河流路全线过水。2020 年大规模、全方位实施河口三角洲生态补水，国家级自然保护区的刁口河一千二管理区、黄河口管理区、大汶流管理区三大区域全部进水，累积补水 1.55 亿 m³，创历史新高，首次补水进入自然保护区核心区刁口河区域。通过生态补水，河口三角洲水面面积增加 45.35km²。

表 12-10　汛前调水调沙生态补水情况统计

类别	2008 年	2009 年	2010 年	2011 年	2012 年	2013 年	2014 年	2015 年	均值
补水量/万 m³	1 356	1 508	2 041	2 248	3 036	2 156	803	1 679	1 853
湿地水面面积增加值/亩	3 345	52 200	48 700	35 500	50 849	74 080	90 480	11 828	45 873

（5）库容得到了恢复，调整了库区淤积形态，提高了下游河道输沙效率

2018 年实施"一高一低"干支流水库群联合调度以来，小浪底水库累积排沙 13.4 亿 t，有效地恢复了库容；库区三角洲顶点由距坝 16.39km 推进到距坝 7.74km，顶点高程由

222.36m 降至 212.40m，调整了库区淤积形态，如图 12-3 所示。下游河道各主要水文站同流量水位未出现明显降低，提高了河道输沙效率。

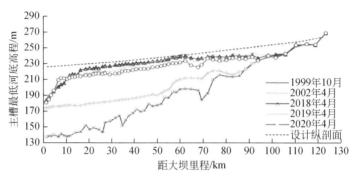

图 12-3 小浪底水库 2018 年以来深泓线变化过程

12.1.2 未来防洪减淤和水沙调控需求

12.1.2.1 主要控制站的水沙代表系列

采用黄河龙门、华县、河津、洑头四站来沙 6 亿 t、3 亿 t、1 亿 t 三种情景方案，分析未来黄河中游水库及下游河道冲淤变化趋势。考虑黄河上游来水来沙特点及研究工作需要，选择下河沿水文站作为上游干流代表性水文站，宁蒙河段冲淤计算考虑区间水沙和入黄风积沙。在近年来水沙变化及其成因分析的基础上，以水利部审查通过的 1956~2010 年天然径流为基础系列，考虑国家批准的各河段工农业用水和现状水库的调节作用，计算下河沿站现状工程条件下各年各月水量过程，日流量过程根据计算的各年各月水量与实测各年各月水量的比值，对实测日流量过程进行同倍比缩小求得。下河沿断面未来沙量考虑干流龙羊峡、李家峡等大型水库较长时期的拦沙作用和坡面措施减沙影响，采用 0.95 亿 t；月沙量采用近期实测资料建立的水沙关系由月径流量进行初步计算，再按照采用沙量均值对计算的月输沙量过程进行适当修正；日输沙率过程，根据月沙量与实测沙量的比值，对实测日输沙率进行同倍比缩小求得。宁蒙河段支流水沙采用相应系列的实测过程，多年平均水量为 6.97 亿 m³、沙量为 0.61 亿 t，入黄风积沙量采用 20 世纪 90 年代以来的平均情况，为 0.16 亿 t。

（1）未来不同情景水沙条件

1）未来黄河来沙 6 亿 t 情景方案。结合《黄河古贤水利枢纽工程可行性研究报告》相关研究成果，对于未来黄河来沙 6 亿 t 情景方案，如图 12-4 所示，龙门站多年平均水量、沙量分别为 205.9 亿 m³、3.64 亿 t，其中汛期水量为 100.4 亿 m³，占全年总水量的 48.8%；汛期沙量为 3.12 亿 t，占全年总沙量的 85.7%，汛期、全年含沙量分别为 31.1kg/m³ 和 17.7kg/m³。

该情景方案下龙门站最大年水量为 401.6 亿 m³，最小年水量为 137.6 亿 m³，两者比

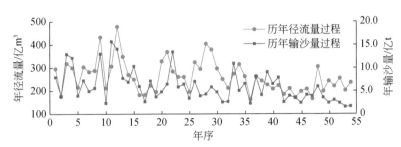

图 12-4　中游四站历年径流量和年输沙量过程（6 亿 t 情景方案）

值为 2.92；最大年沙量为 11.83 亿 t，最小沙量为 0.60 亿 t，两者比值 19.72。四站最大年水量为 479.5 亿 m³，最小年水量为 163.6 亿 m³，两者比值 2.93；最大年沙量为 15.78亿 t，最小沙量为 1.60 亿 t，两者比值 9.86。

2）未来黄河来沙 3 亿 t 情景方案。黄河来沙量 3 亿 t 情景，该方案体现黄河近期来沙量，2000～2013 年四站实测沙量 2.996 亿 t，与设计 3 亿 t 情景接近，因此，直接选用2000～2013 年实测水沙过程作为 3 亿 t 情景设计水沙条件。可选取 2000 年以后实测水沙资料组成设计代表系列。

3）未来黄河来沙 1 亿 t 情景方案。根据 2000 年以来中游四站实测水沙资料，实测来沙在 1 亿 t 左右的年份有 2008 年、2009 年、2011 年、2014 年、2015 年和 2016 年，这几年的年均水量为 225.44 亿 m³，年均沙量为 1.03 亿 t，可作为该情景方案下四站来水量和来沙量。

（2）不同情景方案水沙代表系列选取

水沙系列长度采用 50 年。平均水沙量尽可能接近设计值、系列尽可能连续；选取的水沙代表系列应由尽量少的自然连续系列组合而成；选取的水沙系列应反映丰、平、枯水年的水沙变化情况。

1）6 亿 t 情景方案。选取 1959～2008 年设计水沙系列作为 6 亿 t 情景方案的水沙代表系列。主要控制站水沙量如表 12-11 和表 12-12 所示。宁蒙河段干流年水量 286.4 亿 m³、年沙量 0.94 亿 t，支流年沙量 0.61 亿 t，年风积沙 0.16 亿 t。6 亿 t 情景，四站年水量262.29 亿 m³、年沙量 5.95 亿 t。

表 12-11　宁蒙河段主要控制站水沙量统计

河道及水文站		水量/亿 m³			沙量/亿 t		
		汛期	非汛期	全年	汛期	非汛期	全年
宁蒙河段	下河沿	133.6	152.8	286.4	0.76	0.18	0.94
	支流	4.05	2.92	6.97	0.56	0.05	0.61
	风积沙				0.027	0.133	0.16

表 12-12　不同水沙情景方案下黄河中游四站水沙量统计

情景	水文站	水量				沙量			
		汛期/亿 m³	非汛期/亿 m³	全年/亿 m³	占四站比例/%	汛期/亿 t	非汛期/亿 t	全年/亿 t	占四站比例/%
6亿t	龙门	100.46	105.81	206.27	78.6	3.09	0.52	3.61	60.7
	华县	27.31	16.52	43.83	16.7	1.79	0.14	1.93	32.4
	河津	4.29	3.22	7.51	2.9	0.07	0.01	0.08	1.3
	洑头	2.80	1.88	4.68	1.8	0.31	0.02	0.33	5.6
	四站	134.86	127.43	262.29	100.0	5.26	0.69	5.95	100.00
3亿t	龙门	77.49	108.36	185.85	75.4	1.28	0.30	1.58	52.90
	华县	32.29	18.77	51.06	20.7	1.15	0.08	1.23	41.10
	河津	2.53	1.89	4.42	1.8	0	0	0	0
	洑头	3.20	1.91	5.11	2.1	0.17	0.01	0.18	6.00
	四站	115.51	130.93	246.44	100.0	2.60	0.39	2.99	100.00
1亿t	龙门	71.73	98.64	170.37	75.6	0.44	0.11	0.55	53.9
	华县	28.16	18.17	46.33	20.6	0.38	0.03	0.41	40.2
	河津	2.33	1.84	4.17	1.8	0	0	0	0
	洑头	2.84	1.73	4.57	2.0	0.06	0	0.06	5.9
	四站	105.06	120.38	225.44	100.0	0.88	0.15	1.02	100.0

2）3亿t情景方案。2000~2013年四站实测沙量2.99亿t，与设计3亿t情景最接近，因此，直接选用2000~2013年实测水沙过程作为3亿t情景设计水沙条件。可选取2000年以后实测水沙资料组成设计代表系列。

3）1亿t情景方案。1亿t情景方案年均水量为225.44亿 m³，年均沙量为1.02亿t。采用2000~2016年实测系列连续循环组成50年系列，四站水量过程按设计水量225.44亿 m³和2000~2016年实测系列年均水量240.59亿 m³的比值打折，沙量过程按设计沙量1.02亿t和2000~2016年实测系列年均沙量2.65亿t的比值打折，作为水沙代表系列。

12.1.2.2　未来水库和河道冲淤演变趋势

（1）宁蒙河段

图12-5为现状条件下宁蒙河段泥沙冲淤计算结果，由图可见，现状条件未来50年，宁蒙河段年均淤积泥沙为0.59亿t，淤积主要集中在内蒙古河段，年均淤积量为0.54亿t。随着河道的淤积，中水河槽逐渐萎缩，过流能力减小，最小平滩流量将由现状1600m³/s减小到1000m³/s左右（巴彦高勒—头道拐河段）。

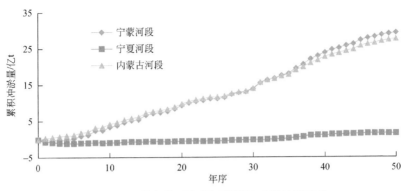

图 12-5　现状条件下宁蒙河段泥沙冲淤计算结果

调整龙刘水库运用方式也带来了不利影响，随着龙刘水库汛期增泄水量增大，将会影响龙羊峡水库的多年调节能力，造成流域内缺水量增加。与现状相比，龙刘水库汛期少蓄水 30 亿 m³，多年平均河道外配置水量分别减少 18.9 亿 m³，将严重影响黄河流域经济社会供水。除此之外，调整龙羊峡水库运用方式还涉及经济、社会等多方面因素，以及管理体制的制约，实际操作起来非常困难。

（2）小北干流和渭河下游

采用 2017 年实测地形，设计水沙系列使用两次组成 100 年水沙过程，利用渭河下游（咸阳—渭河口）、小北干流（黄淤 68—潼关）、三门峡库区（潼关—黄淤 1）汇流区河段泥沙冲淤计算模型，开展不同情景小北干流和渭河下游泥沙冲淤计算。

1）小北干流泥沙冲淤计算结果。不同水沙情景方案，小北干流河段冲淤变化过程如图 12-6 所示。在 6 亿 t 情景方案下，计算期 100 年末河道累积淤积泥沙 31.64 亿 t，年均淤积 0.32 亿 t。3 亿 t 情景，计算期 100 年末河道微冲，年均冲刷泥沙 0.03 亿 t。1 亿 t 情景，计算期 100 年末河道累积冲刷泥沙 14.02 亿 t，年均冲刷泥沙 0.14 亿 t。

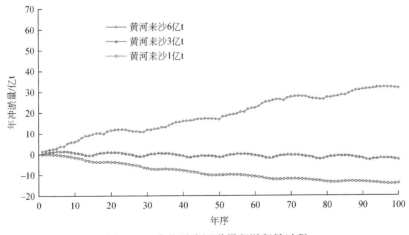

图 12-6　小北干流河道累积淤积量过程

2）渭河下游河道泥沙冲淤计算结果。不同水沙情景方案，渭河下游河段冲淤变化过程如图 12-7 所示。在 6 亿 t 情景方案下，计算期 100 年末河道累积淤积泥沙 11.28 亿 t，年均淤积 0.11 亿 t。3 亿 t 情景，河道微淤，年均淤积 0.004 亿 t。1 亿 t 情景，累积冲刷泥沙 4.59 亿 t，年均冲刷 0.05 亿 t。

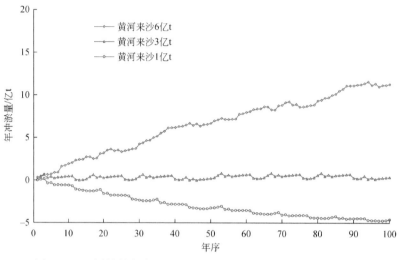

图 12-7　不同情景方案下渭河下游河道累积淤积量过程计算结果

3）潼关高程计算结果。不同水沙情景方案，潼关高程变化过程如图 12-8 所示。在 6 亿 t 情景方案下，潼关高程淤积抬升，年均抬升 0.006m；3 亿 t 情景，潼关高程基本维持在 328m 附近；1 亿 t 情景，汛期来水量和大流量过程较少，对潼关高程冲刷作用有限，潼关高程略有降低。

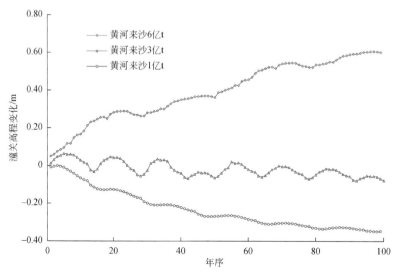

图 12-8　不同情景方案下潼关高程变化过程计算结果

（3）三门峡水库

近年来，三门峡水库汛期敞泄排沙，运用水位按 305m 控制，非汛期平均水位不超过 315m，最高运用水位不超过 318m，水库基本冲淤平衡。本次采用 2017 年实测地形，开展三门峡水库泥沙冲淤计算，计算期为 100 年，不同水沙情景方案，三门峡水库基本冲淤平衡。

（4）小浪底水库

采用 2017 年实测地形，开展小浪底水库泥沙冲淤计算，计算期为 100 年。经过黄河小北干流、渭河下游冲淤调整后，不同水沙情景方案，进入小浪底库区的水沙量如表 12-13 所示。在 6 亿 t 情景方案下，小浪底水库剩余拦沙库容淤满时间为计算第 20 年即 2037 年，未来拦沙期 20 年内水库年均淤积量为 2.17 亿 m³。对于 3 亿 t 情景，小浪底水库剩余拦沙库容淤满时间为计算第 43 年即 2060 年，未来拦沙期 43 年内水库年均淤积量为 1.01 亿 m³。对于 1 亿 t 情景，未来水库年均淤积量为 0.40 亿 m³。

表 12-13　不同水沙情景方案进入小浪底库区的水沙量统计

情景	时段	水量				沙量			
		7~10 月 /亿 m³	11 月至次年 6 月 /亿 m³	全年 /亿 m³	汛期 占比/%	7~10 月 /亿 t	11 月至次年 6 月 /亿 t	全年 /亿 t	汛期 占比/%
6 亿 t	1~50 年	127.31	115.27	242.58	52.48	5.23	0.23	5.46	95.79
	50~100 年	127.31	115.27	242.58	52.48	5.32	0.24	5.56	95.68
	1~100 年	127.31	115.27	242.58	52.48	5.28	0.24	5.52	95.65
3 亿 t	1~50 年	108.80	118.05	226.85	47.96	2.86	0.16	3.02	94.70
	50~100 年	108.79	118.05	226.84	47.96	2.86	0.16	3.02	94.70
	1~100 年	108.79	118.05	226.84	47.96	2.86	0.16	3.02	94.70
1 亿 t	1~50 年	97.56	106.54	204.10	47.80	1.26	0.08	1.34	94.03
	50~100 年	97.59	106.54	204.12	47.81	1.10	0.07	1.17	94.02
	1~100 年	97.57	106.54	204.11	47.80	1.18	0.07	1.25	94.40

（5）下游河道

采用 2018 年实测地形，利用下游河道一维泥沙冲淤计算模型，开展不同情景方案下游河道泥沙冲淤计算，计算期为 100 年。不同水沙情景方案进入黄河下游河道设计水沙量如表 12-14 所示。

表 12-14　不同水沙情景方案进入黄河下游河道设计水沙量统计

情景	时段	水量				沙量			
		7~10 月 /亿 m³	11 月至次年 6 月 /亿 m³	全年 /亿 m³	汛期 占比/%	7~10 月 /亿 t	11 月至次年 6 月 /亿 t	全年 /亿 t	汛期 占比/%
6 亿 t	1~50 年	133.39	134.55	267.94	49.8	4.26	0.01	4.27	99.8
	50~100 年	140.14	127.98	268.12	52.3	5.50	0.01	5.51	99.8
	1~100 年	136.77	131.26	268.03	51.0	4.88	0.01	4.89	99.8

续表

情景	时段	水量				沙量			
		7～10 月 /亿 m³	11 月至次年 6 月 /亿 m³	全年 /亿 m³	汛期 占比/%	7～10 月 /亿 t	11 月至次年 6 月 /亿 t	全年 /亿 t	汛期 占比/%
3 亿 t	1～50 年	109.83	141.72	251.55	43.7	1.84	0	1.84	99.8
	50～100 年	120.79	131.01	251.80	48.0	2.84	0	2.84	100.0
	1～100 年	115.31	136.37	251.68	45.8	2.34	0	2.34	100.0
1 亿 t	1～50 年	88.44	138.91	227.35	38.9	0.68	0	0.68	100.0
	50～100 年	97.73	129.62	227.35	43.0	0.89	0	0.90	100.0
	1～100 年	93.08	134.26	227.34	40.9	0.79	0	0.79	100.0

不同水沙情景方案，黄河下游河道泥沙冲淤量与平滩流量计算结果如图 12-9 所示。在 6 亿 t 情景方案下，小浪底水库 2037 年淤满，淤满后 50 年内下游河道年均淤积泥沙 1.37 亿 t，随着下游河道淤积最小平滩流量将降低至 2800m³/s。对于 3 亿 t 情景，小浪底水库 2060 年淤满，淤满后 50 年内下游河道年均淤积泥沙 0.37 亿 t，拦沙库容淤满至计算期末，下游河道平滩流量减小约 900m³/s。对于 1 亿 t 情景，小浪底水库计算期 100 年内即将淤满，计算期末下游河道累积冲刷泥沙 14.78 亿 t。

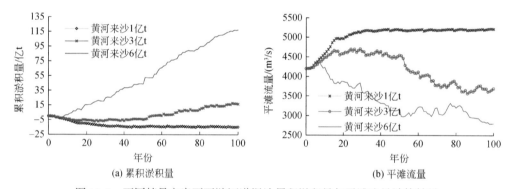

图 12-9 不同情景方案下下游河道泥沙累积淤积量与平滩流量计算结果

从下游河道最小平滩流量过程来看，最小平滩流量在达到 5000m³/s 后，不再随着河道的冲刷继续扩大，反而呈现逐渐减少趋势。统计 1 亿 t 计算得到的下游各河段累积冲淤量如表 12-15 所示，计算期末，花园口以上、花园口—高村河段累积冲刷量分别为 4.01 亿 t、10.58 亿 t，高村—艾山河段累积淤积量 3.18 亿 t，艾山—利津累积冲刷量 3.38 亿 t。最小平滩流量出现在高村—艾山的卡口河段，随着该河段淤积，河道最小平滩流量减少。

表 12-15 来沙 1 亿 t 情景方案下黄河下游河道累积分段淤积量计算结果统计

（单位：亿/t）

计算时段	花园口以上	花园口—高村	高村—艾山	艾山—利津	利津以上
第 50 年	-3.80	-8.26	0.91	-3.21	-14.36
第 100 年	-4.01	-10.58	3.18	-3.38	-14.78

（6）未来河道河势变化分析

河势演变是来水来沙与河床边界相互作用、相互影响的结果，大量研究成果表明，系统的河道治理有利于限制主流游荡摆动，以及窄深稳定河槽的形成；相较于洪水和枯水流路，中水流路对不同的来水条件适应性更强，控制并维持下游河势，需要有配套完善的河道整治工程，同时需要有适宜的流量过程塑造并维持与河道整治工程适应的中水河槽规模，进而形成稳定的中水流路。

调查近年来黄河下游洪水时"横河"和"斜河"发生情况，黄河下游兰考—东明河段已修筑大量控导工程，取得了重要的防洪效益，但是从大河总体走势上看，黄河下游河道在此段由东转向东北，东坝头是近直角的大弯，其河道主流转弯角度大于 90°。大洪水时可能直冲大堤，1855 年黄河改道即发生于此。大河过东坝头后，于禅房控导工程着溜送至右岸蔡集控导工程处，大洪水时可能直冲大堤至险工处，可能发生大堤决口。大水在控导工程着溜送溜，振荡下行，还可能在王高寨控导工程、老君堂控导工程后行至大堤，可能在樊庄与谢寨闸等处发生决口。东明—东平湖河段已经修筑大量的控导工程，但大洪水时仍可直冲大堤。

统计 2000 年以来进入下游的大于 2500m³/s 的洪水过程年均天数仅为 13.11 天，年均水量为 36.68 亿 m³。未来黄河来沙 1 亿 t 情景方案进入下游的大于 2500m³/s 的洪水过程年均天数为 13.06 天，年均水量为 35.95 亿 m³。未来黄河来沙 1 亿 t 情景方案进入下游的大流量过程进一步减少，小流量天数进一步增加。小水形成的过分弯曲的小弯道得不到调整，直河段因水流能力小得不到应有的发展，在没有河道整治工程控制且河床土质含黏量低的河段，斜河或横河等畸形河弯将进一步发育，主流直冲大堤，将可能造成堤防根基松动，发生堤身坍塌，进而发展成口门，发生洪水决溢的风险。

12.1.2.3 未来防洪减淤和水沙调控需求

（1）不同来源洪水过程在宁蒙河段的冲淤表现

从表 12-16 给出的不同来源洪水过程在宁蒙河段的冲淤情况来看，干流发生洪水期间宁蒙河段总体表现为冲刷，支流发生洪水期间宁蒙河段主要表现为淤积，干支流共同发生洪水期间支流来沙淤积比大幅度减小。为减轻宁蒙河段淤积需要对干流来水进行有效调控，增加大流量过程。

表 12-16　不同来源洪水过程在宁蒙河段的冲淤情况

项目		洪水场次	来沙量/亿 t	河段累积冲淤量/亿 t	排沙比/%
干流洪水	非漫滩洪水	75	13.676	-6.946	-50.8
	漫滩洪水	7	5.146	2.262	44.0
	汇总	82	18.822	-4.684	-24.9
支流		23	11.136（干流0.208）	1.676	15.1
干支流洪水遭遇		3	3.411（干流1.684）	1.82	53.4

图 12-10 为干流 2500m³/s 以上场次洪水历时和宁蒙河段冲淤关系，由图可见，15 天以上的洪水过程才能在宁蒙河段达到较好的冲刷（或减淤）效果，洪水历时达到 30 天冲刷效果最好。

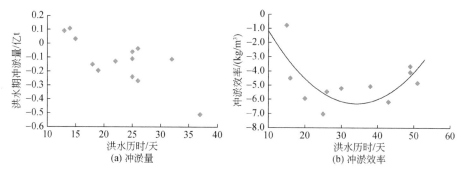

图 12-10　宁蒙河段 2500~3000m³/s 量级洪水持续历时与洪水期冲淤量及冲淤效率的关系

由表 12-17 给出的下河沿设计水沙条件来看，未来 50 年 2500m³/s 以上的洪水过程尤其是持续 15 天以上且大于 2500m³/s 的洪水过程明显无法满足冲刷恢复宁蒙河段中水河槽的需要，导致河道年均淤积量为 0.59 亿 t，平滩流量最小降低至 1000m³/s 左右。

表 12-17　下河沿设计水沙条件统计

时段	>2500m³/s 洪水			持续 15 天以上>2500m³/s 洪水			平滩流量变化 / (m³/s)
	年均场次	年均天数/天	水量占汛期水量比例/%	年均场次	年均天数/天	水量占汛期水量比例/%	
未来 50 年	0.8	4.3	8.8	0.1	1.4	3.3	1000~2000
1965~1986 年	2.3	26.6	39.1	0.6	17	26.2	3500~4400
1986~2014 年	0.3	2.1	5.1	0.1	1.6	3.9	1600

调整龙刘水库运用方式，增加汛期大流量过程，可以增加宁蒙河段的平滩流量，减小河道淤积，但是不能彻底解决问题，且增加汛期下泄水量会造成流域内缺水量增加，对工农业用水、梯级发电产生不利影响。除协调水沙关系外，目前龙刘水库联合承担宁蒙河段防凌任务，影响两库综合效益，根据相关研究，防凌还需要约 38.4 亿 m³ 反调节库容。因此，未来上游仍需修建大型骨干工程。

（2）未来黄河中下游防洪减淤与水沙调控需求

采用 1973 年以来实测资料，分析潼关断面汛期水量和潼关高程升降相关关系（图 12-11），得出潼关高程升降和汛期水量尤其是 2000m³/s 以上的大流量过程具有较好的趋势关系，2000m³/s 以上流量相应的水量越大，潼关高程下降值越大。因此，为了有效冲刷降低潼关高程，需要塑造一定量级和一定历时的大流量过程。

进一步分析汛期洪水与潼关高程变化关系，如图 12-12 所示，由图可见：①洪峰流量小于 2000m³/s 时，潼关高程表现为抬升，洪峰流量在 2000m³/s 以上时，潼关高程可冲刷下降 0.10~0.20m；②洪量在 13 亿 m³ 以上时，潼关高程可冲刷下降 0.10~0.20m；③洪水历时不低于 8 ~ 10 天，能达到较好冲刷降低潼关高程效果。

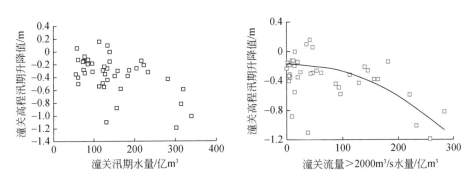

图 12-11　潼关高程变化与汛期水量及流量大于 2000m³/s 水量的关系

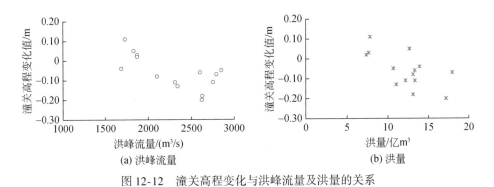

图 12-12　潼关高程变化与洪峰流量及洪量的关系

由表 12-18 给出的四站设计水沙条件来看，未来 50 年黄河来沙 6 亿 t 情景方案和来沙 3 亿 t 情景方案，四站大流量过程远远不能满足冲刷降低潼关高程的要求。因此，未来冲刷降低潼关高程需要在潼关以上建设骨干水库，拦沙并塑造一定历时、一定量级的大流量。

表 12-18　中游四站设计水沙条件统计

时段	>2500m³/s 洪水			持续 15 天以上>2500m³/s 洪水			同期潼关高程变化/m
	年均场次	年均天数/天	水量占汛期水量比例/%	年均场次	年均天数/天	水量占汛期水量比例/%	
6 亿 t	2.8	10.92	11.6	0.22	4.76	5.4	年均抬升 0.01
3 亿 t	1.62	5.64	13	0.06	1.74	3.7	维持不变
1973 ~ 1986 年	7.23	39.77	50.1	1	25.4	32.8	326.64
1986 ~ 2016 年	2.2	6.63	15.8	0.1	2.1	4.8	327.88

（3）冲刷小浪底水库恢复调水调沙库容

小浪底水库拦沙库容淤满后，协调小浪底水库恢复库容和下游河道减淤需要采用 3500m³/s 以上的大流量过程冲刷库区，水量需要达到 16 亿 m³ 以上（考虑一次大流量过程排沙 1 亿 t 左右）。目前，三门峡、万家寨水库汛期调控库容小，无法满足冲刷小浪底库区恢复和保持有效库容的需要，需要在潼关以上建设骨干水库调控水沙。小浪底水库拦沙库容淤满后，水库只有 10 亿 m³ 的调水调沙库容，依靠水库蓄水难以满足一次有效冲刷恢复黄河下游中水河槽的调水调沙水量要求，下游河道还将进一步淤高，中水河槽将难以维持。

（4）减轻下游河道淤积

未来 50 年黄河中游来沙 6 亿 t，小浪底水库 2037 年淤满，淤满后 50 年内下游河道年均淤积泥沙 1.37 亿 t，最小平滩流量将降低至 2800m³/s；中游来沙 3 亿 t 情景方案时，小浪底水库拦沙库容淤满后下游河道年均淤积泥沙 0.37 亿 t，平滩流量减小约 900m³/s，中水河槽规模难以维持。来沙 1 亿 t 情景方案时，下游河道整体表现为冲刷，但计算期末高村—艾山河段累积淤积 3.18 亿 t，最小平滩流量出现在高村—艾山的卡口河段，随着该河段淤积，中水河槽难以长期维持。未来仍需要利用中游水库群开展调水调沙，协调进入黄河下游的水沙关系。2004 年以来，探索了通过现状万家寨、三门峡、小浪底水库群联合调度冲刷小浪底水库和黄河下游河道淤积的泥沙，协调了黄河水沙关系、减少了下游河道淤积、延长了水库拦沙库容使用寿命。但万家寨、三门峡水库调节库容较小，所能提供的水流动力条件不足，水库出库含沙量较小。若中游发生高含沙洪水，水库仅能依靠异重流排沙，出库水流含沙量较小，不仅不能充分发挥水流的输沙功能，而且造成大量泥沙在库区淤积，影响水库拦沙库容的使用寿命。

（5）稳定下游河势

黄河下游堤防为土质堤防，历史上堤防决口形式一般可分为漫决、冲决、溃决、扒决。据统计，1855～1935 年，兰考—东明、东明—东平湖河段共发生堤防决口的年份有 35 年，决口 56 处，其中兰考（东坝头）—东明河段决口 19 处，东明—东平湖（桩号 336+600）决口 37 处。按照决口性质统计，堤防冲决占 53%，漫决占 19%，溃决占 16%。因此，冲决是该河段堤防决口的主要形式。济南以下河段共发生堤防决口的年份有 24 年，决口 54 处。按照决口性质统计，堤防冲决占 25%，漫决占 17%，溃决占 40%。由于历史上漫决不追究河官之罪，不排除冲决和溃决被记录为漫决，由此可见黄河堤防决口应该以冲决和溃决为主，漫决所占比例较小。人民治黄以来，随着黄河下游防洪工程体系建设，花园口断面设防标准已经提高到近 1000 年一遇，大洪水漫决的机遇非常小，因此未来黄河下游堤防最可能的决口形式为冲决和溃决。

当前下游还有 299km 游荡型河段河势未完全控制，危及大堤安全。未来随着流域生态保护和经济社会用水发展，水沙关系不协调的矛盾将长期存在。特别是若未来黄河中游来水来沙量进一步减小，持续的小水过程必然造成河势上提下挫，畸形河弯将进一步发育。由于现状工程是按照 4000m³/s 的整治流量进行布局的，未来若河势上提下挫，局部畸形河湾过度发育，现状工程布局和未来河势将不再适应，现状工程的控制能力将持续降低，黄河主流发生摆动，河势突变风险会逐渐增加。一旦河势发生突变，将很快形成斜河或横河，主流直冲大堤，堤防偎水后，将可能造成堤防根基松动，发生堤身坍塌，进而发展成口门，发生洪水决溢风险。稳定下游河势需要有配套完善的河道整治工程和长期维持的中水河槽规模，需要上游水库泄放一定历时的流量和水量来维持。

因此，未来仍需要在小浪底水库上游修建骨干水库进行水沙调控，上级水库为下级水库排沙提供动力，下级水库对上级水库出库水沙过程进行二次调控，共同协调进入黄河下游的水沙关系，减缓水库淤积，实现黄河下游河床不抬高，较长期维持中水河槽行洪输沙功能，维持下游河势稳定。

12.1.3　未来防洪减淤和水沙调控模式

12.1.3.1　未来黄河上游水沙调控模式及效果

(1) 上游调控模式

上游龙羊峡、刘家峡和黑山峡 3 座骨干工程联合运用，构成黄河水沙调控体系中的上游水量调控子体系主体。为确保黄河枯水年不断流、保障沿黄城市和工农业供水安全，龙羊峡、刘家峡水库联合对黄河水量进行多年调节，以丰补枯，增加枯水年特别是连续枯水年的水资源供给能力。黑山峡水库主要对上游梯级电站下泄水量进行反调节，结合防凌蓄水将非汛期富余的水量调节到汛期，调控流量 2500m³/s 以上、历时不小于 15 天、年均应达到 30 天的大流量过程，改善宁蒙河段水沙关系，并调控凌汛期流量，保障宁蒙河段防凌安全，实时为中游子体系提供动力；同时调节径流，为宁蒙河段工农业和生态灌区适时供水。

在黑山峡水库建成以前，刘家峡与龙羊峡水库联合调控凌汛期流量，调节径流为宁蒙灌区工农业供水；同时要合理优化汛期水库运用方式，适度减少汛期蓄水量，适当恢复有利于宁蒙河段输沙的洪水流量过程，改善目前宁蒙河段主槽淤积萎缩的不利局面。海勃湾水利枢纽主要配合上游骨干水库防凌运用。在凌汛期流凌封河期，调节流量平稳下泄，避免流量波动形成小流量封河，开河期在遇到凌汛险情时应急防凌蓄水。在汛期配合上游骨干水库调水调沙运用。

根据宁蒙河段冲淤演变规律，协调防洪防凌、减淤、供水、发电、改善生态多目标需求，构建黄河上游水库联合运用的水沙调控指标如表 12-19 所示，由表可见，一级指标主要考虑水库综合利用层面的多目标需求，二级指标主要体现不同调度应考虑的判别条件，三级指标主要是调控阈值。

表 12-19　黄河上游骨干水库群调控指标汇总（下河沿断面）

一级指标（多目标需求）	二级指标（判别条件）	调控阈值
防洪	洪峰流量	5600m³/s
减淤	调度时机 7~9 月，蓄水量>21.0 亿 m³	2500m³/s
防凌	控泄流量	11 月，650m³/s；12 月，450m³/s；1 月，420m³/s；2 月，360m³/s；3 月，350m³/s
供水	需水流量	4 月，370m³/s；5 月，770m³/s；6 月，950m³/s
发电	发电流量	
生态	最小生态流量	

（2）调控效果分析

黑山峡河段一级开发方案为大柳树坝址方案，水库正常蓄水位 1374m 以下库容 99.86 亿 m³。黑山峡河段"红山峡坝址+大柳树坝址"二级开发方案，红山峡水库正常蓄水位 1374m 以下库容 1.19 亿 m³，大柳树水库正常蓄水位 1355m 以下库容 62.5 亿 m³。根据计算结果，如表 12-20 所示，黑山峡一级开发方案，黑山峡水库拦沙年限为 100 年，水库运用前 50 年宁蒙河段年均冲刷 0.07 亿 t，平滩流量可维持在 2500m³/s；水库运用 50～100 年宁蒙河段年均淤积 0.19 亿 t，平滩流量基本维持在 2500m³/s。黑山峡二级开发方案，黑山峡水库拦沙年限为 60 年，水库运用前 50 年宁蒙河段年均冲刷 0.05 亿 t，平滩流量可维持在 2500m³/s；水库运用 50～100 年宁蒙河段年均淤积 0.39 亿 t，最小平滩流量为 1770m³/s。

表 12-20 黄河上游不同情景方案计算结果统计

开发方案	黑山峡水库拦沙年限	宁蒙河段年均冲淤量/亿 t			宁蒙河段平滩流量/（m³/s）		
		运用前 50 年	运用 50～100 年	运用 100 年后	运用前 50 年	运用 50～100 年	运用 100 年后
一级	100 年	-0.07	0.19	0.53	维持 2500m³/s	基本维持 2500m³/s	最小 2000m³/s
二级	60 年	-0.05	0.39	0.53	维持 2500m³/s	最小 1770m³/s	

综上分析，黑山峡水库可长期改善宁蒙河段水沙关系，较长时期维持宁蒙河段平滩流量 2500m³/s，消除龙羊峡、刘家峡水库汛期大量蓄水运用对宁蒙河段造成的不利影响，调节径流为宁蒙河段工农业和生态灌区适时供水。从长期维持宁蒙河段中水河槽和防凌、供水等综合兴利效益方面看，黑山峡河段一级开发方案优于二级开发方案。

12.1.3.2 未来黄河中下游水沙调控模式及效果

根据中下游防洪减淤和水沙调控需求、水沙调控体系工程规划布局及黄河中游骨干工程前期工作情况，黄河来沙 6 亿 t 方案情景下，在现状工程基础上，考虑了东庄 2025 年生效、古贤 2030 年生效、古贤 2030 年生效+碛口 2050 年生效方案。黄河来沙 3 亿 t 方案情景下，现状工程条件下小浪底水库剩余拦沙库容淤满年限还有 43 年，计算期 50 年内黄河下游河道仍然呈现冲刷状态，古贤水利枢纽工程建成投运时机拟定 2030 年、2035 年、2050 年三个方案进行论证，不再考虑碛口水利枢纽工程生效方案，如表 12-21 所示。黄河来沙 1 亿 t 情景方案下，从维持下游河势稳定的角度来分析未来防洪减淤和水沙调控模式。

表 12-21 黄河中下游防洪减淤和水沙调控模式骨干工程建设情景方案汇总

来沙情景	序号	骨干工程建设情景	待建工程生效时间
6 亿 t	方案 4	现状工程	—
	方案 5	现状工程+古贤+东庄	古贤水库 2030 年、东庄水库 2025 年
	方案 6	现状工程+古贤+东庄+碛口	古贤水库 2030 年、东庄水库 2025 年、碛口水库 2050 年
3 亿 t	方案 7	现状工程	—
	方案 8	现状工程+古贤+东庄	古贤水库 2030 年、东庄水库 2025 年
	方案 9	现状工程+古贤+东庄	古贤水库 2035 年、东庄水库 2025 年
	方案 10	现状工程+古贤+东庄	古贤水库 2050 年、东庄水库 2025 年

（1）中下游调控模式

古贤、碛口、东庄水库建成运用后，黄河中游将形成完善的洪水泥沙调控子体系。中游水库群联合调控，可根据水库和下游河道的冲淤状态，灵活采用"上库高蓄调水，下库速降排沙，拦排结合，适时造峰"的联合拦沙和调水调沙调控模式，充分发挥水沙调控体系的整理合力，增强黄河径流泥沙调节能力。

A. 现状调控模式

现状工程条件下，主汛期协调黄河下游水沙关系的任务主要由小浪底水库承担，三门峡、万家寨水库配合小浪底调控水沙，当支流来水较大时，支流陆浑、故县、河口村水库配合小浪底水库进行实时空间尺度的水沙联合调度，通过时间差、空间差的控制，实现水沙过程在花园口的对接，塑造协调的水沙关系，充分发挥中游水沙调控体系的作用。现状工程调水调沙运用，相机形成持续一定历时的较大流量过程（与下游河道平滩流量相适应），利用大水输沙，充分发挥下游河道输沙能力，提高输沙效果，减轻下游河道淤积；当发生洪水时（同时考虑伊洛沁河及小花间来水情况），三门峡、小浪底与支流的陆浑、故县、河口村水库联合防洪调度运用。

B. 古贤水库投入运用后

古贤水库在联合调水调沙运用中的作用为：①初期拦沙和调水调沙，冲刷小北干流河道，恢复主槽过流能力，降低潼关高程，并部分冲刷恢复小浪底水库的调水调沙库容，为水库联合进行水沙调控创造条件。②与小浪底水库联合运用，调控黄河水沙，为小浪底水库调水调沙提供后续动力，塑造恢复、维持黄河下游和小北干流河段中水河槽行洪排沙功能的水沙过程，减少河道淤积。③在小浪底水库需要冲刷恢复调水调沙库容时，提供水流动力条件，延长小浪底拦沙年限并长期保持小浪底水库一定的调节库容。

小浪底水库在联合调水调沙中的作用为：①与古贤水库联合运用，塑造进入黄河下游的协调水沙关系，维持中水河槽行洪排沙功能。②对古贤水库下泄的水沙和泾、洛、渭河的来水来沙进行调控，减少下游河道淤积。③在古贤水库排沙期间，对入库水沙进行调控，尽量改善进入下游的水沙条件。

东庄水库在联合调水调沙中的作用为：①调控泾河洪水泥沙，拦减高含沙小洪水、泄放高含沙大洪水，结合渭河来水塑造一定历时的较大流量洪水，减轻渭河下游河道淤积。②相机配合干流调水调沙，补充小浪底后续动力。

C. 碛口水库投入后

碛口水库投入运用后，通过与中游的古贤、三门峡和小浪底水库联合拦沙与调水调沙，可长期协调黄河水沙关系，减少黄河下游及小北干流河道淤积，维持河道中水河槽行洪输沙能力。同时，承接上游子体系水沙过程，适时蓄存水量，为古贤、小浪底水库提供调水调沙后续动力，在减少河道淤积的同时，恢复水库的有效库容，长期发挥调水调沙效益。当碛口水库泥沙淤积严重需要排沙时，可利用其上游的来水和万家寨水库的蓄水量对其进行冲刷，恢复库容。

碛口水库正常运用期，根据河道减淤和长期维持中水河槽的要求，利用各水库的调水调沙库容联合调水调沙运用，满足调水调沙对水量和水沙过程的要求。上级水库根据下级水库对其要求进行调节，在上级水库排沙时，下级水库根据入库水沙条件，对水沙过程进行控制和调节，通过水库群联合调度，实现流量过程对接，塑造满足河道输沙要求的水沙过程，以利于河道输沙，减少河道淤积或冲刷河道。

（2）黄河来沙 6 亿 t 情景方案调控效果

未来黄河来沙 6 亿 t 情景方案，现状工程条件下，小北干流河道多年平均淤积泥沙 0.32 亿 t，潼关高程 100 年累积抬升 0.60m，渭河下游河道多年平均淤积泥沙 0.11 亿 t，未来 50 年黄河下游河道多年平均淤积泥沙 0.88 亿 t，小浪底水库 2037 年拦沙库容淤满后 50 年黄河下游河道多年平均淤积泥沙 1.37 亿 t，随着下游河道淤积最小平滩流量将降低至 2800m³/s，黄河中下游防洪减淤形势依然严峻，如表 12-22 所示。

表 12-22　未来黄河来沙 6 亿 t 情景方案水库河道冲淤计算结果统计（2017~2117 年）

项目		工程条件	现状工程	古贤 2030 年、东庄 2025 年	古贤 2030 年、东庄 2025 年、碛口 2050 年
水库	碛口水库	拦沙库容使用年限	—	—	—
		淤积量/亿 m³	—	—	67.81
	古贤水库	拦沙库容使用年限	—	2097 年（67 年）	2117 年（87 年）
		淤积量/亿 m³	—	102.32	94.72
	东庄水库	拦沙库容使用年限	—	2055 年（30 年）	2055 年（30 年）
		淤积量/亿 m³	—	21.40	21.40
	小浪底水库	剩余拦沙库容使用年限	2037（20 年）	2047 年（30 年）	2047 年（30 年）
		淤积量/亿 m³	77.60	77.20	78.50
河道		小北干流淤积量/亿 t	31.64	−8.94	−13.43
		渭河下游淤积量/亿 t	11.28	6.90	6.90
		黄河下游淤积量/亿 t	117.36	40.93	20.38
新建工程累积减淤		小北干流/亿 t		40.58	45.07
		渭河下游淤积量/亿 t		4.38	4.38
		黄河下游淤积量/亿 t		76.43	96.99
		合计/亿 t		121.39	146.44

古贤 2030 年、东庄 2025 年生效方案，小浪底水库拦沙年限较现状工程条件下延长 10 年（拦沙库容 2047 年淤满），古贤水库拦沙库容使用年限 67 年（拦沙库容 2097 年淤满），小北干流河道发生冲刷，计算期 100 年河道累积冲刷 8.94 亿 t；100 年末潼关高程降低 3.04m；渭河下游河道 100 年年均淤积 0.07 亿 t；黄河下游河道未来 50 年累积淤积 8.37 亿 t，年均淤积 0.17 亿 t，小浪底水库拦沙库容淤满后 50 年内年均淤积 0.42 亿 t，古贤水库拦沙库容淤满后下游河道年平均淤积仍有 0.96 亿 t，随着下游河道淤积最小平滩流量将降低至 3400m³/s。与现状工程相比，古贤、东庄生效后，可累积减少小北干流河道淤积 40.58 亿 t，减少渭河下游河道淤积 4.38 亿 t，减少黄河下游河道淤积 76.43 亿 t。

古贤水库 2030 年、东庄水库 2025 年、碛口 2050 年生效方案，因碛口水库在小浪底水库拦沙库容淤满后投入，小浪底水库拦沙库容使用年限仍较现状工程条件延长 10 年（拦沙库容 2047 年淤满），古贤水库拦沙库容使用年限为 87 年（拦沙库容 2117 年淤满），计算期末碛口水库拦沙库容尚未淤满，计算期 100 年小北干流河道累积冲刷 13.43 亿 t，100 年末潼关高程冲刷降低 3.74m；未来 50 年黄河下游河道累积淤积 2.45 亿 t，年平均淤积 0.05 亿 t，小浪底水库 2047 年淤满后 50 年内下游河道年均淤积 0.28 亿 t，最小平滩流量为 3800m³/s。古贤、东庄、碛口生效后，可累积减少小北干流河道淤积 45.07 亿 t，可累积减少黄河下游河道淤积 96.99 亿 t。

综上所述，黄河来沙 6 亿 t 情景方案下，现状工程条件下，小浪底水库拦沙库容淤满后黄河中下游防洪减淤形势依然严峻，需要尽快在黄河中游建设骨干工程，完善水沙调控体系，控制潼关高程，减少渭河下游和黄河下游河道淤积。古贤水库 2030 年生效后，拦沙期内发挥了拦沙减淤效益，减轻了下游河道淤积，但拦沙期结束后下游河道年平均淤积仍达到 0.96 亿 t，仍需要建设碛口水库完善水沙调控体系，提高对水沙的调控能力，进一步减轻河道淤积。古贤水利枢纽应尽早开工建设。

古贤、碛口水库生效后，与现状工程联合，灵活采用"上库高蓄调水，下库速降排沙，拦排结合，适时造峰"联合减淤运用方式，可使下游河道 2072 年前河床不抬高，未来坚持"拦、调、排、放、挖"多种措施综合处理和利用黄河泥沙，在下游温孟滩等滩区实施放淤，局部河段实施挖河疏浚，可长期实现下游河床不抬高。

(3) 黄河来沙 3 亿 t 情景方案调控效果

对于未来黄河来沙 3 亿 t 情景，现状工程条件下，小北干流河道计算期 100 年末河道累积冲刷泥沙 2.65 亿 t，年均冲刷泥沙 0.03 亿 t，潼关高程基本维持在 328m 附近，渭河下游河道微淤，年均淤积泥沙 0.004 亿 t，小浪底水库剩余拦沙库容使用年限还有 43 年，即 2060 年淤满，小浪底水库 2060 年淤满后 50 年内下游河道年均淤积泥沙 0.37 亿 t，随着下游河道淤积中水河槽萎缩，最小平滩流量减小约 900m³/s，如表 12-23 所示。

表 12-23　未来黄河来沙 3 亿 t 情景方案下水库河道冲淤计算结果统计

项目	工程条件		现状工程	古贤 2030 年、东庄 2025 年	古贤 2035 年、东庄 2025 年	古贤 2050 年、东庄 2025 年
水库	古贤水库	拦沙库容使用年限	—	—	—	—
		淤积量/亿 m³	—	67.09	63.33	57.68
	东庄水库	拦沙库容使年限	—	40	40	40
		淤积量/亿 m³	—	21.15	21.15	21.15
	小浪底水库	剩余拦沙库容使用年限	2060 年（43 年）	2087 年（70 年）	2085 年（68 年）	2071 年（54 年）
		淤积量/亿 m³	77.83	73.06	73.48	73.70
河道	小北干流淤积量/亿 t		−2.65	−14.33	−14.36	−14.57
	渭河下游淤积量/亿 t		0.37	−3.23	−3.23	−3.23
	黄河下游淤积量/亿 t		16.37	−19.29	−17.52	−15.87

项目	工程条件	现状工程	古贤 2030 年、东庄 2025 年	古贤 2035 年、东庄 2025 年	古贤 2050 年、东庄 2025 年
新建工程累积减淤	小北干流/亿 t		11.68	11.71	11.92
	渭河下游淤积量/亿 t		3.60	3.60	3.60
	黄河下游淤积量/亿 t		35.66	33.89	32.24
	合计/亿 t		50.94	49.20	47.76

建设古贤、东庄水库,可降低潼关高程,延长小浪底水库拦沙库容使用年限,减少河道淤积,维持黄河下游河道 5000m³/s 流量左右的中水河槽。古贤 2030 年生效时,可降低潼关高程 2.80m,延长小浪底水库拦沙库容使用年限 27 年,减少小北干流河道泥沙淤积量 11.68 亿 t,减少渭河下游河道泥沙淤积量 3.60 亿 t,减少黄河下游河道泥沙淤积量 35.66 亿 t,累积减淤量 50.94 亿 t。古贤 2035 年生效时,可降低潼关高程 2.75m,可延长小浪底水库拦沙库容使用年限 25 年,减少小北干流河道泥沙淤积量 11.71 亿 t,减少渭河下游河道泥沙淤积量 3.60 亿 t,减少黄河下游河道泥沙淤积量 33.89 亿 t,累积减淤量 49.20 亿 t。古贤 2050 年生效时,可降低潼关高程 2.70m,延长小浪底水库拦沙库容使用年限 11 年,减少小北干流河道泥沙淤积量 11.92 亿 t,减少渭河下游河道泥沙淤积量 3.60 亿 t,减少黄河下游河道泥沙淤积量 32.24 亿 t,累积减淤量 47.76 亿 t。

由此可见,古贤水库投入运用越早,对减缓小浪底水库淤积、延长小浪底水库拦沙库容使用年限、减缓下游河道淤积越有利。需要尽早开工建设古贤水库,完善水沙调控体系,充分发挥水库综合利用效益。古贤水库生效后,与现状工程联合,灵活采用"上库高蓄调水,下库速降排沙,拦排结合,适时造峰"的联合减淤运用方式,可长期实现黄河下游河床不抬高。

(4) 黄河来沙 1 亿 t 情景方案下调控效果

未来黄河中游来沙减至 1 亿 t 情景,下游河道总体发生冲刷,但高村—艾山卡口河段仍呈现淤积趋势。尽管近期黄河水沙调控能力和防洪能力有所提高,但黄河下游"二级悬河"未进行治理,下游河道高村以上游荡型河段还有 166km 河势变化较大。未来持续小水过程形成的过分弯曲的小弯道得不到调整,直河段因水流能力小得不到应有的发展,畸形河弯将进一步发育。由于黄河主流发生摆动,形成斜河或横河,主流直冲大堤,将可能造成堤防根基松动,发生堤身坍塌,进而发展成口门,发生洪水决溢的风险。因此,在枯水枯沙条件下,需要通过水沙调控维持下游河势稳定和中水河槽规模。

综上所述,未来黄河来沙在 3 亿 t 以下情景时,从维持下游河势稳定来看,小浪底水库泄放的水量不能满足塑造维持与现状黄河下游河道整治工程相适应的流路和改善消除畸形河势所需要的调控水量。小浪底水库淤满后调水调沙库容也仅 10 亿 m³,扣除调沙库容后,有效的调水库容仅 5 亿 m³ 左右,无法满足维持下游河势稳定的水量要求,下游防洪安全风险依然较大。未来仍需要在小浪底水库以上建设古贤水利枢纽工程,与小浪底水库联合调水调沙,塑造维持与现状黄河下游河道整治工程相适应的流路所需要的调控水量。

12.2 未来 30～50 年黄河保护和治理策略与措施

12.2.1 现状治理规划的适应性

12.2.1.1 水沙调控体系规划的适应性

(1) 水沙调控体系建设现状及与规划实施对比

《黄河流域综合规划（2012—2030 年)》提出，以干流的龙羊峡、刘家峡、黑山峡、碛口、古贤、三门峡、小浪底等骨干水利枢纽为主体，以干流的海勃湾、万家寨水库及支流的陆浑、故县、河口村、东庄等控制性水库为补充，共同构成完善的水沙调控工程体系，如图 12-13 所示。目前，海勃湾、河口村水库已建成投运。东庄水库批复立项，进入开工建设阶段。古贤水库可研报告通过水利部审查。黑山峡水库正在开展项目建议书阶段的专题论证。与规划中要求的 2020 年前后需建成生效的东庄、古贤等水沙调控工程的实施进度滞后。

图 12-13 水沙调控体系建设现状

(2) 水沙调控体系规划未来调整方向

基于黄河水沙的基本特征和水沙调控现状，在协调宁蒙河段和下游水沙关系、防洪防凌、控制潼关高程、治理小北干流、维持下游河势稳定等方面仍存在水动力不足，不能充分发挥整体合力的局限性，流域生态保护和高质量发展要统筹考虑洪水管理、协调全河水沙关系、合理配置和优化调度水资源等要求，未来仍需要进一步完善水沙调控体系，加强上中游骨干工程建设。

12.2.1.2 防洪减淤体系规划的适应性

(1) 防洪减淤体系建设现状及与规划实施对比

《黄河流域综合规划（2012—2030 年)》提出要处理和利用黄河泥沙，坚持"拦、调、排、放、挖"综合治理的思路,按照"稳定主槽、调水调沙,宽河固堤、政策补偿"下游河道治理方略,近期安排了堤防工程和河道整治工程建设、"二级悬河"治理、滩区综合治理,包括滩区安全建设、制定滩区淹没补偿政策等工作。

黄河下游通过持续的堤防、险工和河道整治工程建设,提高了堤防整体抗洪能力,基本解决了标准内洪水堤防"溃决"问题;小浪底水库运用后,下游河道中水河槽冲刷、展宽,过流能力扩大至4300m³/s以上,有利于缓解下游防洪形势,与中游干支流水库群联合调度,大大增强了下游洪水管控能力。

"二级悬河"治理工程未实施。近期,水利部黄河水利委员会编制的《黄河下游河道综合治理工程可行性研究》,安排进行河道整治和堤沟河治理,通过建设要基本解决重点河段的堤沟河危害。

滩区综合治理滞后。按照规划安排,开展了滩区安全建设,制定了滩区淹没补偿政策等工作。2011年,国务院批准了黄河下游滩区运用补偿政策,按照财政部、国家发展和改革委员会、水利部联合制定的《黄河下游滩区运用财政补偿资金管理办法》,豫鲁两省分别印发了《黄河下游滩区运用财政补偿资金管理办法实施细则》。2014年以来,河南、山东两省分别开展了三批居民搬迁试点建设。2017年5月,经国务院同意国家发展和改革委员会印发的《河南省黄河滩区居民迁建规划》《山东省黄河滩区居民迁建规划》,提出3年左右河南外迁安置24.32万滩区居民,山东基本解决60.62万滩区居民的防洪安全和安居问题。同时,开展未来滩区治理方向研究等工作,有关单位研究提出了滩区再造与生态治理模式、滩区防护堤治理模式、滩区分区运用模式等。总体来看,滩区安全建设进度滞后,对未来滩区的治理方向还未形成统一意见。

(2) 潼关河段规划安排与实施

《黄河流域综合规划(2012—2030年)》提出近期要继续控制三门峡水库运用水位、实施潼关河段清淤、在潼关以上的小北干流河段进行有计划的放淤,实施渭河口流路整治工程;2020年前后建成古贤水库,初期通过水库拦沙和调控水沙,使潼关高程降低2m左右,后期通过水库调水调沙运用控制潼关高程。远期利用南水北调西线等调水工程增加输沙水量,改善水沙条件,进一步降低潼关高程。

按照规划安排,继续控制三门峡水库运用水位,非汛期坝前最高水位控制在318m以下,平均水位为315m,汛期入库流量大于1500m³/s时敞泄;继续进行桃汛洪水冲刷试验,2006~2018年已经进行了13次桃汛洪水冲刷试验(每年实施);继续完善渭河口流路整治工程,新建黄渭分离工程长度800m;继续实施多轮次的小北干流滩区放淤试验。

(3) 宁蒙河段规划安排与实施

《黄河流域综合规划(2012—2030年)》提出宁蒙河段要按照"上控、中分、下排"的基本思路,进一步完善防洪(凌)工程体系。近期要加强河防工程建设,兴建海勃湾水利枢纽配合干流水库防凌和调水调沙运用,同时在内蒙古河段设置乌兰布和、河套灌区及乌梁素海、杭锦淖尔、蒲圪卜、昭君坟、小白河等应急分凌区,遇重大凌汛险情时,适时启用应急分凌区。远期进一步完善河防工程,研究建设黑山峡河段工程,从根本上解决河道淤积和防凌问题。自"九五"以来,宁蒙河段开展了较为系统的河道治理。2010年、

2014 年国家发展和改革委员会先后批复实施了一期和二期防洪工程建设,按照 2025 年淤积水平,堤防工程建设标准为:下河沿—三盛公河段为 20 年一遇洪水,三盛公—蒲滩拐河段左岸为 50 年一遇洪水,右岸除达拉特旗电厂附近(西柳沟—哈什拉川)为 50 年一遇洪水,其余为 30 年一遇洪水。

截至目前,黄河宁蒙河段建成各类堤防长度 1453km(不含三盛公库区围堤),其中干流堤防长 1400km,支流口回水段堤防长 53km;宁夏河段干流堤防长 448.1km,内蒙古河段长 951.9km。共建成河道整治工程 140 处,坝垛 2194 道,工程长度 179.5km。这些工程的修建,有效地提高了宁蒙河段抗御洪水的能力,在保障沿岸人民群众的生命财产安全和经济社会的稳定发展方面发挥重要作用。

目前内蒙古河段建成了 6 个应急分洪区,即左岸的乌兰布和分洪区、河套灌区及乌梁素海分洪区、小白河分洪区,右岸的杭锦淖尔分洪区、蒲圪卜分洪区、昭君坟分洪区。应急分洪区工程设计指标如表 12-24 所示。

表 12-24　应急分洪区位置、设计分洪规模及分洪区面积统计

工程名称	位置	分洪规模/万 m³	分洪区面积/km²
乌兰布和	黄河左岸巴彦淖尔市磴口县粮台乡	11 700	230
河套灌区及乌梁素海	黄河左岸巴彦淖尔市乌拉特前旗大余太镇	16 100	—
杭锦淖尔	黄河右岸鄂尔多斯市杭锦淖尔乡	8 243	44.07
蒲圪卜	黄河右岸鄂尔多斯市达拉特旗恩格贝镇	3 090	13.77
昭君坟	黄河右岸内蒙古鄂尔多斯市达拉特旗昭君镇	3 296	19.93
小白河	黄河左岸包头市稀土高新区万水泉镇和九原区	3 436	11.77

2007 年凌汛期以来为了削减槽蓄水释放量,减轻黄河内蒙古河段防凌压力,内蒙古河段应急分洪区根据实际凌情实施了分凌运用,一定程度上缓解了内蒙古河段开河期的防凌形势。

上述分析表明,宁蒙河段基本按照规划安排完成了防洪工程建设,防御洪水的能力提高。但是由于长期淤积发育形成新悬河,近期水沙变化导致中水河槽淤积萎缩、过流能力不足等问题,宁蒙河段防洪防凌形势依然十分严峻,需要继续加强宁蒙河段治理。

12.2.1.3　其他规划体系的适应性

水沙条件变化下,1956~2010 年系列黄河天然径流量 482 亿 m³,与规划采用 1956~2000 年系列 535 亿 m³相比,少了约 53 亿 m³。可以预判,黄河流域来水量大幅减少,而流域用水没有减少,导致河川径流量减少,纳污能力降低,未来水资源供需形势将更加尖锐,水资源和水生态保护必将越来越严格,流域管理将面临更加复杂的形势。推动落实黄河流域生态和高质量发展重大国家战略,必须要做好水安全保障。建议如下:

1)加强流域综合管理,要把水资源作为最大的刚性约束,坚持以水而定、量水而行,全面实施深度节水控水行动,坚持节水优先,还水于河。统筹当地水与外调水、常规水与

非常规水，优化水资源配置格局，提升水资源配置效率。构建用水高效、配置科学、管控有力的水资源安全保障体系，确保河道不断流。加快南水北调西线工作，考虑水文情势变化，从黄河流域生态保护和高质量发展这一重大国家战略需求出发进一步论证调水区水源、调水工程线路、调水工程规模等，提出更优的调水方案。

2）通过自然恢复和实施重大生态修复工程，提高上游水源涵养功能；加强河湖生态保护和修复，保障黄河干支流重要断面基本生态流量，提升黄河干支流生态廊道功能；加强河口水系连通和生态调度，保障河口湿地生态流量，保护修复黄河三角洲湿地；协同推进水资源保护、强化河湖监管，改善河湖生态环境状况。

12.2.2　流域水土流失适宜治理度与河道输沙平衡

黄河水少沙多，水沙关系不协调是黄河复杂难治的症结所在，因此，治理黄河的关键是要紧紧抓住水沙关系调控这个"牛鼻子"，统筹黄土高原水土流失治理与黄河河道的水沙平衡，采取综合措施处理泥沙，科学调控黄土高原产沙量及进入黄河干流河道的泥沙量。黄土高原生态环境禀赋条件差，是黄河泥沙的主要来源区，经过几代人持之以恒的不懈努力，入黄泥沙量锐减，黄河水沙情势与水沙关系发生了重大变化，但入黄泥沙并不是减到越少越好，一方面，黄土高原水土流失治理有一个治理度的问题，治到一定程度后，减沙效果就较小了；另一方面，黄河干流河道如果没有一定数量的泥沙补给将会出现一系列的新问题，因此，未来黄土高原水土流失治理应将入黄泥沙量减至什么范围，才能与黄河干流河道健康需求的泥沙量相匹配，是治理黄河迫切需要回答的问题。

对于黄河这样的多沙河流而言，河道治理的终极目标就是通过水沙调控和河道整治，实现河道的平衡输沙，因此，维持黄河干流河道健康最适宜的沙量就是河道平衡输沙量。河道平衡输沙在河床演变中的具体表现形式为河道处于冲淤平衡的状态，黄河干流河道冲淤平衡对于黄河治理意义非凡，黄河干流河道冲淤平衡的水沙临界阈值研究一直是泥沙研究领域关注的焦点问题之一，不少学者采用实测资料分析和数学模型计算等方法，围绕着该问题开展了研究。对于黄河上游宁蒙河段，张晓华等（2008）分析 1952~2003 年实测资料得出，宁蒙河段汛期、非汛期、洪水期来沙系数分别为 0.0034kg·s/m^6、0.0017kg·s/m^6、0.0038kg·s/m^6 时，河道冲淤基本平衡；岳志春等（2019）分析 1952~2012 年实测资料得出，宁夏河段汛期冲淤平衡临界来沙系数为 0.0034kg·s/m^6，内蒙古河段汛期冲淤平衡临界来沙系数为 0.0045kg·s/m^6。对于黄河下游河道，刘继祥等（2000）分析 1960~1996 年实测资料得出，三门峡和黑山峡小流量为 2600m^3/s，含沙量为 20kg/m^3 时，黄河下游河道基本可维持冲淤平衡；胡春宏和郭庆超（2004）以 1974~1999 年实测水沙资料为蓝本，设计出五大系列共 35 组小浪底水库出库水沙组合，利用建立的适合黄河特点的泥沙数学模型，计算得到黄河下游河道冲淤平衡临界含沙量阈值为 21kg/m^3，同时提出 5 种黄河下游河道冲淤平衡临界水沙组合；许炯心（2008）分析 1962~1985 年实测资料得出，黄河下游河道冲淤平衡的输沙量为 7 亿 t；张世杰和焦菊英（2011）分析 1974~2007 年实测资料得出，黄河下游河道枯水年冲淤平衡的临界输沙量为 3.95 亿 t；安催花等（2020）利用泥沙数学模型计算得出，在小浪底水库等现有工程联合调控作用下，黄河下游河道平衡输沙的临界阈值为 2.5 亿 t。对于黄河河口，胡春宏和曹文洪（2003）采用灰色理论，通过建立的 GM（1，3）模型计算得出，当来沙量为 2.6 亿 t 时，黄河三角洲新生湿地面积接近于 0，黄河河口处于相对平衡状态；李希宁等（2001）分析 197～1996 年实测资料得出，黄河三角洲整体趋于冲淤平衡的年来沙量临界值为 2.45 亿 t。纵观以往的研究成果，主要有三个特点：一是不同学者依据不同时段实测资料得到的黄河同一河段冲淤平衡的水沙临界阈值差异较大，究其原因，由河床自动调整原理可知，在某一时段，黄河水沙过程及边界条件相对比较平稳，则黄河河道冲淤平衡的水沙阈值时段内相对比较平稳；进入一个新的时段，受自然条件变化和人类活动影响，黄河水沙过程及边界条件发生了变化，则黄河河道冲淤平衡的水沙阈值将随之做出调整，直至建立新的平衡。二是不同学者依据同一时段实测资料得到的黄河同一河段冲淤平衡的水沙临界阈值也存在一定的差异，说明黄河干流河道冲淤平衡状态是一种动态相对的状态，用一个阈值范围表达更为合理。三是以往研究均以黄河某个局部地理单元为对象，缺乏将黄土高原、上中下游、河口作为一个整体系统进行统筹考虑、综合治理的研究成果。本研究将从黄河流域的视角，利用 1960～2018 年长系列实测资料，分析确定现阶段及今后一个时期内黄河上中下游河道及河口平衡输沙量阈值，并探讨黄土高原水土流失治理程度与黄河河道平衡输沙量阈值的关系，确定未来黄土高原水土流失的治理目标。

12.2.2.1 河道冲淤平衡的判别和平衡输沙量阈值推求法

如果从理论上讨论河道冲淤平衡的定义，那就是在某个时段某种来沙条件下河道冲淤量为 0，该河段处于冲淤平衡状态。然而，在天然河流实际的河床演变过程中，由于受水沙过程和河床形态适时变化的影响，河道一直处于冲淤适时调整状态，河道冲淤量为 0 只是一种瞬时的理想状态，河道冲淤平衡现实的表现形式为河道处于冲淤量接近 0 的微冲微淤的动态调整状态，为了表征河道冲淤动态调整过程，引入河道冲淤比 η，可表达为

$$\eta = \frac{\Delta W_{\mathrm{S}}}{W_{\mathrm{S}}} \tag{12-1}$$

式中，η 为河道冲淤比；ΔW_{S} 为河道冲淤量；W_{S} 为河道输沙量。由式（12-1）可知，河道冲淤比 η 是个无量纲参数，其物理含义为河道冲淤量占河道输沙量的比例。为了从宏观上量化河道某一阶段冲淤平衡动态调整程度，本研究提出判别河道冲淤平衡时 η 的变化范围 $-0.05 < \eta < 0.05$；认为对于某一具体河道的某一阶段而言，当河道冲淤比 η 处于上述变化范围时，该河道即处于冲淤平衡状态。

目前推求河道冲淤平衡输沙量阈值的方法主要有四种：一是沙量关系法，该方法首先利用回归分析，建立河道冲淤比 η 与河道输沙量的单因素相关关系式，然后依据建立的单因素关系式，推求河道冲淤比 $-0.05 < \eta < 0.05$ 时的河道冲淤平衡输沙量阈值。二是水沙搭配关系法，该方法首先利用回归分析，建立河道冲淤比 η 与河道来沙系数的单因素相关关系式，然后依据建立的单因素关系式，推求河道冲淤比 $-0.05 < \eta < 0.05$ 时的河道来沙系数阈值，最后根据河道相应时段实测来水量与河道冲淤平衡来沙系数阈值，计算河道冲淤比

−0.05<η<0.05 时的河道冲淤平衡输沙量阈值。三是水沙综合关系法，该方法利用多元回归分析，建立河道冲淤过程与河道水沙过程多因素综合关系式，然后依据建立的多因素水沙综合关系式，推求河道冲淤比−0.05<η<0.05 时的河道冲淤平衡输沙量阈值。四是数学模型计算法，该方法利用泥沙数学模型，计算不同水沙情景下，黄河干流河道冲淤响应过程，依据计算结果，推求河道冲淤比−0.05<η<0.05 时的河道冲淤平衡输沙量阈值。需要指出的是，由于黄河不同河段的水沙条件、边界条件和演变特性有所不同，在前三种资料分析方法的应用中，所建立的相关关系的相关性可能不同，可能某一种方法相关性更好，也可能三种方法关系都很好，具体应根据实际情况来选用。

本节研究对象是黄河干流河道，涵盖黄河上游宁蒙河段、中游河道、下游河道及河口四个组成部分，研究方法将针对不同河段自身特点，确定采用的研究方法，现分述如下：上游宁蒙河段冲淤量受风沙及十大孔兑引沙影响较大，河道冲淤比与输沙量的关系不太密切，宁蒙河段冲淤平衡输沙量阈值的研究采用水沙搭配关系法；受三门峡水库运用方式的影响，中游河道潼关高程与中游水沙过程单因素的关系也不密切，推求中游潼关高程升降平衡输沙量阈值采用水沙综合关系法；下游河道为单一河道，河道演变受其他因素影响相对较小，在黄河干流河道沿程河床演变与水沙过程的响应关系中，其相关关系相对比较紧密，下游河道冲淤平衡输沙量阈值研究采用沙量关系法与水沙综合关系法两种方法进行分析论证；与干流河道演变规律不同，河口海岸造陆面积与来沙条件的关系较紧密，河口淤蚀平衡输沙量阈值的研究采用沙量关系法。

12.2.2.2　黄河上游宁蒙河段河道冲淤平衡输沙量临界阈值

图 12-14 点绘了宁蒙河段河道年冲淤比与下河沿站年来沙系数的关系，由图可见，1960～1985 年宁蒙河段年冲淤比与下河沿站年来沙系数的关系点群与 1986～2018 年两者之间的关系点群存在明显分区，表明在这两个时段宁蒙河段年冲淤比与下河沿站年来沙系数的关系遵循不同的规律，采用回归分析的方法，分别建立了 1960～1985 年、1986～2018 年宁蒙河段年冲淤比与下河沿站年来沙系数的关系式。

$$1960～1985 \text{ 年}：\eta_{宁蒙} = 0.56\ln\rho_{下} + 3.27 \tag{12-2}$$

$$1986～2018 \text{ 年}：\eta_{宁蒙} = 0.83\ln\rho_{下} + 5.22 \tag{12-3}$$

式中，$\eta_{宁蒙}$ 为宁蒙河段年冲淤比；$\rho_{下}$ 为下河沿站年来沙系数（kg·s/m⁶）。式（12-2）和式（12-3）的相关系数 R 值分别为 0.78 和 0.76，反映出宁蒙河段年冲淤比与下河沿站年来沙系数具有较好的相关性。图 12-14 中两条关系线的变化趋势表明，宁蒙河段年冲淤比随着下河沿站年来沙系数的增大（减小）而增大（减小），由河床演变的原理可知，下河沿站来沙系数增大，相同流量下，进入宁蒙河段的水流含沙量增大，相同的河道输沙能力下，宁蒙河段淤积量将加重，宁蒙河段冲淤比必然增大。为了求得宁蒙河段冲淤平衡来沙系数阈值，将 $\eta_{宁蒙} = -0.05$ 和 $\eta_{宁蒙} = 0.05$ 分别代入式（12-2）和式（12-3）中可得

1960～1985 年：

$$\eta_{宁蒙} = -0.05，\rho_{下} = 0.0026\text{kg·s/m}^6；\eta_{宁蒙} = 0.05，\rho_{下} = 0.0032\text{kg·s/m}^6$$

1986～2018 年：

$$\eta_{宁蒙} = -0.05, \ \rho_{下} = 0.0018 \mathrm{kg \cdot s/m^6}; \ \eta_{宁蒙} = 0.05, \ \rho_{下} = 0.002 \mathrm{kg \cdot s/m^6}$$

由此可见，1960～1985 年，宁蒙河段冲淤平衡来沙系数阈值为 0.0026～0.0032 kg·s/m⁶；1986～2018 年，宁蒙河段冲淤平衡来沙系数阈值为 0.0018～0.002 kg·s/m⁶。据实测资料，1960～1985 年，宁蒙河段年均径流量为 336 亿 m³，由此推算 1960～1985 年，宁蒙河段冲淤平衡年输沙量阈值为 0.9 亿～1.1 亿 t；1986～2018 年，宁蒙河段年均径流量为 256 亿 m³，由此推算 1986～2018 年，宁蒙河段冲淤平衡年输沙量阈值为 0.38 亿～0.42 亿 t，仅为 1960～1985 年平衡输沙量阈值的 40% 左右，分析其原因主要是 1986 年后，由于龙羊峡、刘家峡水库联合调度运用，进入宁蒙河段的水沙量及过程发生了很大变化，汛期输沙、造床的洪峰流量和水量大幅度减少，中小流量过程加长，宁蒙河段淤积严重，河道主槽萎缩，平滩流量下降，受水沙过程变化和主槽淤积萎缩双重影响，宁蒙河段输沙能力必然减小，宁蒙河段冲淤平衡沙量阈值大幅度降低（董占地，2017）。

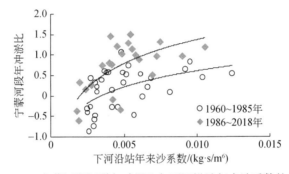

图 12-14　宁蒙河段河道年冲淤比与下河沿站年来沙系数的关系

12.2.2.3　黄河中游潼关高程升降平衡输沙量临界阈值

（1）潼关高程升降过程

潼关高程是指潼关（六）断面 1000 m³/s 流量对应的水位。对于黄河中游河道平衡输沙量阈值确定，选取潼关高程升降平衡时的输沙量作为阈值，其原因是黄河中游河道大部分属于山区型河道及峡谷型河道，两岸基岩为新近纪红土层，抗冲力强，其冲淤平衡的调控对黄河中游防洪的影响较小，相比之下，潼关高程作为黄河小北干流和渭河下游的侵蚀基准面，其升高和降低会对黄河中游和渭河下游河道冲淤演变与防洪产生重大影响（胡春宏等，2008b）。

图 12-15 为三门峡水库运用后潼关高程年际升降过程，由图可见，1960 年 9 月，三门峡水库蓄水拦沙运用，水库蓄水位较高，库区淤积严重，至 1964 年 10 月，库区泥沙淤积量达 47 亿 t，潼关高程抬高了近 5 m。1973 年 10 月以后，三门峡水库采取"蓄清排浑"运用方式，水库泥沙淤积得到有效控制，潼关高程有较大幅度的下降，下降了近 2 m；1986 年后，来水持续偏枯，潼关高程开始缓慢抬升，到 2000 年左右，潼关高程一直处于 328 m 以上，居高不下；2002 年汛后，三门峡水库在"蓄清排浑"运用方式基础上，进一步优

化调整，至 2018 年汛末，潼关高程下降了 1m 左右。图 12-16 为三门峡水库运用后潼关高程年内升降变化过程，由图可见，三门峡水库采取"蓄清排浑"运用方式至今，非汛期相对清水蓄水运用，汛期相对浑水泄洪排沙，潼关以下库区年内冲淤遵循非汛期淤积、汛期冲刷的变化规律，与之相应，潼关高程年内升降过程基本表现为非汛期升高、汛期降低。

图 12-15　三门峡水库运用后潼关高程年际升降过程

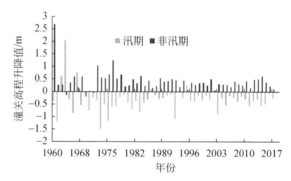

图 12-16　三门峡水库运用后潼关高程年内升降过程

（2）潼关高程升降平衡输沙量临界阈值

综合分析图 12-15 和图 12-16 可见，要想控制潼关高程下降到一个较为合适的高程上并不再升高，理想的状态是实现潼关高程年内升降平衡，即历年非汛期淤积造成的潼关高程升高值与汛期冲刷造成的潼关高程降低值相等，这样就能控制历年的潼关高程不升高。如果难以实现历年潼关高程年内升降平衡，就必须创造有利的水沙过程，调整三门峡水库运行调控指标，实现潼关高程多年升降平衡。依据目前的实际情况，未来如果将历年汛末潼关高程控制在 327.8~328.2m 小范围波动，可以认为潼关高程实现了多年升降平衡，不再升高。

作为影响潼关高程的下边界条件，三门峡水库的运用方式对潼关高程的升降影响较大。2002 年汛后，三门峡水库调整运行调控指标，至今潼关高程下降了 1m 左右。为了更接近未来潼关高程控制的水沙及边界条件，本研究选取近期 2003~2018 年的实测资料作为公式回归的依据。选择黄河中游历年汛末潼关高程为自变量，黄河中游四站年际水沙过程为基础，采用多元回归分析方法，建立了 2003~2018 年潼关高程与中游四站年际水沙过程的综合关系式：

$$Z_{潼关} = -0.0061 W_{年5} + 118.76 \rho_{年5} + 327.74 \qquad (12\text{-}4)$$

式中，$Z_{潼关}$为黄河中游历年汛末潼关高程（m）；$W_{年5}$为黄河中游四站 5 年滑动平均径流量（亿 m³）；$\rho_{年5}$为黄河中游四站 5 年滑动平均来沙系数（kg·s/m⁶）。式（12-4）中的复相关系数 R 值为 0.92，F 值为 71.6，弃真概率 P 值为 0.0083，各项统计参数如表 12-25 所示，反映出黄河中游潼关高程与黄河中游四站水沙过程相关关系密切，可以利用式（12-4）对潼关高程升降平衡沙量阈值进行估算。图 12-17 中计算值与实际值的比较也反映出式（12-4）回归效果良好。由式（12-4）两项变量的系数的正负可知，潼关高程随着黄河中游四站 5 年滑动平均水量的增大（减小）而降低（升高），随着黄河中游四站 5 年滑动来沙系数的增大（减小）而升高（降低）；由河床演变的原理可知，黄河中游四站径流量大，潼关断面冲刷，潼关高程降低；黄河中游四站来沙系数大，潼关断面淤积加重，潼关高程升高。

表 12-25　潼关高程回归关系式（12-4）各项统计参数汇总

项目	自由度	误差平方和	均方差	F 值	弃真概率 P 值
回归分析	2	0.209	0.105	71.6	0.0083
残差	13	0.194	0.016		
总计	15	0.404			

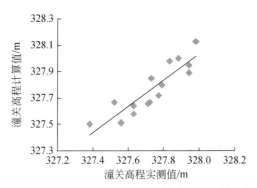

图 12-17　黄河中游潼关高程计算值与实测值比较

　　根据安催花等（2020）提出的未来水沙情景方案，将未来中游四站年径流量为 250 亿 m³、潼关高程为 327.8m 代入式（12-4）计算可得，中游四站年来沙系数为 0.0133kg·s/m⁶，由此推算中游四站年来沙量为 2.7 亿 t；将未来中游四站年径流量为 250 亿 m³、潼关高程为 328.2m 代入式（12-4）计算可得，中游四站年来沙系数为 0.0167kg·s/m⁶，由此推算中游四站年来沙量为 3.3 亿 t。上述计算结果表明，未来三门峡水库保持目前的运行方式，中游四站年来沙量为 2.7 亿~3.3 亿 t，潼关高程将维持在 328m 左右，处于多年升降平衡状态，不再升高，即实现潼关高程升降平衡输沙量阈值为 2.7 亿~3.3 亿 t。

12.2.2.4 黄河下游河道冲淤平衡输沙量临界阈值

（1）沙量关系法

图 12-18 为黄河下游河道年冲淤比与花园口站年输沙量的关系，由图可见，1960~1985 年下游河道年冲淤比与花园口站年输沙量的关系点群与 1986~2018 年两者之间的关系点群存在明显分区，表明在这两个时段下游河道年冲淤比和花园口站年输沙量关系遵循不同的规律，采用回归分析方法，分别建立了 1960~1985 年、1986~2018 年下游河道年冲淤比与花园口站年输沙量的关系式

1960~1985 年：$\eta_{\text{下游}} = 0.49\ln W_{S花} - 1.03$ (12-5)

1986~2018 年：$\eta_{\text{下游}} = 0.42\ln W_{S花} - 0.44$ (12-6)

式中，$\eta_{\text{下游}}$ 为下游河道年冲淤比；$W_{S花}$ 为花园口站年输沙量（亿 t）。式（12-5）和式（12-6）的相关系数 R^2 值分别为 0.81、0.83，反映出下游河道年冲淤比与花园口站年输沙量相关关系良好。图 12-18 中两条关系线的变化趋势表明，下游河道年冲淤比随着花园口站年输沙量的增大（减小）而增大（减小），由河床演变的原理可知，花园口站输沙量越大，下游河道淤积越严重，下游河道冲淤比越大。为了求得下游河道冲淤平衡输沙量临界阈值，将 $\eta_{\text{下游}}=-0.05$ 和 $\eta_{\text{下游}}=0.05$ 分别代入式（12-5）和式（12-6）中可得

1960~1985 年：$\eta_{\text{下游}}=-0.05$，$W_{S花}=9.1$ 亿 t；$\eta_{\text{下游}}=0.05$，$W_{S花}=7.3$ 亿 t

1986~2018 年：$\eta_{\text{下游}}=-0.05$，$W_{S花}=3.2$ 亿 t；$\eta_{\text{下游}}=0.05$，$W_{S花}=2.5$ 亿 t

可见，1960~1985 年，下游河道冲淤平衡输沙量临界阈值为 7.3 亿~9.1 亿 t；1986~2018 年，下游河道冲淤平衡输沙量临界阈值为 2.5 亿~3.2 亿 t，仅为 1960~1985 年平衡输沙量临界阈值 35% 左右，分析其原因主要是 1986 年后，由于受龙羊峡、刘家峡水库联合调度运用、中游黄土高原水土保持减水减沙作用以及小浪底水库运行的影响，进入下游河道的水沙剧烈减少，下游河道基本输沙规律为"多来，多排，多淤；少来，少排，少淤"，由此可见，来水来沙的锐减必然会导致下游河道输沙能力的下降，下游河道平衡输沙量临界阈值必然降低（胡春宏等，2012）。

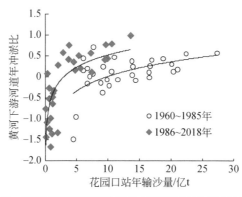

图 12-18 黄河下游河道年冲淤比与花园口站年输沙量的关系

（2）水沙综合关系法

受三门峡水库"蓄清排浑"运用方式的影响，在汛期和非汛期，下游河道冲淤规律不同。选择下游历年汛期、非汛期冲淤量为自变量，花园口站汛期、非汛期水沙过程为因变量，采用多元回归分析方法，建立了 1986～2018 年下游汛期、非汛期冲淤量与花园口站汛期、非汛期水沙过程的综合关系式。

$$汛期：\Delta W_{S汛} = -0.029 W_{汛} + 0.46 W_{S汛} + 3.29 \quad (12-7)$$

$$非汛期：\Delta W_{S非} = -0.018 W_{非} + 0.99 W_{S非} + 1.31 \quad (12-8)$$

式中，$\Delta W_{S汛}$ 为下游河道汛期冲淤量（亿 t）；$W_{汛}$ 为花园口站汛期径流量（亿 m³）；$W_{S汛}$ 为花园口站汛期输沙量（亿 t）；$\Delta W_{S非}$ 为下游河道非汛期冲淤量（亿 t）；$W_{非}$ 为花园口站非汛期径流量（亿 m³）；$W_{S非}$ 为花园口站非汛期输沙量（亿 t）。式（12-7）的复相关系数 R 值为 0.93，F 值为 192.06，弃真概率 P 值为 $1.61×10^{-7}$；式（12-8）的复相关系数 R 值为 0.91，F 值为 114.30，弃真概率 P 值为 0.0012；式（12-7）和式（12-8）各项统计参数如表 12-26 所示，反映出下游河道汛期、非汛期冲淤量与下游花园口站相应水沙过程相关关系密切，可以运用式（12-7）和式（12-8）对下游河道汛期、非汛期冲淤量进行估算。由式（12-7）和式（12-8）两项变量的系数的正负可知，下游河道汛期（非汛期）冲淤量随着花园口站汛期（非汛期）径流量的增大（减小）而减小（增大），随着花园口站汛期（非汛期）输沙量的增大（减小）而增大（减小），表明上述多因素关系分析定性上符合河床演变的基本原理。

表 12-26　黄河下游河道回归关系式（12-7）和式（12-8）各项统计参数汇总

项目	自由度	式（12-7）				式（12-8）			
		误差平方和	均方差	F 值	概率 P 值	误差平方和	均方差	F 值	概率 P 值
回归分析	2	60.86	30.43	192.06	$1.61×10^{-7}$	56.78	28.54	114.30	0.0012
残差	30	12.99	0.72			13.24	0.95		
总计	32	73.86				70.02			

依据未来进入下游河道花园口站年径流量为 250 亿 m³，利用式（12-7）和式（12-8）计算不同来沙情景下下游河道冲淤量，计算结果如图 12-19 所示，由图可见，花园口站年输沙量为 2.5 亿 t 时，下游河道冲刷量为 0.25 亿 t；花园口站年输沙量为 3 亿 t 时，下游河道淤积量为 0.01 亿 t；花园口站年输沙量为 3.5 亿 t 时，下游河道淤积量为 0.26 亿 t。在上述计算结果的基础上，采用试算法进一步推算可得，当下游河道冲淤比 $\eta_{下游} = -0.05$ 时，$W_{S花} = 2.8$ 亿 t；当 $\eta_{下游} = 0.05$ 时，$W_{S花} = 3.3$ 亿 t。

综上所述，采用水沙综合法得到 1986～2018 年下游河道冲淤平衡输沙量临界阈值为 2.8 亿～3.3 亿 t，与沙量关系法推算结果基本吻合。

12.2.2.5　黄河河口淤蚀平衡输沙量临界阈值

由于黄河挟带大量泥沙入海，黄河口演变具有其独特性，即淤积和蚀退并存，从减小黄河口对下游河道反馈影响的角度，希望黄河口不要淤积；从保护国土资源以及生态环境

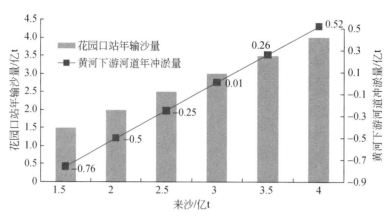

图 12-19　不同来沙情景下黄河下游河道冲淤量计算值

的角度，希望黄河口不要蚀退；从保障社会经济可持续发展的角度，希望入海流路长期保持相对稳定。综合上述因素，黄河口处于淤积与蚀退平衡是最优状态（王开荣等，2007）。

要想推求黄河口淤蚀平衡输沙量阈值，首先需要找到一个表征黄河口淤蚀演变过程的参数作为因变量。黄河口海岸造陆面积数据提取难度小、精度高，故选择黄河口海岸造陆面积作为因变量。黄河口淤蚀平衡输沙量阈值与未来需要保护的海岸范围有关，由《黄河流域综合规划（2012—2030 年）》可知，未来规划的入海流路行河范围涵盖了整个以宁海为顶点的近代黄河三角洲，因此，确定本研究的海岸范围为整个近代黄河三角洲范围。通过分析 1976 年清水沟流路行河以来近代黄河三角洲范围海岸年造陆面积与利津站年输沙量的关系，分别计算 1976~1985 年、1986~2018 年河口淤蚀平衡输沙量临界阈值。

分析结果表明，1976~1985 年，黄河口淤蚀平衡输沙量阈值为 6 亿~6.9 亿 t；1986~2018 年，河口淤蚀平衡输沙量阈值为 2.2 亿~3.1 亿 t，仅为 1976~1985 年河口淤蚀平衡输沙量阈值的 41% 左右，分析其原因主要是 1986 年后，受黄河整体水沙过程变异的影响，入海水沙剧烈减少，河口海岸造陆演变的规律是"来得多，淤得多，蚀得多；来得少，淤得少，蚀得少"，由此可见，入海水沙的锐减必然会导致河口海岸造陆能力的下降，河口淤蚀平衡输沙量阈值必然降低。

12.2.2.6　黄土高原水土流失治理程度与黄河干流输沙的平衡

如前所述，现阶段黄河上游宁蒙河段冲淤平衡输沙量临界阈值为 0.38 亿~0.42 亿 t；潼关高程升降平衡输沙量临界阈值为 2.7 亿~3.3 亿 t；黄河下游河道冲淤平衡输沙量临界阈值为 2.5 亿~3.3 亿 t，黄河口淤蚀平衡输沙量临界阈值为 2.2 亿~3.1 亿 t；综合分析认为，今后一个时期内黄河水沙关系将相对稳定，与近期水沙关系变化不大，黄河上游宁蒙河段冲淤平衡输沙量临界阈值为 0.4 亿 t 左右；黄河中下游河道及河口平衡输沙量临界阈值为 3 亿 t 左右。

黄河干流河道平衡输沙量临界阈值的产出是基于实测资料分析得到的结果，包含两方面因素：一是不同时段水沙量与过程的变化，二是水库、河道整治等各种工程形成的水沙调控体系的作用。因此，采用 1986 年以后的资料分析结果，与未来 20～30 年的平衡输沙量临界阈值更为接近，同时仍需加快建设完善黄河水沙调控体系。黄河治理的根本症结是通过水沙调控体系建设来调控水沙量和过程，协调黄河的水沙关系。黄河水沙调控体系由工程体系和非工程体系组成，工程体系主要由上中游干流七大骨干水库工程及支流若干工程构成，干流骨干工程包括龙羊峡、刘家峡、黑山峡（待建）、古贤（待建）、碛口（待建）、三门峡和小浪底水库。非工程体系主要包括黄河水沙调控理论与模型、水沙监测体系、水沙预报体系、水库调度决策支撑系统等，为水沙调控工程体系提供理论和技术支撑。研究结果表明（胡春宏，2016），近期，上游通过龙羊峡和刘家峡水库联合调控运用，将宁蒙河段年输沙量控制在 0.4 亿 t，可塑造与维持宁蒙河段平滩流量 2000m³/s 左右的输水输沙通道，基本实现宁蒙河段河道冲淤平衡。远期，在上游建设黑山峡水库，与龙羊峡、刘家峡水库联合调控运用，将宁蒙河段年输沙量控制在 0.4 亿 t，可塑造与维持宁蒙河段平滩流量 2500m³/s 左右的输水输沙通道，实现宁蒙河段河道冲淤平衡。近期，中下游通过三门峡、小浪底及支流水库联合调控运用等，将进入中下游河道及河口年输沙量控制在 3 亿 t，中游潼关高程基本实现升降平衡，稳定在 328m 左右，下游河道可塑造与维持平滩流量 4000m³/s 左右的中水河槽，基本实现下游河道冲淤平衡；河口基本实现海岸淤蚀平衡。远期，在中游建设古贤水库，与三门峡、小浪底及支流水库联合调控运用等，将中下游河道及河口年输沙量控制在 3 亿 t，中游在实现潼关高程升降平衡的基础上，相机调控有利的洪水过程冲刷降低潼关高程；下游长期维持与稳定平滩流量 4000m³/s 左右的输水输沙通道，实现下游河道冲淤平衡；河口实现海岸淤蚀平衡，保持相对稳定。

黄河干流河道平衡输沙量阈值的实现，与黄土高原水土流失治理与生态建设密切相关，应统筹考虑黄土高原水土流失治理减沙的可能性、入黄泥沙的过程和数量及黄河干流河道的需求。黄土高原位于黄河中游，是我国最严重的水土流失与生态环境脆弱区。自 20 世纪 70 年代开始，国家在黄土高原地区先后开展了小流域水土流失治理工程、退耕还林还草工程、淤地坝建设和坡耕地整治等一系列生态工程。经过近几十年的持续治理，黄土高原水土流失治理取得明显成效，截至 2018 年，累积水土流失治理面积 21.8 万 km²，占水土流失面积的 48%。黄土高原植被覆盖度由 1999 年的 32% 增加到 2018 年的 63%，梯田面积由 1.4 万 km² 提升至 5.5 万 km²，建设淤地坝 5.9 万座，其中骨干坝 5899 座（胡春宏和张晓明，2020）。相应地，入黄沙量也发生了重大变化，据实测资料，潼关水文站年输沙量由 1919～1959 年的 16 亿 t 锐减至 2000～2018 年的 2.4 亿 t。研究结果表明（胡春宏和张晓明，2019），在黄土高原水土流失治理与生态建设中，林草植被、梯田及淤地坝等措施的减沙作用都具有临界效应；对于坡面尺度，林草植被覆盖率在 50%～60% 以下时，林草植被覆盖率增加，其减沙作用显著，大于这一临界则覆盖率后再增加，其减沙效果大幅降低；当梯田比大于 35%～40% 时，其减沙作用基本稳定在 90% 左右。这个临界效应说明，一方面黄土高原水土流失治理不可能将泥沙减到零或较低的数值；另一方面林草植被、梯田及淤地坝等措施也有一个治理度，超过这个度，投入很大，效果甚微，甚至打破区域生态平衡。从干流河道需求的角度出发，如果中游水保措施将入黄泥沙减至很少甚至接近于清水状态，可以预见的是，黄河中下游河道将面临剧烈冲刷，畸形河湾发育等诸多威胁防洪安全的问题，沿河取水工程将面临取不到水，黄河河口将面临海水入侵、海岸蚀退等诸多威胁河口生态环境与稳定的问题，因此，入黄泥沙量也不是减到越少越好，要统筹考虑河道安全健康的需求。综合上述分析，我们认为通过黄土高原水土流失治理，入黄泥沙量究竟控制到多少合理，既要考虑可能，也要考虑需求，黄河干流河道平衡输沙量阈值的研究给出了需求；黄土高原水土流失治理各种措施的临界阈值给出了可能，建议未来通过科学调整黄土高原治理格局，将入黄年沙量控制在 3 亿 t 左右，达到黄土高原水土流失治理程度与黄河干流输沙的平衡，这也是未来黄土高原水土流失治理努力的目标。

12.2.3　新水沙条件下黄河保护和治理策略与措施

12.2.3.1　调整黄土高原水土流失治理格局

(1) 调整以新增水土流失治理面积作为单一目标任务的治理思路

全国现有 273.69 万 km^2 的水土流失面积，其中相当一部分属于较为难以治理的区域。目前全国每年新增治理水土流失面积 5 万 ~6 万 km^2，但限于自然条件、投资、经济发展水平等多种因素影响，水土流失治理面积小于减少的面积。因此，水土流失到底治理到什么程度才合适？新时代背景下，应从基本国情和国家发展需求出发，综合考虑黄土高原不同水土保持分区的自然、经济和社会因素的特点，识别不同区域内应治理和可治理的水土流失面积与空间分布，提出不同时期各水土保持分区的水土保持率及水土流失治理程度标准。

(2) 构建适应新水沙情势的黄土高原生态治理新格局

针对区域植被恢复建设水分承载力不足、农民工返乡创业下的土地资源供给与需求矛盾、个体农业到规模农业转变等新问题新情况，宜在黄土高原生态类型区划分基础之上，明确不同生态类型区的生态环境容量及其改善目标，合理配置林草、梯田及淤地坝等不同措施比例与配置模式，据此提出黄土高原生态环境改善的长远目标及实现途径，构建适应新水沙情势的黄土高原生态治理格局。例如，局部区域植被覆盖度已到上限或有的地质单元因退耕还林出现耕地面积不足，或部分区域因劳动力转移而优质梯田被大量弃耕或部分区域地形破碎使坡地梯田化潜力不足等，植被恢复与坡梯政策需分类指导、分区推进。淤地坝工程实现了沟道侵蚀阻控与农业生产有机统一，但由于设计依据的标准陈旧及下垫面变化，新建坝系很难短时期淤满，给汛期防洪带来巨大压力，导致目前淤地坝建设出现了停滞，但大暴雨事件下淤地坝仍是泥沙的重要汇集地，尤其骨干坝对径流与洪峰削的减作用显著，沟道拦沙与水肥耦合的高产坝地仍有广阔的实际需求。

(3) 融合黄土高原水土流失治理与高质量发展相协调的模式

黄土高原以小流域为单元的综合治理成效显著，但在生态保育和经济融合发展仍存不足，山区放牧、退耕还林反弹现象时有发生，水土保持成果巩固任务重。以减缓水土流失和增加粮食供给能力为主要目标的传统水土流失治理模式存在目标单一化、与社会经济发展融合度不足等短板，致使水土流失治理对农民收入增加贡献比例不高，农民获得感不强。水土流失治理目标与新时代黄河流域高质量发展的目标及要求还存在距离，绿水青山向金山银山转化的高质量发展实现路径亟待探索。

（4）创新黄土高原水土流失综合治理体制与机制

要进一步探索建立多渠道、多元化的水土流失治理投入机制。在加大中央投资力度的同时，将水土保持生态建设资金纳入地方各级政府公共财政框架，保证一定比例的财政资金用于水土保持生态建设，并按每年财政增长的幅度同步增长。鼓励社会力量通过承包、租赁、股份合作等多种形式参与水土保持工程建设，以充分发挥民间资本参与水土流失治理的作用，进一步提高水土保持工程投资补助标准，提高治理效益、促进产业发展、改善人居环境，使治理成果更好惠及群众。

12.2.3.2 加快建设完善黄河水沙调控体系

（1）未来黄河上游水沙调控模式

在黑山峡水库建成前，黄河上游调控模式为：刘家峡与龙羊峡水库联合调控凌汛期流量，调节径流为宁蒙灌区工农业供水；同时要合理优化汛期水库运用方式，适度减少汛期蓄水量，恢复有利于宁蒙河段输沙洪水流量过程，改变目前宁蒙河段主槽淤积萎缩的不利局面。

未来黄河上游宁蒙河段仍处于淤积状态，中水河槽过流能力没有根本改善，宁蒙河段防凌问题没有有效解决。建设黑山峡水库对上游梯级电站的发电流量进行反调节，可满足协调水沙关系和防凌（洪）减淤、供水、发电等综合利用要求。建议加快黑山峡水库前期论证工作，论证建设任务、时机与规模等。

黑山峡水库建成运用后，黄河上游龙羊峡、刘家峡和黑山峡三座骨干工程联合运用，将构成黄河水沙调控体系中的上游水沙调控子体系。根据黄河径流年内、年际变化大的特点，为确保黄河枯水年不断流、保障沿黄城市和工农业供水安全，龙羊峡、刘家峡水库联合对黄河水量进行多年调节，以丰补枯，增加枯水年特别是连续枯水年的水资源供给能力，提高梯级发电效益。黑山峡水库主要对上游梯级电站下泄水量进行反调节，结合防凌蓄水将非汛期富余的水量调节到汛期，改善宁蒙河段水沙关系，消除龙羊峡、刘家峡水库汛期大量蓄水运用对宁蒙河段造成的不利影响，并调控凌汛期流量，保障宁蒙河段防凌安全，同时调节径流，为宁蒙河段工农业和生态灌区适时供水。

海勃湾水利枢纽主要配合上游骨干水库防凌运用。在凌汛期流凌封河期，调节流量平稳下泄，避免流量波动形成小流量封河，开河期在遇到凌汛险情时应急防凌蓄水。在汛期配合上游骨干水库调水调沙运用。

（2）未来黄河中下游水沙调控模式

1）古贤水库。由于近 30 年黄河来沙量大幅减少，小浪底水库还剩余较大的拦沙库容，但是由于缺少中游骨干水库配合，小浪底水库调水调沙后续水动力不足。建议尽早开工建设古贤水库，完善水沙调控体系，若黄河年来沙量减小到 3 亿 t 以下，古贤水库应重点考虑设置适宜的水库拦沙，调整开发目标，与小浪底水库联合调控塑造适宜的水沙过程，降低中游过程，维持下游中水河槽和河势稳定。

2）碛口水库。碛口水库开发任务是以防洪减淤为主，兼顾发电、供水和灌溉等综合利用，规划提出在古贤水库拦沙后期，适时建设碛口水利枢纽。基于未来水沙条件，建议研究碛口水库工程建设任务、时机与规模等。

古贤、东庄水库建成运用后，黄河中游将形成相对完善的洪水泥沙调控子体系。古贤水库建成投入运用后的拦沙初期，水库排沙能力弱，应首先利用起始运行水位以下部分库容拦沙和调水调沙，冲刷小北干流河道，降低潼关高程，冲刷恢复小浪底水库部分槽库容，并维持黄河下游中水河槽行洪输沙能力，为古贤水库与小浪底水库在一个较长的时期内联合调水调沙运用创造条件，同时尽量满足发电最低运用水位要求，发挥综合利用效益。古贤水库起始运行水位以下库容淤满后，古贤水库与小浪底水库联合调水调沙运用，协调黄河下游水沙关系，根据黄河下游平滩流量和小浪底水库库容变化情况，适时蓄水或利用天然来水冲刷黄河下游和小浪底库区，较长期维持黄河下游中水河槽行洪输沙功能，并尽量保持小浪底水库调水调沙库容；遇合适的水沙条件，适时冲刷古贤水库淤积的泥沙，尽量延长水库拦沙运用年限。古贤水库正常运用期，在保持两水库防洪库容的前提下，利用两水库的槽库容对水沙进行联合调控，增加黄河下游和两水库库区大水排沙和冲刷机遇，长期发挥水库的调水调沙作用。

12.2.3.3 塑造与维持黄河基本的输水输沙通道

当前从上、中、下游到河口，黄河治理中面临的一个十分突出的问题是河道淤积萎缩，导致主河槽泄洪输沙能力大幅下降。因此，黄河治理的重要目标之一是要保证黄河干流河道基本的输水输沙通道规模，维持河道基本的输水输沙能力，保障黄河的安全。为达到上述目标，需要通过水沙调控体系和河道整治工程等来实现塑造和维持黄河基本的输水输沙通道。

（1）塑造与维持黄河上游宁蒙河段基本输水输沙通道

1986年后，龙刘水库联合调蓄运用改变了黄河径流年内分配和过程，汛期进入宁蒙河段的水量和利于输沙的大流量过程大幅度减小，水流长距离输沙动力减弱，河道由冲刷变为淤积、小于0.1mm的泥沙大量落淤，主河槽淤积萎缩，致使宁蒙河段平滩流量持续减小，到2017年，宁夏河段各水文站和内蒙古河段各水文站平滩流量分别减小到1900~4000m³/s和1600~2600m³/s，其中，泥沙淤积最严重的河段是内蒙古三湖河口站附近河段，平滩流量减小最为明显，成为宁蒙河段最小平滩流量，从1986年的4100m³/s左右减小到2017年的1600m³/s左右，防凌防洪形势严峻。

按照目前黄河上游水利枢纽工程建设和来水来沙情况，近期通过龙羊峡和刘家峡水库联合调控与河道整治工程，黄河上游宁蒙河段可塑造与维持河道平滩流量2000m³/s左右的基本输水输沙通道；远期通过龙羊峡和刘家峡水库配合黑山峡水利枢纽工程联合调控水沙过程，宁蒙河段可塑造与维持平滩流量2500m³/s左右的基本输水输沙通道。

（2）塑造与维持黄河下游河道基本输水输沙通道

龙刘水库的联合调蓄运用直接改变了黄河上游宁蒙河段径流年内分配和过程，同时也间接影响了黄河下游的水沙过程。分析表明，未来来沙3亿t是中游水沙条件的大概率事件，通过建立黄河下游河道年均冲淤量与年均来沙量的关系，得到黄河下游河道冲淤平衡的年均来沙量为 3 亿 t 左右，说明即使不考虑小浪底水库的拦蓄作用，未来中游的 3 亿 t 泥沙全部进入下游河道，以下游河道的输水输沙能力也能将 3 亿 t 泥沙全部输运至河口。

在来沙 3 亿 t 情景下，小浪底水库 2060 年将淤满，2020~2060 年黄河下游河道最小平滩流量能维持在 4000m³/s 左右，淤满后 50 年内下游河道年均淤积泥沙 0.37 亿 t，下游河道最小平滩流量可维持在 3500~4000m³/s。与现状工程条件相比，古贤、东庄生效后，中游水库群联合运用协调进入下游河道的水沙关系，进入下游河道的大流量天数、水量增大，沙量和含沙量减少。水库进入正常运用期运用，古贤、三门峡、小浪底联合东庄水库调水调沙进入下游的水量大于现状工程条件。在来沙 3 亿 t 情景下，古贤、东庄生效后，可减少黄河下游河道淤积量 32 亿~36 亿 t，下游河道最小平滩流量在 4000~5000m³/s。

综合上述分析，在现状条件下，通过强化小浪底水库的水沙调控运用，调控出库水沙量及其过程，配合下游河道整治工程和主河槽疏浚工程等，黄河下游河道已经塑造出一个平滩流量 4000m³/s 左右的基本输水输沙通道；远期配合黄河水沙调控体系建设，实现小浪底水库与古贤水库等联合水沙调控，形成 1+1>2 的效应，长期维持与稳定黄河下游平滩流量 4000m³/s 左右的基本输水输沙通道。

12.2.3.4 中游降低潼关高程

潼关高程作为控制黄河中游和渭河下游河道的侵蚀基准面，对河道冲淤演变和防洪安全至关重要。三门峡水库运行方式和来水来沙条件对潼关高程的升降均有着重要的影响。2002 年 11 月后，为降低潼关高程，将三门峡水库运用方式调整为非汛期最高水位不超过 318m 控制运用。由于对水库非汛期运用水位进行了控制运用，尽管同期的水量有所减少，但沙量减少更甚，水流含沙量大幅度降低，潼关以下库区处于略有冲刷的状态，至 2017 年汛末，潼关高程为 327.88m，与 2002 年汛末相比，下降了 0.9m。

在现状工程条件下，未来中游来沙 3 亿 t 情景方案采用实测资料分析的方法，建立潼关高程与黄河中游四站水沙过程的相关关系，只有一定量级和一定历时的大流量过程才能有效地冲刷降低潼关高程；潼关高程控制在 327.9m 左右；采用泥沙数学模型计算方法，开展中游四站 3 亿 t 情景方案小北干流泥沙冲淤计算（胡春宏，2016），结果表明，现状工程条件下，计算期 100 年末，小北干流河道微冲，年均冲刷 0.03 亿 t，潼关高程基本维持在 328m 附近。

对于未来古贤、东庄水库建成生效后，中游四站来沙 3 亿 t 情景方案潼关高程的控制情况，计算结果表明，古贤、东庄水库生效后，由于水库拦沙和调水调沙，小北干流河道发生冲刷，随着河床粗化，河道冲刷发展速率变缓并趋于稳定，潼关高程在现状基础上降低幅度高达 2.7~2.9m。

综上所述，自 2002 年三门峡水库调整运用方式至今，水沙条件比较有利，潼关高程有所下降，但仍维持在 328m 左右，因此，在现状工程条件下近期在严格控制三门峡水库运用水位的同时，要重视通过调控中游的水沙条件控制潼关高程不再升高，在年来沙 3 亿 t 条件下，汛期尽量塑造一定量级和一定历时的大流量过程，将潼关高程控制在 328m 左右。远期，在古贤水库、东庄水库生效后，通过中游水沙调控、拦减泥沙、协调水沙过程，实现潼关高程冲刷降低。

12.2.3.5　下游改造河道

为了保障黄河的长治久安，只有对黄河下游河道进行科学合理的治理与改造，才能顺应黄河下游水沙的新变化，确保黄河防洪安全。在现状黄河治理工作的基础上，基于对未来黄河水沙变化趋势的认识，今后黄河下游河道改造的策略是缩窄河道、解放滩区，即在保障黄河下游河道防洪安全的前提下，利用现有的生产堤和河道整治工程形成新的黄河下游防洪堤，缩窄河道，使下游大部分滩区成为永久安全区，从根本上解决滩区发展与治河的矛盾。为实现上述治理策略，需采取如下具体措施。

1）稳定主槽。主河槽是下游河道基本的输水输沙通道，今后要在相当长时间内，维持一个平滩流量 4000m³/s 左右的主河槽，并通过河道整治工程等，稳定河势，保障河道基本的泄洪输沙能力和大堤安全。

2）缩窄河道。在黄河下游主河槽两岸以控导工程、靠溜堤段和布局较为合理的现有生产堤为基础，对下游河道进行改造，建设两道新的防洪堤，缩窄现状河道宽度，与主河槽结合，形成一条宽 3~5km，可输送 8000~10 000m³/s 流量的河道，适应新的来水来沙条件。

3）治理悬河。针对"二级悬河"对黄河下游防洪和滩区安全带来的危害和影响，结合小浪底水库水沙调控及河道整治，通过滩区引洪放淤及机械放淤，淤堵串沟堤河，平整和增加可用土地，标本兼治，加快"二级悬河"治理步伐，改变"二级悬河"河段槽高、滩低、堤根洼的不利局面。考虑到大洪水尤其是特大洪水发生的可能性及对下游防洪安全的巨大威胁，且下游河道改造有一个过程，应尽快完成黄河下游剩余标准化堤防工程建设，确保下游及两岸的防洪安全。

4）滩区分类。在新的防洪堤与原有黄河大堤之间的滩区上利用标准提高后的道路等作为格堤，部分滩区形成滞洪区，当洪水流量大于 8000~10 000m³/s 时，可向新建滞洪区分滞洪。对滩区进行分类治理，使大部分滩区成为永久安全区，解放除新建滞洪区以外的滩区。

12.2.3.6　相对稳定河口

随着黄河三角洲经济社会的发展，特别是胜利油田和东营市的快速发展，对河口治理提出了更高的要求，要求河口在一定时期内处于相对稳定状态。从治河的角度出发，河口相对稳定的内涵包括两层意义：一是三角洲洲面上入海流路的相对稳定，二是三角洲海岸的相对稳定。由此可见，流路的相对稳定与海岸的相对稳定是黄河河口相对稳定的有机组成部分，但两者不是相互独立的，而是相互影响、相辅相成的，同时又相互斗争、相互制约，所以两者是辩证统一的关系。

入海流路相对稳定是海岸相对稳定的前提和基础。作为海岸的输水输沙通道，相对稳定入海流路，一方面能确保河海动力的顺畅衔接，另一方面能直接顺送一定的黄河泥沙作为海岸组成物质补给，所以没有入海流路的相对稳定，海岸的相对稳定是无源之水、无本之木。另外，海岸相对稳定为入海流路相对稳定提供了约束条件。河口历史演变规律表明，当入海流路输运至海岸的泥沙超过海洋动力的输沙能力时，海岸会打破相对稳定状态，处于淤积延伸状态，那么随着流路长度增长，河道比降减小，海岸的淤积对入海流路的反馈影响越来越大，导致入海流路的稳定状态被打破，入海流路进入摆动状态，直至老的流路逐渐淤死，新的流路最终形成。所以，没有海岸的相对稳定，也没有入海流路的相对稳定；入海流路要想保持相对稳定状态必须满足海岸相对稳定的约束条件，保持河海动力基本平衡。

未来相对稳定河口，要统筹考虑水沙调控体系、河口整治工程及河口多条流路的组合等进行综合治理。由相对稳定流路与相对稳定海岸的关系可知，未来相对稳定河口，首先要相对稳定流路，研究结果表明，以目前黄河口清水沟四汊（即汊河、老河道、北汊 1、北汊 2）组合运用，清水沟流路可相对稳定 50 年以上；长期结合刁口河流路二汊（东汊、西汊）治理，黄河口流路可相对稳定 100 年。

相对稳定流路，也就确保了黄河输运水沙入海通道的顺畅，在此基础上再探讨如何实现海岸相对稳定。研究结果表明，河口相对稳定沙量阈值是 3 亿 t 左右，所以未来实现海岸相对稳定，首先要通过水沙调控，满足输送至河口海岸的沙量保持在稳定沙量阈值 3 亿 t 左右。以往的行河历史表明，单一流路，即便是入海泥沙 3 亿 t 左右，也是入海口门附近淤积延伸，远离口门的海岸还在蚀退，所以，单一流路行河实现的海岸相对稳定不是理想的状态，实现海岸相对稳定的理想状态是多条流路组合运用，利用自然的力量将黄河泥沙均匀的输送至海岸。

12.2.4　新水沙条件下黄河下游宽河段改造效果分析

对于黄河下游河道的治理主要存在"宽河"和"窄河"两种观点。"宽河"观点为现状治理方案。"窄河"方案如上节所述，即从适应新的水沙条件角度，综合考虑排洪输沙、河道整治及防洪要求，并参考控导工程、靠溜堤段和布局较为合理的现有生产堤，对下游河道进行改造，建设两道新的防护堤，束窄现状河道宽度。下游束窄的河道具体宽度采用以下方法来综合分析确定。

12.2.4.1　下游河道治理宽度横向分析

(1) 下游河道横向淤积分布宽度

通过计算各时段不同断面的集中淤积区域所对应的断面宽度，然后统计多年情况下的宽度变化情况，据此可预估未来不同水沙条件下河道宽度范围。河段范围为黄河下游铁谢—高村河道；时间为 1965～1999 年，根据三门峡水库运用方式的不同，可以划分成以下几个时段：1965～1973 年、1974～1985 年及 1986～1999 年等。

首先计算出每一个对应单位的冲淤面积变化量，由各个小单元可以计算累积冲淤面积随起点距变化的关系。然后把断面最右起点距所对应的累积冲淤面积作为冲淤面积的最大值，沿起点距被累积冲淤面积除以全断面冲淤面积，就可以得到该时段内的累积冲淤面积与断面起点距的关系，如图 12-20 所示。

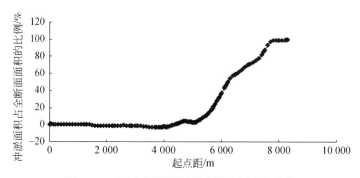

图 12-20　下古街断面累积冲淤比例变化曲线

由图 12-20 可查得不同的起点距范围所对应的冲淤面积占全部冲淤面积的比例。本研究以 80% 为代表大部分冲淤量的比例，因此，可以统计出 80% 淤积比例所对应的最小起点距范围。由此类推，可以得到不同时段不同断面 80% 淤积区域所对应的最小宽度，如图 12-21（a）~（c）所示。由图 12-21（a）可见，1965~1973 年除个别河段外，宽度均在 3000m 以下。由图 12-21（b）可见，1974~1985 年除个别点外，不同断面的高效淤积区域对应宽度均在 2000m 以内。由图 12-21（c）可见，进入 1986~1999 年，上游来水来沙较少，下游河道持续淤积，导致下游河势变化较大，大部分断面高效淤积区域对应的宽度均在 2000m 以上，超出了 1974~1985 年的宽度分布。

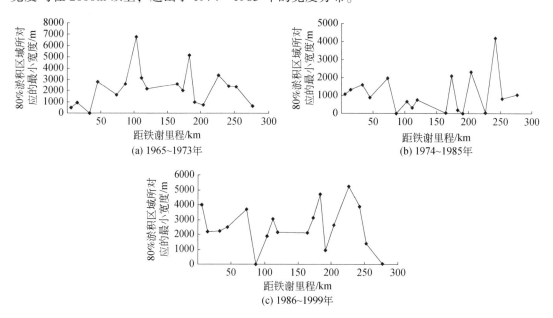

图 12-21　不同断面 80% 淤积区域所对应的最小宽度变化情况

综合分析可见，随水沙条件和河道边界变化，游荡型河道河势变化幅度越来越来越小，其 80% 高效淤积区域对应的最小河宽也逐渐变小。将上述不同时期、不同断面的结果进行汇总，得出 1965～1999 年下古街—高村河段各断面累积淤积面积占全断面淤积面积80% 区域所对应的最小河宽如表 12-27 所示。若在此河宽上修建防护围堤，认为对泥沙在滩区淤积的影响较小，依此宽度作为防护堤距是可行的。

表 12-27　下古街—高村河段 80% 淤积区域所对应的最小河宽　（单位：m）

断面名称	河宽	断面名称	河宽	断面名称	河宽
下古街	7645	花园口	4090	夹河滩	3785
花园镇	7060	八堡	3523	东坝头1	3607
马峪沟	4594	来童寨	3080	禅房	6637
裴峪	1197	辛寨1	2612	油房寨	6030
伊洛河口1	4171	黑石	7011	马寨	7417
孤柏嘴	3144	韦滩	5569	杨小寨	3370
罗村坡	4648	黑岗口	2762	高村	1319
秦厂2	2222	柳园口1	3820		
花园口	4090	古城	5372		
		曹岗	2167		
		夹河滩	3785		
下古街—花园口	4308	花园口—夹河滩	3981	夹河滩—高村	4595
全河段平均			4249		

（2）下游河道过流横向分布宽度

花园口站 1958 年、1982 年和 1996 年洪水期间，实测流量成果表最大流量分别为17 200m³/s、14 700m³/s 和 7630m³/s，统计黄河下游大洪水期的主槽宽、河槽宽及主要过流宽（过流比为 80% 的最小宽度）。结果显示，主槽宽在 511～1566m；河槽宽在 1150～2918m；主要过流宽通常在 420～3664m，高村和孙口断面 1958 年由于漫滩范围较大，主要过流宽分别达到 3310m 和 3664m；三种宽度的最小值为高村 1982 年主槽宽 511m，最大值为孙口 1958 年 80% 过流宽 3664m，如表 12-28 所示。花园口、夹河滩、高村、孙口断面不同洪水对应 80% 过流宽最大分别为 1500m、1745m、3310m 和 3664m。

表 12-28　黄河下游宽河道大洪水期宽度特征值统计

断面	年份	主槽宽/m	河槽宽/m	80% 过流宽/m
花园口	1958	1360	2164	865
	1982	1455	2918	1500
	1996	600	1150	420
夹河滩	1958	1566	2376	1500
	1982	1117	2176	1745
	1996	709	1419	1265

续表

断面	年份	主槽宽/m	河槽宽/m	80%过流宽/m
高村	1958	1145	1620	3310
	1982	511	2330	1069
	1996	747	1352	1700
孙口	1958	797	2195	3664
	1982	703	1339	550
	1996	690	2079	1806

不同洪水不同断面过流量及分流比如表 12-29 所示，由表可见，河槽分流比最小达到 63%，最大达到 100%。

表 12-29 黄河下游宽河道大洪水期主河槽过流量统计

断面	年份	过流量/（m³/s）			分流比/%	
		实测全断面	主槽	河槽	主槽	河槽
花园口	1958	17 200	15 899	15 947	92	93
	1982	14 700	11 583	14 700	79	100
	1996	7 630	6 930	7 206	91	94
夹河滩	1958	16 500	15 889	15 975	96	97
	1982	1 3600	9 308	13 600	68	100
	1996	6 930	5 249	5 639	76	81
高村	1958	17 400	10 815	11 002	62	63
	1982	12 300	9 665	10 712	79	87
	1996	6 810	4 653	5 315	68	78
孙口	1958	15 800	7 771	10 792	49	68
	1982	7 730	6 702	7 016	87	91
	1996	5 420	3 349	5 420	62	100

根据二维泥沙数学模型，计算在 2013 年汛前地形、1982 年 8 月洪水条件下，断面大于 0.2m/s 流速对应的河宽。花园口断面为 3380m，夹河滩断面为 1730m（3820～5550m），高村断面为 3150m（2850～6000m），如图 12-22 （a）～（c）所示。

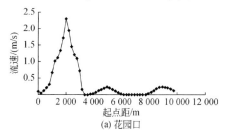

(a) 花园口

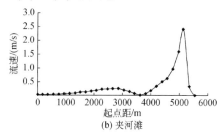

(b) 夹河滩

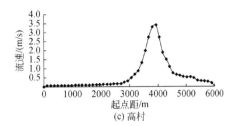

(c) 高村

图 12-22 "82.8" 洪水洪峰期典型断面流速分布

12.2.4.2　下游河道治理宽度纵向分析

河流的主流摆幅是主河槽位置、宽度的体现，统计历年各河段主流摆幅，是论证防护堤适宜堤距的方法之一。铁谢—高村河段为游荡型河道，河势宽浅散乱，主流摆动频繁、剧烈。因此，以下重点统计分析该河段主流最大和平均摆幅情况，如图 12-23 （a）~（c）所示。

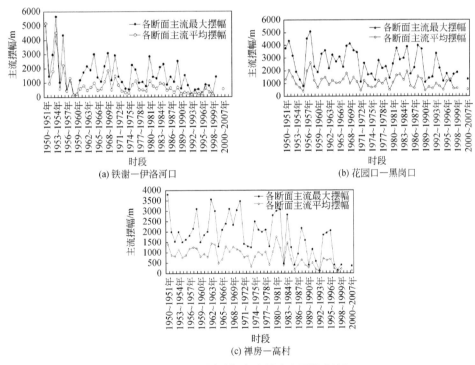

图 12-23 不同时期主流最大和平均摆幅

由图 12-23 （a）可见，对于铁谢—伊洛河口河段，20 世纪 60 ~ 90 年代，由于三门峡水库运用和河道整治工程建设对下游水沙的控制，该河段摆动减小，最大摆幅为 3100m，2000 年以来最大主流摆幅为 1400m。由图 12-23 （b）可见，花园口—黑岗口河段 1961 ~ 1999 年主流最大摆幅为 4160m，2000 ~ 2007 年主流摆幅明显减小为 1900m。由图 12-23 （c）可见，禅房—高村河段 1950 ~ 1960 年主流最大摆幅为 3800m，1960 ~ 1999 年主流最大摆幅为 3560m。

12.2.4.3 下游河道治理宽度综合分析

综合上述分析结果取大值，得到铁谢—高村河段防护堤堤距，如表 12-30 所示，由表可见，确定的铁谢—高村防护堤平均堤距为 4.27km，能够满足断面 80%的过流量，甚至达到 90%以上，同时满足主流最大摆幅和现状条件下的生产堤宽度，与计算的 80%淤积宽度基本一致。

表 12-30　各论证方法确定的防护堤堤距结果汇总　　　　　（单位：km）

80%淤积量相应的河槽宽度		80%过流量相应的河槽宽度			最大平均主流摆幅		现状生产堤堤距		河段堤距
河段	宽度	断面	实测	数模	河段	宽度	河段	宽度	宽度
铁谢—花园口	4.30	花园口	1.50	3.38	铁谢—伊洛河口	3.10			4.30
花园口—夹河滩	3.98	夹河滩	1.75	1.73	花园口—黑岗口	4.16	花园口—夹河滩	3.92	4.16
夹河滩—高村	4.60	高村	3.31	3.15	禅房—高村	3.56	夹河滩—高村	4.30	4.6
	4.21	平均	2.19	2.75		3.61		4.11	4.27

12.2.4.4 不同治理宽度下游河道防洪减淤效果

（1）不同治理宽度下游河道冲淤响应

表 12-31 为不同方案各河段防护堤平均堤距，由表可见，京广铁路桥以上河段现状堤距宽 8.6km；防护堤方案仅在伊洛河口—官庄峪断面河段布设防护堤，右岸不再布设防护堤，河段平均宽度 4.9km；窄防护堤方案堤距缩窄至 2.8km。京广铁路桥—东坝头河段现状堤距9.3km；防护堤方案在申庄滩和杨桥滩未考虑布置，平均宽度 4.4km；窄防护堤方案调整到3.1km。东坝头—高村河段现状堤距 11.6km；防护堤方案堤线布置时考虑与部分生产堤的结合，平均宽度 4.2km；窄防护堤方案调整到 2.5km。高村—陶城铺河段现状堤距 5.4km；防护堤方案考虑村庄和农田，平均宽度 2.5km；窄防护堤方案仅进行局部调整，平均宽度2.33km。陶城铺—北店子河段防护堤方案平均宽度 2.1km，窄防护堤方案未进行调整。

表 12-31　不同方案各河段防护堤平均堤距统计　　　　　（单位：km）

河段	河段长度	现状	防护堤	窄防护堤
京广铁路桥以上	190.92	8.6	4.9	2.8
京广铁路桥—东坝头	225.7	9.3	4.4	3.1
东坝头—高村	66	11.6	4.2	2.5
高村—陶城铺	164.77	5.4	2.5	2.33
陶城铺—北店子	110.37		2.1	2.1

计算了 50 年年均来沙量分别为 1 亿 t、3 亿 t、6 亿 t 设计水沙系列，在现状河道、防护堤治理（4km 左右）和窄防护堤治理（3km）方案下的下游河道冲淤量与冲淤量滩槽分布。年均 1 亿 t 条件下，水流过程基本不漫滩，各堤距方案河道调整基本相同，因此仅计算了现状方案的冲淤和水位等。

（2）河道冲淤量及滩槽分布

由表 12-32 可见，在年均 1 亿 t 来沙条件下，黄河下游发生长时期冲刷，年均冲刷量为 0.6 亿 t；其中一半冲刷集中在花园口—高村河段，艾山—利津河段冲刷最小仅占总冲刷量的 10%。在年均 3 亿 t 来沙条件下，各方案未来 50 年下游河道基本冲淤平衡，各方案冲刷量相差不大；但是冲刷并未遍及全下游，主要在高村以上，高村—艾山河段发生少量了淤积，艾山—利津河段则基本冲淤平衡。在年均 6 亿 t 来沙条件下，各方案未来 50 年都是淤积的；与现状治理方案相比，防护堤治理方案和窄防护堤治理都有较大的减淤量，但是窄防护堤治理方案较防护堤治理方案减淤效果不明显。修建防护堤后减淤作用主要在花园口—艾山河段，而艾山以下有少量增淤，且窄防护堤治理方案比防护堤治理方案增淤量还稍大些。

表 12-32　不同治理方案下游河道冲淤量统计　（单位：亿 t）

来沙量	方案	项目	小浪底—花园口	花园口—高村	高村—艾山	艾山—利津	利津以上
1 亿 t	—	—	−7	−15.2	−5.3	−3	−30.5
3 亿 t	现状治理模式	量值	−1.7	−0.7	2	0.1	−0.3
	防护堤治理	量值	−1.7	−0.7	2	0.1	−0.3
		与现状相比	0	0	0	0	0
	窄防护堤治理	量值	−1.7	−0.8	1.7	0	−0.8
		与现状相比	0	−0.1	−0.3	−0.1	−0.5
		与防护堤相比	0	−0.1	−0.3	−0.1	−0.5
6 亿 t	现状治理模式	量值	8	23.1	13.5	7.9	52.5
	防护堤治理	量值	7.8	17.9	10.4	8.1	44.3
		与现状相比	−0.2	−5.2	−3.1	0.2	−8.2
	窄防护堤治理	量值	7.8	17	9.9	8.3	42.9
		与现状相比	−0.2	−6.1	−3.6	0.4	−9.6
		与防护堤比	0	−0.9	−0.5	0.2	−1.4

由表 12-33 可见，在来沙 1 亿 t 方案下冲刷均发生在主槽。在来沙 3 亿 t、6 亿 t 方案下各河段基本维持以主槽淤积为主的格局，全下游主槽淤积量约占到全断面的 70%，并且防护堤的修建在艾山以上引起主槽淤积更为集中，艾山以下淤积集中程度变化不大。同时计算了各方案未来 50 年的水位变化情况，如表 12-34 所示。

表 12-33 不同治理方案下游河道主槽冲淤量统计

来沙量	项目		小浪底—花园口	花园口—高村	高村—艾山	艾山—利津	利津以上
1 亿 t	量值/亿 t		−7	−15.2	−5.3	−3	−30.5
	占全断面的比例/%		100	100	100	100	100
3 亿 t	量值/亿 t	现状治理模式	−1.7	−0.7	1.4	−0.1	−1.1
		防护堤治理	−1.7	−0.8	1.3	−0.1	−1.3
		窄防护堤治理	−1.7	−0.8	1.3	−0.2	−1.4
	占全断面的比例%	现状治理模式	100	106	71	−69	426
		防护堤治理	100	103	73	−467	208
		窄防护堤治理	100	102	75	933	171
6 亿 t	量值/亿 t	现状治理模式	4.8	16.9	9.7	6.3	37.7
		防护堤治理	4.9	13.9	7.8	6.5	33
		窄防护堤治理	4.9	13.3	7.5	6.6	32.3
	占全断面的比例%	现状治理模式	60	73	72	80	72
		防护堤治理	62	77	75	80	75
		窄防护堤治理	63	78	76	80	75

表 12-34 不同治理方案下游河道未来 50 年水位变化　　　　（单位：m）

治理方案	水文站	不同来沙量								
		1 亿 t			3 亿 t			6 亿 t		
		3 000m³/s	4 000m³/s	10 000m³/s	3 000m³/s	4 000m³/s	10 000m³/s	3 000m³/s	4 000m³/s	10 000m³/s
现状治理模式	花园口	−1.88	−1.6	−1.24	−0.53	−0.47	−0.42	2.05	1.85	1.75
	高村	−4.21	−3.58	−2.82	0.55	0.49	0.44	2.98	2.58	2.38
	艾山	−1.98	−1.71	−1.35	0.55	0.49	0.44	2.77	2.44	2.28
	利津	−1.36	−1.18	−0.94	−0.07	−0.06	−0.06	1.95	1.73	1.62
防护堤治理	花园口				−0.54	−0.48	−0.43	2.08	1.87	1.77
	高村				0.49	0.44	0.39	2.26	1.94	1.77
	艾山				0.49	0.44	0.39	2.12	1.86	1.73
	利津				−0.11	−0.1	−0.09	2.12	1.88	1.76
窄防护堤治理	花园口				−0.54	−0.48	−0.37	2.06	1.86	1.88
	高村				0.48	0.43	0.57	2.23	1.92	1.89
	艾山				0.47	0.42	0.38	2.1	1.86	1.7
	利津				−0.09	−0.09	−0.08	2.13	1.88	1.77

综合看来，在年均来沙 1 亿 t 情况下，下游河道主槽持续冲刷，水位下降显著，防洪压力较小。在年均来沙 3 亿 t 情况下，各方案河道冲淤基本平衡、主槽有所冲刷扩大、水位变化较小，方案间差距很小。在年均来沙 6 亿 t 情况下，各方案河道都不可避免地发生淤积并主要集中在主槽，水位升高，尤其是下游中间河段防洪形势最为紧张；防护堤治理方案和窄防护堤治理方案相比现状方案都可以起到减淤和降低水位升高幅度的作用，但主要作用在中间河段，对两端河段作用不大。

（3）不同治理宽度下游滩区淹没特点

按现有黄河防洪调度预案，对花园口站洪量大于 4000m³/s 洪水，小浪底原则上按进出库平衡方式防洪调度，计算现状地形和防护堤方案黄河下游滩区淹没情况。

图 12-24 和图 12-25 给出了花园口—艾山不同流量级洪水淹没面积和受灾人口情况。与现状方案相比，洪峰流量 10 000m³/s 以下洪水，防护堤方案淹没仅发生在防护堤内，滩区淹没损失明显减小。当花园口洪峰流量超过 10 000m³/s 时，两方案滩区受灾面积和人口数量都较大，防护堤方案在 14 800m³/s 时淹没面积仍然比现状方案小 457km²、淹没人口仍然比现状方案少近 30 万人，反映出防护堤方案减少漫滩淹没损失的效果较为明显。

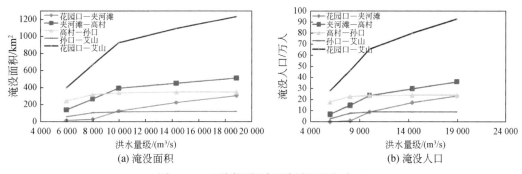

图 12-24 不同河段滩区淹没面积和人口

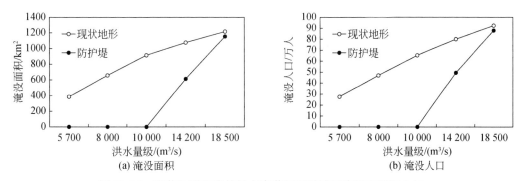

图 12-25 现状地形和防护堤方案黄河下游滩区淹没面积和人口

参 考 文 献

安催花，鲁俊，吴默溪，等. 2020. 黄河下游河道平衡输沙的沙量阈值研究 [J]. 水利学报，51 (4)：402-409.

曹丽娟，董文杰，张勇. 2013. 未来气候变化对黄河和长江流域极端径流影响的预估研究 [J]. 大气科学，37 (3)：634-644.

陈江南，王云璋，徐建华，等. 2004. 黄土高原水土保持对水资源和泥沙影响评价方法研究 [M]. 郑州：黄河水利出版社.

陈永宗. 1988. 黄土高原现代侵蚀与治理 [M]. 北京：科学出版社.

陈蕴真. 2013. 黄河泛滥史：从历史文献分析到计算机模拟 [D]. 南京：南京大学.

党维勤，郝鲁东，高健，等. 2019. 基于"7·26"暴雨洪水灾害的淤地坝作用分析与思考 [J]. 中国水利，866 (8)：62-65.

董占地. 2017. 黄河上游宁蒙河段水沙变化及河道的响应 [M]. 北京：中国水利水电科学出版社.

高海东，贾莲莲，李占斌，等. 2015. 基于图论的淤地坝对径流影响的机制 [J]. 中国水土保持科学，13 (4)：1-8.

高海东，庞国伟，李占斌，等. 2017. 黄土高原植被恢复潜力研究 [J]. 地理学报，72 (5)：863-874.

高建翎，马红斌，朱莉莉，等. 2020. 黄土高原水土流失治理格局与治理方向研究 [R]. 黄河流域水土保持生态环境监测中心.

高鹏，穆兴民，李锐，等. 2009. 黄河支流无定河水沙变化趋势及其驱动因素 [J]. 泥沙研究，5 (10)：22-28.

高鹏，穆兴民，王飞，等. 2013. 黄河中游河口镇-花园口区间水沙变化及其对人类活动的响应 [J]. 泥沙研究，(5)：75-80.

高云飞，郭玉涛，刘晓燕，等. 2014. 陕北黄河中游淤地坝拦沙功能失效的判断标准 [J]. 地理学报，69 (1)：73-79.

巩轶欧，刘桂桂，田长涛. 2016. 流域降雨径流预报中土壤含水量计算分析 [J]. 科技创新与应用，(2)：150-151.

侯喜禄，曹清玉. 1990. 陕北黄土丘陵沟壑区植被减沙效益研究 [J]. 水土保持通报，(2)：33-40.

胡春宏. 2015. 黄河水沙变化与下游河道改造 [J]. 水利水电技术，46 (6)：10-15.

胡春宏. 2016. 黄河水沙变化与治理方略研究 [J]. 水力发电学报，35 (10)：1-11.

胡春宏，等. 2005. 黄河水沙过程变异及河道的复杂响应 [M]. 北京：科学出版社.

胡春宏，曹文洪. 2003. 黄河口水沙变异与调控 I - 黄河口水沙运动与演变基本规律 [J]. 泥沙研究，(5)：1-8.

胡春宏，郭庆超. 2004. 黄河下游河道泥沙数学模型及动力平衡临界阈值探讨 [J]. 中国科学 (E 辑：技术科学)，34 (增刊 I)：133-143.

胡春宏，陈建国. 2014. 江河水沙变化与治理的新探索 [J]. 水利水电技术，(1)：11-20.

胡春宏，张晓明. 2018. 论黄河水沙变化趋势预测研究的若干问题 [J]. 水利学报，49 (9)：

1028-1039.

胡春宏，张晓明．2019．关于黄土高原水土流失治理格局调整的建议［J］．中国水利，13：5-7.

胡春宏，张晓明．2020．黄土高原水土流失治理与黄河水沙变化［J］．水利水电技术，51（1）：1-11.

胡春宏，陈绪坚，陈建国．2008a．黄河水沙空间分布及其变化过程研究［J］．水利学报，（5）：518-527.

胡春宏，陈建国，郭庆超．2008b．三门峡水库淤积与潼关高程［M］．北京：科学出版社.

胡春宏，王延贵，张燕菁．2010．中国江河水沙变化趋势与主要影响因素［J］．水科学进展，21：
    524-532.

胡春宏，安催花，陈建国，等．2012．黄河泥沙优化配置［M］．北京：科学出版社.

黄秉维．1955．编制黄河中游流域土壤侵蚀分区图的经验教训［J］．科学通报，（12）：14-21.

黄河中游水土保持委员会．1965．1945 年–1963 年黄河中游水土保持径流测验资料：天水，西峰，绥德
    站径流场部分［Z］．郑州：黄河水利委员会.

江忠善，王志强，刘志．1996．黄土丘陵区小流域土壤侵蚀空间变化定量研究［J］．土壤侵蚀与水土保
    持学报，2（1）：1-9.

焦菊英．2015．黄土丘陵沟壑区种子库研究［M］．北京：科学出版社.

焦菊英，王万中，李靖．2000．黄土高原林草水土保持有效盖度分析［J］．植物生态学报，（5）：
    608-612.

靳莉君，刘静，王春青，等．2016．黄河宁蒙河段凌汛期极端低温变化特征分析［C］．第 33 届中国气
    象学会年会 S9 水文气象灾害预报预警.

景可，王万忠，郑粉莉．2005．中国土壤侵蚀与环境［M］．北京：科学出版社.

孔维营，史学建，张攀，等．2016．小流域不同淤地坝系布局拦沙级联效应研究［J］．人民黄河，
    38（9）：82-85.

李斌兵，郑粉莉，龙栋材，等．2009．基于 GIS 纸坊沟小流域土壤侵蚀强度空间分布［J］．地理科学，
    29（1）：105-110.

李二辉．2016．黄河中游皇甫川水沙变化及其对气候和人类活动的响应［D］．杨凌：西北农林科技
    大学.

李建华，雷文青．2014．渭河 2013 年 7 月洪水分析评估［J］．陕西水利，2：17-18.

李勉，杨剑锋，侯建才，等．2008．黄土丘陵区小流域淤地坝记录的泥沙沉积过程研究［J］．农业工程
    学报，24（2）：64-69.

李希宁，刘曙光，李从先．2001．黄河三角洲冲淤平衡的来沙量临界值分析［J］．人民黄河，23（3）：
    20-21.

李裕元，邵明安，陈洪松，等．2010．水蚀风蚀交错带植被恢复对土壤物理性质的影响［J］．生态学报，
    （16）：4306-4316.

刘秉正，刘世海，郑随定．1999．作物植被的保土作用及作用系数［J］．水土保持研究，6（2）：32-36.

刘昌明，张学成．2004．黄河干流实际来水量不断减少的成因分析［J］．地理学报，59（3）：323-330.

刘国彬，上官周平，姚文艺，等．2017．黄土高原生态工程的生态成效［J］．中国科学院院刊，32（1）：
    11-19.

刘继祥，鄁国明，曾芹，等．2000．黄河下游河道冲淤特性研究［J］．人民黄河，22（8）：11-12.

刘纪根，蔡强国，刘前进，等．2005．流域侵蚀产沙过程随尺度变化规律研究［J］．泥沙研究，（4）：
    7-13.

刘家宏，王光谦，李铁键．2006．黄河数字流域模型的建立和应用［J］．水科学进展，17（2）：
    186-195.

刘立峰，杜芳艳，马宁，等. 2015. 基于黄土丘陵沟壑区第Ⅰ副区淤地坝淤积调查的土壤侵蚀模数计算 [J]. 水土保持通报，35 (06)：124-129.

刘青泉，李家春，陈力，等. 2004. 坡面流及土壤侵蚀动力学（I）–坡面流 [J]. 力学进展，34 (4)：360-372.

刘铁龙，张翔宇，马雪妍. 2015. 渭河下游来水来沙及冲淤情况分析 [J]. 陕西水利，5：5-8.

刘晓燕. 2016. 黄河近年水沙锐减成因 [M]. 北京：科学出版社.

刘晓燕，杨胜天，王富贵，等. 2014. 黄土高原现状梯田和林草植被的减沙作用分析 [J]. 水利学报，45：1293-1300.

刘晓燕，杨胜天，李晓宇，等. 2015. 黄河主要来沙区林草植被变化及对产流产沙的影响机制 [J]. 中国科学技术科学，45 (10)：1052-1059.

刘晓燕，李晓宇，党素珍. 2016a. 黄河主要产沙区近年降水变化的空间格局 [J]. 水利学报，47：463-472.

刘晓燕，党素珍，张汉. 2016b. 未来极端降雨情景下黄河可能来沙量预测 [J]. 人民黄河，38：13-17.

刘哲，邱炳文，王壮壮，等. 2017. 2001～2014年间黄土高原植被覆盖状态时空演变分析 [J]. 国土资源遥感，29 (1)：192-198.

龙翼，张信宝，李敏，等. 2009. 陕北子洲黄土丘陵区古聚湫洪水沉积层的确定及其产沙模数的研究 [J]. 科学通报，54 (1)：73-78.

弥智娟. 2014. 黄土高原坝控流域泥沙来源及产沙强度研究 [D]. 杨凌：西北农林科技大学.

弥智娟，穆兴民，赵广举. 2015. 基于多源数据的皇甫川淤地坝信息提取 [J]. 干旱区地理，38 (1)：52-59.

慕星，张晓明. 2013. 皇甫川流域水沙变化及驱动因素分析 [J]. 干旱区研究，30 (5)：933-939.

穆兴民，高鹏，王飞，等. 2007. 黄河河口镇至龙门区间来水来沙变化及其对水利水保措施的响应 [J]. 泥沙研究，2：35-40.

穆兴民，赵广举，高鹏，等. 2019. 黄土高原水沙变化新格局 [M]. 北京：科学出版社.

庞树江，王晓燕，马文静. 2018. 多时间尺度HSPF模型参数不确定性研究 [J]. 环境科学，(5)：2030-2038.

屈丽琴，雷廷武，赵军，等. 2008. 室内小流域降雨产流过程试验 [J]. 农业工程学报，24 (12)：25-30.

冉大川，左仲国，吴永红，等. 2012. 黄河中游近期水沙变化对人类活动的响应 [M]. 北京：科学出版社.

冉大川，姚文艺，申震洲，等. 2015. 黄河头道拐水沙变化多元驱动因子贡献率分析 [J]. 水科学进展，26 (6)：769-778.

芮孝芳. 2004. 径流形成原理 [M]. 南京：河海大学出版社.

陕西省水土保持局. 2008. 陕西省水土保持径流泥沙资料数据集（1954–1976年）. 地球系统科学数据共享服务平台–黄土高原科学数据共享平台 [DS/OL]. http://loess.geodata.cn [2022-02-15].

时芳欣，王志慧，齐亮，等. 2018. 2017年绥德"7·26"暴雨重现期分析 [J]. 人民黄河，(7)：11-14.

水利部黄河水利委员会编. 2013. 黄河流域综合规划（2012—2030年）[M]. 郑州：黄河水利出版社.

宋晓猛，张建云，占车生，等. 2013. 气候变化和人类活动对水文循环影响研究进展 [J]. 水利学报，44 (7)：779-790.

唐克丽. 2004. 中国水土保持 [M]. 北京：科学出版社.

唐克丽，熊贵枢，梁季阳，等. 1993. 黄河流域的侵蚀与径流泥沙变化 [M]. 北京：中国科学技术出版社，220-231.

田鹏，赵广举，穆兴民，等. 2015. 基于改进 RUSLE 模型的皇甫川流域土壤侵蚀产沙模拟研究 [J]. 资源科学，37（4）：832-840.

田杏芳. 2005. 黄河中游地区开发建设项目新增水土流失研究 [D]. 南京：河海大学.

田勇，马静，李勇. 2014. 黄河河口镇—潼关区间水库近年拦沙量调查与分析 [J]. 人民黄河，36（7）：13-15.

汪邦稳，杨勤科，刘志红. 2007. 延河流域退耕前后土壤侵蚀强度的变化 [J]. 中国水土保持科学，5（4）：27-33.

汪岗. 2002. 黄河水沙变化研究 [M]. 郑州：黄河水利出版社.

汪岗，范昭. 2002. 黄河水沙变化研究（第一卷，第二卷）[M]. 郑州：黄河水利出版社.

汪丽娜，穆兴民，高鹏，等. 2005. 黄土丘陵区产流输沙量对地貌因子的响应 [J]. 水利学报，36（8）：956-960.

汪亚峰，傅伯杰，侯繁荣，等. 2009. 基于差分 GPS 技术的淤地坝泥沙淤积量估算 [J]. 农业工程学报，25（9）：79-83.

王光谦，李铁键. 2009. 流域泥沙动力学模型 [M]. 北京：中国水利水电出版社.

王光谦，刘家宏，李铁键. 2005. 黄河数字流域模型原理 [J]. 应用基础与工程科学学报，13（1）：5-12.

王光谦，钟德钰，吴保生. 2020. 黄河泥沙未来变化趋势 [J]. 中国水利，(1)：9-12, 32.

王浩，李扬，任立良，等. 2015. 水文模型不确定性及集合模拟总体框架 [J]. 水利水电技术，46（6）：21-26.

王厚杰，杨作升，毕乃双. 2006. 黄河口泥沙输运三维数值模拟 I ——黄河口切变锋 [J]. 泥沙研究，(2)：1-9.

王开荣，茹玉英，王恺忱. 2007. 黄河口研究及治理 [M]. 郑州：黄河水利出版社.

王士强. 1990. 冲积河渠床面阻力试验研究 [J]. 水利学报，12：18-29.

王随继，闫云霞，颜明，等. 2012. 皇甫川流域降水和人类活动对径流量变化的贡献率分析——累积量斜率变化率比较方法的提出及应用 [J]. 地理学报，67（3）：388-397.

王随继，李玲，颜明. 2013. 气候和人类活动对黄河中游区间产流量变化的贡献率 [J]. 地理研究，32（3）.

王万忠. 1983. 黄土地区降雨特性与土壤流失关系的研究 II ——降雨侵蚀力指标 R 值的探讨 [J]. 水土保持通报，(5)：7-13.

王万忠，焦菊英. 1996. 中国的土壤侵蚀因子定量评价研究 [J]. 水土保持通报，16（5）：1-20.

王万忠，焦菊英. 2018. 黄土高原降雨侵蚀产沙与水土保持减沙 [M]. 北京：科学出版社：224-226.

王小军，蔡焕杰，张鑫，等. 2009. 皇甫川流域水沙变化特点及其趋势分析 [J]. 水土保持研究，16（1）：222-226.

王永吉. 2017. 基于淤地坝沉积解译水蚀风蚀交错带小流域侵蚀特征演变 [D]. 杨凌：西北农林科技大学.

王云强，邵明安，刘志鹏. 2012. 黄土高原区域尺度土壤水分空间变异性 [J]. 水科学进展，23（3）：310-316.

王允升，王英顺. 1995. 黄河中游地区 1994 年暴雨洪水淤地坝水毁情况和拦淤作用调查 [J]. 中国水土保持，(8)：23-26.

魏霞，李占斌，沈冰，等. 2006. 陕北子洲县典型淤地坝淤积过程和降雨关系的研究 [J]. 农业工程学报，（9）：80-84.

谢红霞，李锐，杨勤科. 2009. 退耕还林（草）和降雨变化对延河流域土壤侵蚀的影响［J］. 中国农业科学，42（2）：569-576.

信忠保，许炯心. 2007. 黄土高原地区植被覆盖时空演变对气候的响应［J］. 自然科学进展，17（6）：770-778.

许炯心. 2008. 黄河下游河道泥沙存贮–释放及其临界条件［J］. 地理科学，28（3）：354-360.

许炯心. 2010. 黄河中游多沙粗沙区1997～2007年的水沙变化趋势及其成因［J］. 水土保持学报，24（1）：1-7.

许炯心，孙季. 2006. 无定河淤地坝拦沙措施时间变化的分析与对策［J］. 水土保持学报，20（2）：26-30.

薛凯，杨明义，张风宝，等. 2011. 利用淤地坝泥沙沉积旋廻反演小流域侵蚀历史［J］. 核农学报，25（1）：115-120.

严登华，窦鹏，崔保山，等. 2018. 内河生态航道建设理论框架及关键问题［J］. 北京师范大学学报（自然科学版），54（6）：755-763.

杨明义，徐龙江. 2010. 黄土高原小流域泥沙来源的复合指纹识别法分析［J］. 水土保持学报，24（2）：30-34.

杨艳昭，张伟科，封志明，等. 2013. 干旱条件下南方红壤丘陵地区水分平衡［J］. 农业工程学报，29（12）：110-119.

姚志宏，杨勤科，吴喆，等. 2006. 区域尺度降雨径流估算方法研究Ⅰ–算法设计［J］. 水土保持研究，13（5）：306-308.

姚文艺，焦鹏. 2016. 黄河水沙变化及研究展望［J］. 中国水土保持，（9）：55-63.

姚文艺，陈界仁，史学建. 2007. 黄河多沙粗沙区分布式土壤流失评价预测模型及支持系统研究［R］. 黄河水利科学研究院，黄科技第ZX-2007-32-61号.

姚文艺，徐建华，冉大川，等. 2011. 黄河流域水沙变化情势分析与评价［M］. 郑州：黄河水利出版社，16-43.

姚文艺，冉大川，陈江南. 2013. 黄河流域近期水沙变化及其趋势预测. 水科学进展，24（5）：607-616.

姚文艺，高亚军，安催花，等. 2015. 百年尺度黄河上中游水沙变化趋势分析［J］. 水利水电科技进展，35（5）：112-120.

叶浩，石建省，侯宏冰，等. 2008. 内蒙古南部砒砂岩岩性特征对重力侵蚀的影响［J］. 干旱区研究，25（3）：402-405.

叶清超. 1994. 黄河流域环境变迁与水沙运行规律研究［M］. 济南：山东科学技术出版社：1-220.

余新晓. 2012. 小流域综合治理的几个理论问题探讨［J］. 中国水土保持科学，10（4）：22-29.

袁水龙. 2017. 淤地坝系对流域水沙动力过程调控作用与模拟研究［D］. 西安：西安理工大学.

岳志春，苑希民，田福昌，等. 2019. 黄河宁蒙河段近期水沙特性及冲淤过程研究［J］. 天津大学学报（自然科学与工程技术版），52（8）：810-821.

张光辉，梁一民. 1996. 植被盖度对水土保持功效影响的研究综述［J］. 水土保持研究，3（2）：104-110.

张汉雄，王万忠. 1982. 黄土高原的暴雨特性及分布规律［J］. 水土保持通报，（1）：35-44.

张建云，王国庆. 2007. 气候变化对水文水资源影响研究［M］. 北京：科学出版社.

张建云，王国庆，贺瑞敏，等. 2009. 黄河中游水文变化趋势及其对气候变化的响应［J］. 水科学进展，

20（2）：153-158.

张金良，练继建，张远生，等. 2020. 黄河水沙关系协调度与骨干水库的调节作用［J］. 水利学报，8：897-905.

张胜利，李倬，赵文林，等. 1998. 黄河中游多沙粗沙区水沙变化成因及发展趋势［M］. 郑州：黄河水利出版社：142-191.

张世杰，焦菊英. 2011. 基于下游河流健康的黄土高原土壤容许流失量［J］. 中国水土保持科学，9（1）：9-15.

张文辉，刘国彬. 2007. 黄土高原植被生态恢复评价问题与对策［J］. 林业科学，43（1）：102-106.

张晓华，郑艳爽，尚红霞. 2008. 宁蒙河道冲淤规律及输沙特性研究［J］. 人民黄河，30（11）：42-44.

张信宝，贺秀斌等. 2004. 川中丘陵区小流域泥沙来源的137Cs和210Pb双同位素法研究［J］. 科学通报，49（15）：1537-1541.

张信宝，温仲明，冯明义，等. 2007. 应用～(137)Cs示踪技术破译黄土丘陵区小流域坝库沉积赋存的产沙记录［J］. 中国科学（D辑：地球科学），(3)：405-410.

张艳杰，秦富仓，岳永杰. 2011. 西黑岱流域淤地坝拦蓄泥沙和淤积土壤有机碳储量研究［J］. 江苏农业科学，39（6）：581-583.

张耀宗，张多勇，刘艳艳. 2016. 近50年黄土高原马莲河流域降水变化特征分析［J］. 中国水土保持科学，14（6）：44-52.

张治昊，胡春宏. 2007. 黄河口水沙过程变异及其对河口海岸造陆的影响［J］. 水科学进展，18（3）：336-341.

章文波，付金生. 2003. 不同类型雨量资料估算降雨侵蚀力［J］. 资源科学，25（1）：35-41.

赵广举. 2017. 黄土高原土壤侵蚀环境演变与黄河水沙历史变化及对策［J］. 水土保持通报，37（2）：351.

赵广举，穆兴民，田鹏，等. 2012. 近60年黄河中游水沙变化趋势及其影响因素分析［J］. 资源科学，34（6）：1070-1078.

赵广举，穆兴民，温仲明，等. 2013. 皇甫川流域降水和人类活动对水沙变化的定量分析［J］. 中国水土保持科学，11（4）：1-8.

赵人俊，庄一鸰. 1963. 降雨径流关系的区域规律［J］. 华东水利学院学报，(S2)：53-68.

赵阳，胡春宏，张晓明，等. 2018. 近70年黄河流域水沙情势及其成因分析［J］. 农业工程学报，34（21）：112-119.

郑子彦，吕美霞，马柱国. 2020. 黄河源区气候水文和植被覆盖变化及面临问题的对策建议［J］. 中国科学院院刊，35（1）：61-72.

支再兴. 2018. 淤地坝对沟道水流的调控作用研究［D］. 西安：西安理工大学.

周佩华，王占礼. 1992. 黄土高原土壤侵蚀暴雨的研究［J］. 水土保持学报，6（3）：1-5.

朱旭东，张维江，李娟. 2012. 好水川流域小型水库及淤地坝泥沙淤积量估算［J］. 水土保持通报，32（4）：196-199.

Asselman N E M. 1999. Suspended sediment dynamics in a large drainage basin：The River Rhine［J］. Hydrological Processes, 13（10）：1437-1450.

Berendse F, van Ruijven J, Jongejans E, et al. 2015. Loss of plant species diversity reduces soil erosion resistance［J］. Ecosystems, 18（5）：881-888.

Bobrovitskaya N N, Kokorev A V, Lemeshko N A. 2003. Regional patterns in recent trends in sediment yields of Eurasian and Siberian rivers［J］. Global and Planetary Change, 39：127-146.

Boers N, Goswami B, Rheinwalt A, et al. 2019. Complex networks reveal global pattern of extreme-rainfall tele-connections [J]. Nature, 7744 (566): 373-379.

Borrelli P, Märker M, Schütt B. 2015. Modelling post-tree-harvesting soil erosion and sediment deposition potential in the Turano river basin (Italian central apennine) [J]. Land Degradation and Development, 26: 356-366.

Brevik E C, Cerdà A, Mataix-Solera J, et al. 2015. The interdisciplinary nature of soil [J]. Soil, 1: 117-129.

Buendia C, Batalla R J, Sabater S, et al. 2016. Runoff trends driven by climate and afforestation in a Pyrenean basin [J]. Land Degradation and Development, 27 (3): 823-838.

Burnham K P, Anderson D R. 2002. Model Selection and Inference: A Practical Information-Theoretic Approach [M] // Model Selection and Multi-Model Inference.

Burt T, Boardman J, Foster I, et al. 2016. More rain, less soil: long-term changes in rainfall intensity with climate change [J]. Earth Surface Processes and Landforms, 41 (4): 563-566.

Capra A, Porto P, Spada C L. 2015. Long-term variation of rainfall erosivity in Calabria (Southern Italy) [J]. Theoretical and Applied Climatology, 1-18: 141-158.

Cevasco A, Pepe G, Brandolini P. 2014. The influences of geological and land use settings on shallow landslides triggered by an intense rainfall event in a coastal terraced environment [J]. Bulletin of Engineering Geology and the Environment, 73 (3): 859-875.

Chandler K R, Stevens C J, Binley A, et al. 2018. Influence of tree species and forest land use on soil hydraulic conductivity and implications for surface runoff generation [J]. Geoderma, 310: 120-127.

Chen D, Wei W, Che L. 2017. Effects of terracing practices on water erosion control in China: a meta-analysis [J]. Earth-Science Reviews, 173: 109-121.

Chen R S, Lu S H, Kang E S, et al. 2008. A distributed water-heat coupled model for mountainous watershed of an inland river basin of Northwest China (I) model structure and equations [J]. Environmental Geology, 53 (6): 1299-1309.

Cheng N S. 1997. Simplified settling velocity formula for sediment particle [J]. Journal of hydraulic engineering, 123 (2): 149-152.

Christer N, Tenna R, Sarneel J M, et al. 2018. Ecological restoration as a means of managing inland flood hazards [J]. Bioscience, 68 (2): 89-99.

Dey P, Mishra A. 2017. Separating the impacts of climate change and human activities on streamflow: a review of methodologies and critical assumptions [J]. Journal of Hydrology, 548: 278-290.

Fan W, Xiang L, D Zhang, et al. 2013. The interface implementation of the hydrological model in a flash flood risk analysis system [J]. China Flood and Drought Management, 23 (6): 14-17.

Fang H, Li Q, Cai Q, et al. 2011. Spatial scale dependence of sediment dynamics in a gullied rolling loess region on the Loess Plateau in China [J]. Environmental Earth Sciences, 64 (3): 693-705.

Feng X, Cheng W, Fu B, et al. 2016. The role of climatic and anthropogenic stresses on long-term runoff reduction from the Loess Plateau, China [J]. Science of the Total Environment, 571: 688-698.

Fu B J, Zhao W W, Chen L D, et al. 2005. Assessment of soil erosion at large watershed scale using RUSLE and GIS: a case study in the Loess Plateau of China [J]. Land Degradation and Development, 16 (1): 73-85.

Fu B, Yu L, Lue Y, et al. 2011. Assessing the soil erosion control service of ecosystems change in the Loess

Plateau of China [J]. Ecological Complexity, 8 (4): 284-293.

Fu G, Chen S, Liu C, et al. 2004. Hydro-climatic trends of the Yellow River basin for the last 50 years [J]. Climatic Change, 65 (1-2): 149-178.

Gao G, Fu B, Wang S, et al. 2016. Determining the hydrological responses to climate variability and land use/ cover change in the Loess Plateau with the Budyko framework [J]. Science of the Total Environment, 557-558: 331-342.

Gao P, Mu X M, Wang F, et al. 2011. Changes in streamflow and sediment discharge and the response to human activities in the middle reaches of the Yellow River [J]. Hydrology and Earth System Sciences, 15: 1-10.

Georgescu M, Lobell D B. 2010. Perennial questions of hydrology and climate [J]. Science, 330 (6000): 33-34.

Guo D, Yu B. 2016. Implementation of the Preissmann scheme to solve the Hairsine-Rose erosion equations: verification and evaluation [J]. Journal of Hydrology, 541: 988-1002.

Han J, Gao J, Luo H. 2019. Changes and implications of the relationship between rainfall, runoff and sediment load in the Wuding River basin on the Chinese Loess Plateau [J]. Catena, 175: 228-235.

Jiang D, Tian Z. 2013. East Asian monsoon change for the 21st century: results of CMIP3 and CMIP5 models [J]. Science Bulletin, 58 (12): 1427-1435.

Kendall M G. 1975. Rank Correlation Methods. New York: Oxford University Press.

Klein G D. 1984. Role of depositional-depth and source-terrain uplift rates on sedimentation patterns in Back-Arc Basins of Western Pacific: abstract [J]. Aapg Bulletin, 68.

Kong D, Miao C, Wu J, et al. 2016. Impact assessment of climate change and human activities on net runoff in the Yellow River Basin from 1951 to 2012 [J]. Ecological Engineering, 91: 566-573.

Li J, Liu Q, Feng X, et al. 2019. The synergistic effects of afforestation and the construction of check-dams on sediment trapping: four decades of evolution on the Loess Plateau [J]. Land Degradation and Development, 30 (6): 622-635.

Li M, Yao W, Shen Z, et al. 2016. Erosion rates of different land uses and sediment sources in a watershed using the ^{137}Cs tracing method: field studies in the Loess Plateau of China [J]. Environmental Earth Sciences, 75 (7): 1-10.

Li Y, Liang Z, Hu Y, et al. 2020. A multi-model integration method for monthly streamflow prediction: modified stacking ensemble strategy [J]. Journal of Hydroinformatics, 22 (2): 310-326.

Liang W, Bai D, Wang F, et al. 2015. Quantifying the impacts of climate change and ecological restoration on streamflow changes based on a Budyko hydrological model in China's Loess Plateau [J]. Water Resources Research, 51 (8): 6500-6519.

Liu D F, Tian F Q, Hu H C, et al. 2012. The role of run-on for overland flow and the characteristics of runoff generation in the Loess Plateau, China [J]. International Association of Scientific Hydrology Bulletin, 57 (6): 1107-1117.

Liu J, Li S, Ouyang Z, et al. 2008. Ecological and socioeconomic effects of China's policies for ecosystem services [J]. Proc Natl Acad Sci USA, 105 (28): 9477-9482.

Liu L, Liu Z, Ren X, et al. 2011. Hydrological impacts of climate change in the Yellow River Basin for the 21st century using hydrological model and statistical downscaling model [J]. Quaternary International, 244 (2): 211-220.

Liu X Y, Yang S T, Dang S Z, et al. 2014. Response of sediment yield to vegetation restoration at a large spatial scale in the Loess Plateau [J]. Science China Technological Sciences, 57 (8): 1482-1489.

Mann H B. 1945. Nonparametric tests against trend [J]. Econometrica, 13 (3): 245-259.

Milliman J D, Qin Y S, Ren M E, et al. 1987. Man's influence on the erosion and transport of sediment by Asian rivers: the Yellow River (Huanghe) Example [J]. Journal of Geology, 95 (6): 751-762.

Morales M S, Cook E R, Barichivich J, et al. 2020. Six hundred years of South American tree rings reveal an increase in severe hydroclimatic events since mid-20th century [J]. Proceedings of the National Academy of Sciences of the United States of America, 117 (29): 16816-16823.

Mu X, Zhang L, Mcvicar T R, et al. 2007. Analysis of the impact of conservation measures on stream flow regime in catchments of the Loess Plateau, China [J]. Hydrological Process, 21 (16): 2124-2134.

Mu X, Zhang X, Shao H, et al. 2012. Dynamic Changes of Sediment Discharge and the Influencing Factors in the Yellow River, China, for the Recent 90 Years [J]. Clean-Soil Air Water, 40 (3): 303-309.

Nadal-Romero E, Regüés D, Latron J. 2008. Relationships among rainfall, runoff, and suspended sediment in a small catchment with badlands. Catena, 74: 127-136.

Nadal-Romero E, Lasanta T, Garcia-Ruiz J M. 2013. Runoff and sediment yield from land under various uses in a Mediterranean mountain area: long-term results from an experimental station [J]. Earth Surface Processes and Landforms, 38 (4): 346-355.

Nearing M A, Foster G R, Lane L J, et al. 1989. A process-based soil erosion model for USDA-Water Erosion Prediction Project technology [J]. Transactions of the ASAE, 32 (5): 1587-1593.

Oeurng C, Sauvage S, José-Miguel Sánchez-Pérez. 2010. Temporal variability of nitrate transport through hydrological response during flood events within a large agricultural catchment in south-west France [J]. Science of the Total Environment, 409 (1): 140-149.

Peckham S. 2015. Longitudinal elevation Profiles of Rivers: Curve Fitting with Functions Predicted by Theory [J]. Geomorphometry for Geosciences: 170-140.

Rigby R, Stasinopoulos M. 2001. The GAMLSS project: a flexible approach to statistical modelling [J]. 16th International Workshop on Statistical Modelling: 337-345.

SayerA M, Walsh R P D, Bidin K. 2006. Pipeflow suspended sediment dynamics and their contribution to stream sediment budgets in small rainforest catchments, Sabah, Malaysia [J]. Forest Ecology and Management, 224 (1-2): 119-130.

Schaake J C. 1990. From climate to flow [J]. Climate Change and US Water Resources: 177-206.

Scherrer S, Naef F, Faeh A O, et al. 2007. Formation of runoff at the hillslope scale during intense precipitation [J]. Hydrology and Earth System Sciences Discussions, 11 (2): 907-922.

Simons D B, Richardson E V, Nordin C F. 1965. Sedimentary structures generated by flow in alluvial channels [R]. The Association of American petroleum Geologists. Tulsa, ok.

Soler M, Latron J, Gallart F. 2008. Relationships between suspended sediment concentrations and discharge in two small research basins in a mountainous Mediterranean area (Vallcebre, Eastern Pyrenees) [J]. Geomorphology, 98 (1-2): 143-152.

Sugiura N. 1978. Further analysis of the data by Anaike's information criterion and the Finite Corrections [J]. Communication in Statistics-Theory and Methods, 7 (1): 13-26.

Taylor K E, Stouffer R J, Meehl G A. 2012. An overview of CMIP5 and the experiment design [J]. Bulletin of the American Meteorological Society, 93 (4): 485-498.

Tian A P, Zhao G, Mu X, et al. 2013. Check dam identification using multisource data and their effects on streamflow and sediment load in a Chinese Loess Plateau catchment [J]. Journal of Applied Remote Sensing, 7 (1): 63-72.

Tian P, Mu Xi, Liu J, et al. 2016. Impacts of climate variability and human activities on the changes of runoff and sediment load in a catchment of the Loess Plateau [J]. Advances in Meteorology, 12 (7): 1-15.

Walling D E. 2006. Human impact on land-ocean sediment transfer by the world's rivers [J]. Geomorphology, 79 (3-4): 192-216.

Walling D E, Fang D. 2003. Recent trends in the suspended sediment loads of the world's rivers [J]. Global & Planetary Change, 39 (1): 111-126.

Wang D, Hejazi M I. 2011. Quantifying the relative contribution of the climate and direct human impacts on mean annual streamflow in the Contiguous United States [J]. Water Resources Research, 47 (10): 1-16.

Wang G Q, Fu X D, Huang Y F, et al. 2008. Analysis of suspended sediment transport in open-channel flows: Kinetic-model-based simulation [J]. Journal of Hydraulic Engineering, ASCE, 134 (3): 328-339.

Wang H, Yang Z, Saito Y, et al. 2007. Stepwise decreases of the Huanghe (Yellow River) sediment load (1950-2005): impacts of climate change and human activities [J]. Global and Planetary Change, 57 (3): 331-354.

Wang S, Fu B J, Piao S, et al. 2015. Reduced sediment transport in the Yellow River due to anthropogenic changes [J]. Nature Geoscience, 9 (1): 38-41.

Wang S, Fu B, Liang W, et al. 2017. Driving forces of changes in the water and sediment relationship in the Yellow River [J]. Science of the Total Environment, 576: 453-461.

Williams G P. 1989. Sediment concentration versus water discharge during single hydrologic events in rivers [J]. Journal of Hydrology, 111 (1-4): 89-106.

Williams J R. 1975. Sediment-Yield Prediction with Universal Equation Using Runoff Energy Factor [M]. Present and Prospective Technology for Predicting Sediment Yield and Sources. US. Dept. Agric: 244-252.

Williams M R, King K W. 2020. Changing rainfall patterns over the Western Lake Erie Basin (1975-2017): Effects on tributary discharge and phosphorus load [J]. Water Resources Research, 56 (3): 1-17.

Wischmeier W H, Smith D D. 1958. Rainfall energy and its relationship to soil loss Transaction [J]. American Geophysical Union, (39): 285-291.

Yang D, Li C, Hu H, et al. 2004. Analysis of water resources variability in the Yellow River of China during the last half century using historical data [J]. Water Resources Research, 40 (6): 1-12.

Yang X K, Lu X X. 2014. Estimate of cumulative sediment trapping by multiple reservoirs in large river basins: An example of the Yangtze River basin. Geomorphology, 227: 49-59.

Yang Z S, Milliman J D, Galler J, et al. 2013. Yellow river's water and sediment discharge decreasing steadily [J]. Eos Transactions American Geophysical Union, 79 (48): 589-592.

Yu B. 2003. A unified framework for water erosion and deposition equations [J]. Soil Science Society of America Journal, 67 (1): 251-257.

Yu Y, Wang H, Shi X, et al. 2013. New discharge regime of the Huanghe (Yellow River): causes and implications [J]. Continental Shelf Research, 69 (6): 62-72.

Zhang G H, Liu B Y, Zhang X C. 2008. Applicability of WEPP sediment transport equation to steep slopes [J]. Transactions of the ASABE, 51 (5): 1675-1681.

Zhang S Y, Chen D, Li F X, et al. 2018. Evaluating spatial variation of suspended sediment rating curves in the middle Yellow River basin, China [J]. Hydrological Processes, 32 (11): 1616-1624.

Zhang X C, Wang Z L. 2017. Interrill soil erosion processes on steep slopes [J]. Journal of Hydrology, 548: 652-664.

Zhang X C, Li Z B, Ding W F. 2005. Validation of WEPP sediment feedback relationships using spatially distributed rill erosion data [J]. Soil Science Society of America Journal, 69 (5): 1440-1447.

Zhao G, Tian P, Mu X, et al. 2014. Quantifying the impact of climate variability and human activities on streamflow in the middle reaches of the Yellow River basin, China [J]. Journal of Hydrology, 519: 387-398.

Zhao G, Mu X, Jiao J, et al. 2017. Evidence and causes of spatiotemporal changes in runoff and sediment yield on the Chinese loess plateau [J]. Land Degradation and Development, 28: 579-590.

Zheng H, Zhang L, Zhu R, et al. 2009. Responses of streamflow to climate and land surface change in the headwaters of the Yellow River Basin [J]. Water Resources Research, 45 (7): 641-648.

Zhou J, Fu B, Gao G, et al. 2016. Effects of precipitation and restoration vegetation on soil erosion in a semi-arid environment in the Loess Plateau, China [J]. Catena, 137: 1-11.